中国国家标准汇编

2009年修订-35

中国标准出版社　编

中国标准出版社
北　京

图书在版编目（CIP）数据

中国国家标准汇编：2009年修订．35/中国标准出版社编．—北京：中国标准出版社，2010

ISBN 978-7-5066-6066-2

Ⅰ．①中…　Ⅱ．①中…　Ⅲ．①国家标准-汇编-中国-2009　Ⅳ．①T-652.1

中国版本图书馆CIP数据核字（2010）第171070号

中国标准出版社出版发行
北京复兴门外三里河北街16号
邮政编码：100045
网址 www.spc.net.cn
电话：68523946　68517548
中国标准出版社秦皇岛印刷厂印刷
各地新华书店经销

*

开本 880×1230　1/16　印张 39　字数 1 161 千字
2010年10月第一版　2010年10月第一次印刷

*

定价 220.00 元

ISBN 978-7-5066-6066-2

9 787506 660662 >

出 版 说 明

1.《中国国家标准汇编》是一部大型综合性国家标准全集。自1983年起，按国家标准顺序号以精装本、平装本两种装帧形式陆续分册汇编出版。它在一定程度上反映了我国建国以来标准化事业发展的基本情况和主要成就，是各级标准化管理机构，工矿企事业单位，农林牧副渔系统，科研、设计、教学等部门必不可少的工具书。

2.《中国国家标准汇编》收入我国每年正式发布的全部国家标准，分为"制定"卷和"修订"卷两种编辑版本。

"制定"卷收入上一年度我国发布的、新制定的国家标准，顺延前年度标准编号分成若干分册，封面和书脊上注明"20××年制定"字样及分册号，分册号一直连续。各分册中的标准是按照标准编号顺序连续排列的，如有标准顺序号缺号的，除特殊情况注明外，暂为空号。

"修订"卷收入上一年度我国发布的、修订的国家标准，视篇幅分设若干分册，但与"制定"卷分册号无关联，仅在封面和书脊上注明"20××年修订-1,-2,-3,……"字样。"修订"卷各分册中的标准，仍按标准编号顺序排列(但不连续)；如有遗漏的，均在当年最后一分册中补齐。需提请读者注意的是，个别非顺延前年度标准编号的新制定的国家标准没有收入在"制定"卷中，而是收入在"修订"卷中。

读者配套购买《中国国家标准汇编》"制定"卷和"修订"卷则可收齐上一年度我国制定和修订的全部国家标准。

3. 由于读者需求的变化，自1996年起，《中国国家标准汇编》仅出版精装本。

4. 2009年我国制修订国家标准共3158项。本分册为"2009年修订-35"，收入新制修订的国家标准38项。

中国标准出版社

2010年8月

目　录

GB/T 20528.2—2009　使用基于平板视觉显示器工作的人类工效学要求　第2部分:平板显示器的人类工效学要求 …… 1
GB/T 20935.2—2009　金属材料电磁超声检验方法　第2部分:利用电磁超声换能器技术进行超声检测的方法 …… 117
GB/T 20935.3—2009　金属材料电磁超声检验方法　第3部分:利用电磁超声换能器技术进行超声表面检测的方法 …… 133
GB 20936.2—2009　可燃性气体探测用电气设备　第2部分:显示空气中甲烷体积含量至5%的Ⅰ类探测器的性能要求 …… 145
GB/T 20936.3—2009　可燃性气体探测用电气设备　第3部分:显示空气中甲烷体积含量至100%的Ⅰ类探测器的性能要求 …… 151
GB/T 21411.2—2009　石油天然气工业井下设备　人工举升用螺杆泵系统　第2部分:地面驱动装置 …… 157
GB/T 21412.3—2009　石油天然气工业　水下生产系统的设计与操作　第3部分:过出油管(TFL)系统 …… 198
GB/T 21412.6—2009　石油天然气工业　水下生产系统的设计与操作　第6部分:水下生产控制系统 …… 254
GB/T 21412.9—2009　石油天然气工业　水下生产系统的设计与操作　第9部分:遥控操作工具(ROT)维修系统 …… 297
GB/T 21645.3—2009　自动交换光网络(ASON)技术要求　第3部分:数据通信网(DCN) …… 317
GB/T 21645.6—2009　自动交换光网络(ASON)技术要求　第6部分:管理平面 …… 343
GB/T 21655.2—2009　纺织品　吸湿速干性的评定　第2部分:动态水分传递法 …… 363
GB/T 21709.11—2009　针灸技术操作规范　第11部分:电针 …… 373
GB/T 21709.12—2009　针灸技术操作规范　第12部分:火针 …… 385
GB/T 21709.14—2009　针灸技术操作规范　第14部分:鍉针 …… 391
GB/T 21709.15—2009　针灸技术操作规范　第15部分:眼针 …… 400
GB/T 21709.17—2009　针灸技术操作规范　第17部分:鼻针 …… 413
GB/T 21709.18—2009　针灸技术操作规范　第18部分:口唇针 …… 421
GB/T 21709.19—2009　针灸技术操作规范　第19部分:腕踝针 …… 434
GB/T 21709.20—2009　针灸技术操作规范　第20部分:毫针基本刺法 …… 446
GB/T 21782.13—2009　粉末涂料　第13部分:激光衍射法分析粒度 …… 461
GB/T 21944.2—2009　碳化硅特种制品　反应烧结碳化硅窑具　第2部分:异型梁 …… 467
GB/T 21944.4—2009　碳化硅特种制品　反应烧结碳化硅窑具　第4部分:烧嘴套 …… 475
GB/T 21956.4—2009　农林窄轮距轮式拖拉机防护装置强度试验方法和验收条件　第4部分:后置式动态试验方法 …… 485
GB/T 22005—2009　饲料和食品链的可追溯性　体系设计与实施的通用原则和基本要求 …… 500
GB/T 22101.2—2009　棉花抗病虫性评价技术规范　第2部分:蚜虫 …… 509
GB/T 22101.3—2009　棉花抗病虫性评价技术规范　第3部分:红铃虫 …… 515
GB/T 22101.4—2009　棉花抗病虫性评价技术规范　第4部分:枯萎病 …… 521

GB/T 22101.5—2009　棉花抗病虫性评价技术规范　第5部分:黄萎病 …………………… 529
GB/T 22264.6—2009　安装式数字显示电测量仪表　第6部分:绝缘电阻表的特殊要求 ………… 537
GB/T 22264.8—2009　安装式数字显示电测量仪表　第8部分:推荐的试验方法 ……………… 543
GB/T 22583—2009　防辐射针织品 …………………………………………………………… 567
GB/T 22766.2—2009　家用和类似用途电器售后服务　第2部分:电冰箱的特殊要求 ………… 579
GB/T 22766.3—2009　家用和类似用途电器售后服务　第3部分:空调器的特殊要求 ………… 587
GB/T 22766.4—2009　家用和类似用途电器售后服务　第4部分:洗衣机的特殊要求 ………… 595
GB/T 22766.5—2009　家用和类似用途电器售后服务　第5部分:电热水器的特殊要求 ……… 601
GB/T 22766.6—2009　家用和类似用途电器售后服务　第6部分:吸油烟机的特殊要求 ……… 607
GB/T 22766.7—2009　家用和类似用途电器售后服务　第7部分:吸尘器的特殊要求 ………… 613

ICS 13.180
A 25

中华人民共和国国家标准

GB/T 20528.2—2009/ISO 13406-2:2001

使用基于平板视觉显示器工作的人类工效学要求 第2部分:平板显示器的人类工效学要求

Ergonomics requirements for work with visual display based on flat panels—Part 2: Ergonomics requirements for flat panel displays

(ISO 13406-2:2001, IDT)

2009-05-06 发布　　2009-11-01 实施

中华人民共和国国家质量监督检验检疫总局
中国国家标准化管理委员会　发布

前　言

GB/T 20528《使用基于平板视觉显示器工作的人类工效学要求》分为2个部分：

——第1部分：概述；

——第2部分：平板显示器的人类工效学要求。

本部分是GB/T 20528的第2部分。

本部分等同采用ISO 13406-2:2001《使用基于平板视觉显示器工作的人类工效学要求　第2部分：平板显示器的人类工效学要求》(英文版)，并根据ISO 13406-2:2001翻译起草。

本部分的附录A、附录B和附录C为资料性附录。

本部分由全国人类工效学标准化技术委员会提出并归口。

本部分起草单位：联想(北京)有限公司、中国标准化研究院。

本部分主要起草人：陈柏鸿、王茜莺、刘太杰、冉令华、张欣、肖惠。

本部分为首次发布。

引　言

本部分扩展了它的配套标准 GB/T 18978,用于解释在平板使用过程中权衡人类工效学性能而呈现出的显著差异。

本部分的基本原理在 GB/T 20528.1 中有说明。

本部分说明了对基于平板的视觉显示设备(VDUs)的要求,平板在 GB/T 20528.1 中已定义。该标准面向这种技术的评估者和用户。用户会发现一些文档中部分材料很复杂。通过提供注释、示意图及示例等来减少问题。平板的清晰度是主要关注点。而需求主要是基于在 ISO 9241-3 中使用的对视觉人类工效学的研究,还有来源于 GB/T 20528 这一部分中提到的新研究成果。这里,像 ISO 9241-3 中那样,一些需求是基于视觉舒适度,肌肉舒适度和用户可接受性的。GB/T 20528 的这一部分包括需求和建议,这些需求和建议是基于清晰度、舒适度和可接受性的,而这些要求是在使用彩色显示器的时候出现的,并基于在 ISO 9241-8 中描述的视觉人类工效学;但是修改及扩展这些需求和建议来考虑平板的唯一折中方案。周围场所光线存在时的可读性以及不希望出现反射图像的可接受性,这些被应用于处理平板的各个方面,对应于 ISO 9241-7 对阴极射线管(CRT)技术各个方面的处理。

第 3 章的定义展现或重新提出那些需要有特殊需求和度量的术语。在可能的地方,会引用来自其他出版物的定义,如对定义做出了一些修改,则在定义后加以说明。由于 GB/T 20528 的这一部分经常依赖于数学模型和物理度量法来保证平板视觉显示设备(VDU)有效性的目的,所以提出第 8 章(符号)以作为一个方便性的参考资料。

指导原则与性能需要的第 9 章已在 ISO 9241-3 中建模,这里提出是为了提醒文档用户本工作的基础。

设计需求和建议是用于呈现一些物理属性,需要说明它们是需要严格遵守的(用“应”这个词表述),还是仅是最好遵守而不是必需遵守的(用“宜”这个词表述)。视距设计,观察方向设计和设计屏亮度的主题与 ISO 9241-3 中描述的有一定差别。有两个原因:

a) 一种具有观察特征类型的重要平板,与 ISO 9241-3 考虑的相比,在观察方向上需要更小心控制和考虑。

b) 没有假设将平板视觉显示设备设置为桌面的根据。这些主题作为人类工效学的约束、对供应厂商的性能规格的要求而提出。这不是没有先例的,观察距离在 ISO 9241-3 中以这种方式提出。一旦被规定好之后,这些需求就成为了其他需要度量或决定的属性的约束条件。

其中一个与 ISO 9241-3 不同的主题是区域亮度的使用。在 CRT 技术中,选址位一般比较紧密,以至一种高—低—高—低—高—低像素模式会比稀疏模式呈现出更低的对比度。当平板像素区域比例比 100%光学调制要小(填充因子比 1 小)时,稀疏和密集模式的对比度的区别会小。亮度判据会因为观察方向精度的需要而变得复杂。区域亮度的使用会使其简单一些。

一些需求在分类中会出现。例如,一些平板的成像时间比较长。对于静态图像而言,这种平板是完全符合人类工效学可接受性的。但不是所有的现代应用都唯一地依赖于这种静态图像。因而要建立需求分类。如果所供应的设备有这种局限性,供应商/评估者须将其识别出来。这样系统集成者,购买者或者用户就可考虑这种类别是否与其目标应用一致。

第 8 章所包括的度量标准是为平板视频显示设备的评估者而设的。平板表面是评估抽样样例。选择和测量 3 个评估点,并从这些测量中做出符合性判定。需要大边界的平板不会要求精确评估设备,而小边界的平板则需要。

第 9 章包括与 ISO 9241-3 中规定相接近的符合性要求。可选的测试(视觉化性能及舒适度测试)

作为 ISO 9241-3 修正案中的一个标准化附录而出现，并被引用为一个可选的符合性测试路径。

附录 A 提供了关于颜色区别的附加信息。附录 B 扩展了 ISO 9241-3 中关于亮度时间调制的解析闪变求解法，这一方法和 CRT 中的不完全一样。附录 C 告诉用户一种该标准的新工作，这种新工作是带有反射属性的屏幕的折中的建模方法，而这种属性利用简单的组合亮度系数(漫反射)和亮度因子(镜面或规则反射)的方法又不能充分地被描述，而且也不能标准化关于环境的假定。这一方法发展了双向反射率分布函数。当这一工作取得进一步进展时，它就可能成为一种常规方法并且代替在第 8 章中描述的方法。在参考文献中列出了引用的参考资料。

使用基于平板视觉显示器工作的人类工效学要求 第2部分：平板显示器的人类工效学要求

1 范围

GB/T 20528的本部分：

——建立了对平板显示器设计和评估图像质量的人类工效学的要求；

——规定了需要用于描述平板显示器图像质量的术语和定义；

——规定了平板显示器图像质量检测的方法；

——建立了对这些需求进行导向的人类工效学原则。

GB/T 20528的本部分适用于：

——进行办公任务的平板显示器屏幕；

——图片元素排列在均匀间隔且行与行之间没有空隙的规则序列组成的平板显示器屏幕；

——显示拉丁字母，西里尔字母以及希腊字母的字符的各种字体，以及阿拉伯数字的平板显示器屏幕；

——亚洲字符的显示；

——足够大以显示至少40个拉丁字符的平板显示屏幕。

GB/T 20528的本部分不适用于应用以下平板技术的显示器：

——使用光学原理去构造图像，使得图像大小与光电传感器不同(平板显示器的投影应用)，或者

——仅用于固定信息或者分段字母数字的显示器(见IEC/SC 47C(中心办公室)3:1992的2.13)。

注：GB/T 20528的本部分中的一些测量方法(例如对比度和亮度)不适用于反射平板显示器。当技术发展以后，适当的测量方法将会被加入ISO 13406的这一部分。

2 规范性引用文件

下列文件中的条款通过GB/T 20528的本部分的引用而成为本部分的条款。凡是注日期的引用文件，其随后所有的修改单(不包括勘误的内容)或修订版均不适用于本部分，然而，鼓励根据本部分达成协议的各方研究是否可使用这些文件的最新版本。凡是不注日期的引用文件，其最新版本适用于本部分。

ISO 9241-3:1992　使用视觉显示终端显示终端(VDTs)办公的人类工效学要求　第3部分：视觉显示要求

ISO 9241-6　使用视觉显示终端(VDTs)办公的人类工效学要求　第6部分：工作环境指南

ISO 9241-7　使用视觉显示终端(VDTs)办公的人类工效学要求　第7部分：带反射的显示设备要求

ISO 9241-8:1997　使用视觉显示终端(VDTs)办公的人类工效学要求　第8部分：显示的颜色要求

CIE出版物No.15.2:1986　色度学.(CIE中央局)维也纳，奥地利.

3 术语和定义

下列术语和定义适用于本部分。

注：在某种定义中使用的符号在第4章中会有所解释。

3.1 光度学

3.1.1

区域亮度 area-luminance

一个直径至少有10个像素的屏幕区域的亮度，这样单个像素的状态对整体的影响小于2%。

注：区域亮度单位为坎德拉/平方米（cd/m^2）。

3.1.2

背景亮度 background luminance

无图像显示时屏幕的一个区域的亮度。

注：背景亮度单位为坎德拉/平方米（cd/m^2）。

3.1.3

对比度 contrast

〈在有知觉情况下〉对一个可见区域中两个或多个部分同时或连续显示时表现出的区别的评定（这样，有明亮度对比，光亮度对比，色彩对比等）。

注：改自 IEC 60050(845-02-47):1987。

3.1.4

受检设备 Equipment Under Test

EUT

被测试的设备。

3.1.5

朗伯（余弦）定律 Lambert's (cosine) law

面元在其上方半球空间的所有方向的辐射亮度或光亮度相等时，则：

$$I(\theta) = I_n \cos(\theta) \qquad \cdots\cdots(1)$$

式中，$I(\theta)$和 I_n 分别是与该面元的法线方向成θ角度方向上和该面元法线方向上的辐射强度或发光强度。

[IEC 60050(845-04-56):1987]

3.1.6

朗伯表面 Lambertian surface

表示所发出辐射的角度分布符合朗伯余弦定律的理想表面。

[IEC 60050(845-04-56):1987]

一个理想漫反射标准：

$$\rho_{STD} = \pi \cdot q_{STD} \qquad \cdots\cdots(2)$$

3.1.7

亮度对比度 luminance contrast

较高亮度 L_H 和较低亮度 L_L 之间的比率，这一概念用于定义检测特性，可用对比调制度（C_m）来定义：

$$C_m = \frac{L_H - L_L}{L_H + L_L} \qquad \cdots\cdots(3)$$

或者可用对比度比率（CR）来定义：

$$CR = \frac{L_H}{L_L} \qquad (4)$$

注 1：对于平板来说，区域亮度目标可用于近似被检测特性的亮度，因为像素是离散的。

注 2：改自 ISO 9241-3：1992，2.22。

3.1.8

亮度系数　luminance coefficient

q_v，q

介质面元在给定方向的光亮度除以同一介质上的光照度的商，符号为 q，单位为 sr^{-1}。

注 1：亮度系数在互反立体角中表述。

注 2：改自 IEC 60050(845-04-71)：1987。

$$q = \frac{亮度}{照度} = \frac{L}{E} \qquad (5)$$

3.1.9

亮度因子　luminance fator

β_v，β

在非自辐射介质的表面单元，在给定方向上，及在特殊亮度条件下的表面单元亮度比率，分子为特定方向上的表面亮度，分母为完全反射或完全透射散射体的表面亮度。

$$\beta = \frac{L_{sample}}{L_{perfect\ diffuser}} \qquad (6)$$

注 1：亮度因子亮度因数表示为一个单元：1。

注 2：改自 IEC 60050(845-04-69)：1987。

3.1.10

光的各向异性表面　optically anisotropic surface

在任何倾角的情况下，$\theta<45°$，辐射度偏离朗伯表面超过 10% 的光学表面。

3.2　色度学

3.2.1

CIE 1976 $L^* u^* v^*$ 色空间　CIE 1976 $L^* u^* v^*$ colour space

CIELUV 色空间　CIELUV space

三维，大致均匀的色空间，由直角坐标系 L^*，u^*，v^* 建立。由下面 3 个等式定量描述：

$$\left.\begin{aligned} L^* &= 116(Y/Y_n)^{\frac{1}{3}} - 16,\ \text{when } Y/Y_n > 0.008\,856 \\ L^* &= 903.3(Y/Y_n),\ \text{when } Y/Y_n \leqslant 0.008\,856 \\ u^* &= 13L^*(u' - u'_n) \\ v^* &= 13L^*(v' - v'_n) \end{aligned}\right\} \qquad (7)$$

L^*，u^*，v^* 为色刺激，另外 Y_n，u'_n，v'_n 为一个特定的白色无色刺激。

注：近似关联的明度，饱和度，彩度和色调的相关性由下面公式计算：

$$\text{CIE 1976 } u,v \text{ saturation } s_{uv} = 13[(u'-u'_n)^2 + (v'-v'_n)^2]^{\frac{1}{2}} \qquad (8)$$

$$\text{CIE 1976 } u,v \text{ chroma } C^*_{uv} = [u^{*2} + v^{*2}]^{\frac{1}{2}} = L^* s_{uv} \qquad (9)$$

CIE 1976 u,v hue-angle $h_{uv} = \arctan\left(\frac{v'-v'_n}{u'-u'_n}\right) = \arctan\left(\frac{v^*}{u^*}\right)$。如下

$$\begin{aligned} &0° \leqslant h_{uv} \leqslant 90°,\ \text{if } v^* \geqslant 0 \text{ and } u^* \geqslant 0 \\ &90° \leqslant h_{uv} \leqslant 180°,\ \text{if } v^* \geqslant 0 \text{ and } u^* < 0 \\ &180° \leqslant h_{uv} \leqslant 270°,\ \text{if } v^* < 0 \text{ and } u^* < 0 \\ &270° \leqslant h_{uv} \leqslant 360°,\ \text{if } v^* < 0 \text{ and } u^* \geqslant 0 \end{aligned} \qquad (10)$$

[IEC 60050(845-03-54)]

3.2.2

CIE 1976 均匀色品标度图　CIE 1976 uniform-chromaticity scale diagram

CIE 1976 UCS 图　CIE 1976 UCS diagram

$$u' = \frac{4X}{X+15Y+3Z} = \frac{4x}{-2x+12y+3} \qquad (11)$$
$$v' = \frac{9Y}{X+15Y+3Z} = \frac{9y}{-2x+12y+3}$$

由(11)式定义的直角坐标 u' 和 v' 作图而生成的均匀色品标度图。

见图 1 和 IEC 60050(845-03-53)。

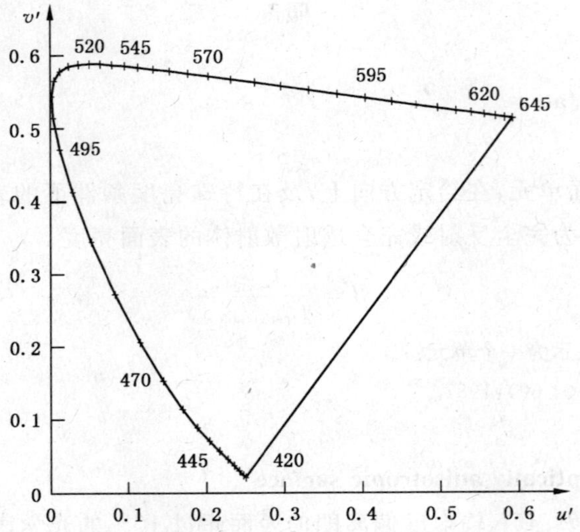

注：曲线注释数字是波长，单位是纳米(nm)。

图 1　CIE 1976 UCS 图

3.2.3

CIE 1976 $L^* u^* v^*$ 色差　CIE 1976 $L^* u^* v^*$ colour difference

CIELUV 色差　CIELUVcolor difference

两个颜色色质之间的差别，定义为在 $L^* u^* v^*$ 空间中，用代表 2 个色刺激的点之间的欧几里德距离来确定他们之间的差异，这种差异即色差，也可由公式(12)计算得出：

$$\Delta E_{uv}^* = [(\Delta L^*)^2 + (\Delta u^*)^2 + (\Delta v^*)^2]^{\frac{1}{2}} \qquad (12)$$

集合 $X_n Y_n Z_n$ 和对应的 $u'_n v'_n$ 定义了标称的白的对象色刺激。

(见 CIE 出版物 No. 15.2)

[IEC 60050(845-03-55)]

3.2.4

色品均匀差别　chromaticity uniformity difference

在 CIE 1976 UCS 图上的距离

$$\Delta u'v' = \sqrt{(u'_1 - u'_2)^2 + (v'_1 - v'_2)^2}$$

式中，u'_1，v'_1 和 u'_2，v'_2 表示同一种颜色在位置 1 和位置 2 显示时的坐标。

注：这是在色彩均匀但亮度不均匀或者对象不相邻时合适测量方案。

3.2.5

色刺激的主波长 λ_d dominant wavelength of a colour stimulus

为一单色刺激波长，该单色刺激与规定的非彩色刺激按适当比例混合，与所考虑的色刺激相匹配。

注：在紫色色质的情况下，支配波长被互补波长取代。见 IEC 60050(845-03-44)。

3.2.6

相同的主波长 same dominant wavelength

如果每一种颜色的色彩角之间的差别较小，则 2 种颜色有相同的主波长。

3.2.7

光谱极限颜色 spectrally extreme colours

光谱极限颜色是极限蓝色和极限红色。

注：极限蓝色是任何 $v'<0.2$ 的颜色。极限红色是任何 $u'>0.4$ 的颜色。极限区域在图 2 中用阴影标出。

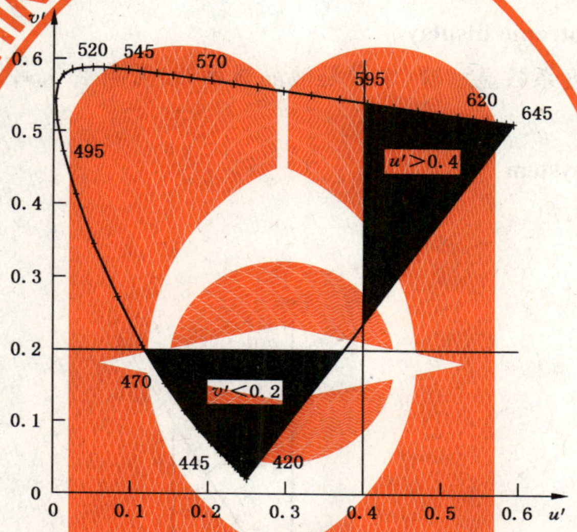

注：曲线上的注释是波长，单位是纳米(nm)。

图 2 极限红色和极限蓝色

3.2.8

均匀色空间 uniform colour space

定义这样的色空间，在其中相等的距离用来表征相等大小的阈值或者域上察觉颜色的差别。

[IEC 60050(845-03-51):1987]

3.2.9

CIE 1976 均匀色品标度图 CIE 1976 uniform-chromaticity-scale diagram

UCS 图

定义二维图，其中定义的坐标是为了在同一亮度下，使图上相等的距离尽可能接近地表示色质鉴别率中相等的步长。

为一二维图，其坐标的设定是为了使整个图上相等的距离对于相同的色刺激表示尽可能相等的色差级。

3.3 几何学

3.3.1

有效区域 active area

显示器屏幕区域的一部分，由图像元素限定范围。

[IEC/SC 47C(中心办公室)3,2.1]

3.3.2

弧角　angular subtence

视觉对象在特定观察距离下的大小,例如在视距设计下。

$$对边角以度为单位 = 2\arctan\left(\frac{\text{target height}}{2\times\text{viewing distance}}\right) \quad \cdots\cdots\cdots\cdots (14)$$

$$对边角以分为单位 = 60\times 2\arctan\left(\frac{\text{target height}}{2\times\text{viewing distance}}\right) \quad \cdots\cdots\cdots\cdots (15)$$

$$\approx\frac{3\,438\times\text{target height}}{\text{viewing distance}}$$

注:弧角的尺度是"度"(°)。进一步可分解为"分"(′)和"秒"(″),target height 为目标高,viewing distance 为观察距离。

3.3.3

各向异性显示器　anisotropic display

含有发射照度和/或亮度系数显示器(常常是液晶显示器)需满足 3.1.10 中的准则。

3.3.4

坐标系统　coordinate system

一个正交球坐标系(r,θ,ϕ)。

见图 3。

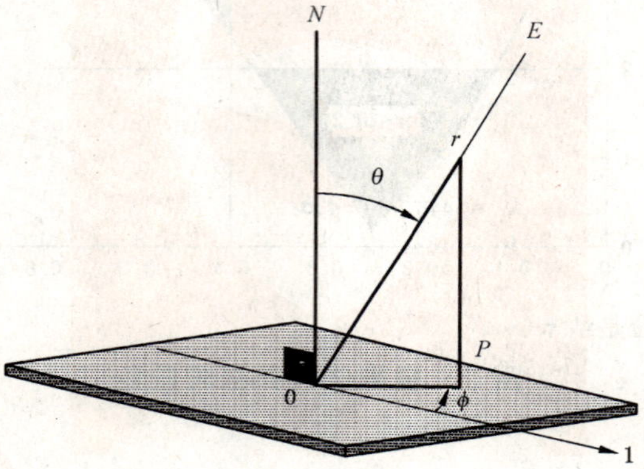

说明:

E——亮度计光瞳入口的位置;

$OE=r$,工作距离;

1——$\phi=0$(3 点钟方向)。

注 1:在一些文献里,方位角特指时钟方向。3 点钟方向定义为 $\phi=0$。

注 2:通常我们只使用 θ 角的正值。($-\theta,\phi$)实际上指示方向($+\theta,\phi\pm180$)。

图 3　坐标系统

注 1:下面是坐标系统定义的细化。见图 4。

将坐标系上任意一点标注为 O(视觉对象的像素或中心点)。划一条直线,从 O 到测量仪器的光瞳入口,只限标注为 OE;另外一条直线,ON 为法线,与显示器图像平面相垂直。在 ON-OE 平面上,从 ON 到 OE 的角是倾角 θ。距离 OE 是半径 r。

P 是线段 OE 投影在图像平面的直线上的任意一点。构造一条直线 OX,OX 在图像平面上,从 O 点向右,并且平行于将有效区域水平二等分的直线。以此为 X 轴,方位角 ϕ 为逆时针角,在 OX 到 OP 之间变化。

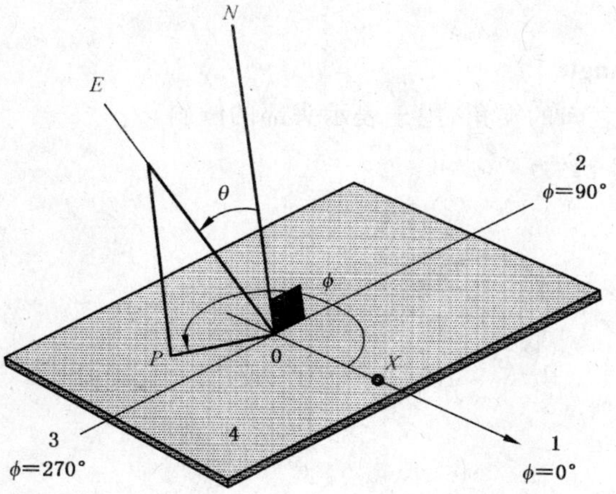

说明：
1——3点钟方向：从用户方向看去，为屏幕的右边缘；
2——12点钟方向：从用户方向看去，为屏幕的上边缘；
3——6点钟方向：从用户方向看去，为屏幕的下边缘；
4——屏幕的图像表面。

图4 坐标系统——定义

注2：关于坐标和观察角的更多信息，见VESA平板显示器测量标准(1998)，300-2章。

3.3.5

法兰克福平面 Frankfort plane

一个通过人的头部虚构的平面，为耳屏点到眼眶最下点的横向延长线。

见图5。

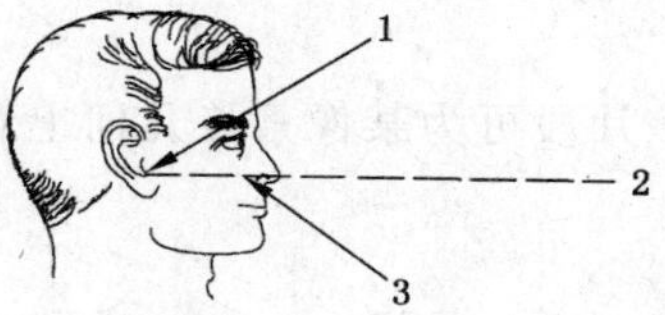

说明：
1——耳屏点；
2——法兰克福平面；
3——眼眶的下边缘。

眼眶是颅骨中包含眼睛的一个骨腔。耳屏点是在外耳道入口处外耳耳廓软骨的凸起。

图5 法兰克福平面

3.3.6

注视角 gaze angle

法兰克福平面与瞳孔和可视对象构成平面的夹角。

见图6。

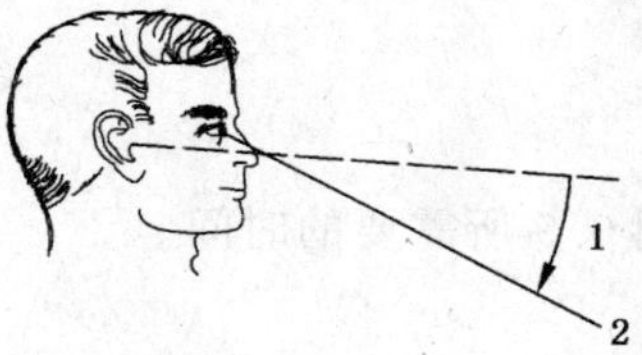

说明：
1——注视角；
2——视线。

注：让人比较舒适的注视角范围是0°到45°。

图6 视角

3.3.7

头部倾斜角 head tilt angle

法兰克福平面和水平面之间的夹角,用于表示头部的倾斜。

注:当头部垂直时,头部倾斜角约为4°。

见图7。

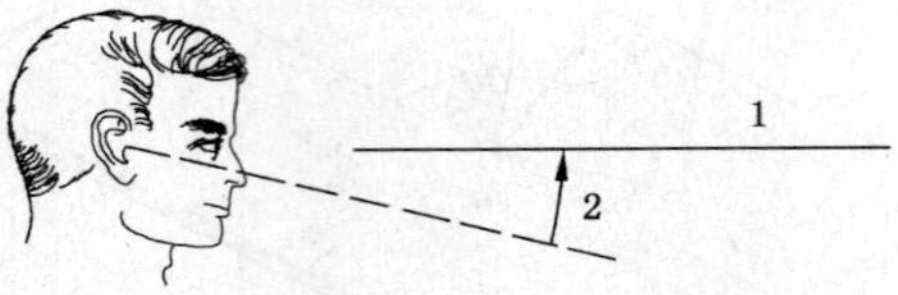

说明:

1——水平面;

2——头部倾斜角。

图7 头部倾斜角

注:让人比较舒适的头部倾斜角范围是0°到20°。

3.3.8

视角范围 viewing angle range

以一个像素点开始的锥形空间,这一空间包括所有让各种性能规格满足的观察方向。

[IEC SC 47C(中心办公室)3]

3.4 显示技术

3.4.1

填充因子 fill factor

能够改变从而显示信息的片段(该片段可为某像素点几何上对应的全部面积)。

[ISO 9241-3:1992 2.15]

3.4.2

发射式显示器 emissive display

包含自带光源的显示器。

注1:光可以是由传感器自己发出的也可以是由一个或多个被传感器所调制的内光源发出的。

注2:改自IEC/SC 47C(中心办公室)3的2.4。

3.4.3

灰度标尺 gray scale

表征显示器具有两个以上亮度级图像显示的能力。

[IEC/SC 47C(中心办公室)3,2.4]

3.4.4

成像时间 image formation time

可视物体的相对亮度从0.1变化到0.9所需要的时间。

注1:相对亮度是

$$(L - L_{MAX})/(L_{MAX} - L_{MIN})$$

这里,L_{MAX}和L_{MIN}分别是平均最高和最低亮度;L是瞬时亮度。

注2:相对亮度的定义过滤并排除了瞬时的无法探测到的变化。成像时间可从表1列出的范围中获得,单位为毫秒(ms)。

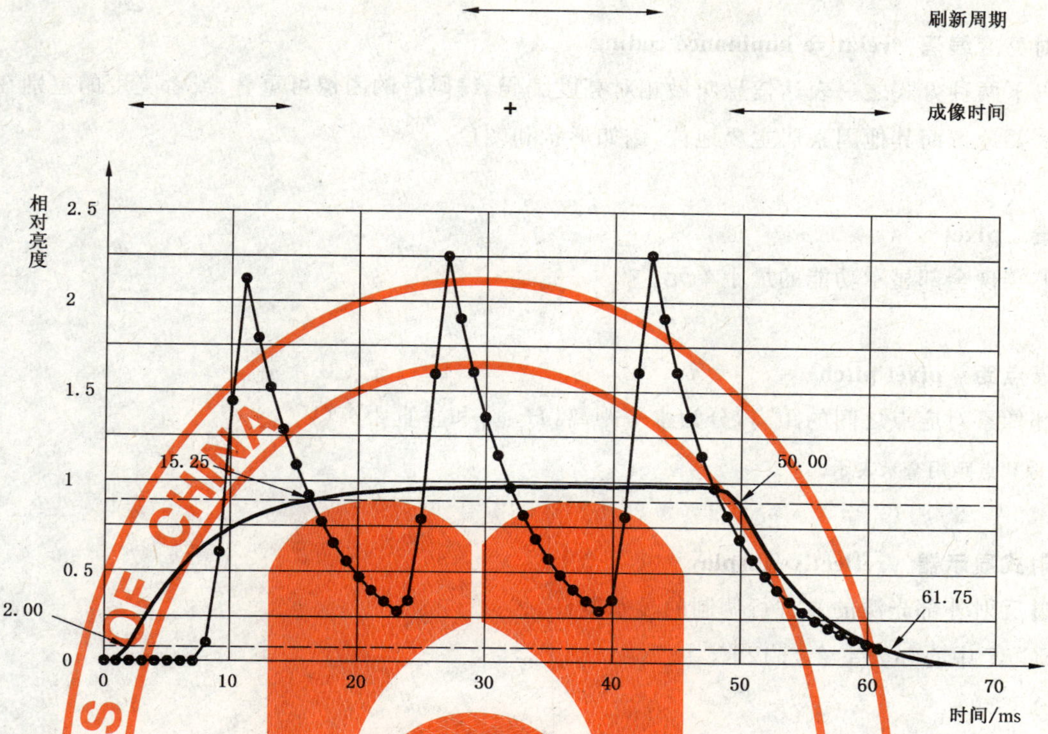

注 1：这里举出了一个典型的例子。

注 2：假设背景光是恒亮度背景光(经过 4 kS/s 抽样的预过滤)。

注 3：图 8 图示说明了成像时间。带有标记点轨迹线表示未过滤时的亮度时间，规范化为 0～1 区间。实轨迹是第一条经过滤并且包括那些心理物理学上显著频率的轨迹。成像时间是由轨迹决定的。在这个例子里，$t_1=2$ ms 是亮度记录增长过程中增长到最大亮度 0.1 倍时对应的时间；$t_2=15.25$ ms 是亮度记录增长过程中增长到最大亮度 0.9 倍时对应的时间；$t_3=50.00$ ms 是亮度记录下降过程中下降到最大亮度 0.9 倍时对应的时间；$t_4=61.75$ ms 是亮度记录下降过程中下降到最大亮度 0.1 倍时对应的时间。成像时间是 $t_2-t_1+(t_4-t_3)=25$ ms。亮度时间以 4 kS/s 抽样，所以精度为±0.5 ms。

注 4：对带有超高速电光物理效应的平板显示器而言，刷新周期就是成像时间。

图 8　成像时间

表 1　成像时间

单位为毫秒

时间范围	意　　义
$t\leqslant 10$	当图像建立时间小于 3 ms 时，运动图像将无法探测到
$10<t\leqslant 55$	对比度在大多数应用下比较稳定。运动图像可以转移
$55<t\leqslant 200$	使用滚动，动画和指点设备的应用时，对比度将不可检出。闪烁编码从 0.33 Hz 到 5 Hz 都是可操作的
$t>200$	在键入，滚动，动画和闪烁编码的时候，可以明显观察到对比度失调。带有高速光标的点击设备只能在特定技术下使用

3.4.5

纯亮度编码　absolute luminance coding

用于视觉化图像鉴别的唯一维度是图像亮度的区别，用此方式表示的信息叫做纯亮度编码。

3.4.6

相对亮度编码　relative luminance coding

用以下两种方式之一表达信息叫做相对亮度编码，编码后的图像可重叠，或者亮度的差别在图像鉴别中居次要地位而其他因素居主要地位，例如形状和颜色。

3.4.7

像素　pixel

能够实现全部显示功能的最小单元。

3.4.8

像素点距　pixel pitch

相邻像素对应点之间的距离，分为水平距离（H_{pitch}）和垂直距离（V_{pitch}）。

注：像素点距用毫米表示。

3.4.9

反射式显示器　reflective display

通过反射外部光源的光进行调制的显示器件。

[IEC 47 中心办公室 2,2.12]

3.4.10

屏幕倾角　screen tilt angle

将屏幕中心的切平面和水平面相交的平面角定义为 α。

注：屏幕倾角用度表示。

见图 9。

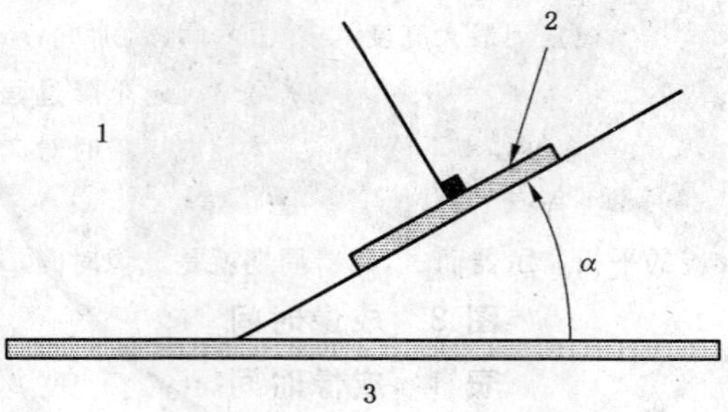

说明：

1——观察边；

2——显示器；

3——水平表面(例如，桌面)。

图 9　屏幕倾角 α

注：α 与 ISO 9241-3:1992 中 6.1.2 的 A 角相同。

3.4.11

小尺寸平板　small-size panel

在视距设计观察时，最小观察区域的范围为 1.6°～4.8°，最大观察区域的大小为最少 4.8°，具有这样观察区域的平板称为小型平板。

见图 10。

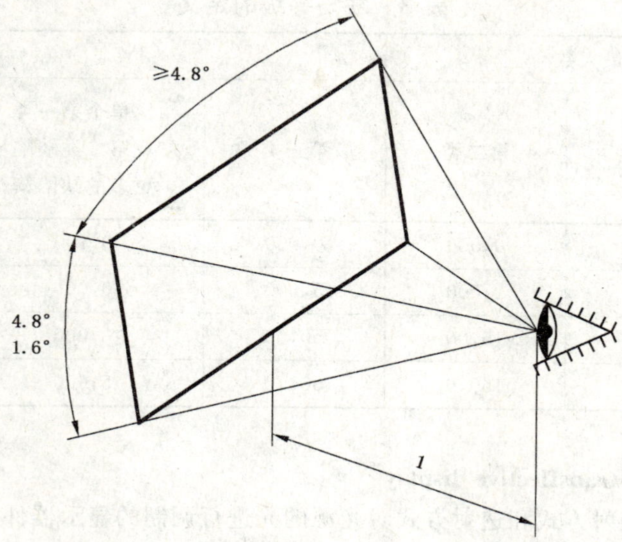

说明：

1——视距设计。

图 10　小型平板

注 1：较小平板不能同时显示超过 40 个规则拉丁字母，并且在标准规定范围以外。该定义仅用于位置测量的显示和选择。见 8.4.2。

注 2：当观察距离是 500 mm 的时候，1.6°相当于 14 mm，4.8°相当于 42 mm。

3.4.12

子像素　subpixel

一个像素中分别编址的内部结构，用于扩展像素功能。

注：一些包括初等颜色的子像素的样例会用于类半色灰度效应，而初等颜色子像素在一些彩色平板和多型亚像素中会使用到。初等子像素中的微结构有时会用于减小各向异性或者用于减小由于在平板中增加冗余而引起的错误显示。在 GB/T 20528 的这一部分里这些微结构仍然被称作亚像素。显示工程文献经常会使用术语“点(dot)”，这一术语在 GB/T 20528 的这一部分中没有使用。

3.4.13

像素缺陷　pixel faults

3 种局部缺陷类型分为 1、2 和 3 类，见表 2 和表 3。

表 2　像素缺陷

缺陷种类	描　　述
第一类	像素始终处于高亮状态 (当系统命令＝最小亮度)($L>0.75L_X+0.25L_N$)
第二类	像素始终处于低亮状态 (当系统命令＝最大亮度)($L<0.75L_N+0.25L_X$)
第三类	像素或子像素处于非正常状态，但不是第一类或第二类
缺陷簇	在 5×5 的像素块区域内有两个或以上的像素或子像素发生缺陷

L——像素的亮度。

L_X——对最大亮度命令的平均像素响应(例如，白色)。

L_N——对最小亮度命令的平均像素响应(例如，黑色)。

表 3 缺陷等级的定义

每一类缺陷在每兆像素中的最大数					
等级	第一类	第二类	第三类	比单个第一类或第二类缺陷更多的缺陷簇	第三类缺陷簇
一	0,000	0,000	0,000	0,000	0,000
二	2,000	2,000	5,000	0,000	2,000
三	5,000	15,00	50,00	0,000	5,000
四	50,00	150,0	500,0	5,000	50,00

3.4.14

半透反射式显示器 transflective display

通过半透反射器以反射方式和透射方式对光源的光进行调制的显示器件。

[IEC/SC 47C(中心办公室)3,2.15]

3.4.15

透射式显示器 transmissive display

对外光源透射光调制的显示器。

注：如果显示器含有内置光源,GB/T 20528 的本部分将这种显示器视为反射式显示器,而不是半透射式或透射式。

[IEC/SC 47C(中心办公室)3,2.16]

3.4.16

视场 viewing area

有效区域加上邻近的能够显示永久性的视觉信息或者显示背景信息的区域。

[IEC/SC 47C(中心办公室)3,2.18]

3.5 字母数字符号

注：为遵守指导原则,如合适 GB/T 20528 的该部分值得与 ISO 9241-3 保持定义一致。这里的定义和 ISO 9241-3 中定义的相同。如果与原来的定义有差别,这里新的定义会在后面跟着注释“改自 ISO 9241-3……”。定义的差别是基于对全像素间隙的使用的,并依照此去判断对象大小的。具有显示超过一种字符字体能力的显示器在现在是非常普遍的。这种变化的负面影响是容错能力降低了,但是这样一来未通过复杂的实验室工作就能评估多种字体的显示状况。

3.5.1

防畸变字体 anti-aliased font

利用某种技术平滑字符边缘的字母数字字符。

[ISO 9241-3:1992,2.2]

3.5.2

字符间隔 between-character space

在整个像素空间中水平方向上相邻的字符最近点之间的距离。

注 1：字符间间隔用像素表示。

注 2：改自 ISO 9241-3:1992,2.3。

3.5.3

行间隔 between-line spacing

竖直方向上相邻的字符在全像素间隙中最近点之间的距离。

注 1：行间间隔用像素表示。

注 2：改自 ISO 9241-3:1992,2.4。

3.5.4

字间隔　between-word spacing

水平方向上相邻的词在全像素间隙中最近点之间的距离。

注 1：字间隔用像素表示。

注 2：改自 ISO 9241-3:1992,2.5。

3.5.5

字符格式　character format

用于构成单个字符的矩阵中，水平的和竖直的元素(像素)的个数。

注 1：字符格式的用像素表示。

注 2：改自 ISO 9241-3:1992,2.7。

3.5.6

字符高度　character height

距离 Ψ，与定义的弧角类似，是在全像素间隙中无重读大写字母“H”从上边沿到下边沿的距离。

注 1：字符高度用度表示。

注 2：改自 ISO 9241-3:1992,2.8。

$$\Psi=\frac{180\times 60\times V_{\text{pitch}}\times N_{\text{H,Height}}}{\pi\times D_{\text{view}}} \qquad (16)$$

$$\approx\frac{3\,438\times V_{\text{pitch}}\times N_{\text{H,Height}}}{D_{\text{view}}} \qquad (17)$$

注 3：式(16)和式(17)中使用到的单位是“分(′)”。分通过因子(1/60)完成到度的转化。度通过因子(π/180)完成到弧度的转化。

3.5.7

字符宽度　character width

无重读大写字母“H”(衬线除外)的最宽部位的边沿之间的距离，通过全像素间隙测量。

注 1：字符宽度用像素表示。

注 2：改自 ISO 9241-3:1992,2.10。

3.5.8

字符宽高比　character width-to-height ratio

字符宽度和高度之间的比率。

注：字符宽高比用像素表示。

[ISO 9241-3:1992,2.11]

3.5.9

笔划宽度　stroke width

字符笔画的水平和竖着的边沿到边沿距离的平均尺寸，由其中每一个笔划的全像素和平均像素间隙数量决定。

注：笔划宽度由像素表示。

3.5.10

清晰度　legibility

由明确识别单个字符的能力或者识别在非上下文格式中出现的单个符号的能力来表示。

3.5.11

可读性　readability

在显示器上显示文字特征能够被辨认和解释的能力。当成组的字符比较容易被鉴别出来的时候，显示器可以有效工作。

3.5.12

字符高度数 character height number

$N_{H,Height}$，在无重读标记，大写的字符“H”的高度内像素的数量。

注：字符高度数由像素表示。

4 符号

主要符号和单位见表4，其他变量见表5和表6。

表4 主要的符号和单位

符号	名称/描述	单位
AMP_n	$\frac{2\times\lvert C_n\rvert}{C_0}$	1
c_0	平均时间下暗室的亮度	坎德拉每平方米(cd/m^2)
$Class_{pixel}$	像素缺陷等级，见7.20	
$Class_{Reflection}$	反射等级，见7.17	
$Class_{Viewing}$	观察方向范围等级，见7.2	
C_m	对比度调制度	1
c_n	第n个复合傅立叶系数(在基频上展开，为基频倍数)	坎德拉每平方米(cd/m^2)
CR	对比率	1
D_{active}	屏幕有效区域对角线	毫米(mm)
$D_{design\ view}$	视距设计(特定)	毫米(mm)
D_{view}	测量仪器光瞳入口和屏幕目标对象之间的距离。观察者鼻梁到屏幕中心的距离	毫米(mm)
E	照度	勒克斯(lx)
E_a	工作区中，屏幕上来自环境光线的光的照度	勒克斯(lx)
E_{obs}	观测到的视网膜的照度	td
E_{pred}	闪烁发生时的视网膜照度(在特定频率下)	td
E_s	屏幕照度设计	勒克斯(lx)
FFT(v)	记录向量的快速傅里叶变换	1
f_n	n倍基频	赫兹(Hz)
H_{pitch}	水平像素点距	毫米(mm)
h_{uv}	色角	度(°)
H_{view}	有效区域的高度	毫米(mm)
L^*	亮度	1
L_1	第一亮度[$L_{dark,HS(CL-0)}$]	坎德拉每平方米(cd/m^2)
L_2	第二亮度[$L_{dark,HS(CL-0)}$]	坎德拉每平方米(cd/m^2)

表 4（续）

符 号	名称/描述	单 位
$L_{E_a,\mathrm{taskarea}(TA-n)}$	有工作场所的环境光线影响，一个任务区域的区域亮度（第 n 个）	1
$L_{\mathrm{FPA}(t)}$	帧周期平均亮度时间响应功能	
$L_{\mathrm{level,max}}$	在任何测试位置的任何测试方向上用亮度码等级表示的最大亮度值	坎德拉每平方米（cd/m^2）
$L_{\mathrm{level,min}}$	在任何测试位置的任何测试方向上用亮度码等级表示的最小亮度值	坎德拉每平方米（cd/m^2）
$L_{\max}$	最大连续亮度值	坎德拉每平方米（cd/m^2）
$L_{\min}$	最小连续亮度值	坎德拉每平方米（cd/m^2）
$L_{\mathrm{REFEXT\text{-}I}}$	对扩展反射光源亮度等级的评估，第一类和第二类	坎德拉每平方米（cd/m^2）
$L_{\mathrm{REFEXT\text{-}III}}$	对扩展反射光源亮度等级的评估，第三类	坎德拉每平方米（cd/m^2）
$L_{\mathrm{REFSML\text{-}I}}$	对小型反射光源亮度等级的评估，第一类和第二类	坎德拉每平方米（cd/m^2）
$L_{\mathrm{REFSML\text{-}III}}$	对小型反射光源亮度等级的评估，第三类	坎德拉每平方米（cd/m^2）
N_{H}	屏幕上像素列的数目	1
$N_{\mathrm{H,Width}}$	无重读标记大写的字符“H”在宽度方向上像素的数量	像素(pixels)
$N_{\mathrm{H,Height}}$	无重读标记大写的字符“H”在高度方向上像素的数量	像素(pixels)
$N_{\mathrm{H,hz\_stroke}}$	无重读标记大写的字符“H”的水平笔划的像素的数量	像素(pixels)
$N_{\mathrm{H,vt\_stroke}}$	无重读标记大写的字符“H”的竖直笔划的像素的数量	像素(pixels)
N_{V}	屏幕上像素行的数目	1
q	亮度系数	sr^{-1}
r	反射光源出口处的半径	毫米(mm)
$S_{E_s,E_s}(\lambda)$	屏幕亮度设计的光谱分布，E_s	1
T	刷新周期	毫秒(ms)
t_1	$L_1-0.1(L_1-L_2)$的时间，从状态 1 到状态 2	毫秒(ms)
t_2	$L_1-0.9(L_1-L_2)$的时间	毫秒(ms)
t_3	$L_1-0.1(L_1-L_2)$的时间，从状态 2 到状态 1	毫秒(ms)
t_4	$L_1-0.9(L_1-L_2)$的时间	毫秒(ms)
Tol	容限	1
u',v',u'_n,v'_n $u'_{E_s,E_s},v'_{E_s,E_s}$	CIE 1976 均匀色度图(UCS)值，下标 n 是指“特定的白光无色差激励”，另外 E_s,E_s 是指屏幕亮度设计	1

表 4（续）

符　号	名称/描述	单　位
V_{pitch}	水平像素点距	毫米(mm)
W_{view}	有效区域宽度	毫米(mm)
X, Y, Z, X_n, Y_n, Z_n $X_{E_s, E_s}, Y_{E_s, E_s}, Z_{E_s, E_s}$	下标 n 是指"特定的白光无色差激励",另外 E_s, E_s 是指屏幕亮度设计。这些符号代表这种颜色激励的三色激励值	坎德拉每平方米 (cd/m^2)
x, y, z, x_n, y_n, z_n $x_{E_s, E_s}, y_{E_s, E_s}, z_{E_s, E_s}$	色度坐标:每一个三色激励值和他们总和的比率。下标 n 是指"特定的白光无色差激励",另外 E_s, E_s 是指屏幕亮度设计	1
Y, Y_n	2°、1931 三色激励值。下标 n 是指"特定的白光无色差激励",另外 E_s, E_s 是指屏幕亮度设计	坎德拉每平方米 (cd/m^2)
z	发光时,光源出口到标准漫反射体之间的距离	毫米(mm)
ΔE^*_{uv}	1976 CIE L^* u^* v^* 色差。CIELUV 第 1 到第 4 对象	—
$\Delta u'v'$	2 对象之间的均匀色差。与亮度变量之间最多允许 1°的差别	1
α	屏幕倾角	度(°)
β	亮度因子(镜面反射时) 注:正＝镜面,镜面反射	1
β_{STD}	实验室环境下标准镜面反射体的亮度因子	1
ϕ	方位角	度(°)
ϕ_D	设计方位角(90°或 270°)	度(°)
Ψ	无重读大写字母"H"的高度	度(°)
ϕ_C	临界方位角	度(°)
ρ_{STD}	在实验室环境下,标准漫反射体的漫反射因子	1
θ	倾斜角	度(°)
θ_D	设计倾斜角	度(°)
θ_{range}	倾斜角范围	度(°)
$\theta_{rangemax}$	最大倾斜角范围	度(°)
$\theta_{rangemin}$	最小倾斜角范围	度(°)
′(表示大小)	可在特定观察距离观察时,可视对象的弧角值见 3.3.2	分(′)
°(表示大小)	可在特定观察距离观察时,可视对象的弧角值见 3.3.2	度(°)

表 5　设定符号格式:$A_{B,C(D)}(E)$

位置	说　明	例子	例子的说明
A	物理量	Y	亮度
B	亮度条件	S-SML	小型镜面反射光源条件下的亮度
C	测量对象	HS	测量平板的高状态
D	测量部位	CL-2	在中心部位,测量第 2 类角
E	三色激励曲线或者光谱波长	410	波长 λ=410 nm

注:如果位置 E 可以忽略,不使用这一位置或者可以参考 $V(\lambda)$-校正数值(＝Y)。

表 6 符号和下标列表

位置	符号	说明
A	Y	中间亮度值
A	L	最终亮度值
A	R	反射计值(详情见 ISO 9241-7)
A	S	光谱值
A	q	亮度系数
A	u'	在 CIE 1976 均匀色度图(UCS)中的色度坐标
A	v'	在 CIE 1976 均匀色度图(UCS)中的色度坐标
A	$\Delta u'v'$	在 CIE 1976 均匀色度图(UCS)中的均匀色差
A	β	亮度因子
B	DIFF	实验室条件下的漫反射光源的亮度
B	S-SML	实验室条件下的小型镜面反射光源的亮度
B	S-EXT	实验室条件下的扩展镜面反射光源的亮度
B	dark	暗室条件
B	Es	转化为屏幕亮度设计 Es 条件
B	Ea	在工作区的屏幕亮度 Ea
B	REFEXT-Ⅰ	转化至强光源条件,第一类和第二类
B	REFSML-Ⅰ	转化至弱光光源条件,第一类和第二类
B	Es+REFEXT-Ⅰ	转化至屏幕亮度设计和强光源的模拟方式,第一类和第二类
B	Es+REFSML-Ⅰ	转化至屏幕亮度设计和弱光源的模拟方式,第一类和第二类
B	REFSML-Ⅲ	转化至强光源条件,第三类
B	REFEXT-Ⅲ	转化至弱光源条件,第三类
B	Es+REFEXT-Ⅲ	转化至屏幕亮度设计和强光源的模拟方式,第三类
B	Es+REFSML-Ⅲ	转化至屏幕亮度设计和弱光源的模拟方式,第三类
B	Ea+AMBLUM	在真实的工作区里环境亮度和全反射光源的联合光
C	HS	高状态中的平板,光度计集中在平板上。在文字表述中,HS 和 LS 是两种在文本中使用的颜色,例如,HS 和 LS 可以是除了白色和黑色以外的颜色
C	LS	低状态中的平板,光度计集中在平板上。在文字表述中,HS 和 LS 是两种在文本中使用的颜色,例如,HS 和 LS 可以是除了白色和黑色以外的颜色
C	HS-F_EXT	高状态中的平板,光度计聚焦于扩展光源的出口处
C	LS-F_EXT	低状态中的平板,光度计聚焦于扩展光源的出口处
C	HS-F_SML	高状态中的平板,光度计聚焦于小型光源的出口处
C	LS-F_SML	低状态中的平板,光度计聚焦于小型光源的出口处
C	HS-OFF	高状态中的平板,背景光处于关闭状态。只应用于某种特定类型的显示器
C	LS-OFF	低状态中的平板,背景光处于关闭状态。只应用于某种特定类型的显示器
C	OFF	平板关闭

表 6（续）

位置	符号	说明
C	level	在特定纯亮度编码等级上的平板，编号为 1…n
C	level-OFF	在特定纯亮度编码等级上的平板，背景光关闭。只应用于某种特定类型的显示器
C	DIFF	实验室条件下的漫反射光源
C	S-SML	实验室条件下的小型漫反射光源
C	S-EXT	实验室条件下的扩展漫反射光源
C	HS-MIN	高亮度状态下的最小亮度需求
C	Task area	使用显示器的过程中经常会观察到的工作区域(例如文档和封面等)
C	dSTD	实验室条件下的标准漫反射体
C	sSTD	实验室条件下的标准镜面反射体
C	aSTD	实验室条件下的标准校准检查
C	Colour-n	显示颜色 n 的平板
C	Colour-n-OFF	在显示特定颜色 n 的平板上，背景光关闭。只应用于某种特定类型的显示器
C	Es	和位置 A=X,Y,Z 一起使用，是指 X,Y,Z 代表的屏幕亮度设计的三色激励值
D	HL-n	高测量位置，n=0…7
D	LL-n	低测量位置，n=0…7
D	CL-n	中央测量位置，n=0…7
D	CL-nS	中央测量位置，n=0…6。在镜面反射测量中使用
D	CL-nD	中央测量位置，n=0…6。在漫反射测量中使用
D	dSTD-nSm	标准漫反射体的校准测量位置，n=0…6，m=15,30,45
D	Lg	测量镜面反射光源的亮度的位置
D	TA-n	工作区域位置，n=min,max
D	T-n	测量位置容限，n=1…4
D	PL-n	测量位置的电势，n=11,19,91,22,33,44,55,66,77,88,99
D	m,n	两个位置的联合，在均匀介质计算中使用(例如 CL1,CL2)
E	X	为 CIE 1931 中三色激励坐标 X 而使用的平衡功能坐标。在三色激励分析中使用
E	Y	为 CIE 1931 中三色激励坐标 Y 而使用的平衡功能坐标。在三色激励分析中使用
E		如果 E 被忽略，则假设平衡功能 V(λ)
E	Z	为 CIE 1931 中三色激励坐标 Y 而使用的平衡功能坐标。在三色激励分析中使用
E	400,410,…700	波长值为 400,410,…,700。在光谱分析中使用

5 指导原则

视觉显示工作系统是一个集成的整体，它包括平板显示器和其他硬件(键盘，点击设备等等)、工作环境、工作结构以及其他因素。平板的特征必须和工作系统中的其他元素联系起来考虑，而不能孤立地作为视觉显示的需求集合进行考虑。

设计元素时常相互影响，以致改善了其中一个的同时使另外一个恶化。例如，在多色平板显示器中，在可用颜色的调色板和在观察方向上的恒常颜色呈现的稳定性会有权衡。这种权衡宜达到可接受的水平。

为了保证平板显示器在工作环境里的观察效率，图像质量必须比单个激励阈值要明显高一些。

GB/T 20528 本部分的建议将这一点也考虑进来。

这里提出许多建议是基于上面段落要点里的性能指标的,一些建议和要求是基于用户舒适度的。

应用元素,一般包括在软件里,并不能孤立地对硬件元素进行判断。编码和字符格式对硬件能力和硬件能力的兼容应用有要求。

6 性能要求

GB/T 20528 本部分的目的是在基于平板的视觉显示单元(VDU)上显示的使用中图像的清晰度,可读性和舒适性。见 GB/T 20528 本部分第 9 章的符合性说明和第 3 章的定义。

注:术语清晰度和可读性在 ISO 9241-3 中也使用了。一些研究也会为了其他目的使用相同的术语。

7 设计要求和建议

7.1 视距设计

视距设计 $D_{design\ view}$,应不小于 400 mm,但是对某些应用来说,视距设计(例如,触摸屏的软键盘标记)可以减少到 300 mm。

为了与 ISO 9241-3 内容中的办公室工作部分相一致,必须遵守 ISO 9241-3:1992 中 5.1 视距设计部分的建议。

工作站的需求是 ISO 9241-5 中的主题。但无论如何,在实际工作地点,设计必须允许显示器在视距设计上使用。如果任务需要大量的阅读资料,则设计,应用和工作地点必须与在某个特定距离观察的显示器相一致。对这一特定距离的要求是,字符高度 Ψ 满足 7.6 中“20′～22′(亚洲字符是 30′～35′)”的建议。图 11 中显示了这一关系。

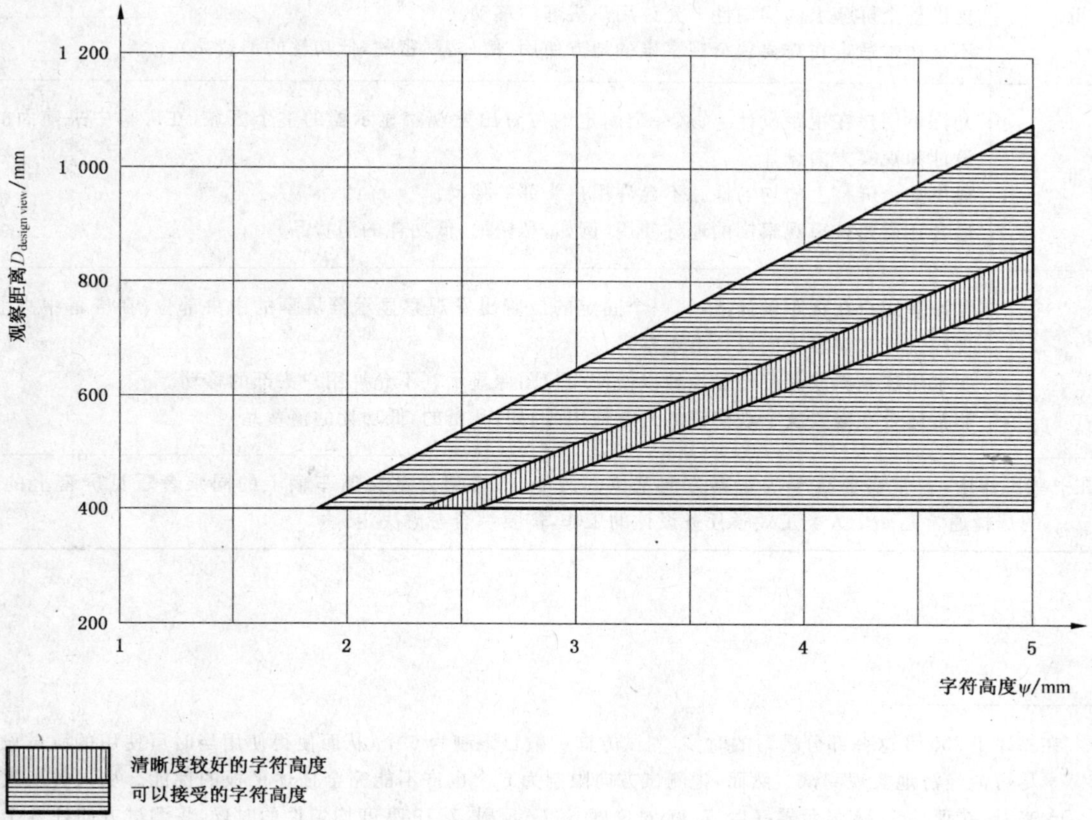

图 11 视距-字符大小关系图

7.2 观察方向设计

在观察方向的相关范围内,显示器必须满足所有光学需求。供应商必须指定一个观察方向设计(θ_D,Ψ_D)以及倾斜角范围 θ_{range}。

倾斜角范围 θ_{range},必须大于某个值以与视距设计 $D_{design\ view}$ 相符合,并且使字符高度 $\Psi=22'$。设计倾斜角度 θ_D 必须大于 0°(对称观察锥情况),而且 θ_D 必须比 $40°-\theta_{range/2}$ 要小(避免测量角度落在 80 °观察锥外侧)。见图 12。

注 1:参考 θ_D 的定义。θ_D 只能在 0 °～90 °的范围内。观察锥 θ_{range} 是在 0 °～108 °的范围内。

当供应商试图使屏幕的上部比屏幕的下部更接近用户眼睛时,设计方位角 ϕ_D 应为 90 °;当使屏幕的下部比屏幕的上部更接近用户眼睛时,应为 270 °。见图 13。

在测量中使用了 6 个方向。见 8.4.1。[1)]

为容易理解,为观察方向范围($Class_{Viewing}$)定义了 4 个视觉性能等级并且也在其他需求中提出了(见表 7)。

表 7 观察方向范围等级 $Class_{Viewing}$

$Class_{Viewing}$	描 述
Ⅰ	允许多用户在视距设计上,在小于 80 °的观察锥内,以及在任意观察方向上观察显示器的整个区域,并且没有任何视觉性能损失。 提供整个屏幕上的均匀性。允许用户头部的移动。 不适于在需要狭窄观察锥的地方使用(例如,私密的,低功耗的消费品)。
Ⅱ	允许单用户在视距设计上,从屏幕前的任意方向观察显示器的整个区域。 提供整个屏幕上的均匀性。允许用户头部的移动。 不是非常适合在需要狭窄观察锥的地方使用(例如,私密的,低功耗的消费品)。
Ⅲ	允许单用户在视距设计上,从一个固定的位置出发观察显示器的整个区域(在屏幕中央前面的视距设计和观察方向设计)。 提供整个屏幕上的均匀性。不允许用户头部的移动。 适合在需要狭窄观察锥的地方使用(例如,私密的,低功耗的消费品)。
Ⅳ	允许单用户在视距设计上,从一个固定的位置出发观察显示器屏幕的中央部位(在屏幕中央前面的视距设计和观察方向设计上观察)。 要求用户倾斜或者旋转显示器以便使均匀图像显示。不允许用户头部的移动。 非常适合在需要狭窄观察锥的地方使用(例如,私密的,低功耗的消费品)。
在一些工作中,非常需要狭窄的观察方向范围。例如,不希望公共交通车辆上的同乘者看见屏幕上的信息。$Class_{Viewing}$ 的选择通常是一个人类工效学任务设计的工作,需要综合考虑决定。	

1) 在 GB/T 20528 这一部分撰写的时候,测试方向的数目限制为 6 个,从而使得使用当时可使用的测试设备和技术尽可能经济地实现测试。然而,把测试方向限制为 6 个也许不能完全描述平板的性能。从人类工效学的观点来看,在评估 7.14 显示器亮度、7.15 对比度、7.17 反射、7.19 亮度均匀性的时候,将测试方向往 6 个以上扩展对平板评估来说也许是有用的。相关的方位角范围和倾斜角范围依赖于任务本身、观察距离、屏幕大小和并存的用户数量。

图中的箭头是指头部可能移动的方向。

定义了 4 个等级的 $Class_{Viewing}$，Ⅰ～Ⅳ。相关的观察方向范围依赖于针对具体工作的设计，例如观察区域的大小，观察距离以及有多少用户需要移动他们的头部同时仍然保持可以接受的清晰度和观察性能。GB/T 20528 本部分定义了针对不同变量的不同观察方向的边界，例如对比度和色度均匀性差别。

为了使人类工效学设计工作可能进行，制造商必须在用户手册中报告或者通过具有同样效果的方式报告显示器的 $Class_{Viewing}$。

图 12 观察方向范围

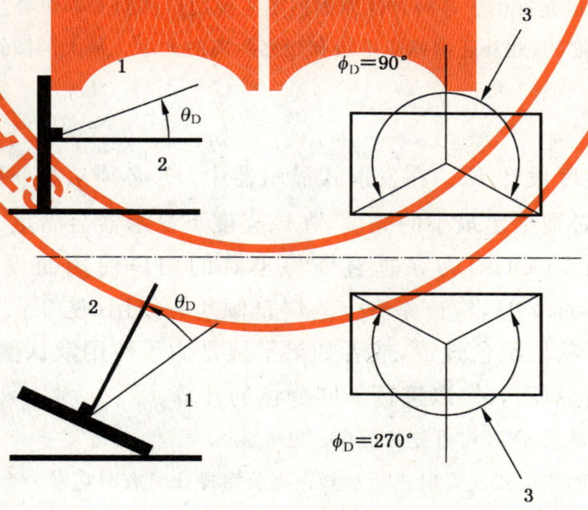

说明：

1——视线；

2——法线；

3——相关方位角。

图 13 相关方位角范围

图 14 是测试方向的图示说明。在图 14，图 30 和表 33～表 35 的例子中使用的资料是相同的。

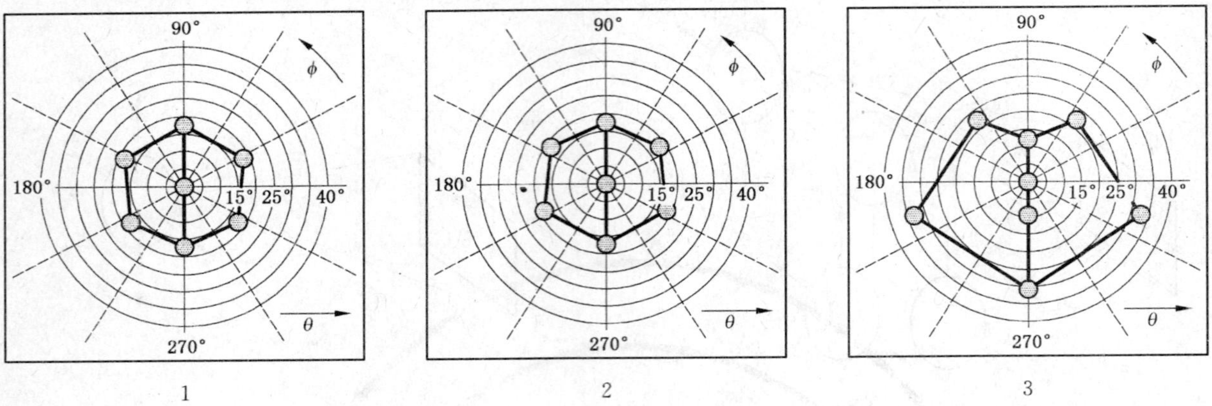

说明：

1——定向远景，$\phi_D=90°$，$\theta_D=0°$，$\phi_C=63.4°$（表 33）；

2——定向远景，$\phi_D=270°$，$\theta_D=0°$，$\phi_C=63.4°$（表 34）；

3——定向近景，$\phi_D=270°$，$\theta_D=10°$，$\phi_C=71.6°$（表 35）。

图 14 测试方向的例子

注 2：影响用户对设计方位 ϕ_D 偏好的关键因素为闪光度、亮度和对比度。各向同性发射式显示器的 ϕ_D 通常是 270°（因为用户会尝试用照明装置避免反射闪光）。各向同性的反射型显示器的 ϕ_D 通常是 90°（因为用户会尝试使亮度最大化）。各向异性显示器的 ϕ_D 是对比度和亮度足够大但是反射闪光足够小的一个角度（因此 ϕ_D 高度依赖于显示器技术和亮度工作环境）。

注 3：对于单用户的清晰度来说，当大于 80°时，就不能再增加 θ_{range} 的值了。对于所有显示器和打印材料来说，倾斜角增加的时候，字符在几何上会显得短一些。在 40°的时候，一个字符的显示大约会短 25%。例如，一个 16′的字符，以 40°的倾斜角观察，就会缩短到 12′。没有必要对比较大的倾斜角要求各向同性，甚至显示出现更严重的错角观察错误。当多观察者使用单个的显示器以及字符畸变不是主要问题的时候，以 80°观察锥以外的观察方向观察时，变量的独立性也许会很有用，但是这种情况没有在 GB/T 20528 的这一部分中出现。

注 4：选择倾斜角范围 θ_{range} 以允许由于各向异性原因但不需要用户移动头部便可合意使用显示器。最小的倾斜角范围是基于阅读舒适度的，此外还依赖于平板和观察距离的大小。最大的倾斜角范围依赖于对单个观察者而言的清晰度。

7.3 屏幕亮度设计

供应商必须指定屏幕亮度设计 E_s。在发射式显示器中，E_s 必须从 250 lx 到 750 lx。对于传输式和反射式显示器而言，供应商必须指定最小的亮度，在该亮度下显示器会满足 7.14 中的亮度的要求。

如果平板视觉显示单元（VDUs）为在垂直姿势坐着的用户使用而设计，默认的屏幕亮度，根据 ISO 9241-3$E=[250+(250\cos\alpha)]$lx，应该是在 α 为屏幕倾角时使用（见 3.4.10 对屏幕倾角的定义）。

如果某种应用正在使用默认颜色设置，或者如果平板是为了使用默认颜色设置而设计的，那么需要定义屏幕亮度设计的色度坐标 u'_s，v'_s 以进行不同颜色的计算。

注 1：为了满足辐射分布的要求，需要可重复的测量。见 8.3.3.4。

注 2：最小照度超过 750 lx 的传输式或反射式显示器在办公室操作时有时需要一个对象光源。

7.4 注视角和头部倾斜角

工作地点和平板视觉显示单元（VDU）的设计应该允许用户在观察方向设计（θ_D，ϕ_D）上观察屏幕。同时要求观察时满足注视角在 0°～45°之间，头部倾斜角在 0°～20°之间。

7.5 均匀色度差

均匀色度差的说明见图 15。

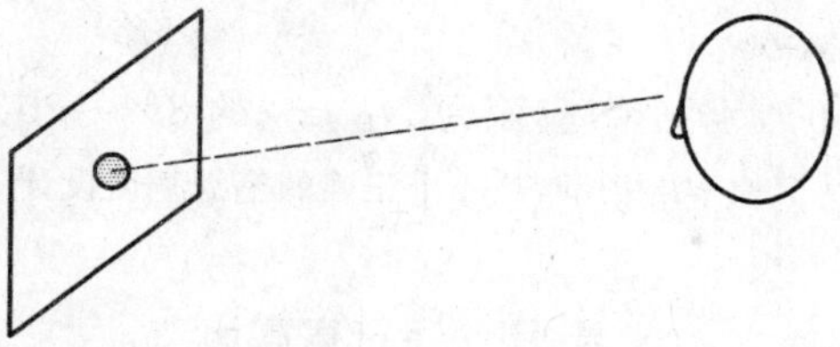

Ⅳ

对 7.2 观察方向设计的观察方向范围等级 $Class_{Viewing}$ Ⅳ而言，在屏幕上至少 3 个位置进行评估的时候，颜色的任何不均匀性都不应产生冲突性信号。根据任务的需要，会要求 $Class_{Viewing}$ Ⅰ，Ⅱ或者Ⅲ。

图 15　均匀色度差

最大色度差必须符合表 8 中给出的值。这些数据要求 7.25 中的默认颜色设置，建议所有应用都要符合这些数据。

表 8　最大色度差

$\dfrac{D_{active}}{D_{design\ view}}$ [a]	$\Delta u'v'$	
	每一个使用 7.25 中默认颜色设置的应用	任意基本颜色[b]
<0.75	0.02	0.02
≥0.75	0.03	0.03

a　D_{active} 是屏幕有效区域的对角线，$D_{design\ view}$ 是视距设计。

b　基本颜色是平板上不混杂的颜色，通常是红，绿，蓝。

注：这一要求不适合用于单色显示器。

7.6　字符高度

平板显示器必须有按照字符高度 Ψ（见表 9）显示字符的能力。字符高度为无重读大写字母 H 的像素个数 $N_{H,Height}$ 乘以竖直间距 V_{pitch}。见图 16 中的例子。

表 9　字符高度 Ψ

文字类型	清晰度的最小值	清晰度的最佳范围
拉丁字母	16′	20′～22′
亚洲字母	25′	30′～35′

在伴随任务而发生清晰度的应用时，可以使用较小的字符（例如注脚，上标，下标）。这个字符高度必须超过 10′，除非清晰度的损失是可接受的（例如，纸版输出预览）。

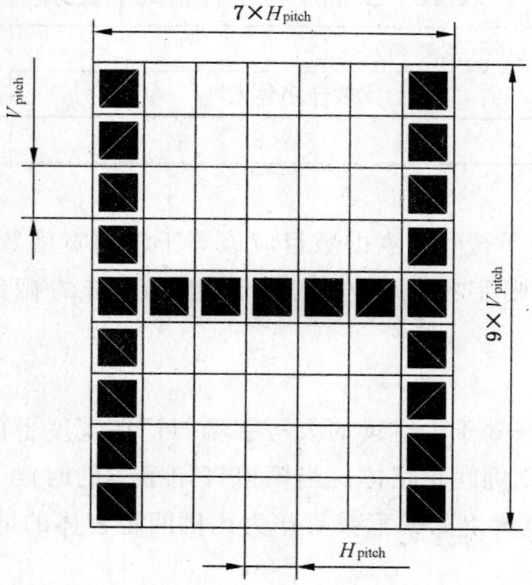

字符宽度＝$7H_{pitch}$。字符高度 $\Psi = N_{H,Height} \times V_{pitch}$，其中 $N_{H,Height} = 9$。

图 16　字符高度的例子

7.7 笔划宽度

对拉丁字符而言，一个笔划的像素个数应该为 $N_{H,Height}$ 的 8%～20%之间。

注：图 16 说明一个“H”中含有 9 个像素的例子，是一个正确的笔划宽度设计。(1 个像素等于 11%。)

7.8 字符宽高比

表 10 字符宽高比

文字类型	范围要求	最佳清晰度要求的范围
拉丁字符	0.5∶1～1∶1	0.6∶1～0.9∶1
亚洲字符	0.8∶1～1.2∶1	
对于拉丁字符而言，应该对无重读的大写字母“H”的这一比率进行判断。见图 16。		

7.9 填充因子

对平板显示器而言，在视距设计观察时，如果像素密度低于每度 30 个像素，那么填充因子应该超过 0.3。

注：当显示器用于临界亮度环境(不可控的闪光或者对比度失调)的时候，用户绩效在填充因子提高到 0.5 的时候能够得到持续改善。

7.10 字符格式

表 11 字符格式对拉丁、西里尔和希腊字母字符以及阿拉伯数字的要求

字符点阵(宽×高)		批注
数字和仅大写显示时的下限	文档阅读或者清晰度很重要时的下限	
5×7	7×9	见下文的限制和例外情况

如果使用了音标，字符矩阵必须增加至少 2 个像素以上。如果使用小写字母，字符矩阵必须减少至多 2 个像素，以适应小写字母中的下行字母。混合字体字母比仅大写体字母有更高的清晰度。

对于更高密度的字符矩阵而言，半字的像素数量必须遵守可打印文档的常规设计。对上标、下标以及分子和分母在单个字符位置上显示而言，一个 4×5(宽×高)的字符矩阵是其下限。这一 4×5 矩阵也能够用于显示与操作者工作无关的字母数字信息，例如版权信息。(见 ISO 9241-3:1992,5.8)。

像“W”这样的字符会比“H”宽。像“I,J,1”这样的字符则比它窄。

矩阵的判断都是在无重读的大写字母“H”上作出的。

表 12 亚洲字符字符格式的要求

字符矩阵(宽×高)		批注
字体大小的下限	最佳字体大小	
15×16	24×24	固定大小的字体

7.11 字符间距

对无截线的字符字体而言，字符间像素的数目应该等于笔划宽度数的最小值或者等于一个像素的最小值。如果字符带有截线，则字符间距应该等于相邻字符的截线之间的一个像素的最小值。(ISO 9241-3:1992,5.10)

7.12 字间距

词间像素数目的最小值应该等于无重读的大写字母“H”在宽度上的像素数目，除非字符字体被设计用于显示打印字体或使用了比例间距字体。当模拟打印字体的时候，也许能够使用在字体设计中使用的间距。建议将字符“N”在宽度上的像素数目作为比例间距字体的词间距。

7.13 行间距

一个像素的最小值应该等于文本中行与行之间的间距。这一区域可能不含有字符或半字，但是可能含有下划线。

7.14 显示器亮度

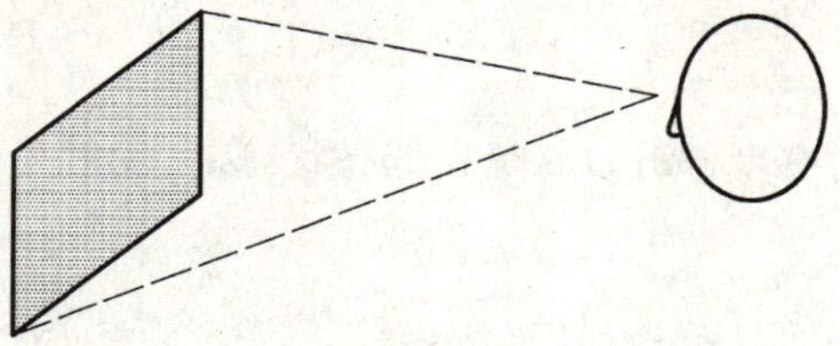

Ⅲ

在有环境亮度的情况下，在对屏幕上 3 个位置点对观察方向范围等级 $Class_{Viewing}$ Ⅲ(见 7.2)进行评估的时候，屏幕亮度应该超过视觉分辨力要求的最小值。根据任务需要，会要求达到 $Class_{Viewing}$ Ⅱ或 $Class_{Viewing}$ Ⅰ。

图 17 显示器亮度

信息的亮度(前景或背景)应该满足下面的不等式，在所有观察方向(见 7.2)上都应满足。

$$L_{HS} + L_D \geqslant 20 \text{ cd/m}^2 \qquad \cdots\cdots(18)$$

这里，L_{HS}是在高状态下，发射亮度部分。L_D 是漫反射光源的反射亮度部分。

扩展上式，

$$L_{E_s,HS(n)} \geqslant 20 \text{ cd/m}^2, n = CL-1\cdots CL-7, HL-1\cdots HL-7, LL-1\cdots LL-7 \qquad \cdots\cdots(19)$$

亮度需求是和对比度相关的[见 7.15，式(22)]。在大多数情况下，对比度的需求即表示较高的亮度，例如，需要 35 cd/m²。当亮度比 35 cd/m² 要低时，相应会需要对比调制度高于 0.5。图 18 是式(22)的图示说明。

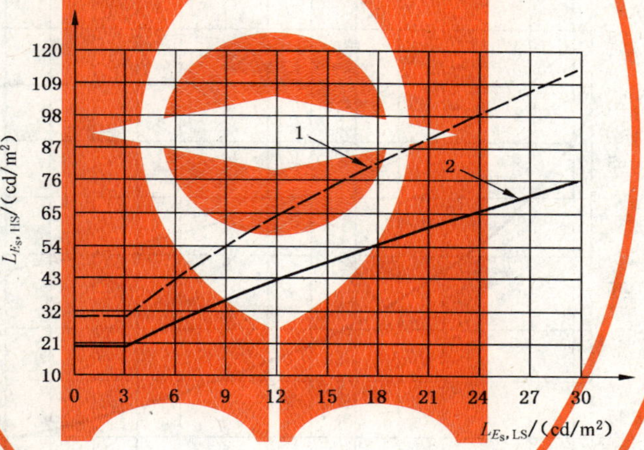

说明：

1——纯亮度编码的平板，较高的亮度等级。

2——所有平板。包括不是纯亮度编码的平板。

图 18 式(22)的图示说明

注：用户通常喜欢较高的显示器亮度等级(例如 100 cd/m²)，特别是在环境亮度比较大的条件下。

7.15 对比度

对比度的说明见图 19。

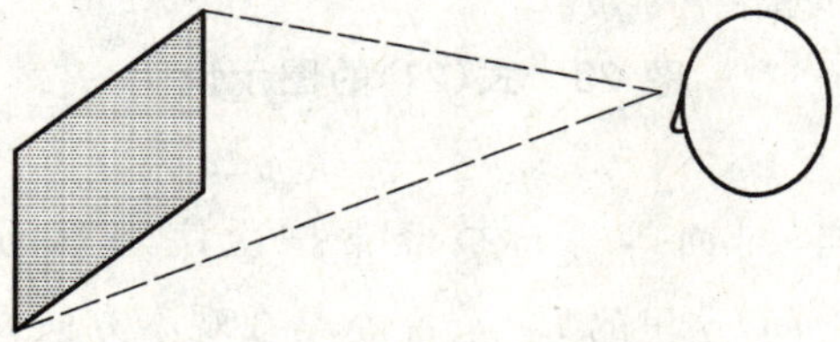

Ⅲ

在有环境亮度的情况下，在对屏幕上三个位置点对观察方向范围等级 $Class_{Viewing}$ Ⅲ(见 7.2)进行评估的时候，对比度应该超过良好视觉性能要求的最小值。根据任务需要，会要求达到 $Class_{Viewing}$ Ⅱ或 $Class_{Viewing}$ Ⅰ。

图 19 对比度

信息的对比度必须满足下面的不等式，且在所有观察方向(见7.2)上都必须满足。

$$\frac{L_{HS}+L_D}{L_{LS}+L_D} \geqslant 1+10\times(L_{LS}+L_D)^{-0.55} \qquad (20)$$

这里，L_{HS}是在高亮状态下，发射亮度部分；L_{LS}是在低亮状态下，发射亮度部分；L_D是漫反射光源的反射亮度部分。扩展上式：

$$C_m=\frac{L_{E_s,HS(n)}-L_{E_s,LS(n)}}{L_{E_s,HS(n)}+L_{E_s,LS(n)}} \geqslant \frac{5\times L_{E_s,LS(n)}^{-0.55}}{1+5\times L_{E_s,LS(n)}^{-0.55}},$$

$$n=CL-1\cdots CL-7, HL-1\cdots HL-7, LL-1\cdots LL-7 \qquad (21)$$

或者等价的对比度比率不等式：

$$CR=\frac{L_{E_s,HS(n)}}{L_{E_s,LS(n)}} \geqslant 1+10L_{E_s,LS(n)}^{-0.55},$$

$$n=CL-1\cdots CL-7, HL-1\cdots HL-7, LL-1\cdots LL-7 \qquad (22)$$

图20是对式(21)的图示说明。

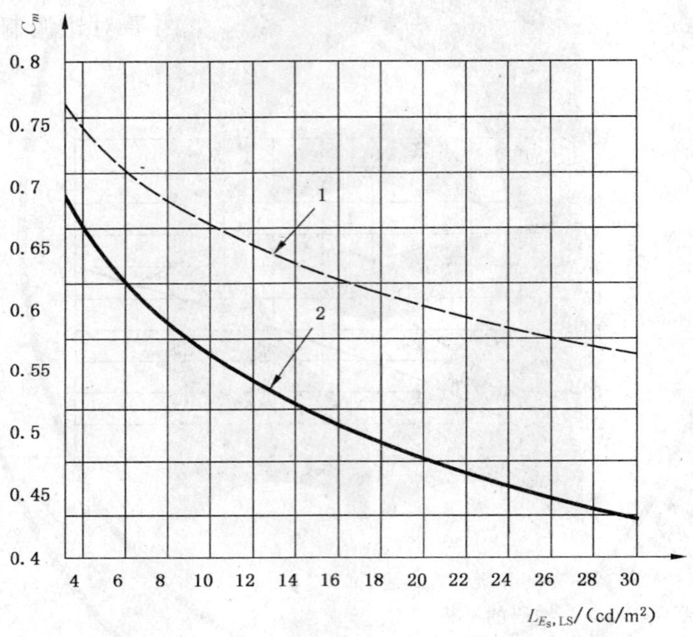

说明：

1——纯亮度编码的平板，较高的亮度等级。

2——所有平板。包括不是纯亮度编码的平板。

图20 式(21)的图示说明

7.16 亮度平衡

使用显示器时(例如文档，封面等等)，被经常按次序观察的任务区域的区域亮度必须在$0.1L_{E_s,HS(HL-7)}$～$10L_{E_s,HS(HL-7)}$之间，这里的$L_{E_s,HS(HL-7)}$是在观察方向设计上应用的显示器上使用的最高亮度状态的区域亮度。

7.17 反射

反射的说明见图21。

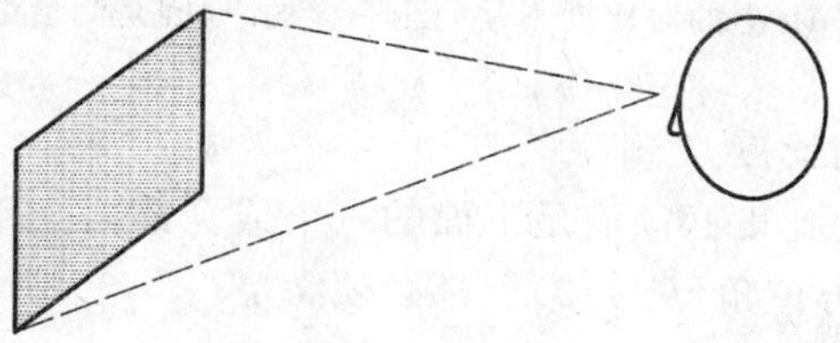

Ⅲ

在有环境亮度的情况下，在对屏幕上3个位置点对观察方向范围等级 $Class_{Viewing}$ Ⅲ（参见7.2）进行评估的时候，通过反射而显示的文本的对比度应该超过良好视觉性能要求的最小值，同时不希望出现的反射不应该超过舒适度的阈值。根据任务需要，会要求达到 $Class_{Viewing}$ Ⅱ或 $Class_{Viewing}$ Ⅰ。

图21　反射

供应商必须按照表13指定反射等级 $class_{Reflection}$，符合表13的要求则平板显示器可以满足7.17.1及7.17.2的要求。

本条款中的需求是基于ISO 9241-7中已经得到的研究结果的。

表13　反射等级的参考亮度 $class_{Reflection}$

$class_{Reflection}$	镜面反射光源的亮度，cd/m^2	环境[a]
Ⅰ	$L_{REFEXT\text{-}Ⅰ}=200$ 同时 $L_{REFSML\text{-}Ⅰ}=2\ 000$	适合通常的办公室使用
Ⅱ	$L_{REFEXT\text{-}Ⅰ}=200$ 或 $L_{REFSML\text{-}Ⅰ}=2\ 000$	适合大部分，但不是所有办公室使用
Ⅲ	$L_{REFEXT\text{-}Ⅰ}=125$ 或 $L_{REFSML\text{-}Ⅰ}=200$	要求特定的可控制的亮度环境

注1：在 $class_{Reflection}$ Ⅱ和Ⅲ中，评估15°或者1°孔径的光源中的一个。在 $class_{Reflection}$ Ⅰ中，两种光源都需要评估。

注2：除了对方位角和显示状态的考虑之外，反射的需求及测试方法和ISO 9241-7中是一样的。ISO 9241-7只对一种方位角和一种显示状态进行测试，这可以给CRT显示性能足够的合适的特性描写。GB/T 20528这一部分测试了6个方位角和2个显示器状态从而能够给平板显示器性能足够的合适的特性描写。

[a] 更多关于环境分类的信息，见ISO 9241-7。

7.17.1　出现反射时的对比度

出现反射时的对比度说明见图22。

为了得到足够好的对比度，下面的不等式必须满足在所有方位角观察的要求（见7.2）：

$$\frac{(L_{HS}+L_D+L_S)}{(L_{LS}+L_D+L_S)} \geqslant 1+10\times(L_{LS}+L_D+L_S)^{-0.55} \qquad \cdots\cdots(23)$$

这里，L_{HS} 是在高状态下，发射亮度部分；L_{LS} 是在低状态下，发射亮度部分；L_D 是漫反射光源的反射亮度部分；L_S 是镜面反射光源的反射亮度部分。

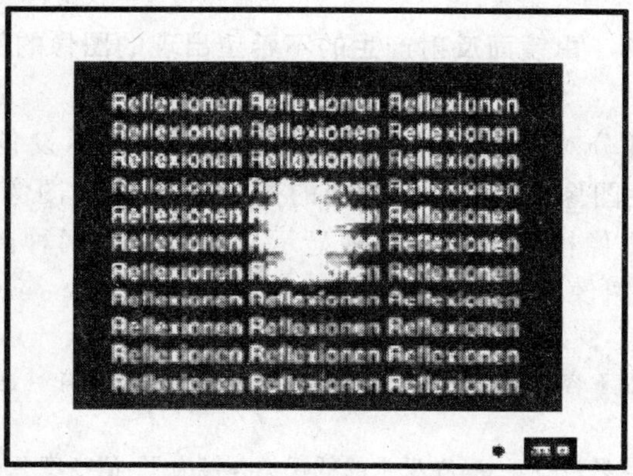

这一对象以反射方式显示从而保持清晰度。对比度是清晰度的度量。反射等级在平板显示需求和工作环境的光线需求之间建立了一个联系，这在ISO 9241-6中有定义。

图22　以反射方式显示时的对比度

注：本条款中出现的对比度与 7.15 中的对比度不是完全一样的，原因是测量细节有所不同(反射部分亮度 L_S 测量和几何测量)。

7.17.2 不希望出现反射时的对比度

不希望出现反射的图像的对比度必须满足下面的一个或全部两个不等式，满足平板制造商对极性的定义(见 7.18)。另外在所有方位角(见 7.2)上都必须满足。

正极性屏幕或应用：

$$\frac{L_{HS}+L_D+L_S}{L_{HS}+L_D}\leqslant 125 \qquad (24)$$

负极性屏幕或应用

$$\frac{L_{LS}+L_D+L_S}{L_{LS}+L_D}\leqslant 1.2+\frac{1}{15}\times\frac{L_{HS}+L_D}{L_{LS}+L_D} \qquad (25)$$

这里，L_{HS}是在高状态下发射亮度部分；L_{LS}是在低状态下发射亮度部分；L_D 是漫反射光源的反射亮度部分；L_S 是镜面反射光源的反射亮度部分。

注：这个概念并不复杂。上面两个不等式的左边是镜面反射图像与背景的对比度比率(例如，图 23 中的人脸)。对于正极性而言，能够接受的不希望出现的反射图像是所需信息独立的对比度(因此右边只是简单的数字)。在负极性屏幕的情况下，负极性图像的对比度会与不希望出现的图像相竞争(因此亮度比率在右边)。

说明：

1——背景；

2——不希望出现的图像(镜面反射)。

显示器显示了两行文字。用户的脸部非人为地反射在屏幕上，成为一幅与文字相竞争的图像。这里的目的是为了使反射图像的对比度足够低从而不与显示器上的信息构成竞争。

注：大亮度反射源，像脸颊；小亮度反射源，像边缘反射，例如眼镜边缘。这两种源都是我们所关心的。

图 23 由镜面反射产生的不希望出现的图像的例子

7.18 图像极性

在满足 GB/T 20528 本部分对图像极性的要求的平板视觉显示设备(VDU)上，任意一种图像极性，亮背景下的黑字符(正极性图像)，或者黑背景上的亮字符(负极性图像)实质上都是可以实现的。用户可以按照他们的喜好改变图像极性。如果一种显示器同时提供两种图像极性，它就必须同时满足 GB/T 20528 本部分对每一种图像极性的要求。

注：每一种图像极性都有优点。例如，

——在正极性下，镜面反射不容易被察觉到；很容易显示尖锐的边缘和并且达到亮度平衡。正极性适合在日常办公室工作中使用。

——在负极性下，闪烁不容易被察觉到；在反常的低视觉分辨力下，清晰度会比较高，而且会感觉字符比平常情况下要大一些。

7.19 亮度均匀性

亮度均匀性的说明见图 24 和表 14。

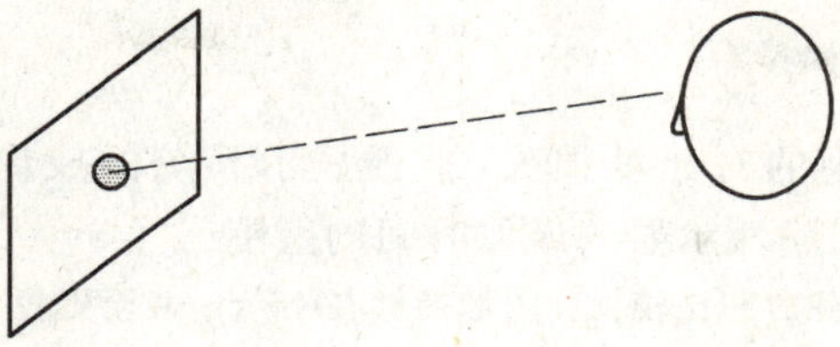

Ⅳ

屏幕在预期的均匀亮度情况下，在对屏幕上 3 个位置点对观察方向范围等级 $Class_{Viewing}$ Ⅳ(见 7.2)进行评估的时候，不均匀的亮度应该只在环境亮度中，并且不能超过降低视觉性能的阈值。根据任务需要，会要求达到 $Class_{Viewing}$ Ⅲ，Ⅱ或 $Class_{Viewing}$ Ⅰ。

图 24 亮度均匀性

表 14 亮度均匀性

在视距设计上与屏幕垂直测量对象间隔	要求亮度比例的最大值
7°≤角度间隔	1.7
5°≤角度间隔<7°	1.6
4°≤角度间隔<5°	1.5
2°≤角度间隔<4°	1.4
1.1°≤角度间隔<2°	1.3
依赖于对象的角度间隔，不均匀比例不能超过表中相应的数值	

注：在 8.7.19 人为亮度均匀性中定义的测试过程不是用于测试屏幕上所有的位置点的，它只用于测试 3 个位置点。这一测试仍然可以涵盖整个屏幕，原因是 8.4.2.4 附加位置点中为 3 个位置点的选择提供了足够多的附加选择要求，从而使其能够涵盖整个屏幕。

图像内容中不应该有非人为的亮度变量。在图 25 中给出的例子里，一个白色区域以图示方式显示。3 个圆环表示对象位置点，而不是设置的图像。理想状态下，位置点 91 和 55 的亮度是在 1 级上，同时位置点 11，19，99 则是在另外的亮度等级上。在一些平板中，位置点 11 的显示亮度会比 19 或 99 的更高。暗/亮区域可以对换，在这种情况下，类似的问题有时也会发生。这个问题有许多种表现形式。这只是其中较简单的一个。

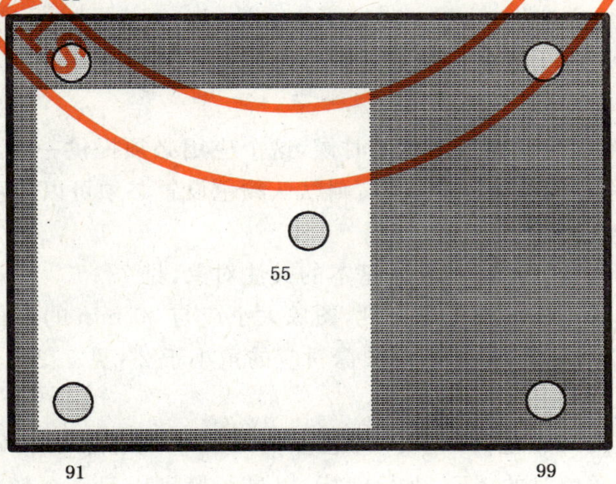

图 25 一种可展示在一些技术里图像依赖亮度变化模式的例子

7.20 像素缺陷

平板显示器必须处于缺陷等级 $Class_{Pixel}$ Ⅰ(见 3.4.13)。如果不是，供应商必须指明显示器的缺陷

等级 $Class_{Pixel}$。

7.21 成像时间

为了避免在迅速图像变化中的对比度损失，平板显示系统的成像时间应该比 55 ms 要少，参考 3.4.4。如果不是，供应商必须指明显示器的成像时间的范围。

注：一些液晶显示器(LCD)的成像时间比较长。图像能够在 16 ms 甚至更短的时间内电刷新一次，但是光学效应(亮度，颜色和反射度)的完全建立则会消耗超过 200 ms 的时间。这些显示器提供了许多很需要的特性，但是必须对应用中的运动效果的对比度的损失进行特别处理。这些运动效果包括闪烁或者迅速的光标移动。如果不加以处理，这种应用可能不能实现。

7.22 纯亮度编码

这一需求仅在使用纯亮度编码的应用中有效，参见 3.4.5。

在有环境亮度的情况下，在对屏幕上 3 个位置点对观察方向范围等级 $Class_{Viewing}$ Ⅲ(见 7.2)进行评估的时候，不同亮度编码等级之间的对比度必须超过良好视觉性能的阈值。根据任务需要，会要求达到 $Class_{Viewing}$ Ⅲ，Ⅱ或 $Class_{Viewing}$ Ⅰ。

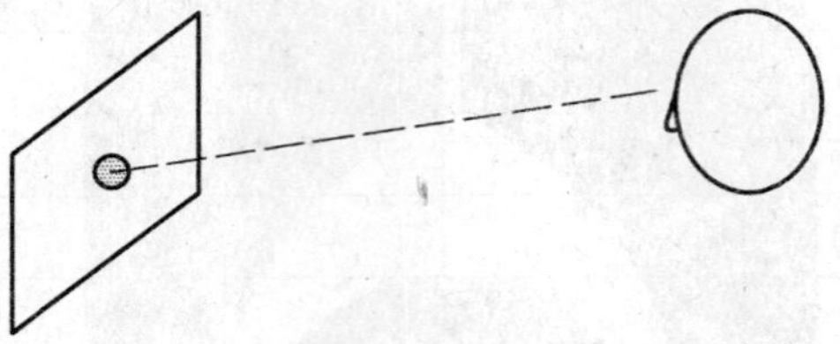

Ⅳ

图 26 纯亮度编码

相邻等级的区域亮度(包括环境光源的反射)之间的最高与最低亮度比必须超过 1.5。

7.23 闪烁编码

如果闪烁编码仅用于吸引注意力，则建议单个闪烁的频率为 1 Hz～5 Hz，占空比为 50%。如果闪烁的同时要求可读性，则建议单个闪烁的频率为 1/3 Hz～1 Hz，占空比为 70%。应该允许关闭光标的闪烁(ISO 9241-3:1922,5.22)。

如果使用了闪烁编码，相应平板显示器的成像时间应该比 55 ms 要少，见 3.4.4。

7.24 瞬时不稳定性(颤抖)

在至少 90%以上用户使用时，图像不会发生颤抖。

一个对平板显示器有用的判定方法，见附录 B。

注：附录 B 中的方法仅作为信息性摘要，它列出了直到最近出版了的研究成果。

7.25 默认颜色设置

当一个应用要求用户鉴别或者确定颜色的时候，这个应用必须提供一个满足本标准这一部分的要求的默认颜色设置。如果用户能改变颜色设置，则默认颜色设置必须可以是可回收或可恢复的。

7.26 多色彩对象的大小

对字符和其他的小型对象来说，清晰度是基本的关注对象，见 7.15。

对孤立的图像来说，需要精确的颜色确定度，图象大小应与 30 min 的角相对，最好为 45 min。

使用极限蓝色($v'<0.2$)时应该尽量避免图像对应的角小于 2°(见 7.28)。

7.27 色差

在默认设置中，一对不同的颜色(颜色对)的色差值 ΔE_{uv}^*。对于需要精确的颜色确定度的应用来说，必须对设置里的每一个颜色对的 ΔE_{uv}^* 进行计算，以进行鉴别。每一个颜色对必须在主要波长上有所区别从而减小在鉴别力上的损失，这种损失归因于无色差环境中的光线。

在性能是很关键的应用中，评估实际工作地点和确定色差和颜色均匀性之间的联系也许是有用的。在实例中，为了达到要求，色差必须超过 20，同时也要超过颜色的不均匀性(见 7.5)。

注：这一需求仅是为了观察方向范围等级Ⅳ而评估的。根据任务需要，会要求达到 $Class_{Viewing}$ Ⅲ，Ⅱ或 $Class_{Viewing}$ Ⅰ。

7.28 光谱极限颜色

表 15 给出了关于极限蓝色（$v'<0.2$）和极限红色（$u'>0.4$）使用建议。

表 15 光谱极限颜色

图像背景	建议	参考说明
正极性，无色差	在大多数工作中使用	ISO 9241-8
正极性，有色差	避免在红色上出现蓝色（$v'<0.2$） 见下面的注释 1，使用黑色或深灰色前景	眼睛视野的深度。 错误。不想要的立体视觉。 颜色鉴别。
负极性，无色差	避免蓝色（$v'<0.2$）； 避免红色（$u'>0.4$）	较差的清晰度。对文本显示来说：很难满足 7.15。 大约 8% 的用户在红绿颜色鉴别上有色弱。
负极性，有色差	避免在蓝色（$v'<0.2$）上出现红色（$u'>0.4$）。见下面的注释 1。	眼睛视野的深度。 错误。不想要的立体视觉。

注 1：红色（$u'>0.4$）和蓝色（$v'<0.2$）是效果最差的颜色对，但是任何其他的颜色对在原理上也可能诱发错误立体视觉。

注 2：这些问题在 ISO 9241-8:1997 中的 6.7，6.7.1，6.7.2，6.7.3 和 6.8 也有讨论。人类工效学的问题对平板来说是一样的，但对折中问题来说就不一样了。因此，建议仅是针对平板的。在平板上，饱和的红色、绿色和蓝色以及两两联合的黄色、青色、品红会显示出各向异性的最小值。这一效应比表 7 中引用到的问题更重要。当然，黑色上出现蓝色是不被允许的，除非能满足在 7.15 对比度中的条款。

7.29 颜色的数目

7.29.1 同时显示的颜色

当 7.25 默认颜色设置应用时，在一个显示器上同时显示的颜色的个数必须基于工作对性能的需求。特别是各向异性的平板，同时显示的颜色的数目必须减少。与 ISO 9241-8 类似，推荐最大值为 11 个颜色。在光学各向异性和颜色均匀性良好调谐的颜色的显示中，颜色数目也会减少。

7.29.2 颜色图像的视觉搜索

当需要基于颜色鉴别的快速视觉搜索时，使用的颜色不能超过 6 个。对于各向异性显示器而言，6 个也仍然过多。（见 ISO 9241-8:1997 中 6.9.2 颜色图像的视觉查询）。

7.29.3 内存中的颜色译码

如果一种颜色的设置中每一种颜色的含义都要从内存中调出，则使用的颜色不能超过 6 个。如果软件在某种超过 6 个颜色的设置中应用，则要求每一种颜色的含义都要从内存中调出，则这种软件应用必须要在每种颜色含义之间建立联系。

8 测量

8.1 概述

这些方法的提出是用来辅助实验室测试（供应商的研究所或者某个测试机构）的，从而判断某种特定的平板显示器在涉及到的范围内是否遵守本部分。这种方法实现的基础是这种方法可以在实验室内实现。7.4 注视角和头部倾斜角以及 7.16 亮度平衡这两个要求在没有实地测量的情况下不能充分评估。大部分的要求和软件及平板校准相关。本部分没有定义如何选择平板校准变量和软件去进行测试，而这个测试是要能代表实际使用的。必须在实验室测试中做出这个判定，并且要在测试报告中描述这个判定。

8.1.1 测量架构

测量架构包括如下几个方面：

——8.1 概述

——列出综述概要

——8.2 供应商要求

——加入评估决定中的供应商资料

——8.3 测试实验室的要求

——研究所，测量工具要求，还有一些校准方法。

——8.4 到 8.6 通用测试元素

——测量角度的定义。

——合并用于在超过一种需求评估上的测量过程。

——8.7 需求评估

——对是否满足条款 7 设计需求和建议中的需求进行评估。

8.1.2 测量程序

测量程序通常由下面几步组成：

a) 准备用于测试的仪器。

b) 进行部位筛选，选择最终的 3 个测量部位。

c) 在暗室中测量必须的变量。

d) 评估亮度系数 q。

e) 基于可用照度仪器的均匀性，计算容限，Tol。

f) 矫正每一次测量从而使照度条件标准化。

g) 依照矫正过的测量结果计算需要的从属变量。

h) 进行所有需要的设计分析。

i) 利用第 7 章中的需求对比第 g)步和第 h)步的结果。

j) 报告结果。

8.2 供应商要求

8.2.1 测试设备

供应商提供的设备包括平板显示器，足够的本地或远程作业设备、硬件、软件、防火墙和数据储存设备，控制器和/或数据发射和接收设备，这些要能够实现这个产品的最少一个代表性应用，另外还需要屏幕的光度计。

8.2.2 设备文档

提供的设备必须是文档化的。下面是典型的必需数据。原则是提供的文档要足够确定测试对象以及确定唯一测量图案使用。

a) 供应商的名字，地址等等。

b) 设备列表（显示器和其他进行符合性测试所必需的设备）。确认信息应该包括种类号码和相关的制造资料，例如版本（如果妥当的话），制造地点（如果妥当的话）以及其他制造资料。这些数据应该足够去完成唯一的测试设备确认。

c) 相关的 BIOS，OS 等的等级的确认信息。如果预料这些细节会影响到测试结果的话，就要提供。

d) 软件的确认信息，包括版本，供应商等等。这些资料应该足够完成唯一的测试软件确认。

e) 显示视觉测试对象时需要用到测试图像软件的确认信息。这些资料应该足够完成唯一的图像测试软件确认。

f) 在适用时，决定填充因子的图形（见 3.4.1 和 8.7.9）。

g) 分析所需的字符字体。

h) 默认颜色设置和相应的系统命令(见 7.25)。

i) 设置可以包括明亮度,对比度,参考白色和其他特定技术设定。相关设定的一个单次设置会在整个测试中使用。要求这个设置能够代表实际设定,这一实际设定是该产品期望运行的环境下的设定。

8.2.3 供应商声明的数据

以下数据应在用户手册(或等效的文档)和产品细节性能规格中声明:

a) 观察方向设计,$D_{design\ view}$(见 7.1)。

b) 设计倾斜角,θ_D(见 7.2)。

c) 设计倾斜角,$\phi_D=90°$或 270°(见 7.2 和 8.4.1)。

d) 只适用于反射性平板,待测设备 EUT 和漫反射光源之间的夹角,$\theta_{dI,g}$(见 8.3.3.4)。

e) 倾斜角范围 θ_{range} 的要求:

7.5 均匀色度差

7.14 显示器亮度

7.15 对比度

7.17 反射

7.19 亮度均匀性

7.22 纯亮度编码

(见 7.2 和 8.4.1)

f) 观察方向范围等级 $Class_{viewing}$ Ⅰ~Ⅳ的要求:

7.5 均匀色度差

7.14 显示器亮度

7.15 对比度

7.17 反射

7.19 亮度均匀性

7.22 纯亮度编码

(见 7.2 和 8.4.1)

g) 屏幕倾角 α(见 7.3)。

h) 屏幕亮度设计(见 7.3):

1) 亮度等级,E_s;

2) 颜色:由 CIE 指定的标准化亮度,或者使用备选方案:指定颜色坐标 x_{E_s,E_s} y_{E_s,E_s} 和亮度的光谱分布 $S_{E_s,E_s}(\lambda)$。

i) 反射等级 $Class_{Reflection}$ Ⅰ,Ⅱ或者Ⅲ(见 7.17)。

j) 图像极性,正极性和/或负极性(见 7.18)。

k) 如果等式(110)中的判定不能使用:

——参考白色,Y_n,u'_n,v'_n(见 3.2.1)。

l) 如果显示器不符合像素缺陷等级Ⅰ:

——像素缺陷等级,$Class_{Pixel}$ Ⅰ,Ⅱ,Ⅲ或者Ⅳ(见 7.20)。

m) 如果成像时间比 55 ms 长:

——成像时间 t(见 7.21)。

参考白色通常是表 16 数据中的一个。见 CIE 15.2:1986,1.1 和 4.1 中描述的有关其他颜色色温坐标计算的等式。

表 16　典型的参考白色点

色温	u'_n	v'_n
5 600 K	0,204	0,479
6 500 K	0,198	0,468
9 300 K	0,189	0,446

注：必须指定设置中的单个设定或多个设定，以及相应的条件，例如，屏幕亮度设计等级应指定相应的明亮度设置。

8.3　测试实验室的要求

8.3.1　实验测试设备

实验室环境必须满足表 17 所述要求。

表 17　试验环境

条　件	要　求	注　释
暗室中屏的照度	$<$2 lx	在屏幕中心测量
实验室温度	23 ℃±4 ℃	在平板附近测量
实验室相对湿度	10%～85%	没有对空气进行压缩
大气压力	70 kPa～110 kPa	在低于海拔 3 000 m 处测量

如果实验仪器的一部分在测试过程中会影响屏幕的亮度(举个例子来说，被便携式笔记本电脑键盘所反射的光线)，那么就需要充分覆盖这些部分，例如，用一块黑色的布。

8.3.2　受测设备

正在被测试的平板显示单元需要在物理上做好被测试的准备。当被制造商特别指出时，就需要用特定的时间去预热(一般情况下不超过 1 h)。测试必须要在普通用户电源供应的条件下进行。显示偏置点的设定(如果需要的话)需要设定在那些典型使用所需要的条件上。任何在测试中所需要的反射处理及滤波会在 8.7.17 中详细指出。反射必须在每一个测试中确定。

一个调节好的设定必须在每一个完整的测试序列中被使用。如果有提供了多个设置，那这就暗示需要有多个完整的测试序列需要被完成。

8.3.3　检测设备

8.3.3.1　检测装置

检测装置必须能够精确的测量±3°以内的方位角和±3°以内的倾斜角。

注：为了更好的重现性，实验室可能需要一个更高的准确度。

8.3.3.2　反射标准

在表 18 中所包含的标准反射体是可以被接受的。

表 18　反射标准

标　准	推荐范围	单　位
漫反射标准	$\rho_{STD}>0.9$	1
	$q_{STD}>0.29$	sr^{-1}
镜面反射标准(黑色玻璃)	β_{STD} 介于 0.03～0.06	1
方位角检测标准		
如果需要更为详细、理想的反射标准，请看 3.1.5 和 3.1.6。		

方位角检测标准是一个被包含在任何反射角中特定的反射因子的表面现象。例如，以片玻璃或一个标准的镜面，他们不需要额外的标度。

8.3.3.3 **计量器**

在应用的时候，需要仪表或一个等同的光度计系统，参照表 19。图 27 为用到的术语。

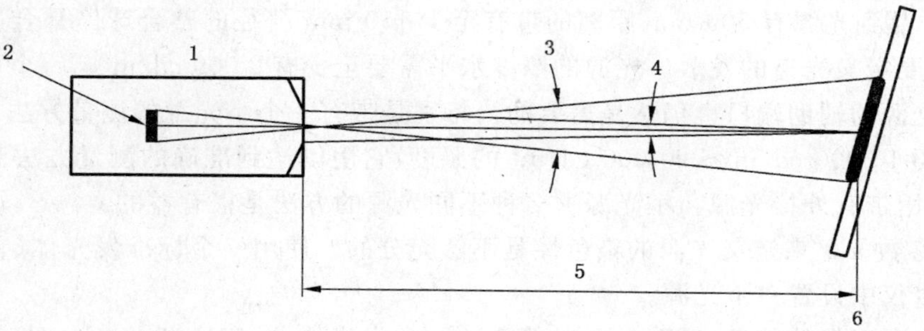

说明：

1——光度计；

2——光感应器件；

3——观察域 FOV，在最终成像手段中形成的特定物体的角度范围；

4——可以接受的圆锥形区域，由仪器的进入孔径和工作距离形成的角度；

5——工作距离，介于仪器的最前面的透镜和可以成功聚焦的特定物体之间的距离；

6——EUT。

图 27 在仪表需求中用到的术语

表 19 需要的光度计和相应的典型参数

光度计	观察区域	说明	使用条款
点光度计[a]	0.5°～2°	工作距离：100 mm～∞	8.6 亮度的组合测量方法，对比和散射亮度 8.7.14 显示亮度 8.7.16 亮度平衡 8.7.17 反射(大光源) 8.7.19 亮度均匀性 8.7.22 纯亮度编码
点光度计	6′～20′	工作距离：100 mm～∞	8.7.17 反射(小光源)
CCD(电荷耦合器件)光度计[b]	分辨率：≤垂直斜度的 10%	为获得更多要求，请参考 8.7.9.1	8.7.9.1 填充因子：需要显微光度计评估的平板
高速响应光度计	20′(首选 6′)	<3 ms 的响应时间	8.7.21 图像格式 8.7.24 时间不稳定性(闪烁)
分光光度测量仪			8.7.3 屏幕亮度设计
色度计[c]	0.5°～2°	x、y、Y(首选 $u'v'Y$)	8.7.5 色度均匀性差别 8.7.27 色彩的不同

从所有来源错误中读出的错误不能超过 10%。

整个光学系统精确测量一个没有镜面反射的样品的漫反射峰值的性能，是一种提供实验室间可重复性的方法，它在 8.7.17 中被详细评论。整个光学系统表现的评测标准被包括在了 8.7.17 中。一个 2.2 mm 甚至更小的点，当聚焦在一个由样品屏幕反射的光源的垂直方向的图像时，需要有充分的测量可重复性。

这种仪器至少要有读出 3 个有重要意义的图像的能力，这种能力是需要在 10 cd/m² 的亮度的水平上的。

a 工作在 500 mm 距离的点光度计需要有小于 1°的锥形接受范围。这种锥形接受范围要被详细指定。

b 狭缝光度计的方法也是可以被接受的。

c 3 色色度计可能不可以进行对整个平板显示器上的所有颜色进行准确测量(例如，一个具有不间断发射光谱的平板显示器件)。对于这种显示器件，只有一种基于色度计的分光光度测量仪是准确的。

8.3.3.4 光源照度

一种近似外延光源标准照度是可行的。光源孔径在屏幕中心和器件之间需要至少有 15°(首选 30°)。一个从样品到光源有 500 mm 距离的带有至少 150 mm 孔径的整合球体是合适的。为了色度计的正常工作,需要定义光谱的发散。光源的照度水平需要至少有 2 000 cd/m²。一个可以覆盖 1°孔洞用以模拟一个小光源的辅助端口也仍然是需要的。特别是带有一个小光源的测量方法,需要更高的照度。例如可能会需要 10 000 cd/m²～20 000 cd/m² 的照度,它用以达到准确的测量方法和多种方便的显示类型。因此,使用带有外接光源和小光源这 2 种不同光源的方法是很有益的。

用 CIE 的参数 $u'v'$ 来定义光源的染色性是不够充分的。使用一个标准发光体(首选 D65 或 F2)或在分光光度测量仪中设置一个光源。

关于标准光源更多的信息,请看 CIE 的第 17 部分;发光体 A,CIE 15.2;C,CIE 15.2;D50 和 D75,CIE 15.2;F1 到 F12(荧光灯),CIE 15.2。F7 和 D65 在技术上是差不多的。它们很接近日光模拟器。D 系列是全日光的,但是它有 100 次的相关色温的变化。C 系列可以过滤一个光源发出的光,他的应用从 1964 年开始就受到了阻碍。

漫反射照明可以作为一个大的整合球体的近似,这个大的整合球体是一个漫反射射半球或使用 2 个光源。在第 3 种情况下的这种近似的质量可以用容限来定义。

对于反射型的平板,制造商需要指明这些平板是在只使用 2 个光源中的一个条件下进行测试的。在这种情况下,光源的大小需要保持在 15°,制造商也需要指明样品和漫反射光源之间的角度 θ_{dLg}。

只需要选择一个大小用来提供度量学的可重复性。基于 ISO 9241-7 的研究选择了 15°。制造商需要指定一个入射角度,因为不同的产品需要有不同的光学角度(依赖于特定的工作、环境和其他因素),本标准中这部分内容不会限制未来技术的发展。

图 28 显示了在 45°的 2 个散射光源。液晶显示技术有时对这个角度是很敏感的。如果这种类型的平板在 45°阵列标准测试中失败,那么这个测试需要在角度设置为 30°的条件下重新进行。如果做出了这种选择,这就需要在符合性报告中加以说明。

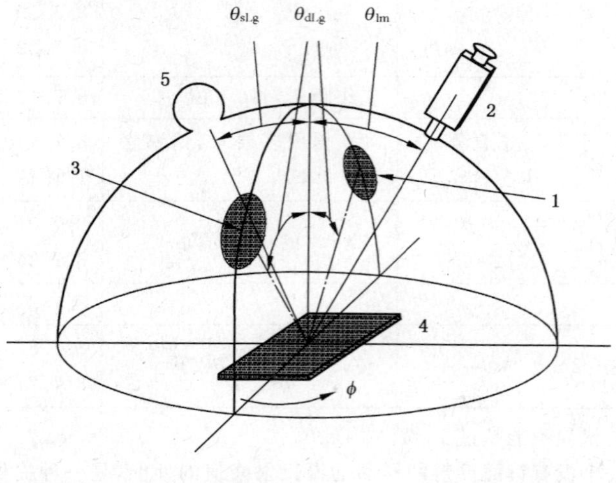

说明:

1——漫反射照明光源 1;

2——点光度计,0.5°～2°;

3——漫反射照明光源 2;

4——标准漫反射体;

5——用于镜面反射测试的光源。

注:光度计需在和包含散射光源中心线的平面垂直的平面上。用于镜面反射测试的光源要和光度计在同一个平面上。

图 28 带有近似散射光源器件的测试系统的透视图

8.3.4 特殊校准

8.3.4.1 亮度计

亮度计用来校准国家标准的可描绘性、检测需要的亮度范围的可重复性和光线偏振态的敏感性。

国家标准可允许的不确定性可以不超过5%。需要亮度范围可重复性的不确定性需要保持在1%以下,但是对于某些仪器可以为4%。

注:这些校准需要在测试实验室或者校准实验室进行。

8.3.4.2 镜面光源

镜面光源需要满足以下而校准:

——整个测量期间的稳定性。

——出口的空间均匀性。

在实验室进行一次测试,根据测量结果来评估光源输出的不确定性。

注:这些校准需要在测试实验室或者校准实验室进行。

8.3.4.3 使用两种光源实现的散射照明

如果漫反射照明是基于使用2种光源实现的,那么就需要有更多的特性需要被定义。

8.3.4.3.1 排列

图29显示了应当怎样去排列光源和光度计。像图29所显示的那样,点光度计如果被设置在和一个平面垂直的另一个平面上是不合适的,这个平面是由两个光源孔径的中心和所考虑的物体(如一个在标准散射反射系数的表面上的1°视场)所定义。液晶显示技术有时候对这个角度非常的敏感。如果这种类型的平板在45°排列标准测试中失败,一个相同的测试必须被重复,在这个测试中,角度被设置成30°。如果作出了这种选择,就需要在符合性报告中声明这一点。

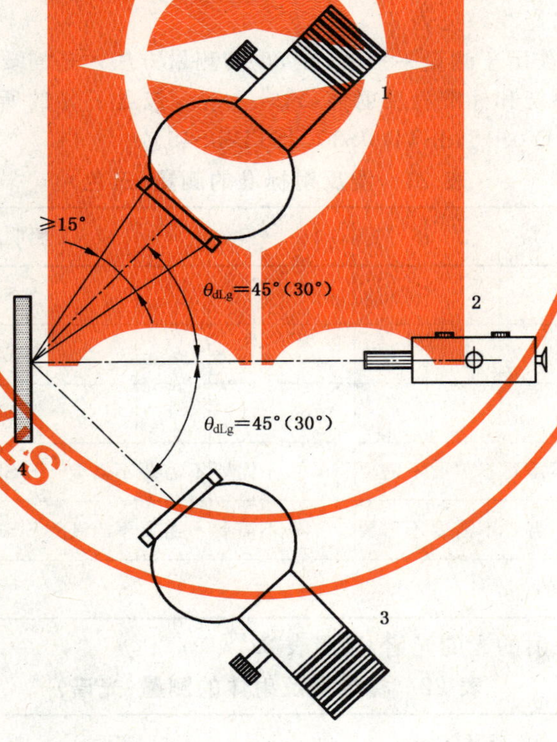

说明:

1——照明光源1;

2——点光度计0.5°~2°;

3——照明光源2;

4——标准漫反射体。

此为测量公差时使用的布局。

图29 近似漫反射照明器械的侧视图

8.3.4.3.2 **公差的测量，*Tol*(见表 20)**

在测试说明 *Tol*-1，*Tol*-2，*Tol*-3，*Tol*-4 中测量照度。

表 20 公差的测量

$n=$	1	2	3	4	照明	对象	焦点
$L_{DIFF,dSTD(Tol\text{-}n)}$					DIFF	dSTD	dSTD

8.3.4.3.3 **公差的计算，*Tol***

计算公差，Tol：

$$Tol = \frac{2 \times (L_{max} - L_{min})}{L_{max} + L_{min}} \qquad \cdots\cdots(26)$$

这里，L_{max}和 L_{min}是 4 次测量中亮度的最大值和最小值，单位为 cd/m^2。

8.3.4.4 **漫反射标准**

标准漫反射体可以用和显示评估度量中相同的几何方法进行校准。为了评估镜面测量法中的漫反射部件，校准需要 15°或 0°的几何尺寸。

8.3.4.4.1 **当漫反射照明用一个大的整合球体或半球体实现时**

在本部分中不包含任何校准的方法。在 8.3.4.4.2 中应用的方法，即用 qS-SML，dSTD(dSTD-*n*S15)，qS-SML，dSTD(dSTD-*n*S30)，qS-SML，dSTD(dSTD-*n*S45)的平均值作为 qDIFF 的评估和数值的标准离差，被用来作为 qDIFF 的输入和不确定的分析。

8.3.4.4.2 **当漫反射照明用两个扩展光源实现时**

按漫反射标准测量反射光线。见表 21。

只有当 30°的几何角度被用于测量平板时，在 30°的测量方法才是需要的。

作为一个优秀的测量系统和标准漫反射体，$Y_{S\text{-}SML\_dSTD(n)}$ 包含了 n 的所有值，因此，它只需要在一个角度进行测量，例如说，dSTD-0S15，dSTD-0S30，dSTD-0S45。

表 21 漫反射标准的测量(三色)

$n=$	0	1	2	3	4	5	6	7	照明(度)	对象	焦点[a]
$Y_{S\text{-}SML\_dSTD(dSTD\text{-}ns15)}$									S-SML	dSTD	dSTD
$Y_{S\text{-}SML\_dSTD(dSTD\text{-}ns30)}$									S-SML	dSTD	dSTD
$Y_{S\text{-}SML\_dSTD(dSTD\text{-}ns45)}$									S-SML	dSTD	dSTD
$X_{S\text{-}SML\_dSTD(dSTD\text{-}ns45)}$	不需要	不需要	不需要	不需要		不需要	不需要	不需要	S-SML	dSTD	dSTD
$X_{S\text{-}SML\_dSTD(dSTD\text{-}ns45)}$	不需要	不需要	不需要	不需要		不需要	不需要	不需要	S-SML	dSTD	dSTD

a 焦点是在漫反射标准上的。

测量被标准漫反射体反射的光的光谱，参照表 22。

表 22 标准漫反射体的测量(光谱)

$Y_{S\text{-}SML,dSTD(dSTD\text{-}4S30)}(\lambda)$ for $\lambda=$				照明	对象	焦点[a]
400	410	…	700	S-SML	dSTD	dSTD

a 焦点是在漫反射标准上的。

测量光源的亮度，参照表 23。

表 23 光源的测量(三色的)

	Lg	照明	对象	焦点[a]
$X_{\text{S-SML,S-SML(Lg)}}$		S-SML	S-SML	S-SML
$Y_{\text{S-SML,S-SML(Lg)}}$		S-SML	S-SML	S-SML
$Z_{\text{S-SML,S-SML(Lg)}}$		S-SML	S-SML	S-SML

注:当选择的测量距离(光度计到光源)和在平板的镜面测量中的总距离(光度计到平板加上平板到光源)相同时,会达到最好的准确性。

a 焦点在光源的出口。

测量在标准漫反射体上反射的光的光谱,参照表 24。

表 24 光源的测量(光谱)

$Y_{\text{S-SML,dSTD(dSTD-4S30)}}(\lambda)$ for$\lambda=$				照明	对象	焦点[a]
400	410	…	700	S-SML	S-SML	S-SML

a 焦点是在漫反射标准上的。

摘自 VESA 平板显示测量标准(1998),第 A206、A210、A214 章。

$$q_{\text{S-SML,dSTD(dSTD-}n\text{S15)}} = \frac{Y_{\text{S-SML,dSTD(dSTD-}n\text{S15)}\times(r^2+z^2)}}{\pi \times r^2 \times Y_{\text{S-SML,S-SML(Lg)}} \times \cos\theta_{\text{dSTD}}}, n = 0\cdots7$$

$$q_{\text{S-SML,dSTD(dSTD-}n\text{S30)}} = \frac{Y_{\text{S-SML,dSTD(dSTD-}n\text{S30)}\times(r^2+z^2)}}{\pi \times r^2 \times Y_{\text{S-SML,S-SML(Lg)}} \times \cos\theta_{\text{dSTD}}}, n = 0\cdots7 \qquad \cdots\cdots\cdots\cdots(27)$$

$$q_{\text{S-SML,dSTD(dSTD-}n\text{S45)}} = \frac{Y_{\text{S-SML,dSTD(dSTD-}n\text{S45)}\times(r^2+z^2)}}{\pi \times r^2 \times Y_{\text{S-SML,S-SML(Lg)}} \times \cos\theta_{\text{dSTD}}}, n = 0\cdots7$$

$$q_{\text{S-SML,dSTD(dSTD-4S30)}}(X) = \frac{X_{\text{S-SML,dSTD(dSTD-}n\text{S45)}\times(r^2+z^2)}}{\pi \times r^2 \times X_{\text{S-SML,S-SML(Lg)}} \times \cos\theta_{\text{dSTD}}} \qquad \cdots\cdots\cdots\cdots(28)$$

$$q_{\text{S-SML,dSTD(dSTD-4S30)}}(Z) = \frac{Z_{\text{S-SML,dSTD(dSTD-4S45)}\times(r^2+z^2)}}{\pi \times r^2 \times Z_{\text{S-SML,S-SML(Lg)}} \times \cos\theta_{\text{dSTD}}}$$

$$q_{\text{S-SML,dSTD(dSTD-4S45)}}(\lambda) = \frac{Y_{\text{S-SML,dSTD(dSTD-4S45)}\times(r^2+z^2)}}{\pi \times r^2 \times Y_{\text{S-SML,S-SML(Lg)}}(\lambda)(\lambda) \times \cos\theta_{\text{dSTD}}}, \lambda = 400,410\cdots700 \quad \cdots(29)$$

式中:

r——光源出口处的半径;

z——光源出口和标准反射体间的距离;

θ_{Lg}——光源和标准反射体间的倾斜角(15°,30°,45°)。

计算亮度系数,参照表 25。

表 25 标准漫反射体上的亮度系数

$n=$	0	1	2	3	4	5	6	7	照明(度)	对象	焦点[a]
$q_{\text{S-SML\_dSTD(dSTD-}n\text{s15)}}$									S-SML	dSTD	dSTD
$q_{\text{S-SML\_dSTD(dSTD-}n\text{s30)}}$									S-SML	dSTD	dSTD
$q_{\text{S-SML\_dSTD(dSTD-}n\text{s45)}}$									S-SML	dSTD	dSTD
$q_{\text{S-SML\_dSTD(dSTD-}n\text{s45)}}(X)$	不需要	不需要	不需要	不需要		不需要	不需要	不需要	S-SML	dSTD	dSTD
$q_{\text{S-SML\_dSTD(dSTD-}n\text{s45)}}(Z)$	不需要	不需要	不需要	不需要		不需要	不需要	不需要	S-SML	dSTD	dSTD

a 焦点是在漫反射标准体上的。

表 26　亮度系数的光谱的计算

$Y_{S\text{-}SML,dSTD(dSTD\text{-}4S30)}(\lambda)$ for$\lambda=$				照明	对象	焦点[a]
400	410	…	700	S-SML	dSTD	dSTD
测量由标准漫反射体反射的光的光谱。						
a 焦点是在漫反射标准上的。						

评估亮度系数的不确定性，Δq，例如，使用关于方程(27)总体不确定性的基于偏微分的估算。

$$\Delta q = \left|\frac{\partial q}{\partial Y_{S\text{-}SML}}\right| \Delta Y_{S\text{-}SML} + \left|\frac{\partial q}{\partial Y_{dSTD}}\right| \Delta Y_{dSTD} + \left|\frac{\partial q}{\partial z}\right| \Delta z + \left|\frac{\partial q}{\partial \theta}\right| \Delta\theta \quad \cdots\cdots\cdots\cdots (30)$$

亮度系数的不确定性可能会非常的大，经常需要进行适当的计算。

在表 27 中所给的例子仅仅说明了一个完整的校准中的一个部分。除了一个几何关系外的所有几何关系在这个例子中都被省略了。3 色和光谱的校准没有包含在这个例子中。

表 27　一个"白色标准漫反射体"的校准的例子

变量	取值	不确定度
$Y_{S\text{-}SML,dSTD(dSTD\text{-}nS30)}$	0.64 cd/m^2	0.01 cd/m^2
$Y_{S\text{-}SML,S\text{-}SML(Lg)}$	8 530 cd/m^2	100 cd/m^2
r	4.5 mm	0.1 mm
z	506 mm	7 mm
θ_{dSTD}	30°	2°
计算的 $q_{S\text{-}SML,dSTD(dSTD\text{-}nS30)}$	0.35sr^{-1}	0.09sr^{-1}
注 1：光度计的准确性和表现是在校准中的最重要的鉴定因子。它必须在校准过程中被验证有一个非常宽的动态范围和非常好的线性。 注 2：变量 r 和 z 取值的准确性是影响整体良好准确性的第二重要因子。		

注：校准工作可在校准实验室和测试实验室中的任何一个地方进行。如在测试实验室中进行，那么就需要为达到更高的准确性采取特殊的手段。如果是在校准实验室中进行，那么就需要保证校准工作应用了特殊的灯光阵列和几何关系。

8.3.4.5　标准镜面反射体

标准镜面反射体需要通过在测量方法使用的几何关系进行校准。参照表 28。测量由标准镜面反射体反射的亮度。

表 28　标准镜面反射体的校准

$n=$	CL-0S	CL-1S	CL-2S	CL-3S	CL-4S	CL-5S	CL-6S	照明	对象	焦点[a]
$Y_{S\text{-}EXT,sSTD(n)}$								S-EXT	sSTD	S-EXT
$Y_{S\text{-}SML,sSTD(n)}$								S-SML	sSTD	S-SML
对于一个好的测量系统和标准镜面反射体，对于 n 的取值的变化 $Y_{S\text{-}EXT,sSTD(n)}$ 保持稳定，因此只需要测量一次方位角，例如说 CL-0S。 如果标准镜面反射体没有模糊成分，那么 $Y_{S\text{-}EXT,sSTD(n)}=Y_{S\text{-}SML,sSTD(n)}$，而且测量的次数可以减少一半。										
a 焦点在光源的出口上。										

测量光源的亮度 Lg，参照表 29。

表 29　光源的测量

	Lg	照明	对象	焦点[a]
$Y_{S\text{-}EXT,S\text{-}EXT(Lg)}$		S-EXT	S-EXT	S-EXT
$Y_{S\text{-}SML,S\text{-}SML(Lg)}$		S-SML	S-SML	S-SML

注 1：当选择的测量距离（光度计到光源）和在平板的镜面测量中的总距离（光度计到平板加上平板到光源）相同时，会达到最好的准确性。

a 焦点在光源的出口。

$$\beta_{S\text{-}EXT,sSTD(CL\text{-}nS)} = \frac{Y_{S\text{-}EXT,sSTD(CL\text{-}nS)}}{Y_{S\text{-}EXT,S\text{-}EXT(Lg)}}, n = 0\cdots 6$$

$$\beta_{S\text{-}SML,sSTD(CL\text{-}nS)} = \frac{Y_{S\text{-}SML,sSTD(CL\text{-}nS)}}{Y_{S\text{-}SML,S\text{-}SML(Lg)}}, n = 0\cdots 6 \quad \cdots\cdots(31)$$

计算亮度因子亮度因数，参照表 30。

表 30　标准镜面反射体的亮度因子的计算

$n=$	CL-0S	CL-1S	CL-2S	CL-3S	CL-4S	CL-5S	CL-6S	照明	对象
$\beta_{S\text{-}EXT,sSTD(n)}$								S-EXT	sSTD
$\beta_{S\text{-}SML,sSTD(n)}$								S-SML	sSTD

注 1：如镜面光源的亮度可以被直接测量，那么标准镜面反射体就完全不需要了。

注 2：这种校准可以在测试实验室或者校准实验室中进行。一个在测试实验室进行的校准或许会给出一个稍微好一点的结果，与此同时，这种校准会覆盖光学测量和测试系统的所有方面。

8.3.4.5　阵列系统

保证光源、平板和光度计之间有足够好的阵列关系的阵列系统的这种能力非常关键。这种校准提供了一个阵列系统的测试。参考表 31。

这种校准必须在实际的测试系统中完成。

表 31　标准镜面反射体的校准

$n=$	CL-0S	CL-1S	CL-2S	CL-3S	CL-4S	CL-5S	CL-6S	照明	对象	焦点[a]
$Y_{S\text{-}SML,sSTD(n)}$								S-SML	sSTD	S-SML

测量准直检测标准反射的亮度。

如果这里的直线程度是好的，那么在测量值之间应该没有什么变化。

注：相同的过程可以被用来测量光度计测量偏振光的能力。用一个校准了的偏光器来代替准直检测标准。检测测量值的变化，测量值和校准用偏光器的性质相关。

a 焦点在光源的出口。

8.4　几何测试

8.4.1　测试说明

测试说明见表 32。

表 32 测试说明的定义

测试说明的角标名称	倾斜角			方位角	备注
	亮度计的 EUTθ_{lm}=	镜面反射光源 EUTθ_{sLg}=	漫反射光源 EUTθ_{dLg}=[a]	EUT ϕ_{EUT}=	
LL-0	0°	无光	−45°+45°	无相关	
HL-0	0°	无光	−45°+45°	无相关	
LL-7	θ_D	无光	−45°+45°	ϕ_D	
CL-7	θ_D	无光	−45°+45°	ϕ_D	
HL-7	θ_D	无光	−45°+45°	ϕ_D	
CL-0	0°	无光	−45°+45°	无相关	
CL-1[b]	$\frac{1}{2}\theta_{range}$	无光	−45°+45°	$\phi_D+2\phi_C$	
CL-2[b]	$\theta_D+\frac{1}{2}\theta_{range}$	无光	−45°+45°	$\phi_D+\phi_C$	
CL-3[b]	$\frac{1}{2}\theta_{range}-\theta_D$	无光	−45°+45°	$\phi_D-180°$	
CL-4[b]	$\theta_D+\frac{1}{2}\theta_{range}$	无光	−45°+45°	ϕ_D	
CL-5[b]	$\theta_D+\frac{1}{2}\theta_{range}$	无光	−45°+45°	$\phi_D-\phi_C$	
CL-6[b]	$\frac{1}{2}\theta_{range}$	无光	−45°+45°	$\phi_D-2\phi_C$	
Lg	0°	无光	无光	0°	
CL-0S	0°	180°	−45°+45°	0°	
CL-1S	15°	15°	−45°+45°	$\phi_D+2\phi_C$	
CL-2S	15°	15°	−45°+45°	$\phi_D+\phi_C$	
CL-3S	15°	15°	−45°+45°	$\phi_D-180°$	
CL-4S	15°	15°	−45°+45°	ϕ_D	
CL-5S	15°	15°	−45°+45°	$\phi_D-\phi_C$	
CL-6S	15°	15°	−45°+45°	$\phi_D-2\phi_C$	
dSTD-0S15	0°	−15°	无光	0°	
dSTD-1S15	0°	−15°	无光	$\phi_D+2\phi_C$	
dSTD-2S15	0°	−15°	无光	$\phi_D+\phi_C$	
dSTD-3S15	0°	−15°	无光	$\phi_D-180°$	
dSTD-4S15	0°	−15°	无光	ϕ_D	
dSTD-5S15	0°	−15°	无光	$\phi_D-\phi_C$	
dSTD-6S15	0°	−15°	无光	$\phi_D-2\phi_C$	
dSTD-0S30	0°	−30°	无光	0	
dSTD-1S30	0°	−30°	无光	$\phi_D+2\phi_C$	
dSTD-2S30	0°	−30°	无光	$\phi_D+\phi_C$	
dSTD-3S30	0°	−30°	无光	$\phi_D-180°$	

表 32（续）

测试说明的角标名称	倾斜角			方位角	备注
	亮度计的 EUTθ_{lm}=	镜面反射光源 EUTθ_{sLg}=	漫反射光源 EUTθ_{dLg}=[a]	EUT ϕ_{EUT}=	
dSTD-4S30	0°	−30°	无光	ϕ_D	
dSTD-5S30	0°	−30°	无光	$\phi_D-\phi_C$	
dSTD-6S30	0°	−30°	无光	$\phi_D-2\phi_C$	
dSTD-0S45	0°	−45°	无光	0	
dSTD-1S45	0°	−45°	无光	$\phi_D+2\phi_C$	
dSTD-2S45	0°	−45°	无光	$\phi_D+\phi_C$	
dSTD-3S45	0°	−45°	无光	$\phi_D-180°$	
dSTD-4S45	0°	−45°	无光	ϕ_D	
dSTD-5S45	0°	−45°	无光	$\phi_D-\phi_C$	
dSTD-6S45	0°	−45°	无光	$\phi_D-2\phi_C$	
Tol-1[b]	$\theta_D-\frac{1}{2}\theta_{range}$	无光	−45°+45°	0°	
Tol-2	θ_D	无光	−45°+45°	0°	
Tol-3	15°	无光	−45°+45°	0°	
Tol-4[b]	$\theta_D+\frac{1}{2}\theta_{range}$	无光	−45°+45°	0°	
PL-11	0°	无光	无光	无相关性	
PL-22	0°	无光	无光	无相关性	
PL-33	0°	无光	无光	无相关性	
PL-44	0°	无光	无光	无相关性	
PL-55	0°	无光	无光	无相关性	
PL-66	0°	无光	无光	无相关性	
PL-77	0°	无光	无光	无相关性	
PL-88	0°	无光	无光	无相关性	
PL-99	0°	无光	无光	无相关性	
PL-19	0°	无光	无光	无相关性	
PL-91	0°	无光	无光	无相关性	

测试方向 CL-1，CL-2 和 CL-3 的计算是基于设计方位角 θ_D 和设计倾斜角 θ_D，它们被用来匹配平板的使用。测试方向 CL-4，CL-5 和 CL-6 是基于倾斜角 $\theta=0$ 进行计算的，它用来保证视觉效果的良好，也是基于和屏幕垂直方向的视觉性计算的。

θ_D，ϕ_D 和 θ_{range} 是有供应商提供。ϕ_C 在 8.4.1.1（临界方斜角的计算）中计算。这些变量的约束变量在 8.7.2（观察方向设计）中计算。

注：$\theta_{\beta m}$ 和 θ_{sSTD} 在同一个平面上，θ_{dSTD} 在直角坐标系第 2 个平面上，ϕ_{EUT} 在直角坐标系第 3 个平面上。

a 液晶显示技术有时对角度很敏感。如果这种形式的技术在±45°阵列测试中失败，那么测试就需要在±30°设置中重复。如果作出这种选择，就需要在符合性报告中声明这一点。

b 供应商可能会在定义一个公共的 θ_{range} 值或者提供高达 6 个的不同取值（每个不同的取值用于对在 7.5，7.14，7.15，7.17，7.19，7.22 中指定的每一个要求的评估）。这影响了 CL1-6，Tol-1 和 Tol-4。

也请参照 7.2。

8.4.1.1 临界方位角的计算

图 30 是测试方位角(方向)的例子。使用的数据和图 14 中的例子相同。图 30 和表 33 及表 35 是相同的。

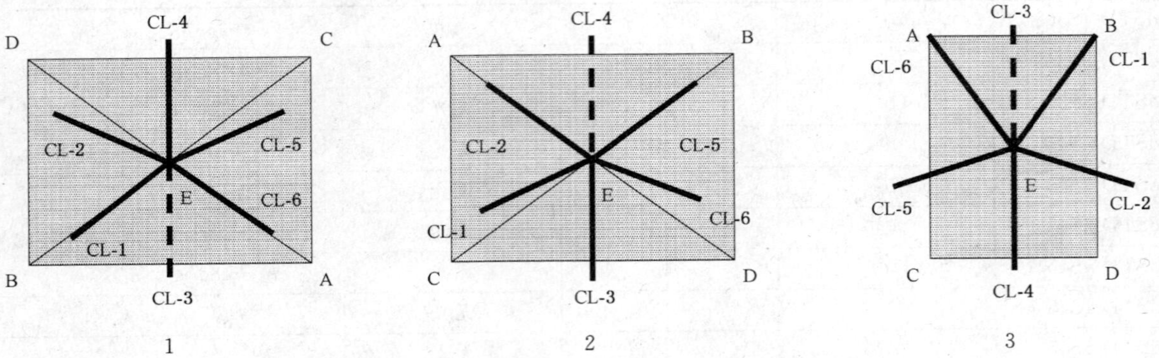

说明:

1——适应远景,$\phi_D=90°$,$\theta_D=0°$,$\phi_C=63.4°$(表 33);

2——适应远景,$\phi_D=270°$,$\theta_D=0°$,$\phi_C=63.4°$(表 34);

3——适应近景,$\phi_D=270°$,$\theta_D=10°$,$\phi_C=71.6°$(表 35)。

注:这三个例子不是同一个比例。

图 30 测试方位角的例子

方向测试中的 5 项是经由设计方向角 ϕ_D 和设计倾斜角 θ_D(一个奇数,所以这个区域是有倾向性的)计算出来的。第 6 个方向角被定义为 $\phi_D-180°$。两个更多的方向角(−0°,− 7°)被定义用来进行一些测量;垂直屏幕并观察方向设计。参照图 30。

在一个平板上,无论是顶部还是底部,都需要和用户的眼睛更加垂直。如果平板的顶部满足要求了,那么设计方位角 ϕ_D 等于 90°或者 270°。如果观察方向设计 θ_D 等于 0°,那么设计方位角不能对测量造成影响。参照第 27 页的图 13。

离用户更近的区域 ACDE 被分割成了 4 个相等的部分(在图中用粗线表示)。区域 AEB 被分割成了 2 个部分(在图中用点线表示)。临界角用 $\phi_C=(360-\angle AEB)/4$ 计算。$\angle AEB/4=(2\times\angle CAD)/4=[2\times\arctan(CD/AC)]/4=[2\times\arctan(W_{view}/H_{view})]/4=1/2\times\arctan(W_{view}/H_{view})$。在区域 ACDE 中需要的几个方向是:$\phi_D,\phi_D+\phi_C,\phi_D-\phi_C,\phi_D+2\phi_C,\phi_D-2\phi_C$。

$$\left.\begin{aligned}\phi_C&=\frac{360°-2\times\arctan\left(\frac{W_{view}}{H_{view}}\right)}{4},\text{when}2\times\arctan\left(\frac{W_{view}}{H_{view}}\right)>\frac{360°}{5}\\ \phi_C&=\frac{360°}{5},\text{when}2\times\arctan\left(\frac{W_{view}}{H_{view}}\right)\leqslant\frac{360°}{5}\end{aligned}\right\}\quad\cdots\cdots\cdots\cdots(32)$$

$$\left.\begin{aligned}\phi_C&=90°-\frac{1}{2}\arctan\left(\frac{W_{view}}{H_{view}}\right),\text{when}\frac{W_{view}}{H_{view}}>0.727\\ \phi_C&=72°,\text{when}\frac{W_{view}}{H_{view}}\leqslant 0.727\end{aligned}\right\}\quad\cdots\cdots\cdots\cdots(33)$$

式中:

H_{view}——选用区域的高度,单位为毫米;

W_{view}——选用区域的宽度,单位为毫米。

8.4.1.2 几何测试计算的例子

表 33~表 35 中的数据在图 14 和图 30 中阐明。

表 33　一个不能满足所有要求的平板例子

制造商声明的指标					计算指标				
变量	值	单位	通过/未通过	条款	变量	值	单位	通过/未通过	条款
H_{view}	235	mm	不适用		D_{active}	391	mm	不适用	
W_{view}	313	mm	不适用			15.4	inch	不适用	
$D_{designview}$	600	mm	通过	7.1	$\theta_{rangemin}$	36.1	°	不适用	
θ_D	0	°	通过	7.2	$\theta_{rangemax}$	80	°	不适用	
θ_{range}	37	°	通过	7.2	ϕ_C	63.4	°	不适用	
ϕ_D	90	°	不适用		H_{pitch}	0.490	mm/像素	不适用	
N_W	640	像素	不适用		V_{pitch}	0.489	mm/像素	不适用	
N_H	480	像素	不适用		16′	2.8	像素	不适用	
						3.7	像素	不适用	
					22′	3.8	mm	不适用	
						7.9	像素	未通过	7.2(7.10)
					20.2′	7.0	像素	不适用	
					22.4′	8.0	像素	不适用	
					7.5req	0.02	$\Delta u'v'$	不适用	
计算测试说明									
CL-n,n=	0	1	2	3	4	5	6	7	
θ(°)	0.0	18.5	18.5	18.5	18.5	18.5	18.5	0.0	
ϕ	不适用	216.9	153.4	270.0	90.0	26.6	323.1	90.0	

表 34　一个满足所有要求的平板例子

制造商声明的指标					计算指标				
变量	值	单位	通过/未通过	条款	变量	值	单位	通过/未通过	条款
H_{view}	235	mm	不适用		D_{active}	391	mm	不适用	
W_{view}	313	mm	不适用			15.4	inch	不适用	
$D_{designview}$	600	mm	通过	7.1	$\theta_{rangemin}$	36.1	°	不适用	
θ_D	0	°	通过	7.2	$\theta_{rangemax}$	80	°	不适用	
θ_{range}	37	°	通过	7.2	ϕ_C	63.4	°	不适用	
ϕ_D	270	°	不适用		H_{pitch}	0.392	mm/像素	不适用	
N_W	800	像素	不适用		V_{pitch}	0.391	mm/像素	不适用	
N_H	600	像素	不适用		16′	2.8	像素	不适用	
						7.1	像素	不适用	
					22′	3.8	mm	不适用	
						9.8	像素	通过	7.2(7.10)
					20.2′	9.0	像素	不适用	
					22.4′	10.0	像素	不适用	
					7.5req	0.02	$\Delta u'v'$	不适用	
计算测试说明									
CL-n,n=	0	1	2	3	4	5	6	7	
θ(°)	0.0	18.5	18.5	18.5	18.5	18.5	18.5	0.0	
ϕ	不适用	36.9	333.4	90.0	270.0	206.6	143.1	270.0	

表 35　另一个满足所有要求的平板例子

制造商声明的指标					计算指标				
变量	值	单位	通过/未通过	条款	变量	值	单位	通过/未通过	条款
H_{view}	300	mm	不适用		D_{active}	375	mm	不适用	
W_{view}	225	mm	不适用			14.8	inch	不适用	
$D_{designview}$	500	mm	通过	7.1	$\theta_{rangemin}$	41.1	°	不适用	
θ_D	10	°	通过	7.2	$\theta_{rangemax}$	80	°	不适用	
θ_{range}	45	°	通过	7.2	ϕ_C	71.6	°	不适用	
ϕ_D	270	°	不适用		H_{pitch}	0.293	mm/像素	不适用	
N_W	768	像素	不适用		V_{pitch}	0.293	mm/像素	不适用	
N_H	1 024	像素	不适用		16′	2.3	像素	不适用	
						7.9	像素	不适用	
					22′	3.2	mm	不适用	
						10.9	像素	通过	7.2(7.10)
					20.2′	10.0	像素	不适用	
					22.4′	11.0	像素	不适用	
					7.5req	0.03	$\Delta u'v'$	不适用	
计算测试说明									
CL-n,n=	0	1	2	3	4	5	6	7	
θ(°)	0.0	22.5	32.5	12.5	32.5	32.5	22.5	10.0	
ϕ	不适用	53.1	341.6	90.0	270.0	198.4	126.9	270.0	

8.4.2　标准测量位置

8.4.2.1　目标对象

普通光度计的原理是使用一个目标对象，这个目标对象至少要比亮度计成像光斑大 60%，这样就可以保证可忽略边缘效应。可能时，比目标对象大 85%甚至更多是更好的。由于存在异常，所有的测量方法需要由一个 1°大小的目标对象组成，它成像在亮度计上，这个亮度计聚焦在目标对象的中心部分。参照图 31。

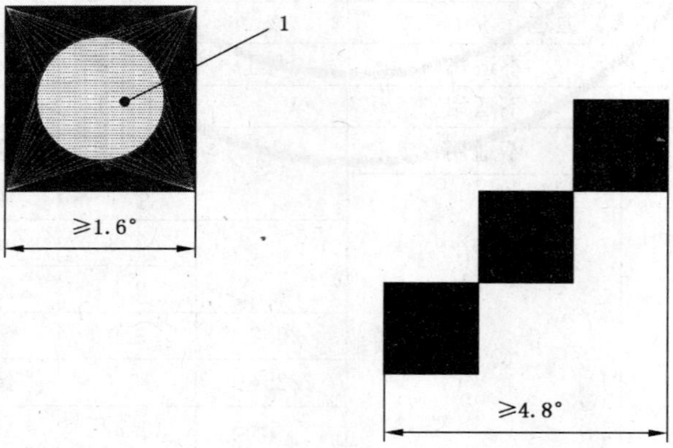

说明：

1——1°的光度计成像光斑。

图 31　光度目标对象

8.4.2.2 **大平板显示**

大平板是最小尺寸为4.8°的显示器。

如最小尺寸至少为4.8°(弧角),平板就应用本节说明。其目的是从11个初始点中选出3个最终测量点。这11个初始点如图32所示。最中心的点55是总要被选择的。而其余的10个点是要经过筛选的,通过它们在暗室中的区域亮度(垂直于屏幕测量$\theta=°$)$L_{dark,HS(PL-11\cdots99,91,19)}$或它们被选择的相对于反射平板的亮度系数$q_{DIFF,HS(1\cdots11)}$。这些点中,测量亮度最低的(或亮度系数最低的)被叫做LL,而亮度最高的(或亮度系数最高的)被叫做HL,中心点55被叫做CL。

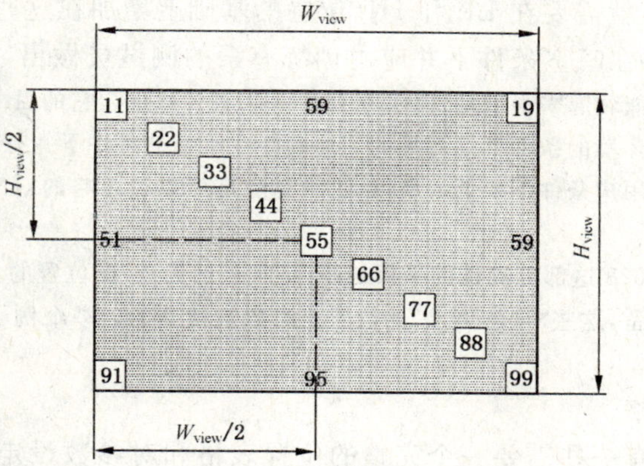

图32 可能测量区域

初始备选点不能交迭。如果它们必须交迭(当平板比典型电脑工作站显示器小时),这些初始点也不能和点55交迭。在最小的情况下,只有5个初始点存在。参照图32。

如图33所示,这是一个每度不多于44像素的640×480像素的平板。每个像素斑占有53个像素的面积。像素斑中的一对数字是它的地址,这个地址是从左上角的像素开始数的,并包括了右下角的像素点。左上角第一个像素的地址是0 0,而右下角第一个像素的地址是639 479。因为平板有奇数个像素点,所以平板上没有中心像素点。所以点55是在中心319 239。

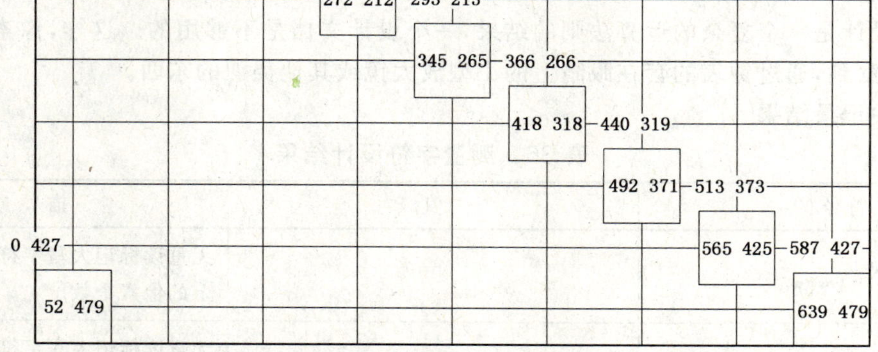

图33 一个640×480像素的平板显示器的初始测量区域的例子

8.4.2.3 小平板显示

小面积平板在选择点的问题上，除了点 19 外和在大面积平板上是相同的，而点 91 被忽略了。覆盖多于 25%以上的测试区域是没有必要的，所以有时九个完整的设置是没有必要的。这个过程通常会产生一些点，这些点拥有最低的测量亮度(或亮度系数)LL、最高的测量亮度(或亮度系数)HL 和中心亮度系数(点 55 处的)CL。

8.4.2.4 附加区域

如果屏幕上存在这样的点，超出了上述的 11 个评定点，这些点在用户典型环境照明下的可见度比 LL 或 HL 的位置更差，那么就需要在 LL 和 HL 位置的基础上增加在这些位置上的测量。

“显然更差”的判断需要在暗室条件下并应由训练有素的测试员做出。

注 1：“显然更差”的定义可能看起来很清楚，但实际上并不是这么回事。它的目的是为了得到一个位置，这些位置在一个普通用户周围环境的条件下是可见的。当判断在暗室的条件下并有一个训练有素的测试员作出时，探测极限明显比在普通用户条件下要低。所以，这样风险是可以被忽略的：普通用户探测到一个坏点而在实验室测试中没有发现。

注 2：大部分通过 GB/T 20528 这部分测试的平板是不存在“显然更差”的位置的。

注 3：通过一个自动测试设备，这些“显然更差”的位置是可以被找到的。举个例子来说，通过每次 1°(弧角)的步长对整个屏幕进行扫描。

8.4.3 测量位置和说明表格

在下面的测量方法中，有一些需要一个完整的位置表格和对参数设定的说明。其他的一些需要通过位置的子集并只在观察方向设计时进行评估。

8.5 字符设计分析的组合测试

为定义本条中使用的这些定义，参照了 3.5 中的定义。

测量垂直宽度 V_{pitch} 和水平宽度 H_{pitch}。为了测量的准确性，测量从一个像素的一端(或其他方便的一端)到另外一个像素的同一端的距离，这个像素和原来的那个相距数个像素的距离，并除以这个相距的像素数目后作为结果。参照图 34。比方说，一个平板含有 480 列像素，那么测量第一个像素的一端和最后一个像素的同一端(相距 479 个像素)，并除以 479。

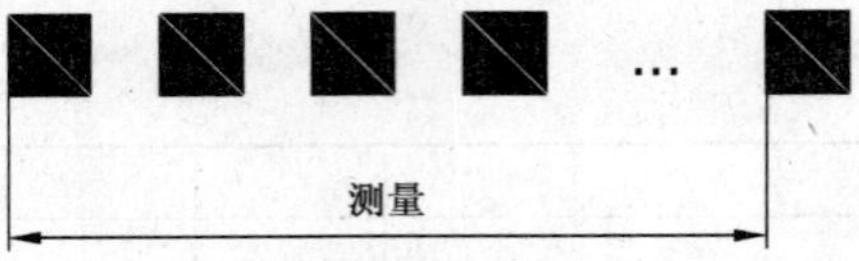

图 34 测量像素点距离的例子

在这个例子中，这个显示器拥有 480 列像素。测量了从最左面的像素到最右面的像素之间的距离，并将这个结果除以 479。

字符设计用到了这个测量结果，每一个结果详细说明了字符的字体，间隔设计不需要额外的测量。有时，字体的设计是一个复杂的运算法则的结果，一个设计文档是不够用的。这样，像素的排列就可能在屏幕上被观察到，通过钟表的套在眼睛上的小型放大镜或其他类似的东西。

在表 36 中记录结果。

表 36 测量字符设计结果

符号	值	描　述
$N_{H,Height}$		无重读标记大写字符“H”在高度方向上的像素个数
$N_{H,Width}$		无重读标记大写字符“H”在宽度方向上的像素个数

表 36（续）

符号	值	描　述
N_{H,hz_stroke}		无重读标记大写字符“H”的水平笔划的像素个数
N_{H,vt_stroke}		无重读标记大写字符“H”的竖直笔划的像素个数

字符高度(用反三角函数记录,单位分(′))是:

$$\Psi = \frac{180 \times 60 \times V_{pitch} \times N_{H,Height}}{\pi \times D_{view}} \quad \cdots\cdots (34)$$

$$\Psi \approx \frac{3\,438 \times V_{pitch} \times N_{H,Height}}{D_{view}} \quad \cdots\cdots (35)$$

字符笔划的宽度是垂直宽度和水平笔划宽度的平均值(像素数)。

8.6　亮度、对比度、散射照明的组合测试

供应商可能会选择为 θ_{range} 定义一个公共取值或高达 6 个的不同取值(每个不同的取值是对 7.5、7.14、7.15、7.17、7.19、7.22 中指明的每一个不同要求的评估)。如果不同的取值被定义,那么这个组合测试就需要在每个不同的 θ_{range} 的取值下重复进行。

8.6.1　普通测试

因为平板的各向异性,显示亮度和对比度需要通过表 37 和表 38 进行检验。对于各向同性的平板,只有测试说明中的 CL-7 是需要的。在这种情况下,根据 8.4.2.1 使用测量目标对象和光度计实行。在下面的材料中,中间结果使用 Y 作为亮度。

表 37　文字测量

$n=$	CL-0	LL-0	HL-0	亮度	对象	焦点[a]
$Y_{dark,HS(n)}$				Dark	HS	HS
$Y_{dark,LS(n)}$				Dark	HS	HS

a　在暗室条件下测量发射亮度。

表 38　角度测量方法

$n=$	CL-1	CL-2	CL-3	CL-4	CL-5	CL-6	CL-7	照明	对象	焦点[a]
$Y_{dark,HS(n)}$								Dark	HS	HS
$Y_{dark,LS(n)}$								Dark	LS	LS
$Y_{DIFF,dSTD(n)}$								DIFF	dSTD	dSTD

测量这些取值,需要把平板定义为如下参数的函数:

——状态(高、低、关)

——观察方向(CL-1…7)

为了减少测量的数量,需要定义 $L_{(CL\text{-}n)} = k_1 \times L_{(LL\text{-}n)}$,这里 k_1 和 k_2 对于任意的方位角和倾斜角都保持常数。如果这种假设对于一个新的技术是无效的,那么式(39)～式(44)就是不正确的,这个表中的 35 个平板角度测量方法需要对于 HL-1…7 和 LL-1…7(总共 91 次测量而不是 35 次)进行重复操作。

对于一个标准的漫反射照明(例如说,大的整合球体)和对方位角不敏感的系统来说,这个方位角是测试中的仪器和光度计(例如,对于偏振光敏感)之间角度,这个表中的所有取值对于所有的 n 都是保持常数,并且只需要在一个方位角下进行测量,例如 CL-0。

对于一个好的测量系统和标准漫反射体,忽略漫反射照明的均匀性,$Y_{DIFF,dSTD(n)}$ 对于所有的 n 都保持常数,并且这个 $Y_{DIFF,dSTD(n)}$ 只需要在一个方位角下进行测量,例如 CL-0。

a　焦点在测试中的平板的表面。

8.6.2 反射计值

8.6.2.1 选择——任意显示器

本选择的计算可参照表39和表40。

表39 通过散射光源的间接测量法进行测量,步骤一,测量

n	CL-1	CL-2	CL-3	CL-4	CL-5	CL-6	CL-7	照明	对象	焦点[a]
$Y_{DIFF,HS(n)}$								DIFF	HS	HS
$Y_{DIFF,LS(n)}$								DIFF	LS	LS

在15°测量非镜面反射亮度,通过接通平板,在LS和HS状态下。

为了减少测量的数量,需要定义 $L_{(CL\text{-}n)}=k_1\times L_{(HL\text{-}n)}=k_2\times L_{(LL\text{-}n)}$,这里 k_1 和 k_2 对于任意的方位角和倾斜角(对于所有的 n 的取值)都保持常数。如果这种假设对于一个新的技术是无效的,那么公式就是不正确的了,这个表中的14个平板角度测量方法需要对于HL-1…6和LL-1…6(总共42次测量而不是14次)进行重复操作。

[a] 焦点在测试中的平板的表面。

$$Y_{DIFF,HS\text{-}OFF(CL\text{-}n)}=Y_{DIFF,HS(CL\text{-}n)}-Y_{dark,HS(CL\text{-}n)},n=1\cdots7$$
$$Y_{DIFF,LS\text{-}OFF(CL\text{-}n)}=Y_{DIFF,LS(CL\text{-}n)}-Y_{dark,LS(CL\text{-}n)},n=1\cdots7 \qquad \cdots\cdots(36)$$

表40 通过散射光源的间接测量法进行测量,步骤二,计算

$n=$	CL-1	CL-2	CL-3	CL-4	CL-5	CL-6	CL-7	照明	对象
$Y_{DIFF,HS(n)}$								DIFF	HS
$Y_{DIFF,LS(n)}$								DIFF	LS

最终计算镜面反射评估使用公式(36)。

8.6.2.2 选择二——背景照明式液晶显示器

本选择的照明(例如,背光)可以被关闭,但是液晶的状态仍然是HS和LS(例如,大多数的笔记本电脑)。

表41 通过散射光源直接测量(非通常都可行)

$n=$	CL-1	CL-2	CL-3	CL-4	CL-5	CL-6	CL-7	照明	对象	焦点[a]
$Y_{DIFF,LS\text{-}OFF(n)}$								DIFF	LS	LS

在15°测量非镜面反射亮度,通过接通平板,在LS和HS状态下,通过内建平板照明的断开。

为了减少测量的数量,需要定义 $L_{(CL\text{-}n)}=k_1\times L_{(HL\text{-}n)}=k_2\times L_{(LL\text{-}n)}$,这里 k_1 和 k_2 对于任意的方位角和倾斜角(对于所有的 n 的取值)都保持常数。如果这种假设对于一个新的技术是无效的,那么公式就是不正确的了,这个表中的14个平板角度测量方法需要对于HL-1…6和LL-1…6(总共42次测量而不是14次)进行重复操作。

[a] 焦点在测试中的平板的表面。

8.6.2.3 计算散射反射计的值

$$R_{DIFF,HS\text{-}OFF(CL\text{-}n)}=q_{S\text{-}SML,dSTD(sSTD\text{-}nS45)}\times\frac{Y_{DIFF,HS\text{-}OFF(CL\text{-}n)}}{Y_{DIFF,dSTD(CL\text{-}n)}},n=1\cdots7 \qquad \cdots\cdots(37)$$

$$R_{DIFF',LS\text{-}OFF(CL\text{-}n)}=q_{S\text{-}SML,dSTD(sSTD\text{-}nS45)}\times\frac{Y_{DIFF,LS\text{-}OFF(CL\text{-}n)}}{Y_{DIFF,dSTD(CL\text{-}n)}},n=1\cdots7 \qquad \cdots\cdots(38)$$

如果测试是在30°漫反射照明而不是45°的条件下进行的,那么在式(37)和式(38)中,用 $q_{S\text{-}SML,dSTD(dSTD\text{-}n30)}$ 代替 $q_{S\text{-}SML,dSTD(dSTD\text{-}n30)}$。

计算漫反射的反射计的取值(见表42)。

表 42　计算漫反射反射计的值

$n=$	1	2	3	4	5	6	7	照度	对象
$R_{\text{DIFF,HS-OFF(CL-}n)}$								E_s	HS
$R_{\text{DIFF,LS-OFF(CL-}n)}$								E_s	LS

$$L_{E_s,\text{HS(CL-}n)}=Y_{\text{dark,HS(CL-}n)}+R_{\text{DIFF,HS-OFF(CL-}n)}\times E_s, n=1\cdots7 \quad\cdots\cdots(39)$$

$$L_{E_s,\text{LS(CL-}n)}=Y_{\text{dark,LS(CL-}n)}+R_{\text{DIFF,LS-OFF(CL-}n)}\times E_s, n=1\cdots7 \quad\cdots\cdots(40)$$

$$L_{E_s,\text{HS(HL-}n)}=Y_{\text{dark,HS(CL-}n)}\times\frac{Y_{\text{dark,HS(HL-0)}}}{Y_{\text{dark,HS(CL-0)}}}+R_{\text{DIFF,HS-OFF(CL-}n)}\times E_s, n=1\cdots7 \quad\cdots\cdots(41)$$

$$L_{E_s,\text{LS(HL-}n)}=Y_{\text{dark,LS(CL-}n)}\times\frac{Y_{\text{dark,LS(HL-0)}}}{Y_{\text{dark,LS(CL-0)}}}+R_{\text{DIFF,LS-OFF(CL-}n)}\times E_s, n=1\cdots7 \quad\cdots\cdots(42)$$

$$L_{E_s,\text{HS(LL-}n)}=Y_{\text{dark,HS(CL-}n)}\times\frac{Y_{\text{dark,HS(LL-0)}}}{Y_{\text{dark,HS(CL-0)}}}+R_{\text{DIFF,HS-OFF(CL-}n)}\times E_s, n=1\cdots7 \quad\cdots\cdots(43)$$

$$L_{E_s,\text{LS(LL-}n)}=Y_{\text{dark,LS(CL-}n)}\times\frac{Y_{\text{dark,LS(LL-0)}}}{Y_{\text{dark,LS(CL-0)}}}+R_{\text{DIFF,LS-OFF(CL-}n)}\times E_s, n=1\cdots7 \quad\cdots\cdots(44)$$

计算最终结果，参照表 43。

表 43　计算最终结果

$n=$	1	2	3	4	5	6	7	照度	对象
$L_{E_s,\text{HS(CL-}n)}$								E_s	HS
$L_{E_s,\text{LS(CL-}n)}$								E_s	LS
$L_{E_s,\text{HS(HL-}n)}$								E_s	HS
$L_{E_s,\text{LS(HL-}n)}$								E_s	LS
$L_{E_s,\text{HS(LL-}n)}$								E_s	HS
$L_{E_s,\text{LS(LL-}n)}$								E_s	LS

8.7　需求评估

本条中的公式和表格是针对发射式平板显示器的。当测试反射式平板显示器时，测量是在实验室照明环境下进行的，通过计算，被转换为屏幕亮度设计条件。提供照明和转换为屏幕亮度设计的过程在 8.7.27“色彩的不同性”中叙述。

8.7.1　视距设计

在适当的时候，需要验证制造商提供的视距设计是否比 400 mm 更好或者和 ISO 9241-3 是否一致。

8.7.2　观察方向设计

倾斜角的最小范围按照图 35 定义。

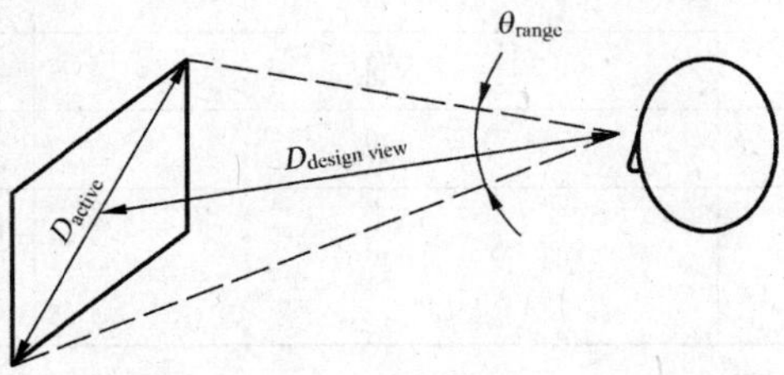

$$\theta_{\text{rangemax}}=80° \quad\cdots\cdots(45)$$

$$\theta_{\text{rangemin}}=2\times\arctan\left(\frac{D_{\text{active}}}{2\times D_{\text{design view}}}\right) \quad\cdots\cdots(46)$$

$$D_{\text{active}}=\sqrt{H_{\text{view}}^2+W_{\text{view}}^2} \quad\cdots\cdots(47)$$

图 35　$\boldsymbol{\theta}_{\text{rangemin}}$的定义

8.7.2.1 验证设计倾斜角度

$$\theta_D \geqslant 0 \qquad (48)$$

$$\theta_D \leqslant 40 - \frac{1}{2}\theta_{range} \qquad (49)$$

8.7.2.2 验证倾斜角范围符合任务要求并且在本部分的要求范围内。

$$\theta_{range} \geqslant \theta_{rangemin} \qquad (50)$$

$$\theta_{range} \leqslant \theta_{rangemax} \qquad (51)$$

8.7.2.3 验证观察方向设计与显示清晰字符的能力相符和

$$\frac{2 \times D_{designview} \times \tan\left(\frac{22'}{2} + \frac{1}{60'/°}\right)}{V_{pitch}} \geqslant 9\,pixels \qquad (52)$$

8.7.2.4 在测量结果的基础上进行鉴定，这种测量结果来自其他倾斜角范围等级的测量，并验证它符合要求的等级(参照表 44 和表 45)。

表 44 观察方向范围等级中的倾斜角范围

$Class_{viewing}$	标准	注 释
Ⅰ	$\theta_{range} \geqslant 80$	当观察方向大于 40°时，字符的几何失真成为不清晰的主要原因。当在某个倾斜角下字符失真不是问题时，等级Ⅰ保证在这个倾斜角下表现的足够好
Ⅱ	$\theta_{range} \geqslant 2 \times \theta_{rangemin}$	单一的几何模型导致了对所有区域要求的些许夸大，这里的区域不包括显示器的 4 个角
Ⅲ	$\theta_{range} \geqslant \theta_{rangemin}$	单一的几何模型导致了对所有区域要求的些许夸大，这里的区域不包括显示器的 4 个角
Ⅳ	θ_D	只在设计倾斜角时评估的要求
注：供应商可能会选择定义一个 θ_{range} 的公共值，或者高达 6 个的不同取值(每个不同的取值对应 7.5、7.14、7.15、7.17、7.19、7.22 中每一个不同要求的评估)		

表 45 观察方向范围等级中的倾斜角范围

需 求	要求的倾斜角范围等级	注 释
7.5 均匀色度差	Ⅳ	
7.14 显示器亮度	Ⅲ	
7.15 对比度	Ⅲ	
7.17 反射	Ⅲ	
7.19 亮度均匀性	Ⅳ	
7.22 纯亮度编码	Ⅳ	只在需要纯亮度编码的情况下对这一需求进行评估

8.7.2.5 其他测量方法计算数据

对于一个各向异性的平板显示设备来说，依照 7.2 和 8.4.1 中的方法计算相关测试角度的范围被用于其他测试第 9 章中。

对于一个各向同性的平板显示设备来说，除了需要的角度外，测量需要在 $\theta = 0°$ 下进行。反射描述了平板显示设备的反射灵敏度。详细见 8.7.17。

注：当 $\theta = 0°$ 时，方位角 ϕ 和测量结果并不相关。

8.7.3 屏幕亮度设计

验证屏幕亮度设计和7.3中的要求相一致。如果评估光源不是一个标准CIE光源的话，那么光源就需要具有被光谱辐射的特点，并需要在符合性报告中对结果加以说明。

8.7.4 视线角度

为了作出一个决定，这个建议需要同时评估包括用户在内的所有工作组件。平板视觉显示装置和它的应用需要被检查，但这不一定意味着能做出一个普遍的决定。

8.7.5 色度均匀性差别

色度均匀性差别，需要在暗室的条件下的测量位置进行评估，通过将色度计调焦至一个适于观察的区域，像8.4.2中描述的那样。

如果默认颜色设置被定义(参照7.25)，那么就需要对主要颜色和默认颜色设置中的所有颜色进行评估。如果默认色彩设置没有被定义，那么就只需要对主要颜色进行评估。

如果只进行了观察方向设计范围等级Ⅳ的评估，那么位置CL-1…CL-6就不需要。

根据8.7.2，位置CL-1…CL-6对于各向同性的平板显示设备是不被要求的。

8.7.5.1 测量

应用表46中的测量方法。需要的测量数量由显示的类型、显示的特定用途和观察方向设计等级决定(色彩 m 在 $1\sim n$ 之间，这里的 n 为评估颜色的总体数量，通常为4～11)。

表46 色度均匀性差别测量

			各向同性显示器；各向异性显示器，Classviewing Ⅳ										
			各向异性显示器，Classviewing Ⅰ，Ⅱ，Ⅲ										
		n=	CL-7	LL-7	HL-7	CL-1	CL-2	CL-3	CL-4	CL-5	CL-6	亮度	目标
所有平板		u′暗色 1(n)										暗	色1，例如：基础白色
		v′暗色 1(n)										暗	
		u′暗色 2(n)										暗	色2，例如：红色
		v′暗色 2(n)										暗	
	定义了缺省颜色的平板	u′暗色-3(n)										暗	色3，例如：绿色
		v′暗色 3(fl)										暗	
		u′暗色-4(fl)										暗	色4，例如：蓝色
		v′暗色 4(n)										暗	
		u′暗色 5(n)										暗	色5，例如：缺省颜色设置中的第一种
		v′暗色 5(n)										暗	
		u′暗色 6(n)										暗	色6，例如：缺省颜色设置中的第二种
		v′暗色 6(n)										暗	
		u′暗色 m(n)										暗	色 m，例如缺省颜色设置中的最后一种
		v′暗色 m(n)										暗	
注：缺省颜色设置通常有11中颜色或者更少。													

8.7.5.2 计算

测量的计算见表47，并应用3.2.4中的公式计算每对位置之间的 $\Delta u'v'$。

$$\Delta u'v' = \sqrt{(u'_1 - u'_2)^2 + (v'_1 - v'_2)^2} \quad \cdots\cdots(53)$$

表 47 色度均匀性差别的计算

			各向同性显示器																																			
			各向异性显示器,Classviewing Ⅳ																																			
			各向异性显示器,Classviewing Ⅰ,Ⅱ,Ⅲ																																			
			空间			空间/测角计																	测角计															
		$x=$ $y=$	HL-7,U-7	HL-7,CL-7	LL-7,CL-7	HL-7,CL-1	HL-7,CL-2	HL-7,CL-3	HL-7,CL-4	HL-7,CL-5	HL-7,CL-6	LL-7,CL-1	LL-7,CL-2	LL-7,CL-3	LL-7,CL-4	LL-7,CL-5	LL-7,CL-6	CL-7,CL-1	CL-7,CL-2	CL-7,CL-3	CL-7,CL-4	CL-7,CL-5	CL-7,CL-6	CL-1,CL-2	CL-1,CL-3	HL-7,CL-4	CL-1,CL-5	CL-1,CL-6	CL-2,CL-3	CL-2,CL-4	CL-2,CL-5	CL-2,CL-6	CL-2,CL-4	CL-3,CL-5	CL-3,CL-6	CL-4,CL-5	CL-4,CL-6	CL-S,CL-6
所有平板	定义了缺省颜色的平板	$u'v'$ 暗色-1 (x,y)																																				
		$u'v'$ 暗色-2 (x,y)																																				
		$u'v'$ 暗色-3 (x,y)																																				
		$u'v'$ 暗色-4 (x,y)																																				
		$u'v'$ 暗色-5 (x,y)																																				
		$u'v'$ 暗色-m (x,y)																																				

8.7.5.3 符合性检查

利用表 8 对符合性进行检查——在 7.5 中的最大的色度差别。只需要评估相关单元(默认颜色设置是否定义,各向同性显示还是各向异性显示,$\text{class}_{\text{viewing}}$)。

表 47 中的所有相关取值满足表 8 中的需求。

8.7.6 字符高度

字符高度应用 8.5 中的取值,并验证 Ψ 是否满足表 9 中的要求。

8.7.7 笔划宽度

笔画宽度应用 8.5 中的取值,并验证是否满足:

$$8\% \times N_{\text{H, Height}} \leqslant \frac{N_{\text{H, hz\_stroke}} + N_{\text{H, vt\_stroke}}}{2} \leqslant 20\% \times N_{\text{H, Height}} \qquad \cdots\cdots (54)$$

8.7.8 字符的宽高比

字符的宽高比应用 8.5 中的取值,并验证比例 $\frac{N_{\text{H, Width}}}{N_{\text{H, Height}}}$ 是否满足表 10 中的要求。

8.7.9 填充因子

填充因子满足的要求包含两种含义。一个是每次超过 30 像素,通过下列不等式进行检测:

$$N_v > 60\arctan\left(\frac{H_{view}}{2 \times D_{design\ view}}\right) \quad \cdots\cdots(55)$$

式中：

N_v——观察区域内像素在纵向的行数；

H_{view}——观察区域的高度；

$D_{desing\ view}$——视距设计。

另一个含义是要决定填充因子，可参照3.4.1。

决定填充因子使其满足要求是非常重要的，一些平板显示技术要求微光度计评估，但是大多数的技术是通过像素和亚像素设计的分析得到最佳评估的。在这种情况下，带有亚像素的平板通过每一次亚像素和加和的决定填充因子来进行评估。

8.7.9.1 需要微光度计评估的平板

在几何上可用区域内寻找一个像素亮度的峰值点进行判定，它是在暗室条件下，通过一个缝状亮度计或具有聚焦到$0.1V_{pitch}$的能力的微光度计进行的。然后，定位垂直和水平点，这些点的亮度和周围的比，下降了大概50%。填充因子是被$V_{pitch} \times H_{pitch}$分割的区域。

含多种颜色的平板的取值，包括50%的取值，通过每一种主要颜色分开进行测量。

举个例子来说，有这样一种技术：双底的交流等离子体，这里的像素位置的亮度通过一种不传热的导体被部分阻断。

注：用虚线表示的在50%等亮度线围成的区域，用于判断几何上可用区域。

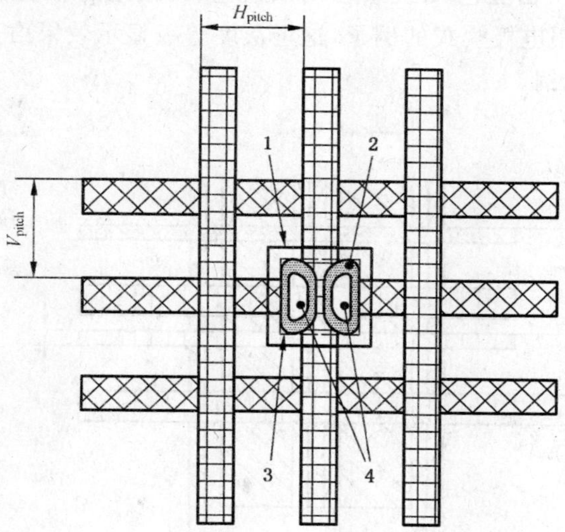

说明：

1——总像素区域；

2——50%轮廓线；

3——可用像素区域；

4——亮度峰值。

图36 微光度计情况

8.7.9.2 可以从布线图上进行评估的平板

很多平板通过对光电产品布线图进行设计分析可更方便精确地进行描述。实际的亮度精确地遵从布线图。

亚像素结构可以被用来实现多色彩，灰度级别，最小的视觉错误或最小的各向异性。

制造商需要提供必需的制图。对于多色彩平板，需要加和红点、绿点和蓝点，并通过像素区域进行分割。

图 37 是一个典型彩色平板的例子。

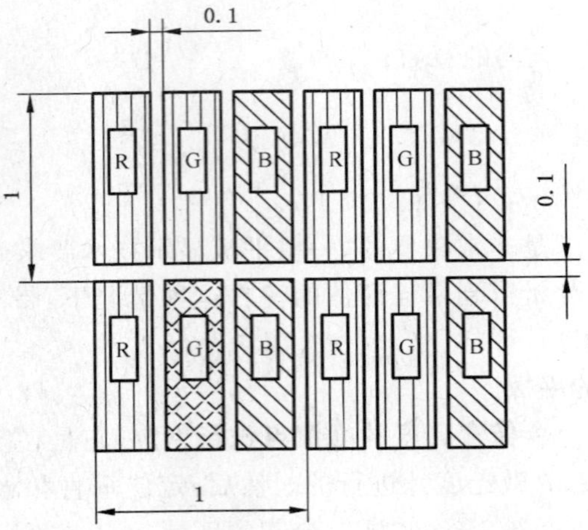

黑色矩阵区域有相关的尺寸,0.1 和像素总区域是 1×1。总共的黑色矩阵区域是 3×0.9×0.1+1×0.1=0.37。所以在这个例子中,填充因子为 1−0.37=0.63。

注:图中显示了 4 个像素。

图 37 由红色(R)、绿色(G)、蓝色(B)组成的彩色平板

图 38 是一个显示器上可用电极模式的例子,这里灰度等级显示效果由多种宽度亚像素提供。光输出和横纵电极的交界区域成比例。

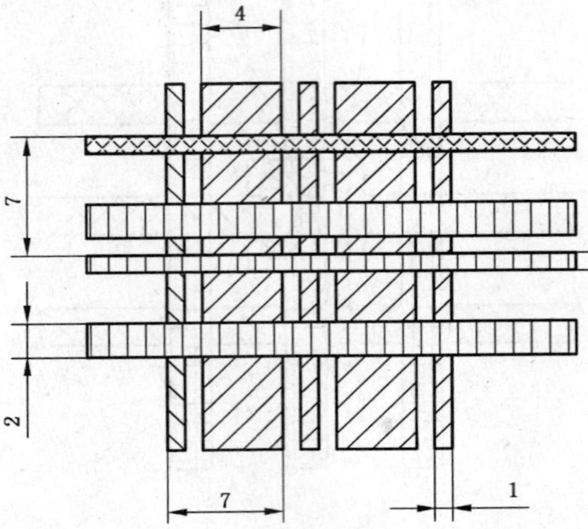

像素区域是 7×7=49 个单元。交界区域是 1、2、4 和 8,总共 15 个。填充因子为 15/49 等于 0.31,刚刚符合标准。

注:表现 4 个像素的图。

图 38 由二元亚像素决定的灰度级别(交叉点产生 1、2、4、8 个单元,从而得到 0 到 15 的线性级别)

8.7.10 字符格式

字符格式使用 8.5 中的测量取值,并验证 $N_{H,Height}$,$N_{H,Width}$ 是否满足表 11 中的要求,以及验证字体是否满足 7.10 中的其他要求。

8.7.11 字符间距

字符间距定义参照 8.5。并验证字体和应用是否满足 7.11 中的要求。

8.7.12 字间距

字间距定义参照 8.5,并验证字体和应用是否满足 7.11 中的要求。

8.7.13 行间距

行间距定义参照，并验证字体和应用是否满足 7.11 中的要求。

8.7.14 显示器亮度

显示器亮度使用 8.6 和表 43 中的取值，并验证是否满足如下 21 项需求：

$$L_{E_s,\mathrm{HS}(n)} \geqslant (1+Tol)\times 20\ \mathrm{cd/m^2}, n=\mathrm{CL\text{-}1}\cdots\mathrm{CL\text{-}7}, \mathrm{HL\text{-}1}\cdots\mathrm{HL\text{-}7}, \mathrm{LL\text{-}1}\cdots\mathrm{LL\text{-}7} \quad \cdots\cdots(56)$$

8.7.15 对比度

对比度使用 8.6 和表 43 中的取值，并验证是否满足如下 21 项要求(对比度调制)：

$$C_m = \frac{L_{E_s,\mathrm{HS}(n)} - (1+Tol)L_{E_s,\mathrm{LS}(n)}}{L_{E_s,\mathrm{HS}(n)} + (1+Tol)L_{E_s,\mathrm{LS}(n)}} \geqslant \frac{5\times L_{E_s,\mathrm{LS}(n)}^{-0.55}}{1+5\times L_{E_s,\mathrm{LS}(n)}^{-0.55}}, n=\mathrm{CL\text{-}1}\cdots\mathrm{CL\text{-}7}, \mathrm{HL\text{-}1}\cdots\mathrm{HL\text{-}7}, \mathrm{LL\text{-}1}\cdots\mathrm{LL\text{-}7} \quad \cdots\cdots(57)$$

或等价的 21 项要求(对比度比例)：

$$\frac{L_{E_s,\mathrm{HS}(n)}}{L_{E_s,\mathrm{LS}(n)}} \geqslant (1+Tol)\times(1+10L_{E_s,\mathrm{LS}(n)}^{-0.55}), n=\mathrm{CL\text{-}1}\cdots\cdots\mathrm{CL\text{-}7}, \mathrm{HL\text{-}1}\cdots\mathrm{HL\text{-}7}, \mathrm{LL\text{-}1}\cdots\mathrm{LL\text{-}7} \quad \cdots\cdots(58)$$

8.7.16 亮度平衡

亮度平衡仅在工作场所进行充足的评估。

8.7.16.1 工作场所的评估

a) 测量平板的 $L_{E_a,\mathrm{HS(HL\text{-}7)}}$，这里 $L_{E_a,\mathrm{HS(HL\text{-}7)}}$ 是观察方向设计的应用中用在显示器上的最高亮度状态下的区域亮度，在实际工作环境的照明中。

b) 测量 $L_{E_a,\mathrm{task,area(TA\text{-}min)}}$ 和 $L_{E_a,\mathrm{task,area(TA\text{-}max)}}$，这里 $L_{E_a,\mathrm{task,area(TA\text{-}min)}}$ 和 $L_{E_a,\mathrm{task,area(TA\text{-}max)}}$ 是在实际工作环境的照明中，工作区域中亮度最低和最高的区域。这个工作区域是当使用显示器(文件、封面以及其他)时队列中经常被访问到的区域。

c) $L_{E_a,\mathrm{task,area(TA\text{-}min)}}$ 和 $L_{E_a,\mathrm{task,area(TA\text{-}max)}}$ 必须满足以下标准：

$$0.1\times L_{E_a,\mathrm{task\ area(TA\text{-}max)}} \leqslant L_{E_a,\mathrm{HS(HL\text{-}7)}} \leqslant 10\times L_{E_a,\mathrm{task\ area(TA\text{-}min)}} \quad \cdots\cdots(59)$$

8.7.16.2 测试实验室中的评估

屏幕和产品其他部分(封面、键盘和其他)之间的亮度平衡可以在实验室中通过使用专用设计屏幕照明进行评估。

a) 评估 $L_{E_s,\mathrm{HS(HL\text{-}7)}}$

1) 评估十八个亮度取值 $L_{E_s,\mathrm{HS(CL\text{-}}n)}$，$L_{E_s,\mathrm{HS(HL\text{-}}n)}$，$L_{E_s,\mathrm{HS(LL\text{-}}n)}$，$n$ 的取值从 1 到 6，参照 8.6 和表 43。

2) 像评估 $L_{E_s,\mathrm{HS(HL\text{-}7)}}$ 那样选择这些取值中的最小值。

b) 评估 $L_{E_a,\mathrm{task,area(TA\text{-}min)}}$ 和 $L_{E_a,\mathrm{task,area(TA\text{-}max)}}$ (见表 48)

1) 测量 $Y_{\mathrm{DIFF,task,area(TA\text{-}min)}}$，$Y_{\mathrm{DIFF,task,area(TA\text{-}max)}}$，这里 $Y_{\mathrm{DIFF,task,area(TA\text{-}min)}}$，$Y_{\mathrm{DIFF,task,area(TA\text{-}max)}}$ 这里 $Y_{\mathrm{DIFF,task,area(TA\text{-}min)}}$，$Y_{\mathrm{DIFF,task,area(TA\text{-}max)}}$ 是在使用实验室的散射光源照明时，工作区域中亮度最低和最高的区域，这个工作区域是当使用显示器(文件、封面以及其他)时队列中经常被访问到的区域。

2) 测量 $Y_{\mathrm{DIFF,dSTD(TA\text{-}min)}}$，$Y_{\mathrm{DIFF,dSTD(TA\text{-}max)}}$，这里 $Y_{\mathrm{DIFF,dSTD(TA\text{-}min)}}$，$Y_{\mathrm{DIFF,dSTD(TA\text{-}max)}}$ 是当设置在 TA-min 和 TA-max 时，标准漫反射体的测量亮度。

表 48 任务区域和 dSTD

测量	n=min	n=max	亮度	对象	焦点
$Y_{\mathrm{DIFF,task\ area(TA\text{-}}n)}$			DIFF	任务区域	任务区域
$Y_{\mathrm{DIFF,dSTD(TA\text{-}}n)}$			DIFF	dSTD	dSTD

3） 计算 $Y_{\mathrm{DIFF,task,area(TA\text{-}min)}}$，$Y_{\mathrm{DIFF,task,area(TA\text{-}max)}}$

$$L_{E_s,\mathrm{task\ area(TA\text{-}}n)} = \frac{Y_{\mathrm{DIFF,task\ area}} \times q_{\mathrm{S\text{-}SML,dSTD(dSTD\text{-}}n\mathrm{S45)}} \times E_s}{Y_{\mathrm{DIFF,dSTD(TA\text{-}}n)}}, n = \mathrm{min,max} \quad \cdots(60)$$

c） $L_{E_s,\mathrm{HS(HL\text{-}7)}}$、$L_{E_a,\mathrm{task,area(TA\text{-}min)}}$ 和 $L_{E_a,\mathrm{task,area(TA\text{-}max)}}$ 必须满足如下的标准：

$$0.1 \times L_{E_s,\mathrm{task\ area(TA\text{-}max)}} \leqslant L_{E_s,\mathrm{HS(HL\text{-}7)}} \leqslant 10 \times L_{E_s,\mathrm{task\ area(TA\text{-}min)}} \quad \cdots\cdots(61)$$

注：产品的亮度平衡性质可以在实验室中通过测量 $Y_{\mathrm{DIFF,task,area(TA\text{-}min)}}$，$Y_{\mathrm{DIFF,task,area(TA\text{-}max)}}$ 进行进一步的分析，对于在办公室使用的典型物品（标准办公用纸，杂志用纸等等）。

8.7.17 反射

8.7.17.1 概述

验证在表 13 中定义的抗反射等级。记录显示器测试对于正极性、负极性或正负极性是否已经完成。

注：等级 1 要求亮度因子 β 在 15°和 1°的光源下被评估。

这些测量是在位置 CL-nS(n=1…6)下进行的。工作距离和亮度计的光孔必须使测量区域比小镜面光源像的一半小，但是也要足够大到可以容纳至少 10 像素的圆环型区域。所有这些评估测量需要在图 39 中亮度计满足的几何关系下进行。

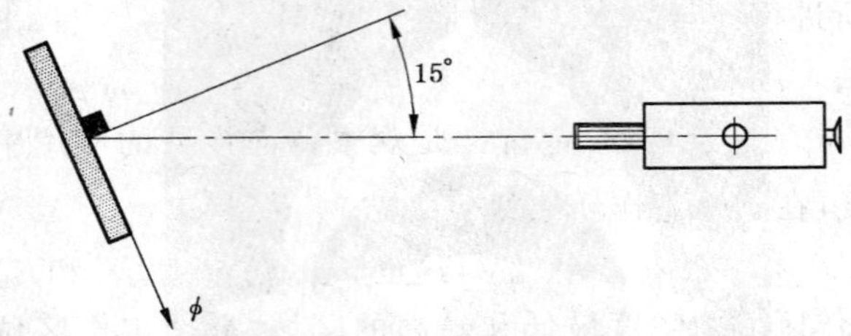

测量几何关系的侧视图。仪器在(15,ϕ)处。

图 39 反射评估的测量几何关系

根据等级的选择，可能会需要图 40 中的一个或 2 个设置。

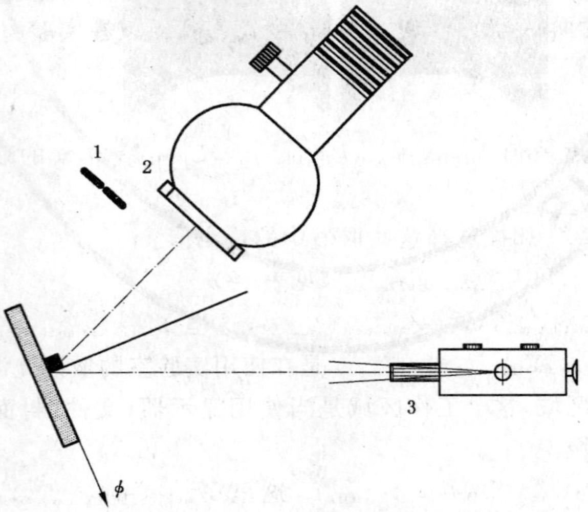

说明：

1——建立 1°光孔的小光源；

2——建立出口大于 15°的外延光源；

3——外延光源的光孔为 1°～2°，小光源的小于 0.3°。

测量几何关系的侧视图。亮度光源在(15,ϕ+180)，亮度计在(+15,ϕ)。

图 40 评估亮度因子亮度因数 β 的实验配置

图 41 是一个镜面反射设备的透视图。

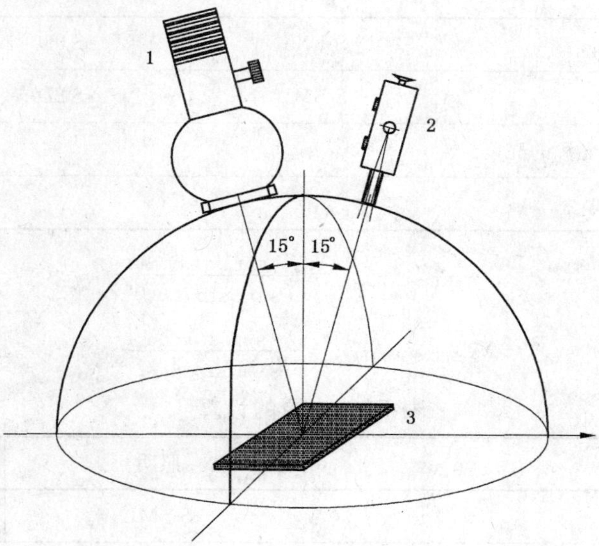

说明：

1——光源(15°角入射)；

2——点光度计；

3——平板或标准反射体。

测量方法几何关系的透视图。光源在(15,ϕ+180)，光度计在(15,ϕ)。

图 41 镜面反射设备的透视图

从漫反射、镜面反射标准来的下列数据是需要的(和通常一样，Y 用作预备结果的亮度)。

亮度计需要按照表 49 到表 51 的定义进行聚焦。对于小光源镜面反射测量方法，光源和光度计的角度阵列机构需要好于 0.2°，这样才能决定反射亮度的峰值。

8.7.17.2 测量

8.7.17.2.1 光源

8.7.17.2.1.1 选择一，不使用镜面标准

表 49 光源的测量

	Lg	照明	对象	聚焦
$Y_{S\text{-}EXT,S\text{-}EXT(Lg)}$		S-EXT	S-EXT	S-EXT[a]
$Y_{S\text{-}SML,S\text{-}SML(Lg)}$		S-SML	S-SML	S-SML[b]

光源亮度的测量：

注：当选择的测量距离(光度计到光源)和平板的镜面测量方法中的总体距离(光度计到平板的距离＋平板到光源的距离)相同时，可以达到最好的准确性。

a 聚焦在光源的出口处。

b 聚焦在光源的出口处。

8.7.17.2.1.2 选择2,使用镜面标准

表50 标准反射体的测量

	CL-0S	照明	对象	聚焦[a]
$Y_{S\text{-}EXT,sSTD(CL\text{-}0S)}$		S-EXT	sSTD	S-EXT
$Y_{S\text{-}SML,sSTD(CL\text{-}0S)}$		S-SML	sSTD	S-SML
测量必要的取值用以计算光源的亮度。				
[a] 聚焦在光源的出口处。				

$$Y_{S\text{-}EXT,S\text{-}EXT(Lg)} = \frac{Y_{S\text{-}EXT,sSTD(CL\text{-}0S)}}{\beta_{S\text{-}EXT,STD(CL\text{-}0S)}}$$
$$Y_{S\text{-}SML,S\text{-}SML(Lg)} = \frac{Y_{S\text{-}SML,sSTD(CL\text{-}0S)}}{\beta_{S\text{-}SML,STD(CL\text{-}0S)}} \quad \cdots\cdots (62)$$

表51 光源的计算

	Lg	照明	对象
$Y_{S\text{-}SML,S\text{-}SML(Lg)}$		S-SML	S-EXT
测量光源的亮度。 注:当选择的测量距离(光度计到光源)和平板的镜面测量方法中的总体距离(光度计到平板的距离+平板到光源的距离)相同时,可以达到最好的准确性。			

当使用镜面标准时,不确定性的附加测量会从以下几个方面引入:

——标准镜面反射体校准的准确性;

——没有完美的标准镜面反射体的阵列;

——典型标准镜面反射体的方位角的可能的变化。

使用来源于校准镜面标准的数据定义一个增长的不确定的评估,对象是 $Y_{S\text{-}EXT,S\text{-}EXT(Lg)}$,$Y_{S\text{-}SML,S\text{-}SML(Lg)}$。

8.7.17.2.2 标准漫反射体

对于一个相同的漫反射照明(例如,大的整合球体)与一个对于测试中的设备和光度计之间的方位角很不灵敏的系统(例如,对光的偏振现象的不敏感),表52中的所有取值对于 n 的不同取值都保持一个定值,并且只需要对一个方位角进行测量,如,CL-0。

表52 标准漫反射体的测量

n=	CL-1S	CL-2S	CL-3S	CL-4S	CL-5S	CL-6S	照明	对象	聚焦[a]
$Y_{DIFF,dSTD(n)}$							DIFF	dSTD	dSTD
注1:如果它已经通过校准的方法进行了验证,那么标准漫反射体的典型反射系数对方位角是独立的,这样dSTD的测量只需要对一个方位角进行,例如CL-0S。 注2:如果测量系统是准确的、稳定的,那么这个表格中的dSTD的取值需要对于从一个测量方法到另一个测量方法保持相同。因此,这些取值可以作为系统的质量保证。									
[a] 聚焦在测试中平板的表面。									

8.7.17.2.3 在15°角从平板发出的亮度

本测量见表53。

表 53　在暗室使用漫反射发光的测量

$n=$	CL-1S	CL-2S	CL-3S	CL-4S	CL-5S	CL-6S	照明	对象	聚焦[a]
$Y_{\mathrm{dark,HS}(n)}$							Dark	HS	HS
$Y_{\mathrm{dark,LS}(n)}$							Dark	LS	LS

测量描述平板所需要的值，如下函数：

——状态（高、低、关）；

——观察方向（CL-1S…6S）。

[a] 聚焦在用于测试的平板的表面。

8.7.17.2.4　**反射计的取值**

8.7.17.2.4.1　**选择一，任何显示**

本选择的取值可参照表 54～表 58。

表 54　使用镜面反射光源的间接测量，步骤一

$n=$	CL-1S	CL-2S	CL-3S	CL-4S	CL-5S	CL-6S	照明	对象	聚焦[a]
$Y_{\mathrm{S\text{-}EXT,HS\text{-}F\_EXT}(n)}$							S-EXT	HS	S-EXT
$Y_{\mathrm{S\text{-}EXT,LS\text{-}F\_EXT}(n)}$							S-EXT	LS	S-EXT
$Y_{\mathrm{S\text{-}SML,HS\text{-}F\_SML}(n)}$							S-SML	HS	S-SML
$Y_{\mathrm{S\text{-}SML,LS\text{-}F\_SML}(n)}$							S-SML	LS	S-SML

首先在光源的出口处测量亮度，在平板打开的状态下。

[a] 在这 12 个测量中，要求聚焦在光源的出口处。

表 55　使用镜面反射光源的间接测量，步骤二

$n=$	CL-1S	CL-2S	CL-3S	CL-4S	CL-5S	CL-6S	照明	对象	聚焦[a]
$Y_{\mathrm{dark,HS\text{-}F\_EXT}(n)}$							Dark	HS	S-EXT
$Y_{\mathrm{dark,LS\text{-}F\_EXT}(n)}$							Dark	LS	S-EXT
$Y_{\mathrm{dark,HS\text{-}F\_SML}(n)}$							Dark	HS	S-SML
$Y_{\mathrm{dark,LS\text{-}F\_SML}(n)}$							Dark	LS	S-SML

然后很小心地覆盖光源，并保持所有校准值与上一次测量的相同。聚焦在光源上，使光源较暗，测量从平板发出的光的亮度。这些取值需要计算镜面反射系数的组成，不考虑平板发射出的光的贡献。

如果测试样品和小光源之间的距离与测量样品和外接光源之间的距离相同，那么 row1＝row3，row2＝row4

[a] 在这 12 个测量中，人为地聚焦在不同的地方（在暗光源的出口处）。

表 56　使用镜面反射光源的间接测量，步骤三，计算

$n=$	CL-1S	CL-2S	CL-3S	CL-4S	CL-5S	CL-6S	照明	对象
$Y_{\mathrm{S\text{-}EXT,HS\text{-}OFF}(n)}$							S-EXT	HS
$Y_{\mathrm{S\text{-}EXT,LS\text{-}OFF}(n)}$							S-EXT	LS
$Y_{\mathrm{S\text{-}SML,HS\text{-}OFF}(n)}$							S-SML	HS
$Y_{\mathrm{S\text{-}SML,LS\text{-}OFF}(n)}$							S-SML	LS

最后使用式(63)计算反射镜面光的评估值。

$$\begin{aligned}Y_{\text{S-EXT,HS-OFF(CL-}n\text{S)}} &= Y_{\text{S-EXT,HS-F\_EXT(CL-}n\text{S)}} - Y_{\text{dark,HS-F\_EXT(CL-}n\text{S)}}, n = 1\cdots6\\ Y_{\text{S-EXT,LS-OFF(CL-}n\text{S)}} &= Y_{\text{S-EXT,LS-F\_EXT(CL-}n\text{S)}} - Y_{\text{dark,LS-F\_EXT(CL-}n\text{S)}}, n = 1\cdots6\\ Y_{\text{S-SML,HS-OFF(CL-}n\text{S)}} &= Y_{\text{S-SML,HS-F\_SML(CL-}n\text{S)}} - Y_{\text{dark,HS-F\_SML(CL-}n\text{S)}}, n = 1\cdots6\\ Y_{\text{S-SML,LS-OFF(CL-}n\text{S)}} &= Y_{\text{S-SML,LS-F\_SML(CL-}n\text{S)}} - Y_{\text{dark,LS-F\_SML(CL-}n\text{S)}}, n = 1\cdots6\end{aligned} \quad \cdots\cdots(63)$$

表 57　使用漫反射光源的间接测量，步骤一，测量

$n=$	CL-1S	CL-2S	CL-3S	CL-4S	CL-5S	CL-6S	照明	对象	聚焦[a]
$Y_{\text{DIFF,HS}(n)}$							DIFF	HS	HS
$Y_{\text{DIFF,LS}(n)}$							DIFF	LS	LS
在 15°测量非镜面反射亮度，在平板打开的情况下，在高、低两种状态下。 为了减少测量的数量，假设 $L_{(\text{CL-}n)} = k_1 \times L_{(\text{HL-}n)} = k_2 \times L_{(\text{LL-}n)}$，这里 k_1 和 k_2 对于所有的入射角和倾斜角（对于你的所有取值）保持常数。如果对于新的技术，整个假设是无效的，那么上述公式也是错误的，而且，这个表格中的平板的 12 种几何测量方法需要在位置 HL1…6 和 LL1…6 重复进行（总共 36 次测量，而不是 12 次）。									
[a] 聚焦在测试中的平板的表面。									

$$\begin{aligned}Y_{\text{DIFF,HS-OFF(CL-}n\text{S)}} &= Y_{\text{DIFF,HS(CL-}n\text{S)}} - Y_{\text{dark,HS(CL-}n\text{S)}}, n = 1\cdots6\\ Y_{\text{DIFF,LS-OFF(CL-}n\text{S)}} &= Y_{\text{DIFF,LS(CL-}n\text{S)}} - Y_{\text{dark,LS(CL-}n\text{S)}}, n = 1\cdots6\end{aligned} \quad \cdots\cdots(64)$$

表 58　使用漫反射光源的间接测量，步骤二，计算

$n=$	CL-1S	CL-2S	CL-3S	CL-4S	CL-5S	CL-6S	照明	对象
$Y_{\text{DIFF,HS-OFF}(n)}$							DIFF	HS
$Y_{\text{DIFF,LS-OFF}(n)}$							DIFF	LS
最后使用式(64)计算反射散射光的评估值。								

8.7.17.2.4.2　选择二，背景照明式液晶显示。

这里照明（例如，背后照明光）可以被关闭，但是液晶的状态仍然在高、低两个状态（例如，大多数的笔记本电脑），其测量和取值可参照表 59 和表 60。

表 59　镜面反射光源的直接测量方法（不是一直可能）

$n=$	CL-1S	CL-2S	CL-3S	CL-4S	CL-5S	CL-6S	照明	对象	聚焦[a]
$Y_{\text{S-EXT,HS-OFF}(n)}$							S-EXT	HS-OFF	S-EXT
$Y_{\text{S-EXT,LS-OFF}(n)}$							S-EXT	LS-OFF	S-EXT
$Y_{\text{S-SML,HS-OFF}(n)}$							S-SML	HS-OFF	S-SML
$Y_{\text{S-SML,LS-OFF}(n)}$							S-SML	LS-OFF	S-SML
测量反射镜面亮度，在平板打开的情况下，在高、低两个状态，平板的内置照明可以关闭。									
[a] 在这 24 个测量中，聚焦在光源的出口处。									

表 60　使用散射光源的直接测量方法（并不是总适用）

$n=$	CL-1S	CL-2S	CL-3S	CL-4S	CL-5S	CL-6S	照明	对象	聚焦[a]
$Y_{\text{DIFF,HS-OFF}(n)}$							DIFF	HS	HS
$Y_{\text{DIFF,LS-OFF}(n)}$							DIFF	LS	LS
在 15°测量非镜面反射亮度，在平板打开的情况下，在高、低两种状态下，且平板的内置照明是关闭的。 为了减少测量的数量，假设 $L_{(\text{CL-}n)} = k_1 \times L_{(\text{HL-}n)} = k_2 \times L_{(\text{LL-}n)}$，这里 k_1 和 k_2 对于所有的入射角和倾斜角（对于你的所有取值）保持常数。如果对于新的技术，整个假设是无效的，那么上述公式也是错误的，而且，这个表格中的平板的 12 种几何测量方法需要在位置 HL1…6 和 LL1…6 重复进行（总共 36 次测量，而不是 12 次）。									
[a] 聚焦在测试的平板的表面。									

8.7.17.2.4.3 镜面反射测量方法中的非镜面反射部分

本部分测量方法等参照表 61。

表 61 非镜面反射部分的测量方法

$n=$	CL-1S	CL-2S	CL-3S	CL-4S	CL-5S	CL-6S	照明	对象	聚焦[a]
$Y_{\text{S-EXT,dSTD}(n)}$							S-EXT	dSTD	S-EXT
$Y_{\text{S-SML,dSTD}(n)}$							S-SML	dSTD	S-SML

测量镜面反射亮度，在平板打开的情况下，在高、低两种状态下，且平板的内置照明是关闭的。

注 1：如果它通过一个校准测量方法被验证，那么漫反射标准特有的反射系数对于方向角是独立的，这样，只需要对一个方向角进行测量，例如，CL-0S。

注 2：如果测量系统是准确和稳定的，那么当从一种测量方法到另一种测量方法时，这个表中的取值会保持相同。因此，这些取值可以用作系统的质量保证值。

[a] 在这 12 个测量方法中，聚焦在光源的出口处。

8.7.17.3 计算中用到的符号的总结

在本部分的这部分中，假设平板发射的亮度的极性是独立的。在 ISO 9241-7 中，发射亮度对于每个不同的极性需要分开测量，这是因为阴极射线管显示器的亮度在极性方面时是不独立的(步骤 1，表 62)。

各向异性显示器所特有的反射系数对于方向角时是不独立的，本部分的这部分中的许多测量方法需要对六个不同的方向角进行重复。如果平板时各向同性的，那么，只需要测量一个方向角，例如 CL-0S(步骤 1，2，3，表 62)。

液晶的方向性影响液晶显示器的反射系数，并不是平板关闭时作出的测量，而是在高、低两个状态。如果平板的状态不影响反射性质，那么只需要在断开的状态进行测量(步骤 1，2，3，4，表 62)。

表 62 计算中需要的原始数据

步骤	ISO 9241-7	ISO 9241-7 使用 ISO 13406-2 中的符号	GB/T 20528.2
1	L_B(15°)正极性	$Y_{\text{dark,HS-pospol(CL-0S)}}$	$Y_{\text{dark,HS(CL-}n\text{S)}}$，$n=1\cdots6$
	L_F(15°)负极性	$Y_{\text{dark,HS-pospol(CL-0S)}}$	
	L_F(15°)正极性	$Y_{\text{dark,LS-pospol(CL-0S)}}$	$Y_{\text{dark,LS(CL-}n\text{S)}}$，$n=1\cdots6$
	L_B(15°)负极性	$Y_{\text{dark,LS-pospol(CL-0S)}}$	
2	$L_{\text{DS(SML,15°)}}$	$Y_{\text{S-SML,OFF(CL-0S)}}$	$Y_{\text{S-SML,HS-OFF(CL-}n\text{S)}}$，$n=1\cdots6$
			$Y_{\text{S-SML,LS-OFF(CL-}n\text{S)}}$，$n=1\cdots6$
	$L_{\text{DS(STD,15°)}}$	$Y_{\text{S-SML,dSTD(CL-0S)}}$	$Y_{\text{S-SML,dSTD(CL-}n\text{S)}}$，$n=1\cdots6$
3	$L_{\text{DS(EXT,15°)}}$	$Y_{\text{S-EXT,OFF(CL-0S)}}$	$Y_{\text{S-EXT,HS-OFF(CL-}n\text{S)}}$，$n=1\cdots6$
			$Y_{\text{S-EXT,LS-OFF(CL-}n\text{S)}}$，$n=1\cdots6$
	$L_{\text{D(STD,15°)}}$	$Y_{\text{S-EXT,dSTD(CL-0S)}}$	$Y_{\text{S-EXT,dSTD(CL-}n\text{S)}}$，$n=1\cdots6$
4	$L_{\text{D(0°)}}$	$Y_{\text{DIFF,OFF(CL-0S)}}$	$Y_{\text{S-DIFF,HS-OFF(CL-}n\text{S)}}$，$n=1\cdots6$
			$Y_{\text{S-DIFF,LS-OFF(CL-}n\text{S)}}$，$n=1\cdots6$
	$L_{\text{D(STD,0°)}}$	$Y_{\text{DIFF,dSTD(CL-0S)}}$	$Y_{\text{S-DIFF,dSTD(CL-}n\text{S)}}$，$n=1\cdots6$
5	$L_{\text{A(SML)}}$	$Y_{\text{S-SML,S-SML(Lg)}}$	$Y_{\text{S-SML,S-SML(Lg)}}$
	$L_{\text{A(EXT)}}$	$Y_{\text{S-EXT,S-EXT(Lg)}}$	$Y_{\text{S-SML,S-SML(Lg)}}$

8.7.17.4 计算反射计取值

$$R_{DIFF,HS\text{-}OFF(CL\text{-}nS)} = q_{S\text{-}SML,dSTD(dSTD\text{-}n45)} \times \frac{Y_{DIFF,HS\text{-}OFF(CL\text{-}nS)}}{Y_{DIFF,dSTD(CL\text{-}nS)}}, n = 1\cdots6 \quad \cdots\cdots\cdots\cdots(65)$$

$$R_{DIFF,LS\text{-}OFF(CL\text{-}nS)} = q_{S\text{-}SML,dSTD(dSTD\text{-}n45)} \times \frac{Y_{DIFF,LS\text{-}OFF(CL\text{-}nS)}}{Y_{DIFF,dSTD(CL\text{-}nS)}}, n = 1\cdots6 \quad \cdots\cdots\cdots\cdots(66)$$

如果测试是在30°而不是45°的漫反射照明下进行的，那么在式(65)和式(66)中用 $q_{S\text{-}SML,dSTD(dSTD\text{-}n30)}$ 代替 $q_{S\text{-}SML,dSTD(dSTD\text{-}n45)}$。

计算漫反射时反射计的取值。参照表63。

表63 计算漫反射反射计的取值

$n=$	CL-1S	CL-2S	CL-3S	CL-4S	CL-5S	CL-6S	对象
$R_{DIFF,HS\text{-}OFF(n)}$							HS
$R_{DIFF,LS\text{-}OFF(n)}$							LS
注：这个反射计的取值表现了组合反射和45°/0°几何关系的霾反射。这不是非镜面反射的完整表现。反射的特性将在附录C中进一步讨论。							

$$R_{S\text{-}EXT,HS\text{-}OFF(CL\text{-}nS)} = \frac{Y_{S\text{-}EXT,HS\text{-}OFF(CL\text{-}nS)} - Y_{S\text{-}EXT,dSTD(CL\text{-}nS)} \times \dfrac{R_{DIFF,HS\text{-}OFF(CL\text{-}nS)}}{q_{S\text{-}SML,dSTD(dSTD\text{-}nS15)}}}{Y_{S\text{-}EXT,S\text{-}EXT(Lg)}}, n = 1\cdots6 \quad \cdots(67)$$

$$R_{S\text{-}EXT,LS\text{-}OFF(CL\text{-}nS)} = \frac{Y_{S\text{-}EXT,LS\text{-}OFF(CL\text{-}nS)} - Y_{S\text{-}EXT,dSTD(CL\text{-}nS)} \times \dfrac{R_{DIFF,LS\text{-}OFF(CL\text{-}nS)}}{q_{S\text{-}SML,dSTD(dSTD\text{-}nS15)}}}{Y_{S\text{-}EXT,S\text{-}EXT(Lg)}}, n = 1\cdots6 \quad \cdots(68)$$

$$R_{S\text{-}SML,HS\text{-}OFF(CL\text{-}nS)} = \frac{Y_{S\text{-}SML,HS\text{-}OFF(CL\text{-}nS)} - Y_{S\text{-}SML,dSTD(CL\text{-}nS)} \times \dfrac{R_{DIFF,HS\text{-}OFF(CL\text{-}nS)}}{q_{S\text{-}SML,dSTD(dSTD\text{-}nS15)}}}{Y_{S\text{-}SML,S\text{-}SML(Lg)}}, n = 1\cdots6 \quad \cdots(69)$$

$$R_{S\text{-}SML,LS\text{-}OFF(CL\text{-}nS)} = \frac{Y_{S\text{-}SML,LS\text{-}OFF(CL\text{-}nS)} - Y_{S\text{-}SML,dSTD(CL\text{-}nS)} \times \dfrac{R_{DIFF,LS\text{-}OFF(CL\text{-}nS)}}{q_{S\text{-}SML,dSTD(dSTD\text{-}nS15)}}}{Y_{S\text{-}SML,S\text{-}SML(Lg)}}, n = 1\cdots6 \quad \cdots(70)$$

注：式(67)到式(70)的第二部分是非镜面反射成分的评估(见ISO 9241-7)。特别是小光源反射，这部分对于许多显示器对趋于零。

计算反射计的取值，在外接光源和小光源镜面反射条件下。参照表64。

表64 计算镜面反射计取值

$n=$	CL-1S	CL-2S	CL-3S	CL-4S	CL-5S	CL-6S	对象
$R_{S\text{-}EXT,HS\text{-}OFF(n)}$							HS
$R_{S\text{-}EXT,LS\text{-}OFF(n)}$							LS
$R_{S\text{-}SML,HS\text{-}OFF(n)}$							HS
$R_{S\text{-}SML,LS\text{-}OFF(n)}$							LS

表65给出了在ISO 9241-7和本部分中使用的反射计取值的总结。

表65 反射计取值的总结

ISO 9241-7	ISO 9241-7 使用 ISO 13406-2 中的符号	GB/T 20528.2
R_D	$R_{DIFF,OFF(CL\text{-}0S)}$	$R_{S\text{-}DIFF,HS\text{-}OFF(CL\text{-}nS)}$, $n=1\cdots6$
		$R_{S\text{-}DIFF,LS\text{-}OFF(CL\text{-}nS)}$, $n=1\cdots6$
$R_{S\text{-}EXT}$	$R_{S\text{-}EXT,OFF(CL\text{-}0S)}$	$R_{S\text{-}EXT,HS\text{-}OFF(CL\text{-}nS)}$, $n=1\cdots6$
		$R_{S\text{-}EXT,LS\text{-}OFF(CL\text{-}nS)}$, $n=1\cdots6$
$R_{S\text{-}SML}$	$R_{S\text{-}SML,OFF(CL\text{-}0S)}$	$R_{S\text{-}SML,HS\text{-}OFF(CL\text{-}nS)}$, $n=1\cdots6$
		$R_{S\text{-}SML,LS\text{-}OFF(CL\text{-}nS)}$, $n=1\cdots6$

8.7.17.5 转换至标准照明环境条件

$$L_{E_s,\mathrm{HS(CL}\text{-}n\mathrm{S)}} = Y_{\mathrm{dark,HS(CL}\text{-}n\mathrm{S)}} + E_s \times R_{\mathrm{DIFF,HS\text{-}OFF(CL}\text{-}n\mathrm{D)}},\ n = 1\cdots6 \qquad (71)$$

$$L_{E_s,\mathrm{LS(CL}\text{-}n\mathrm{S)}} = Y_{\mathrm{dark,LS(CL}\text{-}n\mathrm{S)}} + E_s \times R_{\mathrm{DIFF,LS\text{-}OFF(CL}\text{-}n\mathrm{D)}},\ n = 1\cdots6 \qquad (72)$$

在屏幕亮度设计条件下，计算由测试样品发出的和由测试样品反射的组合亮度。

表 66 计算发射亮度＋标准散射照明

$n=$	CL-1S	CL-2S	CL-3S	CL-4S	CL-5S	CL-6S	照度	对象
$L_{E_s,\mathrm{HS}(n)}$							E_s	HS
$L_{E_s,\mathrm{LS}(n)}$							E_s	LS

$$\left.\begin{aligned}
L_{E_s+\mathrm{REFEXT\text{-}I,HS(CL}\text{-}n\mathrm{S)}} &= L_{E_s,\mathrm{HS(CL}\text{-}n\mathrm{S)}} + L_{\mathrm{REFEXT\text{-}I}} \times R_{\mathrm{S\text{-}EXT,HS\text{-}OFF(CL}\text{-}n\mathrm{S)}},\ n = 1\cdots6\\
L_{E_s+\mathrm{REFEXT\text{-}I,LS(CL}\text{-}n\mathrm{S)}} &= L_{E_s,\mathrm{LS(CL}\text{-}n\mathrm{S)}} + L_{\mathrm{REFEXT\text{-}I}} \times R_{\mathrm{S\text{-}EXT,LS\text{-}OFF(CL}\text{-}n\mathrm{S)}},\ n = 1\cdots6\\
L_{E_s+\mathrm{REFSML\text{-}I,HS(CL}\text{-}n\mathrm{S)}} &= L_{E_s,\mathrm{HS(CL}\text{-}n\mathrm{S)}} + L_{\mathrm{REFSML\text{-}I}} \times R_{\mathrm{S\text{-}SML,HS\text{-}OFF(CL}\text{-}n\mathrm{S)}},\ n = 1\cdots6\\
L_{E_s+\mathrm{REFSML\text{-}I,LS(CL}\text{-}n\mathrm{S)}} &= L_{E_s,\mathrm{LS(CL}\text{-}n\mathrm{S)}} + L_{\mathrm{REFSML\text{-}I}} \times R_{\mathrm{S\text{-}SML,LS\text{-}OFF(CL}\text{-}n\mathrm{S)}},\ n = 1\cdots6
\end{aligned}\right\} \qquad (73)$$

$$\left.\begin{aligned}
L_{E_s+\mathrm{REFEXT\text{-}I,HS(CL}\text{-}n\mathrm{S)}} &= L_{E_s,\mathrm{HS(CL}\text{-}n\mathrm{S)}} + L_{\mathrm{REFEXT\text{-}III}} \times R_{\mathrm{S\text{-}EXT,HS\text{-}OFF(CL}\text{-}n\mathrm{S)}},\ n = 1\cdots6\\
L_{E_s+\mathrm{REFEXT\text{-}I,LS(CL}\text{-}n\mathrm{S)}} &= L_{E_s,\mathrm{LS(CL}\text{-}n\mathrm{S)}} + L_{\mathrm{REFEXT\text{-}III}} \times R_{\mathrm{S\text{-}EXT,LS\text{-}OFF(CL}\text{-}n\mathrm{S)}},\ n = 1\cdots6\\
L_{E_s+\mathrm{REFSML\text{-}I,HS(CL}\text{-}n\mathrm{S)}} &= L_{E_s,\mathrm{HS(CL}\text{-}n\mathrm{S)}} + L_{\mathrm{REFSML\text{-}III}} \times R_{\mathrm{S\text{-}SML,HS\text{-}OFF(CL}\text{-}n\mathrm{S)}},\ n = 1\cdots6\\
L_{E_s+\mathrm{REFSML\text{-}I,LS(CL}\text{-}n\mathrm{S)}} &= L_{E_s,\mathrm{LS(CL}\text{-}n\mathrm{S)}} + L_{\mathrm{REFSML\text{-}III}} \times R_{\mathrm{S\text{-}SML,LS\text{-}OFF(CL}\text{-}n\mathrm{S)}},\ n = 1\cdots6
\end{aligned}\right\} \qquad (74)$$

在标准漫反射照明和闪烁光源下，增加中间值以得到总体的亮度值。参照表 67。

表 67 计算总体亮度取值

$n=$	CL-1S	CL-2S	CL-3S	CL-4S	CL-5S	CL-6S	照明	对象
$L_{E_s+\mathrm{REFEXT\text{-}I},\mathrm{HS}(n)}$							E_s＋REFEXT-Ⅰ	HS
$L_{E_s+\mathrm{REFEXT\text{-}I},\mathrm{LS}(n)}$							E_s＋REFEXT-Ⅰ	LS
$L_{E_s+\mathrm{REFSML\text{-}I},\mathrm{HS}(n)}$							E_s＋REFSML-Ⅰ	HS
$L_{E_s+\mathrm{REFSML\text{-}I},\mathrm{LS}(n)}$							E_s＋REFSML-Ⅰ	LS
$L_{E_s+\mathrm{REFEXT\text{-}III},\mathrm{HS}(n)}$							E_s＋REFEXT-Ⅲ	HS
$L_{E_s+\mathrm{REFEXT\text{-}III},\mathrm{LS}(n)}$							E_s＋REFEXT-Ⅲ	LS
$L_{E_s+\mathrm{REFSML\text{-}III},\mathrm{HS}(n)}$							E_s＋REFSML-Ⅲ	HS
$L_{E_s+\mathrm{REFSML\text{-}III},\mathrm{LS}(n)}$							E_s＋REFSML-Ⅲ	LS

8.7.17.6 评估与 7.17.1 的一致性

对于反射等级一 $\mathrm{Class_{reflection}}$ Ⅰ，对 n＝CL-1S…CL-6S 进行评估：

$$\frac{L_{E_s+\mathrm{REFSML\text{-}I},\mathrm{HS}(n)}}{L_{E_s+\mathrm{REFSML\text{-}I},\mathrm{LS}(n)}} \geqslant (1+Tol)\times(1+10L^{-0.55}_{E_s+\mathrm{REFSML\text{-}I},\mathrm{LS}(n)}) \qquad (75)$$

和，$$\frac{L_{E_s+\mathrm{REFEXT\text{-}I},\mathrm{HS}(n)}}{L_{E_s+\mathrm{REFEXT\text{-}I},\mathrm{LS}(n)}} \geqslant (1+Tol)\times(1+10L^{-0.55}_{E_s+\mathrm{REFSML\text{-}I},\mathrm{LS}(n)}) \qquad (76)$$

对于反射等级二 $\mathrm{Class_{reflection}}$ Ⅱ，对 n＝CL-1S…CL-6S 进行评估：

$$\frac{L_{E_s+\mathrm{REFSML\text{-}I},\mathrm{HS}(n)}}{L_{E_s+\mathrm{REFSML\text{-}I},\mathrm{LS}(n)}} \geqslant (1+Tol)\times(1+10L^{-0.55}_{E_s+\mathrm{REFSML\text{-}I},\mathrm{LS}(n)}) \qquad (77)$$

或，$$\frac{L_{E_s+\mathrm{REFEXT\text{-}I},\mathrm{HS}(n)}}{L_{E_s+\mathrm{REFEXT\text{-}I},\mathrm{LS}(n)}} \geqslant (1+Tol)\times(1+10L^{-0.55}_{E_s+\mathrm{REFSML\text{-}I},\mathrm{LS}(n)}) \qquad (78)$$

对于反射等级三 $\mathrm{Class_{reflection}}$ Ⅲ，对 n＝CL-1S…CL-6S 进行评估：

$$\frac{L_{E_s+\mathrm{REFSML\text{-}III},\mathrm{HS}(n)}}{L_{E_s+\mathrm{REFSML\text{-}III},\mathrm{LS}(n)}} \geqslant (1+Tol)\times(1+10L^{-0.55}_{E_s+\mathrm{REFSML\text{-}III},\mathrm{LS}(n)}) \qquad (79)$$

或，$\frac{L_{E_s+\text{REFEXT-Ⅲ},\text{HS}(n)}}{L_{E_s+\text{REFEXT-Ⅲ},\text{LS}(n)}} \geqslant (1+Tol)\times(1+10L_{E_s+\text{REFSML-Ⅲ},\text{LS}(n)}^{-0.55})$ ……………………（80）

8.7.17.7　**评估与 7.17.2 的一致性**

对于反射等级一 $\text{Class}_{\text{reflection}}$ Ⅰ正极性，对 n=CL-1S…CL-6S 进行评估：

$$\frac{L_{E_s+\text{REFSML-Ⅰ},\text{HS}(n)}}{L_{E_s,\text{HS}(n)}} \leqslant 1.25 \qquad (81)$$

和，$\frac{L_{E_s+\text{REFEXT-Ⅰ},\text{HS}(n)}}{L_{E_s,\text{HS}(n)}} \leqslant 1.25$ ……………………（82）

对于反射等级一 $\text{Class}_{\text{reflection}}$ Ⅰ负极性，对 n=CL-1S…CL-6S 进行评估：

$$\frac{L_{E_s+\text{REFSML-Ⅰ},\text{LS}(n)}}{L_{E_s,\text{LS}(n)}} \leqslant 1.2+\frac{1}{15}\times\frac{L_{E_s,\text{HS}(n)}}{L_{E_s,\text{LS}(n)}} \qquad (83)$$

和，$\frac{L_{E_s+\text{REFEXT-Ⅰ},\text{LS}(n)}}{L_{E_s,\text{LS}(n)}} \leqslant 1.2+\frac{1}{15}\times\frac{L_{E_s,\text{HS}(n)}}{L_{E_s,\text{LS}(n)}}$ ……………………（84）

对于反射等级二 $\text{Class}_{\text{reflection}}$ Ⅱ正极性，对 n=CL-1S…CL-6S 进行评估：

$$\frac{L_{E_s+\text{REFSML-Ⅰ},\text{HS}(n)}}{L_{E_s,\text{HS}(n)}} \leqslant 1.25 \qquad (85)$$

或，$\frac{L_{E_s+\text{REFEXT-Ⅰ},\text{HS}(n)}}{L_{E_s,\text{HS}(n)}} \leqslant 1.25$ ……………………（86）

对于反射等级二 $\text{Class}_{\text{reflection}}$ Ⅱ负极性，对 n=CL-1S…CL-6S 进行评估：

$$\frac{L_{E_s+\text{REFSML-Ⅰ},\text{LS}(n)}}{L_{E_s,\text{LS}(n)}} \leqslant 1.2+\frac{1}{15}\times\frac{L_{E_s,\text{HS}(n)}}{L_{E_s,\text{LS}(n)}} \qquad (87)$$

或，$\frac{L_{E_s+\text{REFEXT-Ⅰ},\text{LS}(n)}}{L_{E_s,\text{LS}(n)}} \leqslant 1.2+\frac{1}{15}\times\frac{L_{E_s,\text{HS}(n)}}{L_{E_s,\text{LS}(n)}}$ ……………………（88）

对于反射等级三 $\text{Class}_{\text{reflection}}$ Ⅲ正极性，对 n=CL-1S…CL-6S 进行评估：

$$\frac{L_{E_s+\text{REFSML-Ⅲ},\text{HS}(n)}}{L_{E_s,\text{HS}(n)}} \leqslant 1.25 \qquad (89)$$

或，$\frac{L_{E_s+\text{REFEXT-Ⅲ},\text{HS}(n)}}{L_{E_s,\text{HS}(n)}} \leqslant 1.25$ ……………………（90）

对于反射等级三 $\text{Class}_{\text{reflection}}$ Ⅲ负极性，对 n=CL-1S…CL-6S 进行评估：

$$\frac{L_{E_s+\text{REFSML-Ⅲ},\text{LS}(n)}}{L_{E_s,\text{LS}(n)}} \leqslant 1.2+\frac{1}{15}\times\frac{L_{E_s,\text{HS}(n)}}{L_{E_s,\text{LS}(n)}} \qquad (91)$$

或，$\frac{L_{E_s+\text{REFEXT-Ⅲ},\text{LS}(n)}}{L_{E_s,\text{LS}(n)}} \leqslant 1.2+\frac{1}{15}\times\frac{L_{E_s,\text{HS}(n)}}{L_{E_s,\text{LS}(n)}}$ ……………………（92）

8.7.18　**图像极性**

如果显示器被认为有同时拥有两种极性显示，那么需要验证这些要求满足这两种极性。

8.7.19　**亮度均匀性**

亮度均匀性参照表 68，并使用 8.6 中的表 43 的取值。

如果只有观察方向设计范围等级 $\text{Class}_{\text{viewing}}$ Ⅳ 被评估，那么位置 CL-1…CL-6 是不需要的。

表 68　亮度均匀性取值

n=	1	2	3	4	5	6	照度	对象
$L_{E_s,\text{HS(CL-}n)}$							E_s	HS
$L_{E_s,\text{HS(HL-}n)}$							E_s	HS
$L_{E_s,\text{HS(LL-}n)}$							E_s	HS

为在 7.2 的前提下满足 7.19 的要求，读数最大值除以最小值要比 1.7 小。对于 $\text{Class}_{\text{viewing}}$ Ⅳ，需要 3 个读数(CL-7，HL-7，LL-7)。对于 $\text{Class}_{\text{viewing}}$ Ⅰ/Ⅱ/Ⅲ，所有的 21 个读数都需要。为评估推荐值，计

算特定测量点和相应比率之间的角度。这些比例不能超过 7.19 中表 14 里的那些推荐值。

8.7.20 像素缺陷

像素缺陷等级，$Class_{pixel}$通过直接观察进行验证。

a) 方式 1

将平板放在特定的黑暗状态中，如果存在的话，观察高状态的像素。如果有任何一簇显现出来，那么通过小型放大镜检验这一区域，以观察那个 5×5 的标准是否通过，并记录结果。

b) 方式 2

将平板放在特定的黑暗状态中，通过一行 30 个高亮状态的像素对平板进行扫描。换句话说，设置像素 0～29 为高亮状态并作为第一扫描行，然后让像素 30 亮、0 灭，然后像素 31 亮、1 灭，以此类推。在扫描行的最后，在适当的位置换行并从右到左扫描下一行像素是最好的。这样，眼睛就可以保持在一行的一部分上，而不需要回扫。在完美的区域，每一行都可以沿着平板平滑的显示移动。误差类型 2 可以非常容易的观察到，当某一行在某个像素处被卡住截断时。如果有这种被卡住的像素存在，它需要被标记(在物理上或在软件上更好)并重新检测像素簇。

c) 方式 3

如果平板上的一个像素或一个像素区域被进行检测的检测员看起来有些反常，那么这个像素或像素区域需要被重新检测以观察类型 3 的指定是否使用。这是一个不能避免的判断。

8.7.21 成像时间

使用测试位置 CL-0。系统命令将目标驱动至最为明亮的状态 $L_{dark,HS(CL-0)}$ 或最黑暗的状态 $L_{dark,LS(CL-0)}$ 是可行的。使用一个高速响应的光度计，在低于 500 Hz 或高于 1 000 Hz 的状态下扫描内容。在下面的例子中，仪器的输出的采样率为 4 kS/s。1 000 Hz 的扫描可以适当的阻止混淆现象。500 Hz 的扫描正好在眼睛的最大反应时间周围。在这里描述的方法中，一个采样系统是需要的。我们认为一个带有自动调节分析滤波器的仪器可以得出相同的结果。

a) 应用测试中设备的第一条命令。记录亮度时间反应 $L(t)$，并计算平均一帧画面的亮度时间响应 $L_{FPA}(t)$。

在一个采样系统中，

$$L_{FPA(t_1)} = \frac{1}{T}\sum_{t_1-\frac{T}{2}}^{t_1+\frac{T}{2}} L(t) \qquad \cdots\cdots(93)$$

式中：

T——刷新周期；

t_1——采样时间；

$L(t)$——低通滤波亮度时间采样取值。

这被称为动态平均值，移动窗函数的平均值或有时会对指标的矩形波函数进行积分。

b) 在充足的时间后，$L_{FPA}(t)$达到一个近似稳定值，记这个值为 L_1。

c) 应用第 2 条命令，记录亮度时间反应 $L(t)$，并计算平均一帧画面的亮度时间响应 $L_{FPA}(t)$。

d) 在充足的时间后，$L_{FPA}(t)$达到一个近似稳定值，记这个值为 L_2。

e) 记亮度 $L_{FPA}(t)$达到 $L_1-0.1(L_1-L_2)$的时间为 t_1。

f) 记亮度 $L_{FPA}(t)$达到 $L_1-0.9(L_1-L_2)$的时间为 t_2。

g) 应用第一条命令，记录亮度时间反应 $L(t)$，并计算平均一帧画面的亮度时间响应 $L_{FPA}(t)$。

h) 记亮度 $L_{FPA}(t)$达到 $L_1-0.9(L_1-L_2)$的时间为 t_3。

i) 记亮度 $L_{FPA}(t)$达到 $L_1-0.1(L_1-L_2)$的时间为 t_4。

j) 成像时间为$(t_4-t_3)+(t_2-t_1)$。

注：$L_1=L_{dark,HS(CL-0)}$，$L_2=L_{dark,LS(CL-0)}$。

图 42 中的例子表示了时间特性对应的亮度。没有被标记的曲线是没有滤波的输出。一个高频率

的电子镇流平稳器被可传送的液晶显示器平板调制。被标记的曲线是一个 500 Hz 到 1 000 Hz 的带通滤波器的输出结果。在这条曲线上，可以观察到刷新的结果。

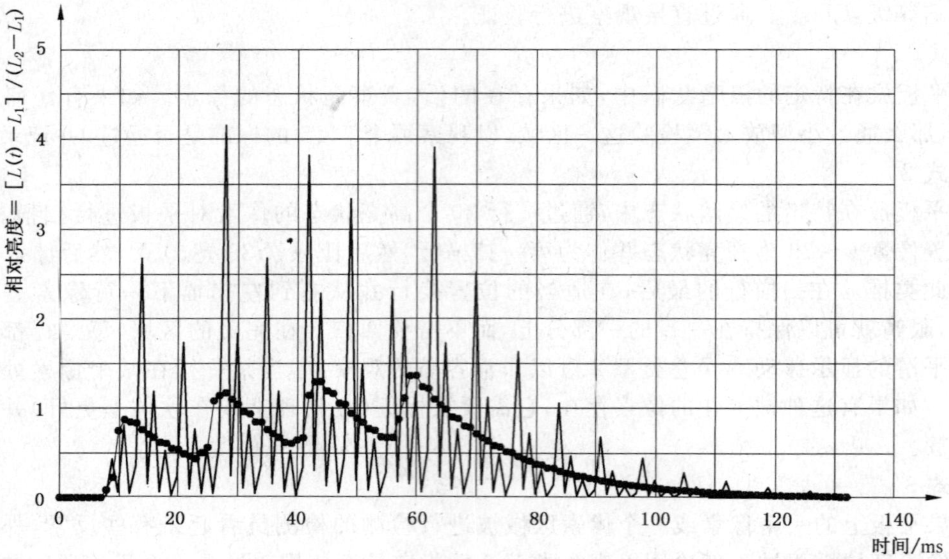

图 42　初始滤波前后，71 ms 的成像时间

在图 43 中，图 42 中的滤波输出被重复(标记曲线)，并加上了平均帧周期的数据(实线)。需要的时间是：2.50 ms；38.50 ms，66.75 ms 和 102.00 ms，它们分别是 t_1，t_2，t_3，t_4。成像时间是(012.00−66.75)+(38.50−2.50)=71 ms。当这些数据以 4 kS/s 进行采样时，精确度为正负 0.5 ms(正负 2 采样时间)。参照 3.4.4 中的图 8，以获得一个更短成像时间的例子。

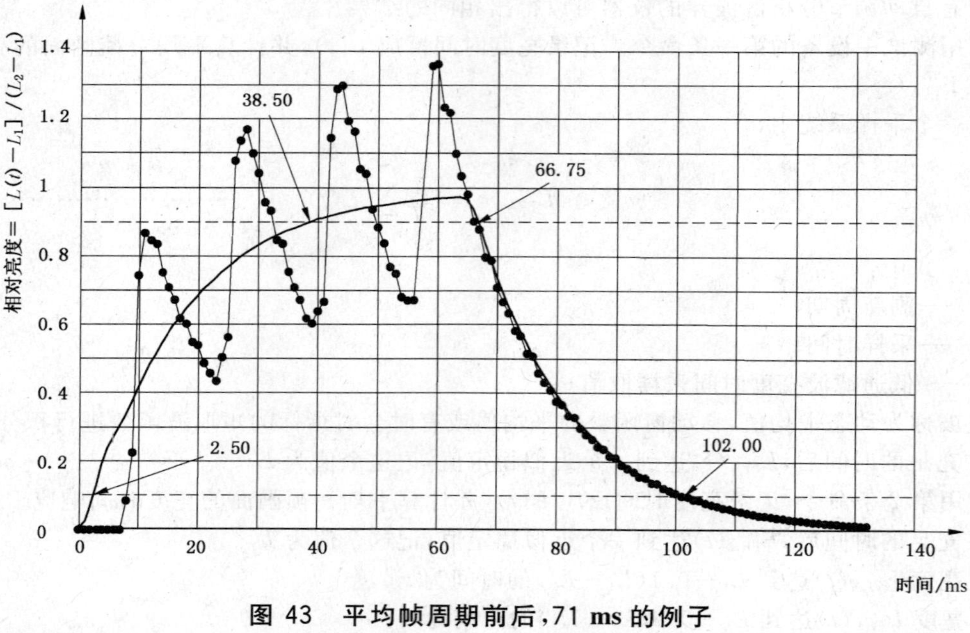

图 43　平均帧周期前后，71 ms 的例子

8.7.22　绝对亮度编码

有 2 种方式满足这项要求：

——一个是通过不使用纯亮度编码的应用使用平板，也就是，现在的信息表示，它仅仅通过图像亮度不同的区别来表现视觉上的不同。

——另一个需要满足 8.7.22.1 和 8.7.22.2 中的要求。

如果只评估观察方向设计范围等级 4，那么位置 CL-1…CL-6 是不需要的。

8.7.22.1 测量并计算每个亮度编码等级

对于每个等级，重复表60到表73中的测量和计算（1…n，通常情况下，这里的等级1和LS相同，等级n和HS相同）。

对于各项异性的平板，显示亮度需要对表69到表73中的所有项目进行验证。对于各向同性的平板，测试方向1至6可以忽略。

表 69 黑暗中的发射亮度

$n=$	CL-0	LL-0	HL-0	照明	对象	聚焦
$Y_{\text{dark,lever}(n)}$				Dark	Dark	Level
在暗室的条件下测量发射亮度。						

表 70 角度测量

$n=$	CL-1	CL-2	CL-3	CL-4	CL-5	CL-6	CL-7	照明	对象	聚焦[a]
$Y_{\text{DIFF,level}(n)}$								DIFF	level	level
$Y_{\text{dark,level}(n)}$								Dark	level	level
$Y_{\text{DIFF,dSTD}(n)}$								DIFF	dSTD	dSTD

在这个等级下，测量将平板定义为观察方向的函数所需要的取值。

为了减少测量的数量，假设 $L_{(\text{CL-}n)} = k_1 \times L_{(\text{HL-}n)} = k_2 \times L_{(\text{LL-}n)}$，这里$k_1$和$k_2$对于所有的入射角和倾斜角（对于$n$的所有取值）保持常数。如果对于新的技术整个假设是无效的，那么公式（95）到公式（97）也是错误的，而且，这个表格中的平板的14种角度测量方法需要在位置HL1…6和LL1…6重复进行（总共49次测量，而不是21次）。

对于标准漫反射照明（例如，大的整合球体）和一个对于测试中的装备以及亮度计之间的方位角敏感的系统（例如，对于光的偏振敏感），这个表中的所有取值对于所有的n保持常数，并且只需要对一个方位角进行测量，例如CL-0。

对于一个高的测量系统和标准漫反射体，不管散射照明的均匀性如何，$Y_{\text{DIFF,dSTD}}(n)$对于所有的n保持常数，因而$Y_{\text{DIFF,dSTD}}(n)$只需要对一个角度进行测量，例如CL-0。

[a] 聚焦在测试中的平板的表面。

$$R_{\text{DIFF,level-OFF(CL-}n)} = q_{\text{S-SML,dSTD(dSTD-}nS45)} \times \frac{Y_{\text{DIFF,level(CL-}n)} - Y_{\text{dark,level(CL-}n)}}{Y_{\text{DIFF,dSTD(CL-}n)}}, n = 1\cdots 7 \qquad (94)$$

表 71 计算反射计的取值

$n=$	1	2	3	4	5	6	7	照度	对象
$R_{\text{DIFF,level-OFF(CL-}n)}$								E_s	Level
对于散射反射计算反射计取值									

$$L_{E_s,\text{level(CL-}n)} = Y_{\text{dark,level(CL-}n)} + R_{\text{DIFF,level-OFF(CL-}n)} \times E_s, n = 1\cdots 7 \qquad (95)$$

$$L_{E_s,\text{level(HL-}n)} = Y_{\text{dark,level(CL-}n)} \times \frac{Y_{\text{dark,level(HL-0)}}}{Y_{\text{dark,level(CL-0)}}} + R_{\text{DIFF,level-OFF(CL-}n)} \times E_s, n = 1\cdots 7 \qquad (96)$$

$$L_{E_s,\text{level(LL-}n)} = Y_{\text{dark,level(CL-}n)} \times \frac{Y_{\text{dark,level(LL-0)}}}{Y_{\text{dark,level(CL-0)}}} + R_{\text{DIFF,level-OFF(CL-}n)} \times E_s, n = 1\cdots 7 \qquad (97)$$

表 72 计算总体亮度取值

$n=$	1	2	3	4	5	6	照度	对象
$L_{E_s,\text{level(CL-}n)}$							E_s	Level
$L_{E_s,\text{level(HL-}n)}$							E_s	Level
$L_{E_s,\text{level(LL-}n)}$							E_s	Level
计算总体亮度取值								

表 73 计算 L_{min} 和 L_{max}

	取值	描述	照度	对象
$L_{level,min}$		表 72 中的最小值	E_s	Level
$L_{level,max}$		表 72 中的最大值	E_s	Level
在表 72 中找亮度的最大值和最小值				

8.7.22.2 评估临界比率要求(参照表 74)

评估临界比率要求可参照表 74。

表 74 评估临界比率

临界比率	计算值	要求	通过/失败
$L_{1,max}$		≥1.5	
$L_{2,min}/L_{1,max}$		≥1.5	
$L_{3,min}/L_{2,max}$		≥1.5	
$L_{3,min}/L_{2,max}$		≥1.5	
…		≥1.5	
$L_{n,min}/L_{n-1,max}$		≥1.5	
基于表 72 对于每个亮度编码等级计算临界比率。 为通过要求，临界比率等级必须满足应用中的每一个亮度编码等级。			

注：亮度取值已经通过亮度标准观察方向范围进行了评估。

8.7.23 闪烁编码

如果使用闪烁编码，验证成像时间少于 55 ms。

8.7.24 瞬时不稳定性(颤抖)

参照提供的附录 B。这里没有对于平板上显示颤动的独立技术的心理物理测试。时间调制依赖于灰度等级或观察方向或图像容量。

8.7.25 默认颜色设置

有两种方式满足这项要求：

——一个是仅在如下应用中使用平板，这种应用不需要用户去区别或鉴别色彩。

——另一个是满足如下的要求：

a) 验证默认颜色设置被定义。

b) 验证包括白色在内的每一个默认颜色设置都满足本部分中的所有要求。

c) 验证使每一个默认颜色设置都包括在要求的评估内，这些要求的评估应当和如下一致：

——7.5 *色度均匀性差别*；

——7.27 *颜色差别*；

——7.29 *颜色的数目*。

d) 如果颜色可以被用户所选择，那么需要验证默认的颜色设置是可获取和恢复的。

8.7.26 彩色物体大小

评估视距设计的推荐值并计算大小，以毫米量级，在 30′、45′和 2° 3 个不同的位置，并在测试报告中记录取值。

为了评估彩色物体大小，需从物体的直径来计算大小，参照图 44。

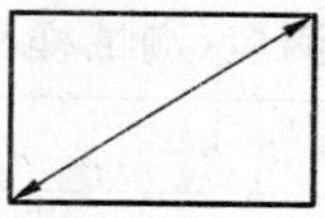

图 44 彩色物体大小

8.7.27 颜色差别

这个要求只适用于一种平板，这种平板的字体设置的定义与 7.25 一致。

所有的测量在测试位置 CL-7 进行，并通过计算转换为屏幕亮度设计。

这种测量和转换计算使用波长光谱（8.7.27.1.1 *选择一，使用光谱公式*）。在特殊条件下，它也允许这些测量和转换使用 CIE 1931 的 3 色坐标（8.7.27.1.2，*选择二，使用 CIE19831 的 3 色坐标*）。参照附录 A 以得到更多的信息。

颜色差别的计算使用 CIE 1976$L^* u^* v^*$（CIELVU）的色彩不同性公式。

关于测量和计算的综述在附录 A 的矩阵符号中。

8.7.27.1 测量和转换

8.7.27.1.1 选择一：使用光谱公式

本条中的公式适用于没有大的误差的任何类型的显示器。在大多数情况下，不同的波长间隔 $\Delta\lambda$ 小于 5 nm，而且范围在 360 nm 和 830 nm 之间的不同波长是可以被使用的。更多的信息参照附录 A。

8.7.27.1.1.1 测量

使用光谱公式的测量可参照表 75～表 77。

表 75 暗室条件下的测量（测试样品），W/（sr・m²・nm）

$n=$	$S_{\text{dark,color-}n\text{(CL-7)}}(\lambda)$ for$\lambda=$				照明	对象
	360	365	…	830		
1					Dark	颜色一，例如参考白色
2					Dark	颜色二，例如红色
3					Dark	颜色三，例如绿色
4					Dark	颜色四，例如蓝色
5					Dark	颜色五，例如默认颜色设置的第一种颜色
6					Dark	颜色六，例如默认颜色设置的第 2 种颜色
…						
m					Dark	颜色 *m*，例如默认颜色设置的最后一种颜色

在暗室条件下，从 360 nm 到 830 nm 以 5 nm 为步长测量发射光谱。这是来自 EUT 的发射成分。

聚焦在测试平板的表面。

注：W/（sr・m²・nm）是辐射率作为波长函数的国际标准单位。为得到更多信息，参照 CIE Publication No. 15.2：1986，比色法。

表 76　散射照明下的测量(测试样品),W/(sr · m² · nm)

$n=$	$S_{dark,color\text{-}n(CL\text{-}7)}(\lambda)$ for$\lambda=$				照明	对象
	360	365	…	830		
1					DIFF	颜色一,例如参考白色
2					DIFF	颜色二,例如红色
3					DIFF	颜色三,例如绿色
4					DIFF	颜色四,例如蓝色
5					DIFF	颜色五,例如默认颜色设置的第一种颜色
6					DIFF	颜色六,例如默认颜色设置的第 2 种颜色
…						
m					DIFF	颜色 m,例如默认颜色设置的最后一种颜色

在暗室条件下,从 360 nm 到 830 nm 以 5 nm 为步长测量发射光谱。这是一个中间值,同时包括测试样品发射的光和测试样品反射的光。

聚焦在测试平板的表面。

注 1：对于每个颜色和波长，$S_{DIFF,colour\text{-}n(CL\text{-}7)}(\lambda) >> S_{dark,colour\text{-}n(CL\text{-}7)}(\lambda)$ 是为了通过光度计得到好的测量准确性(足够高的光线等级,足够高的信号噪声比)。

注 2：W/(sr · m² · nm)是辐射率作为波长函数的国际标准单位。为得到更多信息,参照 CIE Publication No. 15.2:1986,*比色法*。

表 77　在散射照明下测量(dSTD),W/(sr · m² · nm)

$S_{DIFF,dSTD}(\lambda)$ for$\lambda=$				照明	对象
360	365	…	830		
				DIFF	Dstd

在实验室散射照明的条件下,从 360 nm 到 830 nm 以 5 nm 为步长测量发射光谱。

聚焦在标准漫反射体的表面。

注：W/(sr · m² · nm)是辐射率作为波长函数的国际标准单位。为得到更多信息,参照 CIE Publication No. 15.2:1986,比色法。

8.7.27.1.1.2　在屏幕亮度设计的条件下转换光谱取值

$$S_{DIFF,colour\text{-}n\text{-}OFF(CL\text{-}7)}(\lambda) = S_{DIFF,colour\text{-}n(CL\text{-}7)}(\lambda) - S_{dark,colour\text{-}n(CL\text{-}7)}(\lambda),\quad n = 1\cdots m, \lambda = 360\cdots\cdots 830 \qquad (98)$$

对于一些显示器,表 78 可以直接测量得到,在这种情况下,表 76 就是不需要的了。例如,对于液晶显示器来说,它可以在背光或正面照明关闭的状态下保持显示。

表 78　计算照明“DIFF”的反射成分,W/(sr · m² · nm)

$n=$	$S_{\mathrm{dark,color}\text{-}n\mathrm{(CL\text{-}7)}}(\lambda)\mathrm{for}\lambda=$				照明	对象
	360	365	…	830		
1					DIFF	颜色一,例如参考白色
2					DIFF	颜色二,例如红色
3					DIFF	颜色三,例如绿色
4					DIFF	颜色四,例如蓝色
5					DIFF	颜色五,例如默认颜色设置的第一种颜色
6					DIFF	颜色六,例如默认颜色设置的第 2 种颜色
			…			
m					DIFF	颜色 m,例如默认颜色设置的最后一种颜色
在实验室散射照明的条件下计算反射成分。 注:W/(sr · m² · nm)是辐射率作为波长函数的国际标准单位。为得到更多信息,参照 CIE Publication No. 15.2:1986,比色法。						

$$R_{\mathrm{DIFF,colour}\text{-}n\text{-}\mathrm{OFF(CL\text{-}7)}}(\lambda)=\frac{S_{\mathrm{DIFF,colour}\text{-}n\text{-}\mathrm{OFF(CL\text{-}7)}}(\lambda)\cdot\pi\cdot q_{\mathrm{S\text{-}SML,dSTD(dSTD\text{-}4S45)}}(\lambda)}{S_{\mathrm{DIFF,dSTD(CL\text{-}7)}}(\lambda)},n=1\cdots m,\lambda=360\cdots830 \quad\cdots\cdots\cdots(99)$$

对于每种颜色计算光谱反射因子。见表 79。

表 79　对于每种颜色计算光谱反射因子

$n=$	$S_{\mathrm{dark,color}\text{-}n\mathrm{(CL\text{-}7)}}(\lambda)\mathrm{for}\lambda=$				照明	对象
	360	365	…	830		
1					Dark	颜色一,例如参考白色
2					Dark	颜色二,例如红色
3					Dark	颜色三,例如绿色
4					Dark	颜色四,例如蓝色
5					Dark	颜色五,例如默认颜色设置的第一种颜色

表 79（续）

n=	$S_{\text{dark,color-}n\text{(CL-7)}}(\lambda)\text{for}\lambda=$				照明	对象
	360	365	…	830		
6					Dark	颜色六，例如默认颜色设置的第 2 种颜色
…						
m					Dark	颜色 m，例如默认颜色设置的最后一种颜色
R×100=反射和 CIE 理想等相发散比较的百分比						

$$\left.\begin{aligned} X_{E_s,\text{colour-}n\text{(CL-7)}} &= k_1 \cdot \int_{360}^{830} S_{\text{dark,colour-}n\text{(CL-7)}}(\lambda)\cdot\bar{x}(\lambda)\mathrm{d}\lambda + k_2\int_{360}^{830} S_{E_s,E_s}(\lambda)\cdot R(\lambda)\cdot\bar{x}(\lambda)\mathrm{d}\lambda \\ X_{E_s,\text{colour-}n\text{(CL-7)}} &= k_1 \cdot \int_{360}^{830} S_{\text{dark,colour-}n\text{(CL-7)}}(\lambda)\cdot\bar{y}(\lambda)\mathrm{d}\lambda + k_2\int_{360}^{830} S_{E_s,E_s}(\lambda)\cdot R(\lambda)\cdot\bar{y}(\lambda)\mathrm{d}\lambda \\ X_{E_s,\text{colour-}n\text{(CL-7)}} &= k_1 \cdot \int_{360}^{830} S_{\text{dark,colour-}n\text{(CL-7)}}(\lambda)\cdot\bar{z}(\lambda)\mathrm{d}\lambda + k_2\int_{360}^{830} S_{E_s,E_s}(\lambda)\cdot R(\lambda)\cdot\bar{z}(\lambda)\mathrm{d}\lambda \end{aligned}\right\},$$

$$n = 1\cdots m \qquad \cdots\cdots(100)$$

这里，$k_1=683/m/W$ ……(101)

$$k_2 = \frac{E_s}{\pi}\frac{1}{\int_{360}^{830} S_{E_s,E_s}(\lambda)\cdot\bar{y}(\lambda)\mathrm{d}\lambda} \qquad \cdots\cdots(102)$$

$S_{E_s,E_s}(\lambda)$ 是屏幕亮度设计 E_s 的光谱分布。

$\bar{x},\bar{y},\bar{z}$ 是 CIE 标准色度计观测仪的色彩匹配函数。

式(100)的第 1 部分是发射部分，第 2 部分是反射部分。

计算设计屏幕照明下的总体 CEI 1931 3 色取值。参照表 80。

表 80　对于照明 E_s 计算总体三色取值　　单位为 W/(sr·m²·nm)

n=	$X_{E_s,\text{colour-}n\text{(CL-7)}}$	$Y_{E_s,\text{colour-}n\text{(CL-7)}}$	$Z_{E_s,\text{colour-}n\text{(CL-7)}}$	照明	对象
1				Dark	颜色一，例如参考白色
2				Dark	颜色二，例如红色
3				Dark	颜色三，例如绿色
4				Dark	颜色四，例如蓝色
5				Dark	颜色五，例如默认颜色设置的第一种颜色
6				Dark	颜色六，例如默认颜色设置的第 2 种颜色
…					
m				Dark	颜色 m，例如默认颜色设置的最后一种颜色

8.7.27.1.2 选择二，使用 CIE 1931 的三色坐标

8.7.27.1.2.1 测量

使用 CIE 1931 的 3 色坐标的测量可参照表 81 至表 83。

表 81 在暗室条件下测量（测试样品）

n=	$X_{dark,colour\text{-}n(CL\text{-}7)}$	$Y_{dark,colour\text{-}n(CL\text{-}7)}$	$Z_{dark,colour\text{-}n(CL\text{-}7)}$	照明	对象
1				Dark	颜色一，例如参考白色
2				Dark	颜色二，例如红色
3				Dark	颜色三，例如绿色
4				Dark	颜色四，例如蓝色
n=	$X_{dark,colour\text{-}n(CL\text{-}7)}$	$Y_{dark,colour\text{-}n(CL\text{-}7)}$	$Z_{dark,colour\text{-}n(CL\text{-}7)}$	照明	对象
5				Dark	颜色五，例如默认颜色设置的第一种颜色
6				Dark	颜色六，例如默认颜色设置的第 2 种颜色
…					
n	$X_{dark,colour\text{-}n(CL\text{-}7)}$	$Y_{dark,colour\text{-}n(CL\text{-}7)}$	$Z_{dark,colour\text{-}n(CL\text{-}7)}$	照明	对象
m				Dark	颜色 m，例如默认颜色设置的最后一种颜色

在暗室条件下测量 CIE 1931 的三色坐标。这是从测试样品反射出来的成分。

聚焦在测试中的平板的表面。

表 82 散射照明下的测量（测试样品）

n=	$X_{Diff,colour\text{-}n(CL\text{-}7)}$	$Y_{Diff,colour\text{-}n(CL\text{-}7)}$	$Z_{Diff,colour\text{-}n(CL\text{-}7)}$	照明	对象
1				DIFF	颜色一，例如参考白色
2				DIFF	颜色二，例如红色
3				DIFF	颜色三，例如绿色
4				DIFF	颜色四，例如蓝色
5				DIFF	颜色五，例如默认颜色设置的第一种颜色
6				DIFF	颜色六，例如默认颜色设置的第 2 种颜色
…					
m				DIFF	颜色 m，例如默认颜色设置的最后一种颜色

在实验室散射照明的条件下测量 CIE 1931 的三色坐标。这是一个中间值，包括测试样品发射的光和测试样品反射的光。

聚焦在测试中的样品的表面。

注：对于每种颜色，$X,Y,Z_{DIFF,colour\text{-}n(CL\text{-}7)} >> X,Y,Z_{dark,colour\text{-}n(CL\text{-}7)}$ 以保证应用光度计（足够高的光等级和信号噪声比）得到好的测量精度。

表 83 散射照明下的测量（dSTD）

$X_{DIFF,dSTD}$(CL-7)	$Y_{DIFF,dSTD}$(CL-7)	$Z_{DIFF,dSTD}$(CL-7)	照明	对象
			DIFF	dSTD

在实验室散射照明的条件下测量 CIE 1931 的三色坐标。

聚焦在标准漫反射体的表面。

8.7.27.1.2.2 在设计屏幕照明下转换到三色取值

$$\left.\begin{aligned}X_{\mathrm{DIFF,colour}\text{-}n\,\mathrm{OFF(CL\text{-}7)}} &= X_{\mathrm{DIFF,colour}\text{-}n\mathrm{(CL\text{-}7)}} - X_{\mathrm{dark,colour}\text{-}n\mathrm{(CL\text{-}7)}}\\ Y_{\mathrm{DIFF,colour}\text{-}n\,\mathrm{OFF(CL\text{-}7)}} &= Y_{\mathrm{DIFF,colour}\text{-}n\mathrm{(CL\text{-}7)}} - Y_{\mathrm{dark,colour}\text{-}n\mathrm{(CL\text{-}7)}}\\ Z_{\mathrm{DIFF,colour}\text{-}n\,\mathrm{OFF(CL\text{-}7)}} &= Z_{\mathrm{DIFF,colour}\text{-}n\mathrm{(CL\text{-}7)}} - Z_{\mathrm{dark,colour}\text{-}n\mathrm{(CL\text{-}7)}}\end{aligned}\right\},n = 1\cdots m \quad \cdots\cdots\cdots\cdots(103)$$

对于一些显示器，表 84 可以直接测量。在某些情况下，表 83 是不需要的。举个例子来说，液晶显示器，它的显示可以在背面照明或正面照明关闭的条件下保持。

表 84 对于照明"DIFF"计算反射部分

$n=$	$X_{\mathrm{Diff,colour}\text{-}n\mathrm{(CL\text{-}7)}}$	$Y_{\mathrm{Diff,colour}\text{-}n\mathrm{(CL\text{-}7)}}$	$Z_{\mathrm{Diff,colour}\text{-}n\mathrm{(CL\text{-}7)}}$	照明	对象
1				DIFF	颜色一，例如参考白色
2				DIFF	颜色二，例如红色
3				DIFF	颜色三，例如绿色
4				DIFF	颜色四，例如蓝色
5				DIFF	颜色五，例如默认颜色设置的第一种颜色
6				DIFF	颜色六，例如默认颜色设置的第 2 种颜色
…					
m				DIFF	颜色 m，例如默认颜色设置的最后一种颜色
在实验室散射照明下计算发射成分。					

$$\left.\begin{aligned}R_{\mathrm{DIFF,colour}\text{-}n\,\mathrm{OFF(CL\text{-}7)}}(X) &= \frac{X_{\mathrm{DIFF,colour}\text{-}n\,\mathrm{OFF(CL\text{-}7)}}\cdot\pi\cdot q_{\mathrm{S\text{-}SML,dSTD(dSTD\text{-}4S45)}}(X)}{X_{\mathrm{DIFF,dSTD(CL\text{-}7)}}}\\ R_{\mathrm{DIFF,colour}\text{-}n\,\mathrm{OFF(CL\text{-}7)}}(Y) &= \frac{Y_{\mathrm{DIFF,colour}\text{-}n\,\mathrm{OFF(CL\text{-}7)}}\cdot\pi\cdot q_{\mathrm{S\text{-}SML,dSTD(dSTD\text{-}4S45)}}(Y)}{Y_{\mathrm{DIFF,dSTD(CL\text{-}7)}}}\\ R_{\mathrm{DIFF,colour}\text{-}n\,\mathrm{OFF(CL\text{-}7)}}(Z) &= \frac{Z_{\mathrm{DIFF,colour}\text{-}n\,\mathrm{OFF(CL\text{-}7)}}\cdot\pi\cdot q_{\mathrm{S\text{-}SML,dSTD(dSTD\text{-}4S45)}}(Z)}{Z_{\mathrm{DIFF,dSTD(CL\text{-}7)}}}\end{aligned}\right\},$$

$$n = 1\cdots m \quad \cdots\cdots\cdots\cdots(104)$$

$$\left.\begin{aligned}q_{\mathrm{S\text{-}SML,dSTD(dSTD\text{-}4S45)}}(X) &= \frac{\int_{360}^{830} q_{\mathrm{S\text{-}SML,dSTD(dSTD\text{-}4S45)}}(\lambda)\cdot\bar{x}(\lambda)\,\mathrm{d}\lambda}{\int_{360}^{830}\bar{y}(\lambda)\,\mathrm{d}\lambda}\\ q_{\mathrm{S\text{-}SML,dSTD(dSTD\text{-}4S45)}}(Y) &= \frac{\int_{360}^{830} q_{\mathrm{S\text{-}SML,dSTD(dSTD\text{-}4S45)}}(\lambda)\cdot\bar{y}(\lambda)\,\mathrm{d}\lambda}{\int_{360}^{830}\bar{y}(\lambda)\,\mathrm{d}\lambda}\\ q_{\mathrm{S\text{-}SML,dSTD(dSTD\text{-}4S45)}}(Z) &= \frac{\int_{360}^{830} q_{\mathrm{S\text{-}SML,dSTD(dSTD\text{-}4S45)}}(\lambda)\cdot\bar{z}(\lambda)\,\mathrm{d}\lambda}{\int_{360}^{830}\bar{y}(\lambda)\,\mathrm{d}\lambda}\end{aligned}\right\}\text{对于每种颜色计算三色反射系数因子}$$

$$\cdots\cdots(105)$$

表 85　对于每种颜色计算三色反射系数因子

$R_{\text{DIFF,colour-}n\text{-OFF(CL-7)}}$				照明	对象
$n=$	(X)	(Y)	(Z)		
1				DIFF	颜色一,例如参考白色
2				DIFF	颜色二,例如红色
3				DIFF	颜色三,例如绿色
4				DIFF	颜色四,例如蓝色
5				DIFF	颜色五,例如默认颜色设置的第一种颜色
6				DIFF	颜色六,例如默认颜色设置的第 2 种颜色
…					
m				DIFF	颜色 m,例如默认颜色设置的最后一种颜色
$X,Y,Z=$和 CIE 理想各项同性扩散体相比较的反射百分比。					

$$\left.\begin{aligned} X_{E_s,\text{colour-}n\text{(CL-7)}} &= X_{\text{dark,colour-}n\text{(CL-7)}} + \frac{X_{E_s,E_s} \cdot R_{\text{DIFF,colour-}n\text{-off(CL-7)}}(X)}{\pi} \\ Y_{E_s,\text{colour-}n\text{(CL-7)}} &= Y_{\text{dark,colour-}n\text{(CL-7)}} + \frac{Y_{E_s,E_s} \cdot R_{\text{DIFF,colour-}n\text{-off(CL-7)}}(Y)}{\pi} \\ Z_{E_s,\text{colour-}n\text{(CL-7)}} &= Z_{\text{dark,colour-}n\text{(CL-7)}} + \frac{Z_{E_s,E_s} \cdot R_{\text{DIFF,colour-}n\text{-off(CL-7)}}(Z)}{\pi} \end{aligned}\right\}, n = 1 \cdots m \qquad \cdots\cdots(106)$$

这里,

$$\begin{aligned} X_{E_s,E_s} &= \frac{x_{E_s}}{y_{E_s}} \cdot Y_{E_s,E_s} \\ Y_{E_s,E_s} &= E_s \quad \text{(lx)} \\ Z_{E_s,E_s} &= \frac{1 - x_{E_s} - y_{E_s}}{y_{E_s}} \cdot Y_{E_s,E_s} \end{aligned} \qquad \cdots\cdots(107)$$

也就是说,公式(107)指定设计屏幕照明中的 XYZ 三色取值。

在设计屏幕照明下计算最终的 CIE 1931 三色取值。参照表 86。

表 86　对于照明"E_s"计算总体取值

$n=$	$X_{E_s,\text{colour-}n\text{(CL-7)}}$	$Y_{E_s,\text{colour-}n\text{(CL-7)}}$	$Z_{E_s,\text{colour-}n\text{(CL-7)}}$	照明	对象
1				E_s	颜色一,例如参考白色
2				E_s	颜色二,例如红色
3				E_s	颜色三,例如绿色
4				E_s	颜色四,例如蓝色
5				E_s	颜色五,例如默认颜色设置的第一种颜色
6				E_s	颜色六,例如默认颜色设置的第2种颜色

表 86（续）

$n=$	$X_{E_s,\text{colour-}n(\text{CL-7})}$	$Y_{E_s,\text{colour-}n(\text{CL-7})}$	$Z_{E_s,\text{colour-}n(\text{CL-7})}$	照明	对象
…					
m				E_s	颜色 m，例如默认颜色设置的最后一种颜色
注：当在实验室散射照明(DIFF)和设计屏幕照明(E_s)下的光谱分布和染色坐标(u',v')尽可能的相近时，可以达到最好的准确度。					

8.7.27.2 计算 CIELUV 的色空间坐标

计算 CIELUV 的色空间坐标可参照表 87 至表 88。

$$u' = \frac{4X}{X+15Y+3Z} = \frac{4x}{-2x+12y+3}$$
$$v' = \frac{9Y}{X+15Y+3Z} = \frac{9y}{-2x+12y+3} \quad \cdots\cdots(108)$$

表 87 计算 CIE 1976 的 UCS 图坐标

$n=$	$u'_{E_s,\text{colour-}n(\text{CL-7})}$	$v'_{E_s,\text{colour-}n(\text{CL-7})}$	照明	对象
1			E_s	颜色一，例如参考白色
2			E_s	颜色二，例如红色
3			E_s	颜色三，例如绿色
4			E_s	颜色四，例如蓝色
5			E_s	颜色五，例如默认颜色设置的第一种颜色
6			E_s	颜色六，例如默认颜色设置的第 2 种颜色
…				
m			E_s	颜色 m，例如默认颜色设置的最后一种颜色

$$\left.\begin{aligned} L^* &= 116(Y/Y_n)^{\frac{1}{3}}-16\text{，当 } Y/Y_n > 0.008\,856 \\ L^* &= 903.3(Y/Y_n)\text{，当 } Y/Y_n \leqslant 0.008\,856 \\ u^* &= 13L^*(u'-u'_n) \\ v^* &= 13L^*(v'-v'_n) \end{aligned}\right\} \quad \cdots\cdots(109)$$

参考白色 (Y_n,u'_n,v'_n) 是用户要去适应的无色差白色。

通常，参考白色可以由下式决定：

$$\left.\begin{aligned} &\left.\begin{aligned} Y_n &= \frac{E_s}{\pi} \\ u'_n &= u'_s \\ v'_n &= v'_s \end{aligned}\right\} \quad \text{当} \frac{E_s}{\pi} > Y_{E_s,\text{white(CL-7)}} \\ &\left.\begin{aligned} Y_n &= Y_{E_s,\text{white(CL-7)}} \\ u'_n &= u'_{E_s,\text{white(CL-7)}} \\ v'_n &= v'_{E_s,\text{white(CL-7)}} \end{aligned}\right\} \quad \text{当} \frac{E_s}{\pi} \leqslant Y_{E_s,\text{white(CL-7)}} \end{aligned}\right\} \quad \cdots\cdots(110)$$

这里，E_s，u'_s，v'_s 描述屏幕亮度设计。

这意味着这些公式是在最高亮度的白色下推导出的，它可能是用户的视觉区域，是平板的白色，或是工作台上的白色物体的白色，它依赖于更高亮度的物体。从前的例子是发射型的液晶显示器，而近来的例子是反射型的液晶显示器。

在某些应用中，相应的白色可能是由别的什么东西来描述，而不是由公式(110)来描述，这样，白色的 Y、u'、v'需要在计算中使用。

表 88　计算 CIE 1976CIELUV 坐标"E_s"

n=	$L^*_{E_s,\text{colour-}n(\text{CL-7})}$	$u^*_{E_s,\text{colour-}n(\text{CL-7})}$	$v^*_{E_s,\text{colour-}n(\text{CL-7})}$	照明	对象
1				E_s	颜色一，例如参考白色
2				E_s	颜色二，例如红色
3				E_s	颜色三，例如绿色
4				E_s	颜色四，例如蓝色
5				E_s	颜色五，例如默认颜色设置的第一种颜色
6				E_s	颜色六，例如默认颜色设置的第2种颜色
…					
m				E_s	颜色 m，例如默认颜色设置的最后一种颜色

8.7.27.3　计算一致性的评估值

$$\Delta E^*_{uv} = [(\Delta L^*)^2 + (\Delta u^*)^2 + (\Delta v^*)^2]^{\frac{1}{2}} \qquad (111)$$

在 CIELUV 色空间中对于所有的颜色对计算欧几里得距离。参照表 89。

表 89　对于所有的颜色计算 ΔE^*_{uv}

1							…		
2							…		
3							…		
4							…		
5							…		
6							…		
…	…	…	…	…	…	…	…	…	…
m^{-1}							…		
m							…		
n=	1	2	3	4	5	6	…	m^{-1}	m

$h_{uv} = \arctan\left(\frac{v' - v'_n}{u' - u'_n}\right) = \arctan\left(\frac{v^*}{u^*}\right)$，就是

如果 $v^* \geqslant 0$ and $u^* \geqslant 0$，则 $0° \leqslant h_{uv} < 90°$；

如果 $v^* \geqslant 0$ and $u^* < 0$，则 $90° \leqslant h_{uv} < 180°$；

如果 $v^* < 0$ and $u^* < 0$，则 $180° \leqslant h_{uv} < 270°$；

如果 $v^* < 0$ and $u^* \geqslant 0$，则 $270° \leqslant h_{uv} < 360°$；

对于所有颜色计算色彩角。参照表 90。

表 90　计算色彩角

$n=$	$h_{uv,E_s,\text{colour-}n(\text{CL-7})}$	照明	对象
1		E_s	颜色一，例如参考白色
2		E_s	颜色二，例如红色
3		E_s	颜色三，例如绿色
4		E_s	颜色四，例如蓝色
5		E_s	颜色五，例如默认颜色设置的第 1 种颜色
6		E_s	颜色六，例如默认颜色设置的第 2 种颜色
…			
m		E_s	颜色 m，例如默认颜色设置的最后一种颜色
和 8.7.27.2 中使用相同的参考白色			

8.7.27.4　符合性

表 89 中的所有取值需要满足要求 $\Delta E^*_{uv}>20$。

表 90 中的所有取值应该不一样。

如果 8.7.27.1.2 选择二，使用 CIE 1931 的三色坐标被使用，则在表 89 和表 90 中，将对所有包含单独的不确定性的取值进行评估。视觉光谱（例如，蓝色）低端的典型颜色会由更高的不确定评估。参照附录 A，以获得更多的帮助。

注：ΔE^*_{uv} 的局限性参照附录 A。

8.7.28　光谱极限颜色

如何适当使用这些颜色是一个应用的问题，并且可以通过检查预定的应用来进行评估。

注：在 8.7.5 中的表 46 和表 47 中，对默认颜色设置的色度坐标系已经进行了测量。

8.7.29　颜色数量

这个要求只适用于默认的字体设置已经依照 7.25 进行了定义的平板。

如何适当使用这些颜色是一个应用的问题，并且可以通过复查特定的应用来进行评估。

8.7.29.1　同时显示的颜色

计算同时显示在显示器上的颜色数量。

对于各向同性的显示器来说，颜色的数量需要小于或等于 11，对于各向异性的显示器来说可能会更少。

8.7.29.2　彩色图像的视觉搜索

基于颜色识别计算用于任何搜索中的颜色数量。

对于各向同性的显示器来说，颜色的数量需要小于或等于 6，对于各向异性的显示器来说可能会更少。

8.7.29.3　内存中的颜色译码

计算这样的颜色数量，这种颜色意味着需要从内存中重新读取。

颜色的数量需要小于等于 6。

如果多于 6 种颜色被使用，那么一个开屏幕或关屏幕的参照必须是可用的。

9　符合性检查

本部分的符合性检查可以通过如下 2 种方式之一来完成：

a)　使用第 8 章中的测量方法来满足第 7 章设计要求和建议中的强制性要求，或者

b)　通过使用测试方法并结合 ISO 9241-3 修正案 1 中所指定的强制性要求来获得的肯定性结果。

包括列在 8.2.3 的信息在内，供应商在用户手册(或其他类似的物品)和任何详细的产品说明书中声明的数据都可以被公众所利用。

注 1：根据 ISO 9241-3 的修正案 1 中的测试方法对于上面的符合性检查的方法 b)是适用的。

注 2：这种测试方法是针对不能完全应用 7 设计需求和建议的视觉显示终端的。

强制性要求通过“应(shall)”进行标记。

符合性检查需要通过使用默认参数进行确定。例如，字体设置、颜色、结构、系统选项和操作码设置。

本部分的符合性可能依赖于硬件、软件、工作站因素，尽管每一个这样的因素都需要通过供应商个体对其的遵守来实现，但是如果有组织使用其中任何的因素，它就有责任来满足符合性检查的配置要求。

符合性检查报告需要包括如下的信息：

1) 供应商的详细信息(姓名、地址、型数及其他)。

2) 设备的详细信息和测试有关，包括他的设置及配置，固定的和软件驱动的性质，测试条件和测试结果。

3) 使用条件。

4) 特殊要求。

5) 如果使用了上面的符合性检查方法 b)，则需要使用评定标准的全部细节来选择测试主题和他们相关的特征。

附 录 A
（资料性附录）
颜色差别计算

A.1 使用矢量符号总结 8.7.27 颜色差别

8.7.27 中的矢量对于一些读者来说是比较难理解的。因为我们处理的是矢量问题，所以可以选用以下的矢量符号表达这些矢量：

任何给定的矢量 V_i 定义为$\{X_V, Y_V, Z_V\}$，这里 XYZ 是三刺激值，并且

$X=(x/y)Y$

$Y=E$ 或 L　　（可以是照明、亮度或者光通量）

$Z=[(1-x-y)/y]Y$

作为另外一种选择，V_i 可以被定义为 $S_V(\lambda)$，相对光谱强度在波长 $\lambda=360$ nm 到 830 nm 的范围内进行分配。

表 A.1 列出了在 8.7.27 中表格指定的程序。

表 A.1

程序	8.7.27 中的表格	
	选择一，光谱的	选择二，三色的
1) 在暗室条件下测量屏幕，D_r	75	81
2) 在散射照明下测量屏幕，I_r	76	82
3) 通过测量亮度获得一种散射光源的测量方法，E_i，在散射照明下的标准反射体	77	83
4) 在漫反射照明下计算屏幕的反射成分，$R_i=I_i-D_r$	78	84
5) 计算屏幕亮度因子，$U_i=(R_i\pi q_i/E_i)$	79	85
6) 假设一个屏幕亮度设计（从 CIE 15.2:1986，表 1.1 或表 1.4 获得），S_r		
7) 如果使用光谱强度分配的方法，使用 CIE 15.2:1986 中的 3.1 将 T_i 转换至 3 种颜色的取值。	80	
8) 如果使用 3 色的方法，在设计屏幕照明的条件下计算屏幕，$T_i=D_i+S_iU_{ii}$		86
9) 计算 CIELUV 颜色空间坐标	88	88
10) 计算一致性评估取值	89,90	89,90

A.2 平板显示比色法指引

一些平板显示技术（例如，液晶显示器）的测量方法和其他大多数颜色测量法比起来更复杂和困难，因为这种显示器是各向异性的，并且它发出偏振光。因为很多其他的测量区域不需要考虑各向异性和偏振的影响，这就意味着在不引起不可预知的测量误差的情况下，很多商业上可用的测量设备和测量方法不能用于这种平板显示器。举个例子来说，一个被生产商标明“低偏振误差”的设备在很多测量领域是足够好的，但是可能不适用于液晶显示器的显示的测量。

CIE 53-1982。当分析一个特殊的测量设备的适用性时，定义辐射计和光度计表现的方法可以被视为一个指导方法。

对于8.7.27,主要使用光谱测量方法和计算,以得到更准确的结果和不确定性的预报。主要的原因是平板显示器光谱不连续的问题和实验室光源影响的问题,以及屏幕亮度设计和实验室光源之间有差距的问题。这些问题不会因为使用光谱测量方法而消失,但是会比使用3色测量方法更容易预测。此外,如果 $\bar{x}, \bar{y}, \bar{z}$ 函数之间的匹配对于整个可见光谱来说并不是足够的好,那么3色测量方法会产生误差。光谱设备也会有缺点。

最重要的是在开始写测试报告前,使用测试样本对测量仪器和实验室光源进行一个深入的确认,包括不确定性的计算。

如果能做出一个深入的不确定性研究,那么也允许使用CIE 1931中的3色坐标进行测量和计算。注意,这种不确定性是颜色、设计屏幕照明光谱和实验室光源光谱的函数。

XYZ 仅仅是近似的。若计算更复杂,则这种近似值和由光谱计算得到的结果之间的差别更大。这对于发射型平板显示器来说并不是很重要,但是对于反射型显示器来说则重要性有所增长。

对于光谱测量和计算来说,如果测量对于各种颜色、显示类型、设计屏幕照明和实验室光源并不是很准确,那么要求带宽很小的同时波长范围很宽。在大多数情况下,不同的波长间隔 $\Delta\lambda$,如5 nm,和不同波长范围,如360 nm～830 nm是可以使用的。在380 nm～780 nm上的5 nm波长间隔对于大多数实际目的是足够用的,甚至更小的波长间隔也能得出令人满意的结果。对于包括可见光谱末端在内的光的颜色(例如,蓝色和红色),使用一个窄的波长间隔可能会产生误差。参照CIE 15.2更多比色法的指导。

A.3 CIE 比色法的限制

CIE的目的是提供一个"……在给定两种颜色刺激下可预测感知到的颜色差异量级的颜色差异公式……"。下面是实验条件:

——不同颜色的大小:1～10个单元。

——区域大小:4。

——周围环境:均衡的。

——周围的亮度:100 cd/m^2～1 000 cd/m^2。

——周围的色彩:来自5 500 K～7 500 K的CIE D。

——采样的亮度:环境亮度的5%～500%。

——分隔线(参照和采样之间):接近0宽度。

——观测者:可辨性的判断,不包括可接收的偏置。

——CIELUV,当适用于视觉显示时,ΔE^*_{uv}是限制的数量。

——目标可以在10′到5°或更大的范围内改变大小。对于一个小的目标,$\Delta u'$比$\Delta v'$重要得多(高达5次)。

——对于白色点的要求没有明显的解释。例如,Y_n 通常是可调整的用户,并被屏幕亮度的色温和数值影响。屏幕亮度会影响随观察方向改变的屏幕反射性质。

——所有的视觉显示终端技术都有低空间频率亮度的不均匀性。ISO 9241-3允许1.7∶1。由于亮度不均匀性的存在,CIELUV的准确性被降低。

——CIELUV并不包含所有的变量。

——对于暂时存在或闪烁存在的目标来说,不能使用这一方法。

附 录 B
（资料性附录）
闪 烁 判 定

B.1 引言

平板显示器上的闪烁很难量化。这里提出的方法扩展了 ISO 9241-3:1992 中的方法。一些平板显示技术引出了确定闪烁问题的心理物理学方法。通过将这种方法延伸至新的领域，就可以避免这些问题。这里对范围的扩展利用了线性傅立叶变换。增加的亮度时间函数的总和可以一次处理一个，然后再将结果相加。这要求亮度时间函数是可以被测量的，而不是由对荧光时间常数的计算得出。如果包括这些异常，则这就和实际工作没有什么区别了。

注：实际的闪烁感觉被认为是在个体观察者和个体观察者之内的变化。这些变化中的一部分是系统化的。闪烁灵敏性随着年龄（个体之间）与体力（对于个体）的减小而减小。任何闪烁方法的精度受研究主题的性质支配。另外，将显示亮度转换为视网膜的亮度需要有关驱动瞳孔反应的假设。在正极性显示器中，可以假设平均显示器亮度和"适应"亮度是一样的。一些证据显示，这一假设对于负极性显示来说是不正确的。由于眼睛中图像接收的交叉耦合，正确的取值在平均亮度和峰值亮度之间。平均亮度是最差的情况，在这个附录中使用的是平均亮度。

B.2 分析模型

B.2.1 原理

可以预测，人们能否察觉一个均匀照明的显示显得闪烁，是通过显示器在一定的时间频率下的能量总和来决定的（Delange，1961；Kelly，1961，1962，1964；Farrell 1986，1987）。因此，方法中的第一步是找出在时间频率下的能量总和，E_{obsn}。然后将这些数字与能量的总和相比较，其中的能量指的是人们察觉到的闪烁的大小，从而可以预测闪烁极限，E_{predn}。与 ISO 9241-3:1992 中附录 A 不同的是，平板显示比逐行扫描的阴极射线管显示有更多变的亮度时间函数，因此，重要的能量可能会在不同的频率出现。指数 n 从 1 开始以整数步长增长，直到频率达到 120 Hz，这些均在显示器的基本重复频率上（基本上，在液晶显示器的平板上 0.5 次的刷新率就足够了）。可观察到的能量可以被计算或测量。在不同频率上的能量可以通过检查亮度时间函数的傅立叶变换的系数得到。

如果在每个频率上 $E_{obs} < E_{pred}$，那么人们就看不到闪烁。

如果在每个频率上 $E_{obs} \geqslant E_{pred}$，那么人就能看到闪烁。

B.2.2 傅立叶系数

亮度时间函数的平均亮度 $f(t)$ 是：

$$c_0 = \frac{1}{T}\int_{-\frac{T}{2}}^{\frac{T}{2}} f(t)\,\mathrm{d}t \qquad \text{（B.1）}$$

这里，

c_0，傅立叶展开的零级系数，是按时间平均的暗室亮度。

T，是亮度时间函数的重复周期。对于逐行扫描的扫描阴极射线显示管，刷新频率为 $1/T$。参照 B.5以得到关于傅立叶变换的注意事项。

注：当测量 $f(t)$ 并使用快速傅立叶变换 FFT 时，有时可能不适合对 c_0 使用快速傅立叶变换 $\mathrm{FFT}(v)_0$，因为这可能导致基于使用快速傅立叶变换的特殊形式产生错误。

$\mathrm{FFT}(v)_0$，是对 v 的快速傅立叶变换的 0 的条件。

v 是 $f(t)$测量采样的列表。列表中元素的数量必须是 2 的幂，并且必须被取到重复次数的整数数量。

平均亮度 c_0 在暗室测量方法下计算。$L_R = qE_s$。在这种模型中，在将 cd/m² 转换到特罗兰得（网膜照度单位）的过程中使用的“适应”亮度 L_t 为 $c_0 + L_R$。

普通的系数为：

$$c_n = \frac{1}{T}\int_{-\frac{T}{2}}^{\frac{T}{2}} f(t)\mathrm{e}^{\frac{-2n\mathrm{i}\pi t}{T}}\mathrm{d}t \qquad \text{(B.2)}$$

这里，

c_n 是 n 次傅立叶系数。

$\mathrm{i} = \sqrt{-1}$

T 是 $f(t)$的重复时间。

在这种情况下，$f(t)$是项的总和，例如，对于红色、绿色、蓝色，可以一次得到一个系数，然后再相加。

$$c_0 = \sum_{j=1}^{m} c_0 j = L_t - L_1 \qquad \text{(B.3)}$$

$$c_n = \sum_{j=1}^{m} c_n j \qquad \text{(B.4)}$$

$$AMP_n = \frac{2\times|c_n|}{c_0} \qquad \text{(B.5)}$$

如果这里有 m 个项，那么

$$|c_n| = \sqrt{[\mathrm{Re}(c_n)]^2 + [\mathrm{Im}(c_n)]^2} \qquad \text{(B.6)}$$

这里的 AMP 是在 0～2 之间的取值，这在 ISO 9241-3 中的相应第 9 章中的相同。

和 AMP 相关的频率 f_n 是：

$$f_n = \frac{n}{T} \text{ for } n = 1,2\cdots \qquad \text{(B.7)}$$

当 f_n 小于 120 Hz 时，

$$AMP_n = \frac{2\times|FFT(v)_n|}{FFT(v)_0}$$

当使用快速傅立叶变换时，对于 $p = 0\cdots 2^z - 1$ 的观察，设置 v_p 在频率 f_s 下进行采样，并且要对 v_p 使用快速傅立叶变换进行处理，这里 z 为 6,7,…。AMP 有相应的取值 $n\times f_s/z$。采样频率为 $k^* 2^z/T$，这里 k 为 1,2,…。$f(t)$的周期必须是确定的。一般来说，$k=1$ 会得出最好的结果。

B.2.3 瞳孔

瞳孔区域必须将亮度转换为特罗兰得。在 ISO 9241-3:1992 的附录 A 中对瞳孔区域的表述可以简化为：

$$A = b_0 L_t^{b_1} \qquad \text{(B.8)}$$

这里，$b_0 = 12.451\ 84$

$b_1 = -0.160\ 32$

L_t 是所采用的亮度 $= L_{H\cdot dark}(\theta_D, \phi_D) + q_H(\theta_D, \phi_D)E_s$

B.2.4 直流成分

在重要瞬时频率下计算能量总和。

a) 将屏幕亮度转换为视网膜亮度单位（特罗兰得）。

b) 计算瞳孔区域。A 来自公式(B.8)。

c) 直流部分为：$\mathrm{DC} = A^* c_0$

B.2.5 判断的衡量标准

分配到每个频率的能量为：

$$E_{\text{obs}\,n} = \mathrm{DC} \times AMP_n \quad\cdots\cdots\cdots\cdots\cdots\cdots\cdots\cdots\cdots\cdots (\text{B}.9)$$

这个衡量标准是要求每个满足要求的频率下的能量：

$$E_{\text{obs}\,n} \leqslant E_{\text{pred}\,n} \quad\cdots\cdots\cdots\cdots\cdots\cdots\cdots\cdots\cdots\cdots (\text{B}.10)$$

这里，$E_{\text{pred}\,n} = ac\,\dfrac{nb}{T}$

其中，a 和 b 在表 B.1 中给出。

表 B.1 预期的能量系数和特殊系数的取值

行	屏幕对角线	预期的能量系数		特殊情况下的系数	
	圆弧角	a	b	D	E
1	<20	0.127 6	0.191 9	36.44	13.83
2	20 到 40	0.191 9	0.120 1	39.81	16.40
3	40 到 65	0.507 6	0.100 4	37.93	19.62
4	65	0.530 0	0.099 2	37.96	19.86

B.2.6 更简单的特殊情况

一些技术(如，E_L，直流等离子，发光二极管(LED))的亮度持续时间比 1 mm 小很多。对于这些技术，AMP=2 的刷新率小于 100 Hz。

条件：

a) 反射亮度为 5 cd/m^2 到 15 cd/m^2。

b) 平均暗室亮度 L_{dark}从 10 cd/m^2 到 340 cd/m^2。

这样，如果刷新率大于 $D+E\log_{10}(L_{\text{dark}})$，则显示器满足要求。

这里 D 和 E 在表 B.1 的右两列中给出。

B.3 数据提取协议

在给定频率的显示亮度的情况下，实际的交流部分由屏幕上大约 1 度区域中的时间分辨亮度决定。这种方法依赖于图像。

a) 测试图像

1) 正极性或同时支持两种极性的显示器：在最亮的状态下或者在经验决定的最差的灰度等级状态下，使用像素阵列。对于一般彩色显示器而言，使用“白色”；对于限制色移的彩色显示器而言，在他们最亮的区域使用所有主要的颜色。

2) 只支持负极性的显示器：使用密集的字母数字混合编制的阵列，字符是从默认字符集中随意选取的。使用最亮的状态或有最差的灰度等级状态主观决定。对于一般彩色显示器而言，使用“白色”；对于限制色移的彩色显示器而言，在他们最亮的区域使用所有主要的颜色。

b) 测试图像的大小和位置

1) 测试图像的大小和 8.4.2.1 目标对象中的一样。

2) 将图像放置在位置 55 附近，8.4.2 标准测量位置。

3) 使用观察方向设计，θ_D，ϕ_D，8.4.1 测量方向。

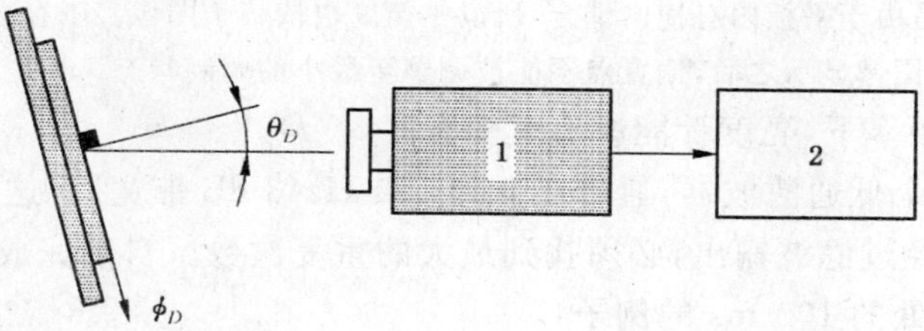

说明：
1——亮度计；
2——处理部分。

图 B.1　闪烁测量设备

c)　使用图 B.1 中的设备，获得从 $1/T$ 到 120 Hz 频率的傅立叶系数
在每个频率，$n/T(n=1,2\cdots n_{\max})$上，比较 E_{obs} 和 E_{pred} 的取值。这很容易通过在图 B.2 上画出数值完成。
这里，
T 是 $f(t)$ 重复周期的最大值。
$n_{\max}$ 是当 $n_{\max}/T$ 小于 120 Hz 时的最大整数值。

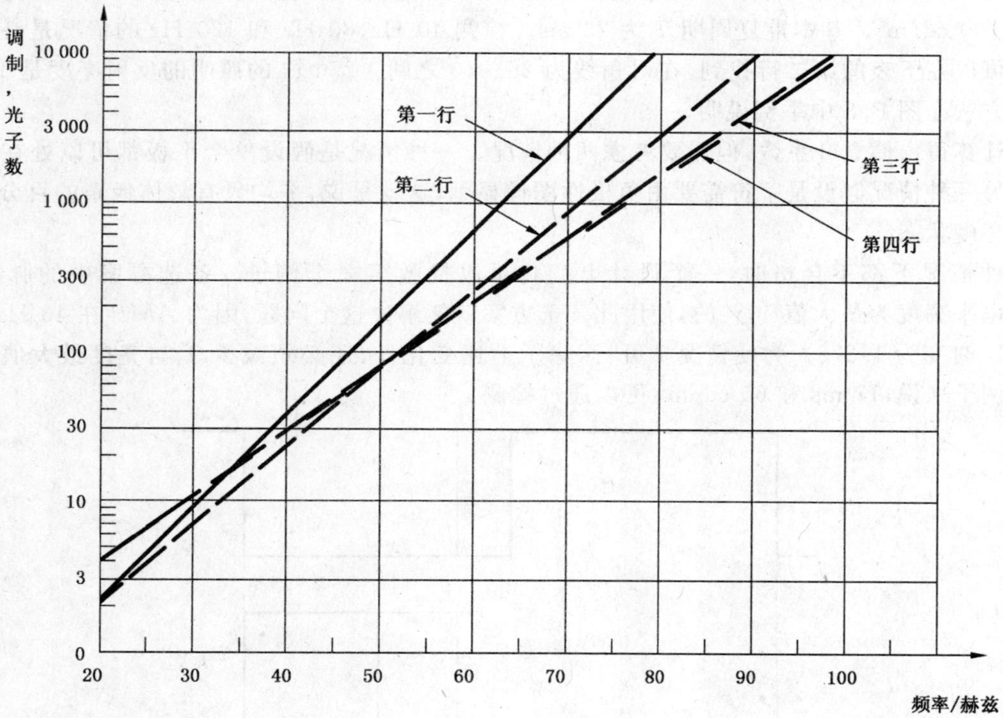

图 B.2　E_{obs} 的最大值（第 1 行：<20°，第 2 行：20°～40°，第 3 行：40°～65°，第 4 行：>65°）

d)　如果对于每个取值，E_{obs} 都小于 E_{pred}，那么显示器为自由闪烁显示器。

注 1：采样必须准确的跨越最大重复周期。如果重复时间是 25 ms，那么 64 次采样是必须的，f_s 要大约为 2 560 Hz (64/0.025)。

注 2：闪烁模式可能不直接和显示器的刷新率相关。如果出现小于 20 Hz 的频率，那么预测数据会超出原始数据的范围，并且是不可靠的。

注 3：液晶显示器平板将光束调制在刷新率的二分之一处，调制的值依赖于正负半周期的平衡度。这个平衡度又依赖于偏置点，但是由于平板内有横向耦合，所以平衡度也依赖于图像。不存在指导如何选择合适的测试图像的指南。在测试图像显示之后，偏置点不能被调整至最小的调制状态。

在 360 Hz 或更高的频率下，亮度计能读出时变亮度，$f(t)$。

第一个处理元件是一个低通滤波器，通带在 0 到 150 Hz(3 dB 带宽)。这个滤波器在采样频率处需要为－60 dB 或者更低。经过滤波输出，必须找到最大的重复次数。自动完成这些过程是可能的。

a) 在最大采样频率处的 100 ms 的例子：

$$R=\sum_{w=0}^{0.05f_s}\left|f(t)_w-f(t)_{w+q}\right| \quad\cdots\cdots\cdots\cdots(\text{B}.11)$$

b) 寻找使 R 最小的 q。

c) 然后 $T=q/f_s$。

d) 重设 f_s，$f_s=2^m/T$，这里 $m=6,7\cdots$

e) 对滤波后的 $f(t)$ 进行采样，并计算采样的快速傅立叶变换。

B.4 实际工作下的例子(见表 B.2 和 B.3)

工作在开关模式的等离子平板是心理物理学上的自由闪烁显示器，因为他的振动频率超过 80 000 Hz。然而，为了引进灰度等级，平板需要被周期性的信号波形所驱动。最亮的状态是自由闪烁，但是每一个状态都是由时间分级的最亮的状态和关闭的状态的中间值。在这个例子中，最亮的状态在暗室中为 100 cd/m²。基本重复周期 T 为 25 ms。检测 40 Hz、80 Hz 和 120 Hz 的情况是必要的。平板的大小可以在下表的第二行找到，在对角线为 20～40 之间。250 lx 的照明的反射亮度是 10 cd/m²。灰度等级方法在图 B.3 中举例说明。

容易计算得出傅立叶系数，但需要考虑两种情况。一种情况是假设整个平板都可以处在任意一种状态下。另一种情况假设是字符需要由负极性图像显示，这就是说，平均只有总体像素的百分之六可以处于任何亮度状态。

当两种情况下都不合格时，一个设计上变化可以挽救第 2 个例子。备选方案中的脉冲宽度为 6.25 ms，电平高度为最大值 50%的，使用此备选方案就能解决这个问题，因为 AMP 在 40 Hz 时变为 0 而在 80 Hz 时变为 1.273。为使情况 1 可行，除了上述变化外，还必须减少 T 与亮度最大值之间的联系。举个例子来说，17 ms 和 65 cd/m² 可以通过检测。

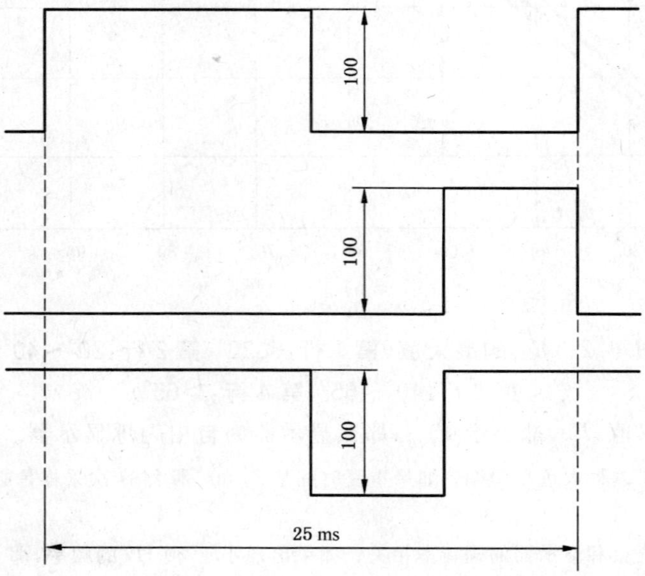

图 B.3 上面的波形产生最大值 50%的亮度，中间的产生 25%，下面的产生 75%

表 B.2 实际工作下的例子,情况 1

	L_t/(cd/m^2)		35.000	60.000	85.000	110.000
	A/mm^2		7.042	6.459	6.109	5.861
	DC		176.061	322.972	458.147	586.128
AMP	at 40 Hz		1.801	1.273	0.600	0.000
	at 80 Hz		1.273	0.000	0.424	0.000
	at 120 Hz		0.600	0.424	0.200	0.000
E_{obs}	at 40 Hz		317.086	411.144	274.888	0.000
	at 80 Hz		224.126	0.000	194.254	0.000
	at 120 Hz		105.637	136.940	91.629	0.000
从表 B.1 的第一行			结果			
E_{pred}	at 40 Hz	23.41	失败	失败	失败	通过
	at 80 Hz	2 856.12	通过	通过	通过	通过
	at 120 Hz	348 439.23	通过	通过	通过	通过

表 B.3 实际工作下的例子,情况 2

	L_t/(cd/m^2)		11.500	13.000	14.500	16.000
	A/mm^2		8.418	8.254	8.111	7.984
	DC		12.627	24.763	36.500	47.904
AMP	at 40 Hz		1.801	1.273	0.600	0.000
	at 80 Hz		1.273	0.000	0.424	0.000
	at 120 Hz		0.600	0.424	0.200	0.000
E_{obs}	at 40 Hz		22.742	31.523	21.900	0.000
	at 80 Hz		16.074	0.000	15.476	0.000
	at 120 Hz		7.576	10.499	7.300	0.000
从表 B.1 的第一行				结果		
E_{pred}	at 40 Hz	23.41	通过	失败	通过	通过
	at 80 Hz	2 856.12	通过	通过	通过	通过
	at 120 Hz	348 439.23	通过	通过	通过	通过

B.5 傅立叶变换的注意事项

傅立叶变换有很多种,快速傅立叶变换的算法也有很多种。注意,必须确定使用的方法和公式是配套一致的。其中的差异由以下组成:傅立叶变换或者傅立叶逆变换其中之一(或两者都)是否包括系数以及逆变换总和的范围。两种差异会有一个影响因素,并且假设表达式的符号可能会改变。第二种差异不会改变结果,但第一种会。

在这里假定一种傅立叶变换和傅立叶逆变换的版本,解析函数 $f(t)$为:

$$c_n = \frac{1}{T}\int_{-\frac{T}{2}}^{\frac{T}{2}} f(t)\mathrm{e}^{-\frac{2ni\pi t}{T}}\mathrm{d}t \qquad \text{(B.12)}$$

$$f(t) = \sum_{n=-\infty}^{n=\infty} c_n \mathrm{e}^{\frac{2\pi nit}{T}}$$

这里，

$n = 0, 1, \cdots, \infty$

$\mathrm{i} = \sqrt{-1}$

$f(t) = f(t + nT)$ for $n = 1, 2\cdots$

相应的快速傅立叶变换的算法则为如下的形式：

$$c_v = \frac{1}{N}\sum_{f=0}^{N-1} v_f \mathrm{e}^{\frac{-j2\pi\mathrm{i}}{N}} \qquad \text{(B.13)}$$

$$v_j = \sum_{v=0}^{N-1} c_v \mathrm{e}^{\frac{vj2\pi\mathrm{i}}{N}} \qquad \text{(B.14)}$$

这里，

c_v 是第 v 次傅立叶系数。

$\mathrm{i}=\sqrt{-1}$。

v_j 是 N 个样本的设置。

N 是样品数量(2 的幂)。

在一些快速傅立叶变换的算法中，c_0 不是采样平均值。正负付利叶变换中的指数符号经常是不同的，但任何一个都是正的。这并不影响这个附录中的计算。AMP 的公式对于任何相容的公式都是适用的，这些公式使用 $1/N$ 或 $1/\sqrt{N}$ 作为规范因子。因为这种方法并不总是正确的，所以使用这个附录中的例子来确定它是否正确。将 $v_j=\mathrm{if}(j<48, 100, 0)$ with $N=64$)引入计算法则中，表 B.4 中的取值可以得到结果。如果得到的结果是这些取值的 2 倍，那么就不要使用给出的因子 2。如果 0 次项不是 75，那么对于 c_0 不要使用这个运算法则。

表 B.4 计算结果

v	$\frac{2\,\lvert FTT\ (v)_v \rvert}{FTT\ (v)_0}$
1	0.600
2	0.425
3	0.201

附　录　C
（资料性附录）
双向反射率分布函数(BRDF)

C.1　引言

附录的这一部分介绍了一种备选方法，该方法可以通过测量双向反射率分布(BRDF)来判断显示设备的光学散射的强度分布和角分布。

如果基于 BRDF 测量的可操作的方法能够作为标准化评估的一种手段，则可以使用这一研究成果。这里的方法在技术性和可操作性上都优于第 8 章中的方法。下面叙述的是正在进行中的研究的状况，这些信息由 ISO 13406 这一部分的评论者给出。

C.1.1　重要性和应用

视觉显示器的光学散射由表面形貌(归因于遮光手段)以及表面下的微结构(依赖于工艺)引起。在大多数情况下，可以忽略所有波长相关性和偏振相关性，双向反射率分布(BRD)是以下 2 个方向的函数，入射角的方向(θ_i，ϕ_i)以及接收者(眼睛或光度计)的方向(θ_r，ϕ_r)。双向反射率分布函数(BRDF)是一个四维函数，这一函数描述了从(θ_i，ϕ_i)方向上的入射亮度 dE_i 是如何为观察到或者测量到的反射亮度补充了一些亮度 dL_r 的：

$$dL_r = B(\theta_r,\phi_r,\theta_i,\phi_i)\phi_i(\theta_i,\phi_i) \qquad \text{(C.1)}$$

这里 $B(\theta_r,\phi_r,\theta_i,\phi_i)$ 是双向反射率分布函数(BRDF)。

对于显示目的而言，可以预料，完整的双向反射率分布函数(BRDF)不需要所有的角度信息，另外对资料需求可以缩小到 1 到 3 个平面上的信息。从反射角度上观察到的亮度由整体在全方向角上的入射亮度给出：

$$L_r(\theta_r,\phi_r) = \int_0^{2\pi}\int_0^{\pi/2} B(\theta_r,\phi_r,\theta_i,\phi_i)\,dE_i(\theta_i,\phi_i) \qquad \text{(C.2)}$$

假设我们在周围环境中有一个亮度光源的分布，这种环境会使入射亮度分布 dE_i 增加。对屏幕上测量的立体角 $d\Omega = \sin(\theta_i)d\theta_i d\phi_i$ 中的每一个元素而言，在空间中有一个联合亮度源 $L_S(\theta_i,\phi_i)$。因为这个亮度源而增加的亮度是 $L_S\cos(\phi_i)d\Omega$，这里的 cos 是计算在比平常角度更大的角度下的光扩散。如果显示器周围的亮度源存在的话，则观察到的反射亮度为

$$L_r(\theta_r,\phi_r) = \int_0^{2\pi}\int_0^{\pi/2} B(\theta_r,\phi_r,\theta_i,\phi_i) \times L_s(\theta_i,\phi_i)\cos(\theta_i)\,d\Omega \qquad \text{(C.3)}$$

光谱反射由 $L=\beta L_s$ 描述，这里 L_s 是亮度源的亮度。但是，单独的漫反射(朗伯反射)和镜面反射不能充分描述典型显示器件的反射属性。

这里有第三种反射，在镜面反射方向上占主导地位，我们称之为“霾反射”。在仅把反射看为漫反射(朗伯反射)和镜面反射的时候，反射中霾反射的部分会导致许多测量的不相容性。

不需要所有的反射部分同时出现。只要至少一个反射部分存在，就可以得到样本上的反射光。有的显示器带有完全漫反射(朗伯反射)的表面应用(例如一页记录纸)。有的显示器不带有镜面反射部分(你不能看见任何光源的清晰的反射图像)；有的显示器只有霾反射部分，其中含有的漫反射部分可以忽略。有的显示器不含有巨大的霾反射，而只显示镜面反射和漫反射(在 ISO 9241-7 中假设了这种情况)。

双向反射率分布函数(BRDF)可以用 3 个附加的部分表示(漫反射 D，镜面反射 S 和霾反射 H)：

$$B = D + S + H \qquad \text{(C.4)}$$

这里，$D=q=\rho/\pi$ ……………………………（C.5）

$$S=2\beta\delta[\sin^2\theta_r-\sin^2\theta_i]\delta[\phi_r-\phi_i\pm\pi] \quad \text{(C.6)}$$

$$H=H(\theta_r,\phi_r,\theta_i,\phi_i)\mathrm{d}E_i(\theta_i,\phi_i) \quad \text{(C.7)}$$

镜面反射部分描述了图像之间的差别。δ 函数保证镜面反射只来自位于镜面反射方向上光源的反射。当双向反射率分布函数(BRDF)的这三个部分包括所有亮度方向的时候，最常见的结果是：

$$L_r(\theta_r,\phi_r)=qE_i+\beta L_s(-\theta_r,\phi_r)+\int_0^{2\pi}\int_0^{\pi/2}H(\theta_r,\phi_r,\theta_i,\phi_i)\times L_i(\theta_i,\phi_i)\cos(\theta_i)\mathrm{d}\Omega \quad \text{(C.8)}$$

最前面的两个表达式是漫反射(朗伯反射)和镜面反射常见形式的贡献。镜面反射部分的 $\phi_r\pm\pi$ 项简单地选择了正常镜面反射方向上的光。最后的一个表达式是霾反射的贡献。

霾反射函数约等于镜面反射的极值。有时这一函数能够包括 3～4 个能量阶(非常无光的黑色屏幕)。为了在这种情况下观察函数的设计能量宽度，需要使用对数坐标。

可以预期这一函数的参量形式在这项工作完成的时候，适合于描述在计算显示器反射时用到的霾反射。我们预期可能需要霾反射幅度的高度 h，在霾反射极值一半时的全宽 w(可能为宽度的 5% 到 10%)，还有形状因子 f 来确定霾反射函数。这样就需要 4 个或者 5 个变量来完全地描述反射，这些变量包括 q,β,h,w，还可能有 f。利用这种形式，我们应该能够计算一个显示器如何在任何特定的环境亮度下运行，而不使用在实验室里建立亮度分布并测量反射亮度的手段。

C.2 列出了现在正在调查研究中的测量技术。若干标准化的反射测量方法曾经在显示器工业之外的地方使用，在此之后，对这些测量方法进行了建模。

C.2 BRDF 的测量

双向反射率分布函数(BRDF)[2/1,2/2]将一个对象的微分亮度 $\mathrm{d}E_i$ 与反射微分亮度 $\mathrm{d}L_r$ 联系起来，因此这是两个方向的函数：光入射角的方向(θ_i,ϕ_i)以及接收方向(θ_r,ϕ_r)，像图 C.1 中显示的：

$$\mathrm{BRDF}=\frac{\mathrm{d}L_r}{\mathrm{d}E_i}=\frac{\mathrm{d}\rho_r}{\mathrm{d}\Omega_r\times p_i\cos\theta_r}[\mathrm{sr}^{-1}] \quad \text{(C.9)}$$

这里，$\mathrm{d}L_r$ 使样本的反射亮度微分；

$\mathrm{d}E_i$ 是样本的亮度微分；

P_i 是入射光的功率；

$\mathrm{d}P_r$ 是散射光的功率微分；

$\mathrm{d}\Omega_r$ 接收器入口的立体角微分；

θ_r 是接收器的入射角。

因为 BRDF 是光源和接收器 2 个方向的函数，BRD 函数的 3 个基本分类可以区分如下：

A　固定光源，可变接收器(标准配置，见[1,2])；

B　可变光源，固定接收器(视觉性能评估的备选方案)；

C　可变光源和可变接收器(一个有用测量方法的备选方案)。

情况 A 是一个假定的不透明样本的标准 BRDF 实现。在对实际工作地点模拟的情况下，对于显示器的人类工效学学性能的评估来说，情况 B 可以是一个有用的备选方案。在实际工作地点的工作中，当若干环境光源从多个不同的方向照射在显示器上的时候，观察者的方向仍然由显示器来确定。这一方案 B，由 Kelly 等选择，用于对多个环境光源的照射下的显示器反射的进行建模[3]。

第三类可能的反射分布函数 C，有仪器使用上的优势。样本被固定的漫反射小孔或者点光源照亮，并且对光源的反射图像分析的结果可以对反射光强的角分布进行评估，该光源是带有两维探测器阵列的(例如，人的眼睛，CCD 摄像头)。Kelly 建议在平面显示器的表面上以及最近扩展到的曲面反射的评估上使用这一方法(例如,CRT 屏幕)[5]。

在 BRDF 评估的设置中,光源发射的几何形状有 3 个基本的选择:

——发出平行光束或者轻微会聚光束的光源,大直径或小直径光束都可以;

——点光源(例如,裸闪光灯泡);

——(小孔径)漫反射光源。

对于接收器而言,有两种关于聚焦的可能的设置:

——聚焦于样品;

——聚焦于光源。

这依赖于评估的对象:视觉性能或者是样品的物理描述。在标准 BRDF 设置中,接收器是聚焦于样本上的,并且观察域(FOV)完全包括发光点。

到现在为止,BRDF 测量方法已经用于不透明材料的描述,像油漆、搪瓷和其他涂层,这些涂层也可以由光泽度、霾反射度以及图像光泽度差别[2/6,2/7]描述。BRDF 测量方法也能够用于导致光散射的微表面结构的描述。

在图 C.1 中,入射光束 i,由 xz 平面上给出的(θ_i,ϕ_i)所描述。接收器的方向由(θ_r,ϕ_r)给出。

说明:

a——入射光;

1——样本。

图 C.1 坐标系统和角度规定

入射光束应该设置为会聚在平面上的接收器入口里。标准 BRDF 条件:样本上的亮度点 A 比接收器观察域(FOV)要小,该观察域(FOV)是在所有的接收器的入射角上的观察域(FOV)。

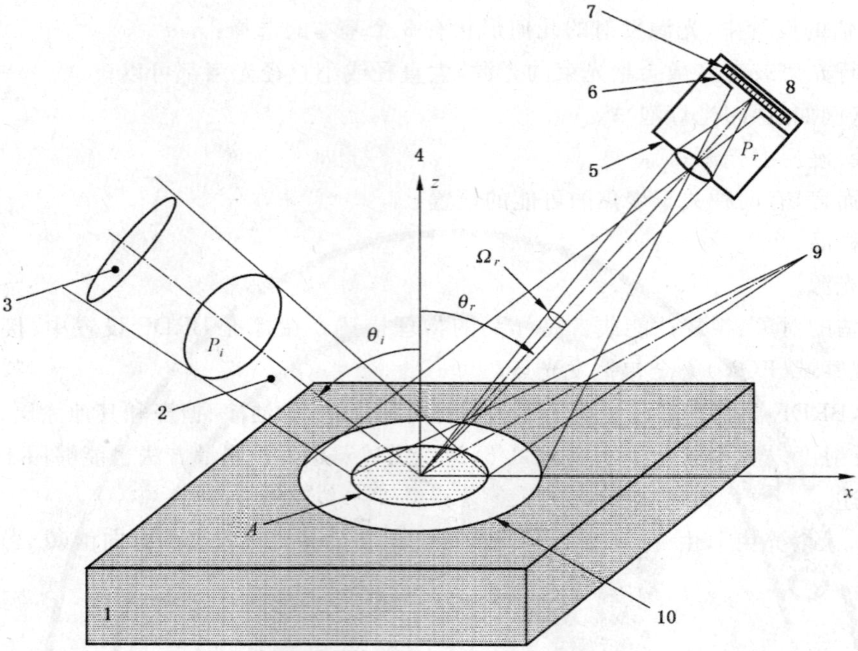

说明：

1——样品；

2——入射光束；

3——最终的会聚或者平元素；

4——样品法线；

5——孔径限位；

6——视域限位；

7——探测元素；

8——接收器；

9——镜面反射光束；

10——接收器的观察域(FOV)；

11——发光点 A。

图 C.2　光源和接收器的几何位置

C.2.1　常规方法

测量光散射的角分布的手段是基于常规的机械检查或者是基于光学变换技术的。在这两种情况下，测量手段都包括了光源，反射光接收器，并且测量手段都是想要确定光源以及与测试样本相关的接收器的方向。

C.2.1.1　光源

光源设备的集合包括光源本身(例如，激光，白炽灯，放电管等等)和一个光学系统，这个光学系统可以在一个特定区域 A 里，在一个特定的立体角以内，在样本上产生辐照度 E_i。必须详细地指定光源发射光谱的有色的或者无色的亮度；像"相关色温"这样的整型标量特征对说明光源光谱来说是不够的。平行或微会聚的光束在 BRDF 的测量中常会用到。

必须调节和指定入射光的偏振态；这里需要非偏振光或者圆偏振光。必须将亮度光源的强度和光谱分布在测量过程中保持为常量，这样才能保证得到有意义的结果。

C.2.1.2　接收器

接收器包括探测器部分(电光转换器)和光学系统部分，光学系统要有指定的观察域(FOV)和孔径角(观察域定义了样本上的测量点以及接收器的接收光锥 Ω_r,接收光锥可由孔径角描述)。接收器必须对入射光偏振态不敏感,并且在没有其他注释的情况下,它的全光谱响应必须是适光的;在一些特殊情况下,要求对反射光进行光谱分析。

为了测量样本对象的亮度,接收器的光应该聚焦在样本的面上。为了评估镜面反射,有时候聚焦于光源或者光源的像上更合适。

当光度计不正确地聚焦于实际测量对象后面的平面上时,亮度的记录会比在正确的聚焦条件下要高。

在接收器所有的倾斜和旋转的情况下,必须调整接收器倾斜角的轴以保证是在测量样本(也就是观察域)上的同一个点。在接收器孔径角是常数的情况下,在倾斜的接收方向上,开始的圆形测量点会变成椭圆形和不对称的形状。

C.2.1.3 定位原理

机械设置必须提供确定光源方向的方法,光源是与样本相关的,这样就可以调整入射光的方向 (θ_i, ϕ_i)。当样本出现方位角的不对称性(例如,方向上的)的时候,在亮度区域 A 中心,样本围绕它表面法线旋转的能力,以及在不同的旋转角上进行多种测量的能力都是必须的。光源倾斜和旋转的两个轴,分别为 θ_i 和 ϕ_i,必须在测量中心点上交叉。接收器倾斜和旋转的两个轴,分别为 θ_r 和 ϕ_r,必须在某一个点上交叉,这一点由光源的旋转轴和倾斜轴的交叉点给出。

对每一个样品都必须小心地做出调整和校准,以保证上面列出的几何位置条件实现。甚至很小的偏差都会严重地影响测量结果。

C.2.1.4 光源-接收器标记图

对象和材料的角光度测量的标准方法分为两种可选的光学形态,平行光束和会聚光束,它们两者都会有一些特定的优点和缺点,这些优点和缺点与一些性质相关,例如渐晕,角度分辨率等等。

例如,在会聚形式的光束里,光源的像要投影到接收器的光瞳的入口里,这样以保证在没有样本显示的时候可以把所有的光通量都收集起来。在标准 BRDF 设置里,接收器的光是聚焦在样本平面上的。

在没有样本的时候,当光源和接收器沿光轴对准一个在线传输设备时(也就是,接收器直接“看”入光源),带有倾斜角的接收器的电输出在曲线的顶点处,当通过光源和接收器的光轴在角度上的距离增加时,该曲线会下降。这条曲线的详细形状由发射光源和接收器灵敏度的角度特征给出。因为曲线的形状描述了特定的一对光源和接收器,所以曲线被称作光源—接收器标记图。光源发射所对应的传播角、方向性的接收器灵敏度变量,这两者的卷积可以得出这一标记图。

理想光源会发射出理想的恒定强度的平行光束(不发散),并且理想的平行光接收器只能用恒定灵敏度在小孔入口处来接收理想的平行光。接收器对中心光束的灵敏度所对应的距离和光源发射都可以用钟形剖面来代表(光束横截面强度均匀)。当画出理想光源发射的光和理想接收器灵敏度用于对应光传播方向的时候,我们能得到在理想平行光束(无角向扩散)和理想平行接收器情况下的狄拉克脉冲函数。一对理想光源和接收器的标记图也是狄拉克脉冲函数。

然而,在实际使用中,光束不是理想平行的,接收器的灵敏度和光束直径上分布的光束强度也不是常量。朝向光束边缘的两个单值渐变地下降的结果是光源—接收器标记图渐变地下降。

光源—接收器标记图定义了任意 BRDF 测量设备和设置的角向分辨率的边界,它应该保持尽可能地小。然而,高的角向分辨率(较窄的标记图)和仪器的信噪比之间一直会存在矛盾。实际使用中最低的标记图通常会高于 0.01°。

在测量反射样本的仪器中,上面提到的对光源—接收器标记图评估的在线设置可以被含有镜面的、无散射的平面的反射设置(也就是,光入射角等于接收器入射角)所取代。为了这个目的会使用高质量的前表面金属镜,或者更好的抛光加密的玻璃平面。

C.2.1.5 降低几何难度,平面内的 BRDF

一种降低方法和设备复杂性的方式是把测量反射光限制在入射平面上。当接收器或者光源都在同一个平面上的时候(也就是入射平面(PLIN),由样本表面法线 z 和入射光通量的中心射线定义,见图 C.1 和图 C.2),两者之中会有一个需要移动。这一特殊的情况叫做平面内 BRDF(IP-BRDF):IP-BRDF 评估可以用来描述某种样本光学散射,该样本关于表面法线具有旋转对称性。

C.2.1.6 多次反射

在标准 BRDF 设置中,由域边界决定的接收器观察域 FOV 必须足够大以包括整个亮度区域 A。在方程(136)分母项上的 $\cos(\theta)$是为了补偿亮度(辐射)强度 $dP_r/d\Omega_r$ 的下降而出现的,强度下降这一过程伴随着接收器倾斜角 θ_r 增加,因此发光点的有效区域 A_{eff} 面积下降。

BRDF 测量法通常限制用于不透明样本;因此只有上表面对反射光有贡献。

因为这里考虑使用的视觉显示器件由若干个透明层组成,反射光也是由若干独立的由不同光学交界面产生的平行光束合成。它们在空间上的分离性随着光线入射角和层厚的增加而增加。为了将所有这些同时存在的光束收集到足够小的接收器小孔中,我们修改了标准的 BRDF 方法,在新的方法中样本由均匀光点照射并且均匀光点要比观察域(FOV)大。接收器的观察域必须足够小,并且与光点照射区域共轴,光点照射区域即使在最大的倾斜角下也不能超过对它的限制(也就是,在图 C.2 中给出的观察域和照射光点是互换的)。这里也要求样本属性在收集各部分光束的区域中是均匀的。在这个案例中的测量值是亮度 L_r,相应的 BRDF 是

$$\text{BRDF} = \frac{C_1}{P_1} \times L_r [\text{sr}^{-1}] \qquad \cdots\cdots (C.10)$$

因为在这种情况下,即使是理想镜面也不能完全反射进入接收系统的入射光通量,常数 C_1 由合适的校准过的标准漫反射体对测试的校准获得(见 C.4.3.1)。在美国材料实验协会(ASTM)的命名法中,这种方式被称为“相关 BRDF”,使用这一命名的原因是使用了已校准的标准来校准 BRDF,以及使用以已校准标准为参照系[1]。

在对一对不透明样本(例如,标准漫反射体,纸等等)之间的 BRDF 曲线进行对比的时候,要在两种亮度条件下测量曲线,这两种亮度条件与结果高度匹配(在对 $\cos\theta_r$ 必要的修正以后)。在进一步的测试中,对两个带有各自反射光束(10 mmPMMA,3 mm 浮法玻璃)的玻璃板的 BRDF 进行比较,这两束光都来自各自的玻璃—空气交界面。这一比较可以利用代表性的计算结果来确定改进的亮度方法的适用性。

C.2.2 备选方法

最近发现了一种新的测量手段,这种手段可以在不使用机械式角度扫描的情况下测量全 2 维 BRDF。这种方法是通过将锥光接收器和一种被称为“焦平面发光”的照明技术联合起来完成测量的。

C.2.2.1 锥光接收器

这一仪器基于著名的锥光方法,由透射样本 S(位置在传输透镜 L_1 的焦平面以前)上的测量点发出的基本平行光束 C 所组成的锥形光在一个较大的立体角上同时地被透镜 L_1 收集起来,见图 C.3 中的涉及简图。图案 IF_1 在透镜 L_1 的后焦平面 F'_1 上形成,其中每一个区域单元的强度都会对在特定方向上传播的某个基本平行光束的强度产生响应。传播方向与锥光接收器的光轴方向平行的光投影出圆形图案(一个典型的变换图案的例子在图 C.3 中右部的图给出)的中心部位,另外,由恒倾斜角 θ 传播的光束投影出中心周围的同心圆,圆半径为与倾斜角成比例的 h。在图案 IF_1 中,锥形基本平行光束 C 的角向强度分布变换为 2 维强度分布,图中的每一个位置都会对某个传播方向上的光产生响应。

另一个光学系统 L_2 在 2 维探测阵列(例如,CCD 阵列)上投影出缩小的变换图案 IF_1,从而评估某种空间强度分布,这种空间强度分布是对从样本上的测量点发出的光的角向强度分布的响应。

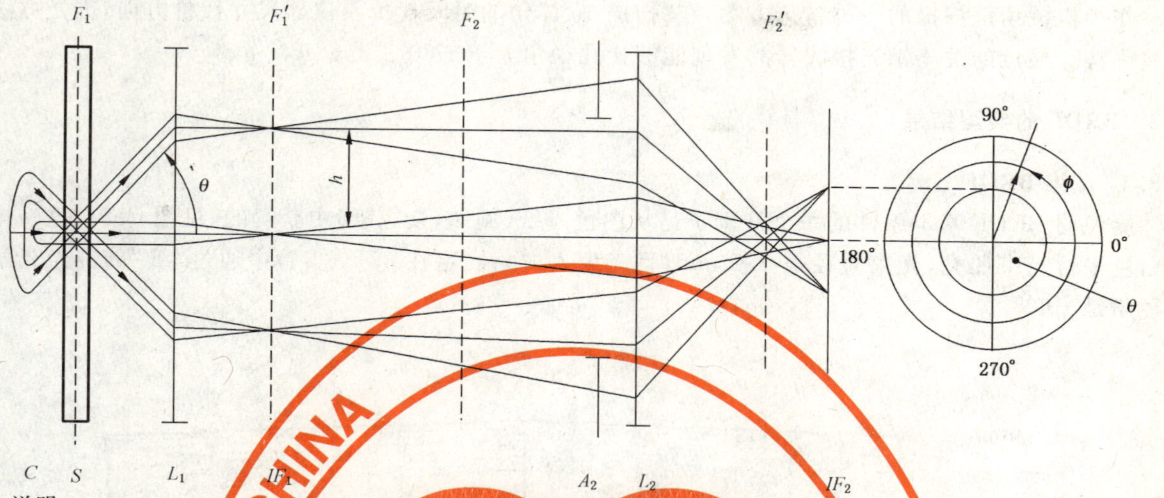

说明：

C——照射在透射样本 S 上的基本平行光束的会聚光锥；

F_1，F'_1，F_2，F'_2 分别是透镜 L_1 和 L_2 的前后焦平面；

IF——变换图像；

A_2——可变光孔；

L_2——用于将 IF_1 投影到探测器阵列(在 IF_2 所在的平面内的)上的中继透镜。

图 C.3　锥光接收器的概念

C.2.2.2　焦平面亮度

如果样本是非透射性的或者是用于评估样本的反射属性的，则可能给出一个通过透镜 L_1 的经过良好定义的光的亮度，见图 C.4 中的设计草图。区域 A 中的基本光源发射出一个锥形光 Ω，该光锥的中心轴平行于透镜 L_1 的光轴。此光源会产生一个平行光束，光束直径由光锥在 L_1 处的直径给出，发散角由区域 A 决定。为了获得平行度较好的光束(也就是，发散角为极小值的光束)，源区域 A 必须尽可能地小。在另一种极限情况下，对样本各向同性的漫反射光可以由完全覆盖透镜 L_1 直径的平行光束产生。

将锥光接收器和"焦平面发光"的概念结合起来，就能够测量及同时观察样本反射光强的角向分布[7]。

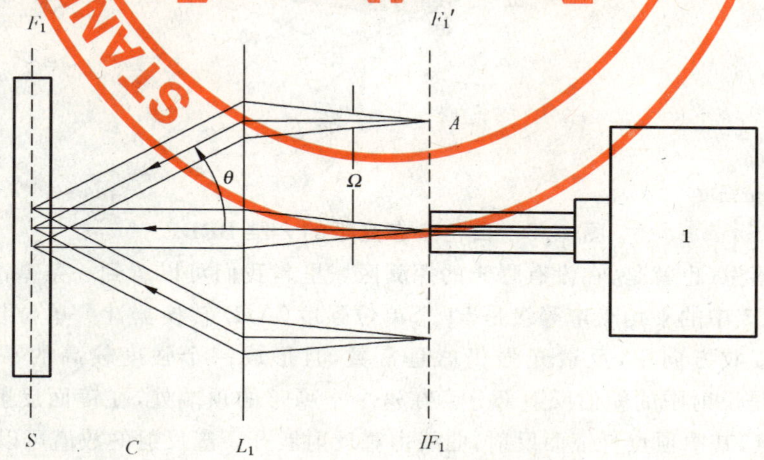

说明：

1——光源；

C——照射在透射样本 S 上的基本平行光束的会聚光锥；

F_1，F'_1——变换透镜 L_1 的前后焦平面。

图 C.4　焦平面发光的概念

作为机械角度扫描的一种备选方案，在“扫描”立体角的时间代价及仪器尺寸代价方面，锥光方法有一些优势。最近的关于锥光接收器的发现能够让孔径角大于±80°。

C.3 BRDF 的典型结果

C.3.1 2 维 BRDF

能说明 BRDF 基本组件的一个好例子是从白色光纸(例如，杂志纸)中获得的，见图 C.5。这一样本由白色平行光束照亮，光束直径是 1.1 mm，且光束入射角固定在 35°。实验中通过“纸”的锥光光学的孔径角是±60°。

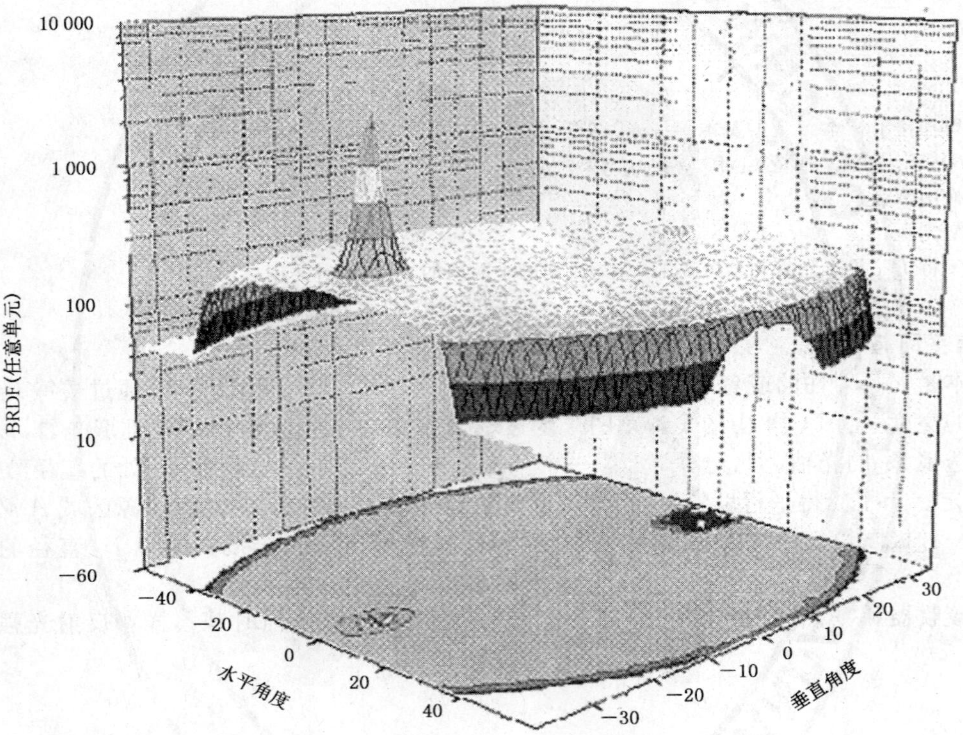

曝光时间 t_e=15 ms

峰值=2 914 个单位强度

图 C.5 白色杂志光纸的 2 维 BRDF

在图 C.5 的角落里(也就是，在没有曝光的探测区域里)，我们可以看到一条基准线，它是锥光接收器的噪声底线；图 C.5 中的平均噪声等级是 54 个单位强度(A/D 转换器计数单位)。在大多数法线周围，约在 50°以下的接收方向中，反射光强仍然是常数，且形成一个强度较高的平稳带，平均强度为 217 个强度单位；这是反射中的朗伯反射部分。在这个平稳带的顶端处，在镜面反射位置点的周围，我们可以看见钟形顶点，其中顶点是镜面反射，曲线由霾反射展开。霾反射的数值可以由钟形顶点与锥光系统的狭窄的光源—接收器标记图之间的区别来描述(在抛光加密玻璃面上测试)，见图 C.6。在针形顶点最大值 1%处的宽度是 2.6°。

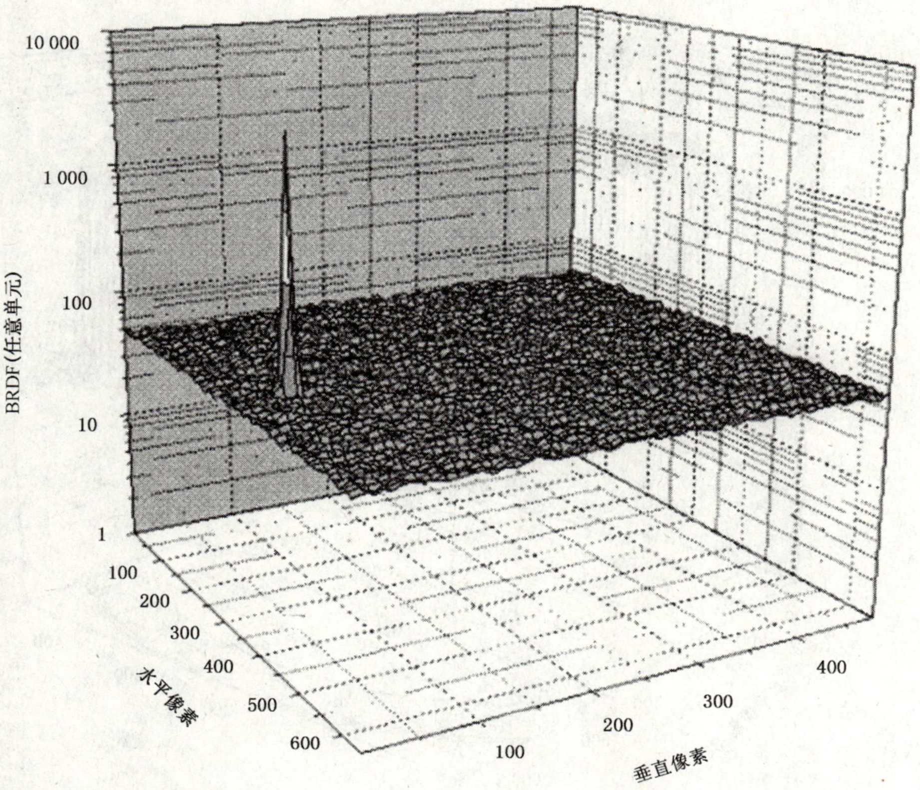

曝光时间 $t_e = 1$ ms
峰值=3 500 个单位强度

图 C.6 镜面(抛光加密玻璃面,NG9,Schott)的 2 维 BRDF,
表示光源-接收器标记图及曝光时间

校准过的标准漫反射体的 BRDF 在图 C.7 中给出;这里,除了朗伯平稳带边缘的返回下降以外,反射光的强度在所有接收方向上都仍然是常数,朗伯平稳带由大倾斜角下的接受器灵敏度的渐变下降给出。在镜面反射方向上,不会有光强度的增加,这表明入射平行光束的理想散射。

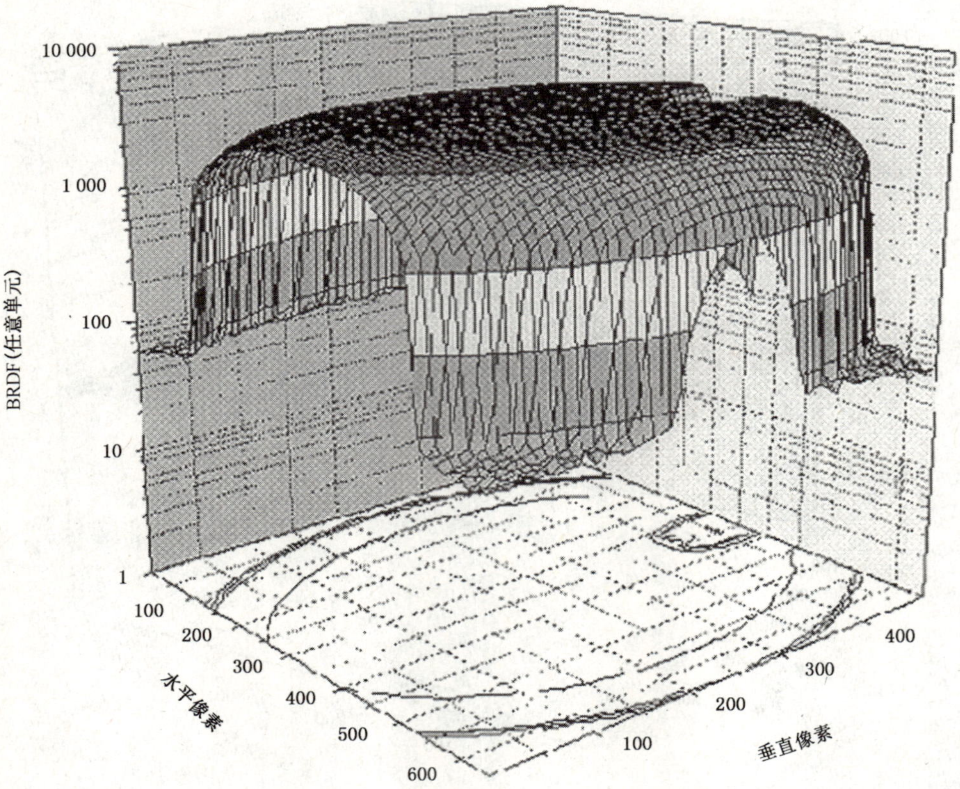

反射度 r=99.1%

曝光时间 t_e=250 ms

峰值=3 600 个单位强度

图 C.7　理想的标准漫反射体的 2 维 BRDF

与镜面方向相对的平稳带的倾斜是由仪器的阴影引起的，该仪器将光束反馈到锥光透镜系统的后焦平面上。

从 26.4 cm(10.4 寸)彩色 STN-LCD 屏幕获得的 2 维 BRDF，见图 C.8；这里，钟形霾反射顶点直接从噪声底线开始增长，而且即使用步长更短的检查方法也不能发现明显的朗伯平稳带，见图 C.3。

C.3.2　平面内的 BRDF

我们也实现了利用常规机械扫描的 BRDF 仪器进行测试的方法，它包括一个白光平行光源(光束发散角±2°，圆偏振，35°倾斜角)和一个孔径比±2°略小的方向性的接收器(聚焦在样本上)。

IP-BRDF(平面内 BRDF)曲线由对图 C.8 中的 10.4 寸彩色 STN-LCD 屏幕的测量获得，见图 C.9。归因于 LCD 内部的结构和微粒，而且散射效应在前偏振器顶端(例如，遮光涂料)相当明显，因为在这里，利用加密玻璃镜面测量到的光源—接收器标记图展宽了。即使对较大的接收器倾斜角(也就是，与镜面的夹角为±35°)而言，也不能发现朗伯平稳带。在 12 位的接收器分辨率下，为了覆盖超过 4 个能量等级的动态范围，我们利用在远离镜面反射方向上增加的灵敏度进行了许多分立的测量，见图 C.9。

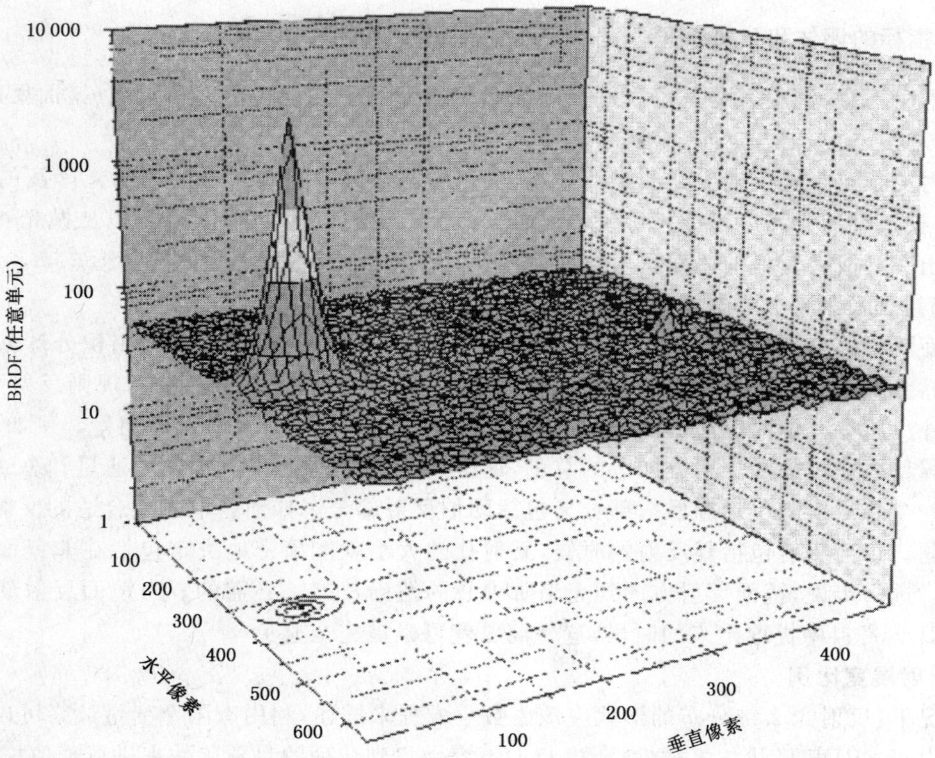

曝光时间 t_e＝7 ms

峰值＝3 990 个单位强度

图 C.8 带有遮光偏振器的 26.4 cm(10.4 寸)彩色 STN-LCD 屏幕的 2 维 BRDF

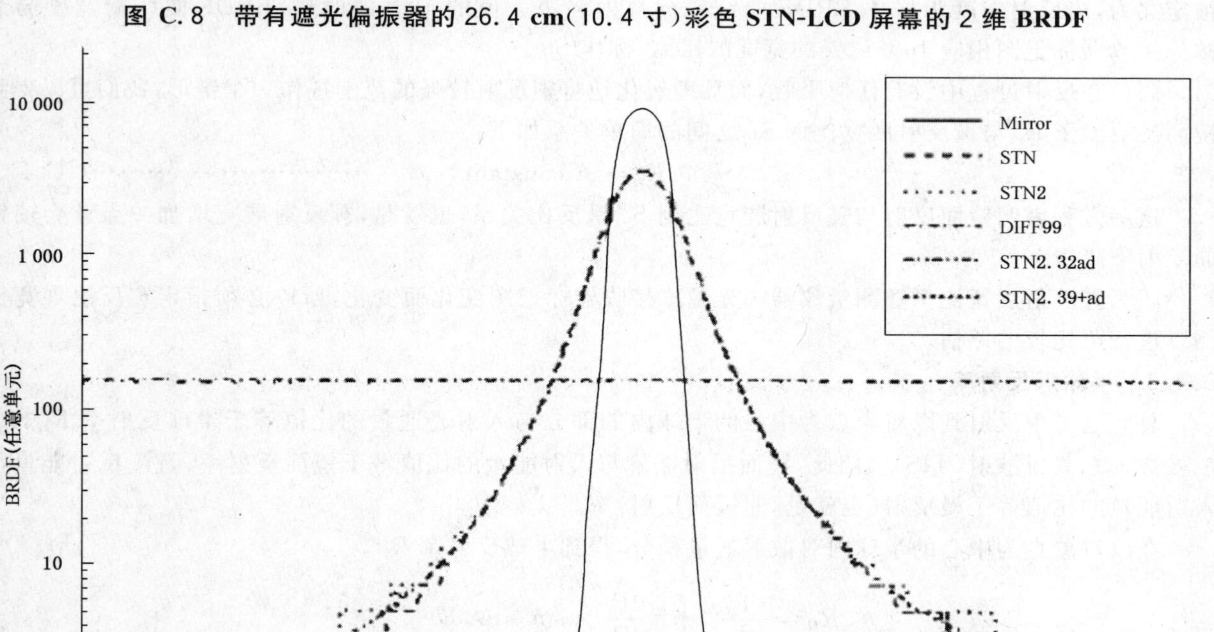

图 C.9 彩色 STN-LCD 屏幕的 IP-BRDF 曲线，镜面反射面(R_S＝0.044 4)和带有白光平行光源的标准漫反射体(r＝99.1%)(光束散射角<±2°,圆偏振)

C.4 BRDF 指标的评估和分析

在一些情况下，我们很容易就可以区分上面给出的 BRDF 曲线中的基本组成(镜面反射、霾反射和朗伯反射)。

镜面反射的顶点是霾反射上凸曲线的顶端，对它的评估可以得到适当的镜面光泽度的值(也就是，例如，如果与校正过的光泽度标准相比较，“镜面方向上的相关亮度反射因子”可以从抛光和刻蚀过的加密玻璃中得出[8])或者其他的镜面反射特征，这些特征依赖于设置和评估的几何形态[8,9,10,11]。

C.4.1 分离镜面反射部分和非镜面反射部分

从非镜面反射部分里分离出镜面反射部分基本上遵循下面的物理程序，利用积分球来计算漫反射部分，取一个合适的光陷阱来包围规则反射的方向，这样就将镜面反射(也就是，规则反射)光束排除在定向积分之外。所有非镜面反射的部分都被积分球收集起来，然后计算其整体通量。例如，这一方法可以用在判断霾反射在传输和反射方向上的总量，这里，霾反射因子由非镜面反射通量和总通量的比值给出，因此，在一个总量里既包括霾反射部分又包括朗伯反射部分。如何选取大小合适的反射光陷阱是一个复杂的问题。每当反射包括霾反射的时候，反射孔的大小就能精密地决定包括在非镜面反射中的霾反射的大小。进一步说，镜面反射方向到光陷阱中心的精确校准是必需的。当镜面反射部分是经由数学方法从 BRDF 资料中提取出来的时候，这一问题就可以被完全避免

C.4.2 霾反射展宽比例

理想情况下，反射光 2 维分布的形状应该由数学方程来描述，利用有限个变量最终可以完全地描述角向分布。由于 BRDF 形状的多样性，所以我们不容易找到合适的对象函数来进行数值拟合。

为了第一步方便，我们计划用霾反射导致的光源—接收器标记图的展宽来描述霾反射。这一展宽被定义为，当反射强度为样本 BRDF 曲线镜面反射强极大值的 10% 的时候，BRDF 曲线的宽度与光源—接收器标记图相应 10% 位置的宽度的比值，称作 S_{10}。

假设在反射过程中没有任何吸收，而且理想化地将霾反射较强的范围视作一个锥形，我们可以得到镜面反射因子 R_s 与霾反射展宽比例 S_{10} 之间的简单关系如下：

$$S_{10}^2 \times R_s = A \text{ constant} \qquad \text{(C.11)}$$

这一方程表明镜面反射与霾反射展宽比例 S_{10} 呈反比关系，也就是，霾反射展宽增加一点就会使镜面反射下降很多。

因为霾反射展宽比例随测量仪器的光源—接收器标记图变化而变化，所以必须指定霾反射展宽比例以进行可比较的评估。

C.4.3 半球形反射率

总光通量中反射到以对象点为中心的半球内的部分与入射光通量的比值等于半球反射率 R_H，R_H 也被称为总集成散射(TIS)。因此，镜面反射能量与入射能量的比值等于镜面反射率，且漫反射能量与入射能量的比值等于漫反射(也就是，非镜面反射)率。

在以对象点为中心的半球内对散射通量积分，得到半球反射率 R_H。

$$R_H = \frac{1}{P_i} \times \int_0^{\pi/2}\int_0^{2\pi} \frac{\mathrm{d}P_r}{\mathrm{d}\Omega_r} \times \sin\theta_r \mathrm{d}\phi_r \mathrm{d}\theta_r$$

$$\qquad \text{(C.12)}$$

$$R_H = \int_0^{\pi/2}\int_0^{2\pi} \mathrm{BRDF} \times \cos t\theta_r \times \sin\theta_r \mathrm{d}\phi_r \mathrm{d}\theta_r$$

在理想状态下的积分限，接收器倾斜角 θ_r 从 0°到 90°，方位角 ϕ_r 从 0°到 360°。必须在测量过程中选择边界以保证测量结果有意义，或者使用用于外推法的合适的数值方法以扩展可用指标的数量。

C.4.3.1 漫反射样本

不透明的漫反射样本将所有不能吸收的入射光散射到以对象点为中心的半球中去。如果单位立体

角上散射通量按照 $\cos\theta_r$ 下降，且 BRDF 是常数并且不依赖于接收器的倾斜角，则样本的反射被称为朗伯反射。由朗伯反射样本产生的散射光的发光强度与 $\cos\theta_r$ 成比例，因此它与发光点的表观大小也成比例。

$$\mathrm{BRDF}_{\mathrm{Lambertian}} = \frac{\mathrm{d}P_r}{\mathrm{d}\Omega_r} \times \frac{1}{P_i \cos\theta_r} = A \text{ constant} \quad \cdots\cdots\cdots\cdots\cdots\cdots (\mathrm{C.13})$$

将等式(C.13)中的 $\mathrm{d}P_r/\mathrm{d}\Omega_r$ 带入等式(C.12)中去，并且对两边积分，我们可以得到用半球反射率 R_H 表示的朗伯反射样本的 BRDF

$$\mathrm{BRDF}_{\mathrm{Lambertian}} = \frac{R_H}{\pi} = \frac{\rho}{\pi} \quad \cdots\cdots\cdots\cdots\cdots\cdots (\mathrm{C.14})$$

朗伯漫反射体的半球反射率 R_H 也被称为漫反射率 ρ。

C.4.3.2 镜面反射样本

无散射镜面的 BRDF 在镜面方向上的强度顶点尖锐地突出，并且随着倾斜角 θ_r 和方位角 ϕ_r 的变化而陡峭地下降。这一曲线的幅度由该镜面的镜面反射率决定，同时它的形状由光束张角的分辨率和接收器对光的角向灵敏度(也就是光源—接收器标记图)给出。

C.4.4 BRDF 指标的数值评估

C.4.4.1 概述

第一步应该依照噪声底线和测量中使用的不同接收器的灵敏度(也就是，在 CCD 摄像头情况下的曝光时间，在 PMTs 情况下的高电平设置)对未加工的 BRDF 指标进行修正。

在我们因为参考和校准的目的对 BRDF 进行测量时候，测量方法通常会包括两个标准：由抛光加密玻璃做成的镜面反射标准(这里，对 550 nm 光的折射率为 1.51，在倾斜角为 35°时，镜面反射因子 R_s 近似为 4.44%)，以及对漫反射率 ρ 校准的理想漫反射体(例如，由 $BaSO_4$，MgO 等等做成)。由标准漫反射体得出的 BRDF 指标是一条平行于 X 轴的直线，或者是在 2 维表示法中的朗伯平稳带。理想的标准漫反射体必定导致在结果中出现一个平稳带，这一事实可以用于检查某个测量方法和某个特定设置的合理性。

C.4.4.2 IP-BRDF 指标

把图 9 中样本的 BRDF 曲线的极值与参考镜面的极值相比较，可以得出样本的镜面反射因子 $R_s=$ 1.76%，且通过在强度极值 10%处宽度的比较，我们可以得到霾反射展宽比例 $S_{10}=2.04$。

C.4.4.3 2 维 BRDF 指标

在根据背景噪声和不同的接收器灵敏度对未加工的指标修正以后，应该能够确定所有明显的朗伯平稳带，在与校准过的标准漫反射体比较之后，我们就可以确定它的级别。然后，用样本指标减去它，就可以给出镜面反射极值在图中的高度以及霾反射的展宽度。

举个例子来说，从图 C.5 中的白色光纸中获取 2 维 BRDF 指标，然后我们就可以将它与图 C.6 中给出的光源-接收器标记图以及图 C.7 中给出的校准过的标准漫反射体相比较，从而获得 3 个反射特征。见表 C.1。

表 C.1 通过和校准过的镜面反射平面以及标准漫反射体相比较来评估白色光纸的反射特征

样本	纸质载体	镜面标准	漫反射标准
参考值	—	$R_s=4.44\%$	$\rho=99.1\%$
曝光时间	15 ms	1 ms	250 ms
平稳带的值	217 个单位强度	—	3 600 个单位强度
极值	2 914 个单位强度	3 503 个单位强度	—
噪声底线	54 个单位强度	52 个单位强度	60 个单位强度
10%极值的宽度	36 个像素	16 个像素	—

我们得到纸的漫反射率 $\rho=76\%$，镜面反射因子 $R_S=0.233\%$，霾反射展宽比例 $S_{10}=2.25$。对在非打印光纸上的打印黑色区域的反射进行评估，我们可以得到对比度的比例为 21/0.78(!)，0.78 是镜面反射方向上的对比度。这里的对比度与一般意义上的相反，也就是说，黑色区域的镜面反射率比白色区域要高，这是一个关于白色杂志纸的著名的视觉分布现象。

将图 C.8 中给出的彩色 STN-LCD 屏幕的 2 维 BRDF 的评估结果与图 C.6 中给出参考镜面相比较，我们可以得出镜面反射因子 $R_s=0.7\%$，且买展宽比例 $S_{10}=2.5$。这里没有明显的朗伯平稳带。

对 IP-BRDF 指标与 2 维 BRDF 指标的评估者间的区别表明了在光源—接收器标记图中两种配置存在差别，锥光仪器 10%的标记是在±1.5°的地方，而 IP-BRDF 配置中 10%的标记是在±2.2°的地方。

参 考 文 献

附录 B 中用到的参考资料

[1] Chaplin, R. and Freemantle, R. A. 1987. Measurement of Perceived flicker in VDU products, Displays.

[2] Crawford, B. H. 1936. The dependence of pupil size upon external light stimuli under static and variable conditions. Proceedings of the Royal Society (London), B121, p. 373.

[3] DeLange, H. Dzn. 1961. Eye's response at flicker fusion to square-wave modulation of a test field surrounded by a large steady field of equal mean luminance. Journal of the Optical Society of America, Volume 51, No. 4, pp. 415-421.

[4] Eriksson, S. and Baeckstroem, L. 1987. Temporal and spatial stability in visual displays. Selected papers presented at the Conference on Work With Display Units, editors: B. Knave and P. G. Widebaeck, North Holland, pp. 461-473.

[5] Farrell, J. E. 1986. An analytical method for predicting perceived flicker. Behaviour and Information Technology, Volume 5, No. 4, pp. 349-358.

[6] Farrell, J. E. 1987. Objective methods for evaluating screen flicker. Selected papers presented at the Conference on Work With Display Units, editors: B. Knave and P. G. Widebeck, North Holland, pp. 449-460.

[7] Farrell, J. E., Benson, B. L., and Haynie, C. R. 1987. Predicting flicker thresholds for Video Display Terminals. Proceedings of the Society for Information Display, Volume 28, No. 4, pp. 449-453.

[8] Farrell, J. E., Casson, E. J., Haynie, C. R. and Benson, 8. L. 1988. Designing flicker-free video display terminals. Displays, July 1988, pp. 115-122.

[9] Hayosh, T. D., 1991. The Importance of Phosphor Persistence Characteristics in Reducing Visual Distress Symptoms in VDT Users. Proceedings of the Society of Photo—Optical Instrumentation Engineers (SPIE), Vol. 1454, Beam Deflection and Scanning Technologies, pp. 339-405.

[10] Kelly, D. H. 1961. Visual response to time-dependent stimuli, I. Amplitude sensitivity measurements. Journal of the Optical Society of America, Volume 49, No. 4, pp. 422-429.

[11] Kelly, D. H. 1962. Visual response time-dependent stimuli, III. Individual variations. Journal of the Optical Society of America, Volume 52, No. 1, pp. 89-95.

[12] Kelly, D. H. 1964. Sine waves and flicker fusion. In H. E. Henkes and L. H. van der Tweel (Eds.). Flicker. The Hague: Junk, pp. 16-35.

[13] Kelly, D. H. 1969. Diffusion model of linear flicker responses. Journal of the Optical Society of America, Volume 59, No. 12, pp. 1665-1670.

[14] Kelly, D. H. 1974. Theory of flicker and transient responses I. Uniform fields. Journal of the Optical Society of America, Volume 61, No. 4, pp. 537-546.

[15] Kelly, D. H. 1974. Spatio-temporal frequency characteristics of color-vision mechanisms. Journal of the Optical Society of America, Volume 64, pp. 983-990.

[16] Oppenheim, A. V. and Willsky, A. S. 1983. Signals and Systems. Englewood Cliffs, New Jersey: Prentice Hall, Inc.

[17] Rogowitz, B. E. 1984. Measuring perceived flicker on visual displays. In Ergonomics and Health in Modern Offices, E. Grandjean, Editor. London: Taylor and Francis, pp. 285-293.

附录 C 中用到的参考资料

[18] ASTM Document E 1392-90:Standard Practice for Angle Resolved Optical Scatter Measurement on Specular or Diffuse Surfaces,ASTM Standards on Color and Appearance Measurement.

[19] J. C. Stover:Optical Scattering,Measurement and Analysis,SPIE 1995.

[20] E. F. Kelley,G. R. Jones:Utilizing the BRDF to Predict Reflections from FPDs,SID'97 Digest,p. 831.

[21] E. F. Kelley:BRDF from PSF,communication with ISO/TC 159/SC 4/WG 2,November 1996.

[22] H. Wohler,M. E. Becker,LCD Optical performance and measurement:Measuring and Modelling LCDs Information Display,1997.

[23] M. E. Becker:Viewing-Cone Analysis of LCDs:A Comparison of Methods,SID'96 Digest,p. 199.

[24] M. E. Becker: Evaluation and Characterization of Display Reflectance, SID'97 Digest, p. 827.

[25] ASTM E430-91:Measurement of Gloss of High-Gloss Surfaces by Goniophotometry, ASTM Standards on Color and Appearance Measurement.

[26] ASTM D 523:Standard Test Method for Specular Gloss,ASTM Standards on Color and Appearance Measurement.

[27] ASTM E 167-91:Standard Practice for Goniophotometry of Objects and Materials,ASTM Standards on Color and Appearance Measurement.

[28] ASTM D 4449-90:Standard Test Method for Visual Evaluation of Gloss Differences between Surfaces of Similar Appearance,ASTM Standards on Color and Appearance Measurement.

[29] CIE Publication No. 38:1977,Radiometric and Photometric Characteristics of Materials and their Measurement.

[30] ASTM E 179-91 A:Standard Guide for Selection of Geometric Conditions for Measurements of Reflection and Transmission Properties of Materials,ASTM Standards on Color and Appearance Measurement.

[31] ASTM D 1003-95:Standard test Method for Haze and Luminous Transmittance of Transparent Plastics,ASTM Standards on Color and Appearance Measurement.

其他参考资料

[32] ISO 9241-5,使用视觉显示终端(VDTs)办公的人类工效学要求　第5部分:工作台布局和姿势要求

[33] ISO 10526:1999,CIE 比色法的标准光源 {CEI S 005-1998}.

[34] ISO 13406-1,使用基于平板视觉显示器工作的人类工效学要求　第1部分:概述

[35] IEC 60050 (845):1987,International Electrotechnical Vocabulary Chapter 845:Lighting. CIE Publication No. 17. 4,International lighting vocabulary.

[36] Adrian,W. ,Visibility of Targets,Transportation Research Record 1247,pp. 39-45.

[37] Alpern,M. The Eyes and Vision,in Handbook of Optics,Optical Society of America,W. G. Driscoll,Editor (McGraw Hill,New York,1978).

[38] Bauer,D. and Cavonius C. Improving the legibility of visual display units through contrast reversal,in,E. Grandjean and E Vigliani (Eds),Ergonomic aspects of visual display terminals. Taylor and Francis,London,pp. 137-142,1980.

[39] Bauer,D. ,Bonacker,M. and Cavonius,C. R. ,1983. Frame repetition rate for flicker-free

viewing of bright VDU screens. Displays. January 1983, pp. 31-33.

[40] Becker, ME. Evaluation and characterization of display reflectance. Displays, Vol. 19, Number 1, 1998.

[41] Benson, B. L and Farrell, J. E. The Effect of Character Height-to-Width Ratio of CAT Display Legibility, Society of Information Display, Digest of Technical Papers, 1988, pp. 340-343.

[42] Berger, C. (1944). Stroke-width, Form and Horizontal Spacing of Numerals as Determinants of the Threshold of Recognition, Journal of Applied Psychology, 28(3).

[43] Blackwell, H. R. (1946). Contrast Thresholds of the Human Eye, Journal of the Optical Society of America, 36(11), 1946.

[44] Bosman, D., ed. Display Engineering. Elsevier, Amsterdam (1989).

[45] Boynton, R. M. and Olson, C. X. (1990) Salience of chromatic basic color terms confirmed by three measures. Vision Research, 30, pp. 1311-17.

[46] Cakir, A., Hart, D. J. and Stewart, T. F. M., Visual Display Terminals, John Wiley and Sons, New York, 1980.

[47] Crabbe, P. 1993. User Performance Testing—Support for ISO Standards, Visual Display Requirements. ISO TC 159/SC 4/WG 2, N264.

[48] Carlson C. R. and R. W. Cohen, Visibility of Displayed Information, Image Descriptors for Displays, Office of Naval Research Report ONR-CR213-120-4, July 1978.

[49] Crawford, B. H. 1936. The Dependence of Pupil Size upon ExternalLight Stimulus under Static and Variable Conditions. Proceedings of the Royal Society (London), B 121, p. 373.

[50] Chaffin, D. B., 1973, Localized Muscle Fatigue Definition and Measurement. Journal of Occupational Medicine, 15, 4, pp. 346-354.

[51] Cogan, A. I. (1979). The relationship between the apparent vertical and the vertical horopter. Vision Research, 19, pp. 655-665.

[52] Collins, C. C, Carter, C, OMeara, D., Scott, A. B. (1975). Muscle strain during unrestrained human eye movements. Journal of Physiology 245, pp. 351-369.

[53] Cooper, M. L., and Pettigrew, J. D. (1979). A neurophysiological determination of the vertical horopter in the cat and owl. Journal of Comparative Neurology 184, pp. 1-26.

[54] DeGroot, S. G., Pupil size as determined by adapting luminance, Journal of the Optical Society of America, Vol. 42, No. 7, 1952.

[55] De Lange Dzn, H., 1961. Eye's Response at Flicker Fusion to Square-Wave Modulation of a Test Field Surrounded by a Large Steady Field of Equal Mean Luminance. Journal Of The Optical Society Of America, Volume 51, No. 4, pp. 415-421.

[56] Demars, Sylvester A., Human factors considerations for the use of color in display systems, NASA-TM-X-72196, 1975.

[57] DIN 5035, Part 7:1988. Innenraumbeleuchtung mit Kuenstlichem Licht. DIN, Berlin, 1988.

[58] Fan-ell, R. J. and Booth J. M., Design Handbook for Imagery Interpretation Equipment, Boeing Aerospace Company, D180-19063-1, 1984, pp. 4-13.

[59] Farrell, J. E., 1986. An analytical method for predicting perceived flicker. Behaviour and information Technology, Vol. 5, No. 4, pp. 349-358.

[60] Farrell, J. E., 1987. Objective Methods for Evaluating Screen Flicker. Selected Papers Presented at the Conference on Work With Display Units 86, eds. Knave, B. and Wiedeback, P. G., North-Holland, pp. 449-460.

[61] Farrell, J. E., Benson, B. L and Haynie, C. R., 1987. Predicting Flicker Thresholds for Video Display Terminals. Proceedings of the Society for Information Display, Vol. 28, No. 4, pp. 449-453.

[62] Fellmann, Th., Brauninger, U., Gierer, R. and Grandjean, E., 1982. An ergonomic evaluation of VDTs. Behaviour and Information Technology, Vol. 1, No. 1, pp. 69-80.

[63] Fisher, R. F. (1977). The force of contraction of the human ciliary muscle during accommodation. Journal of Physiology 270, pp. 51-74.

[64] Forbes, T. W. (1972). Human Factors in Highway Traffic Safety Research, Wiley Interscience, New York.

[65] Gether, W. F. and Baker, C. A. Visual Presentation of Information, In Van Cott, H. P., and Kinkade, R. G. (Editors), Human Engineering Guide to Equipment Design, 1972, pp. 41-121.

[66] Giddings, J. D. Visual factors in the design of computer-controlled CRT displays. Human Factors, 10, pp. 359-376, 1968.

[67] Giddings, B. J., Alpha-numerics for Raster Displays, Ergonomics, Vol. 15, pp. 65-72.

[68] Grandjean (Ed.), Ergonomics and Health in Modern Offices, pp. 339-345, Philadelphia: Taylor and Francis, 1984.

[69] Grandjean and E. Vigliani(Eds), Ergonomic aspects of visual display terminals. Taylor and Francis, London, pp. 137-142, 1980.

[70] Granger, E. M. and Heurtley, J. C, Visual chromaticity-modulation transfer function, J. OpL Soc. Am., Vol. 63. 1973, pp. 1173-74.

[71] Harwood, K. and Foley, P., 1987. Temporal Resolution: An Insight into the Video Display Terminal (VDT) Problem. Human Factors, Vol. 29, No. 4, pp. 447-452.

[72] Hayosh, T. D., 1991. The Importance of Phosphor Persistence Characteristics in Reducing Visual Distress Symptoms in VDT Users. Proceedings of the Society of Photo—Optical Instrumentation Engineers (SPIE), Vol. 1454, Beam Deflection and Scanning Technologies, pp. 339-405.

[73] Heuer, H., Owens, D., 1989. Vertical gaze direction and the resting posture of the eyes. Perception, 18, pp. 363-377.

[74] Heuer, H., Bruwer, M., Romer, T., Kroger, H. and Knapp, H., 1991, Preferred vertical gaze direction and observation distance. Ergonomics, 34, pp. 379-392.

[75] Hill, S. G., Kroemer, K. H. E., 1986. Preferred declination of the line of sight. Human Factors, 28, 2, pp. 127-134.

[76] Hunt, R. W. G., Measuring colour. Fountain Press. England. 1998.

[77] Jaschinski—Kruza, W. (1988). Visual strain during VDU work: the effect of viewing distance and dark focus. Ergonomics 31, pp. 1449-1465.

[78] Jaschinski—Kruza, W. (1990). On the preferred viewing distances to screen and document at VDU workplaces. Ergonomics 33, pp. 1055-1063.

[79] Jaschinski—Kruza, W. (1991). Eyestrain in VDU users: viewing distance and the resting position of ocular muscles. Human factors 33, pp. 69-83.

[80] Jones G., Kelley E., Germer T., Specular and Diffuse Reflection Measurements of Electronic Displays, Society for Information Display International Symposium Digest of Technical Papers, Vol. 27, San Diego, CA, pp. 203-206, May 12-17, 1996.

[81] Kelley, E. F. et al. Display reflectance model based on the BRDF. Displays, Vol 19, Number 1, 1998.

[82] Kelly, D. H., 1961. Visual Responses to Time—Dependent Stimuli. I. Amplitude Sensitivity

Measurements. Journal of the Optical Society of America, Vol. 51, No. 4, pp. 422-429.

[83] Kelly, D. H. , 1962. Visual Responses to Time—Dependent Stimuli. III. Individual Variations. Journal of the Optical Society of America, Vol. 52, No. 1, pp. 89-95.

[84] Kelly, D. H. , 1964. Sine Waves and Flicker. Flicker, eds. Henkes, H. E. and van der Tweel, L. H. , The Hague: Junk, pp. 16-35.

[85] Kelly, D. H. , 1971. Theory of Flicker and Transient Responses, I. Uniform Fields. Journal of the Optical Society of America, Vol. 61, No. 4, pp. 537-546.

[86] Kelly, D. H. Journal of the Optical Society of America, Volume 73, No. 6, June 1983, pp. 742-750.

[87] Kokoschka, S. Communication to Secretariat, ISO/TC 159/SC4/WG2, 20 February, 1992. Dafa from an experiment on acceptability of specular reflection contrast, published in an annex of ISO 9241-7.

[88] Krekling, S. and Btika, S. (1983). Development of the tilted vertical horopter. Perception and Psychophysics, 34, pp. 491-493.

[89] Kroemer, K. H. E. and Hill, S. G. Preferred line of sight angle, Ergonomics, Vol. 29, No. 9, 1129, 1134 (1986).

[90] Kubota, S. and Takahashi, M. Permissible Luminance of Disturbing Reflections of Light Sources on CRT Displays. Japan Illuminating Engineering Society Journal, June 1989, pp. 314-318.

[91] Kubota, Satoru, The physical characteristics of flat panel displays, (SO TC 159/SC 4/ WG 2, No. 229, 1991.

[92] Kubota, S. Effects of surface reflection properties of VDT screens on subjective ratings of the reflected glare disturbances from the different size sources. Published as an annex to 9241-7.

[93] Kubota, S. Ergonomic requirements for reflective liquid crystal displays. Displays, Vol. 19, 1998.

[94] Kubota, S. Reflectance and contrast measurments of reflective liquid crystal displays, Displays, Vol. 18. 1997.

[95] Kuntz, J. E. and Sleight, R. B. Legibility of Numerals: The optimal ratio of height to width of stroke, American Journal of Psychology, Vol. 63, 1950, pp. 567-575.

[96] Langen, M. and Rau, G. Interactive colour design of interactive graphical displays using a prototyping tool based on colour metrics, Ergonomics, 1990, Vol. 33, No. 8. pp. 1043-1054.

[97] Laycock, J. The effect of picture element failure on the legibility of a matrix display image, Copyright: The Controller, Her Majesty's Stationery Office, London, 1984.

[98] Lindfors, M. Accuracy and repeatability of the ISO 9241-7 test method. Displays, Vol. 19, Number 1, 1998.

[99] Lippert, T. , (Paper) Color-difference prediction of legibility performance for CRT raster imagery, SID Digest and Technical Papers, 17, pp. 86-89, 1986.

[100] Naiman, A. and Makous, W. Information transmission for sub-pixel edge positioning. Journal of the Society for Information Display, 1993a, 1, pp. 437-447.

[101] Naiman, A. and Makous, W. Undetected gray strips displace perceived edges nonlinearly, Journal of the Optical Society of America A, 1993b, 10, pp. 794-803.

[102] National Research Council, Video displays, work and vision, Washington, D. C. National Academy Press, 1983.

[103] Nicodemus F. E. , Richmond J. C, Hsia J. J. , Ginsberg I. W. and Limperis T. , Geometrical

Considerations and Nomenclature for Reflectance, NBS Monograph 160, October 1977.

[104] Owens, D. A., Wolf—Kelly, K., 1987, Near work, visual fatigue, and variations of oculomotor tonus. Investigative Ophthalmology and Visual Science, 28, pp. 743-749.

[105] Pastoor, S., Schwarz, E. and Beldie, I. P. The relative suitability of four dot matrix sizes for text presentation on Color Television Screens, Human Factors, Vol. 25, pp. 265-272.

[106] Pawlak, U. and Roll, K—F. VDTs: Setting Levels for Reflected Luminance. Siemens Review, 4/90.

[107] Phillips, P. L. Minimum colour differences required to recognise small object on a colour Cathode Ray Tube, Colour in Information Technology and Visual Displays, Institute of Electronic and Radio Engineers, Pub No. 61 (1985), pp. 85-91.

[108] Poynter, D. Contrast sensitivity and image recognition: application to the design of visual displays, Displays, Vol. 13, No. 1, 1992.

[109] Poynter, D. (1991). Contrast Sensitivity and English Letter Recognition, Proceedings of the Human Factors Society 35th Annual Meeting-1991.

[110] Ripple, P. Variation of accommodation in vertical directions of gaze, American Journal of Ophthalmology, 35, pp. 1630-1634(1952).

[111] Rogers, S. P. and Gutmann, J. C. CRT symbol subtense requirements. Society for Information Display Digest, pp. 166-167, 1983.

[112] Rupp, B. A. and Taylor, S. E., Retinal adaptation to non-uniform fields: average luminance or symbol luminance, Behavior and Information Technology, Vol. 5, No. 6, pp. 375, 1986.

[113] Seibert, W. F., Kasten, D. F. and Potter, J. R. A Study of Factors Influencing the Legibility of Televised Characters, Journal of Society of Motion Picture and Television, Vol. 68, 1959, pp. 467-472.

[114] Sekiguchi, N., Williams, D. R. and Brainard, D. H. (1993). Efficiency in detection of isoluminant and isochromatic interference fringes. Journal of the Optical Society of America A, 10, pp. 2118-21.

[115] Shapiro, H. B. Factors Affecting the Legibility of Digits, American Psychologist, Vol. 6, 1951, p. 364.

[116] Sheedy, J. E., Bailey, I. L., Fong, D., Ostermeier, M., Stanton, S. Task performance and contrast polarity on hard copy and video displays. Proceedings of SPIE/SPSE symposium on electronic imaging science and technology. Society of Photo-Optical Instrumentation Engineers, Bellingham, Washington, February, 1990.

[117] Sherr, S. Electronic Displays. 2nd edition, John Wiley (1993).

[118] Shurtleff, D. A. and Alexander, P. J. Legibility Criteria in Design and Selection of Data Displays for Group Viewing, Proceedings of the Human Factors Society, 1979.

[119] Snyder, H. L., Decker, J. J., Lloyd and CJC, Dye C. Effect of image polarity on VDT task performance. Proceedings of the Human Factors Society 34th Annual Meeting, pp. 1447-1451, 1990.

[120] Soar, R. S. Height—Width Proportion and Stroke Width in Numeral Visibility, Journal of Applied Psychology, Vol. 39, No. 1, 1955, pp. 43-46.

[121] Solomon, D. The Effect of Letter Width and Spacing on Night Legibility of Highway Signs, Proceedings of the Highway Research Board, 35, 1956, pp. 600-617.

[122] Stein, Isidore, H. The effect of active area on the legibility of dot matrix displays, US Army Electronics Research and Development Command, Fort Monmouth, New Jersey, 1978. (Note: active

area as defined in this paper is fill factor as defined in ISO 9241-3)

[123] Tinker, M. A. and Patterson, D. G., Studies of typographic factors influencing speed of reading, part VII: Variations in color print and background, Journal of Applied Psychology, Vol. 15, No. 3, pp. 471-479, 1931.

[124] Tsubota, K. and Naramori, K. Dry Eyes and Video Display Terminals, (Letter) The New England Journal of Medicine (Vol. 328, number 8, p. 584) Feb. 25, 1993.

[125] Turnage, Jr., RE., 1966. The Perception of Flicker In Cathode Ray Tube Displays. Information Display, May/June, pp. 38-52.

[126] Tyler, C. W. and Hamer, R. D. (1987) Meridional variations in peripheral flicker sensitivity. Journal of the Optical Society of America A, 4, pp. 1612-1619.

[127] Tyler, C. W, and Hamer, R. D. (1990). Analysis of visual modulation sensitivity. IV Validity of the Ferry-Porter law. Journal of the Optical Society of America A, 7, 743-758.

[128] Tyler, C. W. and Torres, J. (1972) Frequency response characteristics for sinusoidal movement in the fovea and periphery. Perception and Psychophysics, 12, pp. 232-236.

[129] Tyrrell, R., Leibowitz, H, 1990, The Relation of Vergence Effort to reports of visual fatigue following prolonged near work. Human Factors, 32, 3, pp. 34-357.

[130] Uhlaner, J. E. The Effects of Thickness of Stroke on the Legibility of Letters, Proceedings of the Iowa Academy of Science, Vol. 48, 1941, pp. 319-324,

[131] Umezu, N. et al. Specular and diffuse reflectance measurement feasibility study of ISO 9241 Part 7 method. Displays Vol. 19, Number 1, 1998.

[132] Vartabedian, A. G. The effects of letter size, case and generation method on CRT display search time. Human Factors, 13, pp. 363-368. 1971.

[133] VESA-Video Electronics Standards Association, Flat Panel Display Measurements Standard, Version 1. 0, San Jose, 1998.

[134] Walter, W. G. 1953. The Living Brain, Norton, pp. 101-102.

[135] Wilkins, A., 1986. Intermittent Illumination from Visual Display Units and Fluorescent Lighting Affects Movements of Eyes Across Text. Human Factors, Vol. 28, No. 1, pp. 75-81.

[136] Wittke, J. P. Moire Considerations in Shadow Mask Picture Tubes, SID 87 Digest (1987) pp. 347-350.

[137] Xu, Wei and Zhu, Zuxiang, The effects of ambient illumination and target luminance on colour coding in a Cathode Ray Tube display, Ergonomics, 1990, Vol. 33, No. 7, pp. 933-944.

[138] Yang, J. and Makous, W. (1995) Modeling pedestal experiments with amplitude instead of contrast. Vision Research, 35, in press.

[139] Yang, J., Qi, X. and Makous, W. (1995) Zero frequency masking and a model of contrast sensitivity, Vision Research, 35, in press.

[140] Zwahlen, H. T., Pupillary Responses when Viewing Designated Locations in a VDT Workstation. In Grandjean (Ed.), Ergonomics and Health in Modern Offices, pp. 339-345, Philadelphia: Taylor and Francis, 1984.

ICS 77.040.20
H 26

中华人民共和国国家标准

GB/T 20935.2—2009

金属材料电磁超声检验方法 第2部分：利用电磁超声换能器技术进行超声检测的方法

Method of electromagnetic acoustic inspection for metal materials—Part 2: Standard practice for ultrasonic testing using electromagnetic acoustic transducer (EMAT) techniques

2009-10-30 发布　　　　2010-05-01 实施

中华人民共和国国家质量监督检验检疫总局
中国国家标准化管理委员会　发布

前　言

GB/T 20935《金属材料电磁超声检验方法》分为如下 3 个部分：

——第 1 部分：电磁超声换能器指南；

——第 2 部分：利用电磁超声换能器技术进行超声检测的方法；

——第 3 部分：利用电磁超声换能器技术进行超声表面检测的方法。

本部分为 GB/T 20935 的第 2 部分。

本部分等同采用 ASTM E1816-07《利用电磁超声换能器技术进行超声检测的方法》(英文版)。

本部分与 ASTM E1816-07 有关差异如下：

——将规范性引用文件 ASTM E1316《无损检测术语》改为 GB/T 12604.1 和 GB/T 12604.6；

——将规范性引用文件 ASTM E1774《电磁超声换能器指南》改为 GB/T 20935.1；

——将规范性引用文件 ASTM E587《超声波接触式斜探头检验方法》改为 GB/T 11343；

——将规范性引用文件 SNT-TC-1A《无损检测人员资格鉴定与认证》、ANSI/ASNT CP-189《无损检测人员资格鉴定与认证标准》和 MIL-STD-410《无损检测人员资格鉴定与认证》改为 GB/T 9445。

为便于使用，本部分做了下列编辑性修改：

——“本方法”一词改为“本部分”；

——将以英制单位作为标准单位改为以国际单位制作为标准单位；

——删除原 ASTM 标准中的关键词；

——删除原 ASTM 标准中的参考文献。

本部分由中国钢铁工业协会提出。

本部分由全国钢标准化技术委员会归口。

本部分起草单位：钢铁研究总院、冶金工业信息标准研究院。

本部分主要起草人：贾慧明、范弘、张建卫、童凯、黄颖。

金属材料电磁超声检验方法
第2部分:利用电磁超声换能器技术进行超声检测的方法

1 范围

1.1 GB/T 20935的本部分介绍了利用电磁超声换能器进行特定超声检测的规程。本部分介绍了利用电磁超声换能器技术进行表面检测、内部检测和测厚的方法。

1.2 本部分介绍了利用电磁超声换能器产生和接收超声波的技术细节和指导,以保证可靠的、可重复的检测缺陷和测厚。本部分介绍的电磁超声换能器技术可以作为无损评价各种工件使用可靠性以及生产过程控制的依据。

1.3 本部分介绍了一种利用电磁场在材料中产生超声波的非接触检测技术,本部分介绍的波型有表面波、兰姆波、纵波和横波。

1.4 本部分介绍了一些特定的电磁超声换能器应用方法,这些应用方法适用于使用者认为采用电磁超声换能器技术优于传统压电技术的场合,而不建议将电磁超声换能器技术用于传统技术更具优势的场合(参见GB/T 20935.1)。

1.5 本方法适用于可由电磁方法产生声波的所有材料,包括导电材料或铁磁性材料。

1.6 本部分介绍了一些经过验证的电磁超声换能器技术的特定应用方法,这不意味着这些已被应用的电磁超声换能器技术是最佳方法或所有方法。在考虑选择应用技术时,本部分仅提供了一个范围。

1.7 本部分以国际单位作为标准单位。

1.8 本部分不论述与使用有关的安全问题。使用者有责任在使用前制订有益安全和健康的规程,并确定其适用范围。

2 规范性引用文件

下列文件中的条款通过GB/T 20935的本部分的引用而成为本部分的条款。凡是注日期的引用文件,其随后所有的修改单(不包括勘误的内容)或修订版均不适用于本部分,然而,鼓励根据本部分达成协议的各方研究是否可使用这些文件的最新版本。凡是不注日期的引用文件,其最新版本适合于本部分。

GB/T 9445 无损检测 人员资格鉴定与认证(GB/T 9445—2008,ISO 9712:2005,IDT)

GB/T 12604.1 无损检测 术语 超声检测(GB/T 12604.1—2005,ISO 5577:2000,IDT)

GB/T 12604.6 无损检测 术语 涡流检测

GB/T 20935.1 金属材料电磁超声检验方法 第1部分:电磁超声换能器指南(GB/T 20935.1—2007,ASTM E1774-96(2002),IDT)

ASTM E494 测量材料中超声波传播速度的标准实施规程

ASTM E797 超声波接触式脉冲反射法手动测厚方法

3 术语和定义

GB/T 12604.1、GB/T 12604.6和GB/T 20935.1确立的术语和定义适用于本部分。

4 检测方法概述

4.1 表面检测

4.1.1 在被检测材料中产生的瑞利波或表面波，可灵敏地检测出表面的缺陷和不连续性。通过不连续性界面上的声波反射或者穿过工件表面的声波衰减，检出材料中的缺陷。可以使用脉冲反射或一发一收超声波技术。

4.1.2 图1是一种典型的可产生瑞利波或兰姆波的电磁超声换能器。如图所示，外磁场 B_0 平行施加于导体或铁磁性材料表面，回折线圈平行放置在材料的表面上，由射频(RF)电脉冲激励，通过感应在被检材料中产生表面电流，表面电流在磁场中受洛仑兹力作用，洛仑兹力激发的垂直于材料表面振动的应力波产生表面波。电磁超声换能器一般产生双向表面波，但通过特殊设计也可产生与传统超声检测相同的单向波。

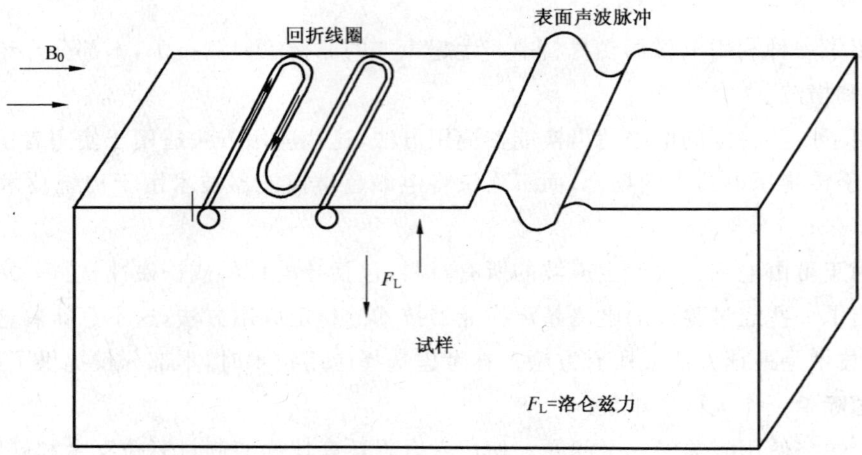

图1 产生瑞利波或兰姆波的典型电磁超声换能器

4.1.3 表面缺陷或不连续性可导致表面波的反射或衰减。在电磁超声换能器的接收线圈附近，反射或衰减的超声波使置于磁场中的导体产生振动，从而在线圈中感应出可测量的电压。

4.2 内部检测

4.2.1 为了能够发现工件内的缺陷或不连续性，应使用超声体波对材料的内部进行检测。与表面检测原理相同，也是通过不连续性界面上声波的反射或衰减来检测缺陷。

4.2.2 根据特定应用可选择纵波或横波进行检测。虽然直声束脉冲反射法是最直观方法，但考虑预期缺陷的位置和取向等因素选择斜声束一发一收技术可能更为理想。

4.2.3 图2是一种典型的激发体波的电磁超声换能器装置。如图所示，外磁场 B_0 垂直施加于导体或铁磁性材料表面，本装置中使用的是电磁超声换能器螺旋线圈，线圈平行置于材料表面并由脉冲电流激励，通过感应在材料中产生表面电流，电流在磁场中受洛仑兹力的作用，在材料表面形成振动的应力波。根据磁场的设计特征，可激发出垂直于工件表面传播的径向偏振或平面偏振横波，图2装置产生的是径向偏振的横波。在非铁磁性材料中，可产生能有效使用的纵波。在铁磁性材料中，由于耦合效率非常低纵波很难产生，但可使用由其他波型转化的纵波。7.2将详细介绍产生各种体波模式的电磁超声换能器和磁化装置。

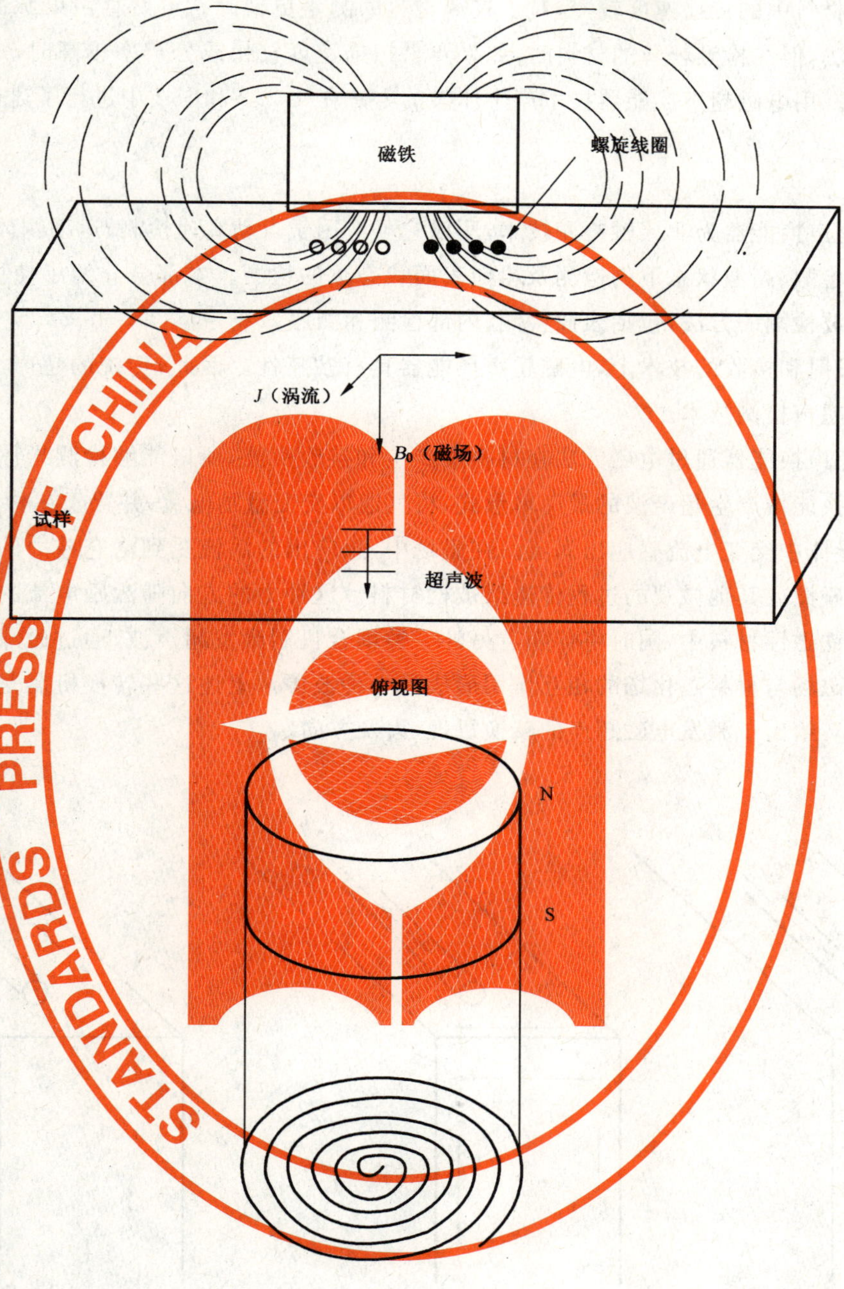

图2 产生体波的典型电磁超声换能器

4.3 测厚

4.3.1 超声波测厚是在超声波传入材料后，声波在材料底面反射回材料表面，在超声波速度已知的前提下，通过测量超声波传播的时间来计算被检材料的厚度。对于特定的材料，可由在标准试块中的声波传播时间与材料厚度的函数关系计算出厚度，见 ASTM E797 和 7.3.1。

4.3.2 材料中的超声波传播速度取决于该材料物理特性，即材料的硬度和密度，对于同类的材料一般认为其物理特性是一常数。速度近似值可以从很多资料中查到，也可根据试验来确定，见

ASTM E494。

4.3.3 应采用体波来测定声波在材料中的传播时间。虽然可以应用纵波来测定，但一般应采用横波，这是因为横波在材料中的传播速度较慢，对于较薄材料的测量更精确。虽然直声束脉冲回波法是最简单和最常用的方法，但在检测较薄的材料时，如果要求扫描速度较快或分辨率较高时，一般应采用斜声束一发一收技术。用电磁超声换能器技术产生体波的方法在 4.2.3 和图 2 中进行了讨论和描述。

5 意义和用途

5.1 由于电磁超声换能器为非接触检测技术，所以它可应用于自动高速检测、运动物体的检测、远距离或危险环境下的检测、高温状态下的检测及粗糙表面状态下的检测。本部分介绍了使用电磁超声换能器技术进行超声波检测的方法，包括表面检测、内部检测和测厚。

5.2 在超声波发射和接收的技术上，电磁超声换能器具有独特性。因此，传统的超声波技术和方法通常也适用于电磁超声检测技术。

5.3 由于电磁超声换能器通过电磁方法在材料中产生和接收声波，所以能够检测导体或铁磁性材料。线圈是电磁超声换能器产生超声波的最简单形式，将其通以交变激励电流，并置于在材料表面附近的均匀的磁场中，在导体中交变电流感应出涡流。在磁场中，感应出的涡流受到洛仑兹力的作用，这种力通过与金属晶格的碰撞或其他微观的过程传递给被检材料。这种力的方向随激励电流的频率交替变化，产生超声波。在铁磁性材料中，同时将伴随着另外一种耦合机制激发超声波，通过磁滞伸缩效应，交变电流产生的动态磁场与材料磁化场的相互作用形成另一种波源。上述这些转换机制是可逆的，因此能够实现检测。图 3 给出了激发电磁超声的转换机理、力及方向。

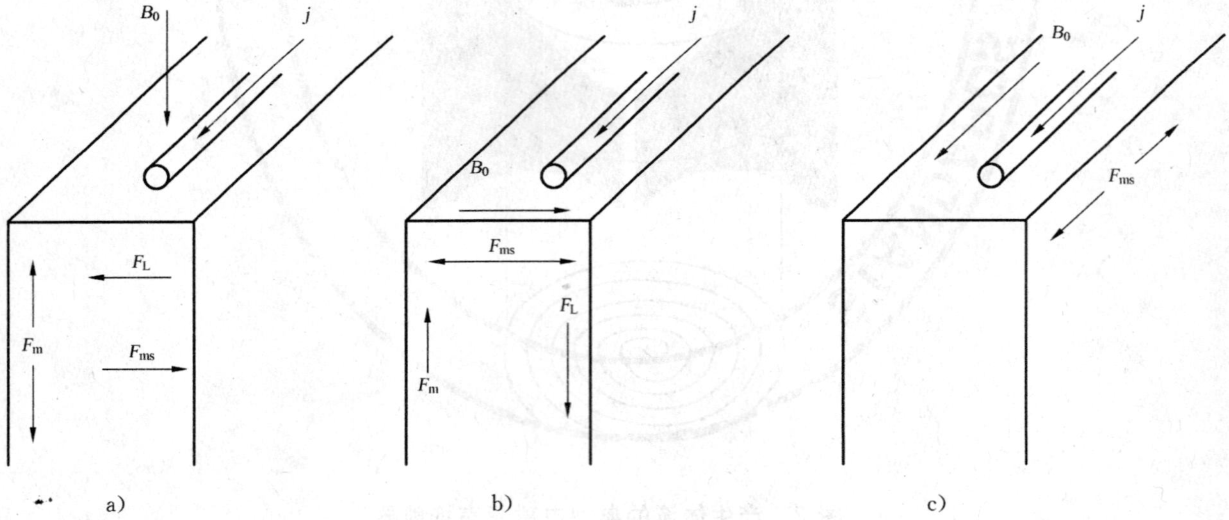

j——单个导体中的电流；

B_0——外磁感应强度；

F_m——磁力（铁磁性材料）；

F_{ms}——磁致伸缩力（铁磁性材料）；

F_L——洛仑兹力（导体材料）。

图 3 电磁超声产生机理

5.4 电磁超声换能器可激发出各种模式的超声波，与传统的超声波技术相同，声束角度和声波模式的选择是由材质、预计不连续性位置及其取向决定的。在使用电磁超声换能器时，要正确选择声波模式，需要知道被检工件的几何形状和预计不连续性的大致位置、尺寸、取向及反射率，还应知道电磁超声换能器允许的提离范围及超声波传播的物理规律。

5.5 对于一些需要灵活选择声波模式的应用场合，电磁超声换能器技术与传统的压电超声技术相比具有明显的优势。电磁超声换能器可高效地产生表面波，且与传统压电超声探头相比更容易产生水平偏振的横波(SH 波)，由于 SH 波在界面上不会发生波型转换这一点很重要，可以通过调节发射信号频率使入射角在 0°～90°之间变化。电磁超声换能器也可用来激励兰姆波，能对管材进行周向检测或对薄板进行整体检测。电磁超声换能器可以很方便的重复制作，互换性较好，因此传感器的信号响应具有很好的重复性。

6 应用基础

6.1 人员资格

检测人员应具有国家认可的人员资格，符合 GB/T 9445 或其他标准要求。使用的标准、条例及其使用版本应在各方之间的协议中说明。

6.2 方法和技术

本部分介绍了所要使用的一般方法和技术。其他特定技术应在双方协议中加以说明。

6.3 报告内容、验收标准

除特殊说明，检测结果报告应与第 11 章要求的一致。验收标准应符合相关标准的规定或在双方协议中予以规定。

6.4 修复、返工后的复检条款

本部分不包含修复、返工后的复检条款，若需要，可在双方协议中加以说明。

7 装置

7.1 表面检测

7.1.1 母材检测

7.1.1.1 电磁超声换能器线圈的设计

图 4 所示的是一种典型的产生瑞利波的回折线圈。工作方式可以是脉冲反射式或一发一收式。

7.1.1.2 线圈的激励

需要采用专用的大功率射频发射电路以周期脉冲串形式激励线圈。

7.1.1.3 磁化

图 5 所示的是一种典型的为回折线圈提供外部磁场的电磁结构。如图所示设计能产生一个平行于检测面的脉冲磁场，磁脉冲发生器和电源提供电流脉冲激励脉冲磁铁，该磁场也可以由永久磁铁或有源直流电磁铁来提供。

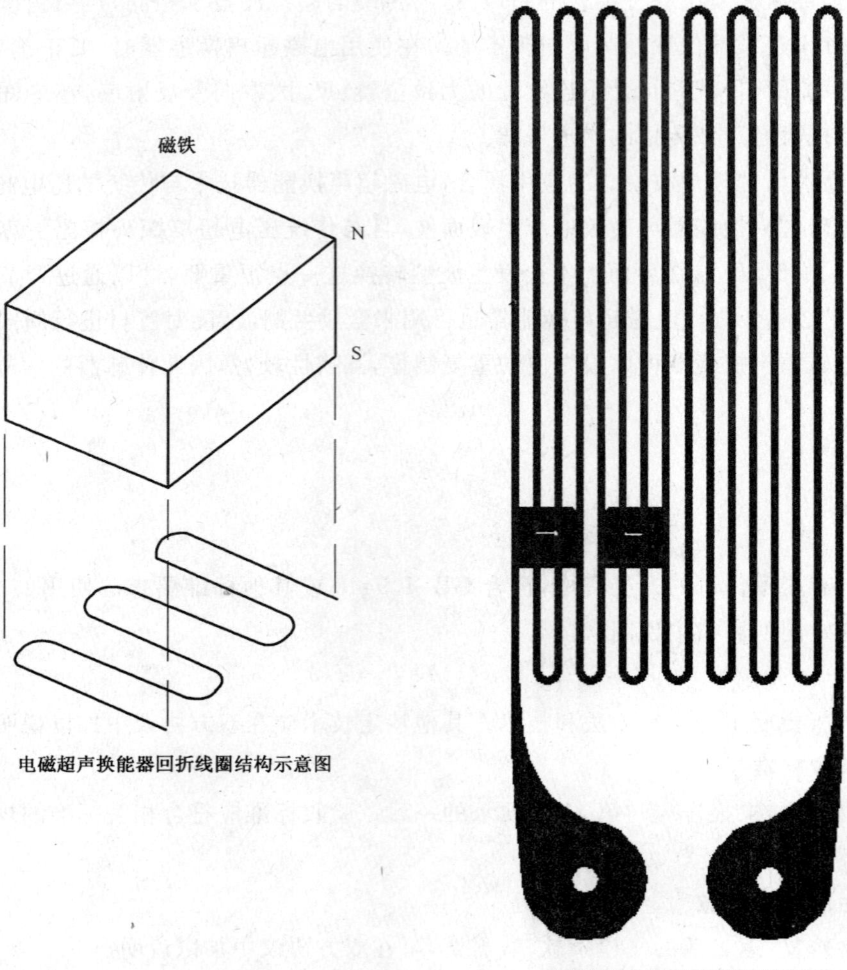

图 4　产生瑞利波的典型电磁超声换能器回折线圈

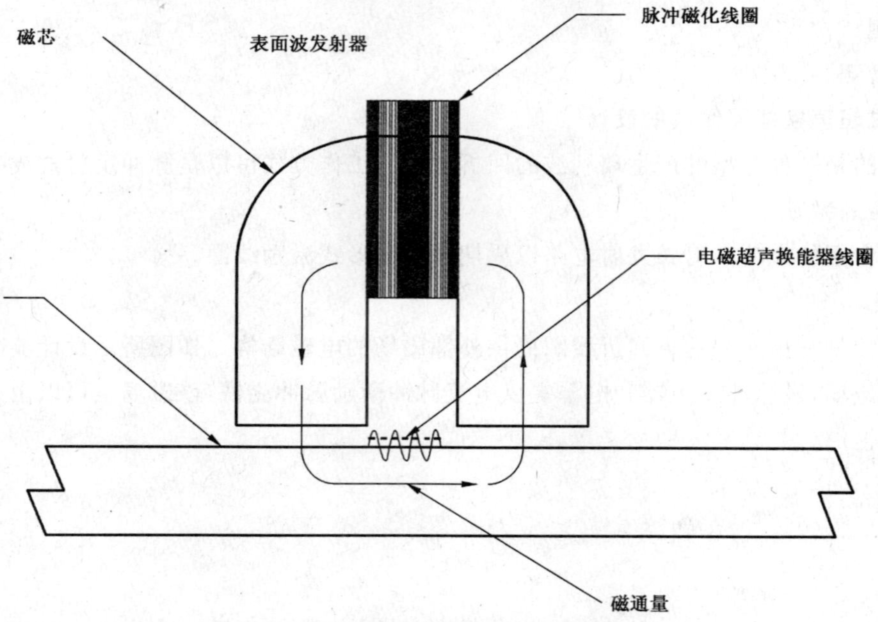

图 5　产生表面波的典型电磁结构

7.1.1.4 仪器

典型的仪器装置特点是能采集检测数据，并能对电磁超声换能器的检测信号进行分析。接收单元由信号处理和数据采集电路组成，可对电磁超声换能器信号进行增益调节和滤波，传统的超声仪器也有此功能。操作者可用多种方式采集、分析电磁超声换能器信号。计算机配上 A/D 转换板及相应的超声探伤软件即可组成一套有效配置。还可以采用与传统超声仪器类似的简单配置，将模拟信号输出至示波器提供所需结果。另外，为了给信号采集提供准确的触发，需要脉冲发生器/接收器的同步电路。

7.1.1.5 对比试样

用于校准系统的对比试样应与被检材料具有相同的材质、厚度、表面状态及热处理过程。除了调整灵敏度所需的参照反射体外，对比试样不应存在不连续性或其他异常状态。标准反射体的长度、宽度和深度应与验收标准相一致。

7.1.2 焊缝检测

7.1.2.1 电磁超声换能器线圈的设计

多数情况下，在检测母材时所用电磁超声换能器线圈/磁铁设计(7.1.1)可以有效地应用于焊缝的检测中。然而在某些应用中，焊缝表面不连续性的检测有一定难度，由于焊缝的根部和余高可以产生反射，该反射有时太强以致与不连续性信号相混淆，甚至淹没了不连续性信号。通过使用衍射技术，可以消除焊缝几何形状反射的信号，也就可以很清楚地显现出不连续性。图 6 所示的是一种特殊设计的焦线重合的一发一收的电磁超声换能器探头，在扫查时与焊缝中心线成一定角度，选择适当频率使瑞利波波长与被检测工件近表面的不连续性尺寸相当，表面的不连续性可通过宽角度的衍射检出，而焊缝根部和余高信号以镜面反射体形式反射，不被线圈接收。

图 6 产生表面波的焦线重合的电磁超声换能器线圈

7.1.2.2 线圈的激励

同 7.1.1.2。

7.1.2.3 磁化

图 5 所示的是一种适用于 7.1.2.1 线圈的典型磁化结构，为其提供外部磁场，这种装置可以提供平行于检测面的磁场。同时，永久性磁铁或直流电磁铁也可以用来提供所需磁场。

7.1.2.4 仪器

应符合 7.1.1.4 规定。

7.1.2.5 对比试样

(1)用于系统校准的对比试样应是具有一定长度的焊接件，它应与被检材料具有相同的材质、焊接磁性能、厚度、表面状态及热处理过程。除了调整灵敏度所需的标准反射体外,对比试样不应存在不连续性或其他异常状态,要确保标准反射体在焊缝区域内与规定的灵敏度相同,标准反射体通常制作成槽或平底孔。

(2)标准反射体可制作在焊缝处、母材的焊缝热影响区或平行于焊缝的母材中,这些应在焊接件验收协议中加以规定。

(3)槽的取向及长、深、宽的尺寸可参照相关标准或由使用方或双方协议决定,也可与焊接件的验收协议相一致。

(4)槽深度应测定表面到槽的最深处和最浅处的值。测量方法可采用光学、复形、机械或其他技术。槽伤深度通常定义为公称厚度的百分比。

7.2 内部检测

7.2.1 母材检测

7.2.1.1 电磁超声换能器线圈的设计

内部检测就是应用体波对试样的内部进行检测。图 7 所示的是能产生体波的各种电磁超声换能器线圈及磁铁形式。与传统超声波检测相同,工作方式既可以是脉冲反射式也可以是一发一收式。线圈由一个射频脉冲来激励,如图可根据所使用的波型,选择磁场平行于或垂直于试样表面。

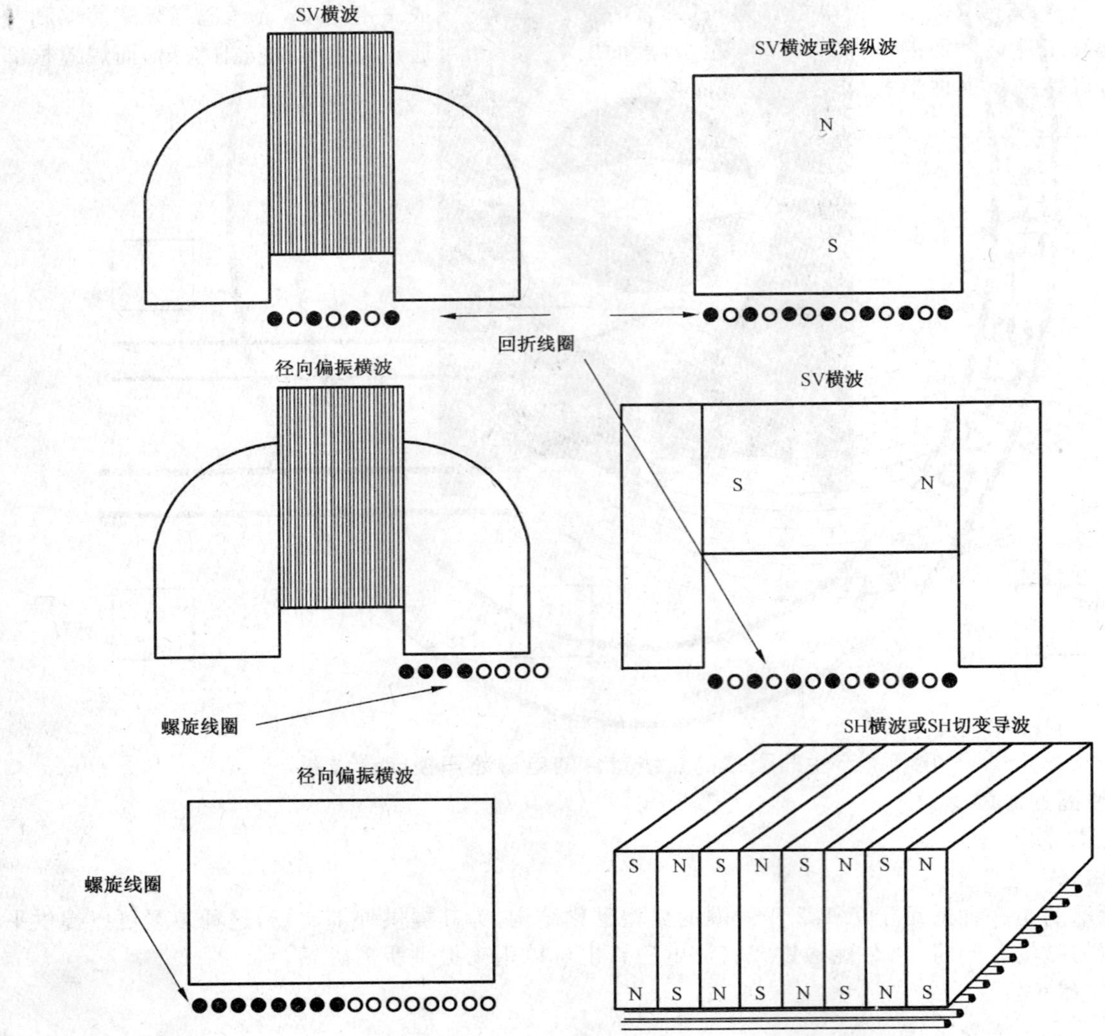

图 7 用于产生体波的典型电磁超声换能器线圈/磁铁形式

7.2.1.2 线圈的激励

需用一个专门的大功率射频发生器来激励线圈。对于回折线圈，激励信号是若干周期脉冲串，对于螺旋线圈，激励信号是大功率尖脉冲或短时脉冲串。

7.2.1.3 仪器

应符合 7.1.1.4 规定。

7.2.1.4 对比试样

同 7.1.1.5。

7.2.2 焊缝检测

7.2.2.1 电磁超声换能器线圈的设计

用于焊缝内部检测的电磁超声换能器线圈与母材内部检测的线圈基本相同。图 7 所示的电磁超声换能器线圈/磁铁也适用于焊缝内部检测，其工作方式可选择脉冲反射式或一发一收式，线圈由射频脉冲激励，根据所选择的波型，磁化方向平行或垂直于试样表面。

7.2.2.2 线圈的激励

同 7.1.1.2。

7.2.2.3 仪器

同 7.1.1.4。

7.2.2.4 对比试样

(1)用于系统校准的对比试样应是具有一定长度的焊接件，它应与被检材料具有相同的材质、焊接磁性能、厚度、表面状态及热处理过程。除了调整灵敏度所需的标准反射体外，对比试样不应存在不连续性或其他异常状态，要确保标准反射体在焊缝区域内与规定的灵敏度相同，标准反射体通常制作成槽或平底孔。

(2)标准反射体可制作在焊缝处、母材的焊缝热影响区或与平行于焊缝的母材中，这些应在焊接件验收协议中加以规定。

(3)槽的长、深、宽的尺寸和平底孔的直径和深度，可参照相关标准或由使用方或双方协议决定，也可与焊接件的验收协议相同。

(4)槽深度应测定表面到槽的最深处和最浅处的值。测量方法可采用光学、复形、机械或其他技术。槽的深度通常定义为公称厚度的百分比。

7.3 测厚

7.3.1 薄试样

下面的电磁超声换能器方法适合于测量厚度在 2.54 mm～12.7 mm 的试件，并适合于底面相对粗糙的试件。

图 8 薄试样测厚用的收/发式电磁超声换能器线圈形状

7.3.1.1　电磁超声换能器线圈的设计

图8所示的是一种有效检测薄试件厚度的电磁超声换能器线圈，此设计为一发一收一体结构，其将横波导入试件内，接收底面反射回来的纵波，线圈由一个大电流的尖脉冲激励。这种设计与典型的脉冲反射法相比有很多优点，斜反射和波型转换的纵波产生的延迟减少或消除了一次反射波主脉冲过大所带来的一系列问题，同时还允许使用低频分析(约1MHz)，这对于底面不规则性不太敏感。在被检样品的(如蒸汽或输送管道)底面不规则时，使用一次回波能得到准确的结果。

7.3.1.2　线圈的激励

需用一个专门的大功率射频发射器激励线圈，该激励为尖脉冲或短时脉冲串。

7.3.1.3　磁化

图5所示的是一个脉冲电磁铁，它用于为7.3.1.1所述的线圈提供磁场。该脉冲电磁铁在被检工件表面激励出切线方向的磁场，磁脉冲发生器和电源提供电流脉冲激励脉冲电磁铁，该磁场也可以由永久磁铁或有源直流电磁铁来提供。

7.3.1.4　仪器

测厚检测仪器，包括接收单元(由信号处理和数据采集电路组成)、计算机(PC)、波形模数转换电路板和同步发生电路。接收单元可对电磁超声换能器信号进行增益调节和滤波，计算机配上A/D转换板来接收电磁超声换能器信号，超声检测软件能测量电磁超声换能器信号到达的时间和振幅，同时显示A扫描和厚度数据。传统的超声波测厚仪经过适当改装，也可以得到精确的测量结果。

7.3.1.5　对比试样

用于系统校准的对比试样应已知厚度，且与被检材料具有相同的材质、表面精度及处理工艺。试样不应存在不连续性或其他异常状态。

图9　厚试样测厚用的典型电磁超声换能器扁平线圈

7.3.2　厚试样

7.3.2.1　电磁超声换能器线圈的设计

测量厚度大约为6.35 mm的试样时，通常采用如图9所示的扁平线圈，采用脉冲反射法，在试样中产生横波，并且监测试样的底面反射。线圈由一个大电流的尖脉冲来激励。

7.3.2.2 **线圈的激励**

同 7.3.1.2。

7.3.2.3 **磁化**

图 10 所示的是一种为 7.3.2.1 中所述的线圈提供磁场的磁化装置，它产生垂直于被检试样表面的磁场。

7.3.2.4 **仪器**

应符合 7.3.1.4。

7.3.2.5 **对比试样**

同 7.3.1.5。

图 10 对图 9 中所用的电磁超声换能器扁平线圈的永久磁铁的设计

8 校准

8.1 由于电磁超声换能器与传统的压电检测装置不同，它不是通用的商业产品，因此，设计者应保证电磁超声换能器使用前的灵敏度和频率特性。为此有必要专门为电磁超声换能器系统制作对比试样。

8.2 在检测前，推荐使用标准要求的或协议中规定的试样校准电磁超声换能器系统。

8.3 对比试样应与被检材料有类似的超声特性，对于特殊的应用，要按第7章要求进行选择。

8.4 与传统超声应用相同，如果对比试样上的标准反射体信号幅度与检测试样不同，应进行衰减补偿。

8.5 当系统或操作者变化时，应使用对比试样重新核验校准。

8.6 检测过程中，每运行4h就要对系统进行校准或按协议规定校准系统，以保证电磁超声换能器系统的准确性。不论何时，只要信号与对比试样开始时相差10%或更多，就应对系统进行调整。

8.7 当电磁超声换能器工作在扫查方式时，应对扫查速度与信号采集是否匹配进行验证，以保证达到协议规定的检测分辨率。

8.8 除特别规定，电磁超声换能器系统一般提供A扫描显示方式，至少应显示出始脉冲和一次底面回波信号，操作者可根据需要选择反射波的数量。

8.9 特殊的应用应进行特殊的校准，缺陷检测和测厚的一般校准步骤见8.10和8.11。

8.10 测厚

8.10.1 对比试样的选择

对比试样至少应包括两个厚度值，一个厚度值应在实际被检工件最小厚度值的10%范围之内，另一个则应该在最大厚度值的10%范围之内，推荐选择一个厚度值在最大值与最小值之间的对比试样。电磁超声换能器放置在所选择的对比试样上，调整检测仪器参数直到显示出正确的厚度值。

8.10.2 电磁超声换能器检测和传统的超声波检测的主要不同在耦合方式上，因而，也可以使用传统的超声波测厚方法标准(ASTM E797)。

8.10.3 底面回波幅度

应可监控底面回波的幅度，确保对于精确的厚度测量有足够的信号强度，同时确保电磁耦合的稳定性。

8.10.4 底面回波闸门

应在检测前确认底面回波的闸门设定，检测中应定期确认闸门位置和宽度是否合适，以此保证检测的准确性。

8.11 缺陷检测

8.11.1 对比试样的选择

在协议中应规定对比试样上标准反射体的尺寸、取向和类型。调整装置时应有清晰的显示以确保检测灵敏度。

8.11.2 由于电磁超声换能器检测和传统的超声波检测的主要不同在耦合方式上，因此也可使用传统的超声波检测方法标准。如果要对反射体进行精确定位，在使用纵波、横波、表面波或兰姆波检测时校准按相关标准的规定进行。

9 检测方法

9.1 表面检测

9.1.1 本部分介绍的是利用电磁超声换能器技术检测材料表面不连续性的方法，这些方法是经过验证的，但并非唯一可用的方法。

9.1.2 被检材料表面应无氧化皮、污物、毛刺、夹渣和溅物，且表面不应有干扰检测结果或损害电磁超声换能器探头的状态。

9.1.3 在检测母材或焊缝的表面时，操作者应把电磁超声换能器探头置于被检材料上。如果用脉冲磁铁来产生磁场，磁脉冲发生器发射出电流脉冲，经过一小段时间磁场就达到可接受的强度，脉冲磁化电路给同步电路一个触发信号，同步电路触发电磁超声换能器线圈的脉冲发生器产生脉冲串，激励电磁超声换能器发射线圈，在外磁场中激发出超声表面波。此磁场也可由永久磁铁和直流电磁铁提供。

9.1.4 瑞利波在被检工件的表面传播时，被表面不连续性阻挡而反射，电磁超声换能器接收线圈将检测到该反射波，在脉冲反射式中发射线圈和接收线圈共用一个线圈，而在一发一收方式中发射线圈和接收线圈是分离的两个线圈。但在表面检测中，表面波衰减技术也可以使用。

9.1.5 电磁超声换能器接收线圈得到的电压信号由低噪声前置放大器放大后，在信号处理系统的接收单元做进一步放大和滤波，最后将波形送至数字转换电路，不连续性以反射体的数字信号形式显示出来。在扫描模式下以相同的时间间隔重复上述过程，不连续性通过监视反射信号的幅度和传播时间来检出。

9.1.6 用对比试样对设备的检测灵敏度进行定期校准，在每次检验前和检验后都应进行校准。在设备连续工作中，至少每隔 4 h 重新校准一次，只要信号与最初对比试样校准时信号幅度相差 10%或更多，就应对系统进行调整。

9.2 内部检测

9.2.1 本部分介绍的是利用电磁超声换能器体波检测材料内部不连续性的方法，这些方法是经过验证的，但并非唯一可用的方法。

9.2.2 被检材料表面应无氧化皮、污物、毛刺、夹渣和溅物，且表面不应有干扰检测结果或损害电磁超声换能器探头的状态。

9.2.3 为检测焊缝或母材内部的缺陷，操作者应把电磁超声换能器探头置于被检材料上。给同步电路一个触发信号，同步电路触发电磁超声换能器线圈的脉冲发生器产生脉冲串，激励电磁超声换能器发射线圈，在外磁场中激发出超声横波。

9.2.4 横波在被检工件的内部传播时，被内部不连续性阻挡而反射，电磁超声换能器接收线圈将检测到该反射波，在脉冲反射式中发射线圈和接收线圈共用一个线圈，而在一发一收方式中发射线圈和接收线圈是分离的两个线圈。

9.2.5 电磁超声换能器接收线圈得到的电压信号由低噪声前置放大器放大后，在信号处理系统的接收单元做进一步放大和滤波，最后将波形送至数字转换电路，不连续性以反射体的数字信号形式显示出来。在扫描模式下以相同的时间间隔重复上述过程，不连续性通过监视反射信号的幅度和传播时间来检出。

9.2.6 用对比试样对设备的检测灵敏度进行定期校准，在每次检验前和检验后都应进行校准。在设备连续工作中，至少每隔 4 h 重新校准一次，只要信号与最初对比试样校准时信号幅度相差 10%或更多，就应对系统进行调整。

9.3 测厚

9.3.1 薄试样

9.3.1.1 下面介绍的是一种用于检测厚度在 2.54 mm～12.7 mm 的薄试件的电磁超声换能器测厚方法，这些方法是在管道快速扫查上经过验证的，但并非唯一可用的方法。

9.3.1.2 被检材料表面应无氧化皮、污物、毛刺、飞边、夹渣和溅物，且表面不应有干扰检测结果或损坏电磁超声换能器探头的状态。

9.3.1.3 在进行测厚检测时，操作者应把电磁超声换能器探头置于被检材料上。如果用脉冲磁铁来产生磁场，磁脉冲发生器发射出电流脉冲，经过一小段时间磁场就达到可接受的强度，脉冲磁化电路给同步电路一个触发信号，同步电路触发电磁超声换能器线圈的脉冲发生器，一个大电流尖脉冲激励电磁超声换能器发射线圈，在外磁场中激发出超声横波。

9.3.1.4 横波在底面反射时发生了波型转换，会产生纵波，该纵波被电磁超声换能器接收线圈接收。

9.3.1.5 电磁超声换能器线圈接收到的电压信号由低噪声前置放大器放大后，在信号处理系统的接收单元做进一步放大和滤波，最后将波形送至数字转换电路，根据数字信号的传播时间和振幅，利用软件计算出厚度，在扫描模式下以相同的时间间隔重复上述过程即可。

9.3.1.6 用对比试样对设备的检测灵敏度进行定期校准，在每次检验前和检验后都应进行校准。在设备连续工作中，至少每隔 4 h 重新校准一次，只要信号与最初对比试样校准时信号幅度相差 10%或更多，就应对系统进行调整。

9.3.2 **厚试样**

9.3.2.1 本部分介绍的是一种用于检测厚度在6.35 mm以上的试件的电磁超声换能器测厚方法。这些方法是在管道快速扫查上经过验证的，但并非唯一可用的方法。

9.3.2.2 被检材料表面应无氧化皮、污物、毛刺、飞边、夹渣和溅物，且表面不应有干扰检测结果或损坏电磁超声换能器探头的状态。

9.3.2.3 在进行测厚检测时，操作者应把电磁超声换能器探头置于被检材料上。如果用脉冲电磁铁来产生磁场，磁脉冲发生器发射出电流脉冲，经过一小段时间磁场就达到可接受的强度，脉冲磁化电路给同步电路一个触发信号，同步电路触发电磁超声换能器线圈的脉冲发生器，一个大电流尖脉冲激励电磁超声换能器发射线圈，在外磁场中激发出超声横波。

9.3.2.4 横波被工件底面反射，电磁超声换能器接收线圈将检测到该反射波，在脉冲反射式中发射线圈和接收线圈共用一个线圈，而在一发一收方式中发射线圈和接收线圈是分离的两个线圈。

9.3.2.5 电磁超声换能器线圈接收到的电压信号由低噪声前置放大器放大后，在信号处理系统的接收单元做进一步放大和滤波，最后将波形送至数字转换电路，根据数字信号的传播时间和振幅，利用软件计算出厚度，在扫描模式下以相同的时间间隔重复上述过程即可。

9.3.2.6 检测对比试样，对设备的检测灵敏度进行定期校准，在每次检验前和检验后都应进行校准。在设备连续工作中，至少每隔4 h重新校准一次，只要信号与最初对比试样校准时信号幅度相差10%或更多，就应对系统进行调整。

10 结果判定

标准使用者和超声检验人员应就如何判定和记录检测结果达成一致。所有超过材料技术规范或订单要求的指示都应判定为不合格。

11 试验报告

检测时和报告中至少应记录如下信息：

a) 检测方法：使用的仪器；对比试样的尺寸、缺陷描述和材质；电磁超声换能器的详尽描述，包括：尺寸、频率、类型；扫查方式等。

b) 结果：指示位置；测量厚度；检验人员和资格等级等。

ICS 77.040.20
H 26

中华人民共和国国家标准

GB/T 20935.3—2009

金属材料电磁超声检验方法
第3部分：利用电磁超声换能器技术进行超声表面检测的方法

Method of electromagnetic acoustic inspection for metal materials—Part 3: Standard test method for ultrasonic surface examinations using electromagnetic acoustic transducer (EMAT) techniques

2009-10-30 发布　　2010-05-01 实施

中华人民共和国国家质量监督检验检疫总局
中国国家标准化管理委员会　发布

前　言

GB/T 20935《金属材料电磁超声检验方法》分为如下 3 个部分：

——第 1 部分：电磁超声换能器指南；

——第 2 部分：利用电磁超声换能器技术进行超声检测的方法；

——第 3 部分：利用电磁超声换能器技术进行超声表面检测的方法。

本部分为 GB/T 20935 的第 3 部分。

本部分等同采用 ASTM E1962-04《利用电磁超声技术进行超声表面检测的方法》(英文版)。

本部分与 ASTM E1962-04 有关差异如下：

——将规范性引用文件 ASTM E1316《无损检测术语》改为 GB/T 12604.1 和 GB/T 12604.6；

——将规范性引用文件 ASTM E1774《电磁超声换能器指南》改为 GB/T 20935.1；

——将规范性引用文件 ASTM E1816《利用电磁超声换能器技术进行超声检测的方法》改为 GB/T 20935.2；

——将规范性引用文件 SNT-TC-1A《无损检测人员资格鉴定与认证》、ANSI/ASNT CP-189《无损检测人员资格鉴定与认证标准》和 MIL-STD-410《无损检测人员资格鉴定与认证》改为 GB/T 9445；

——将规范性引用文件 ASTM E587《超声波接触式斜探头检验方法》改为 GB/T 11343；

——将规范性引用文件 ASTM E543《无损检测机构的规程》删除。

为便于使用，本部分做了下列编辑性修改：

——“本方法”一词改为“本部分”；

——在第 2 章中插入 GB/T 1.1—2000 规定的引导语；

——将以英制单位作为标准单位改为以国际单位作为标准单位；

——删除原 ASTM 标准中的关键词；

——删除原 ASTM 标准中的参考文献。

本部分由中国钢铁工业协会提出。

本部分由全国钢标准化技术委员会归口。

本部分起草单位：钢铁研究总院、冶金工业信息标准研究院。

本部分主要起草人：贾慧明、范弘、张建卫、童凯、黄颖。

金属材料电磁超声检验方法 第3部分：利用电磁超声换能器技术进行超声表面检测的方法

1 范围

1.1 GB/T 20935 的本部分介绍了利用电磁超声换能器技术检测材料表面开口的不连续性（如：裂纹、裂缝、折叠、冷隔、分层、通漏、未熔合）的方法。本方法也可灵敏地检出距表面小于或等于瑞利波波长范围内的近表面缺陷和不连续性。

1.2 本部分介绍了一种利用电磁场在材料中产生超声波的非接触检测技术。

1.3 本方法适用于可由电磁方法产生声波的所有材料，包括导电材料、铁磁性材料和铁磁性导电材料。

1.4 本部分介绍的方法可应用于产品生产过程的检测、最终产品的检测和维护的检测。

1.5 本部分未介绍检出不连续性的评定标准，对不连续性的判定、分级和最终评定，应在其他技术规范或协议中根据不连续性类型、大小、位置和取向判定是否合格做出规定。

1.6 本部分以国际单位作为标准单位。

1.7 本部分不论述与使用有关的安全问题。使用者有责任在使用前制定有益安全和健康的规程，并确定其适用范围。

2 规范性引用文件

下列文件中的条款通过 GB/T 20935 的本部分的引用而成为本部分的条款。凡是注日期的引用文件，其随后所有的修改单（不包括勘误的内容）或修订版均不适用于本部分，然而，鼓励根据本部分达成协议的各方研究是否可使用这些文件的最新版本。凡是不注日期的引用文件，其最新版本适合于本部分。

GB/T 9445 无损检测 人员资格鉴定与认证（GB/T 9445—2008，ISO 9712：2005，IDT）

GB/T 11343 无损检测 接触式超声斜射检测方法（GB/T 11343—2008，ASTM E587-00（2005），MOD）

GB/T 12604.1 无损检测术语 超声检测（GB/T 12604.1—2005，ISO 5577：2000，IDT）

GB/T 12604.6 无损检测术语 涡流检测

GB/T 20935.1 金属材料电磁超声检验方法 第1部分：电磁超声换能器指南（GB/T 20935.1—2007，ASTM E1774-96（2002），IDT）

3 术语和定义

GB/T 12604.1、GB/T 12604.6 和 GB/T 20935.1 确立的术语和定义适合于本部分。

4 检测方法概述

4.1 本部分介绍了利用电磁方法产生瑞利波技术灵敏地检测出材料表面或近表面的缺陷或不连续性，通过声波在不连续性界面的反射或衰减来检测缺陷。

4.2 图1为一种典型的可产生瑞利波的电磁超声换能器装置。外磁场 B_0 平行地施加于铁磁性材料表面，该磁场可由永久磁铁、脉冲电磁铁或直流电磁铁提供。回折形射频线圈平置于被检材料的表面，磁力线沿线圈切线方向且垂直于导线。由专用的电磁超声换能器脉冲发生器产生的射频正弦波脉冲激励线圈。通过感应在被检试样中产生表面电流，此电流与外磁场相互作用产生洛仑兹力，洛仑兹力作用于被检固体的晶格上产生表面声波。图中所示回折线圈产生的波是双向的，但通过特殊设计的回折线圈也可产生单向波。

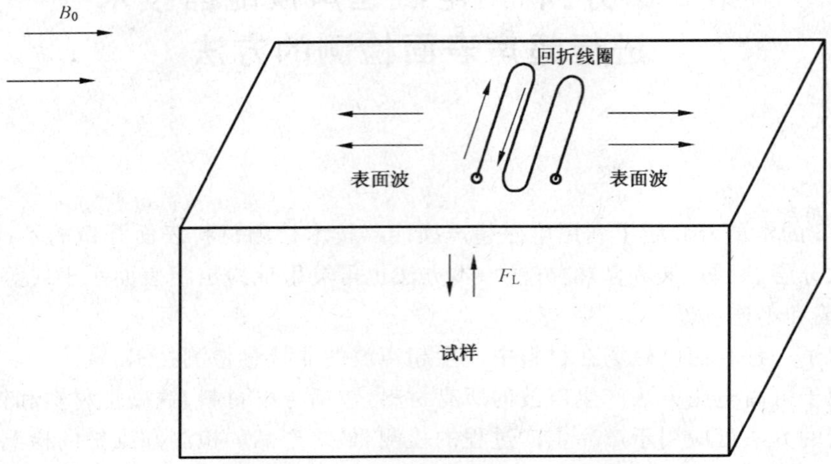

B_0——外部磁场强度；
F_L——洛仑兹力。

图 1　产生瑞利波的典型电磁超声换能器装置

4.3　图 2 所示的是一种典型的产生表面波的回折线圈。在满足式(1)的情况下，回折线圈才能产生瑞利波。

$$V_R = 2Df \qquad \cdots\cdots(1)$$

式中：
V_R——瑞利波的波速；
D——相邻导体的间距；
f——频率。

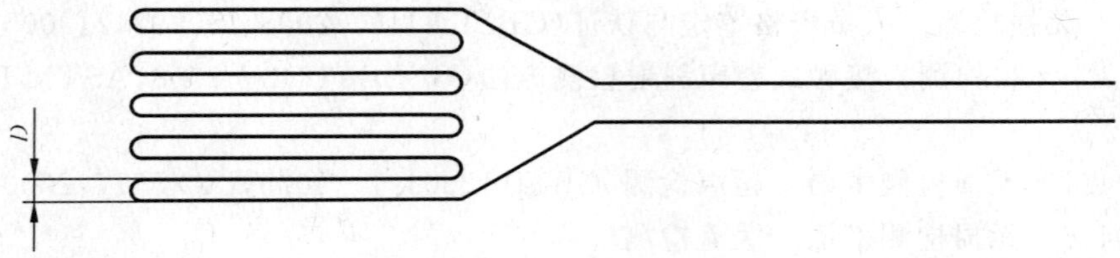

D——相邻导体的间距。

图 2　产生表面波的典型电磁超声换能器回折线圈

4.4　表面缺陷或不连续性使表面波发生反射或衰减，可以采用脉冲反射或一发一收的方式进行检测。在电磁超声换能器接收线圈附近，反射或衰减的超声波使磁场中导体发生振动，在接收线圈产生一个可以测量的电压(与发电机原理相似)。

5　意义和用途

5.1　对于一些需要灵活选择波模的应用场合，电磁超声换能器技术与传统的压电超声技术相比具有明显的优势。电磁超声换能器可高效地产生表面波。

5.2　由于电磁超声换能器能高效地产生表面波，利用表面波可有效地检出表面、近表面不连续性，因此它可用于传统的渗透和磁粉检验虽然有效但不希望使用的场合。

5.3　因为电磁超声换能器技术为非接触检测，所以它可应用于自动高速检测、运动物体的检测、远距离危险环境下的检测、高温状态下的检测及粗糙表面状态下的检测。

5.4　本方法的目的是在对材料表面、近表面不连续性进行检测时，在传统的PT、MT方法外提出一种电磁超声换能器超声检测方法作为选择。

5.5　在使用电磁超声换能器时，要正确选择工作参数，需要知道被检工件的几何形状和预计缺陷的大致位置、尺寸、取向及反射率，还应知道电磁超声换能器的允许提离范围及超声波传播的物理规律，在电磁超声换能器表面检测的各种应用都要依照上述方法选择工作参数。

6　应用基础

6.1　在执行或参照本标准时，以下条款应服从于合同双方协议要求。

6.1.1　人员资格

如果合同协议要求，检测人员应具有国内或国际认可的人员资格，符合GB/T 9445或其他标准要求。使用的标准、条例及其使用版本应在各方之间的协议中说明。

6.1.2　无损检测机构的资格

如果合同协议要求，NDT机构应按照相关标准评估和认证，应在协议中规定标准的使用版本。

6.1.3　方法和技术

使用的方法和技术应在协议中规定。

6.1.4　表面准备

除非特殊说明，检测前的表面状况应符合10.2.2要求。

6.1.5　检测时间和范围

应在协议中规定检测时间和范围。

6.1.6　报告内容/验收标准

除特殊说明，检测结果报告应与第12章要求的一致。验收标准应在双方协议中予以规定。

6.1.7　修复/返工后的复检条款

本部分不包含修复/返工后的复检条款，若需要，可在双方协议中加以说明。

7　技术

7.1　本部分介绍了三种不同的电磁超声换能器表面波检测技术。第一种是用脉冲反射或一发一收技术检测表面波的反射；第二种是用一发一收方法灵敏地检测表面波的衰减；第三种是利用聚焦回折线圈的表面波衍射技术。

7.2　脉冲反射或一发一收表面波反射技术

该技术与传统的超声技术类似，使用一个(脉冲反射法)或两个(一发一收法)电磁超声换能器传感器接收从缺陷反射回来的表面波，其优点是操作简单。此技术的一个缺点是若不精确设定扫查路径，很难检出所有取向的不连续性。当该技术应用于焊缝检测时，焊缝根部和余高产生的反射会干扰缺陷信号甚至埋没缺陷信号，此干扰可利用后面推荐的另两种技术中的一种来避免。

7.3　一发一收衰减技术

按图3所示传感器的排列是衰减技术最有效的应用。该技术是通过记录超声信号的衰减来检测缺陷，传感器通过小的永久磁铁产生相互垂直的窄表面波束。使用此技术应采用双通道电磁超声换能器仪器，单通道也可使用，在使用单通道检测时，发射线圈和接收线圈应串联连接。其中，一对发射接收传感器间的距离要稍稍加长，在时间上将两个接收信号分开。这种排列允许将两组电磁超声换能器线圈同时连接到一个通道上。衰减技术的一个优点是对所有取向的缺陷都很敏感，另一优点是能同时在焊缝两边进行扫查，且每一边的扫查面都很大。衰减技术的一个与波束宽度有关的缺点是：为满足最小6 dB衰减，此波束必须窄或聚焦。

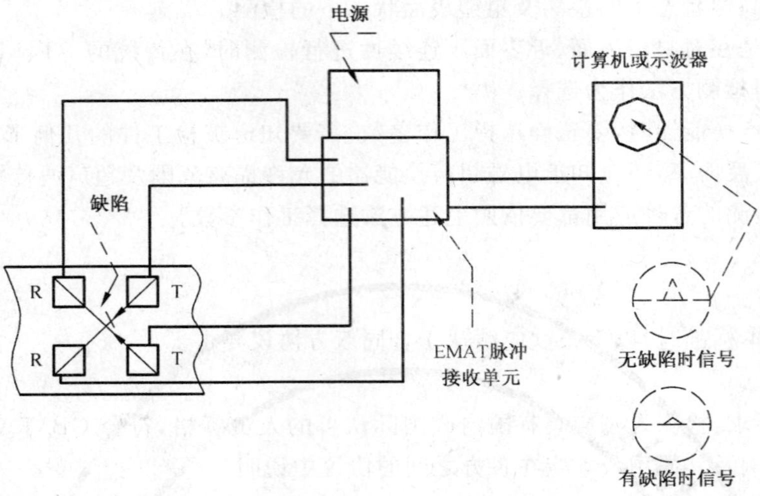

R——接收线圈；
T——发射线圈。

图 3　衰减技术

7.4　衍射技术

衍射技术的原理如图 4 所示。两个焦线重合的电磁超声换能器(发射线圈和接收线圈)或一个脉冲反射式电磁超声换能器要与焊缝中心线成一定角度(衍射角度)放置,使焊缝的根部和余高作为镜面反射体,其反射信号被反射出电磁超声换能器的接收线圈,使用衍射技术可在很大的角度范围内检出缺陷。单点衍射或多点衍射取决于缺陷与超声波波长的比值,自然缺陷(如疲劳裂纹)有许多点衍射源的界面,因此利用此技术,能有效地检测出几十毫米长的自然缺陷。表面波可被近似聚焦到焦点区(此区域最长可达一个波长),它的一个显著优点是选择合适的聚焦深度能增大每次扫描的覆盖范围。对多数焊缝而言,从焊缝的一侧即可完成焊缝一半的扫查。除了平行于入射声束的裂纹,单个电磁超声换能器传感器可灵敏地检出所有取向的不连续性。具有正、负衍射角的两个传感器可灵敏地检测出所有取向的不连续性。

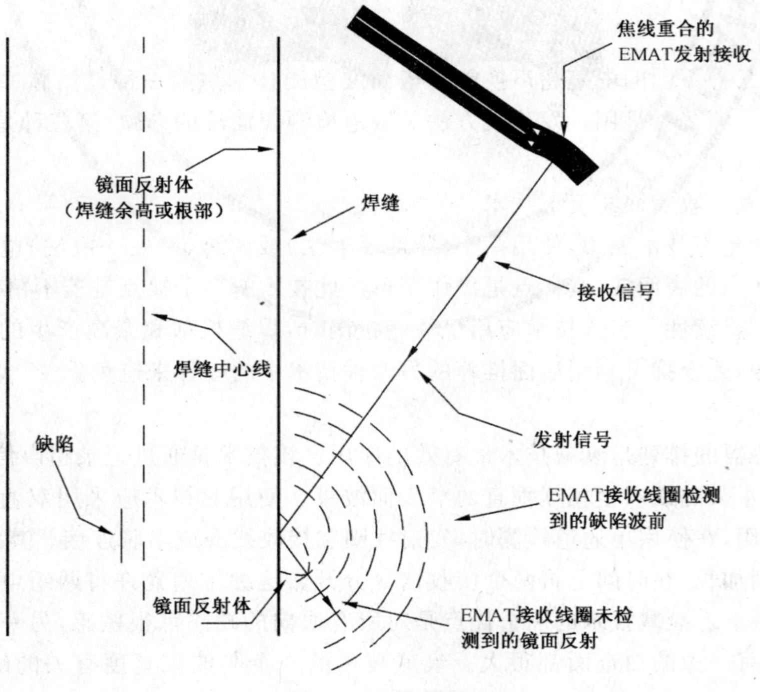

图 4　衍射技术

8 装置

8.1 装置由电磁超声换能器传感器和仪器构成，传感器由射频线圈和磁铁组成，仪器由脉冲发生器/接收器、数据采集系统、显示装置（如示波器）、阻抗匹配网络、前置放大器（推荐使用）及连接脉冲器/接收器至传感器的屏蔽电缆组成。

8.2 线圈设计

8.2.1 回折线圈用于产生表面波。为得到指定频率，线圈导体间距的设计见 4.3。线圈可以是聚焦或非聚焦的，这取决于所采用的技术及所需的分辨率和灵敏度。图 5 给出了一个典型的聚焦探头设计参数，与衍射技术中的应用类似。许多电磁超声换能器线圈是通过在柔性聚酰胺胶片上光刻出印刷线路板而制成的，线圈表面有一层很薄的泡沫材料，并镀有很薄 0.025 4 mm～0.127 mm 的高分子聚乙烯或钛作为耐磨层。耐磨层的目的就是保证电磁超声换能器线圈的提离值恒定，耐磨层是柔性的，可适应不规则或弯曲的表面。聚酰胺胶片一般为 0.025 4 mm 或 0.050 8 mm 厚。由于焊接余高的影响，无论采用何种技术，使用频率都应小于理论上所需的频率，以使焊缝表面粗糙度的影响最小。

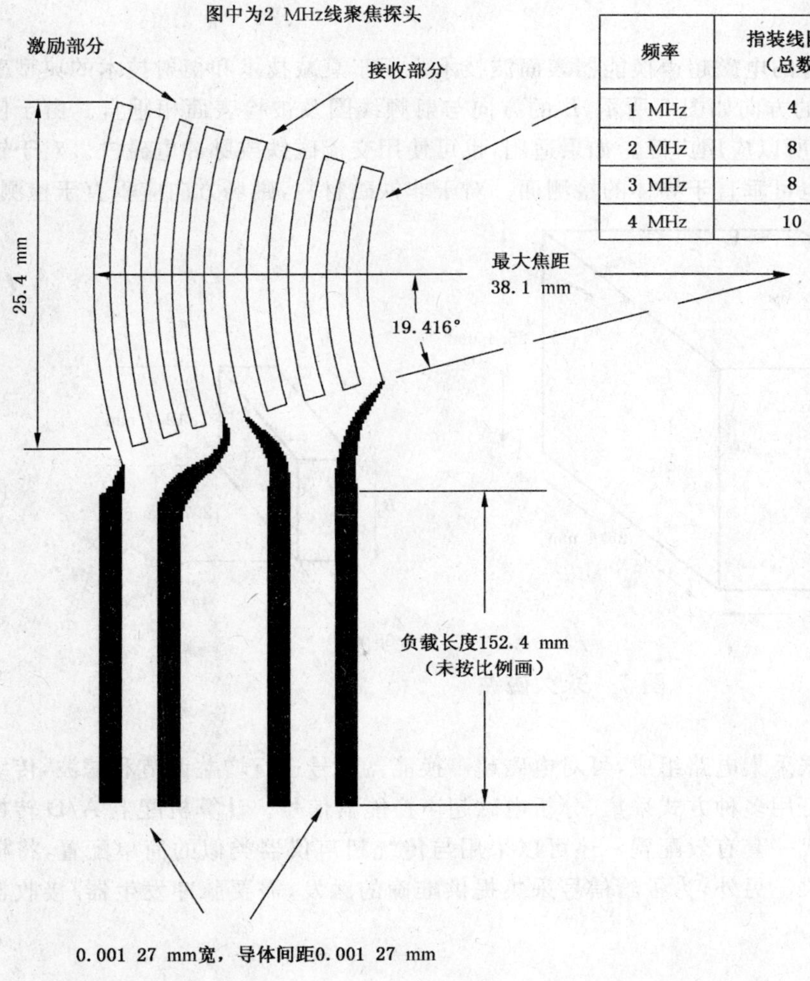

频率	指装线圈数（总数）	线间距离 mm	导体宽度 mm
1 MHz	4	1.524	0.762
2 MHz	8	0.762	0.381
3 MHz	8	0.508	0.254
4 MHz	10	0.381	0.190 5

图 5 典型电磁超声换能器聚焦线圈的设计参数

8.2.2 衍射技术采用的典型工作频率为 1 MHz，衰减技术的典型工作频率为 2 MHz。用于衰减技术的线圈如图 6 所示。聚酰胺胶片的外延部分应固定在装卡磁极的机械夹具中。

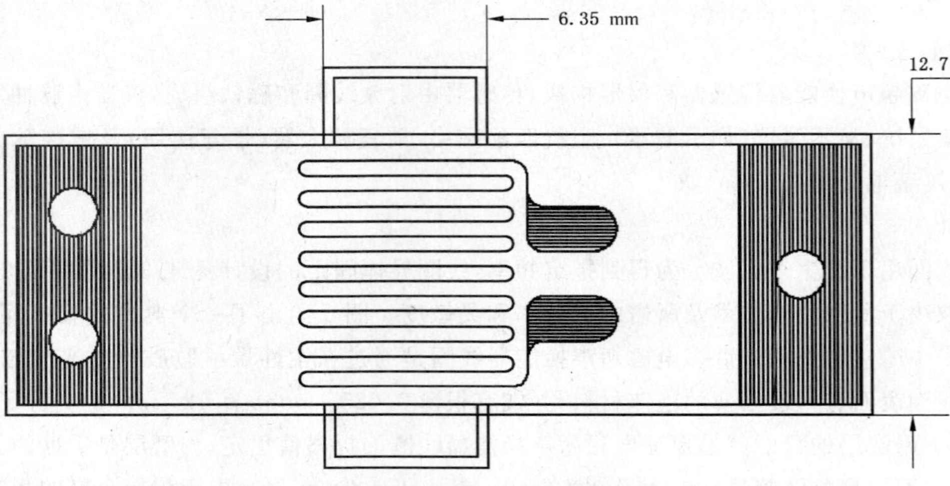

图6 用于衰减技术的典型电磁超声换能器线圈

8.3 线圈的激励

需要采用专用的大功率射频发射电路以周期脉冲串形式激励线圈。

8.4 磁场

钕铁硼永久磁铁可用于所有的电磁超声换能器表面波技术。用于衰减技术和衍射技术的典型磁铁尺寸及所产生的磁感应强度 B 的方向如图 7 所示，B 的方向与射频线圈及被检表面相垂直。由于使用永久磁铁使传感器的结构紧凑，所以应用广泛。如果适用，也可使用交流磁铁或脉冲电磁铁。对于铁磁性材料，磁场方向既可平行于、也可垂直于导体的检测面。对于非铁磁材料，磁场方向应垂直于检测面。

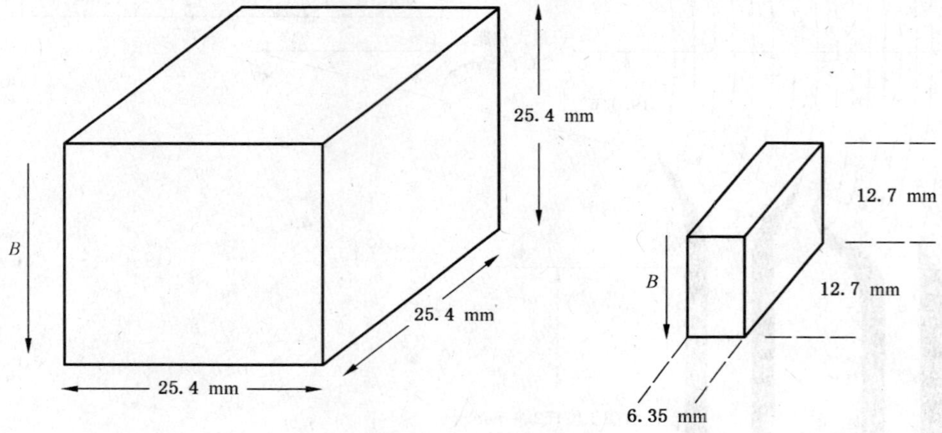

图7 永久磁铁

8.5 仪器

接收单元由信号处理和数据采集电路组成，可对电磁超声换能器信号进行增益调节和滤波，传统的超声仪器也有此功能。操作者可用多种方式采集、分析电磁超声换能器信号。计算机配上 A/D 转换板及相应的超声探伤软件即可组成一套有效配置。还可以采用与传统超声仪器类似的简单配置，将模拟信号输出至示波器提供所需结果。另外，为了给信号采集提供准确的触发，需要脉冲发生器/接收器的同步电路。

8.6 对比试样

8.6.1 用于系统校准的对比试样应与被检材料具有相同的材质、厚度、表面状态及热处理过程。除了调整灵敏度所需的标准反射体外，对比试样不应存在不连续性或其他异常状态。标准反射体的长度、宽度和深度应与验收标准相同。

8.6.2 由于电磁超声换能器一般是双向发射，因此边角反射会与标准反射体反射相混淆。所以必须设计标准反射体的位置及其几何形状，以避免相互干扰。

8.6.3 焊接件表面检测的对比试样

8.6.3.1 用于系统校准的对比试样应是具有一定长度的焊接件，应与被检材料具有相同的材质、焊接磁性能、厚度、表面状态及热处理过程。试样不应存在不连续性或其他异常状态，以免干扰标准反射体的检测。选择的标准反射体要确保与焊缝区域内规定的灵敏度和规定的取向相同，标准反射体一般由电腐蚀设备或机械设备制作。

8.6.3.2 标准反射体可制作在焊缝处、母材的焊缝热影响区或与焊缝平行的母材中，这些应在焊接件验收协议中加以规定。

8.6.3.3 槽的取向及长、深、宽的尺寸可由使用方或双方协议规定，也可与焊接件的验收协议相一致。

8.6.3.4 槽深度应测定表面到槽的最深处和最浅处的值。测量方法可采用光学、复形、机械或其他技术。槽深度通常定义为公称厚度的百分比。

8.6.3.5 必须设计标准反射体的位置和试样的几何形状，以免边角反射与标准反射体的反射相互干扰。

9 校准

9.1 由于电磁超声换能器与传统的压电检测装置不同，它不是通用的商业产品，因此，设计者应保证电磁超声换能器使用前的灵敏度和频率特性。为此有必要专门为电磁超声换能器系统制作对比试样。

9.2 在检测前，推荐使用标准要求的或协议中规定的试样校准电磁超声换能器系统。

9.3 对比试样应与被检材料有类似的超声特性，对于特殊的应用，要按第8章要求进行选择。

9.4 与传统超声应用相同，如果对比试样上的标准反射体信号幅度与检测试样不同，应进行衰减补偿。

9.5 当系统或操作者变化时，应使用对比试样重新核验校准。

9.6 检测过程中，每运行4 h就要对系统进行校准或按协议规定校准系统，以保证电磁超声换能器系统的准确性。不论何时，只要信号与对比试样开始时相差10%或更多，就应对系统进行调整。

9.7 当电磁超声换能器工作在扫查方式时，应对扫查速度与信号采集是否匹配进行验证，以保证达到协议规定的检测分辨率。

9.8 除特别规定，电磁超声换能器系统一般提供A扫描显示方式。

9.9 特殊的应用应进行特殊的校准，表面波检测的一般校准步骤见9.10。

9.10 表面波检测

9.10.1 对比试样的选择

在协议中应规定对比试样上标准反射体的尺寸、取向和类型。调整装置时应有清晰的显示以确保检测灵敏度。

9.10.2 如需对反射体进行精确定位，校准应按GB/T 11343对表面波的规定进行。

10 检测方法

10.1 表面波的脉冲反射技术或一发一收反射技术

10.1.1 本部分介绍了利用脉冲反射或一发一收电磁超声换能器技术检测工件表面不连续性的方法，这些方法是经过验证的，但并非唯一可用的方法。

10.1.2 被检工件表面应无氧化皮、污物、飞边、夹渣和溅物，且表面不应有干扰检测结果或损害电磁超声换能器探头的状态。

10.1.3 在检测焊缝或母材的表面时，操作者应把电磁超声换能器探头置于被检材料上。触发脉冲信号被送至电磁超声换能器线圈脉冲发生器，如果使用数字电路，本脉冲同时被送至数字电路，脉冲串激励电磁超声换能器发射线圈，在外磁场中就会激发出超声波。此磁场也可由脉冲电磁铁、永久磁铁和直流电磁铁提供。

10.1.4 瑞利波在被检工件的表面传播时，被表面不连续性阻挡而反射，电磁超声换能器接收线圈将检测到该反射波，在脉冲反射式中，发射线圈和接收线圈共用一个线圈，而在一发一收方式中，发射线圈和接收线圈是分离的两个线圈。

10.1.5 电磁超声换能器接收线圈得到的电压信号由低噪声前置放大器放大后，在信号处理系统的接收单元做进一步放大和滤波，最后将波形送至数字转换电路，不连续性以反射体的数字信号形式显示出来。在扫描模式下以相同的时间间隔重复上述过程，不连续性通过监视反射信号的幅度和传播时间来检出。

10.1.6 用对比试样对设备的检测灵敏度进行定期校准，在每次检验前和检验后都应进行校准。在设备连续工作中，至少每隔 4 h 重新校准一次，只要信号与最初对比试样校准时信号幅度相差 10% 或更多，就应对系统进行调整。

10.2 一发一收衰减技术

10.2.1 本部分介绍的是一种利用电磁超声换能器一发一收衰减技术来检测材料表面不连续性的方法，这些方法是经过验证的，但并非唯一可用的方法。

10.2.2 被检工件表面应无氧化皮、污物、飞边、夹渣和溅物，且表面不应有干扰检测结果或损害电磁超声换能器探头的状态。

10.2.3 在检测焊缝或母材的表面时，操作者应把电磁超声换能器探头置于被检材料上。在检测焊缝时两个电磁超声换能器分置于焊缝两侧，即一个电磁超声换能器放在焊缝一边，另一个电磁超声换能器放在焊缝的另一边。触发脉冲信号被送至电磁超声换能器线圈脉冲发生器，触发脉冲同时送给数字电路，脉冲串激励电磁超声换能器发射线圈，在外磁场中就会激发出超声波。此磁场可由脉冲电磁铁、永久磁铁或直流电磁铁供给。

10.2.4 发射线圈对中的一个线圈激发的瑞利波在被检工件的表面传播时，被表面不连续性衰减，电磁超声换能器接收线圈检测该波。另一对垂直放置电磁超声换能器发射/接收线圈与上面情况相同。

10.2.5 电磁超声换能器接收线圈得到的电压信号由低噪声前置放大器放大后，在信号处理系统的接收单元做进一步放大和滤波，最后将波形送至数字转换电路，不连续性以反射体的数字信号形式显示出来。同 7.2，电磁超声换能器仪器可是双通道的，也可是单通道仪器。

10.2.6 用对比试样对设备的检测灵敏度进行定期校准，在每次检验前和检验后都应进行校准。在设备连续工作中，至少每隔 4 h 重新校准一次，只要信号与最初对比试样校准时信号幅度相差 10% 或更多，就应对系统进行调整。

10.2.7 要直观的检出缺陷，就应合理选择标准反射体、线圈尺寸等使信号幅度至少衰减 6 dB。如果使用报警闸门，则要求相对较松。与压电超声相同，工件的表面粗糙度对衰减影响很大。使用电磁超声换能器时提离(间隙)的变化就可能导致误报，而压电超声技术采用衰减方法时，由于使用耦合剂，提离不会造成信号幅度的变化。

10.3 衍射技术

10.3.1 本部分介绍了通过电磁超声换能器衍射技术检测工件表面不连续性的方法。这些方法是经过验证的，但并非唯一可用的方法。

10.3.2 被检工件表面应无氧化皮、污物、飞边、夹渣和溅物，且表面不应有干扰检测结果或损害电磁超声换能器探头的状态。

10.3.3 在检测焊缝或母材的表面时，操作者应把电磁超声换能器探头置于被检材料上。触发脉冲信号被送至电磁超声换能器线圈脉冲发生器，触发脉冲同时送给数字电路，脉冲串激励电磁超声换能器发射线圈，在外磁场中就会激发出超声波。此磁场可由脉冲电磁铁、永久磁铁或直流电磁铁提供。

10.3.4 瑞利波在被检工件的表面传播时，被表面不连续性阻挡而反射，电磁超声换能器接收线圈将检测到该反射波，在脉冲反射式中发射线圈和接收线圈共用一个线圈，而在一发一收方式中发射线圈和接收线圈是分离的两个线圈。

10.3.5　电磁超声换能器接收线圈得到的电压信号由低噪声前置放大器放大后，在信号处理系统的接收单元做进一步放大和滤波，最后将波形送至数字转换电路，不连续性以反射体的数字信号形式显示出来。实际上衍射角内检测不到镜面反射开的焊缝余高和根部信号，在对焊缝进行直线扫描时，就可检出所有取向的表面缺陷，而检测不到焊缝余高的反射信号。

10.3.6　用对比试样对设备的检测灵敏度进行定期校准，在每次检验前和检验后都应进行校准。在设备连续工作中，至少每隔 4 h 应重新校准一次，只要信号与最初对比试样校准时信号幅度相差 10%或更多，就应对系统进行调整。

11　结果判定

标准使用者和超声检验人员应就如何判定和记录检测结果达成一致。所有超过材料技术规范或订单要求的指示都应判定为不合格。

12　试验报告

检测时和报告中至少应记录如下信息：

a)　检测方法：使用的仪器；对比试样的尺寸、缺陷描述和材质；电磁超声换能器的详尽描述，包括：尺寸、频率、类型；扫查方式等。

b)　结果：指示位置；测量厚度；检验人员和资格等级等。

ICS 29.260.20
K 35

中华人民共和国国家标准

GB 20936.2—2009

可燃性气体探测用电气设备 第2部分：显示空气中甲烷体积含量至5%的I类探测器的性能要求

Electrical apparatus for the detection and measurement of flammable gases—Part 2: Performance requirements for group I apparatus indicating a volume fraction up to 5 % methane in air

(IEC 61779-2:1998, MOD)

2009-09-30 发布　　　　2010-06-01 实施

中华人民共和国国家质量监督检验检疫总局
中国国家标准化管理委员会　发布

前　言

本部分的全部技术内容为强制性。

GB 20936《可燃性气体探测用电气设备》分为若干部分：

——第1部分：通用要求和试验方法；

——第2部分：显示空气中甲烷体积含量至5％的Ⅰ类探测器的性能要求；

——第3部分：显示空气中甲烷体积含量至100％的Ⅰ类设备的性能要求；

……

本部分是GB 20936的第2部分。

本部分修改采用IEC 61779-2：1998《可燃性气体探测用电气设备　第2部分：显示空气中甲烷体积含量至5％的Ⅰ类探测器的性能要求》。

本部分与IEC 61779-2：1998的主要差异如下：

——将IEC 61779-2：1998 4.19.1中“8 h或10 h”修改为“10 h”。

——将IEC 61779-2：1998 4.3中“±0.1％CH_4或显示值的±5％，两者取较大值”修改为“(0.00～1.00)％CH_4，±0.10％CH_4，(1.00～3.00)％CH_4，真值的±10％，(3.00～5.00)，±0.30％CH_4”。其他涉及该技术指标的条款均进行了相应的修改。

本部分由中国电器工业协会提出。

本部分由全国防爆电气设备标准化技术委员会(SAC/TC 9)归口。

本部分主要起草单位：煤炭科学研究总院抚顺分院、南阳防爆电气研究所。

本部分主要参加单位：深圳特安电子有限公司、天津市浦海新技术有限公司、济南市长清计算机应用公司、海湾安全技术有限公司、河南汉威电子有限公司。

本部分主要起草人：付淑玲、张刚、李振新、王涛、余进、付文俊、王展、张岩。

可燃性气体探测用电气设备 第2部分:显示空气中甲烷体积含量至5%的I类探测器的性能要求

1 范围

本部分规定了探测矿井内空气中甲烷浓度的便携式、可移动式和固定式的Ⅰ类(见第1部分的定义)探测器。因此,这些探测器或其部件可用于易产生瓦斯的煤矿,适用于本部分所包含探测器的要求和试验方法见第1部分的规定。

注:在煤矿授权的法定机构批准之前,没有满足附加要求不允许使用Ⅰ类探测器。见GB 20936.1—2007的1.1。

本部分只限于用来探测空气中甲烷体积比从0%至5%,但不超过体积含量5%的探测器。

2 规范性引用文件

下列文件中的条款通过GB 20936的本部分的引用而成为本部分的条款。凡是注日期的引用文件,其随后所有的修改单(不包括勘误的内容)或修订版均不适用于本部分,然而,鼓励根据本部分达成协议的各方研究是否可使用这些文件的最新版本。凡是不注日期的引用文件,其最新版本适用于本部分。

GB 3836.1—2000 爆炸性气体环境用电气设备 第1部分:通用要求(eqv IEC 60079-0:1998)

GB 3836.2—2000 爆炸性气体环境用电气设备 第2部分:隔爆型"d"(eqv IEC 60079-1:1990)

GB 3836.4—2000 爆炸性气体环境用电气设备 第4部分:本质安全型"i"(eqv IEC 60079-11:1999)

GB 20936.1—2007 可燃性气体探测用电气设备 第1部分:通用要求和试验方法(IEC 61779-1:1998,MOD)

3 术语和定义

GB 20936的本部分使用GB 20936.1所给出的术语和定义。

4 通用要求

探测器应符合GB 20936.1规定的通用要求和本部分第5章规定的性能要求。

探测器是否合格应按GB 20936.1规定的相应试验要求和方法确定,包括初始校准在内。

制造厂的使用说明书内容应按GB 20936.1的规定进行审查。

5 性能要求

5.1 概述

GB 20936.1—2007的5.3规定了试验的正常条件,是否合格应按GB 20936.1—2007的5.4规定的试验方法确定。

5.2 不通电贮存

在经受GB 20936.1—2007的5.4.2规定的条件试验之后,探测器应符合本部分5.3的规定要求。

5.3 校准曲线(不适用于独立式探测器)

用标准试验气体进行初始校准后,对四种体积比的气体各测得三组显示值(如有必要,采用制造厂的校准曲线修正后)，探测器应以体积分数表示测量值，采用数字显示，分辨率应不低于 0.01%CH_4，并应能表示显示值的正或负。探测器显示值的变化量应不超过±0.04%CH_4，每一显示值与原气体体积比的偏差应不超过基本误差的规定(见表 1)。

表 1　基本误差

测量范围/%CH_4	基本误差
0.00～1.00	±0.10%CH_4
1.00～3.00	真值的±10%
3.00～5.00	±0.30%CH_4

5.4　稳定性(持续工作式探测器)

持续工作式探测器应符合下列要求：

a)　短期稳定性

短期变化不应超过基本误差表 1 的规定。

b)　长期稳定性(固定式或可移动式探测器)

长期变化不应超过基本误差表 1 的规定。

c)　长期稳定性(便携式探测器)

长期变化不应超过基本误差表 1 的规定。

5.5　稳定性(点读式探测器)

显示值的变化不应超过基本误差表 1 的规定。

5.6　报警

应在每一个试验周期内报警。如果装有报警保持装置，应当检查手动复位动作。

5.7　温度

显示值的变化以 20 ℃时为基础，当温度范围在－10 ℃～＋40 ℃内时(试验温度：－10 ℃、20 ℃、40 ℃)，不应超过基本误差表 1 的规定。

5.8　压力

显示值的变化以 100 kPa 时为基础，在 80 kPa 和 120 kPa 压力值时不应超过基本误差表 1 的规定。

5.9　湿度

在温度为＋40 ℃时，显示值的变化以 50%RH 时为基础，在 20%RH 和 90%RH 时不应超过基本误差表 1 的规定。

5.10　空气流速

显示值的飘移量应不超过±0.10%CH_4。

5.11　流量

显示值的变化不应超过基本误差表 1 的规定。

5.12　方位

显示值的附加误差应不超过±0.03%CH_4。

5.13　振动

振动试验过程中，探测器不应产生任何功能丧失，不应出现误报警或故障信号。探测器不应产生导致危险的损坏或功能丧失。

与试验前相比，显示值的变化不应超过基本误差表 1 的规定。

5.14　跌落试验(适用于便携式探测器和远程传感器)

探测器不应产生导致危险的损坏或功能丧失。

显示值的变化不应超过基本误差表 1 的规定。

5.15 预热时间(不适用于点读式探测器)

5.15.1 固定式和可移动式探测器

探测器应放在洁净空气中预热,直到显示为零,时间不超过 5 min 或制造厂规定的时间,并且不应出现误报警。

探测器应放在标准试验气体中预热,得到最终显示值,时间不超过 5 min 或制造厂规定的时间,并且不应出现误报警。

5.15.2 持续工作式便携式探测器

探测器应放在洁净空气中预热,直到显示为零,时间不超过 2 min 或制造厂规定的时间,并且不应出现误报警。

探测器应放在标准试验气体中预热,得到最终显示值,时间不超过 3 min 或制造厂规定的时间,并且不应出现误报警。

5.16 响应时间(不适用于点读式探测器)

在任一方向的响应时间 $t(50)$ 都不应大于 10 s,并且任一方向响应时间 $t(90)$ 应不大于 20 s。

5.17 最短操作时间(点读式探测器)

对无探头或试样管线的探测器,显示值在不超过 15 s 时间内应达到最终显示值的 90%。

5.18 超过测量范围的高气体浓度

5.18.1 高浓度淹没试验

按 GB 20936.1—2007 的 5.4.18.1 试验时,所有甲烷体积分数超过满刻度应当通过满刻度表指示,合适的话,给出报警。如果是数字显示,应给出已经超过测量范围上限的一个明显指示。

5.18.2 剩余效应试验

在试验开始时,记录在洁净空气和标准试验气体试验时的显示值的变化,不应超过基本误差表 1 的规定。

5.19 蓄电池容量

5.19.1 蓄电池供电的便携式持续工作式探测器

如果适用,在 10 h 的周期结束时,显示值的变化不应超过基本误差表 1 的规定。

5.19.2 蓄电池供电的便携式点读式探测器

在操作 200 次结束时,显示值的变化应不超过基本误差表 1 的规定。

显示电量不足后,继续操作 10 次结束时,显示值的变化不应超过基本误差表 1 的规定。

5.20 电源波动

5.20.1 概述

无要求。

5.20.2 交流和外部直流电源探测器

显示值的变化不应超过基本误差表 1 的规定。

5.20.3 其他供电电源范围

显示值的变化不应超过基本误差表 1 的规定。

5.21 供电电源中断、电压瞬变和电压跌落

当发生规定的中断、电压瞬变或出现电压跌落时,探测器不应产生误报警。

5.22 附加取样探头

显示值的变化不应超过基本误差表 1 的规定。

5.23 粉尘

显示值的变化不应超过基本误差表 1 的规定。

在 $t(90)$ 时的增加量不应超过 10 s。

5.24 中毒剂和其他气体

5.24.1 中毒剂

显示值的变化不应超过基本误差表1的规定。

应验证标称的中毒剂公差。

5.24.2 其他气体

按GB 20936.1—2007的5.4.24.3中的a)1)、a)2)和a)3)三种气体混合物的每一种气体达到的显示值应不低于实际甲烷体积比,偏差在所使用的实际甲烷体积分数的10%以内。

5.25 电磁兼容

当经受电磁抗扰性(不敏感性)试验时,显示值的变化不应超过基本误差表1的规定。探测器应不出现功能丧失或误报警。

5.26 防爆安全性能

符合GB 3836.1—2000、GB 3836.2—2000、GB 3836.4—2000中的有关要求。

6 现场校准工具

使用现场校准工具观察到的输出显示值与规定体积分数的差值应在基本误差表1的规定范围内。

ICS 29.260.20
K 35

中华人民共和国国家标准

GB/T 20936.3—2009

可燃性气体探测用电气设备 第3部分:显示空气中甲烷体积含量至100%的Ⅰ类探测器的性能要求

Electrical apparatus for the detection and measurement of flammable gases—Part 3:Performance requirements for group Ⅰ apparatus indicating a volume fraction up to 100% methane in air

(IEC 61779-3:1998,MOD)

2009-04-21 发布　　2009-11-01 实施

中华人民共和国国家质量监督检验检疫总局
中国国家标准化管理委员会　发布

前言

GB 20936《可燃性气体探测用电气设备》分为若干部分：

——GB 20936.1:《可燃性气体探测用电气设备　第1部分:通用要求和试验方法》；

——GB 20936.2:《可燃性气体探测用电气设备　第2部分:显示空气中甲烷体积含量至5%的Ⅰ类探测器的性能要求》；

——GB/T 20936.3:《可燃性气体探测用电气设备　第3部分:显示空气中甲烷体积含量至100%的Ⅰ类设备的性能要求

……

本部分是GB 20936的第3部分。

本部分修改采用IEC 61779-3:1998《可燃性气体探测用电气设备　第3部分:显示空气中甲烷体积含量至100%的Ⅰ类设备的性能要求》。

本部分与IEC 61779-3:1998的主要差异如下：

——将IEC 61779-3:1998 4.19.1中"8 h或10 h"修改为"10 h"。

本部分由中国电器工业协会提出。

本部分由全国防爆电气设备标准化技术委员会(SAC/TC 9)归口。

本部分负责起草单位:煤炭科学研究总院抚顺分院、南阳防爆电气研究所。

本部分参加起草单位:深圳特安电子有限公司、天津市浦海新技术有限公司、济南市长清计算机应用公司、海湾安全技术有限公司、河南汉威电子有限公司。

本部分主要起草人:王涛、张刚、付淑玲、李振新、付文俊、李者、潘雅楠。

可燃性气体探测用电气设备 第3部分：显示空气中甲烷体积含量至100%的Ⅰ类探测器的性能要求

1 范围

1.1 GB 20936 的本部分规定了探测矿井内空气中甲烷浓度的便携式、可移动式和固定式的Ⅰ类（见第1部分的定义）探测器。因此，这些探测器或其部件可用于易产生瓦斯的煤矿，适用于本部分所包含探测器的要求和试验方法见第1部分的规定。

注：在煤矿授权的法定机构批准之前，没有满足附加要求不允许使用Ⅰ类探测器。见第1部分的1.1。

1.2 本部分只限于用来探测空气中甲烷体积含量从0%～100%的探测器。

注：本部分所包括的探测器在显示甲烷体积含量大于5%是正常使用。

2 规范性引用文件

下列文件中的条款通过 GB 20936 的本部分的引用而成为本部分的条款。凡是注日期的引用文件，其随后所有的修改单（不包括勘误的内容）或修订版均不适用于本部分，然而，鼓励根据本部分达成协议的各方研究是否可使用这些文件的最新版本。凡是不注日期的引用文件，其最新版本适用于本部分。

GB 3836.1—2000 爆炸性气体环境用电气设备 第1部分：通用要求（eqv IEC 60079-0:1998）

GB 3836.2—2000 爆炸性气体环境用电气设备 第2部分：隔爆型“d”（eqv IEC 60079-1:1990）

GB 3836.4—2000 爆炸性气体环境用电气设备 第4部分：本质安全型“i”（eqv IEC 60079-11:1999）

GB 20936.1—2008 可燃性气体探测用电气设备 第1部分：通用要求和试验方法（IEC 61779-1:1998,MOD）

3 术语和定义

GB 20936.1—2008 给出的术语和定义适用于本部分。

4 通用要求

探测器应符合 GB 20936.1 规定的通用要求和本部分第5章规定的性能要求。

探测器是否合格应按 GB 20936.1 规定的相应试验要求和方法确定，包括初始校准在内。

制造厂的使用说明书内容应按 GB 20936.1 的规定进行审查。

5 性能要求

5.1 概述

GB 20936.1 5.3 规定了试验的正常条件，是否合格应按第1部分5.4规定的试验方法确定。

5.2 不通电贮存

在经受 GB 20936.1 5.4.2 规定的条件试验之后，探测器应符合本部分第4章至第5章的规定要求。

5.3 校准曲线（不适用于独立式探测器）

用标准试验气体进行初始校准后，对四种体积比的气体各测得三组显示值（如有必要，采用制造厂的校准曲线修正后），每一显示值与原气体体积比的偏差应不大于±3%CH_4 或标准气体浓度的±5%，两者取较大值。

5.4 **稳定性（持续工作式探测器）**

持续工作式探测器应符合下列要求：

a) 短期稳定性

短期变化不应超过±3%CH_4 或标准气体浓度的±5%，两者取较大值。

b) 长期稳定性（固定式或可移动式探测器）

长期变化不应超过±3%CH_4 或标准气体浓度的±5%，两者取较大值。

c) 长期稳定性（便携式探测器）

长期变化不应超过±3%CH_4 或标准气体浓度的±5%，两者取较大值。

5.5 **稳定性（点读式探测器）**

显示值的变化不应超过±3%CH_4 或标准气体浓度的±5%，两者取较大值。

5.6 **报警**

应在每一个试验周期内报警。如果装有报警保持装置，应当检查手动复位动作。

5.7 **温度**

显示值的变化以 20 ℃为基础

a) 在温度为－10 ℃时不应超过±7%CH_4 或标准气体浓度的±15%，两者取较大值。

b) 在温度为＋40 ℃时不应超过±5%CH_4 或标准气体浓度的±10%，两者取较大值。

试验应在－10 ℃、20 ℃和 40 ℃的温度下进行。

5.8 **压力**

显示值的变化以 100 kPa 时为基础，在 80 kPa 和 120 kPa 压力值时不应超过±5%CH_4 或标准气体浓度的±30%，两者取较大值。

5.9 **湿度**

在温度为＋40 ℃时，显示值的变化以 50%RH 时为基础，在 20%RH 和 90%RH 时不应超过±5% CH_4 或标准气体浓度的±10%，两者取较大值。

5.10 **空气流速**

显示值的变化不应超过±3%CH_4 或标准气体浓度的±5%，两者取较大值。

5.11 **流量**

显示值的变化不应超过±3%CH_4 或标准气体浓度的±5%，两者取较大值。

5.12 **方位**

5.12.1 **便携式探测器**

显示值的变化不应超过±3%CH_4 或标准气体浓度的±5%，两者取较大值。

5.12.2 **固定式或可移动式探测器**

显示值的变化不应超过±3%CH_4 或标准气体浓度的±5%，两者取较大值。

5.13 **振动**

振动试验过程中，探测器不应产生任何功能丧失，不应出现误报警或故障信号。探测器不应产生导致危险的损坏或功能丧失。

与试验前相比显示值的变化不应超过±3%CH_4 或标准气体浓度的±5%，两者取较大值。

5.14 **跌落试验（适用于便携式探测器和远程传感器）**

探测器不应产生导致危险的损坏或功能丧失。

显示值的变化不应超过±3%CH_4 或标准气体浓度的±5%，两者取较大值。

5.15 **预热时间（不适用于点读式探测器）**

5.15.1 **固定式和可移动式探测器**

探测器应放在洁净空气中预热，显示为零，达到甲烷体积含量±3%误差范围内的时间不超过5 min

或制造厂规定的时间，并且不应出现误报警。

探测器应放在标准试验气体中预热，得到最终显示值，达到甲烷体积含量±3%误差范围内的时间不超过5 min或制造厂规定的时间，并且不应出现误报警。

5.15.2 持续工作式便携式探测器

探测器应放在洁净空气中预热，直到显示为零，达到甲烷体积含量±3%误差范围内的时间不超过2 min，并且不应出现误报警。

探测器应放在标准试验气体中预热，得到最终显示值，达到甲烷体积含量±3%误差范围内的时间不超过2 min，并且不应出现误报警。

5.16 响应时间(不适用于点读式探测器)

在任一方向的响应时间 $t(50)$ 都不应大于20 s，并且任一方向响应时间 $t(90)$ 应不大于60 s。

5.17 最短操作时间(点读式探测器)

对无探头或试样管线的探测器，显示值在不超过15 s时间内应达到最终显示值的90%。

5.18 超过测量范围的高气体浓度

不适用。

5.19 蓄电池容量

5.19.1 蓄电池供电的便携式持续工作式探测器

如果适用，在10 h的周期结束时，显示值的变化不应超过±3% CH_4 或标准气体浓度的±5%，两者取较大值。

显示电量不足后，继续工作10 min结束时，显示值的变化不应超过±6% CH_4 或标准气体浓度的±10%，两者取较大值。

5.19.2 蓄电池供电的便携式点读式探测器

在操作200次结束时，显示值的变化不应超过±3% CH_4 或标准气体浓度的±5%，两者取较大值。

显示电量不足后，继续操作10次结束时，显示值的变化不应超过±6% CH_4 或标准气体浓度的±10%，两者取较大值。

5.20 电源波动

5.20.1 概述

无要求。

5.20.2 交流和外部直流电源探测器

显示值的变化不应超过±3% CH_4 或标准气体浓度的±5%，两者取较大值。

5.20.3 其他供电电源范围

显示值的变化不应超过±3% CH_4 或标准气体浓度的±5%，两者取较大值。

5.21 供电电源中断、电压瞬变和电压跌落

当发生规定的中断、电压瞬变或出现电压跌落时，探测器应不产生误报警。

5.22 附加取样探头

显示值的变化不应超过±3% CH_4 或标准气体浓度的±5%，两者取较大值。

5.23 粉尘

显示值的变化不应超过±3% CH_4 或标准气体浓度的±5%，两者取较大值。

在 $t(90)$ 时的增加量不应超过10 s。

5.24 中毒剂和其他气体

5.24.1 中毒剂

显示值的变化应不超过±3% CH_4 或标准气体浓度的±5%，两者取较大值。

应验证标称的中毒剂公差。

5.24.2 其他气体

按第1部分5.4.24.3中的b) 1)、b)2)和b)3)三种气体混合物的每一种气体得到的显示值，应不低于实际甲烷体积比，偏差在显示值的10%以内。

5.25 电磁兼容

当经受电磁抗扰性(不敏感性)试验时，显示值的变化应不超过±3% CH_4。探测器应不出现功能丧失或误报警。

5.26 防爆安全性能

符合GB 3836.1—2000、GB 3836.2—2000、GB 3836.4—2000中的有关要求。

6 现场校准工具

使用现场校准工具观察到的输出显示值与规定浓度的差值应在±3% CH_4 或标准气体浓度的±5%范围内，两者取较大值。

ICS 75.180.10
E 92

GB

中华人民共和国国家标准

GB/T 21411.2—2009

石油天然气工业井下设备 人工举升用螺杆泵系统 第2部分:地面驱动装置

Downhole equipment for petroleum and natural gas industries—Progressing cavity pump systems for artificial lift—Part 2:Surface-drive systems

(ISO 15136-2:2006,Petroleum and natural gas industries—Progressing cavity pump systems for artificial lift—Part 2:Surface-drive systems,MOD)

2009-04-02 发布　　　　2010-01-01 实施

中华人民共和国国家质量监督检验检疫总局
中国国家标准化管理委员会　发布

前言

GB/T 21411《石油天然气工业井下设备　人工举升用螺杆泵系统》分为二个部分：

——第1部分：泵；

——第2部分：地面驱动装置。

本部分为GB/T 21411的第2部分。

本部分修改采用ISO 15136-2：2006《石油天然气工业　人工举升用螺杆泵系统　第2部分：地面驱动系统》(英文版)。

本部分与ISO 15136-2：2006的技术差异为：

——删除7.3 e)中的“最大工作转矩”；

——将7.3 f)中“最大输入功率”改为“额定功率”；

——对于本部分引用的其他国际标准中有被修改或等效采用为我国标准的，本部分引用我国的这些国家标准代替对应的国际标准(见本部分第2章)。

为便于使用，本部分做了以下编辑性修改：

——用小数点“.”代替作为小数点的逗号“，”；

——将ISO 15136-2：2006原标准名称中“石油天然气工业”改为“石油天然气工业井下设备”；

——“ISO 15136本部分”改为“本部分”；

——将原标准的附录E改为本部分的附录A；

——将原标准的附录F改为本部分的附录B；

——将原标准的附录B改为本部分的附录C；

——将原标准的附录H改为本部分的附录D；

——将原标准的附录D改为本部分的附录E；

——将原标准的附录C改为本部分的附录F；

——将原标准的附录A改为本部分的附录G；

——将原标准的附录G改为本部分的附录H；

——删除国际标准的封面、PDF声明、前言和引言。

本部分的附录G为规范性附录，附录A、附录B、附录C、附录D、附录E、附录F、附录H为资料性附录。

本部分由全国石油钻采设备和工具标准化技术委员会(SAC/TC 96)提出并归口。

本部分由北京石油机械厂负责起草，大庆油田有限责任公司采油工程研究院、大庆油田力神泵业有限公司等参加起草。

本部分主要起草人：王兴燕、陈晓军、范育昭、曹刚、邓辉。

石油天然气工业井下设备
人工举升用螺杆泵系统
第2部分:地面驱动装置

1 范围

本部分对石油天然气工业使用的螺杆泵地面驱动装置的设计、设计验证和有效性、制造和数据控制、性能评价和维修等方面提出了要求。本部分适用于满足地面驱动装置定义的产品。同时,附录提供了刹车系统的选择、安装、操作以及抽油杆的选择和使用等信息。

除了整体设计,本部分不涵盖以下设备:底部驱动系统、抽油杆、光杆卡瓦、密封盒、电控设备、仪表、外部电源转换设备、辅助设备(如皮带、皮带轮和设备护罩)。其他标准里可能会覆盖这些设备的内容。

2 规范性引用文件

下列文件中的条款通过 GB/T 21411 的本部分的引用而成为本部分的条款。凡是注日期的引用文件,其随后所有的修改单(不包括勘误的内容)或修订版均不适用于本部分,然而,鼓励根据本部分达成协议的各方研究是否可使用这些文件的最新版本。凡是不注日期的引用文件,其最新版本适用于本部分。

GB/T 230.1　金属洛氏硬度试验　第1部分:试验方法(A、B、C、D、E、F、G、H、K、N、T 标尺)(GB/T 230.1—2004,ISO 6508-1:1999,MOD)

GB/T 231.1　金属布氏硬度试验　第1部分:试验方法(GB/T 231.1—2002,eqv ISO 6506-1:1999)

GB/T 2828.1　计数抽样检验程序　第1部分:按接收质量限(AQL)检索的逐批检验抽样计划(GB/T 2828.1—2003,ISO 2859-1:1999,IDT)

GB/T 3452.1　液压气动用O形橡胶密封圈　第1部分:尺寸系列及公差(GB/T 3452.1—2005,ISO 3601-1:2002,MOD)

GB/T 3452.2　液压气动用O形橡胶密封圈　第2部分:外观质量检验规范(GB/T 3452.2—2007,ISO 3601-3:2005,IDT)

GB/T 4340.1　金属维氏硬度试验　第1部分:试验方法(GB/T 4340.1—1999,eqv ISO 6507-1:1997)

GB/T 9445　无损检测　人员资格鉴定与认证(GB/T 9445—2008,ISO 9712:2005,IDT)

GB/T 19000　质量管理体系　基础和术语(GB/T 19000—2008,ISO 9000:2005,IDT)

GB/T 20972(所有部分)　石油天然气工业　油气开采中用于含硫化氢环境的材料[ISO 15156(所有部分),IDT]

ISO 2859-2　计数抽样检验程序　第2部分:用于孤立批检验按极限质量(LQ)检索的抽样计划

ASTM A370　钢制品机械试验的标准试验方法和定义

ASTM D1415　橡胶特性的标准试验方法　国际硬度

ASTM D2240　橡胶特性的标准试验方法　肖氏硬度

ASTM E140　金属标准硬度转换表(布氏硬度、维氏硬度、洛氏硬度、表面硬度、努氏硬度和肖氏硬度之间的关系)

MIL-STD-105E　计数抽样检验程序及表

3 术语和定义

GB/T 19000 中确立的以及下列术语和定义适用于本部分。

3.1

驱动转矩 applied torque

由地面驱动装置施加到驱动杆柱顶部的转矩。

3.2

辅助设备 auxiliary equipment

本部分范围之外的由使用者或购买者指定的设备或组件，例如皮带轮和皮带、电机、光杆卡瓦、防护装置、电机控制器和转矩限制器。

3.3

轴向载荷能力 axial-load capacity

结构不依靠辅助设备可以承受最大许用载荷的能力。

3.4

反转 backspin

由于转矩和流体势能的释放，使螺杆泵、驱动杆柱和动力链的工作转向朝相反方向旋转的过程。

3.5

抗反转转矩 backspin-resisting torque

作用在驱动杆柱上的抵抗反转的转矩。

3.6

刹车挂合速度 brake-engagement speed

在反转过程中，刹车系统挂合时的转速。

3.7

底部驱动系统 bottom-drive system

利用井下原动机的螺杆泵驱动系统。

3.8

刹车系统 brake system

对反转施加可调阻抗的系统。

3.9

驱动杆柱 drive string

在地面驱动装置和螺杆泵之间传递动力的组件(通常是抽油杆)。

3.10

动液面 dynamic fluid level

动态条件下，在套管和油管的环空中，井口到液柱顶部的深度。

3.11

直接驱动 direct drive

地面驱动装置的一种驱动方式，内部没有齿轮等减速机构。

3.12

主动轮 driver sheave

皮带传动的地面驱动装置中安装在原动机轴上的皮带轮。

3.13

从动轮 driven sheave

皮带传动的地面驱动装置中安装在主轴上的皮带轮。

3.14

流量　flow rate

单位时间泵送的流体体积。

3.15

流体势能　fluid potential energy

生产油管内与油管、套管环空间的液位差所形成的，储存在生产系统中的能量。

3.16

流体压头　fluid head

井下泵上流体产生的压力。

3.17

摩擦转矩　friction torque

驱动杆柱(在油管内)和转子(在定子内)旋转的阻力，影响因素包括(但不局限于)井深和轨道、泵几何形状、定转子过盈和密封盒特性等。

3.18

齿轮减速驱动　gear-reduction drive

地面驱动装置的一种驱动方式，内部具有齿轮减速机构。

3.19

热容　heat capacity

地面驱动装置吸收的总能量除以地面驱动装置温度的变化量。

3.20

散热率　heat dissipation rate

地面驱动装置中的能量以热的形式耗散到周围环境中的速度。

3.21

液压驱动　hydraulic drive

地面驱动装置的一种驱动方式，由液压原动机提供能量。

3.22

液压转矩　hydraulic torque

作用在螺杆泵有效横截面上的压差产生的转矩。

3.23

额定输入功率　input power rating

允许提供给地面驱动装置的最大许用功率。

3.24

成批工件　job lot

具有相同工序或相同工艺系列的一批材料或组件。

3.25

成批工件的可追溯性　job-lot traceability

根据识别成批工件的标志(包括炉号)来识别工件初始状态的能力。

3.26

主轴　main shaft

地面驱动装置上连接到驱动杆柱的中心轴。

3.27

最大反转速度　maximum backspin speed

在不损坏地面驱动装置或辅助设备的前提下，主轴允许的最大反转速度。

3.28

最深动液面 maximum dynamic fluid level

环空内从地面算起的最深工作液面，此液面确保停机后地面驱动装置的转速不超过其最大反转速度。

3.29

最大工作转矩 maximum operating torque

供应商或制造商指定的应用在主轴上的最大许用工作转矩。

3.30

转动惯量 moment of inertia

在地面驱动装置中，施加在绕共同轴线回转的组件上的转矩与该组件角加速度的比值。

3.31

工作速度范围 operating speed range

由供应商或制造商指定的地面驱动装置的最小和最大工作速度所确定的范围。

3.32

工作温度范围 operating temperature range

由供应商或制造商指定的地面驱动装置的最小和最大工作温度所确定的范围。

3.33

光杆伸出量 polished-rod stick-up

光杆伸出于光杆卡瓦上方的长度。

3.34

动力系统 power train

将动力从原动机传递到驱动杆柱中的地面驱动装置和辅助设备的组件。

注：包括皮带、皮带轮、齿轮、直接联轴器或其他形式的集成以获得需要的输出。

3.35

原动机 prime mover

提供转矩到动力链的发动机（常用的为液压马达、电动机或内燃机）。

3.36

生产系统 production system

包括井下泵、驱动杆柱、生产管线、油井套管、地面驱动装置和辅助设备的总成。

3.37

螺杆泵 progressing cavity pump

泵由定子和转子组成，定子和转子装配起来的几何形状能够产生两个或一系列双凸透镜状、螺旋形、独立的空腔。

3.38

修理 repair

包括拆卸、重新组装、更换或不更换零件条件下进行的试验，还可能包括机加工、焊接、热处理或其他加工工序的活动。

3.39

地面驱动装置 surface-drive system

将转矩从原动机传输到螺杆泵驱动杆柱，承受由驱动杆柱传递的载荷，同时控制驱动杆柱反转的设备的总成。

3.40

推力轴承 thrust bearing

地面驱动装置中承受传递的轴向载荷并允许旋转的部件。

3.41

推力轴承额定载荷　thrust-bearing rating

轴承制造商提供的统计值作为在给定条件下轴承的预期寿命指标。

3.42

转矩限制器　torque-limiting device

防止地面驱动装置施加在驱动杆柱上的转矩超过规定值的部件。

3.43

扭转能　torsional energy

储存在驱动杆柱上由转矩引起的弹性变形能。

4　缩略语

ANSI　美国国家标准学会

ASME　美国机械工程师协会

ASTM　美国材料和试验协会

AQL　接收质量限

IEC　国际电工委员会

mo　月

NACE　美国国家腐蚀工程师协会

NDE　无损检验

PCP　推进式空腔泵(螺杆泵)

SAE　美国汽车工程师协会

SNT(ASNT)　美国无损检验协会

yr　年

5　性能规范

5.1　总述

使用者或购买者应提出性能要求,以便订购符合本部分的产品或识别供应商或制造商指定的产品,供应商或制造商根据这些信息向用户推荐适用的地面驱动装置或组件。相关要求参见附录A。列举的使用要求和操作工况可以通过尺寸图、数据表或其他符合本部分的方式传达。附录B提供了一个用户使用情况调查表供参考。

使用者或购买者应确保预期的工作轴向载荷、转矩、速度、地面驱动装置温度、该处需要的动力和刹车要求不超过地面驱动装置的额定值。最大工作转矩和最深动液面是表征停机后地面驱动装置释放储存在生产系统内能量的函数,并且在分析反转模型中可使用地面驱动技术规范提供的数据来确定。如附录C中所述。

5.2　地面驱动装置型式选择

使用者或购买者应选择一种驱动装置类型(除原动机类型外):

a)　齿轮减速驱动;

b)　直接驱动;

c)　液压驱动。

5.3　性能特征

5.3.1　总述

使用者或购买者应提供工作转速、输入功率(转矩)和轴向载荷。

5.3.2 应用参数

性能特征一般由应用参数确定。它可包括但不局限于下列参数：

a) 预期流量、井口背压和泵入口压力；
b) 采出液的组成及物理性能(成分、粘度、密度、温度等)；
c) 预期采用的泵型；
d) 泵挂深度；
e) 油管尺寸、重量和材料；
f) 驱动杆柱直径、类型和材料。

5.4 环境适应性

使用者或购买者应详细说明环境适应性的要求。下列是应考虑的典型环境要素：

a) 环境温度；
b) 驱动装置启动温度；
c) 强紫外线照射；
d) 高相对湿度(高露点)；
e) 灰尘或多沙环境；
f) 特殊环境或注重安全的区域；
g) 盐雾区域；
h) 考虑噪音；
i) 危险场所分级。

5.5 相关油井设备的兼容性

使用者或购买者应详细说明现场的接口连接设计方案和材料要求、外部极限尺寸，以确保产品符合预期的应用要求：

a) 产品与其他井口设备(如密封盒、光杆、井口等)的接口处尺寸、类型、材料、结构和接口尺寸；
b) 能通过或放在驱动装置上边的其他产品的尺寸、类型、结构，如光杆、抽油杆(参见附录D)等；
c) 与本产品一起使用的或连接到本产品上的其他产品的尺寸、类型和结构；
d) 可能影响到本产品的输送、安装、操作、维护或移动的邻近的无关设备；
e) 井口与垂直方向的角度；
f) 原动机接口要求。

5.6 设计确认和产品性能试验

应提供这些产品的设计确认和性能要求；使用者或购买者不必对这些要求进行分级。

5.7 质量控制文件

在7.4中规定了两个质量控制文件等级。使用者或购买者应指出下列质量控制文件等级的一种。如果没有指定质量控制文件等级，应实行下面所定义的Q2：

——Q1：增强的质量控制文件要求，它包括Q2的要求；
——Q2：标准质量控制文件要求。

6 技术规范

6.1 一般要求

供应商或制造商应准备技术规范以反映性能要求。

6.2 技术特点

规范中包括下列数据，应带相应的度量单位：

a) 地面驱动装置类型；
b) 速度范围；

c) 最大工作转矩；

d) 轴向载荷能力；

e) 皮带轮尺寸范围；

f) 主轴尺寸；

g) 光杆尺寸大小；

h) 井口和驱动装置连接形式；

i) 主轴类型(空心或实心)；

j) 外形尺寸和重量；

k) 原动机形式和接口要求；

l) 齿轮减速比；

m) 工作温度范围；

n) 答复使用者或购买者在第5章中提出的特殊要求；

o) 装置本体的最大工作压力。

6.3 设计准则

6.3.1 材料

供应商或制造商应说明所选材料性能特点满足性能规范中制定的所有参数，适用于金属和非金属零件。供应商或制造商应有制造产品所用材料的书面规范。

6.3.2 性能指标

6.3.2.1 总述

在产品的操作手册中，供应商或制造商应基于客观论证和评估制定地面驱动头的性能指标，它同样适用于地面驱动装置。至少包括下列性能指标。

6.3.2.2 刹车系统特点

6.3.2.2.1 总述

下列参数应提供给使用者或购买者以便帮助评定地面驱动装置是否适用于特殊要求。

6.3.2.2.2 反转制动转矩

反转制动转矩一般用牛顿米(N·m)[英尺磅力(ft·lbf)]或者用反转制动转矩图表示。它由反转速度与地面驱动装置温度的函数来表达。

6.3.2.2.3 散热率

散热率一般用单位瓦每摄氏度(W/℃)[马力每华氏度(hp/℉)]表示。

6.3.2.2.4 热容

热容单位一般用焦耳每摄氏度(J/℃)[英国热量单位每华氏度(BTU/℉)]表示。

6.3.2.2.5 刹车挂合速度

刹车挂合速度单位一般用转每分(r/min)表示。

6.3.2.3 转动惯量

转动惯量单位一般用千克平方米(kg·m^2)[磅平方英尺(lb·ft^2)]表示。

6.3.2.4 推力轴承额定负荷

对于特定工况的推力轴承额定负荷单位一般用千牛顿(kN)[磅力(lbf)]表示。

6.3.2.5 输入功率额定值

输入功率额定值的单位一般用千瓦(kW)表示。

6.3.2.6 最大工作转矩

最大工作转矩的单位一般用牛顿米(N·m)[英尺磅力(ft·lbf)] 表示。

6.3.2.7 工作温度范围

工作温度范围的单位一般用摄氏度(℃)[华氏度(℉)]表示。

6.3.2.8 工作速度范围

工作速度范围的单位一般用转每分(r/min)表示。

6.3.3 环境相关问题

供应商或制造商应确保提供的产品满足使用者或购买者按照5.4所提出的环境要求。在这些要求的执行过程中,允许地面驱动装置满足或超过本部分所规定的要求。

6.4 设计验证

供应商或制造商应进行设计验证以验证产品设计满足供应商或制造商的技术要求。设计验证包括以下文件化的活动,如:设计评审、设计计算、产品试验、相似设计对比和所定义的工作条件的历史记录。评估应包括但不局限于6.3.2中所列举的项目。设计验证中采用的经验方法或物理性试验应有完整的文件,并附有图样和材料规范。

6.5 设计确认

完成6.4和6.6.2的要求后即可获得产品设计的确认。供应商或制造商应用文件记录下性能试验的过程(见6.6)和产品试验的结果,并且应有存档材料的记录,有标明包含在所试验产品中的所有部件的尺寸、材料和公差的图样。如果特殊的尺寸、类型或模型验证试验不合格,结构的基本设计和材料不应重新试验,除非制造商已经确定并用文件证明了改正方法。由制造商制定的试验前和试验后的性能临界尺寸的尺寸验证应在规定的判据之内。

6.6 产品性能试验

6.6.1 试验要求

每套地面驱动装置的生产应按本部分规定进行性能试验。

6.6.2 性能试验

性能试验应证明产品满足供应商或制造商的技术规范,满足使用者或购买者的性能要求。性能试验应包括一般驱动头操作、反转制动转矩与相应速度、刹车系统挂合的详细评估。评估中,设计的每方面都应满足制造商制定的设计能力。如果试验不符合要求,制造商应负责确定导致不符合要求的原因。

按本部分要求生产的地面驱动装置,通过性能试验过程和供应商或制造商生产试验结果所定义的验收标准后,供应商或制造商应有证明文件,并且在存档的材料证明以及图纸上都表明所试验产品的零部件的实际尺寸、材料和公差,包括验收标准、试验结果和不合格产品的处置办法的评估,应有文件说明其过程。

6.6.3 总述

每个产品都应进行产品性能试验以确保满足供应商或制造商的技术规定,满足使用者或购买者的功能规定。以下试验应包括:一般驱动头操作,反转制动转矩与相应速度,刹车系统挂合的详细评估。在这些评估过程中,设计的每一方面应在制造商指定的设计能力范围内进行操作。如果试验不符合要求,制造商应负责确定导致不符合要求的原因。

6.7 额外试验

为使使用者或购买者和供应商或制造商达成一致,一些应用可能需要额外的试验。

6.8 允许的设计更改

所有设计更改应备有文件说明,供应商或制造商应对照原始设计说明和产品检验以确定是否更改具有实质性。实质性的设计更改是经供应商或制造商确定影响产品操作性的设计更改。经过实质性修改的设计变成一个新设计需要进行6.4所述的设计验证和6.5所述的设计确认。认为非实质性的设计更改的理由应备有文件说明。供应商或制造商在评估每个设计更改时最少要考虑下列几项:

a) 更改的组件的应力水平;

b) 材料的改变;

c) 功能的改变。

6.9 设计缩放比例

缩放比例不适用于本产品。

7 供应商要求

7.1 总述

在设计、制造、评估、试验和交付地面驱动装置方面，供应商或制造商应满足本部分提到的下列要求。对于每件产品是否满足特定产品功能要求和技术规定，第7章中有详细的要求。至少应说明以下各项。

7.2 文件编制和数据控制

7.2.1 总述

供应商或制造商应建立并维护有文件记录的程序，以控制本部分要求的所有文件和数据。这些文件和数据应被保存以证明符合指定的要求。所有文件和数据应是清晰的，应分类保存以方便替换，并提供一个适宜的环境以防止损坏变质和丢失。

文件和数据可存于任何类型的媒介上，例如，硬盘或电子媒体。使用者或购买者可利用和查阅所有文件和数据。所有设计验证，产品检验，可追溯性，制造，质量文件和数据在该产品最后制造日期后保存五年。这信息最少应包括以下几点：

a) 工程图纸；
b) 制造工艺；
c) 材料规范；
d) 产品装配、拆卸指导；
e) 设计验证；
f) 产品检验；
g) 操作手册。

7.2.2 操作手册要求

按本部分的要求，提供的所有产品都应给使用者或购买者提供操作手册。操作手册至少应包括以下信息：

a) 手册版本号；
b) 材料单；
c) 第6章中列出的技术要求；
d) 标示主要部件、重要尺寸和结构的解说图；
e) 安装前检验和服务前准备程序；
f) 操作指南(参见附录E)包括安全预防措施和可允许的使用环境；
g) 润滑剂选择指南；
h) 维护要求和步骤(包括应用的备件)；
i) 供应商或制造商的名称和地址；
j) 供应商或制造商产品标志(包括产品编号、类型)；
k) 总的尺寸和重量；
l) 运输和贮存指南；
m) 安装指南(参见附录F)；
n) 接口连接的相关描述，如：螺纹类型、尺寸和重量；
o) 6.3.2中提到的性能指标。

7.2.3 交货文件

在每套地面驱动装置交货时提供给使用者或购买者的产品文件应至少包括以下内容：

a) 供应商或制造商的名称和地址；

b) 供应商或制造商产品标志(包括产品号、类型)；

c) 质量控制文件等级和可应用的信息；

d) 总尺寸和重量；

e) 技术或操作手册的识别标志；

f) 产品技术规范；

g) 产品检验信息。

7.3 产品标志

按照供应商或制造商的规范，每件按本部分装备的产品应能永久地识别。供应商或制造商的规范应定义类型、应用方法和标志位置。最少应在每件产品上标记以下内容：

a) 供应商或制造商的标志；

b) 供应商或制造商终检日期(年和月)；

c) 供应商或制造商的零件编号或型号和批号；

d) 推力轴承额定负荷；

e) 额定功率；

f) 工作速度范围。

7.4 质量控制文件

7.4.1 总述

本部分提供给使用者或购买者两个可供选择等级的质量控制文件(客观证据)。产品零件质量和制造过程与选择 Q1 或 Q2 无关。

7.4.2 质量控制文件等级

Q2 是符合 7.2 要求的质量控制文件的标准水平。提供使用者或购买者质量控制文件等级 Q1 是交货文件 Q2 附加了以下产品指定记录：材料认证、检验报告、附加处理文件和操作手册。供应商或制造商按照 7.2.1 的规定保存 Q1 要求的文件。

7.4.3 原材料

7.4.3.1 材料证明

用于制造零部件的原材料应可追溯下列之一：

a) 遵守声明的证书，证明原材料满足供应商或制造商提供的成文规范；

b) 材料试验报告验证原材料满足材料供应商提供的文件规范，且供应商或制造商已认同。

7.4.3.2 机械和物理性能

7.4.3.2.1 金属材料

金属材料的机械性能试验步骤应按 ASTM A370 或与其相当的国家或国际标准执行。制造商应提供出试验验收的成文标准。

7.4.3.2.2 弹性体和非金属材料

弹性体和非金属材料的机械特性试验步骤和检验要求应按附录 G 执行。

7.4.3.2.3 检验要求，金属材料

金属材料的检验要求应按供应商或制造商的规范进行，其中包括验收标准。

7.4.4 应用到组件的附加处理

7.4.4.1 材料证明

组件所采用的工艺过程，如热处理、焊接、喷漆等，应满足下列要求：

a) 组件的材料和工艺过程与供应商或制造商的书面规范和验收标准的要求相一致；

b) 材料试验报告便于供应商或制造商确定材料和工艺能满足他们的规范要求和验收标准。

7.4.4.2 **喷漆和涂层**

喷漆和涂层应符合供应商或制造商的工艺过程规范，其中包括验收标准。

7.4.4.3 **焊接和钎焊**

焊接和钎焊的过程和个人资质应按相应的国家或国际标准，例如：

——ASME 锅炉及压力容器规范第 9 卷；

——ANSI/AWS D1.1/D1.1M 钢结构焊接规范；

——ANSI/AWS B2.1 焊接过程和职务资质(技术鉴定)标准。

供应商或制造商应有验收的成文标准。

7.4.4.4 **热处理要求**

用于产品零件热处理的设备应经过评价，所装仪表应经过检定，产品热处理应符合适用的国家或国际标准，如 SAE AMSH6875:1998,Section 5 或 BS 2M 54。

7.4.5 **成批工件的可追溯性**

所有组件、焊件、部件和总成应可追溯到某一批。组件和焊件也应可识别炉号和批次。组件或焊件中的零件若包含多个炉号或多个批次，任一炉号或批次不满足规定要求都应拒收。

7.4.6 **调试系统**

测量设备选用的类型和量程应满足实际应用的要求。最后验收使用的测量设备应按国家或国际标准确认、控制、校准和调整，以满足所要求的量程和精度。

调整计量确认间隔应由测量结果的重复性和使用程度确定。调整确认间隔最大为三个月，直到建立起调整记录为止。按照以往的调整确认间隔记录，间隔可以延长或缩短。调整确认间隔应根据测量结果的重复性、使用程度和调整记录来制定。调整确认间隔不能超过以前确认间隔的两倍。最终验收使用的测量设备应按国家或国际标准进行标志、控制和调校，其规定不应低于本部分的要求。

7.4.7 **无损检测要求**

7.4.7.1 **总述**

当供应商或制造商，使用者或购买者指定时，需要按供应商或制造商的书面规定(应包含 7.4.7 定义的要求)进行无损检测(NDE)。当供应商或制造商的规范允许抽样检测时，他们应按产品批次最少 5%的抽样率进行检测。

无损检测的规定应在制造商的书面程序中详细说明且符合本部分的要求。NDE 验收标准和个体(或样品)检测结果应有文件记录并由授权的人员批准。所有 NDE 规定应由许可的制造商所接受的具有 GB/T 9445 Ⅲ级资格的检测人员批准。

注：ASNT RP SNT-TC-1A 等效 GB/T 9445。

批量样品的所有焊接和接近热影响区的位置应用以下的一种或多种方法进行无损检测：射线，磁粉，超声波或液体渗透探伤根据供应商或制造商的规范来认定。

当检查程序产生一个不可接受的结果时，应从批量工件中抽出一个额外的产品进行检测。假如发现它仍是不可接受的，这批工件 100%应被检测以核实一致性。所有不可接受的结果应被排除，假如修复的话，应使用最初的 NDE 方法或可接受的准则再次检验。

7.4.7.2 **接收**

所有材料或文件的接收应在材料或文件上永久地标明，或直接在它们的追溯记录上标明。

7.4.7.3 **金属件的硬度测试**

对其他测试件的硬度测试和硬度转换应按 GB/T 230.1,GB/T 231.1,GB/T 4340.1,ASTM E140 或等同的国家或国际标准，在用于含腐蚀剂的井下会预期产生钢腐蚀裂缝的情况下，GB/T 20972(所有部分)对于材料有一些附加的注意事项。制造商应形成关于硬度测试接收的成文规范。

注：ASTM E10 等效 GB/T 231.1,ASTM E18 等效 GB/T 230.1,ASTM E92 等效 GB/T 4340.1,NACE MR 0175/ISO 15156(所有部分)等效 GB/T 20972(所有部分)。

7.4.7.4 射线探伤

射线探伤应达到国家或国际标准比如 ASTM E94 的要求。接收准则应按国家或国际标准，例如：ASME 锅炉及压力容器规范 第Ⅷ部分，第Ⅰ节，UW-51。制造商应形成关于射线探伤接收成文的规范。

7.4.7.5 超声波探伤

超声波探伤应达到国家或国际标准如 ASME 锅炉和压力容器规范第Ⅴ卷(无损探伤)第 5 节的要求。接收准则应按国家或国际标准如 ASME 锅炉和压力容器规范第Ⅷ卷第 1 册附录 12。制造商应形成关于超声波探伤接收的成文的规范。

7.4.7.6 磁粉探伤

磁粉探伤应按国家或国际标准如 ASTM E709。制造商应形成关于磁粉探伤接收成文的规范。

7.4.7.7 渗透探伤

渗透探伤应按国家或国际标准如 ASTM E165 的规定。制造商应形成关于渗透探伤接收成文的规范。

7.4.7.8 表面缺陷探伤

在装配前，供应商或制造商应目测所有缺陷可能发生的表面以保证达到技术规范。制造商或供应商应形成关于表面缺陷探伤接收的成文的规范。

7.4.7.9 人员资质

从事无损检测的人员至少应按国家或国际标准，如 GB/T 9445，具有二级资格，才能进行评估和解释。从事目视检验的人员应根据其所在的相应领域按 GB/T 9445 规定的要求，每年进行一次视力检查。

注：ASNT PR SNT-TC-1A 等效 GB/T 9445。

7.4.8 组件尺寸检查

所有组件应进行尺寸检查以确保与设计准则和规范一致。检查应在零件制造中或者制造后进行，但应在装配前进行，且应有文字记录。

7.4.9 不合格品控制

供应商或制造商应建立和维护过程控制程序以确保不符合安装尺寸要求的零件不被使用或安装。过程控制程序应规定不合格零件或装配的鉴别、记录、评估、隔离和处理。

对于不合格的装配或组件，供应商或制造商应有责任复查和进行权威的处理。

7.5 设计验证

7.5.1 总述

设计验证应按第 6 章执行。

7.5.2 设计有效性试验

设计试验应使用校准过的试验设备，并且应注明所有表列的产品额定性能，记录试验结果，注明试验日期，并且请有资质的试验员进行试验并签字。试验细节和验收标准遵照供应商或制造商提供的成文的过程。建议确定刹车系统的特性试验过程参照附录 H。

7.6 产品性能试验

供应商或制造商应按本部分的要求进行每个产品的性能试验。产品性能试验结果应记录、标明日期，并有试验者签字。试验细节和验收标准遵照供应商或制造商提供的文件规定。产品性能试验至少应包括 6.6 所述的内容，但不局限于此。

8 维修

地面驱动装置的维修应运回到满足本部分要求的生产条件的地方，或者在与最初制造条件相同的条件下进行。每一件维修过的产品在装运之前都应按本部分的要求来进行有效性试验。

每一件维修过的产品应可以被永久识别。识别标记应包括维修中心、维修时间和可追溯的试验记录。制造者应有文件记录和追溯维修细节。

9 装运准备

地面驱动装置应按制造商的书面规定进行运输的包装，以特别防止运输中引起的载荷和污染损坏设备。这些规范应注明要保护外露连接螺纹和入口不被流体和碎片污染。运输过程中所有被保护的部分应显著标明，并在使用前拆去。

10 产品应用变更

地面驱动装置按照特定的条件设计；如应用到新的场合需要使用者或购买者进行详细的评估，以确保系统的所有功能在新的应用场合下能够正常操作。评估过程应与初始应用要求的同样精确，并有文字记录且经过批准。

附　录　A
（资料性附录）
设备选择指南

A.1　总则

恰当地选择地面驱动装置和辅助设备需要对结构、动力传递和反转速度控制性能进行研究和评价，以保证系统的安全和持续运行。作为考虑要点的初步目录列出以下几个问题，这不必是一个完整的目录，因为它可能在其他专题里会述及。但是，它强烈地建议供应商或制造商选择的产品和设备的额定值要等于或高于特殊应用下的规定载荷要求。

A.2　地面驱动装置

建议使用者或购买者确保预期的轴向力、转矩、速度，地面驱动装置的温度和功率，在工作过程中不超过系统的额定值。使用者或购买者也应确认刹车系统满足于即将应用的场合。在停机后，刹车系统释放生产系统储存能量的能力是最大运行转矩和最大动液面的函数，可以通过分析反转模型提供的地面驱动技术参数数据来确定，比如在附录C里所描述的。同时，在正常运行条件下，假如论证了反转速度不会超过无刹车的地面驱动装置的最大工作速度，可以不需要刹车系统。

A.3　转矩限制器

建议在驱动系统上安装转矩限制器，来避免超出运行转矩的最大值和驱动杆柱的输入转矩额定值。同样地，建议控制液压驱动的地面驱动装置上的最大液压力来防止超过最大的工作转矩。

A.4　皮带轮

建议根据每个皮带和皮带轮供应商或制造商的说明书选择可能的最小皮带轮直径。对于任何减速器驱动，由于驱动减速比的因素，主动轮的旋转速度总是高于光杆速度。在大多数情况下，皮带轮是铸铁的，轮缘额定速度的最大值约为1 900 m/min（对大多数皮带轮的最大速度，铸在轮上或打钢印在轮上）。

附　录　B
（资料性附录）
用户使用情况调查表

目的

下面的表格由使用者或购买者用来列举所要购买的地面驱动装置的性能参数，这些参数的要求包括五个条款，这个调查表会为收集这些数据提供一个便利的方法，但不包括所有的要求。

公司

制造商：	用户名称：
日期：	交货期：

地面驱动装置型式选择

齿轮减速器驱动		直接驱动		液压驱动	

原动力类型

电力		液压		内燃机		其他	

地面驱动装置性能特征

预期的运行速度(r/min)	
预期的地面驱动装置运行功率要求(kW 或 hp)	
预期的光杆卡瓦运行扭矩要求(N·m 或 ft·lbf)	
预期的最大轴向力(N 或 lbf)	

应用参数（包括测量单位）

预期的流量：				
预期的井口背压、套管压力和泵的吸入口压力：				
生产流体成分（密度、粘度、CO_2 体积分数、N_2 体积分数、H_2S 体积分数等）：				
预期要使用的螺杆泵（制造，型号）：				
泵挂深度（测量深度，定向井垂直深度）：				
油管（外径、内径、质量、级别）				
驱动杆柱（外径、型式、级别）				

环境适应性（检查下列所有条件）

环境温度>33 ℃(90 ℉)	
高的紫外线辐射	
灰尘或砂环境	
特殊环境或安全提示地区	
危险区域级别	
初始温度<−40 ℃(−40 ℉)	
相对高的湿度（高露点）	
垂直方向上的偏移	

盐雾地区	
噪音考虑	

相关井口设备的匹配性

最终用户应标明:尺寸、形式、材料、结构和驱动系统与其他井口设备之间的连接接口尺寸,例如:
密封盒
光杆
井口
其他
通过产品的其他产品的尺寸、形式和结构,如光杆,抽油杆等
其他使用或连接使用的产品的尺寸、形式和结构
井口安装角
原动机接口要求

质量控制文件级别选择(选择下列其一)

Q1 增强的质量控制文件要求	Q2 标准的质量控制文件要求

附 录 C
（资料性附录）
剌车系统评价方法

C.1 总则

本附录提供了在特殊应用下评价地面驱动装置的刹车系统性能的一种方法。刹车装置性能的评价基于反转的速度和持续时间，以及地面驱动装置温度的升高和聚积的残留能量。依照特殊井的结构，刹车性能和井的操作条件应加以详细说明。评价刹车性能的其他方法也可以采用。下面介绍的方法描述了在评价这些系统时应考虑最基本的工程方法。这些模型的输出会对评价刹车系统是否能应用在一个特殊的场合有所帮助。

能量的储存和储存速度是许多因素共同作用的结果，在反转时它可从生产系统中释放出来。能量释放的速度限定了对刹车系统的要求。因此，用一种反转过程的全面的数学模型去确定各种应用下的地面驱动装置的刹车系统的要求是有必要的。按 6.3.2 所提供的信息这种分析能被使用者或购买者或供应商或制造商所完成。

在正常工作过程中，螺杆泵地面驱动装置中储存了大量的能量。当井由于某种原因停机时，储存在驱动杆柱中的扭转弹性能量和作用在生产管柱上的流体势能需要释放，它们将反向旋转驱动杆柱和地面驱动装置里的旋转件。通常，在地面驱动装置里安装一个刹车装置来安全地释放掉储存在生产系统里的能量。刹车系统应做到：

——限制反转的速度以使地面驱动装置或生产系统里没有部件超过它的额定转速；
——限制反转的持续时间使油井工作冲击最小化；
——在反转结束时使储存在地面驱动和生产系统里的能量最小；
——从生产系统里消耗或吸收释放的能量，不会使地面驱动或生产系统里的任何零件温升超过如 ISO 6184 或 EN 13463 等国家或国际标准里规定的易爆气体环境的温度。

C.2 反转过程的理论模型

C.2.1 总则

反转发生在两种不同的情况下：卡泵或正常停机时。关于这两种情况的理论模型在 C.2.2 和 C.2.3 中介绍。公式中所用到的符号的定义可以在表 C.7 中找到。

C.2.2 卡泵

在这种情况下，因为泵被卡住，生产油管的流体不能通过泵流回油层环空。释放的能量仅是储存在驱动杆柱上的扭转弹性能量。卡泵情况的物理模型通过一个圆盘——弹簧系统表现，如图 C.1 所示。

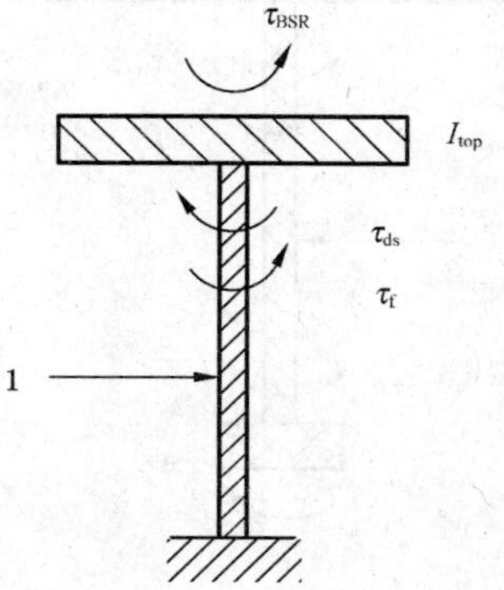

1——弹簧。

图 C.1 卡泵

卡泵情况下反转转矩仅为储存在驱动杆柱上的转矩 τ_{ds}，该转矩在反转过程中被刹车产生的制动转矩 τ_{BSR} 和生产系统的摩擦转矩 τ_f 所抵抗。净转矩 τ_{acctop}，用于表达该动力体系，参见式(C.1)：

$$\tau_{acctop} = \tau_{ds} - \tau_{BSR} - \tau_f \qquad \text{(C.1)}$$

作用在驱动杆柱上弹性扭转的数值是驱动杆柱上转矩的函数。对于驱动杆柱的圆形实心横截面，极惯性矩 J，由式(C.2)给出：

$$J = \frac{\pi}{32} D_{ds}{}^4 \qquad \text{(C.2)}$$

在停机时，驱动杆柱扭转量 $\theta_{shutdown}$，由式(C.3)表示：

$$\theta_{shutdown} = \frac{\tau_{shutdown}}{GJ} L_{ds} \qquad \text{(C.3)}$$

在反转过程中，旋转的释放导致驱动杆柱上的转矩下降。对于给定的驱动杆柱的旋转角 θ_{top}，剩余转矩 τ_{ds}，给出如下定义，参见式(C.4)：

$$\tau_{ds} = \frac{GJ}{L_{ds}} (\theta_{shutdown} - \theta_{top}) \qquad \text{(C.4)}$$

防止反转的转矩 τ_{BSR} 由刹车系统产生，制动转矩 τ_{BSR} 是反转速度的函数，在一些情况下，与传动装置温度有关，由式(C.5)给出：

$$\tau_{BSR} = f(\theta_{top}, T_{drv}) \qquad \text{(C.5)}$$

在由供应商或制造商提供的地面驱动性能信息里，刹车系统的性能依照 6.3.2 定义。防反转转矩 τ_{BSR}，在 6.3.2.2.2 里明确提供。生产系统的摩擦转矩 τ_f 也能防止反转。它包括推力轴承，密封盒和杆管之间的摩擦转矩。

驱动装置、皮带轮、电机和部分驱动杆柱的加速度由式(C.6)表示：

$$\ddot{\theta}_{top} = \tau_{acctop} / I_{top} \qquad \text{(C.6)}$$

总的转动惯量 I_{top}，包括动力系几个具有不同反转速度的部件的转动惯量。每个部件的转动惯量 I_i，与它们同光杆的速比 N_i 相关，在公式 C.7 中给出：

$$I_{top} = I_1 + N_2^2 I_2 + N_2^2 N_3^2 I_3 + \cdots \qquad \text{(C.7)}$$

注：I_1 在光杆速度下运转的装置的转动惯量；

I_2 在组件 I_{i-1} 的速度乘以速比 N_2 速度下运转的装置的转动惯量。

$N_i = \dfrac{\dot{\theta}_i}{\dot{\theta}_{i-1}}$ 是个常量。

C.2.3 正常停机

正常停机情况的物理系统通过两个圆盘——弹簧系统表现，如图 C.2 所示。

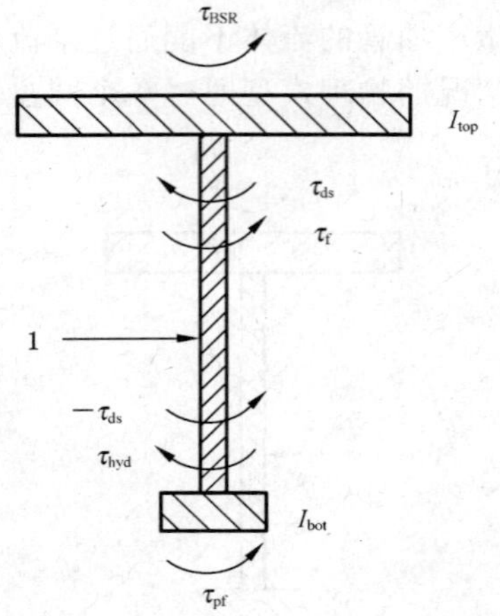

1——弹簧。

图 C.2 正常停机情况

在正常停机情况下，液压转矩（由通过螺杆泵的压差引起）以驱动杆柱转矩的方式来加速动力体系和驱动杆柱。生产管柱的流体通过泵回到井的环空。假设流体从井的环空流回储层，在停机前流体在环空里的水平面不能立即地改变工作流体水平面。反转的第二步和动力方程在式（C.8）和（C.9）中给出：

$$\tau_{acctop} = \tau_{ds} - \tau_{BSR} - \tau_{f} \qquad \text{(C.8)}$$

$$\tau_{accbot} = \tau_{hyd} - \tau_{ds} - \tau_{pf} \qquad \text{(C.9)}$$

从泵的转子旋转起，驱动杆柱的转矩 τ_{ds} 就成为驱动杆柱顶部旋转角 θ_1、转子旋转角 θ_2 的函数，参见式（C.10）：

$$\tau_{ds} = \frac{GJ}{L_{ds}}[\theta_{shutdown}] - (\theta_{top} - \theta_{bot})] \qquad \text{(C.10)}$$

液压转矩 τ_{hyd} 依赖于泵的几何参数（由供应商或制造商提供），它是通过泵的压差的函数，由泵上净液面高度 L_{fluid} 来表示，参见式（C.11）：

$$\tau_{hyd} = f(L_{fluid}) \qquad \text{(C.11)}$$

泵的摩擦转矩 τ_{pf} 也限制转子在定子里的旋转。

转子和部分驱动杆柱的加速度通过式（C.12）给出：

$$\ddot{\theta}_{bot} = \tau_{accbot} / I_{bot} \qquad \text{(C.12)}$$

驱动装置，皮带轮，电机和部分驱动杆柱的加速度见式（C.6）。

C.3 初始条件

反转开始的初始条件由式（C.13）给出：

$$\left.\begin{array}{l} t = 0 \\ \tau_{ds} = \tau_{shutdown} \\ \theta_{top} = \theta_{bot} = 0 \\ \dot{\theta}_{top} = \dot{\theta}_{bot} = 0 \end{array}\right\} \qquad \text{(C.13)}$$

C.4 刹车系统性能

C.4.1 反转制动转矩

在反转过程中地面驱动装置的反转制动转矩起着一个关键的作用。如式（C.4）所示，它和地面驱动装置刹车速度及温度有关。这三个变量间的公式关系应由附录 H 所描述的试验方法确定。

C.4.2 散热

反转过程释放了储存在驱动杆柱中的扭转弹性能量及液体势能。这些能量被地面驱动装置吸收导致它温度的上升。当地面驱动装置的温度超过环境温度时，热量向周围散发。任何时刻驱动装置的温度都与驱动器能吸收多少能量和散热能有多快（散热率）直接相关。

地面驱动装置的热容量和散热率参见附录 H。

C.5 输入参数

C.5.1 总则

表征地面驱动装置应用的输入计算可以根据地面驱动装置或应用情况进行分析。

C.5.2 地面驱动装置

地面驱动装置依据下列指标进行分析：

——地面转动装置包括齿轮、轴及电机的转动惯量；

——作为反转速度和温度的函数的防反转转矩；

——热容量；

——散热率。

C.5.3 应用

地面驱动装置的应用受到以下条件的限定：

——驱动杆柱和油管柱尺寸；

——驱动杆柱材料的机械性能；

——井的几何参数；

——泵挂深度；

——泵的排量；

——泵的容积效率；

——泵和其他生产系统零件的摩擦力；

——停机转矩；

——原始地面驱动装置温度；

——环境温度；

——工作液面；

——泵送介质密度和粘度。

C.6 计算步骤

作为生产系统储存能量的函数，评价反转速度和持续时间所需的计算步骤如下所示：

a) 开始的初始条件，见式(C.13)；

b) 用式(C.1)～(C.7)或(C.8)～(C.12)计算生产系统组件的加速度；

c) 计算过一小段时间后从动轴和转子的反转速度。基于b)中计算出的旋转加速度；

d) 用式(C.5)计算防反转转矩；

e) 计算由刹车完成的工作；

f) 计算散热率；

g) 计算新的刹车温度(基于刹车热容量)；

h) 计算新的旋转角(驱动杆柱的上端和下端)；

i) 计算流体通过泵的泄漏量；

j) 计算生产油管中的新的液面；

k) 用式(C.4)或(C.10)计算新的驱动杆柱转矩，用式(C.11)计算液压转矩；

l) 从步骤b)起反复计算，直到反转停止。

C.7 输出模型

输出模型应包括以下方面：

a) 作为时间函数的反转速度；

b) 作为时间函数的地面驱动或刹车温度；

c) 反转结束时的剩余液面。

基于以上信息，可以得到下面的参数：

——最大的反转速度；

——最大的地面驱动温度；

——反转持续时间；

——生产油管里的剩余液面。

这些输出通过对最大的反转速度和驱动温度与设备的额定值做对比，可以用来评估地面驱动刹车系统对于准备应用的适应性。

应考虑与每一个输入变量不确定的联系，以确定对于输出模型的不确定的影响的大小。

C.8 模型验证

C.8.1 总则

任何关于评价刹车系统的模型都可通过下面提供的台架试验来验证。每个测试实例要对描述井况和操作条件的输入量加以详细说明，并从基于附录所列出的理论模型中提供实例的输出。四种情况覆盖了在典型的螺杆泵应用下刹车要求的范围。

C.8.2 卡泵的例子

C.8.2.1 例 1——卡泵，低工作转矩

表 C.1 的数据描述了卡泵停机情况下的设备工况和工作条件。

表 C.1 模拟输入数据

应用参数	数值
井的形状	直井
D_{ds}	25.4 mm
G	75 GPa
D_{tub}	不适用
L_{ds}	914 m
V_{pump}	不适用
ε_{pump}	不适用
τ_{pf}	不适用
τ_{f}	13.6 N·m
$\tau_{shutdown}$	1 088 N·m
T_{drv}	40 ℃
T_{amb}	20 ℃
L_{fluid}	不适用
ρ_{fluid}	不适用
μ_{fluid}	不适用
I_{bot}	不适用
地面驱动参数	
I_{top}	33.71 kg·m^2
C_{drv}	127 kJ/℃

由地面驱动刹车系统产生的转矩通过八种不同的旋转速度和五种不同的初始温度计算出来，如表 C.2 所示。散热率也通过三种不同的温度计算出，如表 C.3 所示。

表 C.2 地面驱动刹车防反转转矩

抽油杆速度/(r/min)	抽油杆刹车转矩/(N·m)				
	0 ℃	25 ℃	50 ℃	75 ℃	100 ℃
0	0	0	0	0	0
50	220	171	145	129	118
100	350	267	221	194	175
200	578	434	354	306	410
300	782	584	475	407	362
400	974	724	586	502	445
600	1 327	984	793	677	599
700	1 496	1 106	891	759	673
800	1 664	1 228	988	842	746

表 C.3 地面驱动散热率

温差/℃	40	80	120
散热率/kW	0.42	0.84	1.25

如图 C.3 所示，通过模型仿真预测出地面驱动反转速度最大值为 439 r/min，驱动刹车转矩值最大为 686 N·m。

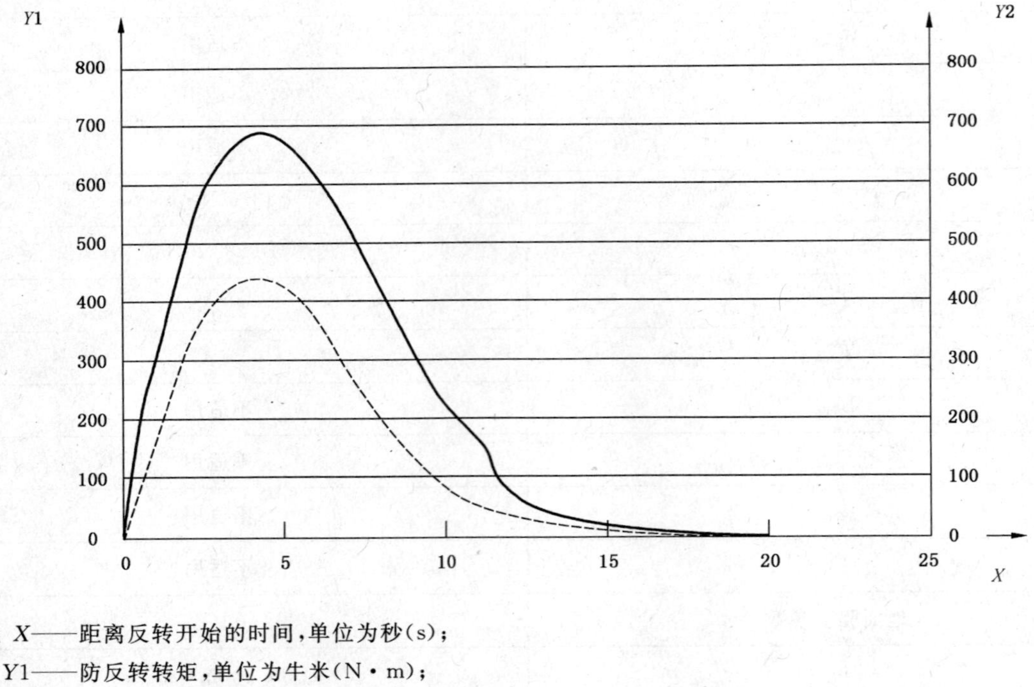

注：X——距离反转开始的时间，单位为秒(s)；

Y1——防反转转矩，单位为牛米(N·m)；

Y2——转速，单位为转每分(r/min)；

———防反转转矩；

-----——转速。

图 C.3 卡泵仿真结果

C.8.2.2 例 2——卡泵，高工作转矩

除停机转矩增加到 1 627 N·m 外，其余的输入参数都和例 1 相同。

如图 C.4 所示，通过模型仿真预测出地面驱动反转速度最大值为 703 r/min，驱动刹车转矩值最大为 981 N·m。

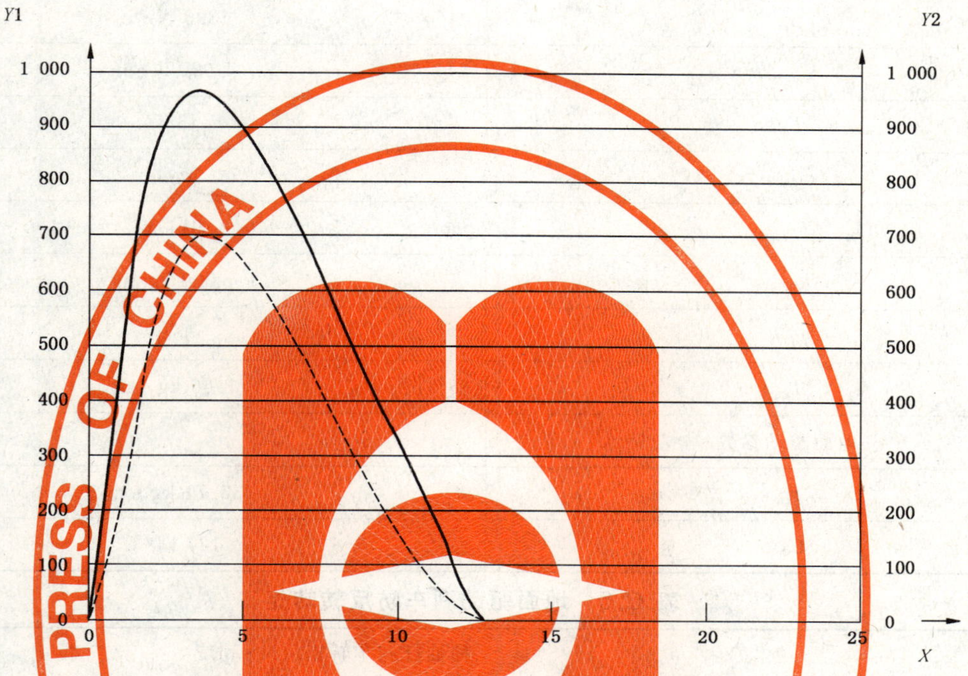

注：X——距离反转开始的时间，单位为秒(s)；

Y1——防反转转矩，单位为牛米(N·m)；

Y2——转速，单位为转每分(r/min)；

—— ——防反转转矩；

- - - - ——转速。

图 C.4 卡泵仿真结果

C.8.3 正常停机举例

例 3 正常停机

表 C.4 中的数据描述了正常停机情况下的设备工况和工作条件，表 C.5 和 C.6 相对应地给出了刹车转矩特性和散热率。

表 C.4 模拟输入数据

应用参数	数值
井的形状	直井
D_{ds}	25.4 mm
G	75 GPa
D_{tub}	76 mm
L_{ds}	914 m
V_{pump}	95 m^3/d(在 100 r/min 时)

表 C.4（续）

应用参数	数值
ε_{pump}	75％
τ_{pf}	136 N·m
τ_{f}	13.6 N·m
$\tau_{shutdown}$	1 627 N·m
T_{drv}	45 ℃
T_{amb}	35 ℃
L_{fluid}	914 m
ρ_{fluid}	1 000 kg/m³
μ_{fluid}	1 cp
I_{bot}	1.66 kg·m²
地面驱动参数	
I_{top}	33.71 kg·m²
C_{drv}	127 kJ/℃

表 C.5　地面驱动刹车防反转转矩

抽油杆速度/(r/min)	抽油杆刹车转矩/(N·m)				
	温度/℃				
	0	25	50	75	100
0	0	0	0	0	0
50	220	171	145	129	118
100	350	267	221	194	175
200	578	434	354	306	410
300	782	584	475	407	362
400	974	724	586	502	445
600	1 327	984	793	677	599
700	1 496	1 106	891	759	673
800	1 664	1 228	988	842	746

表 C.6　地面驱动散热率

温差/℃	40	80	120
散热率/kW	0.42	0.84	1.25

注：在反转作用下假设环空中的液面保持常量。

如图 C.5 所示，通过模型仿真预测出驱动温度最大值为 105 ℃，反转速度最大值为 672 r/min。

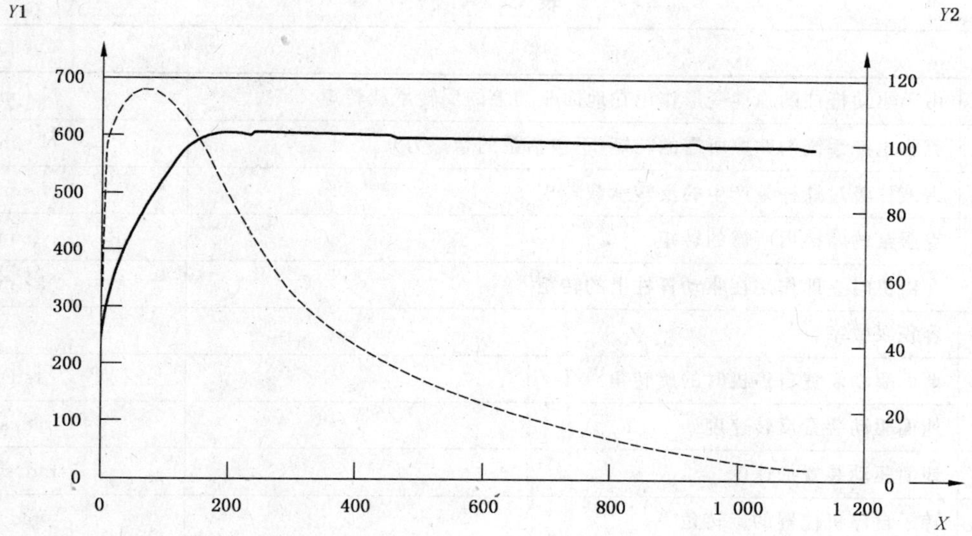

注：X——时间，单位为秒(s)；

$Y1$——驱动反转速度，单位为转每分(r/min)；

$Y2$——驱动温度，单位为摄氏度(℃)；

—— ——驱动温度；

- - - - ——驱动速度。

图 C.5 正常停机仿真结果—例 3

表 C.7 符号表

符号	描 述	单 位
C_{drv}	地面驱动热容量	kJ/℃
D_{ds}	驱动杆柱直径	mm
D_{tub}	生产油管内径	mm
G	刚性模量	Pa
J	驱动杆柱截面的极惯性矩	m^4
I_{top}	驱动器，皮带轮，电机和部分驱动杆柱的总的转动惯量	$kg \cdot m^2$
I_{bot}	泵的转子和部分驱动杆柱的转动惯量	$kg \cdot m^2$
I_i	在反转过程中动力体系每个元件的总的转动惯量	$kg \cdot m^2$
L_{fluid}	净液面	m
L_{ds}	驱动杆柱的长度	m
N_i	动力体系中元件(i)和元件($i-1$)之间的速比	
t	时间	s
T_{amb}	环境温度	℃
T_{drv}	驱动温度	℃
V_{pump}	泵的流量	m^3/d (在 100 r/min 时)
τ_{accbot}	使泵转子和部分驱动杆柱加速的转矩	
τ_{acctop}	使传动装置，皮带轮，电机和部分驱动杆柱加速的转矩	N·m
τ_{BSR}	由刹车系统产生的防反转转矩	N·m

表 C.7(续)

符号	描述	单位
τ_{ds}	由于驱动杆柱的弹性变形作用在地面驱动上的反转承载转矩	N·m
τ_{f}	克服生产系统的摩擦所需的转矩(不包括泵的摩擦力)	N·m
τ_{hyd}	由液柱流过螺杆泵产生的反转承载转矩	N·m
τ_{pf}	克服泵的摩擦力所需的转矩	N·m
$\tau_{shutdown}$	在停机时立即作用在驱动杆柱上的转矩	N·m
ε_{pump}	容积泵效率	%
θ_{top}	地面驱动装置自停机时的旋转角	rad
$\dot{\theta}_{top}$	地面驱动装置反转速度	rad/s
$\ddot{\theta}_{top}$	地面驱动装置加速度	rad/s^2
θ_{bot}	转子自停机位置的旋转角	rad
$\dot{\theta}_{bot}$	转子反转速度	rad/s
$\ddot{\theta}_{bot}$	转子的加速度	rad/s^2
$\theta_{shutdown}$	停机时驱动杆柱总的旋转角(圈数)	rad
ρ_{fluid}	生产管柱里的流体密度	kg/m^3
μ_{fluid}	生产管柱里的流体粘度	mPa·s

附 录 D
（资料性附录）
应用于螺杆泵的抽油杆的选择和使用

D.1 总则

此附录主要讲述了适用于井下螺杆泵的常规的抽油杆的考虑事项（通常包括地面驱动螺杆泵系统）。

D.2 背景

螺杆泵系统通常用一个抽油杆柱把动力转矩从地面驱动装置传递到井下螺杆泵。这种应用和往复泵不同，使抽油杆同时受到扭力和轴向力。关于抽油杆的性能介绍下面几个特殊的问题：

由于同时受到扭力和轴向力，杆的承载更复杂。

由于井眼的曲率引起的杆弯曲每天都使百万次应力循环作用在杆柱上，所以疲劳是主要的失效形式。

抽油杆的装配是个关键，施加的扭转载荷会导致接箍周向位移量的增加从而损坏抽油杆的连接。

这些问题的讨论见 D.3～D.7。

D.3 抽油杆承载

D.3.1 总则

在螺杆泵系统中，驱动杆柱能把外加的轴向力和转矩传递给井下螺杆泵。假如轴向力和扭矩的复合应力超过了驱动杆柱的许用应力，会发生失效。

在驱动杆柱任何位置的轴向力和转矩由几种不同的成分组成，如图 D.1 所示。作用在泵上的几种主要的载荷（如泵的水力转矩和泵的轴向力）也作用到驱动杆柱上，而其他的载荷（如摩擦转矩和抽油杆自重）沿着驱动杆柱的长度逐步增加。几乎在所有的情况下，驱动杆柱在地面上与光杆连接处的轴向力和转矩是最大的。

D.3.2 螺杆泵液压转矩

液压转矩是泵的几何参数的函数，和通过泵的压差是成比例的。在泵入口处（例如套管头压力和由于液面引起的套管内静水压力）和泵出口处（例如油管头压力，油管内高出泵的静水压力及生产油管内的压力损失）的压力是不同的。

D.3.3 泵的摩擦转矩

泵的摩擦力是由于定转子之间的过盈产生的，通常通过泵的台架试验来测量。但是，假如由于温度和化学因素定子橡胶溶胀，泵下井后摩擦力会增加。当泵在高速下抽送高粘度液体时，泵的扭转阻力也会增加。通常在启动时，定子和转子的静摩擦力是最高的。

D.3.4 驱动杆柱阻抗转矩

当驱动杆柱在生产油管里的液体内旋转时，在液体和驱动杆柱之间阻止驱动杆柱旋转的表面剪力会增加。

D.3.5 泵的轴向力

像泵的液压转矩一样，泵的轴向力是泵的几何参数的函数，和通过泵的压差是成正比的。

D.3.6 抽油杆自重

驱动杆柱的重量，包括泵的转子，也能增加作用在杆柱上的轴向力。

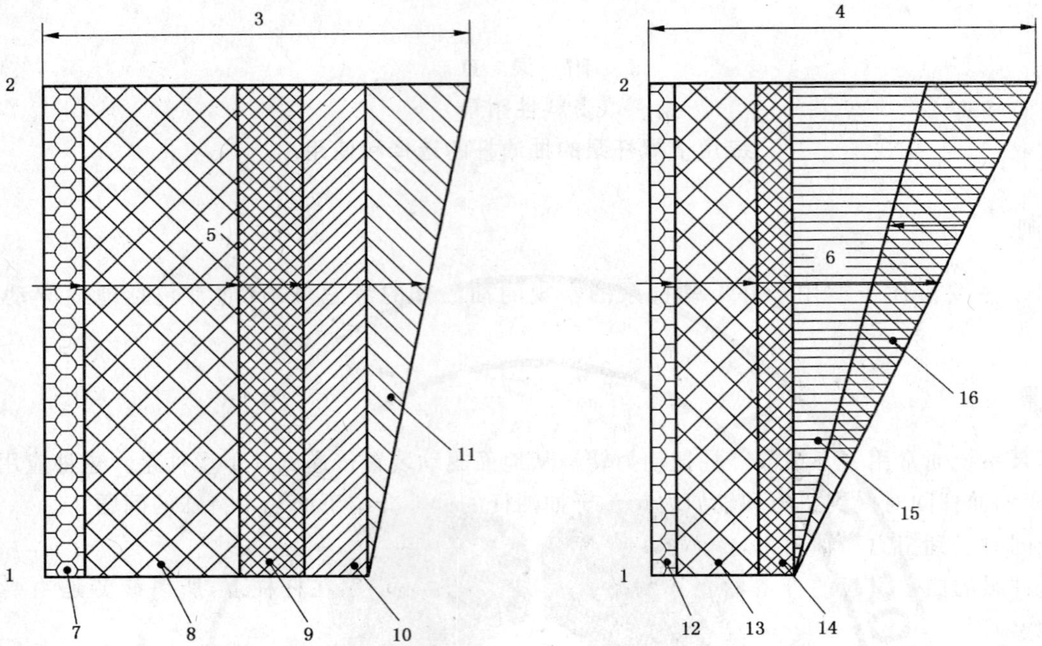

1——螺杆泵；
2——地面；
3——光杆转矩；
4——光杆轴向力；
5——杆柱转矩；
6——杆柱轴向力；
7——螺杆泵液压力(井口背压)；
8——螺杆泵液压力(静水压力)；
9——螺杆泵液压力(沿程损失)；
10——螺杆泵摩擦力；
11——阻力；
12——泵的轴向力(油管头压力)；
13——螺杆泵轴向力(静水压力)；
14——螺杆泵轴向力(沿程损失)；
15——抽油杆自重；
16——浮力。

图 D.1　分布到驱动杆柱的转矩和轴向力的组成

D.3.7　驱动杆柱浮力

沿程损失在流体方向上产生作用在驱动杆柱上的力，造成杆的拉力的减少。这些力分别以面积浮力和表面浮力的形式作用于接箍和抽油杆本体上。

D.4　抽油杆极限应力

抽油杆的应力极限基于许用应力(例如，米塞氏屈服应力)，它考虑轴向力和转矩的组合。在螺杆泵应用时，有效应力主要是扭矩的函数，轴向力的影响较小。

与发生在游梁式抽油机里的杆循环应力相比，加在螺杆泵的杆应力相对来说比较恒定。作为一种结果，许多载荷应力(有效的抽油杆应力)能达到杆材料的屈服应力并不引起失效，尽管在垂直井和水平井应用下因弯曲而产生的失效是一个主要问题。

D.5　抽油杆失效

已证实承受交变载荷的机械元件易受金属疲劳的影响。甚至材料的峰值应力水平低于材料的屈服强度也可能导致疲劳失效的发生。典型的应力分析用于评估在交变应力环境下的元件的使用寿命。元件的疲劳寿命受以下几个因素的影响：平均应力；外加应力波动形式；应力波动值。载荷波动加上高平均应力会比载荷波动加上低平均应力导致一个更严重的疲劳破坏。在螺杆泵应用背景下，这是很重要的，因为驱动杆柱里平均应力通常较高。多数钢呈现出一个持久疲劳强度极限，最大交变载荷导致一个“无限”的疲劳寿命。设计驱动杆柱时使交变应力低于持久疲劳强度极限是一个有效的设计准则。但是，根据腐蚀机理结合交变载荷能降低抽油杆材料的耐疲劳性，以至在一些腐蚀环境下不能达到"无限"疲劳寿命。

在许多螺杆泵应用下驱动杆柱受严重的交变载荷。由于生产油管里有气或由于流体内有气泡或砂子会增大泵的摩擦力，从而引起泵的排量和压力的变化，泵的转矩和轴向力会有一个明显的波动。按给定的典型的螺杆泵运行速度，在几天内螺杆泵的循环载荷能达到几百万次。因此，当这些载荷条件可能发生时考虑疲劳分析是很重要的。在计算疲劳寿命时，高频（例如斜井的弯曲因素）与低频（例如气滞作用）也在考虑之中。

D.6　接头旋接

在螺杆泵应用中，接头旋接是很关键的，旋接时外加扭矩超过扭转阻力，在泵送过程中这种外加扭矩载荷会引起接箍处周向位移量的增加。接箍的抗扭强度是在旋接过程中作用在螺纹和转矩台肩上的预紧力的函数，如图 D.2 所示。旋接扭矩不足时会导致低的预紧力和低的扭转阻力。抽油杆上高的拉伸载荷也会降低台肩上的预紧力，从而引起抽油杆柱上扭转阻力的减小。

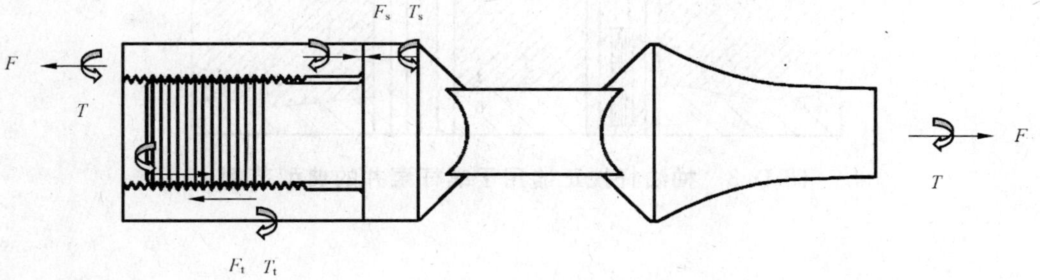

$$F=F_t-F_s$$
$$T=T_t-T_s$$

F_t——螺纹上的轴向力；　　T_t——螺纹上的转矩；
F_s——台肩上的轴向力；　　T_s——台肩上的转矩；
F——总轴向力；　　T——总转矩。

图 D.2　接箍处的载荷

接头旋接的扭转阻力由螺纹和转矩台肩间的静摩擦系数决定。但是，假如超过扭转阻力，摩擦特性由动摩擦的系数决定，它很明显地要低于静摩擦系数。另外，接触面（例如转矩台肩和接箍端面）的快速运动能产生动力润滑进一步减小摩擦作用，这会引起接头处的扭转阻力明显减小，此时允许进一步旋紧接头。这个施加载荷可能会损害接头。

已经存在周向位移增量的接箍处可能会有以下全部或部分现象：

a)　螺纹牙剥落；

b)　接箍成喇叭状或接箍端面的塑性变形；

c)　公螺纹退刀槽的拉断。

在生产井中，驱动杆柱像一个巨大的扭簧，能量以弹性扭转能的形式储存在杆柱中，周向位移增量情况可能会特别严重。当杆柱中储存的能量超过接箍处的扭转阻力时，会继续施加扭矩，导致周向位移增量快速的产生。这被称为动力旋接，通常导致接箍处破坏。

确保抽油杆接头旋接符合制造商的规范，以使周向位移增量的影响最小化。这些规范规定了超过手动旋紧的确切位置几分之一转，在泵的启动和运行过程中需要一个装配转矩超过在泵的启动和运行过程中的外加转矩。只要启动和运行扭矩不超过装配扭矩，周向位移增量不可能会发生。

D.7　驱动杆柱和油管磨损

螺杆泵系统中驱动杆柱和油管的磨损不同于游梁式抽油机系统，抽油杆接箍在油管内的某一位置旋转，引起局部磨损。另外，螺杆泵经常用于固体颗粒存在的场合，这会严重地加快磨损速度。可以通过在接箍上套上软的消耗性材料(例如合成橡胶)或通过在接箍间把接触载荷分布在几个沿抽油杆本体放置的抽油杆扶正器上，如图 D.3 所示。使用这些减轻磨损的措施时应加以小心，因为它们通常会增加生产油管内的压力损失，从而增加驱动杆柱里的拉力，导致抽油杆和油管间更高的接触载荷。

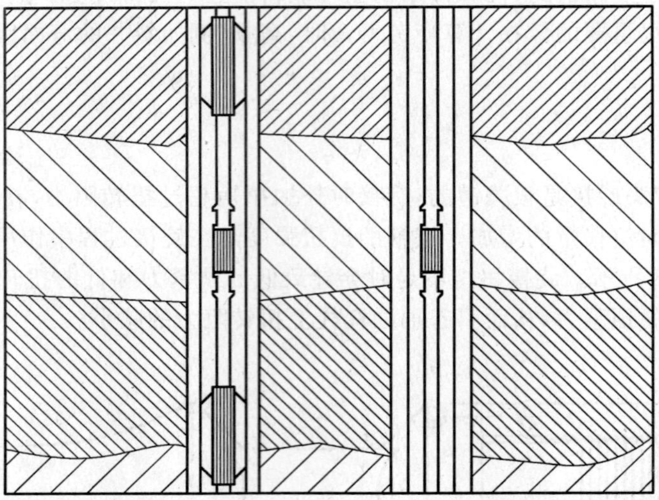

图 D.3　抽油杆扶正器用于螺杆泵井的典型范例

附 录 E
（资料性附录）
操作指南

E.1 总则

选择合适的地面驱动装置和辅助设备，需要对结构、动力传递和反转速度控制能力进行研究和评价，以保证系统的安全和持续运行。地面驱动装置的操作需要制定一个详细的计划，它包括合适的操作安全预防措施来符合所有相关设备和所有适用法规的要求（包括适当的安全和操作预防措施，满足所有相关设备和所有采用的规范的要求）。按设备供应商或制造商提供的要求来操作地面驱动装置和辅助设备。

作为考虑要点的初步目录列出以下几个问题。这不必是一个完整的目录因为它可能在其他专题研究或地方要求里会述及。它最少包括注意以下所描述的危害。

E.2 残余能量

假如储存在生产系统里的能量不能完全释放，它可能会在地面系统拆卸的时候释放。强烈建议给操作者和井场服务人员提供充分的措施，以可控制的且安全的方式来释放残余能量的程序。

E.3 地面传动装置过热

由于环境温度过高或在泵遇阻塞或卡泵时尝试重新启动，地面传动装置刹车系统可能会有过热现象，刹车或地面传动装置温度超过推荐的温度会降低刹车性能，若接触到爆炸性气体化合物时可能会有爆炸的危险。强烈建议努力防止系统在超过供应商/制造商指定的操作温度范围运行。

E.4 低温运行

低的环境温度会影响地面传动装置刹车系统的性能。建议操作手册里对特殊的地面驱动装置应清晰地表明装置的操作温度范围。应努力防止系统在超出供应商或制造商指定的操作温度范围运行。

E.5 手动可调的刹车系统

手动可调的刹车系统允许使用者或购买者调整刹车来适合当前的刹车要求。在潜在的流体能量充分释放前，允许用户通过反转制动方法来“锁住”能量，这存在潜在的危险。假如刹车被重新调整或地面驱动装置被拆卸时，残余能量会突然释放。同样地，刹车的不合适的调整能导致反转速度超过最大的运行速度，这样就引起危害。建议实施预防措施来防止这些刹车系统的不适当的调整。

E.6 光杆伸出量

在反转过程中，离心力过高能引起光杆伸出光杆卡瓦部分的弯曲，当驱动杆柱持续旋转时，将引发重大的安全危害。建议光杆伸出量不要超过地面驱动供应商或制造商建议的长度（通常小于 0.3 m）。

E.7 改变运行条件

井的运行条件的改变，比如流体特性，泵速，液面，压力和井下泵的尺寸等都对反转速度和持续时间有影响。建议假如工作条件改变的话，操作者要确认工作条件在地面驱动装置限定的范围之内。

E.8 改变环境条件

井的环境条件的改变，比如环境温度，气流，紫外线辐射，灰尘或风沙的条件，盐雾或其他相关的问题都对地面驱动装置的性能有影响。建议在一个新环境安装和运行地面驱动装置之前，操作者要确认环境条件在地面驱动装置限定的规范之内。

E.9 改变辅助设备

辅助设备的改变会减少地面驱动装置的运行范围。除了那些在设备运行手册中阐明的允许的改变，建议关于辅助设备的任何改变都要由在这个领域的有资格的工程师授权。

E.10 操作和安全提醒

没有在设备上标明的所有附加的操作和安全提醒应加以定义和详细说明，并覆盖所有的操作者和使用者或购买者提出的当地要求。

附 录 F
（资料性附录）
安装指南

F.1 总则

地面驱动装置的安装需要制定一个详细的计划，它包括合适的安全操作预案以满足所有相关设备和所有适用规范（包括适当的安全操作预案，满足所有相关设备和所有采用的规范的要求）。按设备供应商或制造商提供的要求来安装地面驱动装置和辅助设备。

以下是安装地面驱动装置时需要注意的几个主要问题，它不像其他专题研究和局部要求一样，包含了所有要求，但是，强烈建议设备和产品按照特定的设备和应用经验安装。一个合适的地面驱动装置和辅助设备的选择需要考虑和评价结构、动力传递和反转速度控制能力，以保证系统的安全和持续运行。

F.2 起吊地面驱动装置

为了避免设备损害和人身伤害，起吊地面驱动装置时应小心。许多地面驱动装置配备起吊点以实现平衡。若有可能，建议至少有两个起吊点以悬挂吊环或吊钩，通过（用第三个吊钩）在合适的起吊位置固定吊环，此位置在吊环上（约上半部位）地面驱动装置可以平衡起吊。

F.3 安装密封部件

在把密封部件安装在井口上之前，来确定光杆伸出三通的长度是必要的（应确定光杆伸出三通的长度）。为此，首先要确定地面驱动装置的总高度，包括安装的密封部件和光杆卡瓦。保持伸出光杆卡瓦的量最小（小于 0.3 m），若伸出量过大，会导致严重的震动，并在反转时加大偏心冲击载荷。

在安装密封部件前按供应商或制造商的指导书润滑光杆；

按供应商或制造商的指导书在光杆通过密封部件时在光杆上端加一个锥套，以防止密封件或抽油杆螺纹损坏。将密封件滑过光杆，按要求连接到三通上。

F.4 皮带与皮带轮的安装

当把皮带轮安装到地面驱动装置上时，在皮带轮的内侧安装一个锥套会更方便。应确认主动轮与从动轮调整在同一平面上。

当皮带松时，通过增加两个皮带轮间的中心距来使皮带张紧。

系统运行几分钟，来定位皮带。在最高的载荷情况下（通常在启动时）观察地面驱动装置，皮带的松边的轻微的下垂通常表明合适的张紧力。假如松边在最大负荷下很紧，皮带就太紧了。皮带过度的下垂或震动表明张力不够。应停下驱动装置，重新张紧皮带。

经常通过观察皮带拉紧的松边检查皮带的张紧力。在运行几天之后，皮带会变松，重新张紧皮带以使皮带的松边显示轻微的下垂是有必要的。

F.5 光杆卡瓦的安装

分体式光杆卡瓦通常有一个空心底端用来与驱动轴上端的两个机加工扁平面配合。当拧紧光杆卡瓦时，应保证光杆卡瓦两瓣间有均匀的间隙，以确保空心轴边缘没有与驱动轴的驱动平面干涉。如果与驱动平面相互干涉，光杆卡瓦不能安全的抱住光杆。

F.6 支撑柱和支撑板系统的安装

当需要支撑柱时，通常会有两个目的：防止在反转过程中安装在井口的螺纹脱扣，帮助支撑由偏向一侧的电动机产生的偏置载荷。支撑柱通常被延伸到支撑板并由螺栓固定在地面套管井口法兰上。

F.7　管线单向阀

建议使用者或购买者在井口的下游管线上安装一个单向阀，确保当螺杆泵生产系统停机时流体不从油罐或管线流回至井口。假如不控制的话，回流会延长反转时间，并通过潜在地降低刹车系统的性能引起危险的发生。

附　录　G
（规范性附录）
橡胶与非金属材料要求

G.1　总则

所有橡胶与非金属材料应按本附录的要求进行检测。

G.2　橡胶与非金属材料

每一个零件材料均应符合供应商或制造商所编制的规范。提供符合此规范设备的供应商或制造商对以下内容负责。供应商或制造商应编写试验程序及试验结果文件，以测试密封材料达到设备额定工况下的极限。供应商或制造商为非金属部件编写的规范应定义那些能标明材料特性的性能指标，如下所示：

a）化合物类型；

b）机械性能最小值：

1）拉伸强度（断裂时）；

2）延伸率（断裂时）；

3）张力模量（50%或100%应用时）。

c）压缩形变；

d）肖氏硬度或国际硬度；

e）耐腐蚀性；

f）允许的温度范围。

G.3　公差

O型密封圈的公差应依照GB/T 3452.1。其他密封元件应达到制造商规定的尺寸公差要求。抽样检验程序及每一批次的接收或拒收应按MIL STD 105E或GB/T 2828.1、ISO 2859-2中一般检验的Ⅱ水平。O型密封圈接收质量限（AQL）2.5，其他密封件接收质量限（AQL）1.5。

注：SAE AS568等效GB/T 3452.1。

G.4　硬度

橡胶材料的肖氏硬度或国际硬度应按ASTM D1415或ASTM D2240来检测。优先的试验方法是从一批或一个硫化周期里找一个试验样品做硬度试验，而不是试验单独的密封件。如果是对个别的密封件试验，抽样检测则成为对一批次产品的接收或拒收的依据，还应分别依据上面所引用的关于O型密封圈和其他密封元件的标准来执行。

G.5　目视检查

O型密封圈的目视检查应依据GB/T 3452.2。其他密封元件的目视检查应按制造商所编制的检验程序，包括密封唇损坏、飞边、断裂、裂纹和其他可目测的损坏项目等。抽样检测和对批次产品的接收或拒收，应依据备有证明文件的材料验收规范，验收规范规定了可应用的质量合格标准水平，这和被拒收零件的频率有关。

G.6　堆放与贮存

许多橡胶和非橡胶材料需要特殊的堆放与贮存步骤。制造商编制的规范应包括堆放与贮存的要求、对每个特殊化合物和密封件提出合适的存储期。

G.7 其他非金属材料

除橡胶以外的非金属材料应依照制造商编制的规范，主要包括材料组成要求，机械性能，检测，公差，堆放，储存和可追溯性。

G.8 可追溯性

可追溯性要求应由制造商形成文件，并应充分地保证和核实所有制造的零件均应满足制造商编制的规范。仅当零件用于组件装配或总装配时才需要它的可追溯性。

G.9 尺寸检验

按制造商编制的验收规范，包括所有设计图样的相关方面、检验的抽样程序和对批次的接收与拒收，应根据备有证明文件的材料验收方案，验收方案应定义适用的 AQL 质量合格标准水平，这和被拒收零件的频率有关。

附 录 H
（资料性附录）
刹车系统测试方法

H.1 目的

本附录描述了用于确定螺杆泵地面驱动装置刹车系统的性能特征的推荐测试程序。

H.2 概述

测试程序规定为确定地面驱动装置刹车系统的如下特性：

a） 热容量；

b） 散热率；

c） 防反转转矩的相对速度。

H.3 测试条件

H.3.1 地面驱动装置应在垂直工作方向上安装牢固。

H.3.2 地面驱动装置周围的气流应模拟“静止空气”环境加以限制。

H.3.3 环境空气温度应在 15 ℃～25 ℃之间。

H.3.4 所有的障碍物和其他热障碍(例如墙，天花板等)应离开地面驱动装置至少 0.5 m。

H.3.5 所有的保温层或冷却套应离开地面驱动装置至少 0.5 m。

H.3.6 配置的液压马达或电机应可以使传动系统反向旋转。

H.3.7 模拟的反转速度应控制在目标测试速度的 5%之内。

H.4 测量

H.4.1 环境空气温度应在接近驱动装置的中部和距离地面驱动装置最近的零件约 0.5 m 的位置测量。

H.4.2 关键部件温度(耐低温部件或传动装置暴露在大气中的最热部件)应通过每一个试验持续监控。

H.4.3 输入转矩应基于现场测量和电机的性能曲线或液压马达的不同液压力进行计算。

H.4.4 主轴的旋转速度应用变频器输出或电子传感器直接测量进行监控。

H.5 测试步骤——在环境温度下，不同防反转转矩对应的速度

H.5.1 在正常反转操作的范围内以一定的速度反方向旋转地面驱动装置。

H.5.2 在刹车挂合时记录速度。

H.5.3 在防反转转矩稳定(通常是 10 s～30 s)后记录速度、刹车系统的应用转矩和关键部件温度。

H.5.4 快速增加旋转速度直到下一个测试速度。

H.5.5 共测试五种速度，包括有代表性的最大运行速度，以最高速度为最大运行速度。

H.5.6 对于地面驱动装置的关键部件以至少三种不同的初始温度重复步骤 H.5.1～H.5.5。

H.5.7 按测试的温度范围绘出反转速度(单位：r/min)和反转转矩(单位：N·m 或 ft·lbf)的关系。

H.6 测试步骤——散热率

H.6.1 挂合刹车以一定的速度反方向旋转传动装置。

H.6.2 持续监测外加转矩、转速、关键部件温度和环境温度，每 5 min 记录一次数据。

H.6.3 持续旋转驱动装置直到关键部件的温度变化在 5 min 内小于 1 ℃。

H.6.4 在稳定的条件下计算输入功率，并记录环境空气温度和关键部件的稳定温度。

H.6.5 在三种有代表性的运行速度下重复步骤 H.6.1～H.6.4。

H.6.6 绘出驱动装置温差（关键部件温度减去环境温度）与散热率（输入功率）的关系。传动装置温差单位为摄氏度（℃），散热率单位为瓦特（W）。

H.7 测试步骤——热容量

H.7.1 在一定的输入功率下挂合刹车反方向旋转驱动装置，要满足在 15 min 之内使关键部件的温度升高到最大运行温度。

H.7.2 持续记录外加转矩、转速、关键部件温度和环境温度。

H.7.3 从输入功率里减去估计的散热率来计算传动装置的净功率吸收速度（取决于测试步骤的进度）。

H.7.4 绘制净功率吸收率对于时间的曲线，基于此曲线的某些区域来计算地面驱动装置吸收的总能量。

H.7.5 根据地面驱动装置吸收的总能量除以传动装置温度的变化来计算系统的热容量，其单位为千焦每摄氏度（kJ/℃）。

H.8 报告

物理测试结果包括：

a） 散热率与温差的数学表达式或曲线；

b） 防反转转矩对于速度的数学表达式或曲线；

c） 刹车挂合速度；

d） 地面驱动装置的热容量。

参 考 文 献

[1] ISO 6184 (all parts), Explosion protection systems

[2] AWS D1.1/D1.1M, Structural welding code—Steel

[3] ANSI/AWS B2.1, Specification for welding procedure and performance qualification

[4] ASNT RP SNT-TC-1A, Personnel qualification and certification in nondestructive testing

[5] ASME Boiler and Pressure Vessel Code, Section Ⅴ: Nondestructive examination

[6] ASME Boiler and Pressure Vessel Code, Section Ⅷ: Division 1: Rules for construction of pressure vessels

[7] ASME Boiler and Pressure Vessel Code, Section Ⅸ: Welding and brazing qualifications

[8] ASTM E10, Standard test Methods for Brinell hardness of Metallic Materials

[9] ASTM E18, Standard test Methods for Rockwell hardness and Rockwell Superficial Hardness of Metallic Materials

[10] ASTM E92, Standard Test Method for Vickers Hardness of Metallic Materials

[11] ASTM E94, Standard Guide for Radiographic Examination

[12] ASTM E165, Standard Test Method for Liquid Penetrant Examination

[13] ASTM E709, Standard Guide for Magnetic Particle Examination

[14] BS 2M 54, Specification for temperature control in the heat treatment of metals

[15] CHOLET, H. (1997) Progressing cavity pumps. Editions Technip, Paris, France

[16] EN 13463-1, Non-electrical equipment for potentially explosive atmospheres—Part 1: Basic method and requirements

[17] NACE MR 0175/ISO 15156 (all parts), Petroleum and natural gas industries—Materials for use in H_2S-containing environments in oil and gas production

[18] Progressing Cavity Pumping Systems: Design, operation and performance optimization—Course Notes. C-FER, Technologies, 2002

[19] Revard, J. M. (1995) The Progressing Cavity Pump Handbook. Pennwell Publishing Company, Tulsa, Oklahoma, USA

[20] SAE AMSH6875:1998, Heat treatment of steel raw materials

[21] SAE AS568, Aerospace size standard for O-rings

ICS 75.180.10
E 94

中华人民共和国国家标准

GB/T 21412.3—2009/ISO 13628-3:2000

石油天然气工业 水下生产系统的设计与操作 第3部分:过出油管(TFL)系统

Petroleum and natural gas industries—Design and operation of subsea production systems—Part 3:Through flowline(TFL)systems

(ISO 13628-3:2000,IDT)

2009-03-16 发布 2009-10-01 实施

中华人民共和国国家质量监督检验检疫总局
中国国家标准化管理委员会 发布

前　言

GB/T 21412《石油天然气工业　水下生产系统的设计与操作》分为九个部分：

——第1部分：一般要求和推荐做法；

——第2部分：用于海底和海上挠性管系统；

——第3部分：过出油管(TFL)系统；

——第4部分：水下井口和采油树；

——第5部分：水下控制管缆；

——第6部分：水下生产控制系统；

——第7部分：修井/完井立管系统；

——第8部分：水下生产系统的水下机器人(ROV)接口；

——第9部分：遥控操作工具(ROT)维修系统。

本部分为GB/T 21412的第3部分。

本部分等同采用ISO 13628-3:2000《石油天然气工业　水下生产系统的设计和操作》(英文版)。

为了便于使用，本部分做了下列编辑性修改：

——“ISO 13628的本部分”改为“GB/T 21412的本部分”或“本部分”；

——用小数点“.”代替作为小数点的逗号“,”；

——删除国际标准的前言。

本部分的附录A为规范性附录，附录B、附录C和附录D为资料性附录。

本部分由中国石油天然气集团公司提出。

本部分由全国石油天然气标准化技术委员会归口。

本部分起草单位：海洋石油工程股份有限公司。

本部分主要起草人：刘培林、王峰、倪浩、陈思维。

应当注意，在标准中，有一些内容可能涉及专利权。本标准的发布机构将不负责确认哪些内容属于专利内容。

引　言

本部分基于 API RP17C :1991[5]。

这里描述的 TFL 系统和工具适用于水平运送和垂直进入井筒。

采用本部分的用户应注意，对于特定的应用场合可能会有不同于该标准的要求，或者是比标准中规定内容更深入的要求。本部分无意禁止卖方提供产品或买方去接受供应商所提供的产品，对于特定的应用场合，尤其是在技术上存在革新和发展的情况下，可选择替代的设备或工程办法。当采用替代做法时，供应商应当对不同于本部分的做法进行标识并提供详细说明。

石油天然气工业
水下生产系统的设计与操作
第3部分:过出油管(TFL)系统

1 范围

GB/T 21412 的本部分规定了过出油管(TFL)系统及设备的设计、制造和操作要求,并给出了相应的推荐做法。

本部分涉及的程序和要求适用于井下设备、水下采油树及油管挂、出油管(包括管线内设备)的液压作业。

本部分主要阐述了 TFL 系统在海上及水下的应用,同时它也可用于其他场合,如大斜度井和水平井。

本部分不涉及水下分离、增压、计量和井下泵送的相关内容。

2 规范性引用文件

下列文件中的条款通过 GB/T 21412 的本部分的引用而成为本部分的条款。凡是注日期的引用文件,其随后所有的修改单(不包括勘误的内容)或修订版均不适用于本部分,然而,鼓励根据本部分达成协议的各方研究是否可使用这些文件的最新版本。凡是不注日期的引用文件,其最新版本适用于本部分。

ISO 3183-1 石油天然气工业 钢质管线 技术提交条件 第1部分:等级 A 管线的要求(Petroleum and natural gas industries—Steel pipe for pipelines—Technical delivery conditions—Part 1:Pipes of requirement class A)

ISO 11960 石油天然气工业 作为套管和油管的钢质管线(Petroleum and natural gas industries—Steel pipes for use as casing or tubing for wells)

ISO 13628-4:1999 石油天然气工业 水下生产系统的设计和操作 第4部分:水下井口和采油树(Petroleum and natural gas industries—Design and operation of subsea production systems—Part 4:Subsea wellhead and tree equipment)

API RP 14E 海洋生产平台管线系统的设计和安装(Design and installation of Offshore Production Platform Piping System)

API Std 1104 管线与相关设施的焊接(Welding of Pipelines and Related Facilities)

3 术语、定义及缩略语

下列术语、定义和缩略语适用于 GB/T 21412 的本部分。

3.1 术语和定义

3.1.1

弯曲半径 bend radius

曲线所在圆的半径,即弯管所在圆的圆心至管道中心线的距离。

3.1.2

循环控制阀 circulation control valve

通常安置于循环点的阀,用于在生产过程中隔离油管柱或者隔离油管和套管。

3.1.3

循环点 circulation point

TFL 工作流体的进入和返回循环通道的位置。

3.1.4

换向器 diverter

在分支连接中起导向作用的设备。

注：通常指的是一类设备的总称，如导流器、换向器、选择器等。

3.1.5

通径规 drift

用于检查弯管的最小曲率半径以及环路弯管、出油管、接头等的最小内径的量规。

3.1.6

H 型短节 H-member

为井下的油管柱之间提供流体交汇和循环的工作筒。

3.1.7

环路弯管 loop

管道弯曲的部分，在 TFL 管线中起变向的作用。

3.1.8

防喷管 lubricator

用于将工具串送入/移出带压系统的管段及阀门。

3.1.9

止动系统 parking system

经过较大尺寸的出油管向井下较小尺寸的油管下人工具或设备时，通过止动系统，将运送工具或设备的活塞工具串滞留在井外，其携带的工具或设备可以继续下入油管中。

3.1.10

剖面 profile

用于座放工具的接管(接头)的内部构造。

3.1.11

凹槽 recess

管道中的扩径部分，其与管道同心。

3.1.12

密封腔 sealing bore

用于坐入封隔设备的管道抛光部分。

3.1.13

出油管 flowline

作业管线 service line

平台或地面设施与水下设施之间用于 TFL 作业的连接管线。

注：也可用于井的生产和其他测试作业。

3.1.14

出油管指示器 flowline signature

作业管线指示器 service line signature

当泵送工具经过出油(作业)管线或井下时，通过在地面读取或记录压力脉冲(峰值)来确定工具在作业/出油管线或油井中的准确位置的专用装置。

3.1.15

水下采油树　subsea tree

安装在海底的采油树。

3.1.16

TFL 管线系统　TFL piping system

包括上部防喷管、出油管、油管直至能够循环 TFL 工具达到的井下最深点的所有管线。

3.1.17

油管回收安全阀　tubing-retrievable safety valve

安装于油管上的井下安全阀。

注：该装置通常为井上控制，其孔径接近于油管内径因而不会妨碍工具的下入和起出。

3.1.18

Y 型短节　wye spool

环路弯管与垂直油管通道相连接的管线。

3.2　缩略语

BHP	井底压力
CCV	循环控制阀
EUE	外加厚扣型
ID	内径
OD	外径
SDC	侧开孔节流阀
SCSSV	井上控制的井下安全阀
SVLN	安全阀内的坐落接头
TFL	过出油管
TRSV	油管回收安全阀
TMD	总测量深度
TVD	实际垂直深度

4　TFL 系统

4.1　系统描述

TFL 方法是指利用流体来运送工具经过出油管和回路弯管进出油管柱来实现各种油井作业。通过工具串两端的流体压差为各种 TFL 作业提供动力，TFL 工具串如图 1 所示。

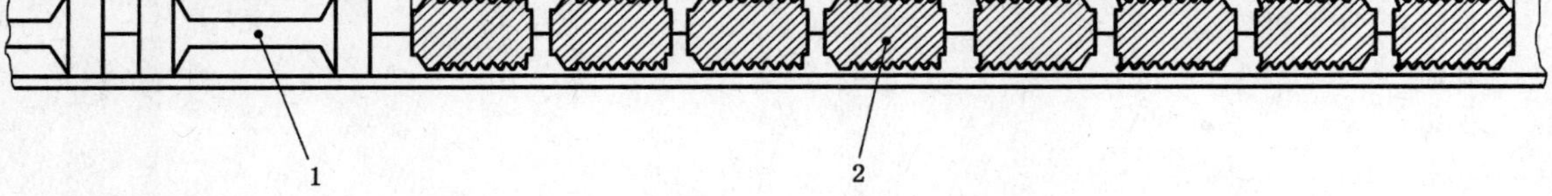

1——工具；

2——活塞。

图 1　压差（Δp）

4.2 TFL 的组件

典型的 TFL 系统如图 2 所示。其基本组件包括上部设备、出油管、水下采油树、TFL 作业工具及相应的井下设备。主要用于运送和控制 TFL 工具。运送工具靠泵压来完成，而这些工具的控制则是通过泵、仪表以及 TFL 控制管汇来实现。TFL 系统的基本要求为：

——系统要有合适的压力等级；

——为满足 TFL 作业需要应提供足够的流量；

——按照操作规程控制设备。

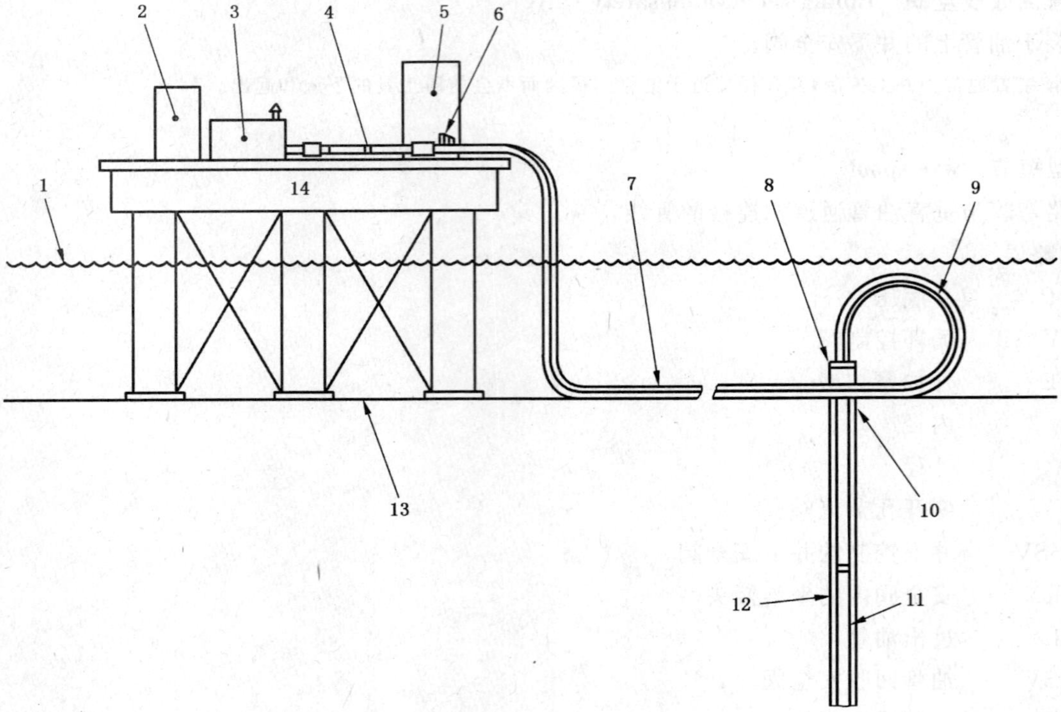

1——水面；
2——罐；
3——泵；
4——防喷管；
5——管汇及仪表；
6——压力变送器；
7——出油管/作业管线；
8——水下采油树；
9——TFL 弯管；
10——水下井口；
11——循环点(H 型短节)；
12——井筒；
13——泥线；
14——平台。

图 2　典型的海上 TFL 系统

4.3 系统/设备设计

TFL 工具已经设计用于多种尺寸的油管中，广泛应用于水下井(见图 3)。TFL 工具的设计取决于油管的内径和弯管最小弯曲半径。TFL 系统的设计应考虑接管和接头的内径以及作业管线和油管的压力等级。作业管线的内径应和井下油管柱的内径一致,否则应使用止动系统。如果作业管线的内径太大,流体将从运送工具串的活塞单元与管线内壁间的缝隙流过,导致工具串上作用力减小,同时也无法精确定位工具的位置。反之,如果作业管线的内径太小,将阻碍工具串的通过,从而导致过度的拖曳力,引起工具、密封、活塞单元的破坏和磨损。

附录 A 规定了对 TFL 管线的要求,表 A.1 列出了不同尺寸油管所对应的 TFL 管线内径。

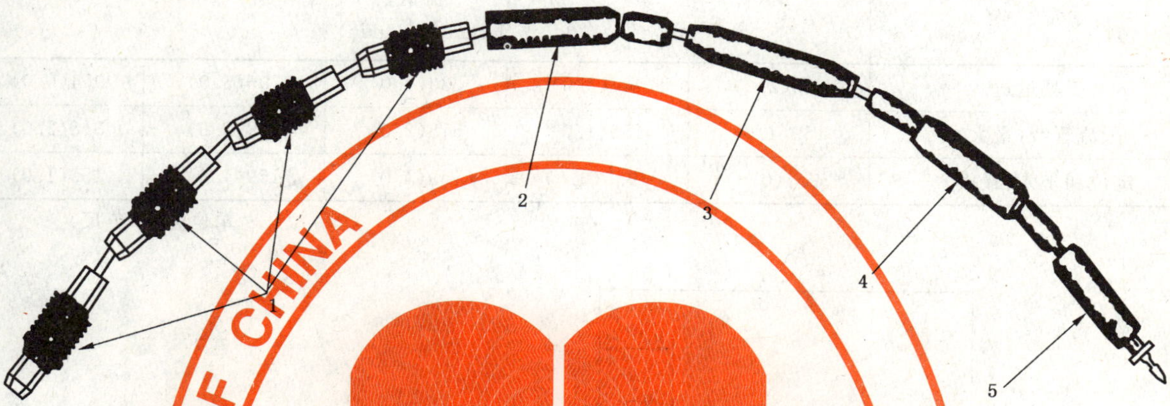

1——活塞单元;
2——加速器;
3——杆件;
4——液压震击器;
5——牵引工具。

图 3 典型的 TFL 作业串

4.4 压力等级

TFL 系统的压力等级应大于安装寿命期内进行 TFL 操作所遇到的最大压力。作为指导性的原则,应考虑下列情况的组合:

——井底最大静压力减去 TFL 系统中流体的静水压力;

——克服循环流体和工具串摩擦损失的压力;

——对所有 TFL 设备进行操作所需要的压力,这不仅包括作业工具,还包括井下隔离和堵塞设备;

——作业(如震击)时系统中可能发生的压力冲击;

——使用 TFL 系统向产层中输送压井液时所需要的压井压力。

对于多井系统,应考虑系统中高压井的影响。

有关系统压力等级和 TFL 流体的其他内容参见第 9 章和附录 B。

5 TFL 上部设施

5.1 概述

TFL 上部设施(见图 4)包括作业泵、TFL 控制管汇、TFL 控制台、防喷管、流体储存设备、分离器及管线系统。泵的压力等级和额定流量应与系统的设计保持一致,并应考虑第 9 章中的参考工具输送速度(见表 1)、工具串驱动压力以及 TFL 操作过程中可能发生的流体旁流。罐和油管柱(见 5.6)应有足够的容量以确保所有的操作能有效的进行。上部设施(见图 5)应提供足够的空间以容纳 TFL 设备,并且设备的布置应考虑到控制台、泵、管汇和防喷管的相对位置及距离并预留空间以便送入和移出加长的工具串。如果设备位于钻井/生产平台上,平台上的设备(如大排量的泥浆泵或压井泵)可替代部分 TFL 专用设备。

表 1　推荐的输送 TFL 工具的流量

特性参数	油管公称内径 mm(in)				
	50.8(2)	63.5(2 1/2)	76.2(3)	101.6(4)	127(5)
	流量 L/min(bbl/min)				
工具运送	318(2.0)	447(3.0)	636(4.0)	795(5.0)	954(6.0)
限流管线(最大)	159(1.0)	159(1.0)	318(2.0)	318(2.0)	318(2.0)
定位和坐入(最大)	79.5(0.5)	79.5(0.5)	159(1.0)	159(1.0)	159(1.0)

单位为米(英尺)

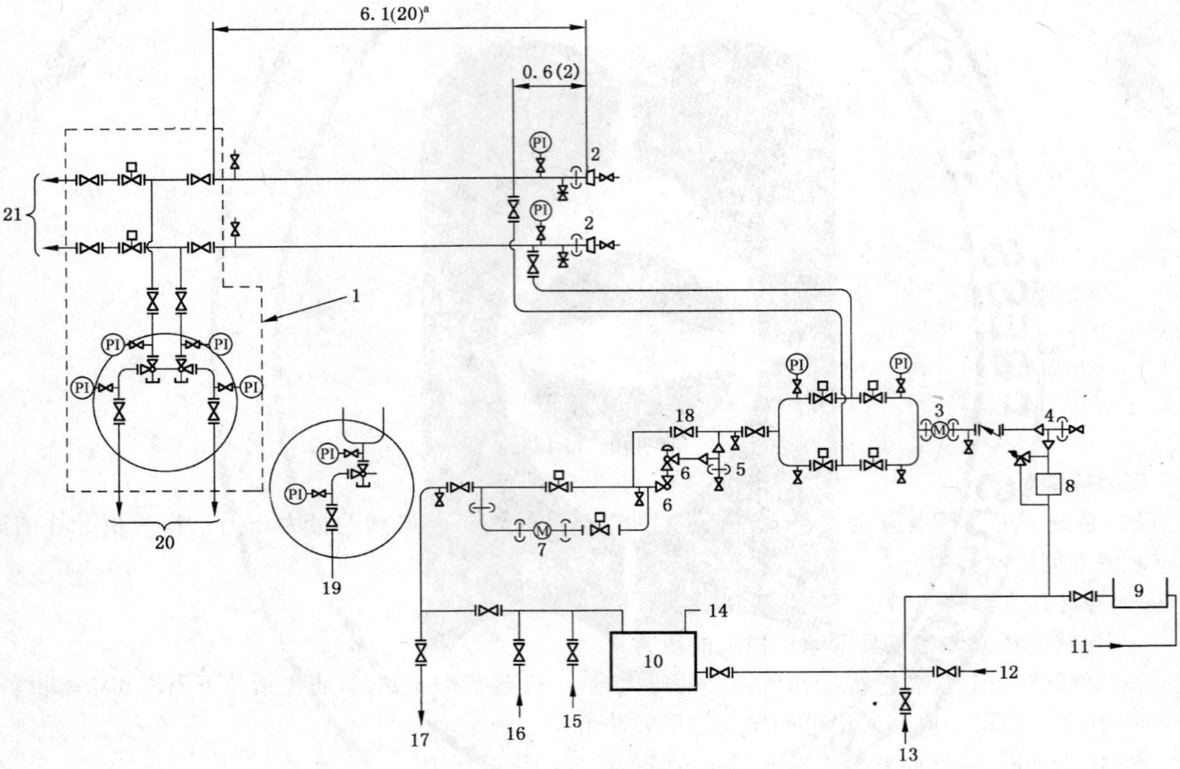

1——生产控制管汇；
2——带堵头的螺纹快速接头；
3——流量计；
4——高压过滤器；
5——高压过滤器；
6——节流阀；
7——流量计；
8——高压/大排量三缸泵；
9——795L(5bbl)常压罐；
10——工作罐；
11——来自平台上的海水系统；(可选)
12——来自混合罐；
13——来自干油罐(可选)；
14——覆盖气；
15——充注管线；
16——来自分离器液室；
17——去分离器；
18——旁通阀；
19——备用上部节流阀布置；
20——去生产管汇；
21——去井。

[a] 推荐的最小水平直管段。

图 4　平台上典型的 TFL 管线布置图

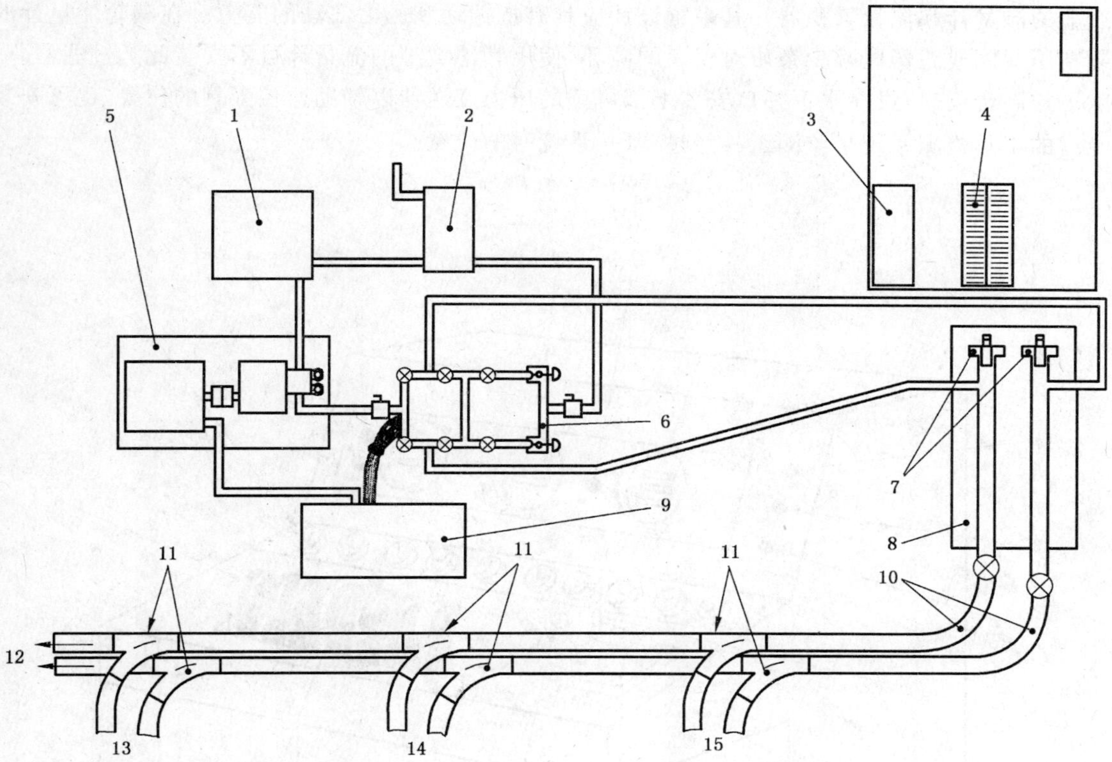

1——流体混合罐；
2——储罐；
3——工作台；
4——移动式工作台；
5——泵撬；
6——上部控制管汇；
7——工具供给器；
8——双水平防喷管；
9——控制台；
10——进入环路弯管；
11——换向器；
12——去系统中其他的井；
13——井 3；
14——井 2；
15——井 1。

图5 典型的上部设备布置图

5.2 作业泵

尽管低转速的双缸泵和高压多级离心泵已经得到一些操作者成功使用，但 TFL 作业通常使用三缸容积泵。有关 TFL 作业泵的主要建议如下：

——泵的压力和流速应按第 9 章的要求确定；

——在泵出口应安装一个泄压阀，以保护泵和管线系统不受超压或水击的破坏；

——泵的入口管线应与混合罐或备用罐相连；

——TFL 泵驱动装置的设计应允许其在超出第 9 章所述的操作范围时能够保持平稳变化。

5.3 TFL 控制管汇

阀的布置应根据 TFL 作业的需要，引导流体进入或返回作业管线、罐、分离器等。管系和阀门应能承受系统的最大工作压力。选用适当的阀门和执行机构以实现快速切换(如 2 s 或更短时间内)。应安装阀组使流体可以通过可调背压调节阀或节流阀以及流量计返回。调节阀或节流阀用于控制回流管线的背压，进而控制井下 TFL 作业时地层流体的流入量或者流体进入地层的漏失量。

5.4 TFL 控制台和仪表

图 6 为典型的 TFL 控制台和仪表。该系统能够监测工具的下入、工具的操作以及井流物的增减。它通常包括装有纸带记录仪的压力计、安装在防喷管或管汇上的压力变送器以及安装在泵的排放和返

回管线上的流量计和流量累积器。其系统设计应具有抗振动和压力波动的能力。在涡轮流量计的上游应安装高压滤网或滤器以减少杂质对仪表的破坏,使用其他类型的流量计可不安装此类过滤器。

除了控制台仪表,可在水下井口安装上部可读的压力变送器以辅助监控工具的位置,也可安装其他一些专门的工具检测系统来监测工具经过 TFL 系统时的位置。

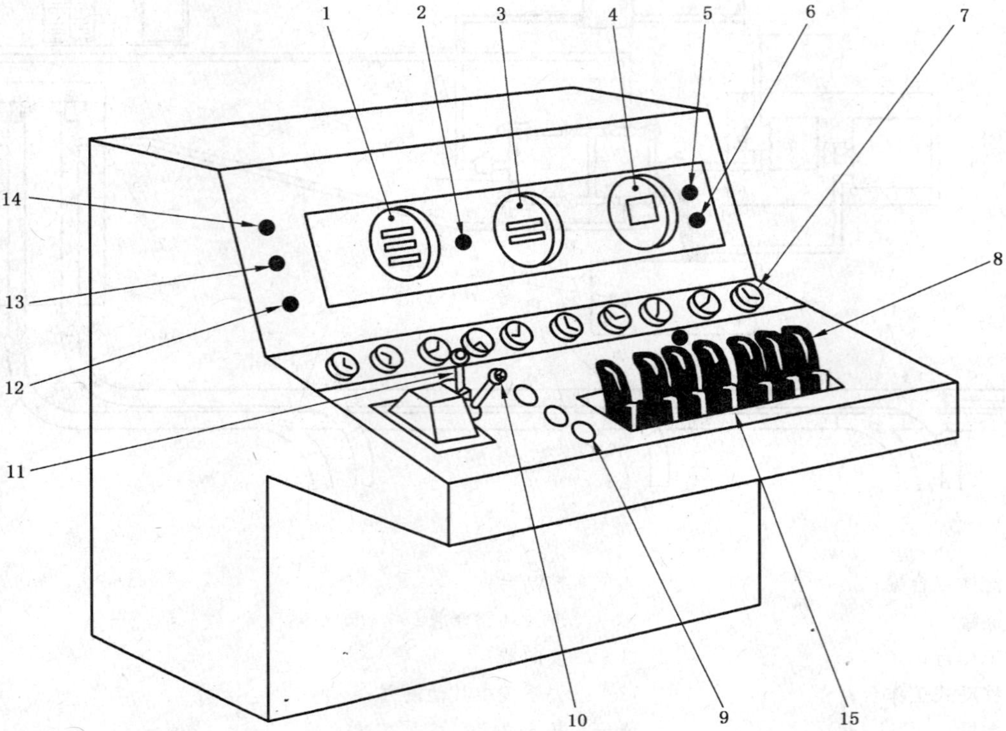

1——双流量计及累积器;

2——防爆仪表箱(一类危险区);

3——双压力表;

4——双笔纸带记录仪;

5——纸带记录仪开关;

6——电源开;

7——监测仪表(发动机、泵、变送器);

泵-油温;

泵-油压;

背压信号;

变送器-油温;

变送器-油压;

发动机-水温;

发动机-油压;

发动机-转速计;

系统液压;

系统气压;

8——液压节流阀和管汇控制阀;

9——发动机-启动、停机、紧急制动;

10——发动机-节流阀;

11——变速器-齿轮选择器;

12——累积器复位按钮;

13——电源关;

14——累积器复位按钮;

15——背压控制。

图 6 典型 TFL 仪表控制台

5.5 防喷管

5.5.1 概述

防喷管可以使工具串安全送入/移出带压系统。通常情况下，TFL 防喷管包括端部带有快接由壬长约 6 m～18 m(20 ft～60 ft)的水平发射管、通径截断阀、排放阀和供泵送流体进入防喷管的连接部分。防喷管的主要特征如图 7 所示。

在有些打捞和修理作业中，需要使用加长的工具串，此时可能应将与水下采油树相连的作业管线作为防喷管的一部分。每次使用之前都应将管线泄压。

1——快速由壬或法兰；
2——通径阀；
3——排放阀；
4——大尺寸油管；
5——管线；
6——液体收集槽；
7——装有快速由壬的堵头；
8——阀门；
9——工具走向。

图 7 典型防喷管撬

5.5.2 设计

由于管线内径变小或设备不对中而阻碍工具的前进，造成密封损坏或其他的工具损坏是 TFL 防喷管的设计要点。防喷管内径较出油管内径应足够大，其目的是保证工具能方便地送入和移出。但防喷管的内径也不能过大，否则将工具从防喷管中推入出油管内需要一很大的泵排量。一般来讲，防喷管的内径比出油管的公称内径大 1.6 mm～4.8 mm(1/16 in～3/16 in)是比较合适的。

出于安全上的考虑，在防喷管的发射管两端都应安装泄压阀以确保在从防喷管移出工具前泄放掉工具串两端的压力。防喷管的设计应具备流体收集系统，分支管的连接位置应确保工具串能被发射出去，并且保证工具串返回时不会撞击防喷管的端部。如果要装卸更大尺寸和长度的工具串，需要使用动力驱动的工具供给器(提供推力和拉力)和工作台(见图 8)。

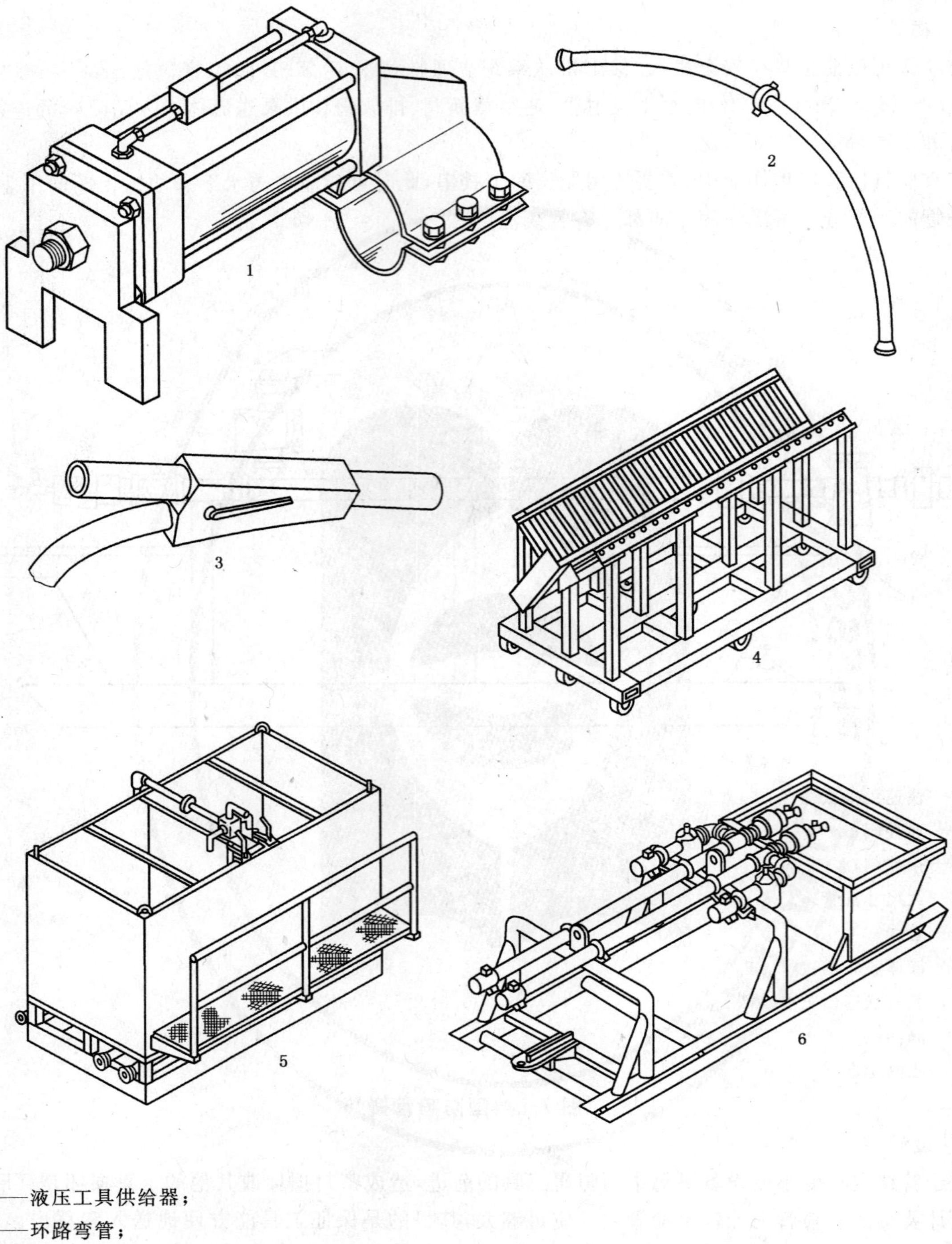

1——液压工具供给器；
2——环路弯管；
3——换向器；
4——移动式工作台；
5——工作罐；
6——水平防喷管。

图8　TFL上部设备

5.5.3　制造

防喷管的配管设计和制造应满足 API RP 14E 和第6章的规定。

5.6 流体储罐和工作罐

在上部设施中应有工作罐或其他类型的流体储存容器。其储存能力应不小于出油管和油管柱的总容积。然而，如果罐的尺寸受场地的限制，并且流体可从现场得到补充，同时多余流体也可得到安全及时的处理，那么，就可采用较小容积的罐。工作罐也可用于监控井液流入和循环流体的漏失，以使其不超过允许量。实践证明，一个容积为 6.3 m^3 (40 bbl)的罐可有效的实现这一功能(见图 8)。工作流体的种类具有多样性(如柴油、脱气原油、添加了抑制剂的水或盐水)，应配备合适的管线连接以获得这些原料。当采用脱气原油或经过处理的井下作业返回流体作为工作流体时，罐及管线的制造和布置应满足相关区域的安全等级。

5.7 分离器

通常需要采用分离器来除去返回流体中所含的气体，这有利于保证每次工具操作的性能和工具的定位。详细的情况见第 9 章。

分离器的尺寸和压力等级应根据处理的井流物、TFL 作业时最大的泵排量以及切换流体通道时的流体波动量来确定。

5.8 测试

所有 TFL 平台设施(见图 4)都应按照 API RP 14E 的要求进行试压。除此之外，对于 TFL 工具通过的管线，其内径应按照第 6 章的要求进行检测。

6 TFL 管线系统

6.1 概述

TFL 管线系统包括如下几部分：

——防喷管与立管顶端间的上部管线；

——延伸到海底的立管；

——相对较直的出油管；

——空间有限时用于改变工具方向的 TFL 环路弯管或弯头；

——水下采油树；

——油管柱、井下设备以及它们之间的连接件。

所有管接头及连接方式都应保证工具顺利通过，同时不应损坏 TFL 工具的金属/非金属密封、TFL 活塞及 TFL 工具串组件。

6.2 设计

6.2.1 管线

6.2.1.1 概述

TFL 管线应使用刚性金属管或者挠性管，后者采用金属和非金属材料复合制成。

6.2.1.2 材料

多种不同等级金属材料都可用于制造 TFL 管线，如碳钢(ISO 3183-1 和 ISO 3183-2[6])、奥氏体-铁素体(双相)不锈钢、马氏体不锈钢(13-Cr)及其他金属材料。

有关材料的详细信息可查阅 API RP 17A[4]、ISO 13628-1[8](适用于水下生产控制系统)以及 ISO 10420[7](适用于挠性管)。

6.2.1.3 直径

TFL 管线系统中的出油管和其他直管段应和井下油管柱保持相同的最大、最小内径(见表 A.1)，这样有助于减少 TFL 活塞与管壁之间的流体旁流量，并且提高了 TFL 下入工具位置控制的准确性。然而，有些情况下出油管的内径应大于井下油管的内径。例如，当出油管较长时，应采用较大的内径以降低管线中的压降。在这种情况下，需要采用止动系统，如图 9 所示。通过大直径的 TFL 工具携带器把用于井下作业的工具串输送到水下井口，然后释放或提起较小直径的井下工具串。

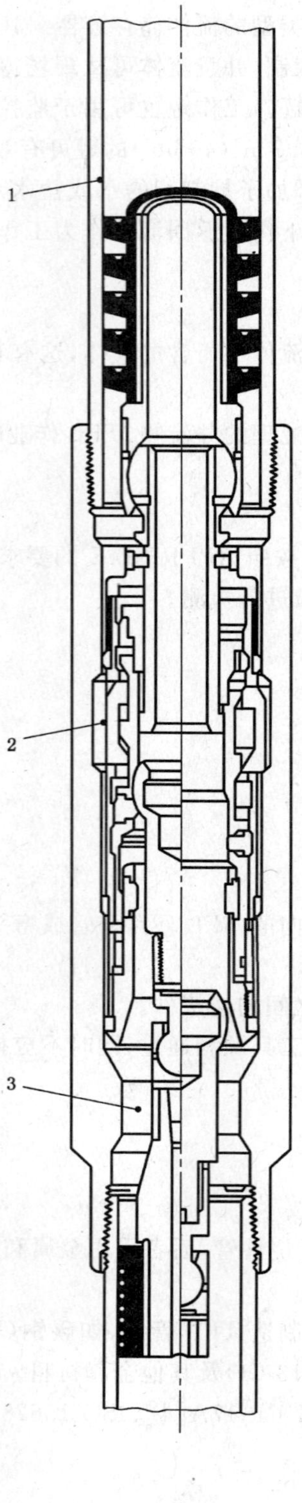

1——工具携带串；

2——止动键；

3——作业工具串。

图9 止动系统

6.2.1.4 压力等级

TFL 管线系统的工作压力应与设计压力相匹配，应选择适当强度的材料和适当的壁厚以使得管线系统内所有组件都满足相应的国家规范和操作者的要求。

6.2.1.5 侧开孔

在管线系统的直管段上，侧开孔的轴线与 TFL 出油管轴线之间的夹角应为直角。如果不能开 90°的孔，那么开孔的角度至少为 45°。这样可减少管线上侧开孔的面积，侧开孔的位置应在 TFL 出油管轴线的上方。交叉孔的各个边应加工成坡口(如图 10 所示)，以保证 TFL 工具的通过，同时避免对工具组件造成损坏。

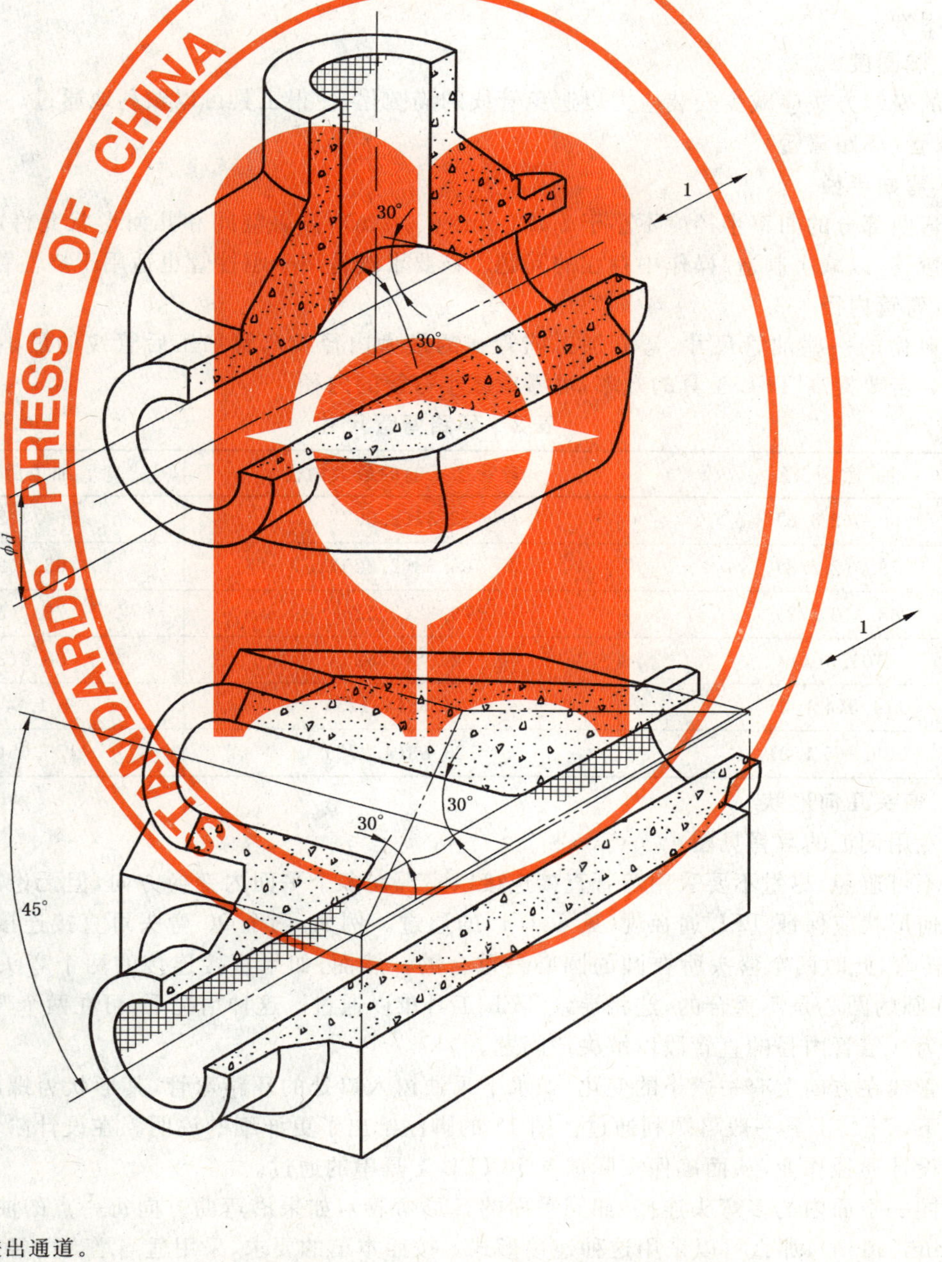

1——工具进出通道。

图 10 非 TFL 管线与 TFL 管系相连接交汇处形状

6.2.1.6 位置指示器

当 TFL 活塞通过时，油管或出油管上的限流装置可引起压力的暂时升高，这一点对于确定 TFL 服务工具串的位置相当有用。这种限流装置可以是专门加工的、短的厚壁管，或是出油管上可能存在的限流件。在正常的工具输送速度下，这些限流装置通常引起 1.4 MPa～2.1 MPa(200 psi～300 psi)的压力升高。加厚管和流动短节是两种比较有效的限流装置。

如果专门在井下安装了限流装置以确定工具串的位置，那么限流装置与坐落接头间应保持足够的间距，以便确定工具串的位置，同时降低工具串进入坐落接头的速度。间距的大小取决于泵排量、流体体积以及泵处的流体响应时间(这些参数决定了是否能够将工具的下入速度降低到最佳值以进行正确的工具操作)。压力波在流体中是以声速传播的，压力信号的传播受到流体属性、温度、压力以及压力检测装置与限流装置之间距离的影响。限流装置的间距应能保证在工具被驱动或产生作用力时，输送工具的活塞不会恰好处于限流装置内，这样可避免打捞作业时由于活塞与管壁间流体旁流量的减少而造成的打捞困难。

6.2.1.7　椭圆度

采用的安装方法应减少安装应力以避免管线的椭圆化，使得工具可以顺利地通过。

6.2.2　弯管(环路弯管)

6.2.2.1　弯曲半径

管线弯曲部分的曲率半径应不小于 1 524 mm(60.0 in)，如果空间和几何形状允许，应采用较大曲率半径的弯管，以减小制造/操作中存在的问题。该要求既适用于刚性管也适用于挠性管。

6.2.2.2　弯管内径

对于典型的一些油管尺寸，弯管加工前管线的最大内径及弯管加工后管线的最小内径的要求如表 2 所示。若要提高 TFL 工具的效率，可考虑减小弯管的内径。

表 2　环路弯管尺寸

单位为毫米(英寸)

油管外径	弯管加工前的最大内径	弯管加工后的最小内径
60.3(2 3/8)	52.37(2.062)	50.3(2.000)
73.0(2 7/8)	66.68(2.625)	63.5(2.500)
88.9(3 1/2)	79.38(3.125)	76.2(3.000)
101.6(4)	92.08(3.625)	88.9(3.500)
114.3(4 1/2)	104.78(4.125)	101.6(4.000)
139.7(5 1/2)	123.83(4.875)	120.65(4.750)

6.2.2.3　弯头几何形状

有关专用词汇的解释见图 11。

除非不可避免，尽量不要采用弯管直接连接以实现在多个平面内变换方向，但无论在什么情况下，弯管的几何形状应保证 TFL 通径规(见 6.4.1)的通过。例如，两个 90°弯头可直接连接以形成平面内 180°的回转弯，此时两个弯头所在圆的圆心是重合的。然而，如果直接连接的两个弯头不在同一平面内，其所在圆的圆心是不重合的，这将导致 TFL 工具难以通过。这种情况下，可在两个弯头之间安装一长度至少为 9 倍管内径的直管段以解决该问题。

如果管线在方向上有一微小的变化，如水下采油树入口处的环路弯管，其形状为螺旋线或羊角线，这种情况下，TFL 工具一般可顺利通过。图 11 的脚注给出了更详细的说明。在设计阶段，应假定最坏的情况来设计通径作业，从而确保实际情况下 TFL 工具串的通过。

对于同一平面内的多弯头连接(如同平面的 S 形弯管)，如果沿弯曲方向每一点的曲率半径都不小于 1 524 mm(60 in)，那么可以采用这种连接形式。按照本节的要求，采用适当增大内径的复合弯头，并且使其曲率半径超过推荐的最小值，可以提高复合弯管的适用性。即便如此，应用这种弯头也是一个需要不断尝试的过程，其可用性取决于 TFL 工具的尺寸和形状，只有经过完全的通径测试才能确保 TFL 工具串的通过。

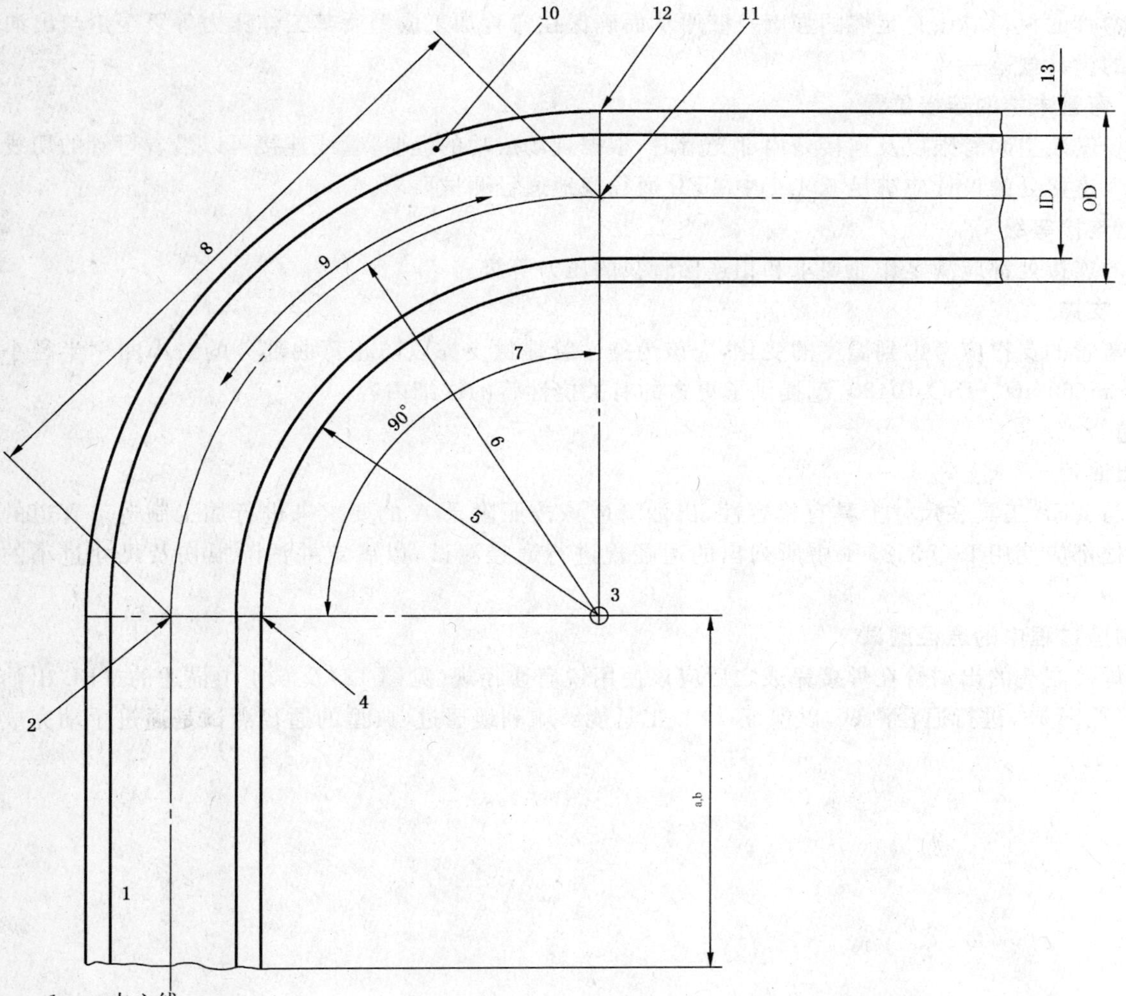

1——中心线；
2——始端切线；
3——弯头所在圆的圆心；
4——切点；
5——内曲率半径；
6——弯曲半径；
7——弯头角度；
8——弦长；
9——弧长；
10——管外侧；
11——末端切线；
12——切点[a,b,c,d]；
13——壁厚。

[a] 对于非同一平面内连接的两个弯头，两弯头间直管段长度至少为9倍管内径。

[b] 对于弯头与接头之间的连接，若空间没有限制，二者之间的直管段长度至少为6倍管内径。

[c] 本文中提到的成一定角度在切点相连接的弯头意味着两个弯头之间没有任何直管段，在F TFL系统中，这种连接方式在同一平面内是允许的，反之是不允许的(见[a])。

[d] 见6.2.2。

图11 TFL弯管专用词汇

6.2.2.4 材料

用于弯管的材料应该有足够的强度及壁厚从而确保在弯管加工成型后其工作压力等级至少与出油管及相应的设计规范一致。

6.2.2.5 弯管末端的连接位置

当现场安装空间有限以及连接处内部光滑时，根据现场成功的经验，管线连接可以沿着弯管的切线方向进行。连接处的设计应满足 6.4.1 中 TFL 通径规地通径测试要求。

6.2.2.6 连接等级

所有的连接处都应满足作业要求和相连接管线的压力等级。

6.2.2.7 支撑

井口弯管的支撑应考虑到温度的变化，应该为挠性管提供支撑以防止弯曲部分的最小曲率半径小于 1 524 mm(60 in)。ISO 10420[7]提供了更多的有关挠性管的详细内容。

6.3 制造

6.3.1 出油管

为了与 TFL 工具在尺寸上具有相容性，出油管应该按照附录 A 的要求来进行加工制造。管道的每一连接处都应使用 ISO 3183-1 中所列出的通径规进行通径测试，以确定并消除损伤及尺寸过小的接点。

6.3.2 制造过程中的通径测试

通过焊接制造的出油管在焊接完成之后应该使用锐肩通径规(见图 12)及 6.4 中描述的 TFL 出油管通径规(见图 13)进行通径测试，以保证 TFL 工具能够顺利地通过(典型的通径测试是通过手动完成的，见 6.4.1)。

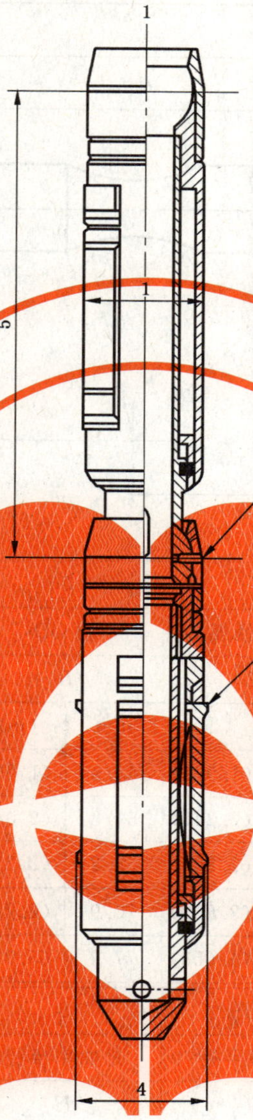

1——通径规外径(见表);
2——段间销钉,沿 45°方向以获得 360°的操作范围;
3——最大曲率半径 0.76 mm(0.03 in);
4——台阶处的外径,其值最小为管线/环路弯管内径加上 1.6 mm(1/16 in);
5——两转环中心线之间的长度。

公称工具尺寸		通径规尺寸[a]			
		外　径		长　度	
mm	(in)	mm	(in)	mm	(in)
50.8	(2)	45.72	(1.80)	243.08	(9.57)
63.5	(2 1/2)				
76.2	(3)	68.07	(2.68)	280.68	(11.05)
101.6	(4)	90.68	(3.57)	311.15	(12.25)
139.7	(5 1/2)				

[a] 这里的尺寸基于表 2 中的最小环路弯管内径以及 1 524 mm(5 ft)的最小弯管曲率半径。

图 12　TFL 锐肩通径规

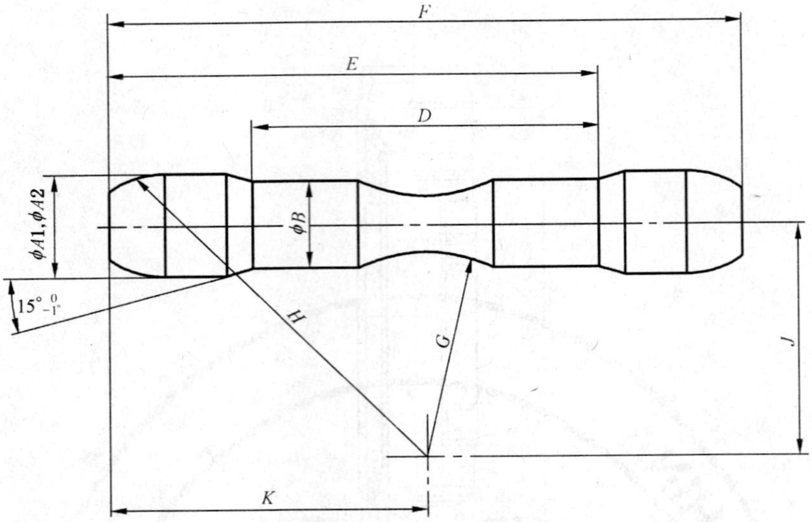

1		2				3		4		5	
公称尺寸		管状通径规 OD		出油管通径规 OD		轴 OD					
		A1		A2		B		D		E	
mm	(in)	mm	(in)	mm	(in)	mm	(in)	mm	(in)	mm	(in)
50.8	(2)	47.37	(1.865)	48.29	(1.901)	45.5	(1.79)	139.90	(5.508)	228.73	(9.005)
63.5	(2.5)	58.50	(2.303)	59.61	(2.347)	51.8	(2.04)	213.54	(8.716)	301.27	(11.861)
76.2	(3)	69.47	(2.735)	72.82	(2.867)	58.2	(2.29)	242.87	(9.562)	343.71	(13.532)
101.6	(4)	93.29	(3.673)	97.36	(3.833)	70.9	(2.79)	282.75	(11.132)	442.70	(17.429)
127.0	(5)	112.19	(4.417)	118.19	(4.653)	77.2	(3.04)	341.30	(13.437)	529.82	(20.859)

1		6		7		8		9		10	
公称尺寸		总长度		内曲率半径		外曲率半径		中心间距		中心间距	
		F		G		H		J		K	
mm	(in)	mm	(in)	mm	(in)	mm	(in)	mm	(in)	mm	(in)
50.8	(2)	317.50	(12.500)	1 498.6	(59.000)	1 549.4	(61.000)	1 520.83	(59.875)	158.75	(6.250)
63.5	(2.5)	381.00	(15.000)	1 492.3	(58.750)	1 555.8	(61.250)	1 517.65	(59.750)	190.50	(7.500)
76.2	(3)	444.50	(17.500)	1 485.9	(58.500)	1 562.1	(61.500)	1 514.48	(59.625)	222.25	(8.750)
101.6	(4)	602.64	(23.726)	1 473.2	(58.000)	1 574.8	(62.000)	1 508.13	(59.373)	301.32	(11.863)
127.0	(5)	718.84	(28.281)	1 460.5	(57.500)	1 587.5	(62.500)	1 498.60	(59.000)	359.18	(14.141)

公差：

*A*1、*A*2　−0.13 mm(−0.005 in)

B　±0.25 mm(±0.010 in)

D　0.51 mm(0.020 in)

E　0.13 mm(0.005 in)

F　0.51 mm(0.020 in)

G　−0.20 mm(−0.008 in)

H　+0.20 mm(+0.008 in)

J　0.13 mm(0.005 in)

K　±0.13 mm(±0.005 in)

图 13　TFL 通径规尺寸

6.3.3 连接

6.3.3.1 概述

按照以下关于连接技术的指导原则进行的连接对于 TFL 操作是可以接受的。接头端应相互保持同心,其偏心度应在 0.76 mm(0.03 in)之内,并且最大的缝隙长度不应超过 4.8 mm(0.19 in)。加工有凹槽的接头如图 14 所示。阀门、由壬及其他的接头应与管道保持同心,其偏心度应在 0.76 mm(0.03 in)之内。所有的管件连接都应使用 6.4 中描述的锐肩通径规(见图 12)及 TFL 出油管通径规(见图 13)进行通径测试。管道内表面应无焊渣、金属屑及其他大的表面缺陷。

6.3.3.2 焊接连接

典型焊接端面的加工如图 15 所示,图中显示的是 U 形焊接坡口,同样,API Std 1104 所说明的 V 形坡口也是适用的。

当应用于 TFL 系统中时,U 形与 V 形坡口的选择应考虑以下因素:

——对于 V 形坡口焊缝,焊缝中产生夹渣和过分熔透(熔透到管子内侧,即焊穿)的可能性要更大一些(同 U 形坡口焊缝相比),后者(指过分熔透)一般需要进行焊后管子内侧拉削或铰孔处理。U 形坡口焊缝的设计是为了使氩弧焊接的钨极能够进入坡口内部焊接根焊道,通常无需进行焊后的清理操作;

——无论是 U 形还是 V 形坡口都可用于水下采油树或上部设备的焊接作业,通常由加工制造者来判断使用哪种坡口,或由购买者来决定。出油管的焊接应使用 U 形焊接坡口以便最大限度地减少焊后处理工作。

焊接作业应符合相应的标准与规范的规定。常用配管规范如 ANSI ASME B31.3 1、ANSI ASME B31.4 2 及 ANSI ASME B31.8 [3]指定 API STD1104 或 ASME Boiler and Pressure Vessel Code, Section IX,5 为焊接作业的规范。也可使用其他适用的或证明可用的焊接标准。

焊接完毕后,应使用如图 12 所示的锐肩通径规分别从两个相反方向穿过每一连接处以测试是否受到阻碍从而确保 TFL 工具的通过。为了保证内表面的光滑性,进行扩孔和(或)研磨处理是必要的,以消除焊接后的焊渣、多余的焊缝金属以及由焊接引起的偏心与变形。

焊接无损检验应按照 6.4.5 的要求进行。

单位为毫米(英寸)

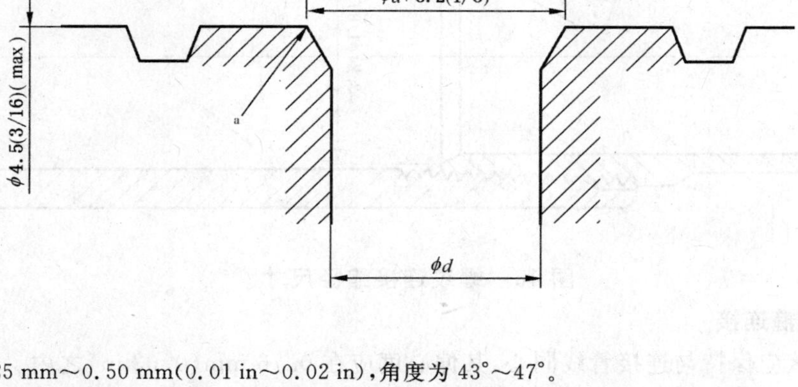

a 倒角长度 0.25 mm～0.50 mm(0.01 in～0.02 in),角度为 43°～47°。

图 14 连接凹槽

单位为毫米(英寸)

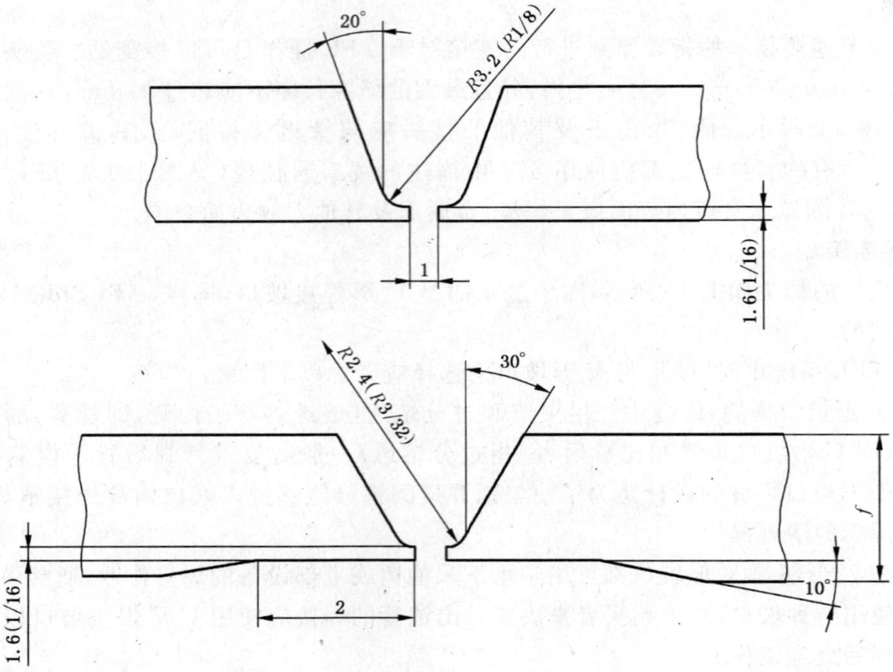

1——根部间距(等于焊条直径);

2——加工长度(=t)t 为管壁厚。

图 15　TFL 管线 U 型焊口

6.3.3.3　螺纹连接

螺纹连接在加工过程中应保持与管线同心,实践表明,在可能出现偏心的情况下,通过旋转(拧紧)API EUE 型接头可减少两连接管段间的偏心度。同时,应谨慎操作以防止过大的扭矩导致管道内径的缩小。根据螺纹的长度拧紧连接完成的管串,螺纹接头之间的间隙应不大于 25.4 mm(1.0 in)。每一螺纹管端面都应按图 16 所示进行倒角。

在经济允许的条件下,可以考虑使用一些特殊的螺纹扣型(专利螺纹),使用这些螺纹连接的接头处具有平滑或近平滑过渡的内径。

单位为毫米(英寸)

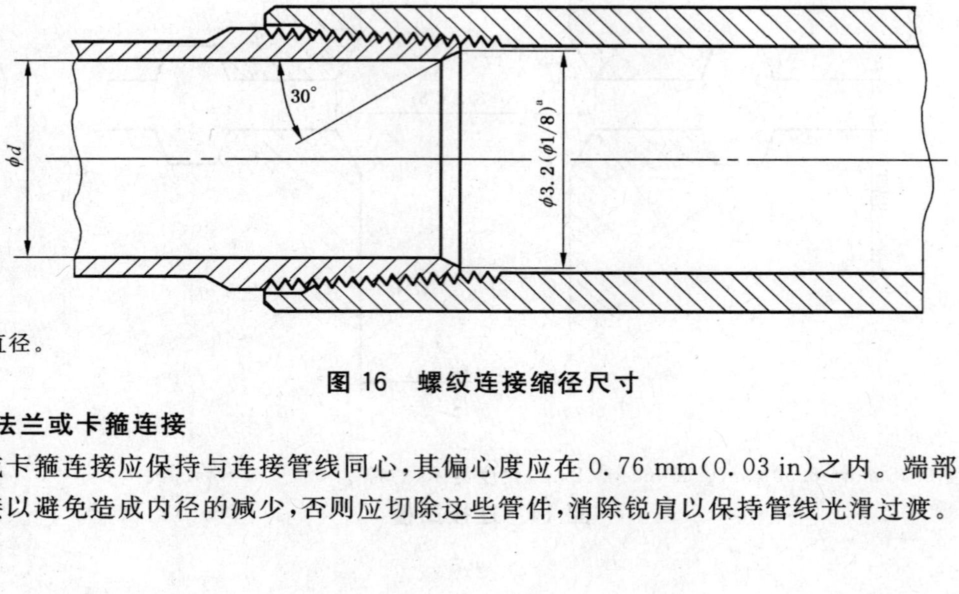

[a] 端部直径。

图 16　螺纹连接缩径尺寸

6.3.3.4　法兰或卡箍连接

法兰或卡箍连接应保持与连接管线同心,其偏心度应在 0.76 mm(0.03 in)之内。端部管件应通过适当的焊接以避免造成内径的减少,否则应切除这些管件,消除锐肩以保持管线光滑过渡。应尽量减小配对法兰之间的缝隙，且每一法兰面的开孔边缘都应倒角以使其对 TFL 工具的损坏减少到最小程度。其他的细节如图 14 所示。

法兰或卡箍连接应采用金属密封环，有助于保持与连接管线同心。不应使用垫圈密封的平法兰。如果可能的话，可以使用一些新的方法来达到同心的目的，例如可以运用榫槽式结构、对中夹持器（也适用于焊接连接）等。

6.3.4 弯管

6.3.4.1 概述

设计用于通过 TFL 工具的弯管，其曲率半径最小值为 1 524 mm(60 in)。出于实际测量方面的考虑，测量时取弯头所在圆的圆心至弯管内侧的距离，但是由于执行相同的最小半径标准，因而弯头的实际曲率半径要大于 1 524 mm(60 in)。弯头应使用 6.4 中(如图 13)所描绘的 TFL 出油管通径规进行通径测试。

表 2 归纳了在弯管加工前后弯头的临界尺寸，在弯制生产弯管之前，可考虑使用管材相同的备用管线加工弯头以进行测试操作。

6.3.4.2 磨光

在弯管加工后进行管件的内表面打磨操作以消除金属垢物、褶皱或弯曲褶皱、焊渣及其他可能影响工具通过或降低工具使用性能的表面缺陷。

6.3.4.3 材料

在弯管加工以后应进行金相测试以保证材料能满足加工制造的最低设计要求。

6.4 测试

6.4.1 通径测试

TFL 出油管与油管通径规的设计是为了确保弯管的曲率半径与管子的内径能够满足工具通过的最低要求，详见图 13。图 12 显示了一弹簧作用的锐肩通径规，该种通径规可用于定位出油管接头处的内部障碍，用于内径小于其直径的管线时，该类通径规可以收缩自身直径以通过管线。通径工具的肩部应保持最大曲率半径在 0.76 mm(0.03 in)之内，以确定所有不希望有的台肩及其他障碍物的位置。通径规应从两个相反的开口方向通过接头处。通径工具由两部分串连而成，互成 45°角以涵盖 360°的作用范围。TFL 设备生产商推荐的"极限"(worst case)通径规为一工具串，它是 TFL 系统中用到的最大或要求最高的工具串。

6.4.2 手动通径测试

对于出油管通径规、油管通径规及"极限"(worst case)工具串，用于下入或起出它们的力不应超过其自重以上 445 N(100 lbf)。对于锐肩通径规，该力不应超过其自重以上 890 N(200 lbf)。

6.4.3 TFL 通径测试

除了在 6.3 中描述的通径测试之外，所有装配完成的管线都应使用出油管通径规与"极限"(worst case)工具串重新进行通径测试。

在安装完成以后，出油管应使用出油管通径规及"极限"(worst case)工具串再次进行通径测试。

6.4.4 压力测试

TFL 管线应根据 7.2.2 所规定的原则及 ISO 13628-4:1999 中的 7.16 进行压力测试。

6.4.5 无损检验

TFL 管线应根据 ISO 11960 与 API Std 1104 进行检验。

7 水下采油树、油管挂、换向器与选择器

7.1 水下采油树设计

7.1.1 概述

水下采油树(见图 17、图 18)是 TFL 系统中位于油管挂与出油管之间的部分。水下采油树是由一

些专用阀门、完井设备及用于水下完井的井口设备组成。水下采油树包括连接器、主阀、翼阀、Y 形短节、采油树环路弯管及出油管接头等。

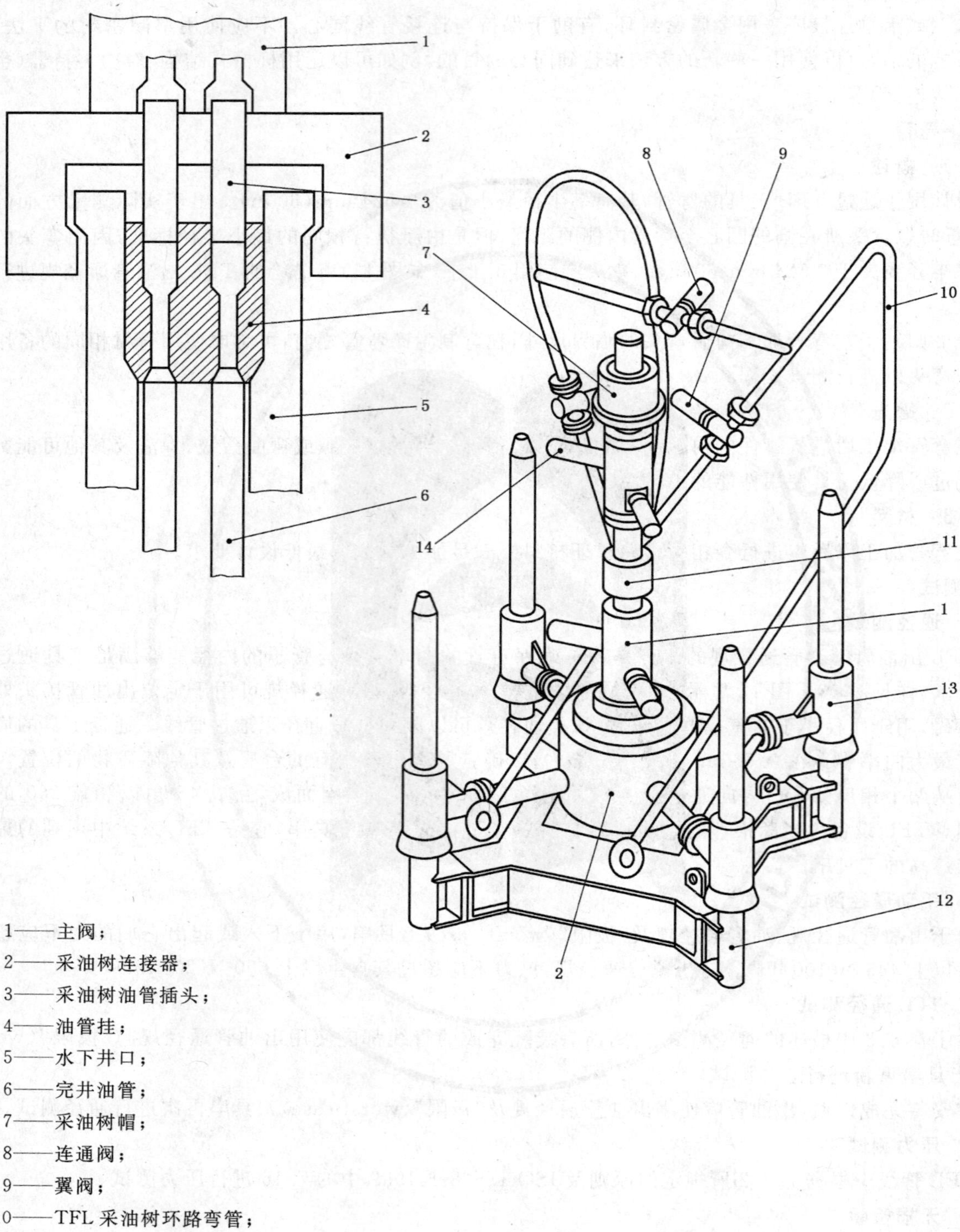

1——主阀；
2——采油树连接器；
3——采油树油管插头；
4——油管挂；
5——水下井口；
6——完井油管；
7——采油树帽；
8——连通阀；
9——翼阀；
10——TFL 采油树环路弯管；
11——Y 形短节；
12——井口导向基座；
13——采油树导向框架；
14——清洗阀。

图 17　TFL 采油树及井口系统

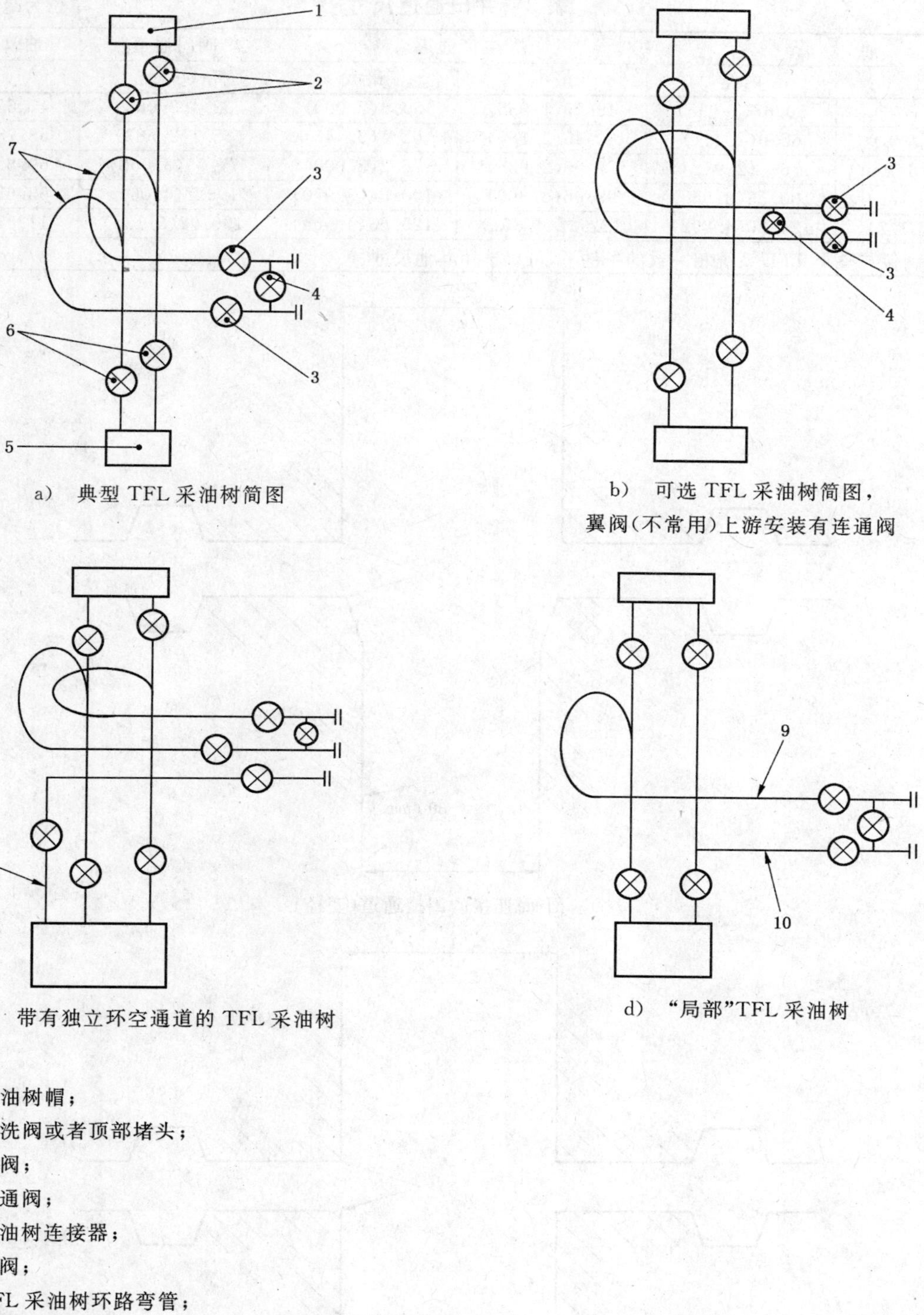

a) 典型 TFL 采油树简图

b) 可选 TFL 采油树简图，翼阀(不常用)上游安装有连通阀

c) 带有独立环空通道的 TFL 采油树

d) “局部”TFL 采油树

1——采油树帽；
2——清洗阀或者顶部堵头；
3——翼阀；
4——连通阀；
5——采油树连接器；
6——主阀；
7——TFL 采油树环路弯管；
8——环空监控器；
9——仅供 TFL 工具通过；
10——仅供 TFL 流体通过。

图 18 各种 TFL 采油树构造

7.1.2 井口通道

对应于阀门的水下采油树内的通道内径如表 3 所示。内表面凹槽应满足第 8 章的规定。与采油树其他部件相连的机械连接其通道应保持锥形过渡，并且应尽量减少接头间的缝隙(见图 19、图 20)。焊接连接应满足第 6 章的规定。

表 3　井口通道尺寸

单位为毫米(英寸)

油管		生产通道		阀门通道	油管挂通道[a]
外径	内经	最小	最大		
60.3(2 3/8)	50.67(1.995)	49.15(1.935)	50.8(2.000)	52.4(2.063)	47.63(1.875)
73.0(2 7/8)	62.0(2.441)	60.45(2.380)	62.1(2.445)	65.1(2.563)	58.75(2.313)
88.9(3 1/2)	76.0(2.992)	74.55(2.935)	76.2(3.000)	77.79(3.063)	69.85(2.750)
114.3(4 1/2)	100.53(3.958)	99.06(3.900)	100.84(3.970)	103.2(4.063)	93.68(3.688)
139.7(5 1/2)	124.26(4.892)	123.22(4.851)	125.63(4.964)	130.02(5.125)	112.7(4.437)

[a] 在确保与整个 TFL 系统相一致的条件下,可以选用其他尺寸。

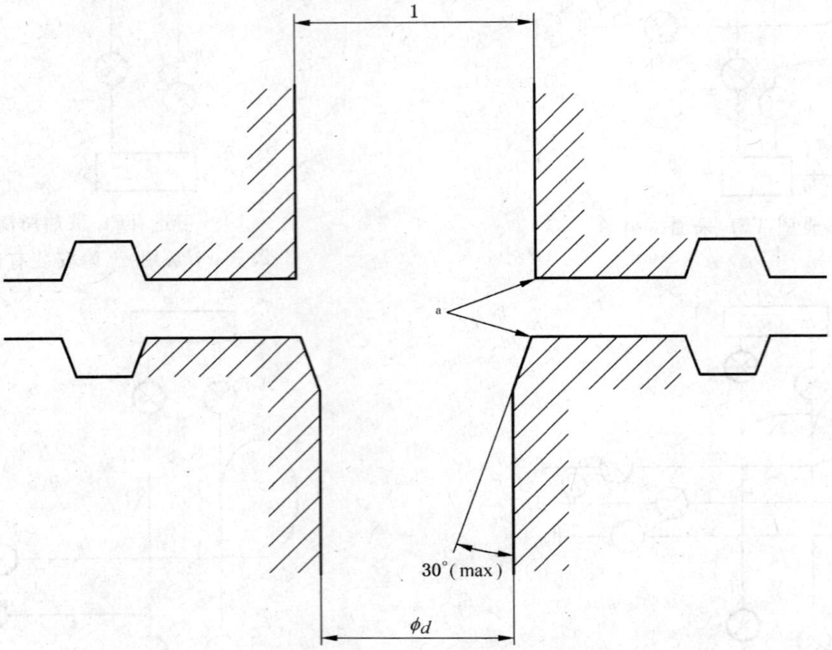

a)　面-面连接的凹槽通道(变径)

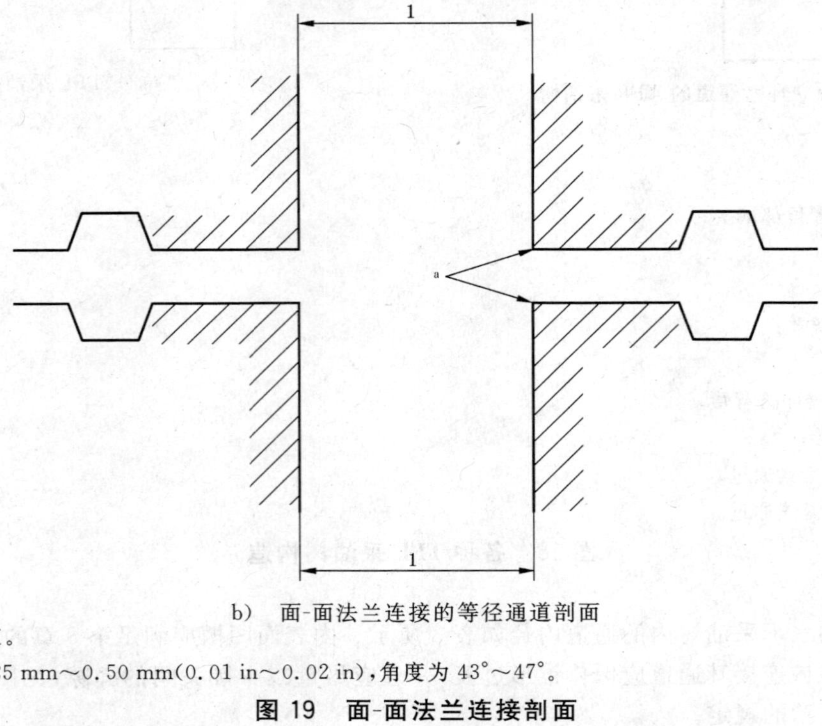

b)　面-面法兰连接的等径通道剖面

1——阀门通道。

[a] 倒角长度 0.25 mm～0.50 mm(0.01 in～0.02 in),角度为 43°～47°。

图 19　面-面法兰连接剖面

单位为毫米(英寸)

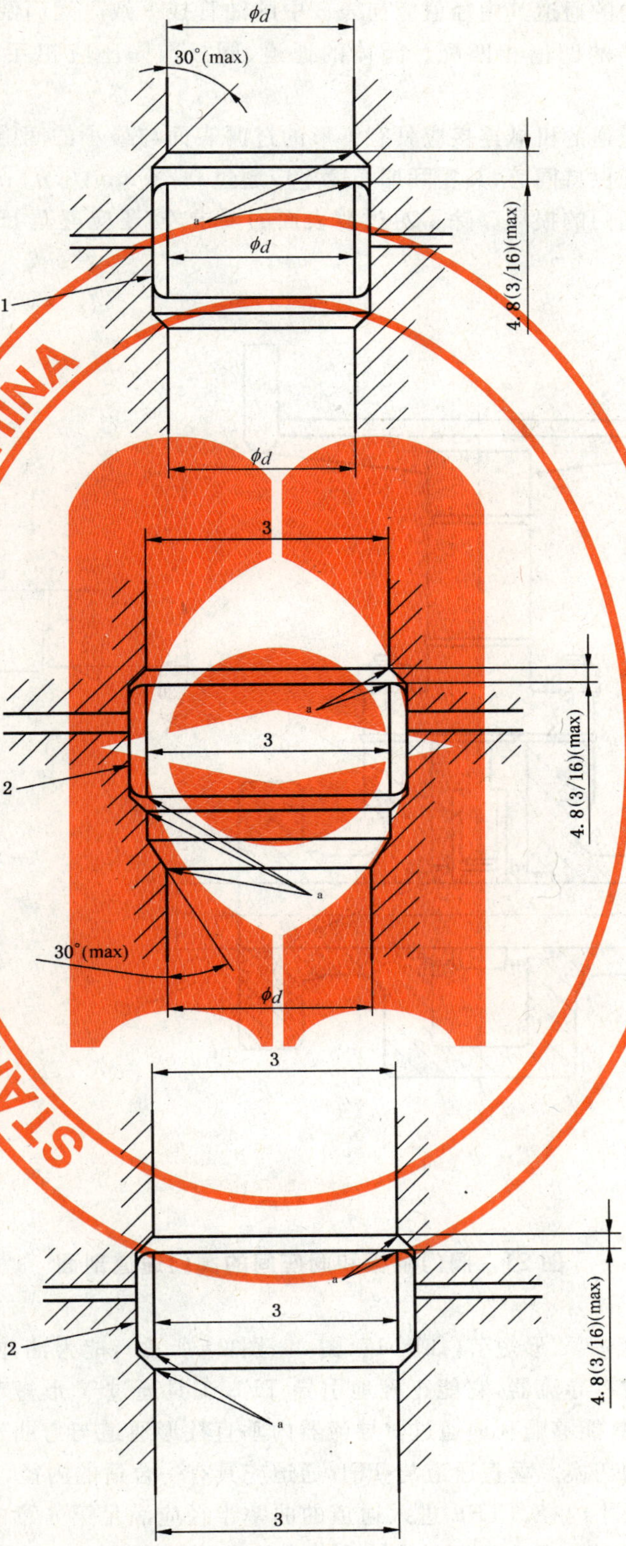

1——油管通道密封；

2——阀门通道密封；

3——阀门通道。

[a] 倒角长度 0.25 mm～0.50 mm(0.01 in～0.02 in)，角度为 43°～47°。

图 20　带有内部密封的通道过渡处剖面

7.1.3 阀门及阀组通道

阀组通道以及阀体内的通道其内径值应与表 3 中的油管挂一致。阀门闸板与阀座之间的接触面，其尺寸构造应与图 21 中的凹槽相匹配。阀体的通道、阀板与阀座应相互保持同心，其偏心度应在 0.76 mm(0.03 in)之内。

与其他阀门或井口通道的机械连接应具有锥形的过渡表面与最小的间隙，如图 19、图 20、图 21 所示。所有的通道都应相互保持同心，其实际偏心度不应超过 0.76 mm(0.03 in)。其设计目的是最大限度的减少工具通过时对阀门的损坏。除了对过渡表面的要求外，还应遵循 ISO 13628-4 中其他条款的要求。

单位为毫米(英寸)

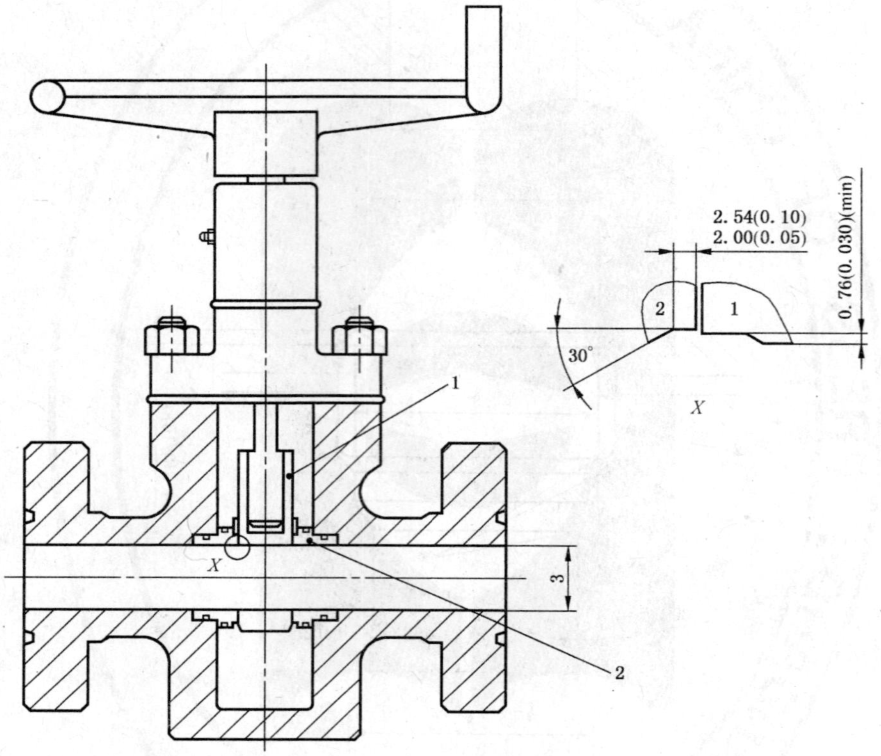

1——阀门闸板；

2——阀座；

3——阀门通道。

图 21 阀门闸板和阀座间的阀门通道剖面

7.1.4 Y 形短节

TFL 采油树中包含了一 Y 形短节(如图 17、图 23、图 24 所示)，能为油井提供垂直通道及 TFL 进入通道。Y 形短节内安装有导流器，它能正确地引导 TFL 工具通过 Y 形短节。Y 形短节内表面应平缓过渡从而使得 TFL 工具能够顺利地通过。导流器内垂直柱形通道与弯曲通道的交汇处应光滑过渡以便于工具在两通道间的切换。垂直通道与 TFL 通道应具有一合适的内径，其值不应小于表 2 所列出的在弯管加工后弯头的最小内径。TFL 进入通道的曲率半径应满足第 6 章的规定。与采油树其他供 TFL 通过的部件的机械连接应具有锥形的过渡表面与最小的间隙，如图 19、图 20 所示。焊接连接应满足第 6 章的规定。

7.1.5 采油树环路弯管

在采油树设计过程中引入采油树环路弯管是为了给 TFL 工具提供适当的通道，如图 17、图 18 所示。为了便于 TFL 工具通过，采油树环路弯管应根据第 6 章中的推荐方法制造。与其他供 TFL 通过的部件的机械连接都应具有锥形的过渡表面及最小的缝隙长度，如图 19、图 20 所示。

此外，一些非 TFL 管线，当需要连接于采油树环路管线上时，其轴线间的夹角不应小于 45°(最好为 90°)，如图 10 所示。这样做可尽量减少其对 TFL 工具通过的影响。管线交汇处的端面应按照第 6 章的要求进行坡口处理。

7.1.6 连通阀

水下采油树的设计应在 TFL 采油树环路管线之间引入一连通阀以转换循环通道(见图 17、图 18)。连通阀的作用在于，一方面，在进行 TFL 操作之前为 TFL 流体循环充满出油管提供一种方式；另一方面，在 TFL 工具进入油井之前为其进入采油树提供一个循环点。可能的情况下，连通阀应安装在 Y 形短节附近，但如果在水下采油树中使用了 TFL 可回收油嘴或堵头，连通阀应安装于油嘴/堵头工作筒的外侧。连通阀的压力测试应遵循标准 ISO 13628-4。

7.1.7 出油管的连接

出油管接头设计见 API RP 17A 4。TFL 作业的出油管接头应遵循以下设计原则：

——TFL 通道的最小内径不应小于表 2 所列出的弯头最小内径。在接头处的环路弯管及弯头应遵循第 6 章的相关规定；

——出油管接头应具备锥形的过渡表面及最小的间隙长度，如图 19、图 20 所示；

——焊接连接的出油管接头应满足第 6 章的要求；

——互相连接的出油管、出油管接头及采油树环路弯管应保持同心，其偏心度应在 0.76 mm (0.03 in)之内。

7.1.8 坐落接头的连接

在装有坐落接头的采油树管线中，坐落接头的上下两端都应安装一段不小于 0.3 m(12 in)的直管段。

7.2 水下采油树测试

7.2.1 通径测试

在通径测试中，应遵循以下准则：

——在采油树最后组装之前，含有阀门及阀组的通道应选用 ISO 13628-4 中所规定的合适的通径规进行通径测试；

——组装完成的采油树中垂直的通道应选用 ISO 11960 中规定的合适的通径规进行通径测试；

——组装完成的采油树中所有 TFL 通道应选用 6.4 中规定的合适的通径规进行通径测试。

7.2.2 压力测试

组装完成的采油树及第一翼阀上游环路弯管应根据 ISO 13628-4:1999 中的 7.16 的要求进行试压。第一翼阀下游的管线应遵照合适的管线标准进行试压。

7.3 油管挂设计

7.3.1 概述

油管挂(见图 17)是 TFL 系统中水下采油树与井下油管柱之间的部分。油管挂用于悬挂油管柱，并起到密封油管柱与套管之间环形空间的作用，同时也为油管柱及水下采油树之间提供通道。

7.3.2 油管挂通道

油管挂中加工有安装油管挂堵头的剖面，剖面内径应与表 4 一致。剖面内加工的任何凹槽都应满足第 8 章的要求。在油管挂顶部设计有凹槽，用于锁扣采油树的油管头，在连接完成之后，接头处应具有锥形过渡面并且应尽量减少接头间隙，如图 22 所示。油管挂底部的螺纹加工，要求接头间具有锥形的过渡面及最小的间隙，如图 22 所示。

单位为毫米（英寸）

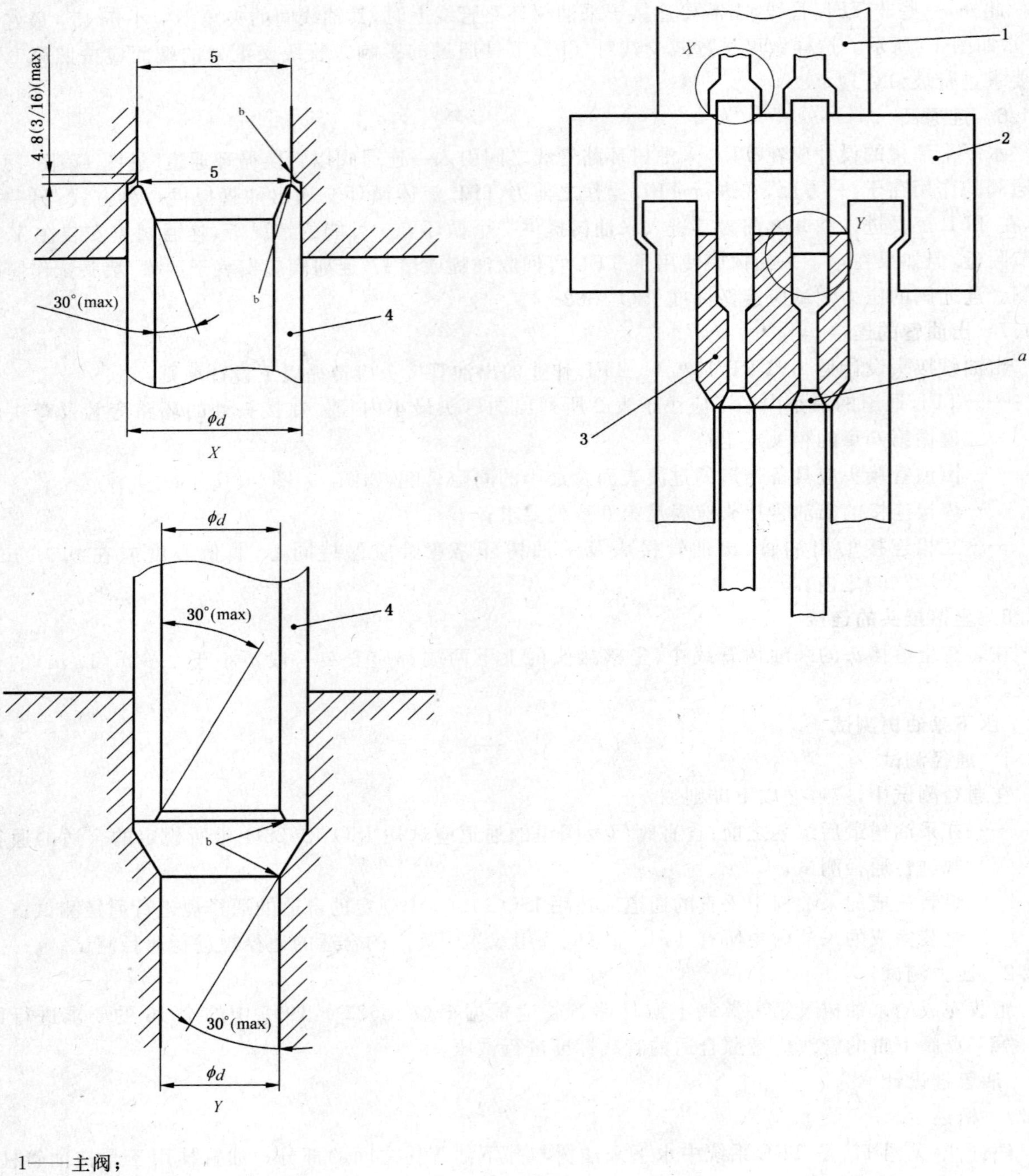

1——主阀；

2——采油树连接器；

3——油管挂；

4——油管头。

[a] 见图 16。

[b] 倒角长度 0.25 mm～0.50 mm(0.01 in～0.02 in)，角度为 43°～47°。

图 22　油管挂通道过渡处剖面

表 4　坐落接头密封通道尺寸

单位为毫米(英寸)

油管尺寸		密封通道直径
OD	ID	
60.3(2 3/8)	50.67(1.995)	47.83(1.875)
73.0(2 7/8)	62.0(2.441)	58.72(2.312)
88.9(3 1/2)	76.0(2.992)	69.85(2.750)
114.3(4 1/2)	100.53(3.958)	93.68(3.688)
139.7(5 1/2)	121.36(4.778)	112.70(4.437)

7.4　油管挂测试

7.4.1　通径测试

油管挂内的通道应选用 ISO 11960 中规定的合适的油管通径规进行通径测试。

所有供 TFL 工具通过的油管挂通道都应选用 6.4 中合适的通径规进行通径测试。

7.4.2　压力测试

油管挂应根据 ISO 13628-4 中的相关规定进行试压。

7.5　换向器、导流器及选择器

7.5.1　概述

换向器、导流器及选择器用来在分支连接处引导 TFL 工具。换向器为主动装置，它由 TFL 操作者来控制工具进入两个通道中的任何一个。导流器为被动装置，只能引导工具沿一个通道前进。而选择器同样为主动装置，能引导工具沿着多个通道前进。

7.5.2　导流器

导流器有两种类型：

a)　楔型(或者钢丝绳)导流器

楔型导流器(见图 23)是一由钢丝绳下入安装的装置，具有与 Y 形短节曲线通道一致的底部形状。一旦被安装于 Y 形短节的垂直通道中，导流器成为一被动装置便阻断了垂直通道，从而可以引导下入工具沿着 TFL 通道进出油井。在修井作业期间，一般使用钢丝绳将导流器起出采油树，从而使修井作业获得垂直的通道。

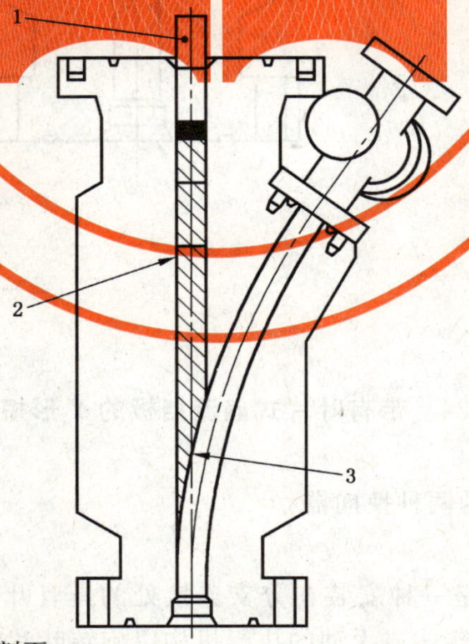

1——钢丝绳下入回收工具的通道剖面；

2——钢丝绳下入通道中用于锁定楔子和导向的凹槽；

3——楔子弯管剖面。

图 23　带有楔型导流装置的 Y 形短节

b) 叶片式导流器

叶片式导流器(见图 24)是一种安装在 Y 形短节中的具有叶片式闸板的装置。叶片的外形的一侧与垂直通道一致,另一侧与 TFL 通道一致。叶片式导流器有一止动器可以使叶片保持在两个可能位置中的一个。叶片式导流器是由经过的工具串定位的被动装置。举例来说,如果工具从垂直通道下入 Y 形短节,叶片便被推到垂直位置上从而使得工具得以继续通过,工具通过后叶片保持不动,待工具返回时,叶片引导工具沿进入的通道原路返回。叶片保持该位置直到有 TFL 工具从曲线通道进入,叶片便被推到曲线通道的位置,止动器将叶片固定在该位置直到有工具从垂直通道下入。

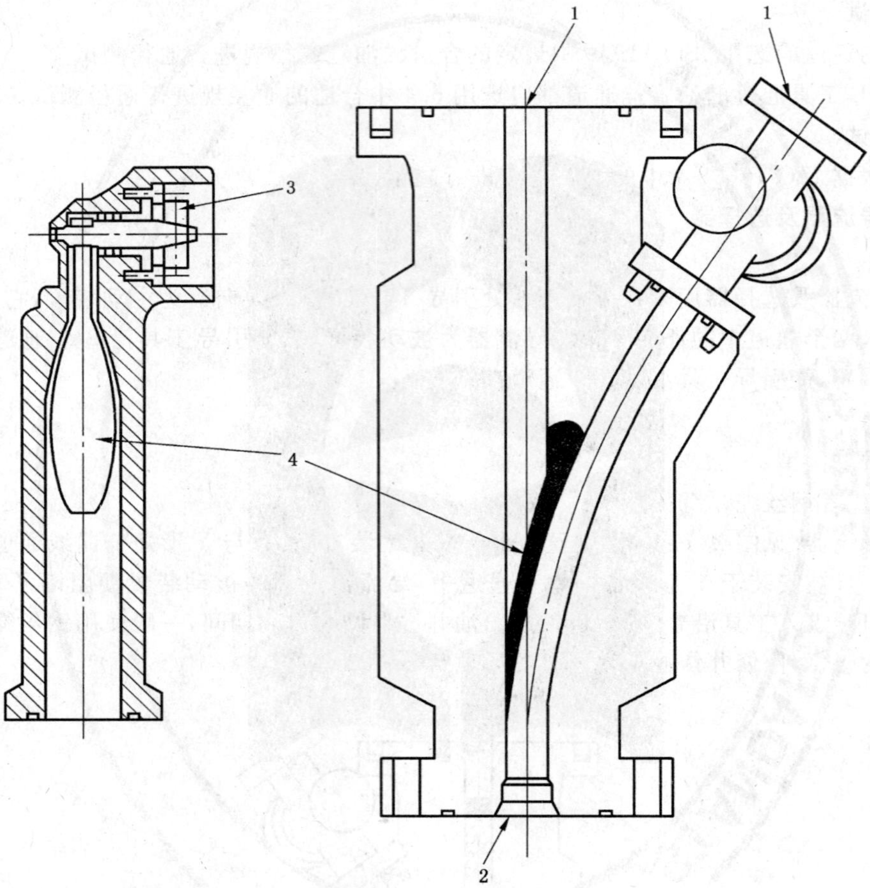

1——进口;
2——出口;
3——止动设备;
4——挡板。

图 24　带有叶片式偏流挡板的 Y 形短节

7.5.3　换向器

下面介绍可以用于不同场合的两种换向器。

a) 叶片式换向器

叶片式换向器(见图 25)是一种安装在分支连接处的具有叶片式闸板的装置。叶片式换向器为主动装置,其上装有旋转式或手动的执行机构以旋转叶片将其置于两个位置中的一个。

b) 堵塞式换向器

堵塞式换向器(见图 26)是一种安装在分支连接处的装置,主要部件为一个圆柱形含有 1～2 个孔的堵头,孔形状与分支连接处的垂直通道或弯曲通道相一致。堵塞式换向器为主动装置，根据设计的不同，其上装有直线形或旋转式的执行机构，可将堵塞的孔与相应的通道处于同一直线上。

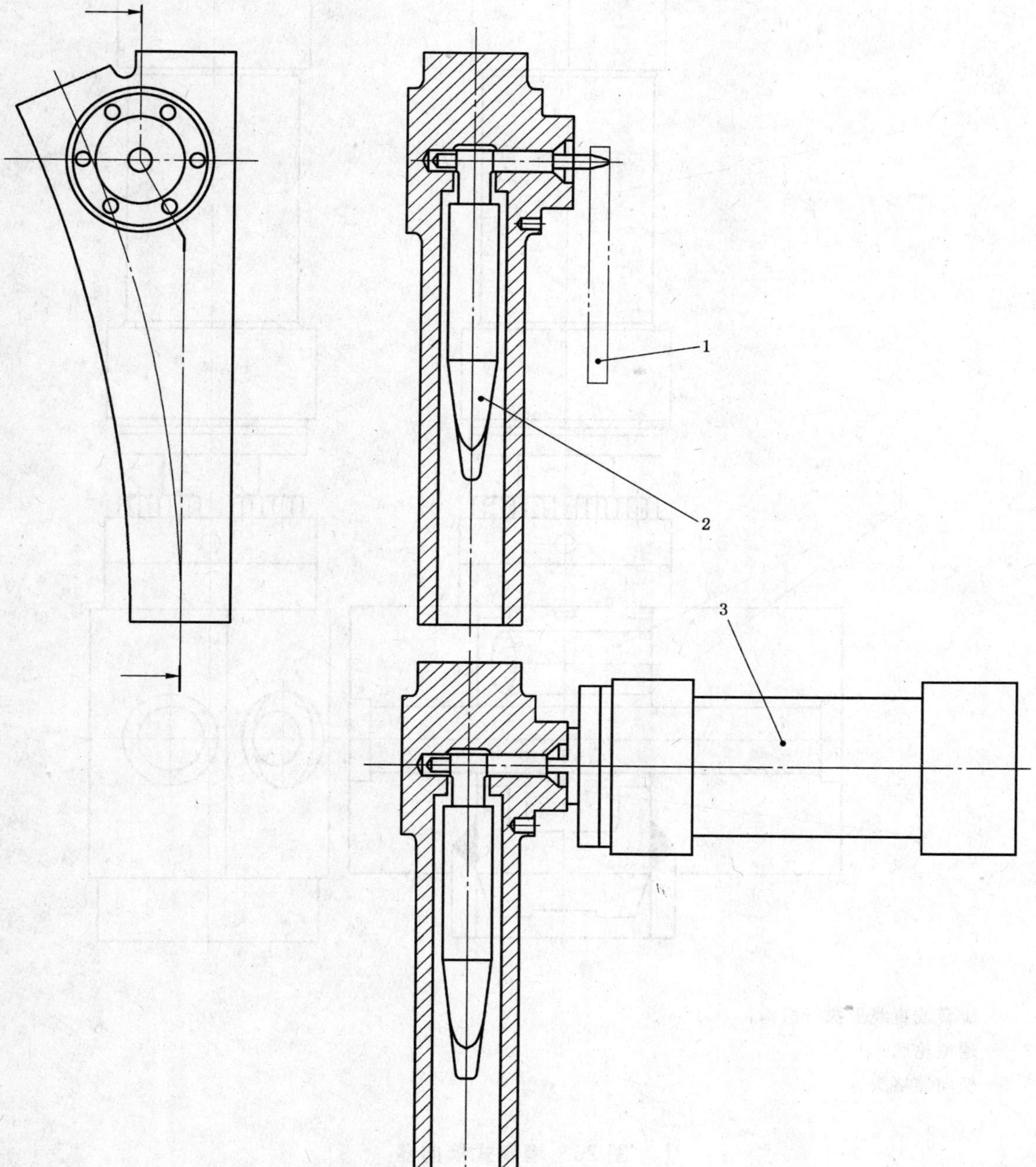

1——外部手柄；

2——换向器叶片；

3——旋转执行机构。

图 25　叶片式换向器

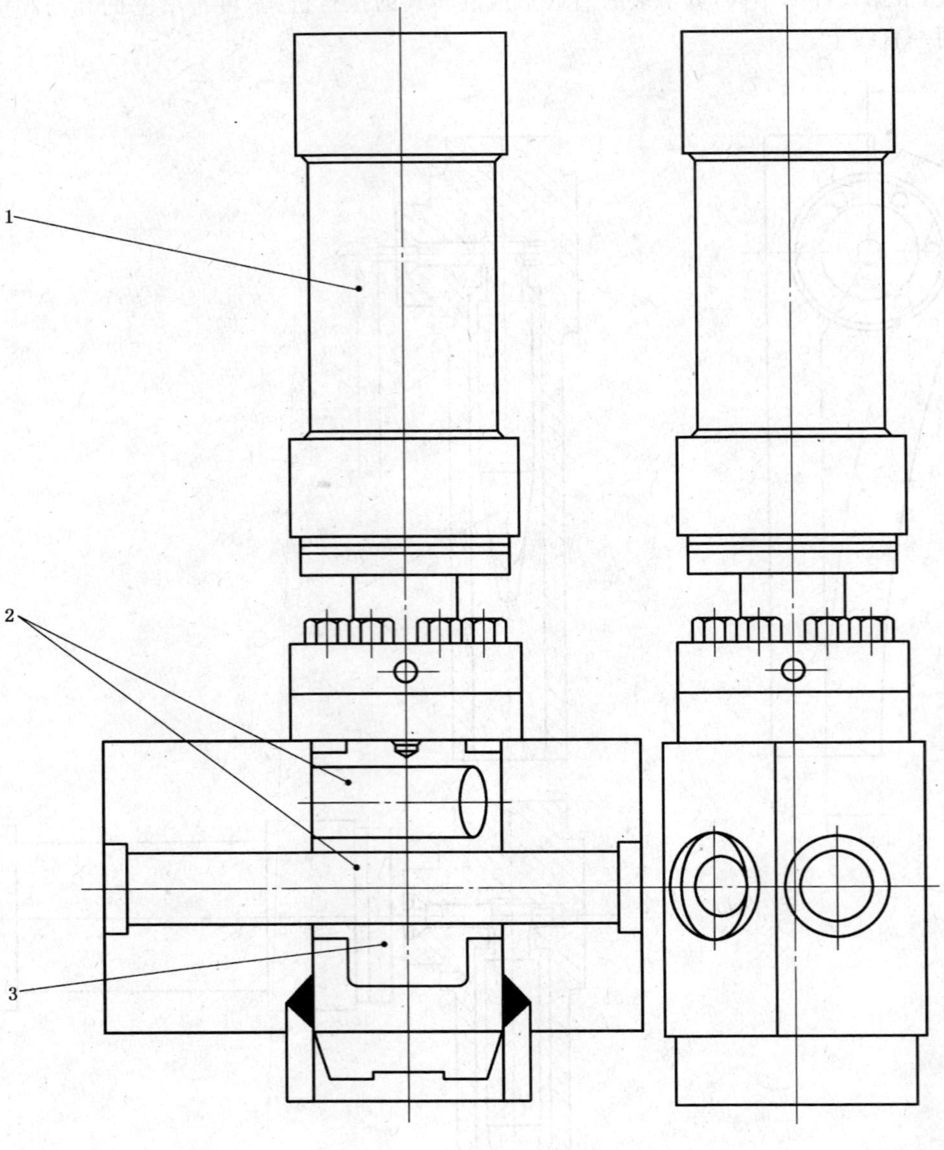

1——旋转或直线形执行机构；

2——通道轮廓；

3——换向器堵头。

图 26 堵塞式换向器

7.5.4 选择器

TFL 选择器(见图 27)是一种安装于多分支管线连接处的主动装置，它可以将由公共入口下入的 TFL 工具引导进入多个出口中的任何一个。选择器由可移动部分、固定部分及能够改变两部分相对方位的装置组成。

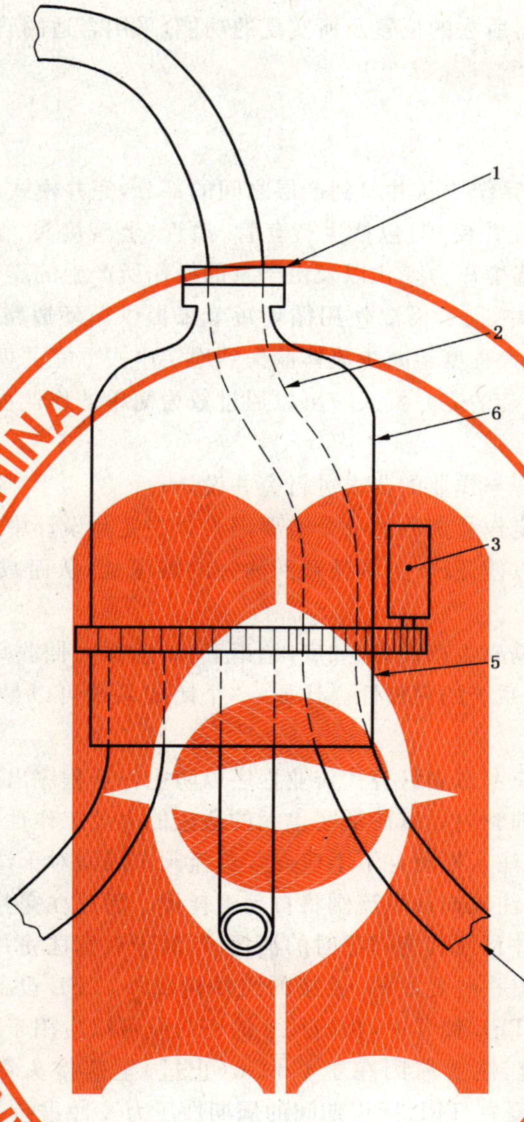

1——入口；
2——曲线通道；
3——引导设备；
4——出口；
5——固定部分；
6——移动部分。

图 27　TFL 选择器

7.6　换向器设计

TFL 作业所用换向器的设计应考虑以下因素：

——无论是垂直还是弯曲的 TFL 工具进入通道，其弯管加工后的最小内径应与表 2 相一致。并应满足第 6 章的相关规定；

——在进口或出口端的机械连接应具有锥形的过渡表面与最小的间隙，如图 19 所示；

——在进口或出口端的焊接连接应满足第 6 章的相关规定；

——根据第 6 章的相关规定，连接有反转弯头(S-弯头)的选择器在弯头之间应有一直管段，且其应具有足够的长度以方便 TFL 通径规及工具能够顺利通过弯头部分。

7.7　换向器测试

7.7.1　通径测试

与管线相连时，换向器应选用 6.4 中所规定的合适的通径规进行通径测试。

7.7.2 压力测试

在 TFL 系统中，根据换向器所在的位置及所实现的功能，采用合适的管线试压规范对其进行试压。

8 完井设备及工具

8.1 概述

完井设备与工具包括 TFL 系统中从井口到产层之间的部分，完井模式设计应考虑尽量减少作业期间的工具操作。图 C.3 为一种完井模式，包括生产套管、油管、坐落接头、循环阀及封隔器等。完井模式应考虑冷流体循环所导致的温度压力变化以及由于泵的操作所产生的震击及水锤影响。

TFL 完井不同于钢丝绳完井，前者需要使用循环短节来提供循环通路。同时，单流阀的安装可以大大增强 TFL 的作业能力并最大程度地减少流体漏失到地层中去。完井模式也影响 TFL 的作业能力及程序。典型意义上讲，比较复杂的完井模式应可以通过较为简单的作业程序来完成多项作业。

完井模式应遵循以下基本准则：

——应该根据生产(或注入)与作业的要求进行完井设计；

——循环短节的深度是决定作业能力的一个重要因素。在完井设计中，循环短节的位置越深，其作业能力越强。这样可以使 TFL 工具循环到油井的最深处，从而减少了使用打捞杆和/或间隔棒的工作；

——坐落单流阀时应考虑隔离生产设备(如底阀、滑套)。这样在回收单流阀对其进行维修期间仍然可以保持 TFL 作业系统的完整性。比如，一个闭式系统可以最大程度减少 TFL 工作流体渗入储层；

——对于 TFL 作业系统，应考虑制订替代作业程序以防主作业程序出现故障；

——保持同样的油管及出油管内径以使活塞单元的适应能力及工作性能最大化。

对于注入井应特别注意，在注入期间井下不应设置单流阀。因而对于注入井，在 TFL 作业以前，可将自毁单流阀泵送就位，在恢复注入前该单流阀将自动消耗掉。因此在完井设计时应谨慎从事，以便提供通道将阀门泵入合适的位置并且使其能够适时的消耗掉，对于双管柱完井，尤其要注意这一点。

一般而言，除了 TFL 总成由一些更短的、铰接的组件构成外，TFL 设备与钢丝绳下入设备之间还存在着其他差别，举例而言，在 TFL 油井中，相同尺寸的密封孔可以应用于整个完井作业中。这种情况下，通常需要引入选择定位系统，主要原因在于 No-Go(止过)坐落接头将会限制 TFL 作业的功能。TFL 工具的设计应使其能够承受在 TFL 操作期间的周期性压力及冲击负荷。为了能承受周期性压力负荷，TFL 设备常常使用模压密封来代替 V 形盘根。同时，TFL 工具的设计应使流体能够连续的循环，即便它们已坐入井下工作筒。

8.2 完井设计

附录 C 介绍了以下 4 种基础的完井设计：

——图 C.1：单管柱、单产层，环空循环完井；

——图 C.2：单管柱、单产层，侧管柱循环完井；

——图 C.3：双管柱，单产层完井；

——图 C.4：双管柱，双产层完井。

选择哪一种完井方式应考虑以下因素：

——经济性；

——生产和注入的要求；

——作业要求；

——二次采油的要求。

有关完井设计的详细内容参阅附录 C。

8.3 油管

在 TFL 安装中采用的标准油管尺寸在 60.3 mm～114.3 mm(2⅜ in～4½ in)之间。API 以及其他多种特殊螺纹接头已成功用于 TFL 系统的安装。接头处的过渡段至少应满足第 6 章和图 16 的要求。

8.4 井上控制的井下安全系统

对于井上控制的井下安全系统的设计而言,应考虑如下因素:

阀的选择

同 TFL 可回收阀相比,优先使用 TRSV。在对 TFL 可回收安全阀之后的部分进行作业之后,如果下一项作业之前不需要回收和再次下入该安全阀,则可以大大缩短作业时间。由于 TFL 出油管较长,免除一次回收和下入的操作可大大减小维修次数并节约作业成本。TFL 可回收安全阀阀应可以作为 TRSV 的备用阀使用。

控制系统的压力

由于 TFL 井通常为水下井,控制系统的能力受到限制,控制系统的最大压力应仔细进行计算。不同于钢丝绳作业的井,TFL 井的控制系统不仅要求能够承受关井压力,而且要求在最大的 TFL 作业压力下能够保证安全阀处于打开的位置。如果使用单管型阀门,控制系统的压力至少应等于最大的油管压力或者最大的 TFL 作业压力(应使用两者中的大值)加上保持阀门打开的力。当使用对油管压力不敏感的阀门时,如自平衡(双管型)或充氮安全阀,可以降低对控制系统的压力要求。如果使用 TRSV,其保持阀门打开的力应足以承受 TFL 活塞向上经过时产生的拖曳力。活塞面积较大的 TRSV 可提供更大的保持阀开启的力从而可以防止 TFL 工具向上运移经过时阀门的误关闭。

TFL 作业

TFL 作业要求流体始终循环。如果 TRSV 与具有备用功能的 TFL 可回收 SVLN 联合使用,那么控制管线的布置应特殊考虑。控制管线首先进入 TRSV,经过闭锁隔离/再定向,然后进入 SVLN 。闭锁隔离/再定向的功能可以保证在 TRSV 工作期间,控制管线不会对 SVLN 进行操作。该功能也可防止 SVLN 滑套误开关时 TRSV 控制压力的损失。

设备设计和作业程序

设备设计和作业程序应提供保证 TFL 可回收安全阀始终处于打开的位置的措施,直至建立起保持该状态的液体压力。不具备该功能就会导致 TFL 循环流体的损失,携带工具应加工有紧急剪切部件,当安全阀固定并保持机械打开状态后,可以剪断剪切部件回收携带工具,使得流体保持循环。

阀门安装总深度

当设计安全阀系统时,应仔细计算包括水深在内的安全阀总下入深度。在单管安装时应考虑安全阀处的最小油管压力。这一最小油管压力可以在保证安全阀正常功能的情况下,降低对安全阀控制压力的要求。

8.5 封隔器

通常,在条件允许的情况下应采用全径封隔器。台阶与内部断面都应遵循图 16 和图 28 的相关规定进行倒角。考虑到 TFL 操作的压力较高,用于 TFL 完井作业的封隔器通常比较特殊或进行了改良设计。液压封隔器应在最大的 TFL 操作压力下坐封,这样在初始完井作业时,允许封隔器最大程度的移动(活塞运动,压缩密封件,卡瓦移动等)并进行测试作业。

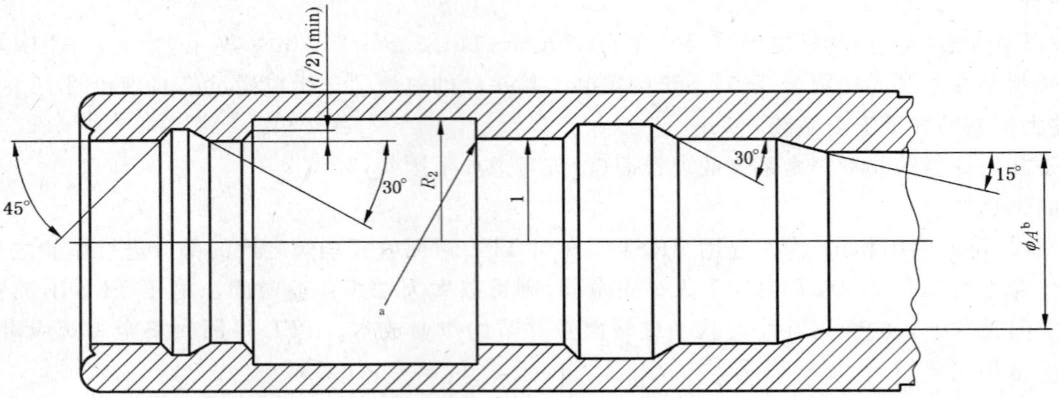

1——ID 或者 R_1；

[a] 倒角长度 0.25 mm～0.50 mm(0.01 in～0.02 in)，角度为 43°～47°。

[b] 见表 4，$t=R_2-R_1$，t 为管线壁厚。

图 28 工作筒剖面尺寸

8.6 伸缩节

在 TFL 完井中，油管柱将承受较大范围内的温度变化，在生产时温度升高，在 TFL 操作中温度降低。安装伸缩节对管柱进行长度补偿，以吸收由于温度变化引起的膨胀和收缩，防止力的聚集导致封隔器解封以及油管的扭曲变形。

基于以下原因，TFL 完井中的伸缩节的设计需要特殊考虑：

——总行程应限制。由于 TFL 活塞单元要跨越伸缩接头，接头的伸长后的总长度应小于 1 m (3 ft)，这样可确保活塞单元能够横跨过由于膨胀拉伸而增大了内径的伸缩节；

——TFL 操作中存在着较高的操作压力、潜在的水锤效应和温度的变化。在遇到上述情况时，应仔细评估伸缩节可移动密封机构的可靠性。

由于受到总行程应小于 1 m(3 ft)的限制，一个油管柱可能需要多个伸缩节。任意两个伸缩节之间至少应存在一个油管接头，这样可以确保 TFL 活塞单元的通过。伸缩节的位置应远离工作筒以及其他需要进行 TFL 操作的位置。在双管柱完井中，两个管柱上的伸缩节不应互相并排布置，以防止热胀时互相干扰。

8.7 坐落接头

8.7.1 概述

坐落接头指的是能对 TFL 可回收设备进行定位、锁定及密封的管状构件。

8.7.2 内部剖面

坐落接头内部剖面指的是与油管内表面相连的过渡部分，活塞单元及可回收的井下工具应能够通过这一部分。坐落接头进出表面的设计应该使得井下工具可以顺利通过，并且尽量降低工具通过时对密封部件的损坏程度。

8.7.3 首选的设计做法

坐落接头的设计应遵循以下做法：

——TFL 坐落接头进出表面与轴线的角度应不大于 30°，如图 28 所示，以便于工具的通过，并最大程度地减小对工具的磨损，同时防止密封和活塞的损坏；

——No-Go(止过)台阶和锁定凹槽的承载表面角度不应小于 45°，非承载表面的角度不应大于 30°，最低要求应按图 28 对尖角进行倒角；

——固定处的进出口剖面应与图 28 一致，在整个剖面中可能包含直角台阶，但尖角部分应按要求进行明显的倒角；

——表4列出了在工业上TFL操作所用的密封孔，这些密封孔应有15°的进出口角度。

8.8 循环短节

循环短节用于泵送工具进出油井，另外，在井下作业之前，也可通过它将井内流体置换为TFL工作流体。循环短节或循环点应置于可能需要作业的井下最深处，这样可使工具循环到达井下最低点而不需要借助于打捞杆或间隔棒。循环短节应安装于封隔器的下部或油管柱上任何可行的位置。各种不同的循环短节如下：

标准循环短节

标准循环短节为双通道的接头，工具可以通过这些通道下入井中，在两通道之间有一连接孔。在它们上边接有No-Go(止过)或选择型坐落接头，在H型工作筒接头的下面接有抛光短节。在连接孔中可设置CCV(见8.9)或者封隔装置来隔离油管柱。

偏心H型工作筒

与偏心工作筒类似，在基管与偏心管柱之间开有连接孔，两管柱之间的连接孔由基管中的CCV控制。当需要提供与油管柱的联系通道时，在CCV就位后，该工具可用作紧急循环短节或主循环短节。

循环工作筒

循环工作筒为TFL作业提供垂直的油管通道，该通道侧面开有一侧孔并连接一较小的侧管柱，该侧管柱仅提供一循环通道，不能用作TFL工具进入的通道(见图C.2)。

Y形接头

该设备除了其上部与下部的接头尺寸一样外，其他方面与循环工作筒类似。其设计允许TFL工具通过任何一个通道进入Y形接头下部，这种部件通常用于只有一个封隔器的双管柱完井。

开孔工作筒

该设备为环空循环完井提供油管及套管之间的联系通道(见图C.1)。在开孔的上部安装一坐落接头，下部提供一抛光的通道，这样可以在生产(或注入)期间通过CCV隔离油管和环空。

偏心工作筒

类似于开孔工作筒，实际应用中通过适当增大开孔面积，可将偏心工作筒用作循环短节。可在侧筒内安装CCV以提供畅通的通道。

在进行诸如气举、紧急循环和洗砂操作时，上部孔或备用循环短节可用来保证流体的循环。这些备用循环短节也应具备隔离循环的措施以便使用工具串对主循环短节进行操作。各种可回收装置如SDC、止回阀及偏心堵塞器可用来隔离循环通道。

循环交叉处暴露的出口侧应按照第6章的要求进行加工，以避免密封圈的损坏同时降低由于压差(抽吸)而导致工具锁定的可能性。

8.9 循环控制

8.9.1 在完井设计中有时需要采用循环控制设施，如循环控制阀(CCV)，该设施可以保证TFL作业期间的流体循环，也可以在生产或注入期间进行油管柱间的隔离或者油管/套管间的隔离。CCV既可与循环通道保持同心也可安装在偏心工作筒内，这种阀处于打开位置时允许流体循环回收TFL作业工具串，可通过调节系统中的压力来打开(TFL作业时)或关闭(TFL作业之后)该阀门。在多产层完井中，若不允许混采，可通过安装CCV来实现分采。

8.9.2 在循环短节内也可安装紧急循环装置。它们也是由压力控制开关的阀门，阀门关闭时为正常工作状态。一旦主循环短节被砂或其他杂质堵塞，安装在上部孔或备用循环短节中的SDC能起到应急循环的作用。

8.10 单流阀和隔离/生产装置

8.10.1 TFL可回收单流阀(止回阀)用于TFL生产完井。这种阀在保证井液进入油管的同时能够防止TFL工作流体进入地层，从而提高TFL作业的效率。在TFL作业期间，保持单流阀坐于阀坐上，产出的气体可以被循环出油井，这样就可以大大减少进入油管的气体，同时防止TFL工作流体进入地层。

气体的排出降低了系统的可压缩性，加速了TFL控制盘上的压力响应。可将单流阀坐入选择坐落接头、No-Go(止过)接头或者生产/隔离设备中，剪断单流阀的剪切销可以泵送流体进入地层。

8.10.2 油管可回收的隔离/生产设备。坐落单流阀时打开该设备，回收单流阀时关闭该设备以隔离井下产层。隔离/生产设备有两种，一种安装在封隔器下方，井液通过环空进入油管；另外一种可安装在油管柱的任何部位，井液由油管底部进入。后者应靠近循环支管安装以便进行TFL作业。

8.11 TFL工具设计

8.11.1 工具设计

TFL工具的设计要求弯管的曲率半径最小为1 524 mm(60 in)。表2中的“弯曲后最小内径”一栏中列出了不同尺寸TFL工具所需的最小环路管线内径。

8.11.2 其他

下面是设计TFL工具所需考虑的其他因素：

——避免工具串连接处的过度咬合，即最大化工具串各段的长度，这样有助于减少操作过程中产生的问题；

——工具设计时，应尽量减少其下入、启动、安装所需的系统操作；

——考虑在TFL作业过程中如何在动态载荷下操作工具，这些动态载荷包括冲击载荷、循环压力、水击作用等；

——设计剪切销钉来固定工具上的零件，以防止松动部件妨碍工具操作或者脱落到出油管线系统中；

——由于螺纹连接的工具串在受到冲击和振动时螺纹可能松开，所有工具的丝扣连接部分在设计时应带有机械锁定装置如辊销、固定螺丝、止动螺母等。

9 操作

9.1 概述

以下要求和推荐做法适用于水下卫星井及底盘/管汇生产系统中的TFL设备和工具的操作。其中大量要求和推荐做法都是从经验以及成功应用的方法中总结出来的，作业者可根据井的具体情况采用自己的方法。另外，可参照API RP 17A 4中的推荐做法。

9.2 人员及培训

9.2.1 在工程的最初阶段就对TFL作业的各方面进行规划有助于维修作业的成功。规划中应包含如何对修井人员进行培训的内容。TFL操作者应为具有丰富经验的修井人员，这些人员应对完井工艺、钢丝绳修井作业、TFL作业的液压参数以及常规海上/水下操作非常熟悉。

9.2.2 对TFL操作者的培训应包含以下几方面的原理及操作程序：水下控制系统、紧急关断程序以及不同点压力的读取。

9.2.3 TFL操作者应在TFL设备的下入以及完井作业方面进行培训。培训内容应包括：TFL设备是如何进行工作的；对于不同的工具操作，工具座封压力、滑套开关压力以及剪切销钉的剪切压力数值各是多少。

9.3 完井设备

这里提到的完井设备包括TFL管系、水下采油树以及井下设备。从工程的规划阶段，为减少TFL作业中产生的问题，TFL管系(见第6章)、采油树以及油管挂(见第7章)的设计应保证TFL工具的通过。应合理规划管内节流阀的布置，规划加厚管指示器的位置以及阀门、换向器、堵头通道凹槽的位置。

井下设备的规划和检查包括以下内容：

工具的兼容性

检查所有的井下设备是否都能允许TFL工具的通过。

完井间距

由于 TFL 操作过程中存在剧烈的温度波动，因而在下入完井设备以及座封封隔器时应正确布置顶部封隔器、多产层间封隔器的位置，以避免完井油管在操作过程中过度的弯曲。

压力驱动设备的操作

完井中的某些设备是通过压差或者系统的压力进行操作的。压力应用不当或者工具设定不合适都会导致工具的误操作，并会对完井设备的使用可靠性造成负面影响。因而各工具操作压力的设定应保持足够的差值以避免误操作。

锁定剖面的转换

对于带有选择键的装置应着重考虑，以避免装置安装在错误的位置。如果使用不同厂家的产品，应考虑剖面之间的兼容性。

9.4 卫星井和基盘井组的控制系统

9.4.1 TFL 卫星井和基盘井组的控制系统较为复杂，TFL 操作者应熟知这些控制系统的基础知识和响应时间。

9.4.2 从操作的角度来讲，水下控制系统的规划和设计应满足在对油井进行维修作业时能够将控制功能(如阀门的控制等)转交给 TFL 操作者。这些功能都是用于控制那些将会有 TFL 工具通过或者影响 TFL 操作的管线上的阀门和换向器。这些阀门包括立管隔离阀、出油管和底盘隔离阀、采油树的主阀和翼阀、换向器、环空连通阀以及井下安全阀。这些阀门的控制功能应与紧急关断系统联接。为了防止阀门在工具串通过时产生关闭动作，TFL 操作者可以暂时控制紧急关断系统以便将 TFL 工具泵送到安全的位置(远离阀门处)。

9.5 作业规划和文档管理

9.5.1 在进行 TFL 作业之前，TFL 操作者应查阅最新的井史文件，制定并审核详细的作业程序。TFL 操作者应负责准备和设定 TFL 设备。设定工作包括确定下入和提升工具所用剪切销钉的尺寸和材料，提升工具的上/下剪切模式，锁定器中的剪切销钉，辅助杆中的剪切销钉和剪切压力以及转向工具的驱动压力。使用 TFL 工具前可以考虑对其进行调试以确认其作业条件。

9.5.2 TFL 操作者应对所有的工作进行记录存档并更新井史文件。这些档案文件应包括有关哪些地方应或者可以使用条带记录的报告。井史文件应与生产井的记录文件一同保存。

9.6 流体选择/油井准备工作

工作流体的选择对于 TFL 系统的作业能力非常重要。以下是选择工作流体所需考虑的原则：

现场可得性

如果现场不易得到，应提供储存装置；

流体密度

流体密度会影响到 TFL 系统的性能以及所需的作业压力；

流体多样性

由于井的条件不同，有时需要多种流体；

黏度

对于黏度不同的流体，其压力脉动、压力损失以及工具滑动量也会不同；

成本

使用不易得到的 TFL 工作流体可能会增加作业成本；

理想的流体应为易得到的、廉价的，可提供足够的 TFL 作业压差，同时循环流量满足工作要求的流体。常用的 TFL 工作流体如下：

现场工艺系统中处理得到的脱气原油；

经过滤和添加抑制剂的海水；

清洁的完井液。

注：这些流体能够有效的降低设备的压力等级，并能够通过 TFL 系统来有效的剪切单流阀和压井。

有关 TFL 作业压力以及各种流体的影响，请参见附录 B 的相关内容。

在作业之前，应将井筒内的气体及流体循环出 TFL 系统。TFL 作业应使用单相流体以获得可重复性的作业结果并对工具进行可靠的定位。

循环过程中作业者应注意两点，一是当使用井上调节的节流阀来维持恒定备压时应使单流阀始终位于阀座上；二是不应超过井底作业压力。最大的井底作业压力是地层压力(关井时井底压力)加上单流阀切开压力减去安全系数。为确保满足以上两点，泵压不应超过最大的井底作业压力减去工作流体静压力。另外，泵送作业开始时，泵管汇上的节流阀(见图 4)应根据流体的静压力以及流量进行调节。通过该节流阀保持系统的背压，使得单流阀始终保持在阀座上，从而确保井内流体在 TFL 作业过程中不进入 TFL 作业系统。

9.7 泵送操作

9.7.1 摩阻应小于 13.8 MPa(2 000 psi)，绝大多数工具操作要求活塞元件前后的压差(有关压力等级见 4.4)约为 3.4 MPa～13.8 MPa(500 psi～2 000 psi)。以上两条是泵送作业通常所要掌握的原则。有些作业如打捞等，可能要求达到 20.7 MPa 的压差。

9.7.2 操作者应考虑到，在高泵速下定位工具串或者高循环流量下关闭阀门有可能导致水锤和压力波动，这能够导致管内设备应力超限或者过早的剪切 TFL 工具。在出油管较长和(或)井较深的情况下，循环的流体质量较大，尤其易产生以上问题。

在启动泵送作业之前，TFL 操作者应执行以下程序：

——转交必需的阀门监控功能给 TFL 作业者；

——检查是否有足够的 TFL 工作流体可用；

——检查相应井中用于 TFL 作业的阀门和换向器设置是否正确；

——关闭水下采油树的阀门，打开连通阀。

在泵送作业过程中，TFL 操作者应执行以下程序：

——循环 TFL 工作流体至作业点/出油管，关闭连通阀；

——打开水下采油树阀门，进行井下循环，同时维持足够背压以将单流阀保持在阀座上；

——根据工作计划执行 TFL 作业。

应根据生产厂家的推荐做法来确定 TFL 工具的泵送排量。可接受的典型泵送排量如表 1 所示。

泵送操作过程中，由于正压力(例如，将单流阀保持在阀座上的压力)被施加到系统当中，使得井总是处于操作者的控制之下。气体和含气液体应提前循环出系统并通过工作流体的静压来降低系统压力。

9.8 油井恢复生产

油井恢复生产应执行以下程序：

——如有必要，使用要求的液体循环井以恢复生产；

——正确的隔离井和作业管线；

——设定所有的阀门和换向器以恢复生产；

——转交阀门监控功能至主控系统以恢复生产；

——记录存档 TFL 作业过程及内容，更新井史文件以反映当前的状态。

10 功能总结

附录 D 对 TFL 的功能进行了总结。

附　录　A
（规范性附录）
TFL 管线

A.1　技术提交条件

除 A.2～A.6 的规定，TFL 管线的其他要求应与 ISO 3183-1 的要求一致。

A.2　尺寸和等级

厂商应提供的 TFL 管线的最小/最大内径如表 A.1 所示。

表 A.1　出油管内径(TFL 管线)

单位为毫米(英寸)

典型 OD	公称 ID	最大 ID	最小 ID
60.3(2.375)	50.67(1.995)	51.97(2.046)	49.02(1.930)
73.03(2.875)	62.0(2.441)	63.3(2.493)	60.2(2.372)
88.9(3.500)	76.0(2.992)	77.37(3.046)	74.12(2.918)
114.3(4.500)	100.53(3.958)	101.93(4.013)	98.65(3.884)

A.3　长度

除非另有说明，TFL 管线应按照两个随机长度的管来提供，并且不应有接头痕迹(如环焊缝)。

A.4　通径测试

整个 TFL 管线都应使用圆柱形通径规进行测试。通径规的前导棱边应进行倒角以使其较为方便的进入管线。通径规应能够自由的通过管线，所施加的驱动力应不超过其自身的重量。经过通径测试，管线内不存在任何异物且经合理支撑不产生下垂，方可认为管线合格。

A.5　水压试验

TFL 管线应根据 ISO 3183-1 进行水压试验。

A.6　标识

TFL 管线除了按照 ISO 3183-1 的要求进行标识外，还要标上“TFL”字样。

附 录 B
（资料性附录）
TFL 操作压力

B.1 概述

本附录通过一个实例阐述了如何确定 TFL 操作压力、确定设备尺寸并选择工作流体。计算时分别考虑了静态和动态两种操作条件以确定理想的 TFL 作业模式。基于下面描述的现场井数据以及 TFL 作业操作条件，可得到一套操作参数：

——核实正确的井口和出油管压力等级；

——确定压差和最大泵排量以便进行最优的工具操作；

——确定地面泵的功率要求。

注：为了执行要求的井下作业，应向 TFL 设备的生产厂家咨询以便确定适当的设计压力、工作流体、泵排量等。

B.2 计算实例

B.2.1 问题

水下完井的水深为 300 m(984 ft)，距平台上完井设施的距离为 4 500 m(14 764.5 ft)。泥面以下井深为 3 500 m(11 483.5 ft)。油井生产的静态井底压力为 40 MPa(5 801 psi)。假设水下井口、采油树以及作业/出油公用管线的额定工作压力为 34.5 MPa(5 000 psi)，据此来确定最好的工作流体。在这里对三种工作流体进行了考察，分别为脱气原油、盐水以及完井液。这三种流体的属性如表 B.1 所示。

表 B.1 工作流体属性

项目	密度 kg/m³ (lb/gal)	黏度 Pa·s(cp)	每米(英尺)的静水压头 MPa(psi)	流速为 0.447 m³/min(3 bbl/min)时每米(英尺)的压力损失 MPa(psi)
脱气原油	818.4(6.83)	0.01(10)	0.068(0.355)	0.000 498(0.0220 4)
盐水	1 023.3(8.54)	0.001(1)	0.010 1(0.447)	0.000 426(0.0188 3)
完井液	1 078.4(9.00)	0.003(3)	0.010 6(0.468)	0.000 502(0.022 22)

B.2.2 输入数据

B.2.2.1 已知参数

例题中给出了以下参数：

油井静压 BHP 40 MPa(5 801 psi)

水深＝300 m(984 ft)

出油管长度＝4 500 m(14 764.5 ft)

作业井的 TVD(井口/泥线以下)＝3 500 m(11 483 ft)

作业井的 TMD(井口/泥线以下)＝3 500 m(11 483 ft)

管内径＝76.2 mm(3 in)

流体循环流量＝0.477 m³/min(3 bbl/min)

B.2.2.2 假设条件

本例题中作了以下假设：

——上部管系以及设备(包括井口)的额定工作压力为 34.5 MPa(5 000 psi)；

注：在这里假设工作流体的最大流速为 0.477 m³/min(3 bbl/min)，根据应用的不同可以选择其他的流量。

——由 TFL 系统产生的最小 BHP 应比油井 BHP 高 3.0 MPa(435 psi),这一压差是使单流阀座于阀座上的最小压差；
——最大的单流阀剪切压力应比 TFL 系统井上泵产生的最大 BHP 低 3.0 MPa(435 psi)。最大化单流阀的剪切压力便可最大程度的利用系统压力；
——最大的 TFL 作业压力应比剪切单流阀所需压力低 3.0 MPa(435 psi)。

B.2.3 计算数据

B.2.3.1 工作流体循环的总长度＝2×(水深＋偏移长度＋井深)

＝2×(300 m＋4 500 m＋3 500 m)＝16 600 m

[2×(984 ft＋14 764.5 ft＋11 485.5 ft)＝54 468 ft]

B.2.3.2 由泵口到井底的静液压力＝单位长度流体静压力×(水深＋井深)：

脱气原油＝0.008 MPa/m×3 800 m＝30.4 MPa(0.355 psi/ft×12 467.8 ft＝4 426 psi)

盐水＝0.010 1 MPa/m×3 800 m＝38.38 MPa(0.447 psi/ft×12 467.8 ft＝5 573 psi)

完井液＝0.010 6 MPa/m×3 800 m＝40.28 MPa(0.468 psi/ft×12 467.8 ft＝5 835 psi)

B.2.3.3 经过出油管和油管之后的泵压损失＝单位长度损失的流体压力×(水深＋偏移长度＋井深)：

脱气原油＝0.004 98 MPa/m×8 300 m＝4.13 MPa(0.022 04 psi/ft×27 232.3 ft＝600 psi)

盐水＝0.000 426 MPa/m×8 300 m＝3.55 MPa(0.018 83 psi/ft×27 232.3 ft＝513 psi)

完井液＝0.000 502 MPa/m×8 300 m＝4.17 MPa(0.022 22 psi/ft×27 232.3 ft＝605 psi)

B.2.3.4 全程的泵压损失＝2×经过出油管和油管之后的泵压损失

脱气原油＝8.26 MPa(1 200 psi)

盐水＝7.1 MPa(1 026 psi)

完井液＝8.34 MPa(1 210 psi)

B.2.3.5 海水静压(作用于井口外表面)＝液体静压×水深

＝0.010 1 MPa/m×300 m＝3.03 MPa

(0.447 psi/ft×1 000 ft＝447 psi)

B.2.4 静态条件下的计算

B.2.4.1 最大泵压＝设备额定压力＋海水静压力－工作流体静压力：

脱气原油＝34.5 MPa＋3.03 MPa－(0.008 MPa/m×300 m)＝35.13 MPa＞34.5 MPa 最大泵压，因此，取 34.5 MPa。

[5 000 psi＋440 psi－(0.355 psi/ft×984 ft)＝5 091 psi＞5 000 psi 最大泵压，因此，取 5 000 psi]

盐水＝34.5 MPa＋3.03 MPa－(0.010 1 MPa/m×300 m)＝34.5 MPa

[5 000 psi＋440 psi－(0.447 psi/ft×984 ft)＝5 000 psi]

完井液＝34.5 MPa＋3.03 MPa－(0.010 6 MPa/m×300 m)＝34.35 MPa

[5 000 psi＋440 psi－(0.468 psi/ft×984 ft)＝4 980 psi]

B.2.4.2 使单流阀座于阀座上的最小系统压力＝BHP(静态)＋3.0 MPa(435 psi)：

所有工作流体＝40.0 MPa＋3.0 MPa＝43.0 MPa

(5 801 psi＋435 psi＝6 236 psi)

B.2.4.3 TFL 系统所产生的最大 BHP＝最大的井上压力＋工作流体静压力：

脱气原油＝34.5 MPa＋30.4 MPa＝64.9 MPa

(5 000 psi＋4 426 psi＝9 426 psi)

盐水＝34.5 MPa＋38.38 MPa＝72.88 MPa

(5 000 psi＋5 573 psi＝10 573 psi)

完井液＝34.35 MPa＋40.28 MPa＝74.63 MPa

(4 980 psi＋5 835 psi＝10 815 psi)

B.2.4.4 最大的单流阀剪切压力＝TFL系统所产生的最大BHP－3.0 MPa(435 psi)：

脱气原油＝64.9 MPa－3.0 MPa＝61.9 MPa

(9 426 psi－435 psi＝8 991 psi)

盐水＝72.88 MPa－3.0 MPa＝69.88 MPa

(10 523 psi－435 psi＝10 138 psi)

完井液＝74.63 MPa－3.0 MPa＝71.63 MPa

(10 815 psi＋435 psi＝10 380 psi)

B.2.4.5 最大的作业BHP＝最大的单流阀剪切压力－3.0 MPa(435 psi)：

脱气原油＝61.9 MPa－3.0 MPa＝58.9 MPa

(8 991 psi－435 psi＝8 556 psi)

盐水＝69.88 MPa－3.0 MPa＝66.88 MPa

(10 138 psi－435 psi＝9 703 psi)

完井液＝71.63 MPa－3.0 MPa＝68.63 MPa

(10 380 psi－435 psi＝9 945 psi)

B.2.4.6 最小的井上系统压力(节流阀回压设置值)＝使单流阀座于阀座上的最小系统压力－流体静压力：

脱气原油＝40.0 MPa＋3.0 MPa－30.4 MPa＝12.6 MPa

(5 801 psi＋435 psi－4 426 psi＝1 810 psi)

盐水＝40.0 MPa＋3.0 MPa－38.38 MPa＝4.62 MPa

(5 801 psi＋435 psi－5 573 psi＝663 psi)

完井液＝40.0 MPa＋3.0 MPa－40.28 MPa＝2.72 MPa

(5 801 psi＋435 psi－5 835 psi＝401 psi)

B.2.4.7 单流阀剪切压差＝单流阀剪切压力－静态BHP：

脱气原油＝61.9 MPa－40.0 MPa＝21.9 MPa

(8 991 psi－5 801 psi＝3 190 psi)

盐水＝69.88 MPa－40.0 MPa＝29.88 MPa

(10 138 psi－5 801 psi＝4 337 psi)

完井液＝71.63 MPa－40.0 MPa＝31.63 MPa

(10 380 psi－5 801 psi＝4 579 psi)

B.2.5 流速为0.477 m^3/min(3 bbl/min)动态条件下的计算

B.2.5.1 最大压差(泵入工具)＝最大上部压力＋工作流体静压力－工作流体泵压损失－[油井BHP＋3.0 MPa(435 psi)(1)]：

脱气原油＝34.5 MPa＋30.4 MPa－4.13 MPa－43 MPa＝17.77 MPa

(5 000 psi＋4 426 psi－600 psi－6 236 psi＝2 590 psi)

盐水＝34.5 MPa＋38.38 MPa－3.55 MPa－43 MPa＝26.33 MPa

(5 000 psi＋5 573 psi－513 psi－6 236 psi＝3 824 psi)

完井液＝34.35 MPa＋40.28 MPa－4.17 MPa－43 MPa＝27.46 MPa

(4 980 psi＋5 835 psi－605 psi－6 236 psi＝3 974 psi)

注：(1)3 MPa(435 psi)的压差确保单流阀座于阀座上。

B.2.5.2 最大压差(泵出工具)

B.2.5.2.1 最大泵压力＝最大作业BHP－工作流体静压力＋泵入压力损失

脱气原油＝58.9 MPa－30.40 MPa＋4.13 MPa＝32.63 MPa

(8 556 psi－4 426 psi＋600 psi＝4 730 psi)

盐水＝66.88 MPa－38.38 MPa＋3.55 MPa＝32.05 MPa

(9 703 psi－5 573 psi＋513 psi＝4 643 psi)

完井液＝68.63 MPa－40.28 MPa＋4.17 MPa＝32.52 MPa

(9 945 psi－5 835 psi＋605 psi＝4 715 psi)

注：这样确保不超过最大的井口压力。

B.2.5.2.2 最大的压差(泵出工具)＝最大泵压－全程泵压损失：

脱气原油＝32.63 MPa－8.26 MPa＝24.37 MPa

(4 730 psi－1 200 psi＝3 530 psi)

盐水＝32.05 MPa－7.1 MPa＝24.95 MPa

(4 643 psi－1 026 psi＝3 617 psi)

完井液＝32.52 MPa－8.34 MPa＝24.18 MPa

(4 715 psi－1 210 psi＝3 505 psi)

B.2.6 结论

B.2.6.1 由B.2.3.2的计算可见，选择完井液作为TFL工作流体必需仔细考虑。只有在脱气原油或者盐水无法提供足够的井下TFL作业压差的情况下才可以考虑使用完井液。如果采用了完井液，在TFL作业完成之后，由于完井液产生的静液柱压力[40.28 MPa(5 835 psi)]大于油井的生产BHP[40 MPa(5 801 psi)]，应采用轻质流体将井内的完井液替换出去，以便油井恢复生产。

B.2.6.2 由B.2.4.1的计算可见，若要不超过井口、出油管和泵34.5 MPa(5 000 psi)的额定工作压力，则：

——对于脱气原油和盐水，允许最大泵压为34.5 MPa(5 000 psi)；

——对于完井液，应限制泵出口压力不超过34.35 MPa(4 979 psi)。

B.2.6.3 由B.2.5的计算可见，在0.447 m^3/min(3 bbl/min)的泵速下，三种TFL工作流体无论在哪一方向上都可以得到足够的操作压差。

B.2.6.4 基于各种流体所能提供的TFL作业能力，最佳的选择顺序依次为：盐水、脱气原油、完井液。由于完井液在作业完成之后需要替换，所以优先选用盐水和脱气原油。由于盐水可以提供更大的TFL作业压差，所以二者相比，优先选用盐水。但是，出于储存等方面的考虑可能改变以上提到的选择顺序。

附 录 C
（资料性附录）
TFL 完井

C.1 概述

以下内容对 TFL 完井方式进行了简短的阐述。这里提到的完井是极为基本的，可以通过添加其他内容来增加作业的多功能性，增强作业能力，如增加隔离/生产设备、人工举升、产层选择等。

C.2 单管柱、单产层、环空循环完井

此完井方式如图 C.1 所示，该方法适用于油管内径尺寸较大、生产速率（或注入速率）较高的大通径完井。TFL 作业循环通过一个开孔接头或偏心工作筒完成。生产（或者注入）时，环空通过一个 CCV 与油管隔离。一种方法是在紧靠循环点下方的生产/隔离设备内，如 NO-GO（止过）或者底阀坐落接头，安装一个单流阀。另外一种方法是在封隔器下方的生产/隔离设备滑套中安装单流阀。如果选用后一种方法，应在滑套下方的 NO-GO（止过）接头中安装堵头，循环点应正好位于封隔器的下方。如果使用 TRSV 和偏心 H 型工作筒，在 TFL 作业前，应将一个自毁单流阀泵送就位，其在 TFL 作业完成后自然消耗掉。

该完井方式不适用于气举设计，这主要是由于 TFL 作业前环空中存在大量的气体需要替换。设计该种完井方式时，由于套管要承受 TFL 作业压力，需要对其进行特殊考虑。TFL 作业过程中，作业者应考虑到泵入/泵出时油管/套管空间容积的差异，这种差异会影响到压力响应时间。

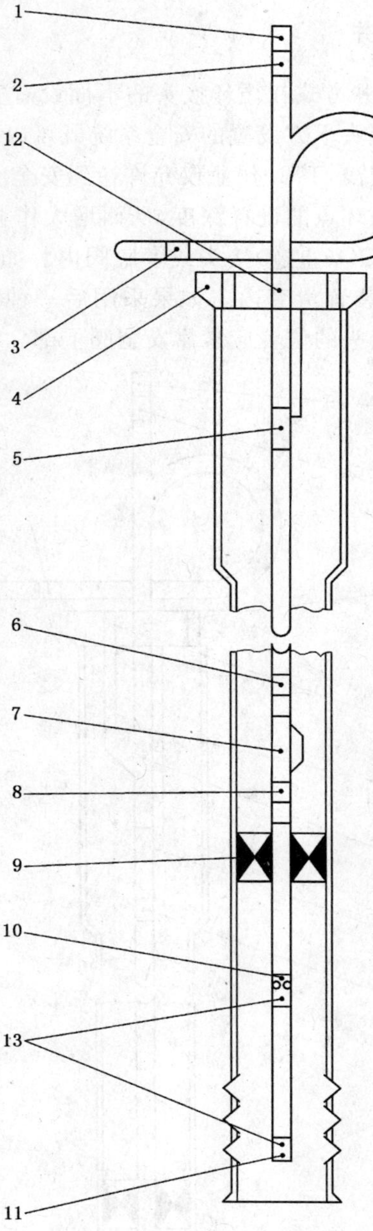

1——Y形短节密封；

2——导向套/Y形短节导流器；

3——出油管节流阀工作短节；

4——钢丝绳环空堵头的插孔剖面；

5——安全阀；

6——S-20坐落接头；

7——带有CCV的开孔工作筒或偏心工作筒；

8——底阀的NO-GO坐落接头；

9——单封隔器；

10——带有单流阀的滑套；

11——带有堵塞器的NO-GO接头；

12——TFL井口堵塞器插孔剖面；

13——与8互为可选。

图C.1 单管柱、单产层、环空循环完井

C.3 单管柱、单产层、侧管柱循环完井

该完井方式如图C.2所示，该完井方式在循环接头的下面设有安全系统。该设计提供了一个伴有小循环管柱的大生产管柱。在循环接头下方设置的安全系统既可以保护生产(注入)管柱也可以保护循环管柱。循环点和安全阀的深度均较浅，TFL作业仅允许达到安全阀和井口。采用为深井设计的安全阀，如平衡类型的安全阀，可以提高循环点的设置深度，从而增大作业的灵活性。单流阀能够安装在紧靠安全阀下部的生产/隔离装置NO-GO(止过)接头或者底阀内。如果安全阀紧靠封隔器上部，单流阀可以安装在封隔器下部的生产/隔离装置滑套内。如果采用后一种安装方法，滑套下方的NO-GO(止过)接头内应安装堵塞器，并且循环接头的位置应紧靠安全阀上部。

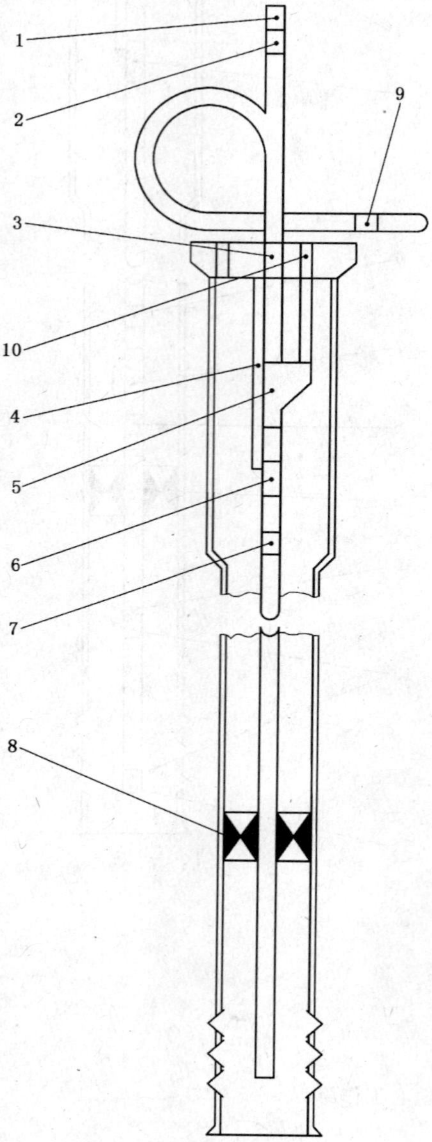

1——Y形短节密封；
2——导向套/Y形短节导流器；
3——TFL井口堵塞器插孔剖面；
4——S-20坐落接头；
5——带有CCV的环形工作筒；
6——安全阀；
7——带有单流阀的NO-GO坐落接头或底阀；
8——单封隔器；
9——出油管节流短节；
10——钢丝绳环空堵塞器的插孔剖面。

图C.2 单管柱、单产层、侧管柱循环完井

这一设计适用于带有多个偏心工作筒的环空气举(假设使用了深井阀)。通过联合使用带有 CCV 的循环接头和小孔单向阀,能够通过循环管柱来实现单点注入。如果同时使用 TRSV 和偏心 H 型工作筒,该设计允许使用自毁单流阀。

C.4 双管柱、单产层完井

该完井方式如图 C.3 所示。该设计提供了最大的生产(注入)作业多功能性。采用双管柱的设计,即使一个管柱出现故障,仍然可以通过另一个管柱来维持生产。

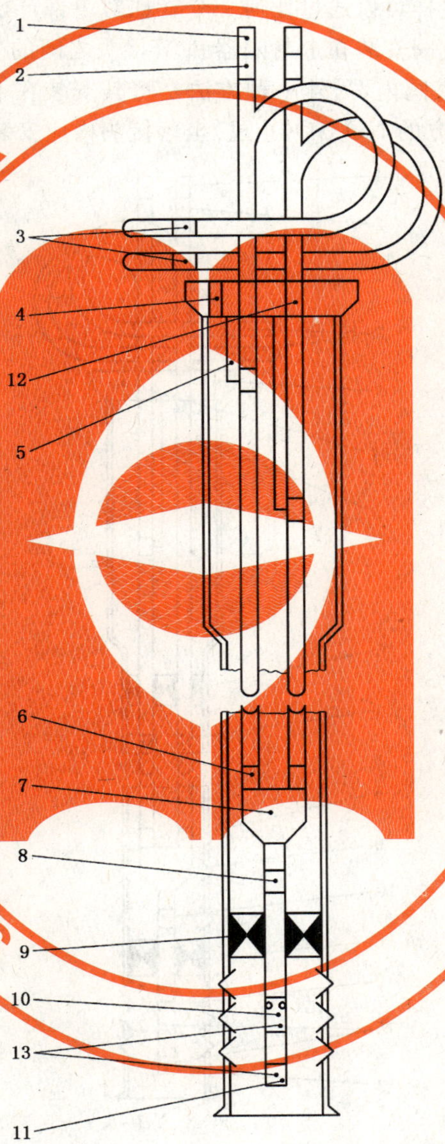

1——Y 型短节密封;
2——导流盘/Y 型短节导流器;
3——出油管节流短节;
4——钢丝绳环空堵头插孔剖面;
5——安全阀(双管柱);
6——S-20 坐落接头;
7——Y 接头;
8——带有单流阀的 NO-GO 坐落接头或底阀;
9——封隔器;
10——带有单流阀的滑套;
11——带有堵头的 NO-GO 坐落接头;
12——TFL 井口堵头插孔剖面;
13——与 8 互为可选。

图 C.3 双管柱、单产层完井

该设计采用一个单封隔器将油管柱与Y接头相连，这样即提供了一个循环点同时TFL工具也可以通过任何一个管柱进入。单流阀能够安装在Y接头和封隔器之间的生产/隔离装置NO-GO(止过)接头或者底阀中。另外，单流阀可以安装在封隔器下部的生产/隔离装置滑套内。可以通过安装在两个或者任何一个油管柱上的偏心工作筒来实施环空气举。Y接头、单封隔器设计适合于砾石充填完井。

C.5 双管柱、多产层完井

完井设计如图C.4所示。该设计包含一个双管上封隔器和一个单下封隔器。Y接头将双管封隔器下方的油管柱连接在一起。这样可以通过任何一个管柱对下部产层进行作业，从而提高了生产和作业的多功能性。上部产层的单流阀安装在上封隔器和Y接头之间的生产/隔离设备滑套内。下部产层的单流阀安装在Y接头下方的底阀内，另外一种方法是将其安装在下封隔器下方的隔离设备滑套内。如果采用后一种方法，在滑套下方的NO-GO(止过)坐落接头内应安装堵塞器。

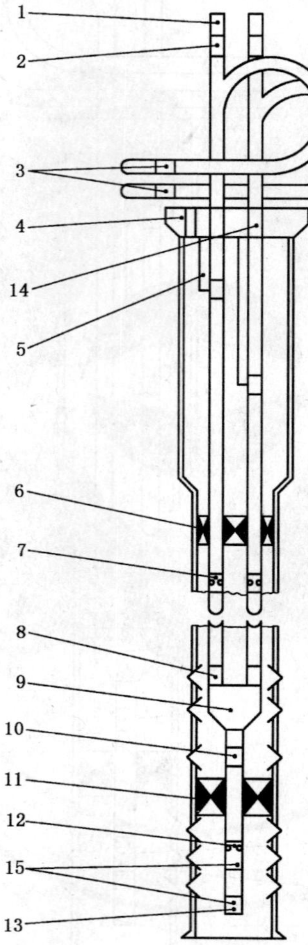

1——Y型短节密封；
2——导流盘/Y型短节导流器；
3——出油管节流短节；
4——钢丝绳环空堵头插孔剖面；
5——安全阀(双管柱)；
6——液压座封双管封隔器；
7——安装有单流阀的滑套；
8——S-20坐落接头；
9——Y接头；
10——带有单流阀的NO-GO坐落接头或底阀；
11——封隔器；
12——带有单流阀的滑套；
13——安装有堵头的NO-GO接头；
14——TFL井口堵头插孔剖面；
15——与8互为可选。

图C.4 双管柱、双产层选择性完井

在多产层完井中，安装CCV以便通过循环短节来为TFL作业提供循环通道，同时隔离正在生产(注入)的油管柱。这一完井方式提供了以下生产功能：

——多产层混采；

——两产层同时生产但不混合；

——隔离产层；

——通过两管柱开采某一产层；

——其他功能。

该完井方式也可以应用环空气举。

附 录 D
（资料性附录）
TFL 功能

D.1 流体控制设备

用于流体控制的设备如下：

——循环控制阀；

——气举(偏心工作筒、同心工作筒)；

——射流泵；

——堵塞器(井下、井口)；

——单流阀；

——TFL 送入的 SCSSV；

——出油管节流阀。

D.2 作业内容

作业内容如下：

——酸化处理；

——抽汲作业；

——井底压力/温度的测量；

——扩孔；

——定向井完井/水平井完井；

——通井；

——打捞作业；

——堵水；

——清腊；

——止动系统；

——射孔；

——打捞杆；

——冲砂；

——油管井径仪；

——TRSV 锁定；

——压井/恢复生产；

——产层变换。

参考文献

[1] ANSI ASME B31.3, Process Piping.

[2] ANSI ASME B31.4, Liquid Transportation Systems for Hydrocarbons, Liquid Petroleum Gas, Anhydrous Ammonia, and Alcohols.

[3] ANSI ASME B31.8, Gas Transmission and Distribution Piping Systems.

[4] API RP 17A, Design and Operation of Subsea Production Systems.

[5] API RP 17C:1991, Recommended Practice on TFL(Through Flowline) systems.

[6] ASME Boiler and Pressure Vessel Code, Section IX, Welding and Brazing Qualification.

[7] ISO 3183-2, Petroleum and natural gas industries—Steel pipe for pipelines-Technical delivery conditions—Part 2: Pipes of requirement class B.

[8] ISO 10420, Petroleum and natural gas industries—Flexible pipe systems for subsea and marine riser applications.

[9] ISO 13628-1, Petroleum and natural gas industries—Design and operation of subsea production systems—Pat 1: General requirements and recommendations.

ICS 75.180.10
E 94

中华人民共和国国家标准

GB/T 21412.6—2009/ISO 13628-6:2000

石油天然气工业 水下生产系统的设计与操作 第6部分:水下生产控制系统

**Petroleum and natural gas industries—
Design and operation of subsea production systems—
Part 6: Subsea production control systems**

(ISO 13628-6:2000,IDT)

2009-03-16 发布　　2009-10-01 实施

中华人民共和国国家质量监督检验检疫总局
中国国家标准化管理委员会　发布

前 言

GB/T 21412《石油天然气工业　水下生产系统的设计与操作》目前包括以下9个部分：

——第1部分：一般要求和推荐做法

——第2部分：水下柔性管系统

——第3部分：过出油管(TFL)系统

——第4部分：水下井口和采油树

——第5部分：脐带缆

——第6部分：水下生产控制系统

——第7部分：修井/完井立管系统

——第8部分：水下生产系统中遥控作业机器人(ROV)操作界面

——第9部分：遥控作业工具(ROT)修井系统

本部分是GB/T 21412的第6部分。

本部分等同采用ISO 13628-6：2000《石油天然气工业——水下生产系统的设计与操作　第6部分：水下生产控制系统》。

本部分的附录A、附录B、附录C、附录D均为资料性附录。

本部分由中国石油天然气集团公司提出。

本部分由全国石油天然气标准化技术委员会归口。

本部分起草单位：中海石油研究中心。

本部分主要起草人：李清平、姚海元、陈可钦、俞曼丽、王珏。

引　　言

本部分中的部件描述部分用于说明其功能要求。本部分不应被认为限制那些文献证明能够改进寿命周期内效益的方法。

石油天然气工业
水下生产系统的设计与操作
第6部分:水下生产控制系统

1 范围

GB/T 21412的本部分适用于水下生产控制系统的设计、制造、测试、安装和操作,涵盖了安装在水面和水下的控制系统设备、控制流体。这些设备用于实现水下油气生产的控制和水下注水、注气作业。本部分也适用于多井系统的控制设备。

注:水下生产控制系统的主要组件在5.1.1中进行描述。

本部分建立了系统、子系统、组件和控制流体的设计标准,其目的是为水下生产设备提供安全有效的控制功能。

本部分包括各类与水下生产控制系统相关的信息,如下:

——用于介绍和资料目的、提供控制系统总体构造和一般功能概述的资料性数据;

——所有控制系统都应遵循的、基本的说明性资料;

——对控制系统类型敏感的、选择性的说明数据(只有相关时才选择);

——当使用者或制造商认为必要时才采纳的可选数据和要求。

鉴于数据类型多种多样,建议控制系统的使用者、制造商从本部分中选取实际应用所需要的规定。如果不采纳本部分的规定可能导致超出规格要求和较高的购买成本。

井下智能钻井井下控制设备不在本部分的规定范围内。

旧设备返工和修理不在本部分的规定范围内。

2 规范性引用文件

下列文件中的条款通过GB/T 21412的本部分的引用而成为本部分的条款。凡是注日期的引用文件,其随后所有的修改单(不包括勘误的内容)或修订版均不适用于本部分,然而,鼓励根据本部分达成协议的各方研究是否可使用这些文件的最新版本。凡是不注日期的引用文件,其最新版本适用于本部分。

ISO 4406:1987 液压油动力——液体——固相颗粒污染等级编码方法

ISO 6073 液压传动——油液——体积模量的预测

ISO 10432 石油天然气工业——井下设备——水下安全阀设备

ISO 13628-5 石油天然气工业——水下生产系统的设计与操作——第5部分:脐带缆

API RP 14H 水上和水下安全阀的安装、维护和维修

API Spec 6A 井口和采油树

API Spec 17D 水下井口和采油树

ASME 锅炉和压力容器规范 第8部分 第1分册:压力容器结构标准

ASME 锅炉和压力容器规范 第9部分:焊接和铜焊资格

ASTM D92 闪点和燃点测试的克利夫兰开杯法

ASTM D445 透明和不透明液体运动黏度的测试方法(动力黏度的计算)

ASTM D471 橡胶特性试验方法——液体效应

ASTM D665 水中矿物油抑制剂防锈特性的测试方法

ASTM D892　润滑油起泡特性的测试方法

ASTM D1293　水的 pH 值测试方法

ASTM D1889　水的浊度测试方法

ASTM D2596　润滑脂极压特性的测试方法

ASTM D4006　测试原油含水率的蒸馏法

ANSI/ASME B31.3　工艺管线

EN 287-1 ＋A1　焊缝验收试验——氧炔焊——第 1 部分：钢（包括 A1：1997 修订部分）

EN 287-2 ＋A1　焊缝验收试验——氧炔焊——第 2 部分：铝和铝合金（包括 A1：1997 修订部分）

EN 288（所有应用部分）　金属材料焊接程序规范和鉴定

BS 7201-1　液压传动——充气式蓄能器——第 1 部分：储水容积在 0.5 L 以上的无缝钢蓄能器规格

BS 7201-2　液压油动力——气体蓄能器——第 2 部分：出气口的尺寸

IP 280　石油产品和润滑剂——氧化稳定性的确定

NAS 1638-64　美国航空标准——液压系统的清洁要求

3　术语和定义

下列术语和定义适用于 GB/T 21412 的本部分。

3.1

增压　boost

为改进关闭响应时间，水下执行机构弹簧复位侧需维持的压力。

3.2

命令关闭　commanded closure

根据控制系统设计的水下安全阀和其他阀门的关闭。

注：这些指令可以来自手动、自动或者紧急关断系统（ESD）。

3.3

控制路径长度　control path length

控制信号（电、光、液压）从上部控制系统传输到水下控制模块或者阀门执行机构的总距离。

3.4

设计压力/额定工作压力　design pressure/rated working pressure

大于或等于最大操作压力，即所有组件的额定工作压力。

3.5

直接液压控制　direct hydraulic control

液压压力通过脐带缆中管线直接作用于水下阀门执行机构的控制方法。

注：在阀门执行机构弹簧恢复力的作用下，控制流体通过脐带缆返回水面设施。水下功能可以组合在一起从而减少脐带缆中管线的数量。

3.6

下游　downstream

远离压力源或液压流体源的方向。

3.7

电液控制　electrohydraulic control

电信号传输至水下系统用来打开或关闭电控液压阀的控制方法。

注：液压油就地提供并作用于相应的水下阀门执行机构。“就地提供液压油”可以是当地贮存的加压流体或由液压管缆供给。使用电液控制系统，可以进行高速数据自动测量记录。电信号的多路技术减少了电力脐带缆中的导线数。

3.8

水压试验压力/耐压 hydrostatic test pressure/proof pressure

大于设计压力(额定工作压力)的最大测试压力。

3.9

最小操作压力 minimum operating pressure

正常工况下,系统内任何一点都能有效操作的最低操作压力。

3.10

分支 offset

控制路径长度的水平部分。

3.11

响应时间 response time

信号传输时间和工作时间的总和。

3.12

作业工具 running tool

从水上进行水下设备的操作、回收、定位和连接的遥控作业工具。

注:如水下控制模块作业工具。

3.13

工作时间 shift time

控制信号到达水下位置并完成控制功能所消耗的时间。

注:对于水下采油树,主要关心的是设计为水下安全阀的主阀或翼阀的执行动作的全行程时间。

3.14

信号传输时间 signal time

远程控制指令发出到水下控制功能开始操作所消耗的时间。

3.15

水下生产控制系统 subsea production control system

生产作业过程中用于水下生产系统操作的控制系统。

3.16

水上控制的井下安全阀 surface-controlled subsurface safety valve

SCSSV

水上控制的井下安全阀是位于水下井口以下生产油管中的安全设备,就像 ISO 10432 中定义的那样,为卸压关闭。

注:其功能是当水下采油树总成供给的主要流动控制安全设备发生严重损坏或接到来自水面的命令,如 0 级紧急关断时关井。

3.17

井上安全阀 surface safety valve

SSV

井上安全阀位于井口装置(平台上的井)以上的生产油管内,或位于水下生产井到平台登陆点,就像 API RP 14H 中定义的那样,为卸压关闭。

3.18

脐带缆 umbilical

一组电缆、软管或钢管(或与光缆)的单个或多个组合以便增加挠性,并通过铠装提高机械强度。

3.19

水下安全阀　underwater safety valve

USV

在 API RP 14H 中将 USV 定义为安全阀总成，为卸压关闭。

3.20

上游　upstream

朝着压力源或液压流体源的方向。

4　缩略语

ANSI　美国国家标准化协会

API　美国石油协会

ASME　美国机械工程师协会

ASTM　美国材料和实验协会

AWS　美国焊接协会

BER　误比特率

cfu　群集型装置

CIGRE　大型电气系统国际会议

CIU　化学药剂注入单元

CPL　控制路径长度

CRC　循环冗余校验

DCS　集散式控制系统

DCV　方向控制阀

DHPT　井下压力和温度

EPU　供电单元

ESD　紧急关断

EXT　扩展

FAT　出厂验收测试

FMECA　失效模式的影响和危险分析

HIPPS　高完整性管线保护系统

HP　高压

HPU　液压动力单元

IEC　国际电工委员会

IP　石油协会

LP　低压

MCS　主控站

MEA　一乙醇胺

MIL-STD　美国国防部军方标准

NAS　美国航空标准协会

NBR　天然丁纳橡胶

NPT　标准管线螺纹

PARCOMS　巴黎委员会

PC　个人电脑

PREP　准备

PSD　过程关断

PTFE　聚四氟乙烯
QA　质量保证
ROV　遥控操作机器人
SCM　水下控制模块
SCSSV　水上控制水下安全阀
SEM　水下电子模块
SSV　水面安全阀
STD　标准
TAN　总酸值
TBN　总碱值
THPU　试验用液压动力单元
TSA　胰化(蛋白)胨大豆琼脂(Tryptone soya agar)
UPS　不间断电源
USV　水下安全阀
VAC　交流电压
VDU　视频显示单元

5　系统要求

5.1　一般要求

5.1.1　概述

水下生产控制系统包括以下部件：

a)　液压动力单元(HPU)

HPU 为水下遥控操作阀提供稳定和清洁的液压流体。控制流体通过液压脐带缆输送到水下液压分配系统和水下控制模块，操作水下阀门执行机构。

b)　主控站(MCS)

主控站是中心控制“节点”，包含用于控制和监视水下生产系统以及相关上部设备(如 HPU、EPU 等)所需的应用软件。

c)　集散式控制系统(DCS)

DCS 可以完成与 MCS 相同的功能，但采用分散布置。

d)　供电单元(EPU)

EPU 为水下用户提供所需电压和频率的电力。电力输送通过电缆和水下电力分配系统完成。

e)　调制解调器

此装置调制发送去往和来自水下用户的通信。

f)　不间断电源(UPS)

UPS 确保为水下生产控制系统提供安全和可靠的电源。

g)　脐带缆

脐带缆向水下生产系统中的水下设施传送电力、信号、液压动力/化学药剂。信号可以通过动力电缆(电力载波)、信号电缆或光纤传输。

h)　水下控制模块(SCM)

在先导式液压、电液控制或电气控制系统中，SCM 是按照来自 MCS 的命令引导液压流体操作水下阀门的单元。在电液控制系统中 SCM 收集水下传感器信息，并且将其传送至上部设施。

i)　水下分配系统

分配系统将电、液压流体和化学药剂从脐带缆终端分配到水下采油树、管汇阀、注入点和水下生产控制系统的控制模块。

j) 水下就地传感器

安装在 SCM 或水下采油树或管汇上的传感器，提供用于水下生产系统的运行监视数据。

k) 控制流体

油基或水基的液体，用于从上部液压动力单元或本地蓄能器向 SCM 和阀门执行机构输送控制/液压动力。

l) 控制浮体

用于支撑发电、通信和化学注入(可选)设备的锚定浮体，它通过电力/光纤/液压脐带缆连接到水下生产系统的水下组件上，同时可通过声波、无线电、卫星或三者结合与上部生产设施通信。

本部分涵盖了所有的液压和电液系统，只宜使用相关的条款。

5.1.2 作业条件

5.1.2.1 工作条件的适合度

水下控制系统的设计和操作应考虑其外部环境。对于上部设施，应包括气候条件、腐蚀、海生物、潮汐力、照明和危险区划分。对于水下环境，应考虑腐蚀、环境压力和温度、维护。

所设计的产品应能在不降低、超过许用应力或为了系统设计寿命而损失其他性能要求的条件下，承受额定温度下的设计压力(额定工作压力)。

5.1.2.2 压力等级

5.1.2.2.1 概述

设计时应该考虑压力效应和其他压力诱发的负荷。还应考虑一些特殊情况，例如在系统和组件接口处(如水下控制模块到接收盘、从脐带缆到安装在采油树上的终端接头)的压力等级的变化和由临时堵头和帽引起的增压。应考虑外部负荷(如弯曲和张力)周围的静水压力载荷和疲劳。

液压系统允许的最大操作压力应至少小于设计压力(额定工作压力)10%。

5.1.2.2.2 液压控制组件

除 SCSSV 回路外，液压控制组件的设计压力(额定工作压力)应为：10.3 MPa，20.7 MPa，或 34.5 MPa(1 500 psi，3 000 psi 或 5 000 psi)或遵循制造商的规格书。SCSSV 回路液压控制组件的设计压力(额定工作压力)应遵循制造商的规格书。

5.1.2.2.3 其他设备

其他设备，例如作业、回收和测试工具的设计压力(额定工作压力)也应遵循制造商的规格书。

5.1.2.3 温度等级(上部设施)

5.1.2.3.1 非受控环境

本部分包括的、安装在非受控环境中的上部设施应按表 1 所列的温度等级进行设计、测试、操作和储存。

表 1 额定温度——安装在非受控环境中的上部设施

	电子		系统	
	℃	(℉)	℃	(℉)
设计				
a) 标准的	0～40	(32～104)	0～40	(32～104)
b) 扩展的	−18～70	(0～158)	−18～40	(0～104)
操作				
a) 标准的	0～40	(32～104)	0～40	(32～104)
b) 扩展的	−5～40	(23～104)	−5～40	(23～104)
储存	−18～50	(0～122)	−18～50	(0～122)

温度与环境相关,并不是孤立的。

应按照12.1.2进行设备标记。

5.1.2.3.2 受控环境

本部分所涵盖的、安装于受控环境中的上部设备应按照特定受控环境的温度等级进行设计、测试、操作和储存。

限于在受控环境中使用的设备总成或组件应该按照12.1.3进行适当的标记。

5.1.2.4 水下设备的温度等级

本部分涵盖的水下设备应该按照表2所列的温度等级进行设计、测试、操作和储存。

表2 额定温度——水下设备

	电子		系统	
	℃	(℉)	℃	(℉)
设计				
a) 标准的	−10～70	(14～158)	0～40	(32～104)
b) 扩展的	−18～70	(0～158)	−18～40	(0～104)
测试			N/A	N/A
a) 标准的	−10～40	(14～104)		
b) 扩展的	−18～40	(0～104)		
操作				
b) 标准的	0～40	(32～104)	0～40	(32～104)
b) 扩展的	−5～40	(23～104)	−5～40	(23～104)
储存	−18～50	(0～122)	−18～50	(0～122)

表2中的温度与环境有关,并不是孤立的。用来监测产出或注入流体的水下传感器可以在给定温度范围外工作,它们也应该规定相应的额定温度。

设备应按12.1.2标记。

5.1.2.5 储存/测试温度推荐

如果在其温度等级范围以外进行水上或水下设备的水面储存或测试,应联系制造商确定是否推荐专门的储存或测试程序。制造商应出据书面材料提出任何专门的储存或水面测试所需考虑的因素。

5.1.2.6 外部静水压力

应用于水下时,外部静水压力可能会超过系统内部压力,应考虑外部载荷,特别是与密封设计、自密封连接和常压外壳相关的部分,同时也应考虑安装和作业时脐带缆的破裂。

5.1.2.7 流体的相容性

选择设备组件时应考虑其与控制流体和化学注入药剂的相容性。

5.1.3 液压系统

5.1.3.1 液压流体

选择液压流体时应该考虑其所能承受的井中最高温度和最大压力。液压系统中所有的部件和组件都应与所选择的液压流体相匹配。参见附录A。

5.1.3.2 清洁度

控制系统液体湿润部分的液压液清洁水平应该满足NAS 1638-64或ISO 4406中的规定。所选的清洁水平应在制造商的书面系统规格书中清楚标明,并在系统测试中被验证。

典型的清洁度等级是NAS 6级(ISO 15/12)或NAS 8级(ISO 17/14)。

系统中所有的控制流体都应满足所选的清洁度要求。应采取措施(如过滤和取样)来维持清洁度。

在系统的生命周期内，宜考虑循环、冲洗海水和固体颗粒污染等因素。

所设计的水下液压系统宜能承受一定程度的海水和固相颗粒污染。应使用过滤器或合适的滤网保护所需控制流体较少的易损部件(如先导控制阀)。

5.1.3.3 过压保护

系统中卸压阀(安全阀)的设定压力不能超过设计压力(额定工作压力)。

主要卸压设备的设定压力不能超过设计压力。

5.1.3.4 振动和压力脉动

液压系统的设计宜考虑作用在管线、阀和连接器上的高压脉动和振动，其中包括外部振动源(例如：油嘴)。

5.1.4 电气系统

电液控制系统中水面控制设备及其相关的接口和水下设备宜由 UPS 供电，以确保主电源停电时最少能连续工作 30 min。

UPS 系统宜包括绝缘部件和调节单元以确保安全稳定的电力供应。

为减少脐带缆中导线的数目，宜考虑采用多路信号技术和电力载波技术。

水下组件应使用可靠性高的电气元件，应按工业等级或尽可能高的等级采购元件。

应按工业等级或尽可能高的等级采购上部设备，而且所设计的设备宜便于模块化更换。

5.1.5 冗余

冗余等级取决于实际油气田开发工程和所用设备的可靠性。通常可依据以下原则：

当元件更换困难或单个元件失效将导致重要的生产能力或操作能力失效时，冗余是最重要的。

使用冗余元件时，宜对从主元件切换到备用元件的方法进行可靠性评估。

水下电力分配系统宜采用冗余设计或配有替换失效电路的备件。

水下液压分配系统宜采用冗余设计或配有替换失效的高压/低压作业管线的备件。

水下化学药剂分配系统和供给管线宜与化学药剂处理系统重要部分冗余性一致。

宜根据所需冗余度及其对脐带缆设计的相关影响确定脐带缆中的备用管线数量(如：备用一个给定截面的备件比增大直径所增加费用要少)。

仪表的冗余宜基于传感器的重要程度和回收性能。

整个系统的冗余等级将影响系统的复杂性和可靠性。宜对系统中所有关键部件的冗余期望收益进行分析。

5.1.6 可靠性

宜对水下控制系统的可靠性进行优化以获得最大收益。应对可靠性高的元件和标准的冗余部件进行比较。对于维修和替换困难的元件应专门考虑其可靠性。

每个项目中都宜规定水下设备的最低可靠性、平均维修时间和可用性目标。

宜保证位于水下采油树或管汇上的关键传感器元件的可靠性，或从冗余中获得可靠性，相对于所需的传感器数据和水下维修风险来说，这是最佳选择。对于触发安全和关断响应的传感器来说尤为重要。

宜文件记录所有关键元件和总成的可靠性资料，并通过计算、测试或公认的工业数据库证明。

5.2 功能要求

5.2.1 一般性能要求

符合本部分的控制系统设备宜以有效、安全和环保的方式工作。控制系统总的性能要求应是：

——为所有水下遥控阀门提供一种或多种操作；

——为安全操作提供足够的数据回读信息、对所需的紧急关断快速响应；

——提供 ESD 功能，确保水下系统在本部分规定时间内、或所有生产情况包括同时进行钻井、完井和修井作业所适用的规则规定的时间内安全关闭。

5.2.2 **操作压力**

在阀门制造商规格书中所给出的最恶劣工况下，控制系统应能提供足够的压力以打开水下阀门。最小的操作压力至少要比阀门制造商规定的最恶劣工况下的最小开启压力大10%。当一个水下阀门打开时，其操作压力不能减少到使任何其他打开着的阀开始关闭。

5.2.3 **故障安全原理**

所设计的水下控制系统应使生产系统在失去液压动力时处于故障安全状态，通常可通过断开电路或卸压关闭USV实现。如系统中有方向控制阀，其设计关闭压力宜高于水下阀门，从而减少水下阀门的关闭时间。如使用全电气控制系统，应为失电安全。

水下控制系统中任意元件故障，不宜妨碍SCSSV和所指定的USV的故障安全关闭。

5.2.4 **响应时间**

5.2.4.1 **阀关闭**

5.2.4.1.1 **概述**

控制系统响应时间主要由其执行上部设施指令迅速关断水下生产所需时间而设定。此时关闭阀门，可减少输往上部设施的可燃物质，减少水下系统污染物泄漏引起的环境污染。当关阀用于保护下游管线过压时，其响应时间应比下游管线由于连续流动而超压的时间短。

5.2.4.1.2 **事故关闭控制模式要求**

对于所有控制系统，主控系统出现故障或失效都不应导致USV返回故障安全状态，这样将潜在地允许流动无限期地继续，应配备事故关闭控制模式用于执行必要的阀门关闭。如这种事故关闭控制模式包括所供给液压流体的压力释放，系统应重新设置以防止液压压力重新建立时自动打开关闭的阀门。SCSSV应是最后关闭的阀。

5.2.4.1.3 **使用主控模式时USV关闭时间要求**

接到关阀指令，水下控制系统应使用主控模式在不超过10 min的响应时间内关闭所设计的USV。对于多井系统，安装在所有生产井上的USV应在给定的10 min内关闭(单位有单位符号)。

5.2.4.1.4 **使用事故关闭模式时USV关闭时间要求**

当水下控制系统发生故障、需要使用事故关闭模式进行关阀作业时，不需受10 min关闭时间的限制，事故关闭模式应按5.2.4.1.1中一般要求执行关阀操作。

5.2.4.1.5 **动作时间限制**

单个USV总关闭时间中动作时间应不大于3 min。如USV所对应的水下井已被其他已经关闭或同时响应关闭命令的阀或流动控制装置关闭时，就取消时间限制。

5.2.4.1.6 **增压系统故障**

增压系统故障不应影响卸压时USV故障安全关闭。

5.2.4.1.7 **水面和立管安全系统要求与水下控制系统响应要求之间的关系**

SSV或立管阀对关闭命令的响应时间是根据保护上部设施的区域性规范确定的。这些水面和立管安全设备的响应时间独立于水下控制系统响应时间要求，因而不是本规范所属部分，但应在总系统安全评估中考虑。

5.2.4.2 **阀的开启**

如开启USV之前，阀两侧压力不可能平衡，USV水下阀门的动作时间应不超过3 min。当流程中有另一个阀门或流量控制装置能关闭或不需要延长的压差就能打开USV时，可不考虑这个要求。

5.2.4.3 **响应时间验证**

(安装前)应采用下列四种方法之一来证明预计的控制系统响应时间能满足要求。

a) 用从相应厂家得到的、理想的弹性脐带缆的容积数据和阀门操作数据进行控制系统模拟，这种方法可计算得到最保守的响应时间；

b) 用理想的黏弹性脐带缆的容积数据，即基于至少30 m(100 ft)样品材料的压力、容积与时间之比的测量值，并与阀门制造商的操作数据相结合，进行控制系统模拟；

c) 使用同样脐带缆材料的预估校正模型，并考虑新的变量如 CPL、操作压力和终端设备性能等，进行控制系统的模拟；

d) 直接测量实际设备的响应时间。

5.2.5 功能考虑

5.2.5.1 泄漏试验和诊断

水下控制系统应能对水下设备进行所需的诊断和规范所规定的泄漏试验，泄漏试验包括 SCSSV 和指定的 USV 的泄漏试验。如果泄漏试验失败，控制系统宜具有便利的故障诊断能力。

5.2.5.2 生产压力监测

水下控制系统宜监测采油树生产通道内的压力。

5.2.5.3 环空压力监测

水下控制系统宜监测油管和套管间的环空压力。

5.2.5.4 SCSSV 密封失效

由 SCSSV 密封失效导致井液回流到水下控制系统中，将不会削弱水下控制系统执行 USV 故障安全关闭的能力。

5.2.5.5 执行机构指示

生产控制系统应有执行机构所选的液压功能的水面指示，其指示可使用可视流量指示器、压力传感器、压力表、位置指示传感器、流量传感器以及压力开关等合适的硬件。

5.2.5.6 SCSSV 保护

接到关闭指令时，所设计的生产控制系统宜通过操作程序或在 SCSSV 下游阀门关闭后引入一个延迟来保护 SCSSV 以防止流体的撞击或缓慢关闭。任何上述措施都不宜影响到水下控制系统在 ESD 情况下关闭 SCSSV 的能力。

5.2.5.7 修井期间的安全隔离

修井时，生产控制系统应停止操作该采油树的控制功能，此时采油树由修井控制系统控制。

5.2.5.8 控制流体排放和泄漏

控制流体的外排和泄漏不应超过当地规范要求，内部泄漏不能超过控制部件制造商的书面要求。

5.2.5.9 负荷能力

产品设计应能承受额定负荷而不降低或超过许用应力，并不削弱其他功能要求。

5.3 设计要求

5.3.1 一般设计要求

设计应为水下设备提供可靠和安全的操作，在设备故障或远距离控制失效时具有安全关断能力。

易损的连接区域例如电接头、液压接头和集线器等都应配备必要的保护设备，用于保护未配合好或作业中的设备。

项目早期，制造商和购买者宜清楚地建立公用接口要求。

5.3.2 设计方法

5.3.2.1 压力容器

所有用于压力超过 0.1 MPa(15psi)场合的压力容器都应符合 ASME《锅炉和压力容器规范 第7部分，第1分册》，或 BS 7201-1 和 BS 7201-2，或合适的规范或规定的要求。

5.3.2.2 电气设备

所有电动马达、马达启动器以及其他电气设备都应符合设备所在区域认可的电气规范要求。

5.3.2.3 相互连接管线

应考虑水下管线系统中由振动导致的疲劳失效。所有管线都应该安装足够的、合适的卡子。相互连接管线应符合 ANSI/ASME B31.3 的要求。

5.3.3 设计分析

在详细设计阶段,为了建立生产控制系统(性能特点,要求等),只有当其与相应控制系统类型相关时应进行下列分析:

——液压系统的操作和响应时间分析;

——电力分配分析;

——电力通信分析。

液压系统分析宜能确保液压系统的性能在各种操作模式下都是安全和可操作的。液压系统性能宜注意以下几个方面:

——从减压状态至主液压系统的时间;

——在最小和最大压力下过程阀的开、关响应时间;

——阀门打开之后压力恢复时间;

——完成序列阀门开启的时间,例如打开采油树上的阀组(不考虑油嘴操作);

——其他控制阀和过程阀操作(感应控制阀脱开、过程阀部分关闭等)引起压力瞬变时已打开的控制阀和过程阀的稳定性;

——在公共关断指令下关闭过程阀的响应时间,例如上部 ESD 放空,即通过液压供给管线实现控制阀的放空;

——引起已关闭的过程阀部分打开及液压组件损坏、限制回压能力的峰值液压回路压力瞬变;

——水下蓄能器和液压回路增压系统(辅助关闭系统)失效对于安全操作和过程阀关闭的影响;

——控制流体总损耗程度;

——由不同的压头和不同的流体密度造成的静水压差引起管线破坏、海水进入的静水压力条件;

——化学药剂系统的流动分析应保证油气井处理、启动、关闭所专用的化学药剂可在井流和关井压力范围内达到。

配电分析宜确定以下几个方面:

——电源负荷最大和最小时 SEM 的电压;

——SCM 数量为最大值和最小值时 SEM 的电压;

——脐带缆长度为最长和最短时 SEM 的电压;

——冗余和非冗余配电时 SEM 的电压 (在应用的地方);

——应用干式和湿式脐带缆绝缘时,电缆参数对应的 SEM 的电压;

——SEM 组件的应力水平应保持在正常操作和降低要求的操作模式可接受的范围内;

——最大和最小的水下电源要求;

——最大电流负荷。

电力通信分析宜确定以下方面:

——脐带缆长度为最长和最短时,SEM 和水上模块的信号电压;

——水下配电系统中 SCM 数量为最大值和最小值时,SEM 和水上模块的信号电压;

——在信号频率带宽内水下和上部电源引起的干扰;

——与脐带缆相互交叉的水下和上部接收器内的电源频率组件;

——干式和湿式脐带缆绝缘时,电缆参数对应的 SEM 和水上模块的信号电压;

——脐带缆长度为最大和最小时,SEM 和水上模块的 BER 和信噪比;

——水下配电系统中 SCM 数量为最大值和最小值时,SEM 和水上模块的动态比特边缘。

详细设计时,宜考虑下列因素:

——可靠性、可用性和维护性分析;

——FMECA;

——结构(静态的)分析。

应对控制系统进行模拟和分析，以便验证系统所要求的开、关时间。控制系统的响应时间应在无任何导致阀门关闭的孔压情况下进行模拟。模拟应能够考虑由于使用高密度和高黏度控制液所导致的响应时间降低，分析中还应包括辅助阀门即时关闭的增压供给系统的效果，但当这些分析取决于满足主控模式增压要求时，一旦增压系统失效甚至失去压力，系统将不再符合本部分的要求。

5.3.4 设计审核

控制系统的设计文件应由一个有资质专家而非最初的设计者进行校对和审查。

5.3.5 控制系统设计文件

5.3.5.1 概述

控制系统设计文件宜在水下系统废弃后保存1年。

5.3.5.2 制造商工程数据记录

工程数据记录应包括5.3.3所要求的分析、制造商所做的其他设计分析、以及FAT程序和记录。

5.3.5.3 安装、操作、维修手册

安装、操作、维修手册宜包括以下信息。

a) 安装程序

制造商应编制有效的、降低损坏风险的安装和调试的程序，其中应包括安装前、安装时和安装后控制模块、脐带缆和连接头的试验。

b) 操作程序

应为现场人员和作业技术人员准备操作程序，其中应包括足已定义下列内容的示意图和框图：

1) 总体描述和特征

这部分应描述系统中每个主要部件的功能，明确其性能及与其他部件的接口。

2) 总体功能和关断原理

这部分应包括用来描述控制系统的框图、控制逻辑和示意图，包括传感器的输入输出端、依托设施上操作回路、仪表与应急设施如空气、水、和电力之间的接口。应标明所有去往和来自水面设施的火气和安全系统、马达控制中心和监控信号的状态及目的。应标注执行关断动作所需的大致时间。

3) 系统校验

系统校验应基于FAT和第11章所规定的整体试验，其目的是验证所有关断输入和安全设备的功能正确，验证所有控制系统调节的设置正确。所编写的系统校验程序应最大程度不干扰油气井生产。在需要机械或电气优先的部位，应清楚指示其状态。应记录所有设定点和过程变量的允许范围，并根据需要更新并作为程序附件。

系统校验应包括安全关断系统的试验和记录。

c) 维护程序

制造商应提供相应的设备现场组装和维护说明，其中应包括水面控制系统的周期性检查/更换说明书。

5.3.5.4 制造商数据记录书

制造商应按业主要求收集所提供设备的数据记录信息，包括子承包商所供设备，内容如下：

——有材料清单的总装图；

——电气示意图；

——液压示意图；

——接口图；

——有相关检测报告的材料证书；

——部件数据表，包括性能规格书；

——负荷测试报告；
——焊接程序；
——一致性认证。

6 水上设备

6.1 概述

本部分建立水下生产控制系统中水上设备的附加要求。所有水上控制设备的设计都应遵守这些附加要求。

6.2 一般要求

所有水上生产控制系统都应根据与所依托设施相适应的规格书建造和记录，相关的标准和安装规格书应是特定项目合同文档的一部分。

6.3 功能要求

水上设备功能要求通常包括以下部分或全部内容：
——用于水下设备的电力/液压动力供应和调节；
——与水下设备的通信；
——对水下设备的控制和监视；
——与主处理设备的通信；
——ESD/PSD；
——化学药剂注入；
——记录并储存数据；
——用于钻井船引发的关断通信。

6.4 设计要求

6.4.1 主控站(MCS)

MCS用来控制和监视水下生产系统，其形式从手动液压控制盘到复杂的自动化计算机系统。

所设计的MCS应具备以下功能：
——在现场环境中安全工作；
——与依托设施的安全系统相对应；
——提供有效的操作接口；
——超限(失效)显示和报警；
——显示操作状态；
——提供关断能力。

MCS可提供以下选择性附加功能：
——阀门的顺序操作；
——软件互锁；
——与依托设施的过程控制互连接；
——数据采集和存贮；
——与控制中心的远程通信；
——与钻/修井船的遥控关井系统间的接口；
——用来初步检测泄漏的压力变化率模拟；
——通过与压力/温度(P/T)曲线比较来检测水合物；
——通过检测的油嘴和油嘴上下游压力传感器的阀位进行流量控制。

应用软件宜简单，关断后的启动操作应在操作员的完全控制之下，并有适当的操作等级，内部互锁的数量应最少。

MCS 或 DCS 应为生产控制系统提供与所选配置相适应的操作员接口和自动的功能。

MCS 宜安装在安全区。

6.4.2 供电单元(EPU)

对于电液控制系统,EPU 既可以独立安装,也可和调制解调单元或 MCS 组合在一起。

EPU 通常由 UPS 供电,然后通过脐带缆向水下井提供电力。

EPU 宜包括安全设备,以确保出现电气故障时人员和设备免受危害。

如果脐带缆中有冗余导线,EPU 对脐带缆中每对导线的输出电压宜可单独调节。每对导线宜与系统其余部分相互隔离。所做设计应允许单对导线的连接和解脱。

单个电源系统的设计宜易于维护和维修。

MCS 或 DCS 宜监视 EPU 的以下参数:

——输入电压;

——输入电流;

——脐带缆电压/电流;

——管线绝缘(可选)。

所设计的 EPU 应能在现场环境中安全运行。

6.4.3 调制解调单元

通常调制解调单元包括调制解调器、滤波器和隔离变压器。

调制解调器装置既可与 MCS 相连,专门为生产控制系统服务,也可通过通信接口(DCS 的一部分)与依托设施的 DCS 直接连接。

以上任一种方式,其通信协议都应保证数据安全传输。

水面与水面的通信连接应采用工业标准串行连接。

MCS 或 DCS 宜监视调制解调单元的以下参数:

——输入电压;

——输入电流;

——脐带缆电压/电流;

——管线绝缘(可选)。

所设计的调制解调器应能在现场环境中安全工作。

6.4.4 不间断电源(UPS)(可选)

UPS 应向 EPU、调制解调单元和 MCS 供应电力。

只有生产控制系统操作所需的关键部件才由 UPS 供电,HPU 电泵不在其中。每台 UPS 应有 100%的总负载能力,所设计的 UPS 宜可适应未来生产控制系统的扩容。

UPS 应能在失去主电后保持系统至少运转 30 min。

MCS 宜监视 UPS 的以下参数:

——输入电压;

——输入电流;

——UPS 输出频率;

——UPS 旁通模式;

——UPS 在线模式;

——UPS 失效。

UPS 输出电力调节范围如下:

——VAC±5%;

——(50±1)Hz 或(60± 1)Hz;

——最大 5%总谐波畸变;

或按照制造商的书面规格书:

所设计的 UPS 应能在现场环境中安全工作。

6.4.5 液压动力单元(HPU)

6.4.5.1 概述

HPU 应为水下设施提供经过滤的、可调节的液压流体。

HPU 宜包括达到并保持特定清洁度的要求,例如,当流体被污染时,应具有排放、循环和过滤能力。HPU 的输出流体应满足 ISO 4406 或 NAS 1638-64 定义的制造商规格书所要求的清洁度。

泵和过滤器等关键部件宜有冗余。

系统中相同类型(型式)的配件宜使用同一压力等级。

所设计的 HPU 应能在现场环境中安全操作。

所做设计宜允许 HPU 内可维护的部件是隔离的,以便在不影响正常操作情况下进行维修和更换。

HPU 布局宜允许所有部件易于维护和维修。

6.4.5.2 蓄能器

蓄能器应遵循 ASME《锅炉和压力容器规范　第 8 部分　第 1 分册:BS 7201-1 和 BS 7201-2 或其他可应用的规范和规定。

所有安装在水上的高压蓄能器系统应有卸压设备,以防止过压。

蓄能器的最低容积应在不需重新填充的情况下保证操作一个采油树上所有的阀门。

预充氮气的压力宜比正常液压操作压力低很多,这样在供给泵失效时可增大其存储容量。

蓄能器的容积应遵循以下准则:

——HPU 的泵发生故障时,除其他流体能量储存方法外,如脐带缆扩张和水下储能,蓄能器应能使足以打开水下过程阀的压力维持 12 h;

——避免泵短周期运行,以免有损泵使用寿命和可靠性;

——对于常见的低压头,HPU 应配备 2 个 37 L(1.3 ft^3)的蓄能器;对于常见的高压头,HPU 应配备 2 个 10 L(0.35 ft^3)的蓄能器;

——当一台蓄能器失效(当使用一台以上的蓄能器时)时,所削弱的水上系统容量应不大于 50%。此时,蓄能器的可用压力不应低于保持系统操作所需的最低压力。

宜考虑氮气的低压可视指示。

6.4.5.3 泵

应配备控制设备以便在供液箱出现低液位时关断泵。

应配备控制设备来开关循环泵以维持压力在操作限度内。

泵上应装配隔离阀,每台泵的出口管线应配备卸压阀和单向阀。

卸压装置应安装在任何模块上游高压泵出口或隔离阀处。

6.4.5.4 储液罐

主储液罐的最小容量宜是注入系统(包括蓄能器)所需要流体的 1.5 倍。而当主储液罐为 2 000 L(706 ft^3)或以上时,750 L(265 ft^3)备用是可接受的。液箱宜按卸压时整个系统(包括蓄能器、阀体和脐带缆)所排放的流体设计其大小,即具备储存排放液的能力。

储液罐宜配备可视液位指示器,校正液位信号变送器时应无需排放箱中的液体。

储液罐宜备有检测/进入通道、氧气罐和卸压机构。

所设计的储液罐宜尽可能减小污染和易于清洗。

储液罐应由非腐蚀性材料制成,并应配备循环泵和过滤器。取样点的设置应不高于泵的吸入口。

宜考虑使用两个储液罐,一个用来装满新的流体,从水下返回的流体(如使用)和从卸压处返回液体;另外一个用来向水下系统提供清洁流体。

6.4.5.5 控制和监视

通常 HPU 为就地控制,但也可从 MCS 进行监控。

如主要控制来自 MCS,应制定就地控制规则。应配备安装有所需的仪表、开关、阀和指示器的就地控制盘,以便操作员进行控制和监视。应提供将泵设置为手动模式的规则。

如设备具备 ESD 功能,HPU 及其控制盘应配备执行 ESD 指令所需的系统卸压设备。

当 ESD 要求卸压,且仍处于紧急关断状态时,应避免由于疏忽造成 HPU/ESD 电路复位。

需要监视的 HPU 参数如下:

——不可调的供给压力;

——可调的供给压力;

——液位;

——泵的状态;

——输送流量;

——回流;

——过滤器状态;

——ESD 指示器。

宜提供过滤器阻塞的监测。

6.4.6 化学药剂注入单元(CIU)

6.4.6.1 概述

本部分描述通过生产控制系统为水下生产系统提供油气井所需化学药剂的水上设备,并不涉及这些化学药剂的存储和处理要求。

6.4.6.2 一般要求

CIU 应向安装在水下的设备提供经过滤的、可调节的化学药剂注入液,其提供的注入压力超过关井压力,足以将液体注入井口、水下采油树和其他注入点。

CIU 宜包括获得和维持专门的清洁度要求的规定。它所输出的流体应满足 ISO 4406 和 NAS 1638-64中所规定的制造商规格书中清洁度的要求。

泵和过滤器等关键部件宜考虑冗余。

CIU 所用的蓄能器应遵循 ASME《锅炉和压力容器规范　第 8 部分　第 1 分册:压力容器结构标准》、BS 7201-1 和 BS 7201-2 或其他可用的规则和规定。

所设计的 CIU 应能在现场环境中安全操作。对有毒和可燃的化学注剂应特殊考虑。

所设计的装置内可维护部件宜为独立的、以便在不干扰正常操作的情况下进行维护和更换。

CIU 的布置宜易于维护和维修。

6.4.6.3 泵

应配备控制设备以便在储液罐出现低液位时关闭泵。

应在每台泵的排放管线上配备隔离阀、卸压阀和单向阀。

卸压装置应安装在所有高压泵上游的任何出口和隔离阀处。

6.4.6.4 储罐

化学注剂储罐如与 CIU 集成在一起,则宜配备可视液位指示器。如果具有液位信号变送器,那么在校正时就不需排放储罐中的液体。

化学注剂储罐如与 CIU 集成在一起,所设计的储罐宜尽可能减小污染、易于清洗。

为了避免与空气和化学药剂的接触,宜考虑设置内胆罐或覆盖保护系统。

化学药剂注入液液箱应由非腐蚀性材料制造,取样点应设置在不高于泵的吸入端口的位置。

6.4.6.5 控制和监视

通常,CIU 为就地控制,但也可由 MCS 监控。

如果主控指令来自于MCS,就应制定就地控制规则。就地控制盘应安装所需的仪表、开关、阀和指示器以便操作员监控。所提供的泵应能设置为手动模式。

CIU控制盘应配备在执行ESD/PSD指令时停止化学药剂注入的设备。

需监视的CIU参数如下:

——不可调供给压力;

——可调供给压力;

——液位;

——泵的状态;

——回流(如适用);

——过滤器状态;

——输送流量。

宜具备过滤器阻塞状态监视功能。

6.4.6.6 流体与部件和材料的相容性

与所注化学注剂接触的全部水上设备和密封材料都需证明是相容的。

有些化学药剂需要厌氧环境以避免氧化。使用这些化学药剂时宜使用内胆或可变容积罐。

6.4.7 液压控制流体

6.4.7.1 概述

水下控制系统中的流体将信号和液压动力从系统中一点传输到另一点。控制流体可以是油基或水基的。

整个项目寿命周期内,控制流体按预期保留在系统的某些部件内。由于大多数项目有10年~20年的生产周期,控制流体的长期稳定性极其重要。

控制流体的规格和试验的详细信息参见附录C。

6.4.7.2 设计

任何水基液压流体应是其组分的水溶液(而非乳浊液),从制备到油气田运行过程中,在温度范围内,应维持其特性、保持均匀溶解。

任何油基液压流体应是其各组分的、均匀混合液。从制备到油气田运行过程中,在温度范围内,应维持其特性和稳定性。

7 水下设备

7.1 概述

本章是为水下生产控制系统中的水下设备专门建立的附加要求,所有安装在水下的设备,其设计都应符合这些附加要求。

7.2 一般要求

水下设备从一条简单的脐带缆接口(直接液压控制系统)到复杂的多井复合电液控制系统。所设计的水下设备的安装和操作应是安全的。下入、着陆和回收都应将对人员、设备和环境的危险降到最低。需潜水员操作的设备,在设计时应把设备棱角可能对潜水员造成的伤害降到最低,并且应考虑避免电击或储存能量的释放对潜水员的伤害,还宜考虑易于安装和维护。

所有相同类型的、可回收的水下设备都应具有完全互换性。设计时宜考虑在各个季节运输(包括空运和海运)和海上操作中受到的震动、振动和压力/温度变化。

7.3 功能要求

典型水下设备的功能要求包括以下全部或部分内容:

——与水面MCS的通信;

——处理和执行来自MCS的指令;

——监视和传送传感器数据；

——监视和传送诊断数据；

——ESD工况下，执行来自水上或水下的指令；

——响应水上指令选择性地监视和分配油气井所需化学药剂。

7.4 设计要求

7.4.1 水下液压系统

7.4.1.1 水下液压分配系统

水下液压分配系统从脐带缆终端向每口井分配液压动力。

当液压接口无意脱开时，宜避免采油树上关键的阀门执行机构或其他故障关闭型安全系统上的卸压故障。

基盘/管汇液压分配系统的设计宜考虑具有允许ROV操作的接口盘或潜水员操作的隔离设备，以防隔离系统泄漏。水下液压分配模块可回收、重新改造和更换，用于隔离失效管线和需要时启用备件。

液压系统的设计宜考虑单点失效，这可通过物理路径的分离和冗余供给的液压隔离来实现。

7.4.1.2 多功能连接

多功能连接应采用极化接头或键连接，以便只有一种可能的定向模式。宜考虑加标签以便正确识别。

7.4.1.3 管线、管道和软管

所有的管线/管道都应有至少6 mm(1/4 in)的公称外径。

在系统的测试、安装、拆除及正常操作和维护过程中，应支撑和保护所有的管线/管道以将其损坏程度降到最小。

管线/管道的许用应力应遵循 ANSI/ASME B31.3 的规定。

设计时宜考虑：

——工作压力下的许用应力；

——试验压力下的许用应力；

——外部载荷；

——破裂；

——制造误差；

——流体相容性；

——流量；

——侵蚀/腐蚀；

——温度范围；

——连接要求；

——外源振动。

所有软管总成应符合ISO 13628-5中软管部分的标准。

7.4.1.4 海水柜补偿室

每个与水下阀门执行机构的弹簧/增压边相连的海水柜补偿室的容积至少是总波及体积的125%，以便连接到补偿室的所有执行机构能同时动作。宜考虑使用旁通单向阀来避免补偿室的损坏。

7.4.1.5 水下蓄能器

水下蓄能器的设计宜遵循 ASME《锅炉和压力容器规范　第8部分　第1分册》BS 7201-1和BS 7201-2。如未遵循这些标准设计，其陆上试验和其他水上操作过程中应保证人员的安全。

蓄能器的选型宜考虑将扩散或泄漏可能导致的预充气体损失降低到最小。

蓄能器系统的设计应考虑随水深增加蓄能器效率的损失。

水下蓄能器可安装在SCM的内部和外部。如果安装在SCM的外部,蓄能器的外壳宜涂漆以避免附着由阴极保护反应产生的氢气。

7.4.2 化学药剂注入系统

7.4.2.1 水下化学药剂注入分配系统

水下化学药剂注入分配系统从脐带缆终端头向每口井或管汇终端分配化学药剂,并提供和排放用于平衡压力测试和流动控制设备压力的流体。在泄漏检测和正常的油井加热过程中,该系统可从环空排放流体。

用于油井处理的化学药剂注入分配系统的流量可大大超过液压分配系统的流量,同时,组件的额定压力要高很多(与井口系统的额定压力一致),可输送液体的腐蚀性也更强。

基盘/管汇化学药剂注入分配系统的设计宜考虑留有ROV或者潜水员操作的隔离装置,以便于隔离系统防泄漏。考虑到回收、重新改造和更换被隔离的失效管线和需要时启用备件,水下液压分配模块可包括化学药剂注入管线。

化学药剂注入系统的设计宜考虑单点失效,这可通过隔离物理路径和冗余供给路径来实现。

7.4.2.2 管线、管道和软管

所有的管线/管道其公称外径应至少为6 mm(1/4 in)。

在系统的测试、安装、拆除及正常操作和维护过程中,应支撑和保护所有的管线/管道,以将其损坏程度降到最低。

管线/管道的许用应力应遵循ANSI/ASME B31.3的规定。

设计时宜考虑如下要点:

——工作压力下的许用应力;

——试验压力下的许用应力;

——外部载荷;

——破裂;

——制造误差;

——流体相容性;

——流量;

——侵蚀/腐蚀;

——温度范围。

所有的软管总成应符合ISO 13628-5中有关软管部分的标准。

7.4.2.3 特殊考虑

设计时宜考虑以下几点:

——注入甲醇时摩阻和磨损的增加;

——密封材料与注入流体、生产流体的相容性;

——注入流体和生产流体的腐蚀性;

——渗透进软管衬垫材料的液体(低质量组分);

——控制阀和其他流动控制设备的选择;

——金属-金属密封和甲醇。应有一个额外的弹性橡胶密封作为备用件,以应对由气穴现象和流体引起(腐蚀磨损)的材料降解问题。

在化学药剂可能通过软管扩散的位置,所设计的系统宜确保化学药剂的扩散不会通过泄漏或者二次扩散污染液压控制流体。

7.4.3 水下电气系统

7.4.3.1 水下电气分配系统

水下电气分配系统从脐带缆终端向每口井分配电力和信号。

应尽可能减少串联电气接头的数量，如有可能，冗余路径宜采取不同的路径。

为了降低电接头上的电应力，其电压等级宜和实际保持一致。

管汇上的电力分配缆和从脐带缆终端到 SCM 的跨接电缆宜可由 ROV 或潜水员修理或者重新装配。

如果一条电线为两个以上的水下电气模块供电，则宜具备隔离一台失效的水下电气模块的能力。

电力分配电缆和跨接电缆的连接宜由 ROV 或潜水员使用简单的工具完成，并尽量减少钻井船/工作船的使用时间。

在海水和导体之间最少宜有两道屏障。所设计的屏障宜适用于在海水中操作。

如选择充油系统，宜设计并安装电缆总成，以使进入绝缘液内的海水依靠重力从终端流出。电缆宜安装在绝缘的压力补偿充液管线内。液体应该是绝缘型的。

所有用于水下电气系统的材料都应与海水和绝缘流体（如应用）相兼容。应进行新材料相容性测试。

7.4.3.2 预防电击

所有由潜水员维护的水下系统应保证潜水员免受电击。

7.4.4 水下控制模块（SCM）

先导或顺序液压控制及电液控制的水下控制设备宜封装在可更换的装置或壳体内。依据系统型号，SCM 可以包括以下全部或部分内容：

——电液或先导直接液压 DCV 和其他阀体（例如：单向阀和梭阀）；

——直通接头（电气或者液压）；

——液压管汇和管道；

——内部传感器和发送器；

——过滤器；

——蓄能器；

——压力补偿器；

——增压器；

——减压器；

——化学药剂注入调节阀；

——SEM。

为了增加多井系统的正常生产运行时间，任何一个 SCM 的安装或回收宜不影响其他 SCM 的操作。

全外压条件下，所设计的全部在用电子线路宜封闭在充满 1 atm 氮气的壳体内。

水下电液组件的电气元件应安装在充满绝缘液体和压力补偿的 SCM 内。应对水下控制系统进行优化设计，以通过尽可能低的液位形式向模块进行必要的补偿来限制绝缘液泄漏的可能性（一旦达到泄漏的水平，水就会替换绝缘液体）。虽然与环境隔离，但所有的内部连接电缆和接头都应能够适合于水下湿式环境，因而对海水导致的故障具有双重屏障。

系统中液压单元的泄漏应不影响整个电气系统的完整性。

为了减小耗电量，电磁阀宜采用脉冲操作和液压锁定，但使用故障安全型电气阀时除外。

所有的液压接口应由解脱时可密封的接头构成，除非本部分中给出的安全因素可折中考虑。所做设计应减小下入和安装作业时外部流体进入。带有密封圈的接头一半应在可更换的设备上。

7.4.5 水下电子模块（SEM）

7.4.5.1 SEM 硬件

为了获得设计认可的可靠性和灵活性，SEM 硬件应基于使用一个或更多的微处理器和电力单元。

应保护 SEM 以防海水的侵入。应设计两道独立的和可测试的隔离屏障。

所设计的 SEM 宜有最少 25%的备用内存容量,20%的备用能力。

应限制所有 SEM 的输出电流和传感器的激活电流。

宜限制 SEM 与传感器、直接控制阀体的最少接口类型和格式的实际数量。宜尽可能采用国际标准。

针对每种应用场合,宜根据国际标准或信号类型的详细说明进行信号描述。

宜考虑 SEM 的标准化,使可互换性能够替代特定应用的优化。

如需要,宜考虑 SEM 中关键测量信号的处理。

7.4.5.2 SEM 软件

SEM 软件宜由功能任务或模块构成(这些功能任务或模块应可作为独立单元设计、编码和测试)。这些模块满足给定的任务,包括实时操作系统中的中断任务,或使用一个简单的顺序扫描时在实时监视器上调用主程序。模块和整套软件结构应易于后续的软件升级和维护。

软件模块的编码宜采用高级编程语言。只有小型和时间性很重要的任务才宜使用汇编语言。

SEM 软件宜内置诊断功能以简化调制解调器、水下计算机和传感器的测试和调试。

SEM 可编程,允许在水上合适位置重新编程。

SEM 有能力暂时存储所有从水下生产系统中获得的相关数据。

SEM 有能力基于 MCS 的命令执行顺序监测操作或顺序控制。

所设计的 SEM 软件包括井下温度和压力信息(DHPT)。

7.4.6 通信协议

监视、遥控、关断和数据传输等需要以已验证的设计或工业标准为基础的、可靠的、合适的通信系统。

通信系统应能可靠地传输规定的数据信号,并有足够的能力处理所有可预见情况下的通讯量。

所设计的通信和电源系统宜能经受操作环境中正常的噪音和干扰而不发生故障。通信和电源系统宜适应特定的电压和频率变化范围及电力分配单元所能支持的 SEM 数量。

MCS 应是 MCS 和 SEM 间的管理终端。

通信应基于信息格式化,该格式宜能可靠识别信息开始时间和给定长度。

应包括"中止联接"信息。

接收破损信息和"中止联接"应使 MCS 重新发送这条消息。

每条信息应有 CRC 或类似的类型,避免接收和解释错误信息可能性。

协议宜便于 SEM 软件和辅助计算机软件的加载。

系统的通信性能应满足 BER(误码率)在 $1\times10^{-5}\sim1\times10^{-6}$ 之间,实现买家规定的 BER 小于 1×10^{-6} 的设计目标。

整个水下控制系统应使用相同的通信协议。通信协议宜基于 IEC 60870-5-1[12]、IEC 60870-5-2[13]、IEC 60870-5-3[14] 以及同等的国际标准。

7.4.7 水下仪表

所有的水下仪表应符合第 5 章的系统要求。通常水下仪表宜尽可能的简单,以便减少与 SCM 的电气、液压的连接数量。

水下仪表的故障不应反过来影响系统其他部分的操作。

对于直接暴露在生产液中的传感器,宜考虑潜在的由砂、水合物和蜡引起的接口堵塞。

设计系统时,宜考虑传感器信号的校验或调节方法。

用来监测井下情况的任何传感器,其接头和本体的额定压力应适应最大操作压力工况,并应遵循 API Spec 6A 和 API Spec 17D 的规定。

传感器里最少应提供两道独立的隔离屏障以满足井液要求,并将井液与周围环境隔离。

应用组合法确定采油树上液压阀门的操作位置。

如水下设备安装在采油树主阀体或USV的上游或传感组件的位置远离井眼，所有暴露在井液中的设备应安装隔离阀，隔离阀位于传感器和井眼之间。

7.4.8 高完整性管线保护系统(HIPPS)(可选)

所设计的HIPPS用于避免管线和其他相关设备受到水下高压油井的破坏，从而可按低于油井最大关井压力进行管线和设备设计。

HIPPS宜是一个具有现场逻辑系统(控制HIPPS活动)的自治安全系统，包含以下组件：

——双屏障隔离阀的控制；

——最小的双重独立先导或管线压力的压力变送器；

——系统重启的主动控制，以防止通过隔离阀的节流和振荡。

7.4.9 测试设备

7.4.9.1 概述

应有一套测试设备用于在FAT、整体试验、和海上投产过程中对每种设备进行试验。

所有的测试设备应与其使用区域的危险区分类相适应。

测试设备宜能采用类似于实际系统的方式模拟控制和监视水下生产设备的主要操作。

如可行，所设计的试验设备宜与实际生产设备具有相同的装置。

7.4.9.2 控制模块试验台

控制模块试验台宜提供以下试验功能：

——验证模块和模块接收盘间的机械和功能接口；

——验证与外部过程传感器的接口；

——验证控制模块的操作功能。

7.4.9.3 试验液压单元(THPU)

THPU(如使用)宜为控制模块试验台提供所需操作压力的液压流体。THPU应可作为普通清洁流体源进行冲洗操作。

7.4.9.4 虚拟控制模块

与控制模块类似，虚拟控制模块与接收盘宜有一个机械和液压接口。虚拟控制模块可配备手动阀以模拟方向控制阀，其功能如下：

——验证控制模块安装工具作业性能；

——系统液压部件的压力和功能测试；

——液压系统的冲洗；

——通过电缆/声波进行远程访问的井下仪表的直通连接。

7.4.9.5 脐带缆模拟器

可提供体现脐带缆内电缆特性的模拟器。模拟器宜能模拟脐带缆中的通信和电力阻抗。

7.4.9.6 电子试验装置

电子试验装置宜能完成MCS的监控功能，支持控制协议中描述的所有指令。此外，电子试验装置宜能模拟一个或多个完整的控制模块。电子试验装置可以是一个含便携式个人计算机及带有必要电源/信号接口的模块。

7.4.9.7 通信试验装置

通信试验装置(如使用)宜可显示来自水下控制模块的数据。如果实际上部节点不能使用，通信测试装置可以用来验证通信。电子试验装置可提供这种功能。

7.4.9.8 传感器试验装置

传感器试验装置宜可模拟SCM所使用的每类传感器，包括井下传感器。传感器试验装置可以是控制模块测试台的一部分或独立的试验装置。

8 接口

8.1 概述

生产控制系统和水下其他设施及依托设施间的接口对操作的成功非常重要，应在最初的设计中进行全部说明。

8.2 与依托设施的接口

水下生产控制系统可认为是依托设施的扩展部分，或是与依托设施控制系统连接的独立系统。

与依托设施的接口一般包括：

——依托设施控制系统；

——PSD/ESD 系统；

——化学药剂注入系统；

——公用设施；

——UPS(可选)。

安装在平台上的水下控制系统应与依托设施的控制系统连接，或与其集成。

水下井一般从主操作站监控。临时操作站可用来试验、试运转、编程和维护。

操作站宜与依托设施过程控制系统的 VDU 一致。

以依托设施为基础的水下生产控制系统设备宜按照设备安装所在区域的规格书进行建造和记录。

如果采用集成控制系统，水下生产控制系统和依托设施的接口将位于 MCS 和依托设施节点之间。另外，水下和上部接口也可确定在 MCS 和 EPU 之间，此时，上部调制解调器应始终认为是水下系统的功能部分。

如依托设施选用全集成控制系统，作为首选，水下井应由标准操作站来监控。此时，水下生产控制系统应用软件宜与依托设施进行软件集成以便于海上维修和操作。水下功能的监控宜和上部设备一样尽可能简单。

8.3 与水下设备的接口

与水下设备的典型接口为：

a) 采油树

  1) 安装定位；

  2) 安装形式和连接；

  3) 维护通道；

b) 油嘴

  1) 维护通道；

c) 管汇

  参见采油树；

d) 脐带缆

  1) 电气、液压和光纤接头；

e) 外部仪表

  1) 井下仪表；

  2) 压力/温度传感器；

  3) 位置传感器；

  4) 沙探测器；

  5) 过球指示器；

  6) 水下流量计；

f) ROV 工具；

g) SCSSV。

8.4 与修井控制系统的接口

生产控制系统与修井控制系统的接口宜确保修井系统能控制影响修井操作安全的所有功能。生产控制系统可用做修井控制，所提供的控制指令来自于修井机。

应重视修井控制系统清洁度要求以便生产控制系统不会在修井操作过程中或随后的生产操作过程中被水下阀体的残积液污染。系统设计时应减小修井操作时控制管线受海水污染的可能性，同时宜考虑这些管线的冲洗方法。

9 材料和制造

9.1 概述

所有用于水下的部件应通过现场证明或与特定应用场合相类似的模拟环境质量试验证明合格。

9.2 材料

9.2.1 材料选择

所选的控制系统材料应能清洁到特定的清洁度要求，并在系统寿命周期内得到保持。

9.2.2 腐蚀因素

基于海洋环境的防腐材料选择至少宜考虑以下因素：

——外部流体；

——内部流体；

——可焊接性；

——裂缝腐蚀；

——相异金属作用；

——阴极保护作用(包括在高 CO_2 环境下的分级)；

——涂层；

——细菌作用；

——海生物。

9.2.3 流体相容性

应对所有湿式水上设备与控制流体、所注化学药剂和井液的相容性进行验证。为了确保与湿液、温度和压力相兼容，应选择弹性密封材料。

9.3 制造

9.3.1 装配和连接

液压系统中任何部件中都不应使用聚四氟乙烯(PTFE)带。

宜避免使用 NPT 螺纹。

水下液压系统应尽可能减少装配。在可用装配的地方，为了进行维护应使用焊接连接。

整个系统中同一压力类型应使用同类装配。

9.3.2 焊接

承重结构的焊接应当作常压焊接对待，并应遵循经文件证明的结构焊接规定例如 AWS D1.1[7]。

所有带压焊接都应符合 ASME《锅炉和压力容器规范　第 9 部分》或 EN 288 的相关规定。

焊接者应该按照 EN 287-1 ＋ A1 、EN 287-2 ＋ A1 或 ASME《锅炉和压力容器规范　第 9 部分》的规定取得资格。

铜焊接和热焊接不适用于负载系统。

9.3.3 清洁度

液压件宜在验证过的清洁环境中装配。装配前，设备宜按专门的清洁度标准清洁。除了没有死角的直管线外，冲洗不能作为清洁的首选方法。

为防止腐蚀，宜考虑使用清洁、酸洗、钝化不锈钢液压管线。

9.3.4 电气、电子总成

宜确定水下电子设备组件的可靠性，并应满足特定的寿命和故障保护要求。

为了装配和修理，至少宜符合 MIL-STD-2000[18] 或者同等标准的工艺要求。

10 质量

根据本部分所制造的设备应遵守 QA 认证程序。制造商应提供执行 QA 认证程序的规格书。

11 试验

11.1 概述

进行所有的试验时应考虑人员安全和对周围区域潜在的破坏。

宜进行综合试验程序以确保满足控制系统的性能要求。

11.2 质量鉴定试验

11.2.1 概述

应进行质量鉴定试验以验证设备在特定工作条件下的性能。作为替代，制造商应提供与工业实际（设备按指定要求即将完成的）相一致的证明文件或其他客观证据。

这一条款规定了用来鉴定产品设计的质量鉴定试验。用于设计鉴定的设备或工装夹具应是在设计、尺寸和材料方面具有代表性的生产模型。

如所设计产品的安装、形式、功能或材料上有任何变化，制造厂应文字记录这些变化对产品性能的影响。重大的设计变动就成为一个新的设计需要重新认证（重大变动是指由制造厂确定的影响产品在其作业环境中性能的变化）。如材料的适应性能通过其他方法实现，材料的变化不需重新认证。

应对 SEM 进行型式试验以鉴定温度循环和振动相关的设计。

11.2.2 静水压力试验（内部和外部）

作为质量鉴定试验的一部分，宜对所有的受压组件或装备进行静水压力试验。额定压力小于或等于 103.4 MPa(15 000 psi)时应在 1.5 倍的设计压力下进行静水压力试验。额定工作压力超过 103.4 MPa(15 000 psi)时的内部静水压力试验应在 1.25 倍设计压力下进行。外部静水压力试验应在 1.1 倍设计围压下进行。

试验压力应在任何组件、管线或节点没有外部流体泄漏的情况下最少保持 10 min。

试验期间所有的液压蓄能器应与回路隔离。

控制设备的低压部分，如使用，包括储液罐、低压过滤器、泵吸入管线和系统返回管线，都不进行静水压力（试验压力）试验。

11.2.3 最小和最大温度试验

应进行质量鉴定试验以证明小于或等于最小额定工作温度，大于或等于最大额定工作温度时的设备性能。

11.2.4 周期试验

对具有周期操作性能的设备应进行模拟长期现场作业的质量鉴定试验。试验周期应等于或超过指定应用的周期。

11.3 出厂验收试验(FAT)

11.3.1 概述

水下控制系统组件的 FAT 应在发货前进行。

制造商应建立和实施综合试验程序。程序应能证明所采购的所有系统和设备的组件能很好地完成作业功能并满足全部要求。一套完整的水下生产控制系统试验应是该程序的一部分，当无法使用实际装置时可使用模拟器。

FAT 开始前应有既定的程序和接收标准。

进行完整的 FAT 时最少应注意以下内容：

——电液方向控制阀的性能和泄漏率；

——监控系统的精确度；

——通信系统灵敏度和抗噪性能；

——电源需求和灵敏度；

——所有管线、管道工程和液压组件的压力试验；

——蓄能器预充压力；

——卸压阀压力设定；

——流体和系统清洁度；

——控制模块压力试验；

——设备匹配认证；

——电缆绝缘阻抗和电导系数；

——容器泄漏试验；

——牺牲阳极电导系数。

所有的水下仪表和电子设备的环境应力显示应符合制造商的规定书。如：所有 SEM 都要求通过温度循环、振动和老化试验。温度试验的目的是验证所有的组件在超过设计温度范围工作时，可能促使组件过早失效。振动试验的目的是暴露组装时可能出现的劣质工艺。所有的 SEM 应在最终关闭后进行泄漏试验。

11.3.2 完整性

静水压力试验应在 11.2.2 中详细说明。

那些已经通过合适的法规机构(例如：美国船级社、ASME、挪威船级社)进行过试验和认证的组件可以免除这部分试验。静水压力(检验压力)试验应在安全过压设备安装之前进行。

11.3.3 功能和连续性

应进行功能试验以验证设备能正常运行。这些试验的目的是验证控制系统操作功能正确，包括所有的互锁、顺序、控制和再启。

试验时，每条液压和电力线路应进行正常操作的试验。

液压线路应在线路的试验压力(额定工作压力)下进行。

电力线路应在确保没有短路和开路的情况下进行。

任何电路的故障应依据以上标准在最终接收前重做和重新试验。

11.3.4 安全和操作校验

这些试验用来验证系统的调整是按照设计规格书和制造商数据表的规定进行，试验中使用与压力等级（调节阀、卸压阀、报警和关断开关、蓄能器预充、泵的开/停开关)、液位、电压、延时和类似的参数相关的所有设置点的清单。

应对所有安全特征或设备进行操作正确性验证。

11.3.5 业主要求的其他试验

11.3.5.1 内部泄漏试验

泄漏试验的目的是验证内部系统泄漏是否在制造商规格书规定的可接受的范围内。试验应在液压控制系统的设计压力(额定工作压力)下进行，所有的线路都要试验。试验最少持续 10 min，泄漏率应通过两种方法之一进行监视：

——将系统加压到设计压力，隔离供应源并监视压力衰减。应监视和记录压力衰减；

——给系统施加常压并监视不同系统组件的泄漏率。

11.3.5.2 流体冲洗

流体冲洗的目的是清除在建造过程中进入液压系统的污染物，流体冲洗应使用指定的系统工作液进行。接收标准应与5.1.3.2一致。

11.3.5.3 灵敏度测试

灵敏度测试应在子系统或完整的生产控制系统中进行。

其试验的目的是监视系统性能和操作受限时，在控制模式下改变关键参数。

11.4 系统集成试验

可以进行整个系统测试。如可能，过程设备、水下硬件和控制应在安装前一起试验。试验一般应该在岸上基地进行，以易于进行必要的修正和返工。

系统集成试验宜在所有的模式下进行，如可行，在完全冗余和非冗余状态下进行。分系统试验应在最小、正常、和最大负载下进行。

系统集成试验一般应包括终端设备、跨接管、脐带缆、接线箱/连接的非控制系统组件，和安装时要用到的任何作业工具。功能试验应验证所有输入信号、控制和复位的最终结果。应重新检查关键设置点。系统集成试验的主要优点是操作人员可熟悉可调节设备的位置，并用来验证或改变设定点方法。

另外，性能试验宜记录触发器的触发次数、蓄能器的排放体积、泵系统的恢复次数、电路的电力消耗、化学药剂注入线路的输送速度、长软管的膨胀体积以及回读监视器的准确度。

本部分宜参考用于系统测试的附加说明。

11.5 记录

制造商应记录所有性能验证试验和FAT的过程和结果。记录中宜确定进行和目击试验的人员以及试验的时间和地点。

12 标记、包装、储存和运输

12.1 标记

12.1.1 组件识别

所有主要组件（例如液压源、SCM、水上计算机和电源）应用识别标签、铭牌或印记标记。识别方法应适合所处环境并且应包括适当的信息，例如制造商编号、输入设备等级、设备设计压力（额定工作压力）和制造日期等。

12.1.2 水上和水下设备额定温度

依据5.1.2.3和5.1.2.4制造的水上和水下设备应按下列方法永久标记：

a) 标准工作温度

例子 额定低温0 ℃（32 ℉）和额定高温40 ℃（104 ℉）

标记 0 ℃～40 ℃（32 ℉～104 ℉）STD

b) 操作温度的扩展范围

例子 额定低温−5 ℃（23 ℉）和额定高温40 ℃（104 ℉）

标记 −5 ℃～40 ℃（23 ℉～104 ℉）EXT

12.1.3 特殊标记—限于受控环境中使用

所设计的受控环境中操作的水上设备应用白兰标签标记，用以警示用户在操作手册里规定的环境使用。标签格式如下：

只在受控环境中使用

12.2 包装

12.2.1 防锈

装运前，设备和部件暴露的金属表面（除了防腐材料和特殊零件例如阳极或铭牌外）应使用至少在

50 ℃(125 ℉)时也不液化的防锈涂层保护，或用含有符合制造商规定书要求的与防腐剂相兼容的液体装满。如设备已有涂层，但在试验时损坏则宜根据制造商规定书进行涂层修理。

12.2.2 密封的表面保护

暴露的密封以及密封表面、螺纹和操作部件在运输时应加以保护以防机械损伤。法兰表面、夹盘和其他易损部件应用合适的盖子或其他保护设备保护。运输撬或容器宜这样设计：运输或存放时设备不能放在任何密封或密封表面上。

12.2.3 散件

散件应依据12.1的规定分别包装和识别。

12.3 储存和运输

12.3.1 橡胶寿命控制

制造商应提供与所用橡胶材料相适应的储存环境、老化控制和保护的指南。

12.3.2 液压和气动系统

12.3.2.1 概述

运输前，应根据制造商规格书清洗、充满和排空液压管线。暴露的液压管线和连接应盖上或覆盖。遵循12.3.2.2和12.3.2.5的规定。

12.3.2.2 加压回路

将所有的气体和加压的回路放空到零压力。

12.3.2.3 蓄能器

将所有蓄能器的预充气体放空到零压力。

12.3.2.4 储液罐

将液压控制液从罐内排空。

12.3.2.5 HPU 液体和电气连接

解脱所有的进口和出口连接并盖上。

12.3.3 电气/电子系统

制造商应提供全部电缆、连接和电子模块(SCM、SEM等)正确储存和运输的指南。

12.3.4 装箱和搬运

装置和装备宜在撬上安全地进行装箱和安放，以防损坏并方便吊装和运输。

用于保护的包装材料宜固定在所有外部安装面板的仪表上，以防损坏。

12.3.5 运输和储存温度限制

运输和储存时，所设计的控制系统宜允许在最大预期温度范围内工作，见5.1.2.3和5.1.2.4。

附 录 A
（资料性附录）
控制系统类型及其选择

A.1 系统选择

影响控制系统选择的因素包括费用(使用寿命评估,其中涉及维护费用、控制系统失效导致的产量损失费用)、与依托设施的距离、响应时间要求和数据遥测要求。

全液压系统是最简单且最可靠的水下控制系统。与电液系统相比,它们的响应相对较慢,水下系统提供的数据遥测能力有限。选择使用全液压系统前,宜认真考虑应用场合的特殊要求,特别是数据需求和响应速度要求。通常,全液压系统适用于距离依托设施较近的单个卫星井和要求费用最低的项目。

SEM 增加了电液系统的复杂性,但却缩短了其响应时间,可用于监视较大范围的数据遥测设备。通常,电液系统具有操作灵活、操作速度快和数据遥测的特点,适用于多井系统,开发过程中的井控/油藏监控。

A.2 全液压系统描述

A.2.1 概述

下面分别描述三种全液压系统。选择这三种系统时,宜考虑系统对响应时间和脐带缆的要求。

A.2.2 直接液压系统

直接液压系统中每个功能都由单独的液压线控制,直接与阀执行机构连接,压力传感点或其他水下功能都可控。除脐带缆连接器和对应每个功能的控制线路外,不需要其他水下控制设备。

A.2.3 先导液压系统

先导液压系统包括配有先导阀的 SCM、水下就地液压动力单元,通常还包括由水上的独立管线供给的水下蓄能器。信号线仅用于提供切换一个小先导阀的液体,而用于驱动采油树阀或管汇阀组的液体由本地水下蓄能器提供。与直接液压系统相比,这套系统通过缩短阀的驱动时间,可以延长水下设备与依托设施之间的容许距离。

A.2.4 顺序液压系统

顺序液压系统也使用带有特殊先导阀的控制模块,但每个功能不需要独立的液压线控制。模块中所有先导阀共享单根先导线路,线路上压力递次增加,可在相关压力等级下激活相应的先导阀,以实现对水下阀门的控制。所使用的控制液来自水下蓄能器。由于每个采油树只需要一根先导控制管线,使得液压管线的数量减少到最低。但这套系统的缺点是:水下阀的开启顺序是预先确定的,不便于以不同顺序开启水下阀门。这套系统通常作为电液系统的备用系统使用,也可作为一个独立系统使用以降低脐带缆要求和成本。

A.3 电液系统

A.3.1 概述

电液控制系统用电信号代替液压信号,从根本上减少了响应时间。同时,其所监视的水下数据也更为广泛。

电液控制系统需要附加一个电控脐带缆,或在液压控制/化学药剂注入脐带缆中加入电缆。与直接液压系统和先导液压系统相比,该系统中只需要系统液压供给管线和化学药剂注入管线,因而对脐带缆中的液压组件要求有所降低。

A.3.2　直接电液系统

直接电液系统通过脐带缆中的多个独立导管将信号直接传输到位于水下模块方向控制阀上的电磁阀。这种系统方案增加了控制脐带缆的成本，当相对依托设施的回接距离增加时，对多个导管中的能量损失比较敏感。对脐带缆的要求与所需控制井的数量成比例增加。

A.3.3　复合电液系统

复合电液系统通过编码、经一对导线将电信号传输到一个或多个水下电子模块上。水下电子模块将信息解码并采取适当的措施，如驱动阀或询问水下传感器。单根脐带缆可与水下开发的所有井通信，因此尽可能降低了对脐带缆的要求。信号的动力要求很低，因为驱动电磁阀的动力是由一个独立的动力功能组件提供的。通信和动力可经独立的导管对传递，也可将通信信号加载到动力缆上，以减少脐带缆上的导线总数。

A.3.4　自治系统

自治系统为水下生产设备提供就地动力和控制液。液压液就地储存。可通过声波或声波/卫星/无线电的组合与水上设备通信。系统的基本功能与复合电液系统相同。

附　录　B
（资料性附录）
典型的控制和监视功能

B.1　控制功能

水下控制系统所控制的典型阀门如下：

——SCSSV；
——生产主阀；
——生产翼阀；
——环空主阀；
——环空翼阀；
——转换阀(注入阀)；
——甲醇/化学药剂注入阀；
——防垢剂注入阀；
——防腐剂注入阀；
——油嘴(每个油嘴可能要求两个控制功能)；
——注入调节阀(每个调节阀可具备两个控制功能)；
——管汇阀组；
——化学药剂注入控制阀。

B.2　监视功能

通常，水下控制系统相关水下传感器监视的参数如下：

——生产压力；
——环空压力；
——管汇压力；
——生产温度；
——管汇温度；
——油气泄漏监测；
——采油树阀门位置(直接给出或推测)；
——油嘴位置；
——油嘴压差；
——出砂监测；
——井下监视；
——多相流；
——腐蚀监控；
——清管监测。

B.3　水下控制模块(SCM)参数监控

下列水下参数可在SCM内部监视：

——液压供给压力；
——通信状态；

——SEM 内部电压；
——SEM 内部温度；
——SEM 内部压力；
——自诊断参数；
——液压液流量；
——液压液回流压力；
——绝缘电阻。

宜考虑自诊断功能，用于检测与控制模块（如井下监视器、多相流量计、出砂监测器）相连的外部传感系统的故障。当传感系统出现故障时，控制系统宜能进行特定的诊断。

附 录 C
（资料性附录）
控制液的性能及其测试

C.1 控制液的性能要求

C.1.1 概述

下面的子条款描述了水基液体和油基液体的性能要求。

注：这两种液体中某一种的单个要求要注明。

质量鉴定试验应由液体制造商进行，确保液体的成分符合 ISO 13628 的要求。被测液体达到或超过所有的验收标准时才合格。

C.1.2 外观

液体应是清澈、透明、无悬浮物且具有流动性。浊度应遵照 ASTM D1889 的规定。清晰度和透明度对确定其他标准是很重要的。

C.1.3 含水率（只针对水基液体）

对于水基液体，含水率应按照修正的 ASTM D4006 规范，通过 Dean-Stark 方法确定。水基液体的最小含水率是 30%。

C.1.4 倾点

应按照 ASTM D1293 的要求确定倾点，验收标准要求的最小倾点为 −10 ℃（14 ℉）。

C.1.5 pH 值（只针对水基液体）

20 ℃（68 ℉）时的 pH 值应按照 ASTM D1293 的要求确定，验收标准要求的 pH 值为 8～10。

C.1.6 闪点（只针对油基液体）

闪点应按照 ASTM D92 的要求确定。验收标准要求的最小闪点为 150 ℃（302 ℉）。

C.1.7 腐蚀试验

防腐性能应按照 ASTM D665 中 A 部分和 B 部分的要求确定。所有试验应在 60 ℃（140 ℉）的温度下，以 24 h 为一试验周期，使用标准碳钢试验棒进行两次试验。验收标准是无锈生成。

C.1.8 防磨试验

C.1.8.1 概述

评价水基和油基液体产品的防磨性能的两个标准程序是 ASTM D2596（壳牌四球试验）和修正版的法列克司润滑试验。

C.1.8.2 ASTM D2596

ASTM D2596 方法可评价润滑剂的抗烧结特性。可通过评估试件烧结前的载荷、初始胶着发生时的载荷以及一定低载荷下试件的磨损情况来评价该性能。表 C.1 中列出了抗烧结特性的最小值。

表 C.1 抗烧结特性最小值

特性	水基液体	油基液体
烧结点	最小值 1.08 kN(243 lbf)	最小值 1.26 kN(283 lbf)
初始胶着载荷	最小值 0.39 kN(88 lbf)	最小值 0.49 kN(110 lbf)
结疤平均直径 —0.20 kN(45 lbf)载荷，1 800 r/min 转速，1 h 后： —0.29 kN(65 lbf)载荷，1 460 r/min 转速，1 h 后：	 最大值 1.50 mm (0.059 in) 最大值 1.70 mm (0.067 in)	 最大值 0.40 mm (0.016 in) 最大值 0.60 mm (0.024 in)

C.1.8.3 法列克司试验

C.2.2 中所定义的修正的法列克司试验可评价液体的润滑性。方法 A 中的验收标准是载荷为 1.33 kN(300 lbf)、转矩低于 2.26 N·m(20 in·lbf)。方法 B 中的验收标准是扭矩特性变化值(与方法 A 相比)小于 15%,试验棒所减轻的重量应低于 0.2 mN(20 mgf)。

C.1.9 橡胶相容性

橡胶相容性应按照 ASTM D471 的要求确定,验收标准和橡胶类型由购买方确定。

对于标准的橡胶等级评价,典型的橡胶相容性应满足 ASTM D471 的要求。目的是给出液体对常用类型橡胶的影响。最短浸入时间为 168 h,温度为 70 ℃(158 ℉)。然而,建议延长试验时间(通常为 2 000 h)以确定其稳定点。

典型橡胶:腈丁基橡胶(高腈)、腈丁基橡胶(中腈)和氟代烃。

C.1.10 热塑性塑料相容性

热塑性塑料材料,常用于脐带缆或在脐带缆终端与终端用户之间以跨接软管形式连接的挠性连接中,其相容性应按照 ISO 13628-5 中的程序确定。

除脐带缆中使用的热塑性塑料外,其他热塑性塑料材料相容性试验方法和验收标准应由购买方确定。

C.1.11 液体稳定性

考虑到多数工程的设计寿命在 10 年~20 年之间,因此液体的长期稳定性是非常重要的。必须具有相关的液体试验数据,但范围、方法和验收标准应得到购买方的同意。

在-10 ℃(14 ℉)、0 ℃(32 ℉)、70 ℃(158 ℉)以及液体最大操作温度以上 10 ℃(50 ℉)的温度范围内,要求老化期最小达到 2 000 h。由防腐材料制成的压力试验容器应用较高温度进行试验。

在 40 ℃(104 ℉)时液体的粘度变化以及每升液体的沉淀量应给出报告。

液体的机械稳定性应在操作温度和在指定温度范围内的较低和较高温度下进行评价。评价结果应证明:静态时,延长时间和增加压力情况下,液体保持完全均匀,未形成多相液体。此外,海水掺入对液体稳定性的影响也应作为评价的一部分进行阐述。

C.1.12 抗氧化性(仅针对油基液体)

液体的抗氧化性应使用 CIGRE 试验方法(IP280)确定,即液体经铁和铜催化过后,在 120 ℃(248 ℉)的温度下暴露 168 h,且使气流通过此液体。其最小特性如下:

渣泥:最大 0.1%;

总氧化产物:最大 0.5%。

C.1.13 环境影响

应避免使用有机金属化合物。按照 PARCOMS 的准则,使用下列海洋生物进行试验以评价毒性:

——中肋骨条藻 skeletonema costatum;

——微甲壳桡足类生物 acartic tonsa;

——泥虾类生物 corophium volutator。

验收标准应符合本地法规。

C.1.14 抗微生物

C.1.14.1 试验方法

如有要求,需稀释试验样品测试配制剂(PREPS)。

第 1 天 使用合适的接种体接种(免疫的)每个配制剂并培养;

第 2 天 对每个配制剂取样,使用新的接种体再接种并再培养;

第 3~9 天 与第 2 天相同;

第 10 天 对每一剂样取样。

C.1.14.2 接种体

本试验中使用的接种体有：

a) 细菌：绿脓杆菌 C

每 100 mL(6.1 in^3)配制剂里加入 1 mL(0.061 in^3) 绿脓杆菌，30 ℃(86 ℉)温度下，在营养基中培养 24 h。得到 108 cfu/mL(1 771 cfu/in^3)的细菌悬浮液。

b) 真菌：假头状孢子头

每 100 mL (6.1 in^3)配制剂样里加入两滴假头状孢子头，30 ℃(86 ℉)温度下，在麦芽提取琼脂培养基中培养 7 天。用 3 mL(0.183 in^3) pH 值为 7 的 Tween 80[1)] (2%)来收集孢子。将 3 mL (0.183 in^3)Tween 加入培养基中搅拌掺混。得到 1 010 cfu/mL(16 551 cfu/in^3)的真菌悬浮液。

每一接种体在配制剂里的接种程度为 108 cfu/mL(1 771 cfu/in^3)。

取样方法是：

利用消毒过的排放回路，从每种配制剂样中取出 3×10μL (3×0.000 61 in^3)样品置于一个 TSA 盘和 MEA 盘中，分别在 30 ℃(86 ℉)和 25 ℃(77 ℉)的温度下培养。

验收标准为在十天试验期间内，前八天里未观察到真菌生长现象。

C.1.15 用户信息要求

表 C.2 列出了制造商应提供给用户的液体特性。液体特性应由制造商通过下述试验方法确定。

表 C.2 制造商列出的液体特性

性 质	方 法
密度	ASTM 1298
−20 ℃(−4 ℉)，0 ℃(32 ℉)，10 ℃(50 ℉)，40 ℃(104 ℉)下液体的运动粘度(水基)	ASTM D445
−10 ℃(14 ℉)，0 ℃(32 ℉)，20 ℃(68 ℉)，40 ℃(104 ℉)，100 ℃(212 ℉)下流体的运动粘度(油基)+	ASTM D445
体积弹性模量	ISO 6073
发泡特性	ASTM D892
清洁度	ISO 4406/NAS 1638

C.2 试验方法

C.2.1 修正的法列克司润滑剂试验

采用的两种评价方法，都使用了标准法列克司润滑剂试验仪。所使用的试块钢棒和 V 形块完全浸入液体中。

方法 A 中，通过以 0.45 kN(100 lbf)的增量不断增加 V 形块和旋转钢棒之间的接触载荷，直到最大载荷值 1.33 kN(300 lbf)。每次载荷增加后保持 60 s。每次载荷增加 0.45 kN(100 lbf)后，读出扭矩值(正比于摩擦力)及保持该载荷所需的棘轮齿数(正比于发生的线性磨损)。得到的数据用曲线图表示，分别为扭矩与施加载荷的关系图和磨损齿数与施加载荷的关系图。

方法 A 完成后立即进行方法 B，在相同的试块上，加载 1.33 kN(300 lbf)的连续载荷 30 min。试验期间，记录扭矩和磨损。得到的数据用曲线图表示，分别为扭矩与时间的关系图和磨损齿数与时间的关系图。

---

1) Tween 80 是 ICI 表面活性剂公司提供的产品的商标。本信息是为了便于 ISO 13628 的用户使用，而不是关于 ISO 产品命名的批注。如果等效产品具有相同的效果，也可使用。

C.2.2 试验方法—法列克司润滑试验仪

C.2.2.1 方法A:载荷范围0 kN～1.33 kN(0 lbf～300 lbf)

a) 插入新的钢棒和V形块。在容器中装满新的试验液体。空载下启动机器,运转60 s。

b) 通过棘齿机构施加载荷,直到0.45 kN(100 lbf),运转60 s。

c) 通过棘齿机构增加载荷。如果在60 s运转期间载荷下降至0.45 kN(100 lbf)以下,记录载荷重新达到0.45 kN(100 lbf)时所需的棘轮齿数。载荷为0.45 kN(100 lbf)时记录下扭矩值。

d) 通过棘齿原理继续加载直至达到0.90kN(200lbf),运转60s。

e) 以0.45 kN(100 lbf)的载荷增量重复步骤c)和d),直至载荷达到1.33 kN(300 lbf)。每增加一次,记录所需的棘轮齿数以便在进行下组试验载荷前,在60 s运转结束时重新建立试验载荷(如果载荷下降)和扭矩,直至载荷数据上升至1.33 kN(300 lbf)载荷。

C.2.2.2 方法B:以1.33 kN(300 lbf)载荷运行30 min

a) 完成载荷为1.33 kN(300 lbf)的试验周期(60 s),记录下重新达到1.33 kN(300 lbf)的试验载荷所需的棘轮齿数(和扭矩)后,将载荷增至1.38 kN(310 lbf)。

b) 从该载荷点开始持续进行30 min试验。若试验载荷降至1.29 kN(290 lbf),通过棘齿机构使载荷重新达到1.38 kN(310 lbf)的水平,记录下需要的棘轮齿数及试验载荷重新达到1.38 kN(310 lbf)时的扭矩值。记下载荷降至1.29 kN(290 lbf)的时间。

c) 试验结束时,在关闭法列克司仪器前,应完全卸载。

d) 保留钢棒和V形块以用于检验。

C.2.3 高温液体试验要求

C.2.3.1 概述

当控制系统控制液需在高于90 ℃(194 ℉)的温度下工作时,必须进行试验评估。试验温度应比预期最高工作温度高10 ℃(50 ℉)。

试验过程中要记录液体的下列参数变化情况:

——渣泥/沉淀;

注1:这些可导致堵塞和增加磨损。

——合成油基产品的酸性,按TAN和TBN来进行报告;

——水基产品的pH值;

注2:由于pH缓冲系统的复杂性,酸性不一定与水基产品的变质有关,因此应记录pH值的变化。

——黏度。

黏度是产品变质的信号,因此应记录。应将试验前后液体的质量变化百分比提供给下一个黏度数据进行参考,尤其对于水基流体,如:试验容器的泄漏可能使水大量汽化,从而影响黏度数据。

C.2.3.2 试验容器

试验容器应具备:

——318不锈钢湿式组件;

——顶部全部敞开,便于“直通”清洗和检测;

——容积500 mL(30.5 in^3)。

C.2.3.3 试验步骤(需要三个试验容器)

本程序中用于冲洗和清洗的所有液体应通过公称孔径0.8μm的过滤器过滤。

a) 用过滤后的去离子水或油基液体以及过滤后的汽油来清洗三个试验容器。将容器置于干净的无绒毛的环境中干燥。(不要使用风管干燥容器,这样会造成污染。)

容器清洁度试验:在容器中装入150 mL(9.15 in^3)去离子水(油基液体试验时装入汽油)进行搅拌,然后数颗粒数。验收标准是每100 mL(6.1 in^3)液体中直径大于5 μm的颗粒数不超过500个。

b) 在容器中装入 400 mL(24.4 in^3)±5 mL(0.3 in^3)控制液。

c) 用干燥的经过滤后的氮气净化控制液体上方的空气，将压力调整到足以阻止控制液体汽化的值。整个试验过程中保持这个压力值。加热容器至试验所需温度，整个试验中温度变化保持在±1% 范围内。

d) 每到下列时间后，撤去一个容器

——330 h；

——670 h；

——2 000 h。

试验前后应对所有容器和液体称重，记录下所有的质量损失。

C.2.3.4 质量鉴定试验

除 3 个老化样品外，原始液体质量评定结果应由制造商提供或由其确定。原始样品应与试验液体具有相同的批号。

a) 外观评价

将容器中的液体倒入一个干净的容积为 500 mL(30.5 in^3)的圆筒容器中。不要去除或搅乱沉积物和沉淀。记录下液体的颜色和状态(清澈/浑浊/不透明)。

b) 酸性评价

水基液体的 PH 值使用 15 mL(0.92 in^3)～30 mL(1.83 in^3)的流体进行确定。油基流体利用 TAN 和 TBN 试验确定。

c) 沉淀和沉淀物评价

用过滤后的液体冲洗容器中的沉积物。容器壁上的沉淀应刮掉并冲洗。应确定固体物质的质量，误差在±1%范围内。若以前的试验中发现颗粒物，这些颗粒物也应包括在此。报告颗粒尺寸的分布情况和特征，沉淀物总量见表 C.3。

表 C.3 沉淀物

液体类别	沉淀	
	mg/L	lb/in^3
A	0～10	0～0.361×10^{-6}
B	10～100	0.361×10^{-6}～3.61×10^{-6}
C	100～1 000	3.61×10^{-6}～36.1×10^{-6}
D	大于 1 000	36.1×10^{-6}

d) 腐蚀评价

应按照 IP 135 A 的要求进行液体试验(用 10%蒸馏水稀释)。

C.2.3.5 验收标准

目前尚没有绝对的验收标准。液体的原始特性连同所发生的变化应用于评价液体的适应性。通过对试验前后的液体进行对比，并为业主和液体制造商提供评价高温对液体长期影响的方法。

附　录　D
（资料性附录）
API　缩　写

API 提出了一套用于石油和天然气工业的缩写规则，并从 1924 年开始使用。使用这种缩写规则的制造商，应按照制造商的书面规范及为补充 ISO/API 联合标准而制定的标准 API 缩写规则，在设备上适当的位置做标记。

参 考 文 献

[1] GB/T 18657.1—2002 远动设备及系统 第5部分:传输规约 第1篇:传输帧格式(idt IEC 60870-5-1:1990)

[2] GB/T 18657.2—2002 远动设备及系统 第5部分:传输规约 第2篇:链路传输规则(idt IEC 60870-5-2:1992)

[3] ISO 3511(所有零件) 过程测量控制功能和仪器——符号表示

[4] ISO 13628-1 石油天然气工业——水下生产系统的设计与操作——第1部分:一般要求和推荐作法

[5] IEC 60529:1989 外壳保护程度(IP规范)

[6] IEC/TR2 60479-1:1994 电流对人类和牲畜的影响——第1部分:概况

[7] IEC/TR2 60479-2:1987 电流通过人体的影响——第2部分:特殊情况——第4章:频率高于100 Hz的交流电的影响——第5章:电流特殊波形的影响——第6章:单向单脉冲短波期电流的影响

[8] IEC 60870-5-3:1992 遥控设备和系统——第5部分:传输规约——第3节:应用数据的总体结构

[9] API RP 14B 水下安全阀系统的设计、安装、修理和操作

[10] API RP 14C 海洋生产平台基本的水面安全系统的分析、设计、安装和试验

[11] API RP 17A 水下生产系统的设计和操作

[12] API RP 17G 完井/修井立管系统的设计和操作

[13] ANSI/SAE J517-JUN94 液压软管

[14] AODC(海洋潜水承包商协会),水下电力安全使用实用规范

[15] AWS D1.1 钢结构焊接规范

[16] BS 5500 非加热熔焊压力容器规范

[17] MIL-STD-217 电力设备的可靠性预测

[18] MIL-STD-2000 焊接电力和电子组件的标准要求

[19] 国家电工规程手册(最新版),国家防火协会,或适用的国家标准

[20] SSPC-SP—10 结构钢油漆委员会——表面准备—10

ICS 75.180.10
E 94

中华人民共和国国家标准

GB/T 21412.9—2009/ISO 13628-9:2000

石油天然气工业 水下生产系统的设计与操作 第9部分:遥控操作工具(ROT)维修系统

Petroleum and natural gas industries—
Design and operation of subsea production systems—
Part 9: Remotely Operated Tool (ROT) intervention systems

(ISO 13628-9:2000, IDT)

2009-04-08 发布

2009-11-01 实施

中华人民共和国国家质量监督检验检疫总局
中国国家标准化管理委员会 发布

前　言

GB/T 21412《石油天然气工业　水下生产系统的设计与操作》分为九个部分：

——第1部分：一般要求和推荐作法；

——第2部分：水下和海洋使用的挠性管系统；

——第3部分：过出油管(TFL)系统；

——第4部分：水下井口和采油树设备；

——第5部分：水下脐带缆；

——第6部分：水下生产控制系统；

——第7部分：完井/维修立管系统；

——第8部分：水下生产系统的水下机器人(ROV)接口；

——第9部分：遥控操作工具(ROT)维修系统。

本部分为GB/T 21412的第9部分，对应于ISO 13628-9:2000《石油天然气工业　水下生产系统的设计和操作　第9部分：遥控操作工具(ROT)维修系统》(英文版)。

本部分等同采用ISO 13628-9:2000《石油天然气工业　水下生产系统的设计和操作　第9部分：遥控操作工具(ROT)维修系统》(英文版)。

本部分等同翻译ISO 13628-9:2000。

为便于使用，本部分作了下列编辑性修改：

——"ISO 13628的本部分"改为"GB/T 21412的本部分"或"本部分"；

——删除国际标准的前言。

本部分由中国石油天然气集团公司提出。

本部分由全国石油天然气标准化技术委员会归口。

本部分起草单位：中海石油(中国)有限公司研究中心。

本部分主要起草人：尤钊瑛、黄俊、孙政。

石油天然气工业 水下生产系统的设计与操作 第9部分:遥控操作工具(ROT)维修系统

1 范围

GB/T 21412 的本部分规定了用于石油天然气工业的水下生产系统的 ROT 维修系统和接口设备功能的要求和推荐作法。

本部分不涉及有人操作的和以 ROV 为基础的维修系统(例如海底管线的连接和组件的更换),也不涉及垂直井口维修、内部出油管检测、采油树下入以及其相关设备。

2 术语、定义和缩略语

下列术语、定义和缩略语适用于 GB/T 21412 的本部分。

2.1 术语和定义

2.1.1

水下维修作业 subsea intervention

在水下完成的所有维修作业。

2.1.2

主要维修作业 primary intervention

在维修任务进度计划内完成的全部工作。

2.1.3

ROT 系统 ROT system

专门的、无人的水下工具。这些工具用于起重能力超出浮游式 ROV 系统能力时的遥控安装和组件更换任务。

注:ROT 是具有控制和水面支持系统的有缆工具,用于完成专门的水下维修任务。它们通常由提升缆或提升缆与脐带缆的组合缆进行收放,通过导向缆、专门的推力器或 ROV 实现 ROT 的横移。

2.1.4

收放系统 deployment system

所有与 ROT 系统下水和回收有关的设备。

2.1.5

升沉补偿系统 heave-compensated system

该系统用于补偿船的垂直运动对 ROT 系统收放的影响。

2.1.6

撬块系统 skid system

用于贮存,运输,吊装和测试的框架结构,便于 ROT 系统的移动以及模块和构件的更换或者安装。

注:撬块一般与滑道系统结合使用。

2.1.7

水下管缆 sealines

在水下安装的所有管道、油气管线、脐带缆和电缆。

2.1.8

端头　termination head

PICS(牵引和连接系统)与水下管缆末端的接口部分。

2.1.9

牵引头　pull-in head

牵引头是牵引系统的一部分,起着导向缆末端附着点的作用。

2.2 缩略语

CB	浮心
CF	连接功能
CG	重心
CT	连接工具
FAT	工厂接收测试
HPU	液压动力单元
ICS	维修控制系统
ID	内径
IP	入口保护
LCC	生命周期成本
MQC	多用快速接头
NAS	美国宇航标准协会
PGB	永久导向基座
PICS	牵引和连接系统
PIF	牵引功能
PIT	牵引工具
ROT	遥控操作工具
ROV	水下机器人
SPS	水下生产系统
SWL	安全工作负荷
WOCS	维修控制系统

3 系统选择

3.1 概述

ROT维修系统的设计、布置、操作直接影响到整个水下生产系统(SPS)的生命周期成本(LCC)。为了使水下生产系统设计能够提供安全可靠且经济的维修操作,最重要的是在水下生产系统设计和维修系统设计之间形成闭环(如图1所示)。

一个典型的ROT维修系统包括以下部分:

a) 用于特定维修任务的ROT;

b) 水面支持设备;

c) ICS(维修控制系统);

d) 收放/就位设备;

e) ROV与ROT的扩展接口。

ROT维修系统和辅助设备的主要特点说明见图2。

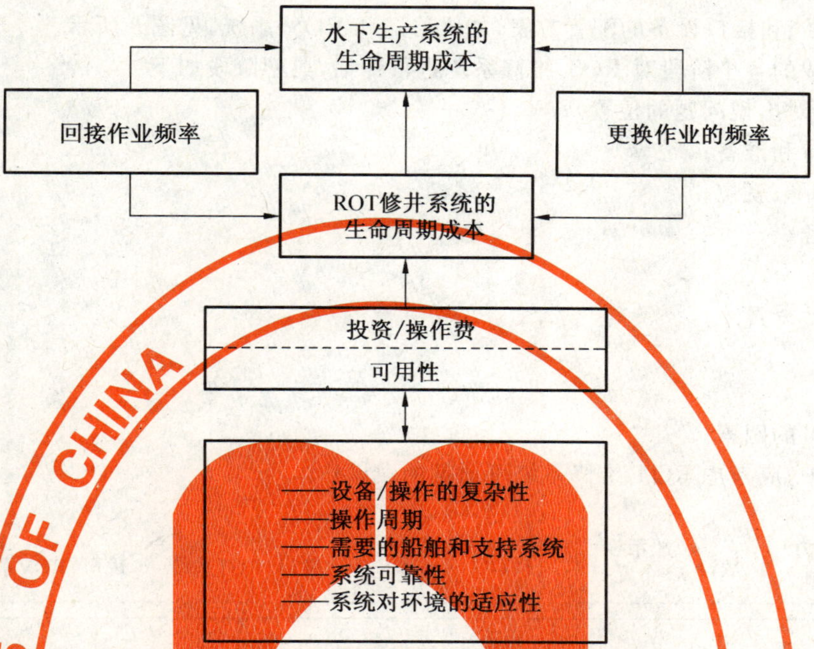

图 1　生命周期的相互关系

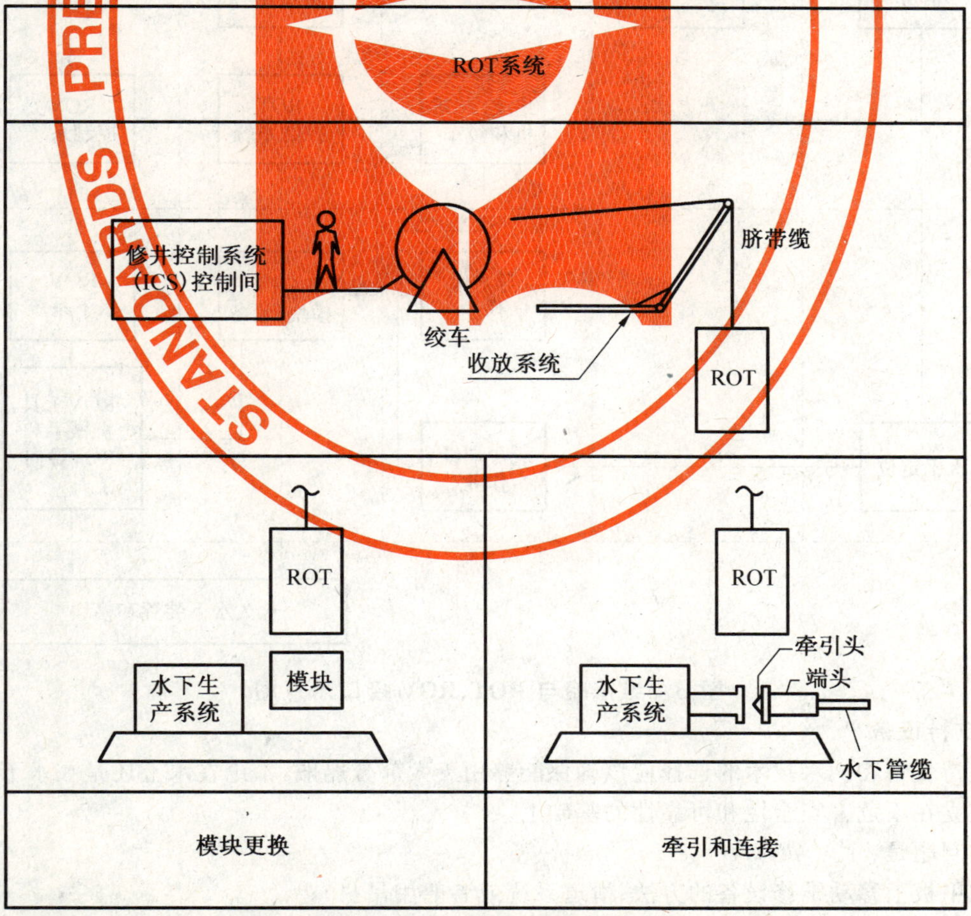

图 2　ROT 维修系统原理图

在本部分涉及到的ROT维修系统分解为子单元和组件，不会影响对那些功能和可靠性都被证实的新的方法的选择造成限制。

ROT维修系统和接口设备的配置方案，如维修船和ROV系统，见图3所示。

应在维修作业的各个阶段对ROT维修系统进行评估，典型阶段如下：

——动员（针对出现问题的位置）；

——水面支持和准备；

——入水、下降、就位；

——维修任务；

——测试；

——其他的任务；

——回收；

——复员；

——不可预见的因素。

在评估过程中，应考虑ROT维修系统可预见的误操作。

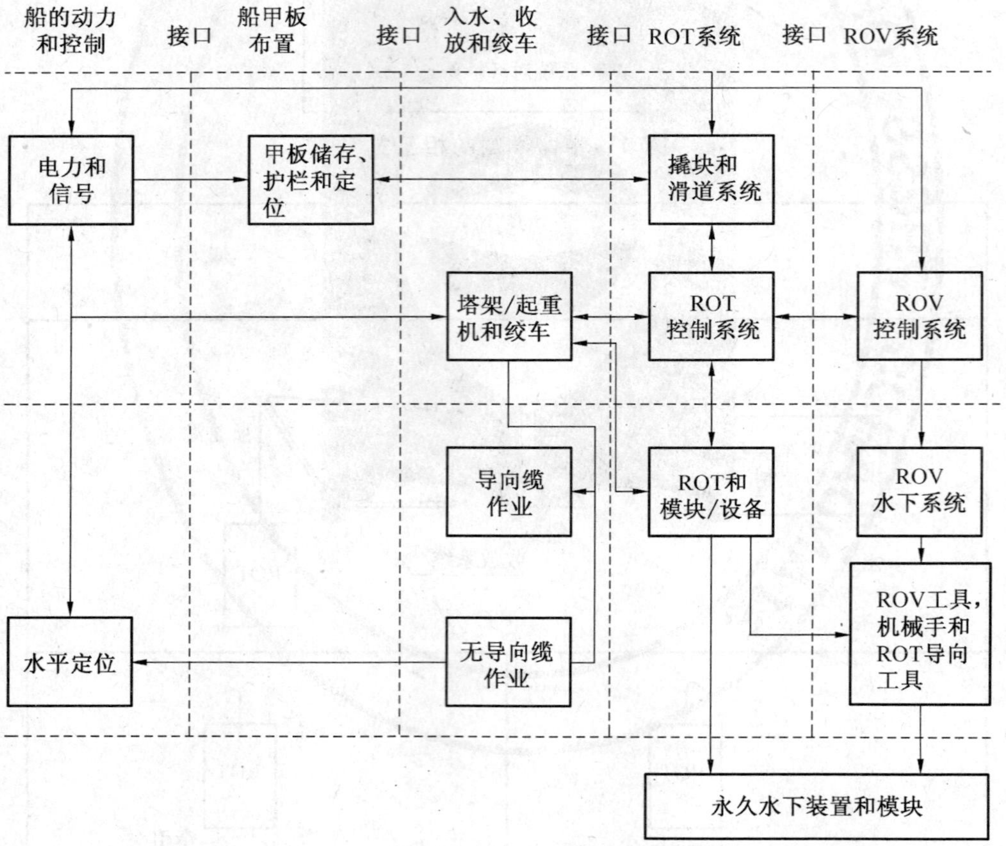

图3 维修船与ROT、ROV接口示意图

3.2 水面支持设备

水面支持设备和入水技术的选择应该确保能够用于大部分船舶，不论在水上还是在水下，这种适应性应该是建立在不危害安全性和可靠性的基础上。

主要的问题是：

——在甲板上移动维修设备的方法（滑道系统或者船用吊机）；

——ROT系统收放和就位的方法（绞车，简易A形架或者配置复杂、特制的升沉补偿系统）；

——在维修船上安装和移走的方法。

维修设备的选择取决于作业任务的性质(例如管道回接作业,模块的更换等),影响操作的环境因素和可用于完成所需作业的时间。

3.3 维修控制系统(ICS)

ICS应该被设计用于下列情况的控制和监测:

a) 甲板上的ROT功能测试;

b) ROT的运行状况(如果需要);

c) ROT在维修任务中的功能。

这些控制功能可以通过以下任何一种方式来提供:

——甲板上的ROT功能测试;

——ROT的专用系统;

——ROV控制系统,或者

——ROT/ROV的组合系统。

考虑选择ICS配置的主要因素是:

——水下工作的复杂性;

——专用控制系统的费用和人员配备;

——对于标准的ROV控制系统的修改的级别;

——ROV在水下工作过程中的灵活性;

——ROV子系统的可靠性和适应性。

图4重点表示了ROT和ROV的相互关系,以及相关的接口要求。

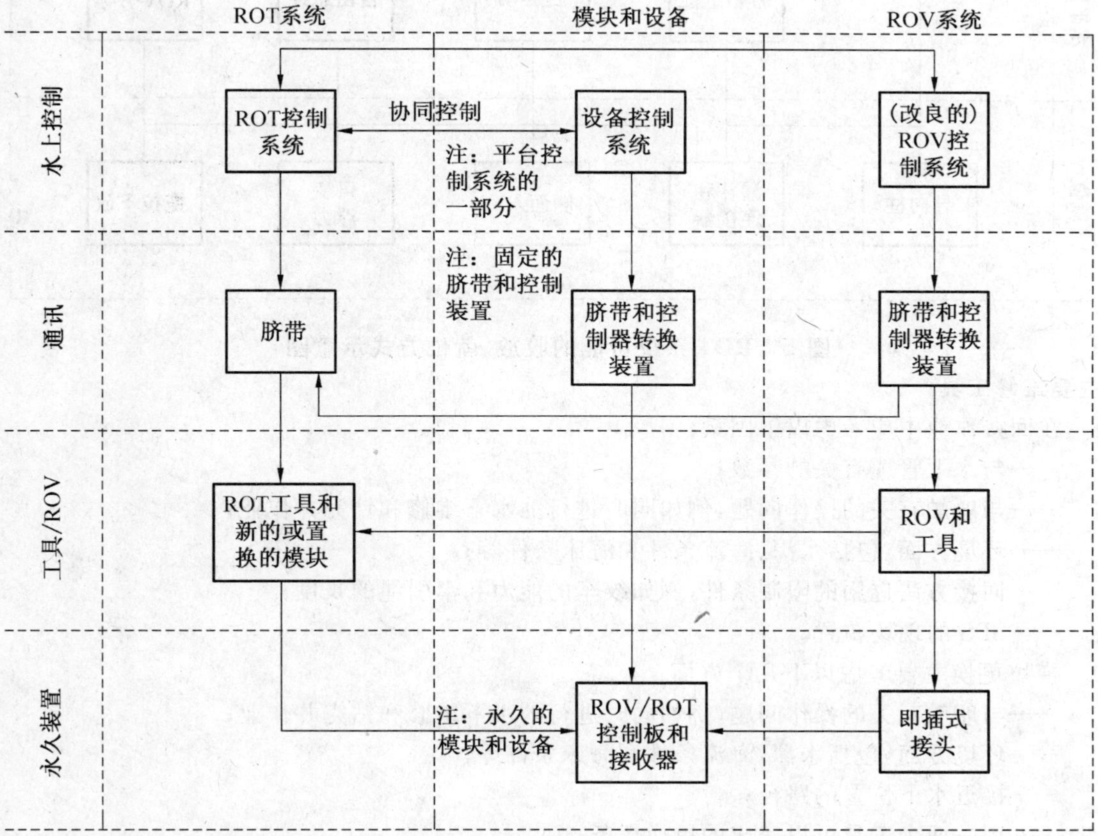

图4 可能用于ROT系统的维修控制系统的各种情况示意图

3.4 收放/就位设备

作业原则的选择由以下几点决定：

a) 可用性(设备用于准备和动员的时间)；

b) 现场特定参数(水深、波浪、海流和海床条件等)；

c) 对船的要求；

d) 维修任务的特定参数(计划内和计划外的作业、复杂程度、频率和水下接口等)。

图5表示可用于水平定位控制的两种方式。

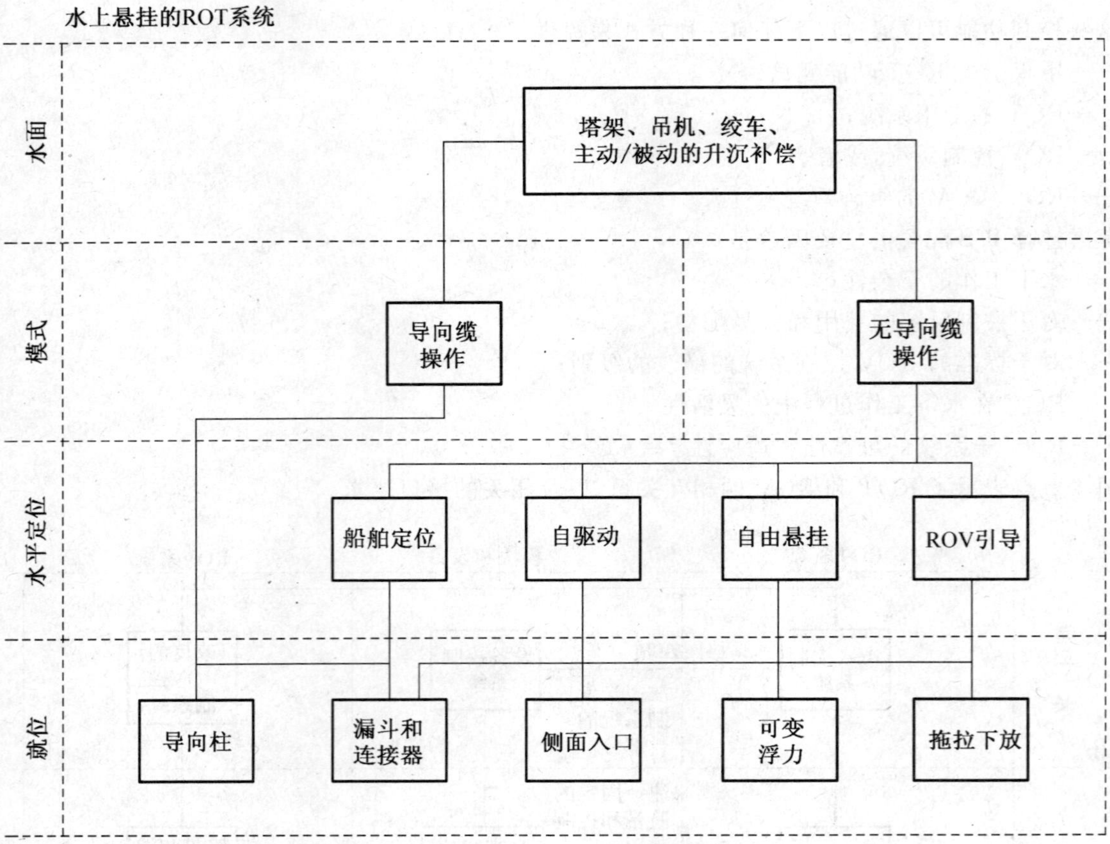

图5 ROT系统可能的收放、就位方式示意图

3.5 主要维修工具

a) 在回接作业中应考虑以下因素：

——与水下管缆有关的参数；

——与船舶有关的操作问题，例如同时进行的水下维修和钻完井作业；

——环境方面，包括水深、海流条件和海床条件等；

——回接方法选用的限制条件，例如绞车的能力和牵引绳的长度；

——SPS的现场布置。

b) 模块更换主要考虑以下几个方面：

——与船舶有关的操作问题，例如同时进行的水下维修和钻完井作业；

——环境方面，包括水深、海流条件和海床条件等；

——接近水下位置的路径；

——用一两个工具可以完成的更换任务；

——所更换模块的尺寸和重量。

4 功能要求和推荐作法

4.1 概述

本节包括了 ROT 维修系统和接口设备在各种工况下的一般功能要求和推荐作法：

a) ROT 维修系统设计时要尽可能小型、简易、可靠和安全，以确保人员的安全和 ROT 作业系统、水下生产系统以及环境不受到破坏。不能让任何一个故障导致有关人员的安全度的降低和造成相关设备的破坏，也不能危害环境(要考虑冗余，将事故的可能性降到最小)。

b) ROT 应满足在 SPS 设计寿命内的各种用途。

c) 所设计的 ROT 维修系统应该是安全的，便于作业、维护、修理、更换等。

d) ROT 维修系统所有的操作功能都应该在耐久性方面进行优化。

e) 应定好顺序以缩短 ROT 在维修船上动、复员时间。

f) 新的 ROT 维修方法中的功能和作业性能，应体现在设计中，并经过真实条件下的测试。

g) 所有的维修任务应可以采用安全的方式暂停，并应能够恢复由于设备故障或者恶劣的天气情况而导致的暂停。

h) 所有的 ROT 作业应在任何阶段都是完全可逆的。

i) 所有工具功能应具有失效保护功能，以保证在故障发生时，ROT 系统能够返回水面，包含从永久安装的水下系统、水下管缆及可更换的组件上脱离。

j) 若发生船漂移，在 ROT 系统和吊绳/脐带缆之间应该安装一个弱连接或者安全解脱装置。接近水下生产系统的 ROT 锁紧装置，应该确保在弱连接建立之前，ROT 系统不会锁定在结构上。

k) ROT 和 ROV 之间的所有物理连接都应包括弱连接或者故障防护系统。

l) ROT 维修系统中所有部件都应该进行 SWL 的认证，以满足运输、试验、海上操作过程中的最大估计荷载条件，包括 ROT 装载的模块质量。

m) ROT 维修系统设计温度应在 0 ℃到 50 ℃(32 ℉至 122 ℉)之间，如果作业和储存温度低于 2 ℃时，主要部件应在－18 ℃以下进行试验和记录。

n) ROT 系统应能够长期存放。

o) ROT 的所有设备的设计应满足当地适用规范和实际条件下运输和操作的抗振要求。

p) ROT 系统应允许从船上操控，例如可以同时进行钻完井作业的可移动海上钻井装置，应考虑以下情况：

   1) 下水位置和就位区域的相对偏移；

   2) 总高度包括 ROT 系统、安装的构件/模块和脐带缆导向轮的布置高度；

   3) ROT 系统的质量，包括构件和模块的质量，为了便于装卸应最小化。

q) ROT 系统应该设计成能够从钻井船的月池或船侧下入，不论是半潜式还是单体船。

r) ROT 维修系统的设计应能保证船首在相对于水下系统的任意方向能够收放模块。

s) ROT 系统的设计时应考虑到在 ROT 使用期间使用 ROV 系统。

t) ROT 系统应有很好的平衡性，在提升之前它的重心是在提升缆连接点的正下方。

u) ROT 系统应通过导引绳有效的下水。

v) 有超负荷可能的液压系统应包括关断回路或者类似装置，以保证能够切断和 ROV 系统的回路，从而防止各个液压系统憋压。

w) 在运行、下水、操作以及和 ROV 作业关连与互相作用的过程中可能收到损坏的灵敏部件，都应受到保护以抵抗最不利荷载条件。

x) 有源的液压和电力装置不能在运行模式下被提升出水面。

y) 在 ROT 系统里应避免导向缆、提升缆和脐带缆缠绕。

z) 所有工具的功能、水下状态和位置指示可以通过 ROV 清晰的观察到。如果作业过程是不连续的，ROV 应能够清楚的识别各个作业阶段。

aa) 所有 ROT 系统都应具有应急提升的能力。

4.2 收放、就位要求和推荐作法

本节介绍 ROT 系统在维修作业中的收放和就位阶段的要求及推荐作法：

a) 对水下系统的敏感部位，ROT 操作时应分为两个步骤。在操作灵敏部件例如液压线之前，ROT 应就位并且充分固定。

b) 从水面到水下工作区域内所有的管缆数量应尽量减少，从而降低互相缠绕的可能性。

c) 当进行无缆作业的 ROT 系统进入水下系统敏感部位与 ROT 水平位置相同的区域，应对 ROT 系统进行横向和旋转控制。

d) 如果对 ROT 系统的提升缆没有明确的升沉补偿的要求，ROT 系统在就位过程中应设计成沿导向柱做垂直运动。设计应考虑吊机顶部运动摆幅、绞车速度和船舶运动周期，吊机顶部向 ROT 方向运动的潜在影响也应考虑。

e) 导向缆系统在水面上可以对从导向缆到吊点的距离进行不对称的调节。

f) 导向缆的绞车应有安装可替换导向柱的能力。

g) 在 ROT 上的导向漏斗导向缆可以保证导向缆方便进入 ROT，并且防止导向缆打结。

h) 为了作业安全，ROT 和运送撬入水时导向缆应保持导向缆处于拉紧状态。

i) 应保证 ROT 和最近的障碍物之间有足够的间距离，使用导向缆时的最小间距是 1 m(3.3 ft)，导向缆使用导向柱时的最小间距是 0.2 m(0.65 ft)。指针系统、导向锥、导向柱应固定以避免运动超过允许范围(上部 1 m(3.3 ft)，水下 0.2 m(0.65 ft))。

j) 当使用导向缆时，应设计应急释放系统。

4.3 水面设施

4.3.1 概述

水面设施系统应保证有效和安全的甲板操作 ROT 系统，尽量减少使用甲板吊机。以下是一般要求和推荐作法：

a) 在工作甲板和入水位置之间应使用滑道系统搬运 ROT 系统或部件，以确保操作安全。在 4.3.2 中给出了滑动装置的功能要求；

b) 如果工作人员需要爬上模块或者组合模块进行检查和维护，设计中应考虑歇脚、扶手、临时格栅以及安全带和防坠系统的附着点；

c) 应根据适用的规范设计和操作电气系统(应考虑设备的电压和频率)，应特别要注意爆炸危险区域的设备；

d) 应根据当地的适用法规设计和检测吊装设备；

e) 如果需要，吊装设备的设计载荷应包括水动力荷载；

f) 应制定工具、组件、模块、滑道和滑车等装置的固定要求；

g) 固定附着点应清晰标示“仅供固定”；

h) 在甲板操作中脐带缆/电缆应有足够的长度以保证水面设备布置的灵活性；

i) 跨接缆应有足够的保护措施防止在使用和贮存时受到损害；

j) 在储存跨接缆的卷筒上应提供手动卷缆装置。

4.3.2 工具撬系统

下面是对工具撬的一般要求和推荐作法：

a) 各种 ROT 系统、撬块及其相关模块都应保证运输和甲板作业安全有效；

b) 每个 ROT 包括工具撬，都应配备满足最大预期操作干重的起重装置(例如：起吊用的缆绳)，包括需要由 ROT 操作的模块重量；

c) 考虑到船舶运动，为保证操作安全，在船上各种 ROT 系统组件和模块的更换都应以滑动方式来完成；

d) 需要时，工具撬应包括对各种 ROT 进行功能测试的设备(例如配管，阀，仪表等)；

e) 工具撬与 ROT 在起吊和搬运过程中应保持平衡，如果需要，工具撬与已安装的可更换模块也应保持平衡。

4.3.3 脐带缆和提升缆绞车系统的一般要求和推荐作法

应采用以下要求和推荐作法：

a) 绞车系统的设计应保证脐带缆/缆绳的更换操作安全简单；

b) 脐带缆/缆绳的搬运和摆放应保证安装简单和作业有效；

c) 应确保滚筒的直径与脐带缆/缆绳系统的最小弯曲半径相匹配；

d) 绞车系统应保证脐带缆/缆绳系统能有效下入、操作和全部存放；

e) 绞车系统应配有机械制动系统(失效安全系统)；

f) 脐带缆/缆绳系统应均匀的缠绕在滚筒上，并应考虑水平缠绕方式的布置；

g) 绞车应由 ROT 控制柜来控制，既使用遥控的方式也通过就地控制来控制绞车系统；

h) 根据相关标准和规范，应进行绞车系统的荷载计算并应充分考虑动态载荷；

i) 起吊绞车和收放系统应配备作业深度显示器，米数计数器，声学反应装置或者功能相同的其他装置；

j) 恒张力绞车系统应具备随时将正常操作状态转换为恒张力状态的能力。

4.3.4 脐带缆绞车系统

要求与推荐作法如下：

a) 兼有提升和控制功能的绞车应具有足够的提升和制动性能以操作位于水中或空气中的整个 ROT 系统。重量估算应包括 ROT 的质量、可能需要安装的组件以及考虑水动力效应的整条脐带缆的重量；

b) 绞车应包括可调节的恒张力模式，以保证在最大设计作业工况下操作处于张力状态的脐带缆；

c) 如果需要，脐带缆应配置容易附着提升缆的系统；

d) 不需要提升 ROT 的脐带缆绞车应有足够的提升和制动能力，使其能够操控包括动力影响的整条脐带。

4.3.5 缆绳绞车系统

要求与推荐作法如下：

a) 与非提升脐带缆组合使用的提升绞车应具有充足的提升和制动性能以操作位于水中或空气中的整个 ROT 系统。重量估算应包括 ROT 的质量、可能需要安装的组件以及考虑水动力效应的整条脐带缆的重量；

b) 缆绳应设计为低润滑和扭距平衡，或者，可以考虑采用纤维绳或者滚珠轴承旋转接头；

c) 缆绳绞车应包括可调节的恒张力模式，以保证在最大设计作业工况下操作处于张力状态的缆绳。

4.4 控制系统的要求和推荐作法

4.4.1 概述

维修系统控制功能的主要组成部分有：

——水面控制系统；

——水面/水下通信；

——水下控制系统。

本节包含对 ICS 的一般要求和推荐作法：

a) 液压控制部件应该符合标准压力等级；

b) ICS电力与液压系统容量应满足功能增加的裕量需求；

c) 液压系统的设计应有维持一定的清洁度和含水量要求，典型的清洁度标准是 NAS Class 8(见 NAS 1638 [2])和 ISO 17/14(见 ISO 4406 [1])。达到要求清洁等级的机械装置应在整个处理过程中包括制造和组装保持清洁；

d) 在选择液压液的类型时，应考虑接口设备如 ROV 系统和维修系统；

e) 所有的液压储罐应分别配置独立的净化排放口和加液口；

f) 暴露在恶劣环境中的电力设备应有防进水保护，并满足最小防护等级；

g) 除了装置之间的连接，为避免现场安装，设备应整体供货，包括配管、仪表、电缆和跨接软管等；

h) 所有的控制电缆、配管、脐带缆终端、连接管、软管和相关设备都应适当的支撑和保护，以防止在储存、测试、设备搬运和操作的期间受到损坏或污染；

i) 所有的管线、电缆、配件和接头都应清晰标识便于识别和连接，应考虑使用多用接头以减少连接时间；

j) 同类配件应使用相同压力等级；

k) 整个系统应尽量少使用不同类型的配件。

4.4.2 水面控制系统

水下维修系统专用的水面控制间的要求和推荐作法如下：

a) 水面控制设备应提供安全、有效及可靠的控制，并能监测包括测试在内的 ROT 的所有功能；

b) 水面控制系统应包括 ROT 水面控制单元与 ROV 水面控制单元的声光接口；

c) 水面控制系统应配备有关监控水面作业的设备，并可与吊机/绞车通信；

d) 水面控制系统应配备计算机储存和打印各种作业反馈数据的装置；

e) 水面控制系统应配备录像设备，用于记录 ROT 系统工作，包括 ROV 进行的辅助工作；

f) 监视器的总数应能满足同时监控所有功能的要求；

g) 水面控制单元的平面布置应便于对所有的部件进行保养和维修；

h) 水面控制单元应该可以在甲板上灵活布置，例如门的位置、安全出口、控制盘、电缆进/出口等；

i) 水面控制单元应具有友好的操作界面，控制盘应简单易读，并具有符合逻辑和可理解的标识；

j) 水面控制单元应配备适当的照明、通风、温度控制和防噪音措施。

4.4.3 水面/水下通信

下面是对有的以下要求和推荐作法适用于配有专用脐带缆的 ROT 作业系统，脐带缆应能与提升缆绑定或铠装以提供整体起吊能力：

a) 脐带缆应包括必需的动力电缆、光纤、双绞信号线和同轴电缆用来提供电力和信号传输，最少应包括一条备用动力、光纤、同轴和双绞线；

b) 脐带缆设计应满足应用条件要求，特别是针对扭距平衡、抗拉强度、拉伸、弯曲疲劳和野蛮操作等方面，同时具有良好的柔韧性和较轻的质量，以保证易于搬运和作业；

c) 应考虑使用组合的脐带缆和提升缆，应对其破断强度和疲劳寿命进行认证；

d) 当所有的脐带缆都在绞车滚筒上时，脐带缆应能在满负荷条件下作业，并考虑脐带缆发热；

e) 对于含有液压管线的脐带缆，为了防止海水进入，液压回流管线中的压力应始终高于环境压力，也可以考虑采用其他适当的防海水浸入的设备；

f) 脐带缆端头应设计为轻质的，最多有两个操作者就能搬运和进行连接/分离操作；

g) 脐带缆应安装一根适当尺寸的接地缆，用来防止 ROT 系统和水面设备之间的电位差。为了防止断电，在 ROT 系统和船上的电力系统之间应有足够的高压绝缘；

h) 脐带缆的水下终端应有一个弯曲限制器；

i) 脐带缆的 MQC 板应易于操作,应提供导向、对中和定位功能以保证耦合器的正确对接,防止耦合器在连接和分离过程中受到损坏;

j) MQC 板应是脐带缆的弱连接部位;

k) 脐带缆和提升缆的接触点应具有在船漂移时将脐带缆和提升缆从 ROT 上安全解脱的功能。

4.4.4 水下控制系统

要求与推荐作法如下:

a) ROT 系统可以通过水下 HPU 作业,HPU 可以是 ROT 自带的或者 ROV 提供的;

b) HPU 应安装在独立于吊装框架的带有减震装置(例如橡胶底座)的框架中;

c) ROT 系统里的液压组件应使用和水面控制系统一致的液压液;

d) ROT 系统应配备具有冲洗功能的液压系统;

e) 所有的液压管线及组件应充分保护以防止过压,例如适当的利用减压阀或释放阀;

f) 水下电器和电子单元应充分保护,需要时宜使用密封容器或带压力补偿的充油容器中;

g) 液压系统中应有低压报警和油罐低液位报警功能。

应急功能转换时,如通过热插拔连接来传递动力和控制,下面是对其的要求及推荐作法,也可以参考公认的工业标准:

——两个系统之间的液体应考虑相互匹配。换句话说,安置在 ROV 撬块上的液压马达/泵单元应考虑避免 ROV 系统和 ROT 系统的液体发生干扰;

——当 ROV 停放在 ROT 上时,ROV 应仍然能在可接近和可视区域进行辅助的工作和监测。

4.5 回接作业

4.5.1 概述

本节说明了关于 PIF 和 CF 的功能要求和推荐作法。

总的来说,PICS 包括下面的主要装置:

a) 牵引(插入)和连接工具,可以是分离的或组合的工具;

b) 连接器和密封组件;

c) 集线器(定心轴)、保护罩和接插端子;

d) 牵引铁通道/对中结构。

水下电气连接系统应符合公认的工业标准(水下电气连接系统应根据公认的工业标准进行保护)。

4.5.2 牵引工具(PIT)

要求及推荐作法如下:

a) PIT 应一次完成全部牵引作业,并且保证水下管缆处于安全、确定的位置;

b) 在牵引过程中,PIT 应被固定在水下结构或船内的集线器上;

c) 在最后的牵引工序使用水下绞车,也可以使用水面牵引绞车/收线轮;

d) 所有的 PIT 元件应按照最大的水下管缆牵引力进行设计;

e) PIT 进行牵引时,不应在水下管缆里产生反向张力;

f) 应以在最大的钢缆引入角为基础考虑 PIT 斜向荷载;

g) 如果 ROV 不能直接执行导向缆作业,应考虑使用钢缆收放机械装置;

h) ROV 应在导向缆和终端/牵引端头之间建立连接;

i) PIT 或 ROV 应能够释放导向缆;

j) 如果牵引端头安置在外侧的集线器,应在完成牵引后用 PIT、ROV 将其移走,或在打入集线器前用 CT 将其移走。

4.5.3 连接功能

要求与推荐作法如下:

a) CT(连接工具)应能一次完成全部连接或断开的操作;

b) 在连接前和断开后,外侧集线器应存放在安全位置;

c) CT的设计应满足在插拔时固定和冲击集线器时最大的连接力要求;

d) 连接时,CT应被固定在水下结构或固定的集线器上;

e) 在连接状况下,来自水下管缆的载荷不能导致任何泄漏;

f) 由CT产生的冲击力应考虑所有传递到连接系统的力;

g) CT应能够在特定的最不利偏差条件下放入、取出和排列集线器;

h) 可以采用CT或者ROV来更换密封组件。如果使用管件连接器连接,密封圈是连接装置的一部分(相当于集线器),此时,为了在水面更换密封圈,应可以收回整个连接器;

i) 如果使用卡箍,在CT或者在需要使用ROV的地方应使设施合并,以确保所使用的装卸扭矩在特定的扭矩范围内。另外,为了增加操作反馈和操作信息,应考虑螺旋千斤顶的旋转转数;

j) 在连接器被装上后,CT应能够检测其密封完整性;

k) CT应能够将一个独立的水下清管器发射装置连接至一个单一直径水下管缆的内部集线器。

4.5.4 连接器和密封组件

要求与推荐作法如下:

a) 在不使用液压装置时,预载荷应能采用机械的方式维持;

b) 连接器应能承受由于压力、温度以及外载荷引起的循环载荷;

c) 第二级密封和备份密封应采用符合性能要求的橡胶材料;

d) 水下管缆的连接器应允许重复性连接和断开,一般不需要更换密封;

e) 连接器应有标准的尺寸/等级,以有利于和CT设计有关的连接;在连接器和连接工具之间应使用标准化的接口;

f) 卡箍应可以远程更换,而不用把任意集线器提升到水面;

g) 在选择密封内径时,应考虑清管作业需求;

h) 连接器应允许对连接进行外压测试;此时,在第一级金属密封和周围的密封之间的环形区域应开孔,以避免形成内压导致金属-金属密封发生泄漏;

i) 多芯管连接应有一个用于确定与集线器有关的密封组件方位的方法;

j) 连接器的设计应使得集线器周向受力分布均匀;

k) 连接器应具有防止意外泄漏的性能;这种意外是由于工具、ROV、掉落物、工具失效或者由于其他作业载荷发生的撞击而引起的;

l) 在所有的操作载荷下,连接器的承载能力应确保密封的完整性;

m) 水下管缆和端头应有足够的承载能力来承受牵引、冲击和对中载荷;另外,应考虑集线器最后对中时残留的预载荷;为防止水下管缆出现过应力,应考虑适当的辅助性海上作业;

n) 固定的和移动的集线器之间的距离应能够安装/回收可用的设备,例如牵引端头、保护罩、密封和连接器;所需的逆行程应考虑接口设备;

o) 在最后连接之前,应尽可能的进行密封座的检查和清洗;

p) 在连接集线器后,应允许用卡箍从合适的位置进入集线器间所形成的面间隙角,并进行最终对中和连接。

4.5.5 集线器、保护罩和端头

要求与推荐作法如下:

a) 固定集线器应满足PICS的柔性(冲程和对中)的要求;

b) 液压管线应具有单流阀,防止在分离的情况下液压液的泄漏或水及灰尘的进入。为防止单流阀堵塞,分离状态下液压管线应该装上保护罩;

c) 多芯集线器里所有多余的通道应被永久堵死;

d) 为防止在脐带缆里有损坏的线路,多孔密封板宜采用旁通的方法使用脐带缆里的备用线;

e) 集线器不应该出现节流；

f) 需要清洗的管线中的集线器应内径与管线内径一致；

g) 出现损坏时，集线器密封备件应有一个应急密封面，用于修复后密封环的安装；

h) 所需的压力罩/遮蔽的集线器应使用ROT来安装/回收，也可以用ROV工具安装/回收。压力罩应采用连接器的连接，并应和其所遮蔽的集线器或通孔有相同的等级；

i) 长期保护罩应具有保护密封区域的功能。长期保护罩应在水面安装，用ROV或ROT回收；

j) 长期保护罩应防止海水浸入集线器密封区域，并且不应带压。如果需要，应该包括一个压力平衡装置；

k) 短期保护罩用于防尘和防海水循环，由ROV来安装和回收；

l) 内侧的保护和压力罩应具有放空管汇；

m) 内侧的保护和压力罩应能给注入管汇注入防腐剂，将管汇系统完全填充；

n) 在所有关键部件应安装一些防尘塞；

o) 端头应在重量、尺寸以及和水下管缆的接口方面加以优化；

p) 端头应能承受来自海管的所有载荷，并将其传递至水下管缆结构上；

q) 端头应具有缆绳连接点，需要时可以用来进行水下管缆的铺设或拉出；

r) 端头/牵引头和相应的卡箍可以防止在整个安装和牵引工作中的意外松开；

s) 为了扫线和压力测试，牵引头应能用ROV安装的即插式连接。对于使用即插进行清管的可能性应该进行评估；

t) 端头/牵引头应能够释放内部压力；

u) 牵引头应可以回收到水面；

v) 脐带缆端头应具有标识，以便旋转识别；

w) 脐带缆端头可以预留电耦合接收器；

x) 脐带缆端头应安装可去掉的塞子和盖子，用以保护电耦合接收器。

4.5.6 牵引通道/对中构件

要求如下：

a) 牵引通道设计应能够承受或者被保护免于受到来自提升缆和导向缆拖曳载荷；

b) 终端最大进入角应该能够进入对中漏斗。

4.6 模块更换

本节包含模块安装或更换的要求和推荐作法。

下面是一般要求和推荐作法：

a) ROT系统在收放操作过程中，应将可更换的模块进行安全锁定；

b) 应基于垂直回收和再次进入就位接受器的基础上进行模块的更换；

c) 如果在运行过程中，发生电力故障或者跳闸，更换模块应保持紧锁在ROT上；

d) 待安装的模块应分两步就位：

   1) 专用的ROT系统在水下就位结构上就位；

   2) 模块就位并与水下接口对正；

e) 当准备收回模块时，ROT系统能充分灵活地自对正，并能自如地进入模块接合点；

f) 对于模块所连接的带压设备(例如阀密封垫、卡箍连接)，应先检验内部压力是否被释放，还要检验在连接点处密封的完整性。

5 测试要求与推荐作法

要求和推荐做法如下：

a) 如果ROT系统设计在尺寸、形状、功能或材料上发生一些改变，厂商应该书面说明这些改变对系统性能的影响。发生实质性改变的、新的系统设计需要重新鉴定；

b) 对于新设计的评估，应考虑相关的鉴定要求和湿式试验；

c) 在交货之前ROT系统应经过工厂验收测试；

d) ROT系统的所有功能，包括可能的功能都应被验证；

e) ROT系统应在入水前进行水上测试；

f) ROT系统的接口应在SPS上的所有工作位置下都进行过测试和验证；

g) ROT系统和模块应进行跌落试验，以验证其能够承受各种给定的动力冲击。所有的功能在跌落试验之前和之后都应进行测试和验证；

h) ROT系统里的所有结构的、机械的和控制器(电力和液压)的内部接口都应被验证；

i) 所有在ROT系统和连接系统及构件之间的结构的、机械的和控制器的(电气和液压)的外部接口都应被验证；

j) ROT系统的全部尺寸和质量都应被验证；

k) ROT系统稳定性(在水里/空气里的浮心/重心)应被验证。对于用于模块更换的ROT，应在更换模块和不更换模块情况下验证其稳定性；

l) ROT系统在最大进入角的进入和就位应被验证；

m) 所有的承受力，诸如输出扭矩、往复力、过载力/扭矩都应进行验证；

n) 所有相关设备，例如传感器、开关、计量器等本身的标定都应进行验证；

o) ROV对于有关ROT功能的监测、检测和操作(包括备份)的路径应被验证。

6 接口

各种详细的内部和外部接口应该逐项进行确认和分类。

下面已确定的接口可以作为建立接口记录的指南：

a) 船舶和钻井平台

应考虑的特性有：

1) 装运，滑移和入水/标示系统；
2) 电气及电磁适应性；
3) 气动和液压动力设备；
4) 甲板设施和障碍物，例如月池的大小；
5) 船舶防火和生命安全方面的影响；
6) ROT和模块的尺寸及质量的限制；
7) 控制间/室设施，包括通信和监控系统；
8) 船体的平稳性；
9) 运动特性和同步作业计划。

b) 水下结构(模板，管汇和立管底座)

应考虑的特性有：

1) 就位区域的布局和尺寸；
2) 导向杆；
3) 机械锁定装置和牵引喇叭口/对中结构；
4) 工艺管道/管汇系统；
5) 水下管缆拖曳载荷；
6) 其他。

c) 水下采油树系统(包括维修控制系统，WOCS)

应考虑的特性有：

1） PGB就位区域的布局和尺寸；

2） 导向杆，机械锁定装置和牵引喇叭口/对中结构；

3） 工艺管道，井口负荷能力，水下管缆拖曳载荷；

4） 其他。

d） 生产控制系统

应考虑的特性有：

1） 线路数量；

2） 尺寸；

3） 压力；

4） 流体；

5） 电气连接；

6） 其他。

e） 出油管

应考虑的特性有：

1） 尺寸；

2） 等级；

3） 刚度；

4） 终端；

5） 材料；

6） 膨胀力；

7） 牵引力；

8） 扭力；

9） 拖曳力；

10） 回程限制；

11） 其他。

f） 脐带缆

应考虑的特性有：

1） 尺寸；

2） 等级；

3） 刚度；

4） 脐带缆终端；

5） 材料；

6） 膨胀力；

7） 牵引力；

8） 扭力；

9） 拖曳力；

10） 回程限制；

11） 电气连接；

12） 其他。

g） 立管

应考虑的特性有：

1） 尺寸；

2） 等级；

3） 刚度；

4） 终端；

5） 材料；

6） 受力；

7） 其他。

h） 测试

应考虑的特性有：

1） 测试设备位置；

2） 测试设备；

3） 其他。

i） 运输

应考虑的特性有：

1） 现场位置；

2） 运输方式；

3） 质量与尺寸限制；

4） 海上固定；

5） 其他。

j） 结构安装

应考虑的特性有：

1） 水平度要求；

2） 定位偏差；

3） 安装；

4） 质量限制；

5） 其他。

k） 水下管缆安装

应考虑的特性有：

1） 勘察；

2） 铺设和脐带缆安装；

3） 安装次序；

4） 挖沟；

5） 加垫层和炸礁；

6） 其他。

l） ROV 系统

应考虑的特性有：

1） 观察和检测路径；

2） ROV 工具的操作；

3） 导向缆的操作；

4） 机械锁定装置和机械超载操作；

5） 集线器的清洗；

6） 其他。

参 考 文 献

[1] ISO 4406,Hydraulic fluid power—Fluids—Method for coding the level of contamination by solid particles.

[2] NAS 1638,National Aerospace Standard—Cleanliness requirements of parts used in hydraulic systems.

ICS 33.040.20
M 33

中华人民共和国国家标准

GB/T 21645.3—2009

自动交换光网络(ASON)技术要求 第3部分:数据通信网(DCN)

Technical requirements for automatically switched optical network—Part 3:Data communication network

(ITU-T G.7712:2003,Architecture and specification of data communication network,NEQ)

2009-09-30 发布　　2009-12-01 实施

中华人民共和国国家质量监督检验检疫总局
中国国家标准化管理委员会　发布

前　言

GB/T 21645《自动交换光网络(ASON)技术要求》由以下部分组成:

——第1部分:体系结构与总体要求;

——第2部分:术语和定义;

——第3部分:数据通信网(DCN);

——第4部分:信令;

——第5部分:路由;

——第6部分:管理平面;

——第7部分:自动发现。

本部分为GB/T 21645的第3部分。

本部分对应于ITU-T G.7712《数据通信网体系结构与规范》(英文版),其一致性程度为非等效。本部分的以下章条在技术内容上与ITU-T G.7712协调一致:

——第6章管理通信网(MCN)要求对应ITU-T G.7712的6.1;

——第7章信令通信网(SCN)要求对应ITU-T G.7712的6.2;

——第8章DCN结构和功能要求对应ITU-T G.7712第7章。

本部分与ITU-T G.7712的主要差异如下:

——结合我国具体情况增加规定以下章条内容:

第4章DCN应用;

第5章ASON DCN总体要求;

6.3 MCN安全性;

7.2 SCN一般要求;

7.3.3 SCN故障处理;

第9章DCN网络性能等。

——修改以下章条内容:

7.4 SCN安全性;

8.11 网络层路由功能;

8.16 MPLS LSP信令功能;

8.20 MPLS保护功能等。

——删除附录部分。

——采用不同的文本结构。

本部分由中华人民共和国工业和信息化部提出。

本部分由中国通信标准化协会归口。

本部分负责起草单位:工业和信息化部电信研究院。

本部分参加起草单位:华为技术有限公司、中兴通讯股份有限公司、上海贝尔阿尔卡特股份有限公司。

本部分主要起草人:王郁、高建华、向奇敏、张国颖、徐云斌、肖杰。

自动交换光网络(ASON)技术要求
第3部分:数据通信网(DCN)

1 范围

GB/T 21645 的本部分规定了自动交换光网络(ASON)数据通信网的体系结构和功能,主要包括数据通信网(DCN)应用、ASON DCN 总体要求、管理通信网(MCN)要求、信令通信网(SCN)要求、DCN 功能和结构要求以及 DCN 的网络性能。

本部分适用于 ITU-T G.803 定义的同步数字系列(SDH)传送网络和 ITU-T G.872 定义的光传送网络(OTN),其他通信网络中的 DCN 应用也可参照使用。

2 规范性引用文件

下列文件中的条款通过 GB/T 21645 的本部分的引用而成为本部分的条款。凡是注日期的引用文件,其随后所有的修改单(不包括勘误的内容)或修订版均不适用于本部分,然而,鼓励根据本部分达成协议的各方研究是否可使用这些文件的最新版本。凡是不注日期的引用文件,其最新版本适用于本部分。

ISO/IEC 9577 信息技术 网络层协议验证

ISO/IEC 10589 信息技术 系统间电信和信息交换 与提供无连接模式的网络服务(ISO 8473)协议共同使用的中间系统到中间系统域内路由信息交换协议-1992

ITU-T G.783 同步数字体系(SDH)设备功能块特性

ITU-T G.784 同步数字体系(SDH)管理

ITU-T G.798 光传送网(OTN)体系设备功能块特性

ITU-T G.803 基于同步数字系列(SDH)的传送网网络结构

ITU-T G.872 光传送网网络结构

ITU-T G.874 光传送网(OTN)管理

ITU-T G.7712 数据通信网体系结构与规范

ITU-T G.8080 自动交换光网络体系结构

ITU-T M.3010 电信管理网(TMN)总则

ITU-T M.3013 电信管理网(TMN)细则

ITU-T M.3016 电信管理网(TMN)安全

ITU-T Q.811 Q3 和 X 接口低层协议框架

ITU-T X.263 信息技术 网络层协议验证

ITU-T Y.1720 MPLS 网络保护倒换

IEEE 802.3 局域网协议标准

IETF RFC 791 互联网协议

IETF RFC 826 用于在以太网硬件传输的以太网地址转换协议或将网络协议地址转换为 48 比特以太网地址

IETF RFC 894 IP 数据包通过以太网的传输标准

IETF RFC 1122 Internet 主机要求 通信层

IETF RFC 1195 在 TCP/IP 和双协议栈环境中 OSI IS-IS 路由的应用

IETF RFC 1332　PPP 互联网协议控制协议(IPCP)

IETF RFC 1377　PPP OSI 网络层控制协议(OSINLCP)

IETF RFC 1661　点到点协议(PPP)

IETF RFC 1662　HDLC 链路帧中的 PPP

IETF RFC 1812　IPv4 路由器要求

IETF RFC 2460　Internet 协议第六版(IPv6)规范

IETF RFC 2472　IPv6 over PPP

IETF RFC 2784　通用路由封装(GRE)

IETF RFC 2961　RSVP Refresh 开销降低的扩展

IETF RFC 3031　多协议标记交换结构

IETF RFC 3032　MPLS 标记堆栈编码

IETF RFC 3147　CLNS 网络通用路由封装

IETF RFC 3209　RSVP-TE:LSP 隧道的 RSVP 扩展

3　术语和定义、缩略语

3.1　术语和定义

下列术语和定义适用于本部分。

3.1.1

数据通信网　DCN

数据通信网是支持第 1 层(物理层)、第 2 层(数据链路层)和第 3 层(网络层)功能的网络。DCN 用来支持 TMN 的分布式管理通信、ASON 的分布式信令通信及其他通信应用(例如:公务联络线/语音通信、软件下载等)。

3.1.2

嵌入式控制通路　ECC

ECC 提供网元之间的逻辑工作通路。支持 ECC 的物理通路与具体技术相关,例如:SDH 中的 DCC 通路、OTN 中 OTUk/ODUk 的 GCC 通路或 OTN OOS 中的 COMMS OH 通路。

3.1.3

IP 路由互连功能　IP routing interworking function

IP 路由互连功能使 IP 拓扑或路由信息可以在 2 种互不兼容的 IP 路由协议之间实现互通。例如:IP 路由互连功能在支持集成的 IS-IS 路由协议的 DCN 与支持 OSPF 路由协议的 DCN 之间形成网关。

3.1.4

网络层互连功能　network layer interworking function

网络层互连功能实现在不同网络层协议节点之间的互通。例如静态的 GRE 隧道或 AE-DCF。

3.1.5

自动封装的数据通信功能　AE-DCF

AE-DCF 支持分组的自动封装功能,使 NE 在需要时能对不支持的协议分组进行转发。经过自动封装的分组通过非兼容的网元时,AE-DCF 的解封装功能可以将其还原回去。

3.1.6

数据通信网可靠性　DCN reliability

当 DCN 通信发生故障时,通过 DCN 自身的保护恢复功能,使其具有网络自愈能力,以保证 DCN 通信的可用。

3.2 缩略语

下列缩略语适用于本部分。

AD	Adaptation Device	适配器
AE-DCF	Automatically Encapsulating Data Communication Function	自动封装的数据通信功能
ARP	Address Resolution Protocol	地址解析协议
ASON	Automatically Switched Optical Network	自动交换光网络
ATM	Asynchronous Transfer Mode	异步转移模式
CallC	Call Controller	呼叫控制器
CC	Connection Controller	连接控制器
CCI	Connection Controller Interface	连接控制接口
CLNP	Connection-less Network Layer Protocol	面向无连接的网络层协议
CLNS	Connection-less Network Layer Service	面向无连接的网络层服务
COMMS OH	General Management Communications Overhead	通用管理通信开销
DCC	Data Communications Channel	数据通信通路
DCF	Data Communications Function	数据通信功能
DCN	Data Communication Network	数据通信网
ECC	Embedded Control Channel	嵌入式控制通路
EMF	Equipment Management Function	设备管理功能
E-NNI	External Network-Network Interface	外部网络-网络接口
ES	End System	终端系统
ES-IS	End System to Intermediate System	终端系统到中间系统
GCC	General Communications Channel	通用通信通路
GNE	Gateway Network Element	网关网元
GRE	Generic Routing Encapsulation	通用路由封装
HDLC	High Level Data Link Control	高级数据链路控制
ICMP	Internet Control Message Protocol	互联网控制消息协议
I-NNI	Internal Network-Network Interface	内部网络-网络接口
IP	Internet Protocol	互联网协议
ISIS, IS-IS	Intermediate System to Intermediate System	中间系统到中间系统
IWF	Interworking Function	互连功能
LAN	Local Area Network	局域网
LAPD	Link-Access Procedure D-Channel	链路接入处理 D 通路
LCN	Local Communication Network	本地通信网
LER	Label Edge Router	标记边缘路由器
LSP	Label Switched Path	标记交换路径
LSR	Label Switched Router	标记交换路由器
MAC	Media Access Control	媒质接入控制
MCF	Message Communications Function	消息通信功能
MCN	Management Communication Network	管理通信网
MD	Mediation Device	中介设备
MPLS	Multiprotocol Label Switching	多协议标记交换

MTU	Maximum Transmission Unit	最大传输单元
NE	Network Element	网元
NEF	Network Element Function	网元功能
NLPID	Network-Layer Protocol Identifier	网络层协议标识
NSAP	Network Service Access Point	网络服务接入点
ODUk	Optical Channel Data Unit	光通路数据单元
OOS	OTM Overhead Signal	OTM 开销信令
OS	Operations System	操作系统
OSC	Optical Supervisory Channel	光监控通路
OSF	Operations System Function	操作系统功能
OSI	Open System Interconnect	开放系统互连
OSILCP	OSI Network Layer Control Protocol	OSI 网络层控制协议
OSPF	Open Shortest Path First	开放式最短路径优先
OTM	Optical Transport Module	光传送模块
OTN	Optical Transport Network	光传送网络
OTUk	Optical Channel Transport Unit	光通路传送单元
PDU	Protocol Data Unit	协议数据单元
PPP	Point-to-Point Protocol	点到点协议
SCN	Signaling Communication Network	信令通信网
SNCr	SubNetwork Controller	子网控制器
SDH	Synchronous Digital Hierarchy	同步数字系列
SRG	Shared Risk Group	共享风险组
TF	Translation Function	转换功能
TMN	Telecommunications Management Network	通信管理网
TNE	Transport Network Element	传送网元
UNI	User Network Interface	用户-网络接口
WAN	Wide Area Network	广域网
WS	Work Station	工作站
WSF	Work Station Function	工作站功能
xMS	X Management Subnetwork	x 管理子网

4 DCN 应用

4.1 一般应用

DCN 支持网络的第 1 层(物理层)、第 2 层(数据链路层)和第 3 层(网络层)的功能,并提供路由和交换功能。DCN 的通信链路由各种接口实现,包括嵌入式控制通路(ECC)、局域网(LAN)接口和广域网(WAN)接口。

DCN 支持分布式管理通信、分布式信令通信和其他应用,如图 1 所示。根据网络的设计,上述应用可采用各自独立的 DCN,也可共用同一个 DCN。在 TMN 应用中,TMN 需要 DCN 在 TMN 元件(如:NEF 元件和 OSF 元件)之间传递管理消息,此时 DCN 作为管理通信网(MCN)。在 ASON 应用中,除了需要传递管理消息之外,ASON 还需要 DCN 在 ASON 元件之间(如:CC 元件)传递控制消息,此时 DCN 还作为信令通信网(SCN)。

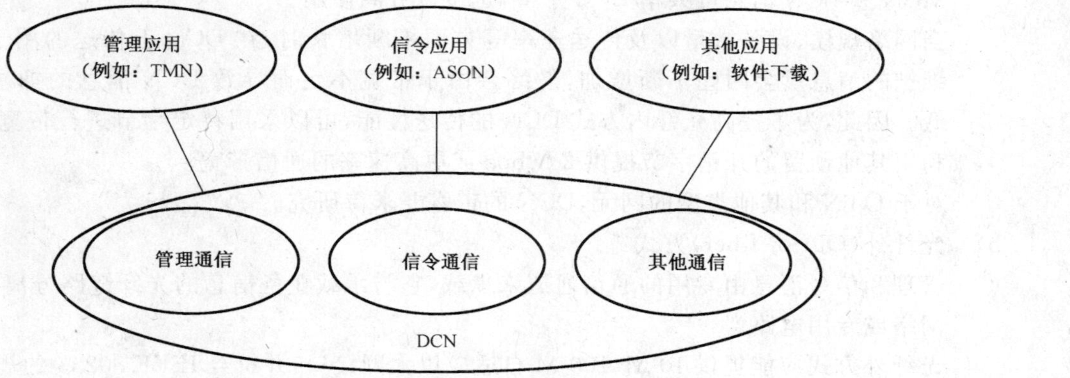

图 1 DCN 应用

4.2 ASON 应用

ITU-T G.8080 建议对自动交换光网络(ASON)框架结构进行了描述,ASON 中的数据通信网(DCN)是为网络提供管理信息和信令消息的传送通道,它提供了一种基于分组的传送网络,从而可以在不同网元之间传送信息。

在自动交换光网络中,DCN 由 MCN 和 SCN 2 部分组成。MCN 主要为管理平面与其他平面之间的信息交互传递管理信息;SCN 主要为控制平面的分布式控制提供信令传送通道。其中,信令传送通道主要包括在节点之间以及 UNI 处传送控制消息的通信通道。控制消息包含了信令消息、路由消息和自动发现消息等。MCN 和 SCN 可以采用相同的物理传送通道,也可以采用不同的物理传送通道实现。

4.3 各种应用的划分

根据网络的设计、网络规模、链路容量、安全需求和性能需求,可以在多个应用之间划分不同的层次。分层方式可以为运营商和制造商在设计网络时提供一种选择。以下列举出几种分层的实例。

实例 A:DCN 可以设计成将 MCN、SCN 和其他应用(例如:操作人员的特殊通信)的网络由相同的第 3 层网络来提供,例如:共享相同的 IP 网。

实例 B:DCN 可以设计成 MCN、SCN 和其他应用由分离的第 3 层网络来提供,但它们可以共享某些物理链路。

实例 C:DCN 可以设计成 MCN、SCN 和其他应用由分离的物理网络来提供,例如:采用分离的第 3 层网络,并且不共享任何物理链路。

5 ASON DCN 总体要求

5.1 ASON DCN 传送方式

许多通信技术都支持 DCN 功能,例如:电路交换、分组交换、SDH 和 OTN 等。根据不同的应用技术,提供分布式通信的 DCN 所采用的物理传送通道也不相同。在 ASON 应用中,DCN 主要采用 2 种消息传送方式:光纤内方式和光纤外方式。

a) 光纤内(In-fiber)方式:

光纤内方式是指管理和信令消息由光纤链路内部的嵌入在传送业务信息中的 ECC 或专用信道承载,例如:SDH 中的 DCC 开销、OTN 中的 GCC 开销和光监控信道(OSC)中的通信开销。对于 SDH 系统,通常使用 DCC 作为管理和信令通信的通道。为了保证不同厂商设备 DCC 的互通,设备必须支持对 DCC 字节的可配置功能。应支持以下 3 种带宽选择方案:

1) 采用 SDH 再生段开销(RSOH)中 D1～D3 字节,速率可达 192 kbps;
2) 采用 SDH 复用段开销(MSOH)中 D4～D12 字节,速率可达 576 kbps;
3) 同时采用 SDH 段开销中 D1～D3 和 D4～D12 字节,速率可达 768 kbps。

MCN 和 SCN 消息可共享 DCC 字节，也可以分离使用。

当网络规模、设备数量以及传送速率等方面不断增长时，在 DCN 上传送的用于管理、信令和维护的消息量会因此不断增加，最终会由于带宽不足而导致 DCN 消息的拥塞，网络性能降低。因此，为了提高光纤内方式 DCN 的传送性能，可以采用特定字节进行带宽的扩展，例如：利用其他预留的开销字节提供 2 Mbps 或更高速率的通信带宽。

对于 OTN 和其他类型的网元，DCN 的带宽要求待研究。

b) 光纤外(Out-of-fiber)方式：

管理和信令消息由专用的通信通道来承载，它与承载业务信息的光纤链路分离，例如：外部 IP 网络或专用电路。

光纤外方式应能提供 10 M/100 M 自适应以太网接口，并符合 IEEE 802.3 的规范。所有网元必须能够终结 ECC 通道，当终结 ECC 通道的网元与另一个提供以太网端口的网元之间通过 ECC 通道相连时，支持以太网接口的网元应该可以访问被终结的 ECC 通道。不必要求所有具备 ECC 通道的网元都支持以太网端口。

5.2 DCN 协议封装

DCN 上层封装支持 3 种协议类型：OSI 协议、IP 协议和 MPLS 协议。

a) 当 DCN 采用光纤内方式(如 ECC)时，上层协议封装可选择以下方式实现：
——OSI/LAPD/DCC；
——IP/PPP(HDLC)/DCC；
——MPLS/PPP/DCC。

b) 当 DCN 采用光纤外方式(如 LAN)时，上层协议封装可选择以下方式实现：
——OSI(CLNP/IS-IS/ES-IS)/802.3；
——IP/Ethernet(第 2 版)；
——MPLS/Ethernet(第 2 版)。

DCN 的数据通信功能(DCF)要求应符合本部分 6.4 和 7.5 的要求，详细功能描述见第 8 章。

5.3 DCN 协议互连

ASON 可采用基于 IP 的 DCN、基于 OSI 的 DCN 或混合(IP 和 OSI)DCN 网络。当 DCN 是 ECC 和 LAN 的混合网络时，应考虑 ECC 与 LAN 之间的 DCN 互连。DCN 提供物理层(第 1 层)、数据链路层(第 2 层)和网络层(第 3 层)的通信，本部分描述的协议之间的互连是指下 3 层之间协议的任意互连。协议互连由数据通信功能(DCF)提供。

图 2 描述了 DCN 协议互连的实例。实例 a)描述了不同物理层通过公共的第 2 层协议实现互连，即：将 MAC 帧从 LAN 接口桥接到 ECC 接口。实例 b)描述了不同数据链路层协议通过公共的第 3 层协议实现互连，即：将 LAN 接口的 IP 分组路由到 ECC 接口上。实例 c)描述了不同网络层协议通过第 3 层隧道功能来实现互连，该实例是将 OSI 分组封装到 IP 报文中，当然 IP 分组也可以封装到 OSI 报文中。

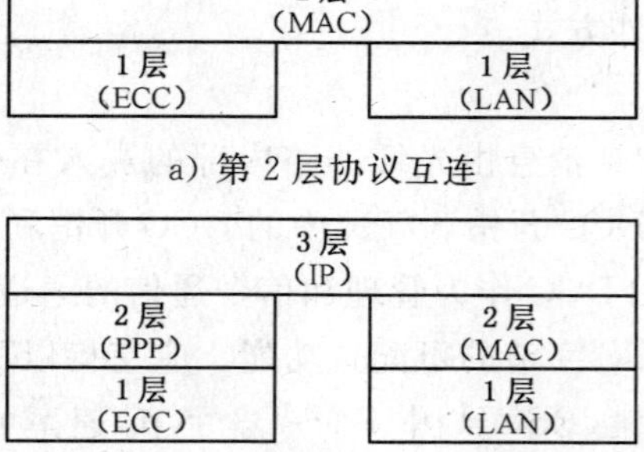

a) 第 2 层协议互连

b) 第 3 层协议互连

图 2 DCN 互连实例

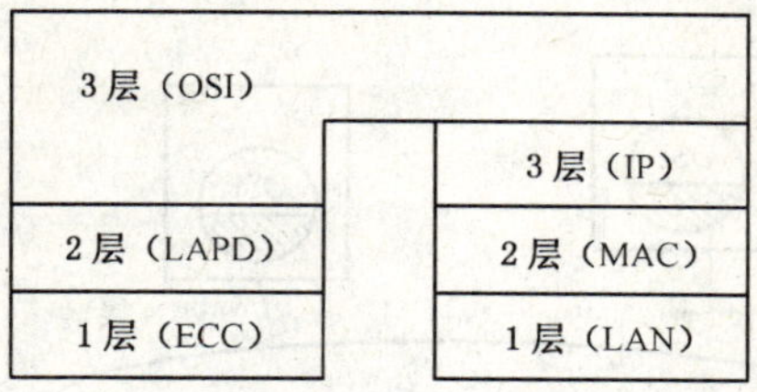

c）第 3 层隧道功能

图 2（续）

6 管理通信网(MCN)要求

电信管理网(TMN)应具有一个管理通信网(MCN)，用来在 TMN 元件(如 NEF 构件和 OSF 构件)之间传递管理信息。在 ASON 应用中，由于 ASON 管理平面可以看作是 TMN 的功能延伸，因此 ASON 中的管理平面与 TMN 所使用的管理通信网应是等效的。

6.1 MCN 体系结构

6.1.1 MCN 与 ASON 管理平面之间的关系

图 3 描述了 MCN 和 ASON 管理平面之间的关系，图中不同单元(如 OS、WS、NE)和 MCN 之间的接口是逻辑接口，可由单个或多个 MCN 物理接口来实现。

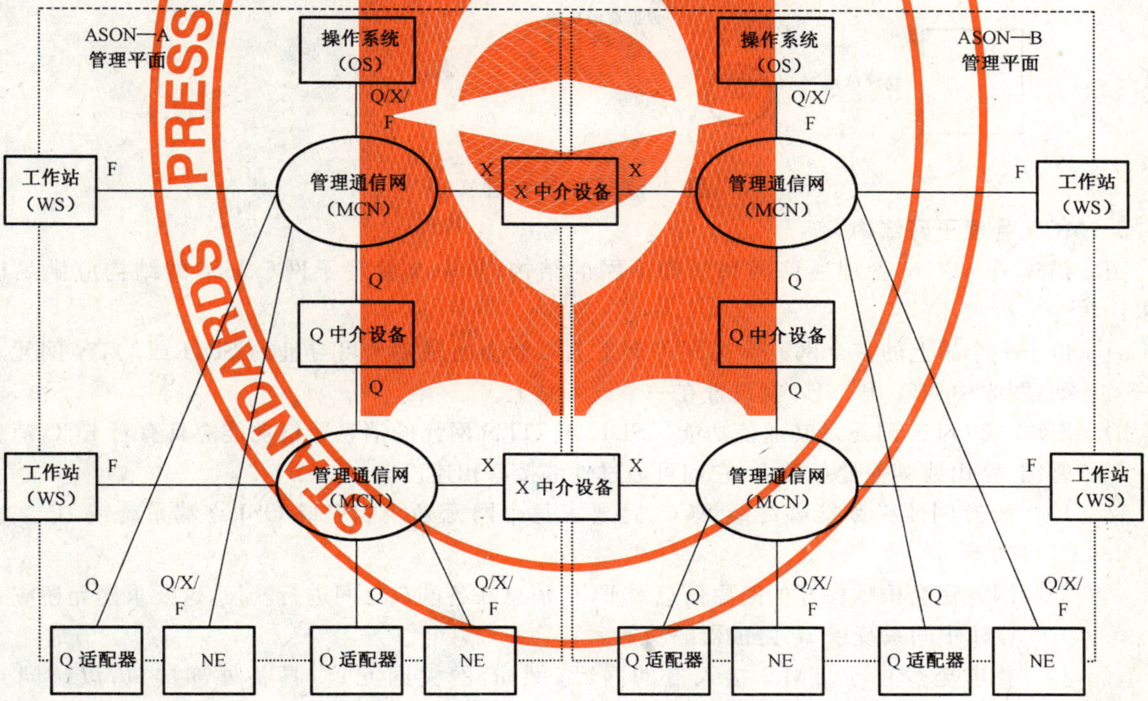

图 3 MCN 与 ASON 管理平面之间的关系

6.1.2 MCN 物理实现

MCN 在管理平面元件之间传递管理信息。MCN 可以选择不同的实现方式，支持 ECC 接口、WAN 接口和 LAN 接口的任意组合。图 4 描述了支持分布式管理通信 MCN 的物理实现，并给出管理平面功能块类型，这些功能块可以由不同的物理网元来支持。与管理功能块相关的详细规范可见 M.3010 和 M.3013 建议。其中，数据通信功能(DCF)是每个物理设备功能的一部分，提供数据通信服务，MCN 的数据通信功能应符合本部分 6.4 的要求。

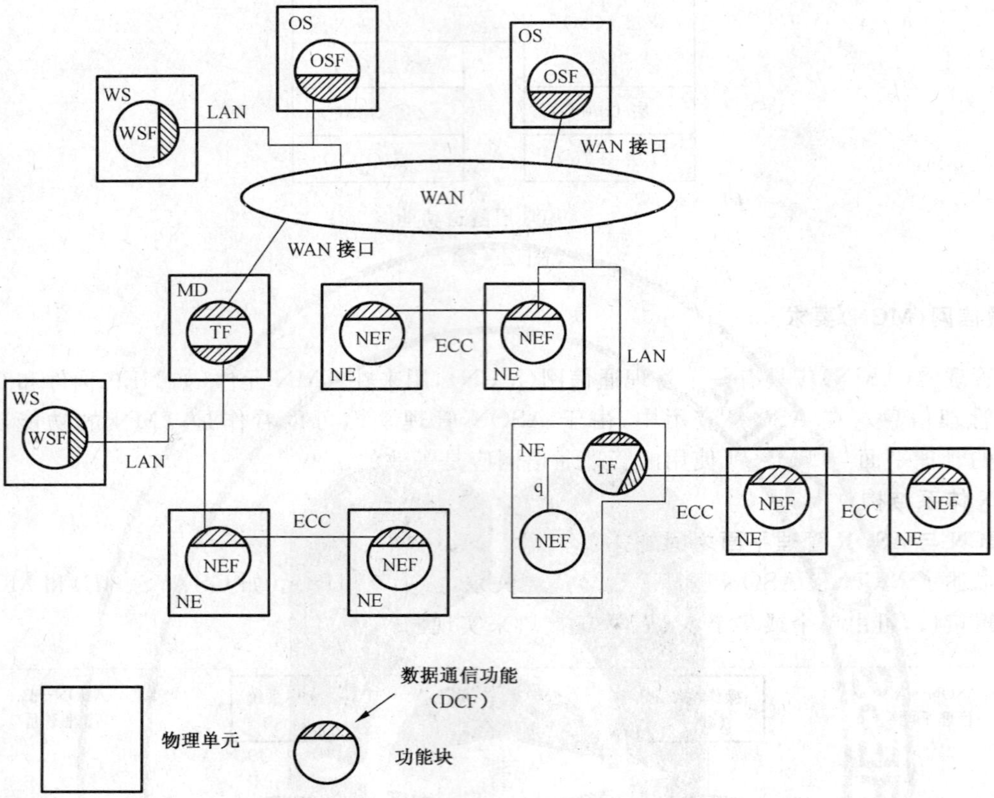

图 4　MCN 的物理实现

6.1.3　MCN 管理子网结构

图 5 描述了 ASON 管理通信网和管理子网的结构，其中 x 管理子网(xMS)的结构应满足以下要求：

a)　位于一个站上的多个网元。在同一个站上可能会出现多个可寻址的 SDH 或 OTN 网元。例如：图 5 中 NE_E 和 NE_G 就设置在一个设备站上。

b)　SDH 或 OTN 网元及其通信功能。SDH 或 OTN 网元的消息通信功能应具有对 ECC 消息的终结、路由或其他处理能力，它们可通过外部接口相连。

　1)　所有网元必须能够终结 ECC，这要求每个网元必须能完成 OSI 终端系统或 IP 主机的功能。

　2)　网元还会根据保存的路由信息对 ECC 消息在各端口之间进行转发，这要求网元还应完成 OSI 中间系统或 IP 路由器的功能。

　3)　要求至少位于 TMN 接入点的网元(例如：网关网元)应具备外部接口，以访问终结的 ECC。

c)　SDH 或 OTN 各站之间的通信链路可由 SDH 或 OTN 的 ECC 构成。

d)　SDH 或 OTN 的站内通信

在一个站内部，SDH 或 OTN 网元通过站内网元间的 ECC 或本地通信网(LCN)进行通信，图 5 同时列举了这 2 种情况。

注：站内多个网元之间的通信可以采用标准的 LCN(如：LAN)来替代 ECC。LCN 通常用作站内 SDH、OTN 和非 SDH/OTN 网元之间的公共通信网络。

6.1.4　MCN 拓扑结构

当网元之间的物理链路采用 ECC 或 LAN 时，拓扑结构支持线型、环型、网格型和星型。图 6 列举了在每种拓扑结构下是如何构建管理子网的。无论网络采用何种拓扑结构，MCN 都应具有以下特征：

a) 应支持 2 个或 2 个以上的多网关网元(GNE)以提高管理子网内网元接入的可靠性；

b) 为保证 MCN 的正常工作，管理子网中的每个网元到网管之间应存在多条不同的路径。

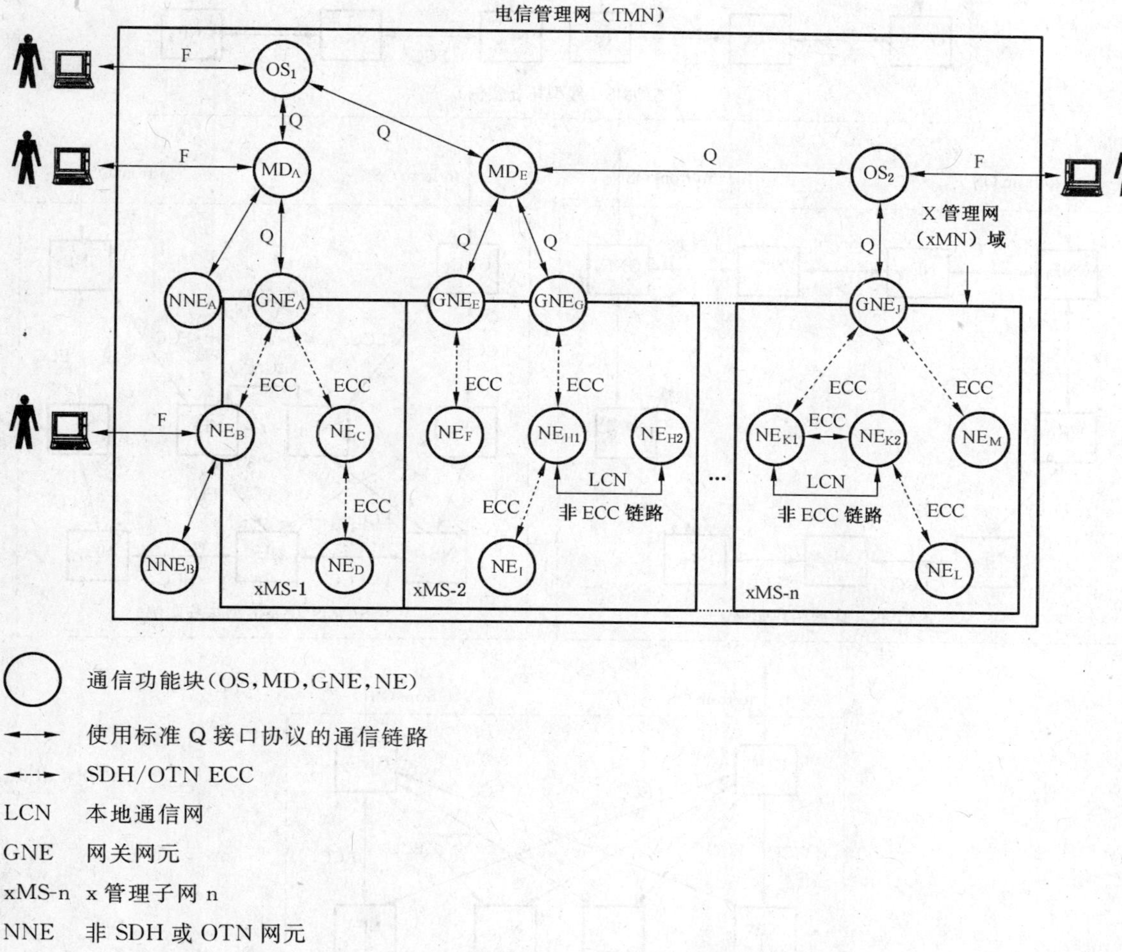

图 5 TMN 管理网和管理子网模型

6.2 MCN 可靠性

MCN 应满足以下可靠性要求：

a) 当发生单个故障时，MCN 的设计仍然能保证重要管理消息的传送；

b) 当 MCN 发生网络拥塞时，MCN 的设计应保证用于纠正失效或网络故障的管理消息不会被阻塞或过度延迟；

c) MCN 冗余设计：提供紧急功能的网管系统和网元需要多条通道接入 MCN。

6.3 MCN 安全性

MCN 应满足以下安全性要求：

a) MCN 应保证用户在未经许可的情况下无法获取网管和网元中的信息；

b) MCN 应保证通信和存储的数据的私密性；

c) MCN 应保证通信和存储的数据的完整性；

d) MCN 中的网元应该提供关闭组网中未用的通信通道的功能，以避免不安全的接入。

MCN 安全性要求见 M.3016 建议。

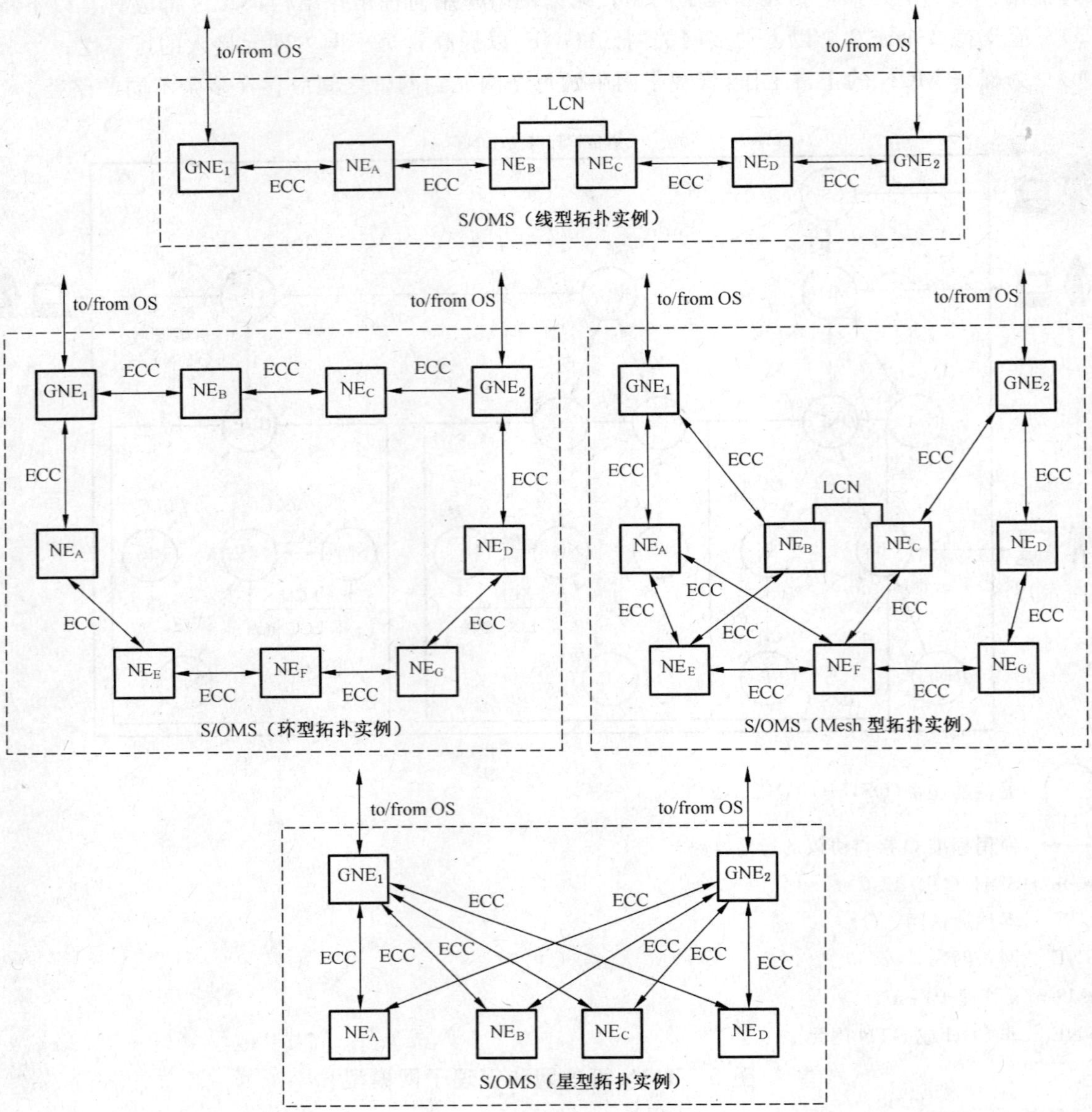

图 6　不同拓扑结构的管理子网

6.4　MCN 的数据通信功能(DCF)

a)　TMN 实体的 DCF 应支持终端系统(ES)或主机系统的功能。

　1)　当 TMN 实体的 DCF 支持 ECC 接口时,要求支持以下功能:

　　——ECC 访问功能,见 8.2;

　　——ECC 数据链路层终结功能,见 8.3;

　　——网络层 PDU 到 ECC 数据链路层的封装功能,见 8.4。

　2)　当 TMN 实体的 DCF 支持以太网 LAN 接口时,要求支持以下功能:

　　——以太网 LAN 物理层终结功能,见 8.5;

　　——网络层 PDU 到以太网帧的封装功能。见 8.6。

b)　TMN 实体的 DCF 可以中间系统(即 IS,属于 OSI 术语)或路由器(即:Router,属于 IP 术语)方式工作。当 TMN 实体中的 DCF 作为 IS 或 Router 来运行时,系统必须提供 Level 1(1 级)区域的 IS 或 Router 功能。另外,TMN 实体中的 DCF 可提供 Level 2(2 级)IS 或 Router 功能,从而支持从一个路由区路由到另一个路由区。Level 2 IS 或 Router 功能不必在所有的

TMN 实体的 DCF 中提供。例如：在网关网元中的 DCF 会支持 Level 2 IS 或 Router 功能。因此，当 TMN 实体中的 DCF 用作 IS 或 Router 时，要求支持以下功能：

——网络层 PDU 转发功能，见 8.7；

——网络层路由功能，见 8.11。

c) 支持 IP 的 TMN 实体中的 DCF 会直接与仅支持 OSI 的 TMN 实体中的 DCF 相连。此时，支持 IP 的 DCF 要求具备以下功能：

网络层 PDU 互连功能，见 8.8。

d) TMN 实体中的 DCF 会转发网络层的 PDU，从而穿越不同网络层的网络。此时要求支持以下功能：

——网络层 PDU 封装功能，见 8.9；

——网络层 PDU 隧道功能，见 8.10。

e) 支持 OSPF IP 协议的 TMN 实体中的 DCF 会直接与采用集成 ISIS 的 IP 协议的 DCF 相连，此时支持 OSPF 的 DCF 要求具备以下功能：

IP 路由互连功能，见 8.12。

7 信令通信网(SCN)要求

ASON 控制平面应具有一个信令通信网(SCN)，用来在控制平面元件(如 CC 元件)之间传送信令消息。

7.1 SCN 体系结构

7.1.1 SCN 与 ASON 控制平面之间的关系

图 7 描述了 SCN 与 ASON 控制平面之间的关系。其中，不同网元与 SCN 之间的接口为逻辑接口，可由单个或多个 SCN 物理接口来实现。ASON 通过 SCN 在用户与网络之间以及各网络实体之间传送信令消息，以支持控制平面功能的实现。

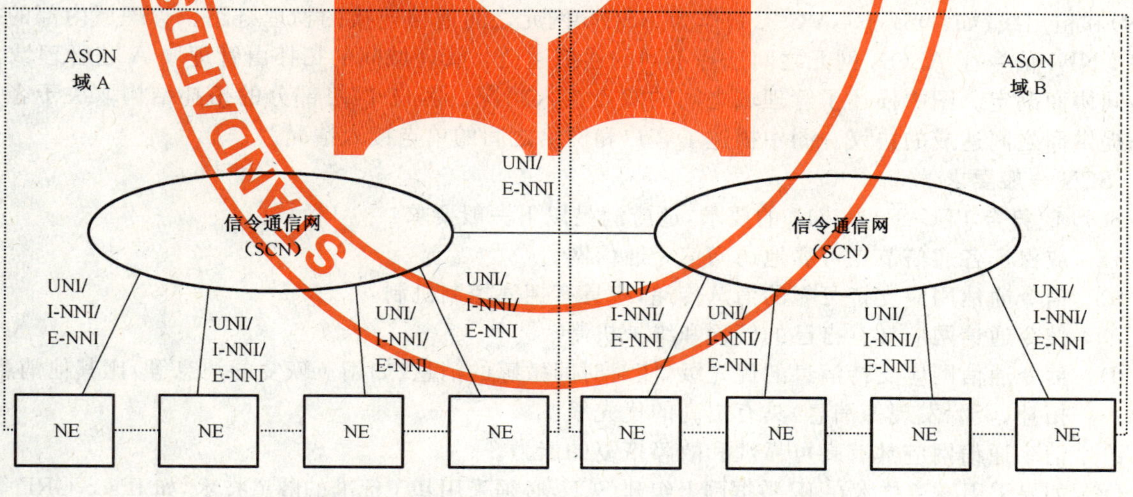

图 7 SCN 与 ASON 控制平面之间的关系

7.1.2 SCN 物理实现

图 8 描述了 SCN 支持分布式信令通信的物理实现方式。SCN 可采用多种实现方式，物理网元支持 ECC 接口、LAN 接口和 WAN 接口的任意组合。图 8 描述了由不同物理网元支持的控制平面功能块的类型，关于控制功能块的详细规范可参考 ITU-T G.807 和 ITU-T G.8080 建议。数据通信功能(DCF)是每个物理设备功能的一部分，提供数据通信服务。SCN 的数据通信功能应符合本部分 7.5 的要求。

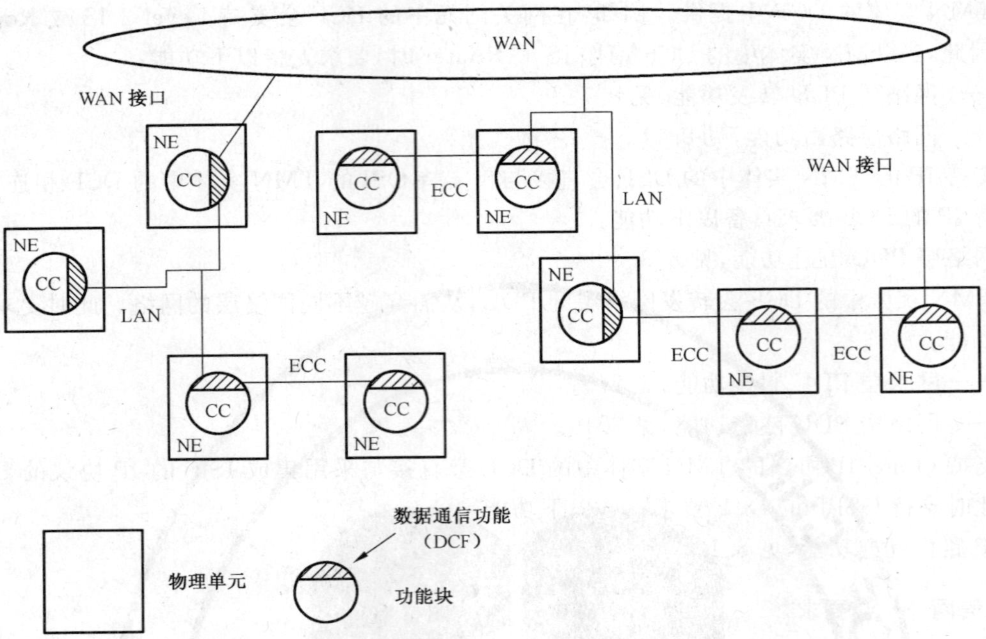

图 8　SCN 的物理实现

7.1.3　**SCN 拓扑结构**

当网元之间的物理链路采用 ECC 或 LAN 时，拓扑结构支持线型、环型、网格型和星型。图 9 列举了在每种拓扑结构下如何构建 ASON 信令网。无论网络采用何种拓扑结构，SCN 应在通信实体之间提供多条通信通道，以提高信令通信的可靠性。特别是线型拓扑结构，为提供多条通信通道，在边缘 ASON 网元之间需要提供外部的 WAN 通信链路。

图 10 描述了一个 ASON 信令网的实例。在 ASON 中，SCN 可由 3 部分构成：客户-网络部分、管理域内部分和管理域间部分。图中列举了一个网格型拓扑结构，利用 ECC、本地通信网（如：以太网 LAN）和租用线（如：DS1/E1，VC-3/4）作为 ASON 网元之间通信连接的物理链路。管理域内部的拓扑支持 I-NNI 信令在 ASON 网元之间选择不同的通信通道。管理域间的拓扑由管理域 A 和管理域 B 之间共同协商确定。图中描述了管理域之间的双点接入情况。客户-网络部分的拓扑结构取决于客户和服务提供商之间达成的协议。图中描述了客户和网络之间的单点接入情况。

7.2　**SCN 一般要求**

SCN 应符合 ITU-T G.7712 的要求，还应满足以下一般要求：

a)　应保证各通信节点可靠地访问信令通信网。

b)　信令通信网应支持可靠的消息传递，应具有拥塞控制机制。

c)　信令通信网应具有自己的管理和维护机制。

d)　信令通信网应支持消息的优先级，使对时间敏感的消息（如用于恢复的消息等）比其他消息（如拓扑、资源发现等消息）具有更高的优先级。

e)　信令通信网应具有高可靠性和故障恢复的能力。

f)　如果采用隧道技术在 IP 数据网上组建 SCN，必须采用基于标准的隧道技术，如 IPsec，GRE 等。

g)　SCN 应具有相应的安全机制，防止未经授权的用户非法接入。

7.3　**SCN 可靠性**

SCN 是 ASON 控制平面正常运行的基础，必须保证 SCN 的通信畅通，因此对 SCN 的可靠性提出了更高的要求。

7.3.1　**SCN 故障类型**

图 11 描述了 ASON 中 UNI、NNI 和 CCI 3 种逻辑接口，它们通过 SCN 来承载。SCN 可由不同子网构成，子网内部的逻辑链路可与传送网共享相同的物理路由，也可以选择不同的路由实现。

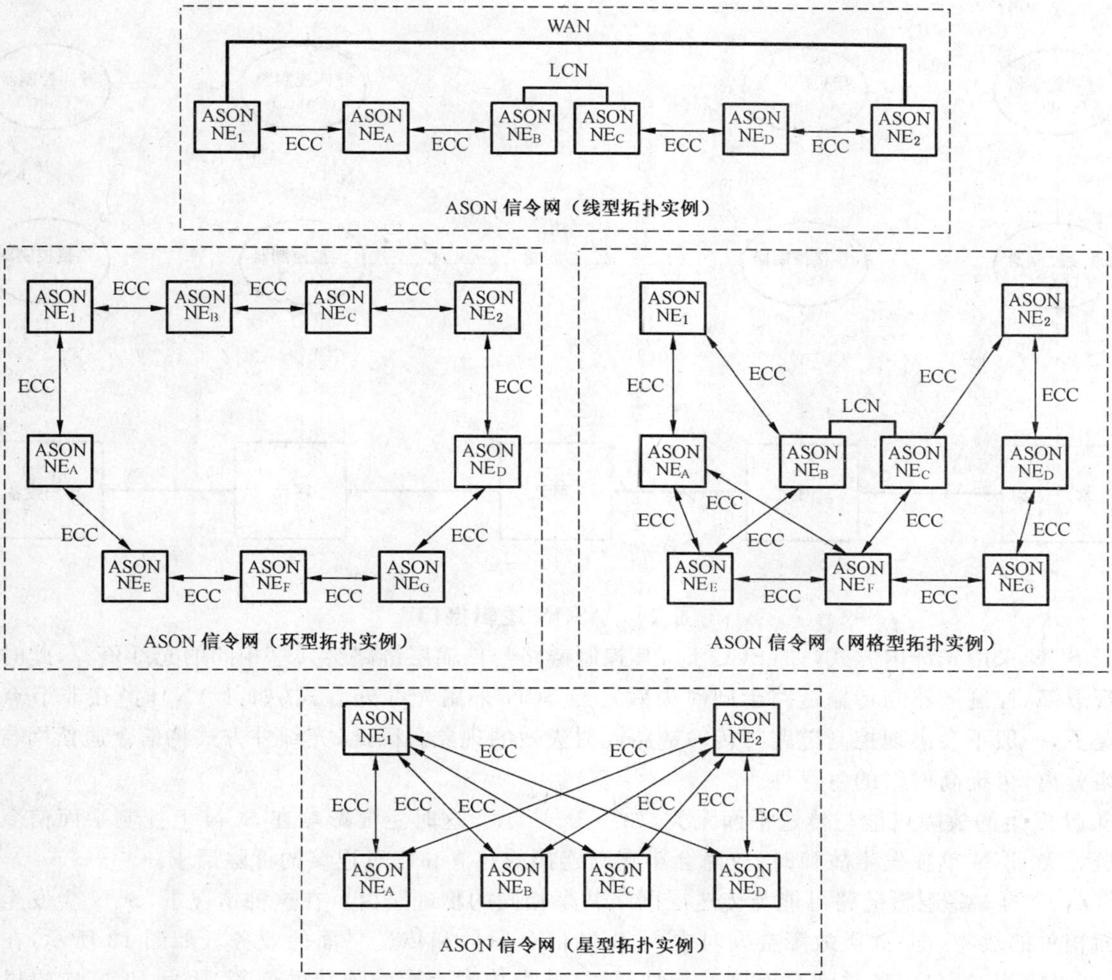

图 9 不同拓扑结构的信令网

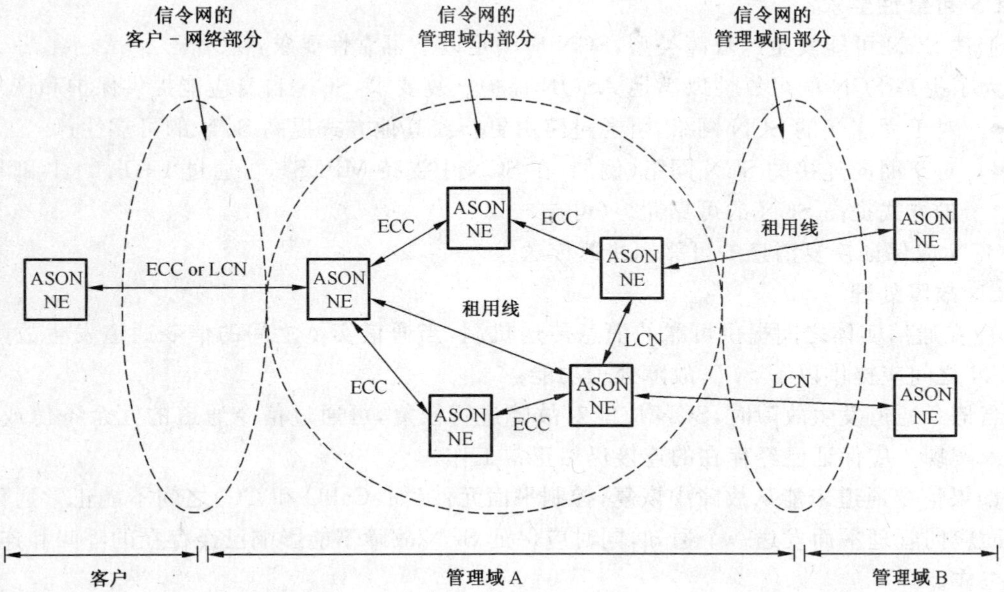

图 10 SCN 实例

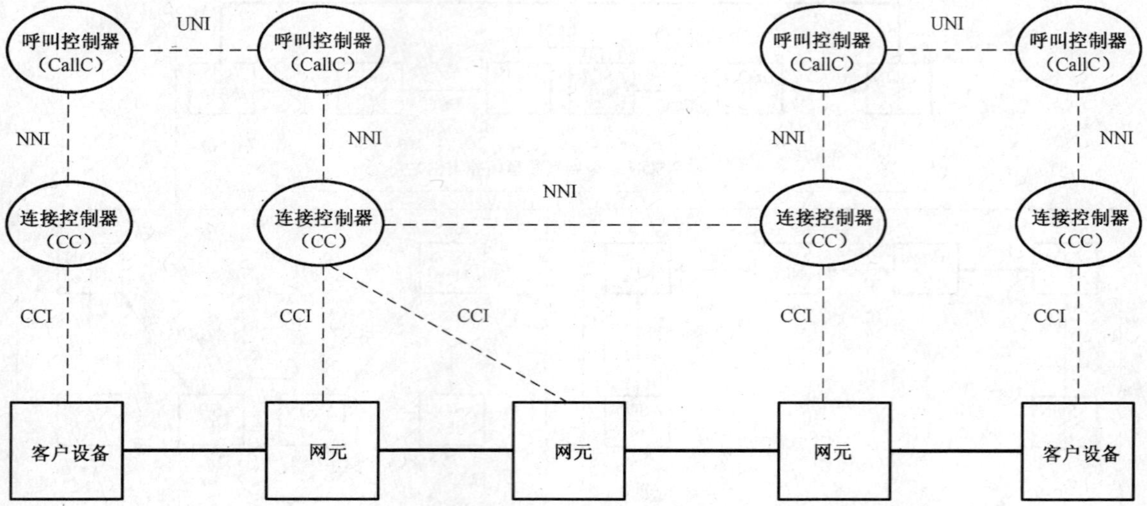

图 11　ASON 逻辑接口

当 SCN 采用光纤内方式(如:ECC)时,其控制链路与传输层链路会共享相同的光纤资源,此时若光纤出现故障,控制链路与传输链路会同时失效。当 SCN 采用光纤外方式(如:LAN)时,在非节点失效的情况下,一般不会出现控制链路与传输链路同时失效的现象。因此,光纤外方式将信令通信网与传送层网络分离,可提高网络的生存性。

SCN 发生的故障可能与传送平面无关,如图 12 所示。这时主要影响在 SCN 上控制平面信令消息的传送。当 SCN 单独发生故障时,故障会影响新连接的建立和已有连接的拆除请求。

SCN 中的一些逻辑链路可能与传送层网络共享相同的物理路由。在这种情况下,SCN 会发生与传送平面相关的故障,即:此类故障会同时中断 SCN 信令通信和传送平面的业务。如图 13 所示,在这种情况下,当应用 ASON 来对已有连接进行恢复时,此类故障会影响连接的恢复,因此 SCN 应提供对恢复消息的可靠传送和快速转发机制。

7.3.2　SCN 可靠性要求

根据上述 SCN 可能发生的故障类型,SCN 应满足以下可靠性要求:

a)　为了提高 SCN 的可靠性以满足 ASON 保护恢复要求,SCN 自身应能提供保护和恢复机制。
  - 对于无连接的 SCN 网络,可通过路由更新或其他方式提高 SCN 的可靠性;
  - 对于面向连接的 SCN 网络(例如:在 SCN 中支持 MPLS),可通过 1+1、1∶1 和 1∶N 等保护方式提高 SCN 的可靠性。(可选)

b)　SCN 应保证恢复消息的可靠和快速传送。

7.3.3　SCN 故障处理

SCN 应在通信实体之间提供可靠的消息传送机制,当通信实体之间的信令通道发生故障时,通信实体与 SCN 之间应提供以下 SCN 故障处理功能:

a)　当信令通道发生故障时,SCN 应能对故障进行恢复,可通过信令通道的冗余备份或路由更新来实现。应保证已经存在的连接仍然正常工作。

b)　如果信令通道未能从故障中恢复,控制平面元件(如:CallC 和 CC)之间不能正常通信,控制平面应向管理平面发送一个通知,同时应保证 SCN 故障不能影响已经存在的呼叫和连接的正常工作。

c)　如果信令通道从故障中成功恢复,CallC 和 CC 需要对存在的呼叫和连接进行状态同步。

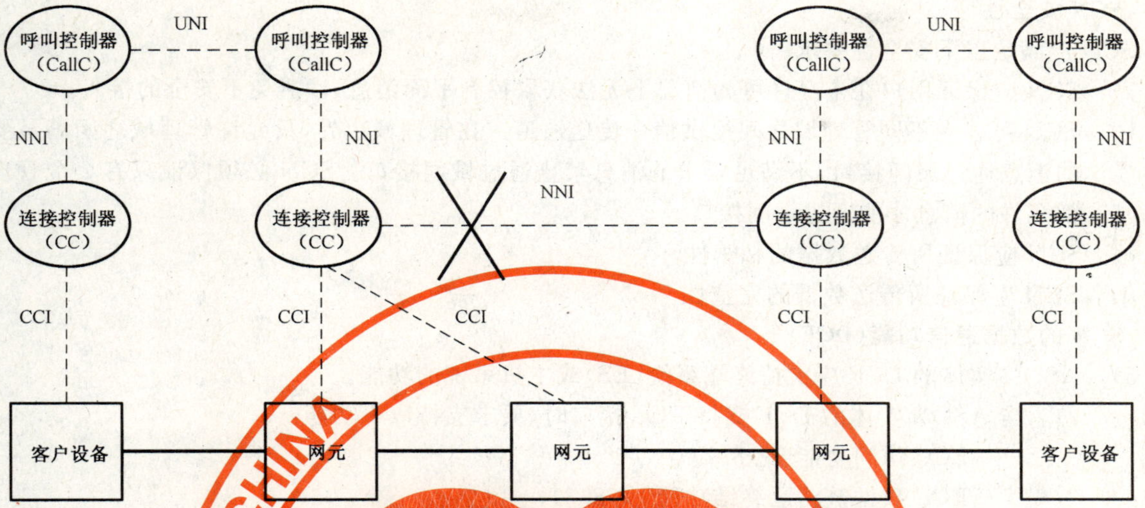

a）影响 NNI 接口的 SCN 故障

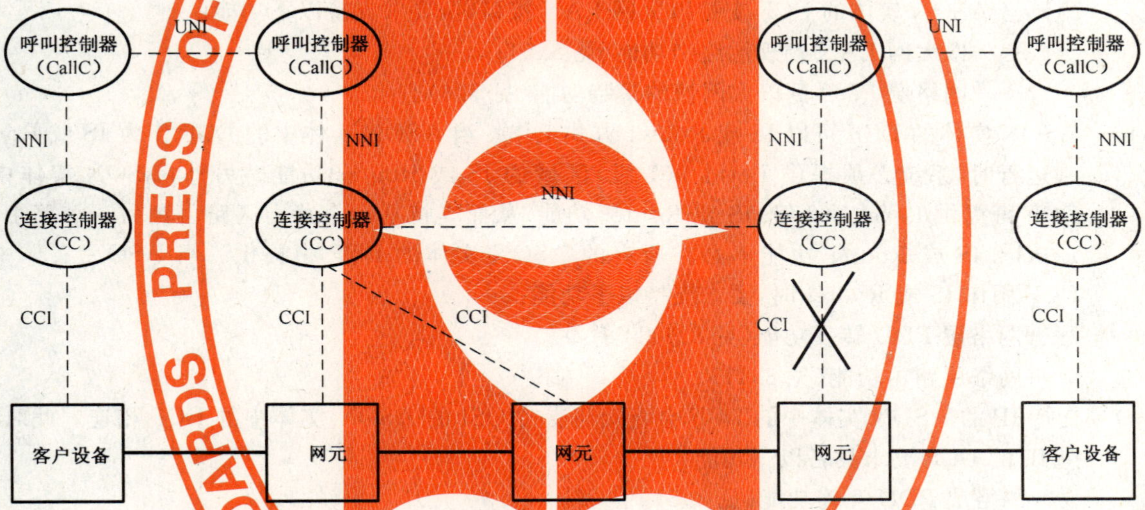

b）影响 CCI 接口的 SCN 故障

图 12　SCN 故障对信令接口的影响

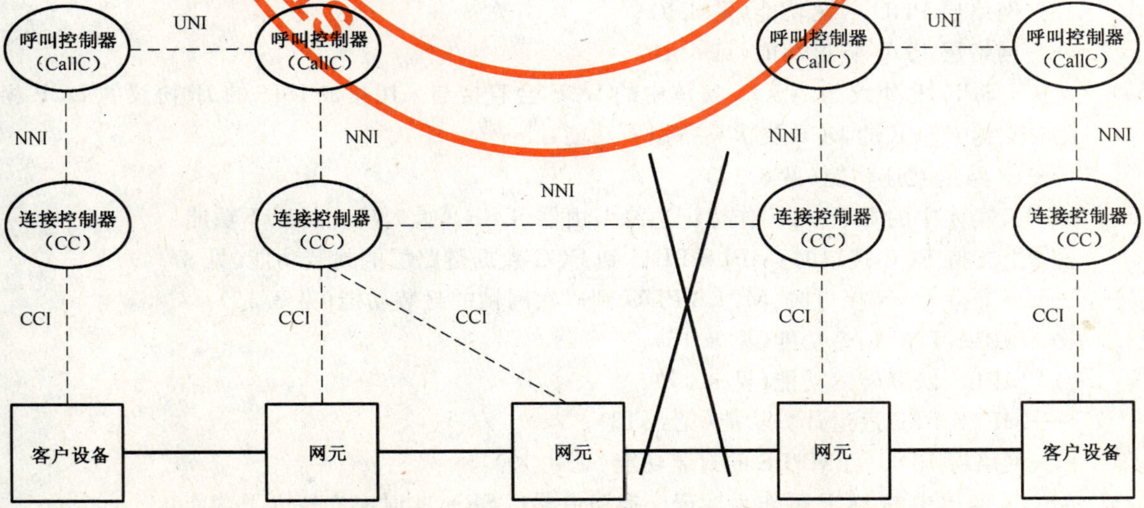

图 13　SCN 故障对信令接口和数据接口的影响

7.4 SCN 安全性

SCN 应满足以下安全性要求：

a) SCN 应保证用户在未经许可的情况下无法获取控制平面消息，以避免不安全的接入。

b) SCN 可以在不同管理域之间提供信令传送通道。在管理域边界，只允许管理域之间满足要求的消息通过域间接口，不满足要求的消息禁止通过域间接口。SCN 必须保证只有 2 个管理域都允许的消息才能通过域间接口。

c) SCN 应保证所传送数据的私密性。

d) SCN 应保证所传送数据的完整性。

7.5 SCN 的数据通信功能(DCF)

a) ASON 实体的 DCF 应支持终端系统(ES)或主机系统的功能。

1) 当 ASON 实体的 DCF 支持 ECC 接口时，要求支持以下功能：

——ECC 访问功能(见 8.2)；

——ECC 数据链路层终结功能(见 8.3)；

——网络层 PDU 到 ECC 数据链路层的封装功能(见 8.4)。

2) 当 ASON 实体的 DCF 支持以太网 LAN 接口时，要求支持以下功能：

——以太网 LAN 物理层终结功能(见 8.5)；

——网络层 PDU 到以太网帧的封装功能(见 8.6)。

b) ASON 实体的 DCF 可以 IS 或 Router 方式工作。当 ASON 实体中的 DCF 作为 IS 或 Router 来运行时，系统必须提供 Level 1(1 级)区域的 IS 或 Router 功能。另外，ASON 实体中的 DCF 可提供 Level 2(2 级)IS 或 Router 功能，从而支持从一个路由区路由到另一个路由区。Level 2 IS 或 Router 功能不必在所有的 ASON 实体的 DCF 中提供。当 ASON 实体中的 DCF 用作 IS 或 Router 时，要求支持以下功能：

——网络层 PDU 转发功能(见 8.7)；

——网络层路由功能(见 8.11)。

c) 支持 IP 的 ASON 实体中的 DCF 会直接与支持 OSI 的 ASON 实体中的 DCF 相连。此时，支持 IP 的 DCF 要求具备以下功能：

——网络层 PDU 互连功能(见 8.8)。

d) ASON 实体中的 DCF 会转发网络层的 PDU，从而穿越不同网络层的网络。此时要求支持以下功能：

——网络层 PDU 封装功能(见 8.9)；

——网络层 PDU 隧道功能(见 8.10)。

e) 支持 OSPF IP 协议的 ASON 实体中的 DCF 会直接与采用集成 ISIS 的 IP 协议的 DCF 相连，此时支持 OSPF 的 DCF 要求具备以下功能：

——IP 路由互连功能(见 8.12)。

f) ASON 实体中的 DCF 可用作标记边缘路由器(LER)，此时应支持以下功能：

——当支持 ECC 接口时：MPLS PDU 到 ECC 数据链路层的封装功能(见 8.14)；

——当支持 LAN 接口时：MPLS PDU 到以太网帧的封装功能(见 8.15)；

——MPLS LSP 信令功能(见 8.16)；

——MPLS LSP 转发功能(见 8.17)；

——MPLS LSP 通道计算功能(见 8.18)；

——网络层 PDU 到 MPLS 的封装功能(见 8.19)。

g) ASON 实体中的 DCF 可作为标记交换路由器(LSR)，此时应支持以下功能：

——当支持 ECC 接口时：MPLS PDU 到 ECC 数据链路层的封装功能(见 8.14)；

——当支持 LAN 接口时:MPLS PDU 到以太网帧的封装功能(见 8.15);
——MPLS LSP 信令功能(见 8.16);
——MPLS LSP 转发功能(见 8.17)。

h) ASON 实体中的 DCF 可提供保护能力,此时应满足以下要求:
——不应在网络内部节点上额外占用容量;
——网络应支持不同路由的连接建立;
——MPLS 保护功能(见 8.20)。

8 DCN 结构和功能要求

8.1 DCN 功能结构

DCN 是支持第 1 层、第 2 层和第 3 层协议的网络,对于第 3 层以上的应用协议都是透传的。DCN 可支持 IP 作为网络层的协议,而基于 IP 的 DCN 可由应用不同物理层和数据链路层协议的不同子网构成。而嵌入式 DCN 也支持 OSI 协议,因此,某些 DCN 网络可由仅支持 IP 协议、仅支持 OSI 协议、以及同时支持 IP 和 OSI 协议的部分构成。

基于 IP 的 DCN 可由仅支持 IP 的数据通信功能(DCF)构成,即:仅支持单个 IP 协议栈的 DCF,也可由同时支持 IP 和 OSI 的 DCF 构成,即:对 IP 和 OSI 分组提供选路功能的双协议栈 DCF。仅支持 OSI 的 DCF 是由仅支持 OSI 的 DCF 构成,即:仅支持单个 OSI 协议栈的 DCF。DCN 功能和结构如图 14 所示,其中包含了各功能块之间的互通功能(IWF)以及应用层到 IP 层的映射功能。

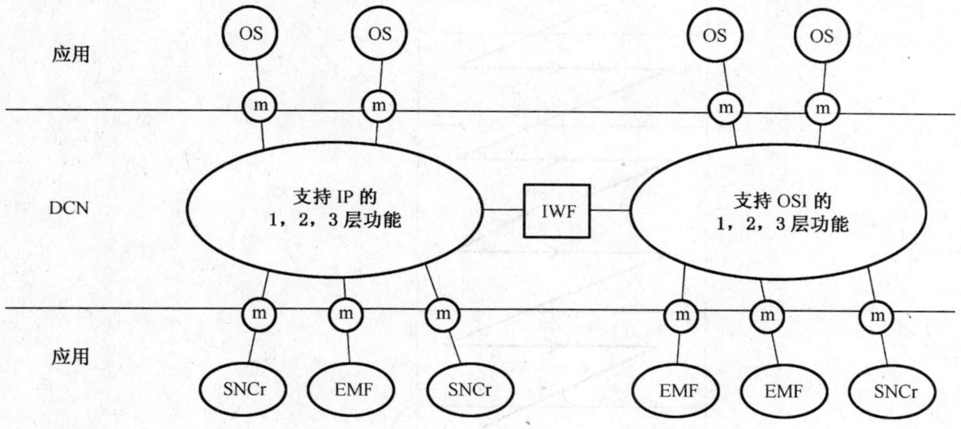

IWF——互通功能;
SNCr——子网连接控制器;
EMF——设备管理功能;
OS——操作系统;
m——应用与 DCN 之间的映射。

图 14 DCN 功能结构示意图

8.2 ECC 访问功能

ECC 访问功能可实现对 ECC 比特流的接入访问。该功能在相关设备技术规范 ITU-T G.783 和 ITU-T G.798 中进行了规定。在技术规范 ITU-T G.784 和 ITU-T G.874 中还描述了不同 ECC(如:DCC、GCC 和 OSC 中的 COMMS OH)的比特速率和定义。

8.3 ECC 数据链路层终结功能

ECC 数据链路层终结功能提供了通用数据链路层的处理能力,它不关心数据链路层帧结构中的网络层 PDU 封装的内容。它提供了将数据链路层帧结构映射到 ECC 的功能。该功能在相关技术规范中进行了规定。以下仅描述 SDH ECC 数据链路层的终结功能。

8.3.1 SDH ECC 的数据链路层终结功能

8.3.1.1 SDH 数据链路层帧结构到 ECC 的映射

HDLC 帧信号是一串连续的比特流，并将其插入到 DCC 通路中。因此，比特流将通过 STM-N 来传递，并且传递顺序与其从 HDLC 帧信号再生器中接收的顺序相同。

对于 HDLC 帧信号，其比特流中含有填充帧，并在两端插入了一个或多个标志序列。在 ITU-T Q.921 中规范了 LAPD 的 HDLC 帧信号格式，在 RFC 1662 中规范了 PPP 的 HDLC 帧信号格式。一个 HDLC 帧结构是由图 15 所示的 N 个 8 比特字节构成。它是以从右到左、从上到下的顺序传递的。在 HDLC 帧的净荷部分(即：第 2 个字节到第 N-1 个字节)，在出现的所有 5 个连续的 1 比特序列之后插入一个 0 比特。这可以确保不会将一帧内出现的连续 1 的序列误认为标志序列或终止序列。

由于运用了 0 序列的插入处理技术，填充的 HDLC 帧内的比特个数不一定是字节的整数倍。所以，HDLC 帧信号到 DCC 通路的映射过程采用的是比特同步方式。HDLC 信号发生器从 SDH 的 ServerLayer/DCC_A 功能中获得它的定时信号(即：DCC_CI_CK 信号)。ITU-T G.783 中规定了 ServerLayer/DCC_A 的功能，即：MSn/DCC_A 功能、MS256/DCC_A 功能和 RSn/DCC_A 功能。

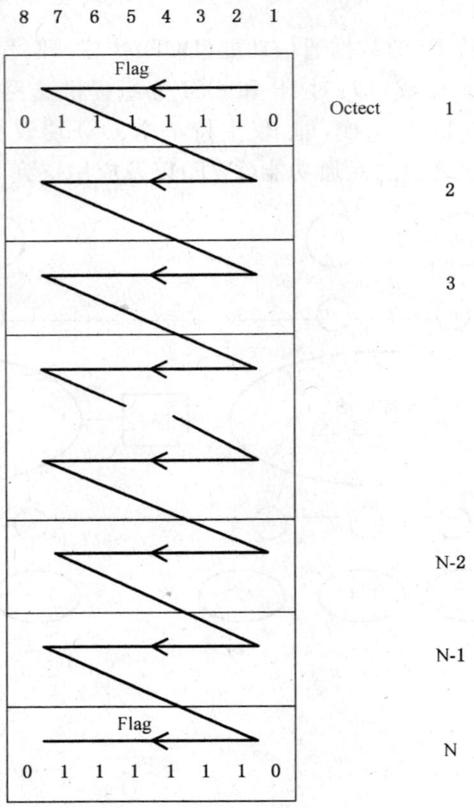

图 15 HDLC 帧格式

8.3.2 SDH ECC 数据链路层协议规范

本部分规范的接口类型包括：基于 IP 的接口、基于 OSI 的接口和支持双协议栈的接口(即：支持承载 IP 和 OSI 分组的接口)。基于 IP 的接口其数据链路层协议应采用 HDLC 帧的 PPP 协议(见 RFC1662)。基于 OSI 的接口其数据链路层协议应采用 LAPD 协议(见 ITU-T G.784)。支持双重协议的接口其数据链路层协议应支持 PPP 和 LAPD 2 种协议类型。为了实现该接口与其他接口类型的互连，其接口上的数据链路协议必须是可配置的，从而可以在 HDLC 帧的 PPP 协议和 LAPD 协议之间进行切换。

8.3.2.1 **基于 IP 的接口**

图 16 描述了基于 IP 的接口。根据 RFC 1661 的规范,该接口类型应采用 PPP 协议。

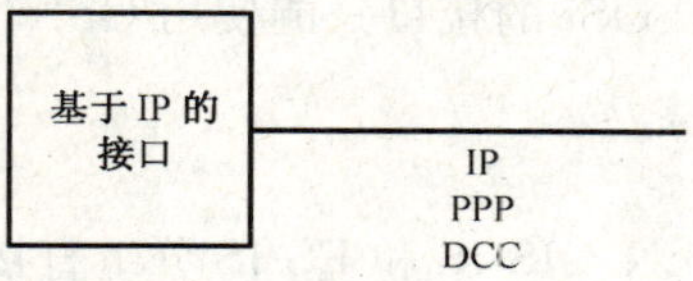

图 16 基于 IP 的接口

8.3.2.2 **基于 OSI 的接口**

图 17 描述了基于 OSI 的接口。根据 ITU-T G.784 的规范,基于 OSI 的接口应采用 LAPD 协议。

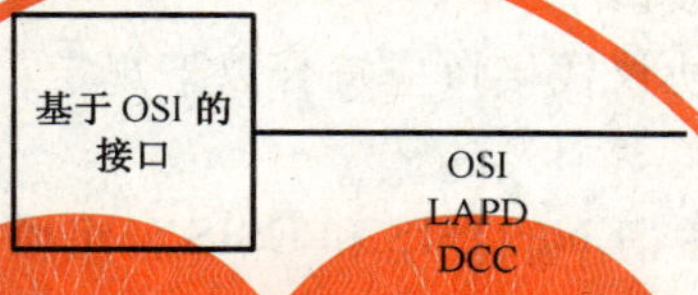

图 17 基于 OSI 的接口

8.3.2.3 **支持双协议栈的接口(IP+OSI)**

图 18 描述了支持双协议栈的接口。根据 RFC 1661 和 ITU-T G.784 的规范,支持双协议栈的接口应该采用 PPP 和 LAPD 2 种协议类型。

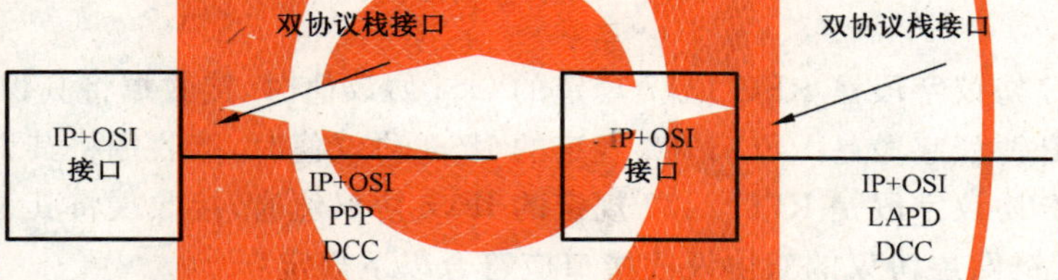

图 18 支持双协议栈的接口

8.4 **网络层 PDU 到 ECC 数据链路层帧的封装功能**

网络层 PDU 到 ECC 数据链路层帧的封装功能是将网络层 PDU 封装到数据链路帧中,或者从数据链路层帧中解封装得到网络层 PDU。此功能还要对协议的标识符进行处理。以下仅描述网络层 PDU 到 SDH ECC 的数据链路层帧的封装功能,包括基于 IP 的接口、基于 OSI 的接口和支持双协议栈接口。

8.4.1 **基于 IP 的接口**

根据 RFC 1662 的规范,基于 IP 的接口只能使用 IP/HDLC 帧的 PPP/DCC 协议。该接口应符合以下规定:

a) 发送端:
   1) 根据 RFC 1661 直接将 IS-IS 分组填充到 PPP 信息字段中,并将 RFC1377 规定的 OSI 协议值填充到 PPP 协议字段中。
   2) 根据 RFC 1661 直接将 IPv4 分组填充到 PPP 信息字段中,并将 RFC 1332 规定的 IPv4 协议值填充到 PPP 协议字段中。
   3) 根据 RFC 1661 直接将 IPv6 分组填充到 PPP 信息字段中,并将 RFC 2472 规定的 IPv6 协议值填充到 PPP 协议字段中。

b) 接收端:
   1) 当 PPP 协议字段是 RFC1377 规定的 OSI 协议值,并且根据 ISO9577/ITU-T X.263 的规定,该分组是 IS-IS 的 NLPID 时,接收端将其识别为 IS-IS 分组。
   2) 当 PPP 协议字段是 RFC 1332 规定的 IPv4 协议值时,接收端将其识别为 IPv4 分组。

3） 当 PPP 协议字段是 RFC 2472 规定的 IPv6 协议值时，接收端将其识别为 IPv6 分组。

8.4.2 基于 OSI 的接口

根据 ITU-T G.784 的规范，基于 OSI 的接口只能使用 OSI/LAPD/DCC 协议。该接口应符合如下规定：

a） 发送端：

根据 ITU-T G.784 应将 CLNP、IS-IS 和 ES-IS 分组直接填充到 LAPD 净荷中。

b） 接收端：

检查 LAPD 净荷中第一个字节的协议标识符。该标识符的值应与 ISO 9577/ITU-T X.263 中分配的值一致。如果接收机不支持接收到的 PDU 协议，系统将丢弃该 PDU。

8.4.3 支持双协议栈（IP+OSI）的接口

PPP 作为数据链路层协议的双协议栈接口应符合以下规定：

a） 发送端：

1） 根据 RFC 1661 直接将 CLNP、ISIS 和 ESIS 分组填充到 PPP 信息字段中，并将 RFC 1377 规定的 OSI 协议值填充到 PPP 协议字段中。

2） 根据 RFC 1661 直接将 IPv4 分组填充到 PPP 信息字段中，并将 RFC 1332 规定的 IPv4 协议值填充到 PPP 协议字段中。

3） 根据 RFC 1661 直接将 IPv6 分组填充到 PPP 信息字段中，并将 RFC 2472 规定的 IPv6 协议值填充到 PPP 协议字段中。

b） 接收端：

1） 当 PPP 协议字段是 RFC 1377 规定的 OSI 协议值时，接收端将其识别为 OSI 分组。

2） 当 PPP 协议字段是 RFC 1332 规定的 IPv4 协议值时，接收端将其识别为 IPv4 分组。

3） 当 PPP 协议字段是 RFC 2472 规定的 IPv6 协议值时，接收端将其识别为 IPv6 分组。

LAPD 作为数据链路层协议的双协议栈接口应符合以下规定：

a） 发送端：

1） 根据 ITU-T G.784 应将 CLNP、IS-IS 和 ES-IS 分组直接填充到 LAPD 净荷中。

2） 直接将 IP 分组填充到 LAPD 净荷中，并带有一个字节长度的协议标识符。该标识符与 ISO 9577/ITU-T X.263 中给 IPv4 和 IPv6 分配的值一致。

b） 接收端：

检查位于 LAPD 净荷中第一个字节的协议标识符。该标识符的值应与 ISO 9577/ITU-T X.263 中分配的值一致。如果接收机不支持接收到的 PDU 协议，系统将丢弃该 PDU。

8.5 以太网 LAN 的物理终结功能

以太网 LAN 的物理终结功能终结物理以太网接口。支持 1 Mbps、10 Mbps 和 100 Mbps 速率。网元可以通过以太网 LAN 接口访问终结的 ECC 通道，但不是所有网元都要求支持以太网 LAN 接口。

8.6 网络层 PDU 到以太网帧的封装功能

网络层 PDU 到以太网帧的封装功能是将网络层 PDU 封装到 802.3 或以太网（第 2 版）帧结构中，或者从以太网帧中解封装得到网络层 PDU。

网络层 PDU 到 802.3 或以太网（第 2 版）帧的封装功能应满足以下原则：

a） 根据 Q.811 将 CLNP、ISIS 和 ESIS PDU 封装到 802.3 帧结构中，或进行解封装。

b） 根据 RFC 894 将 IP 分组封装到以太网（第 2 版）帧结构中，或进行解封装。

c） 根据 RFC 826 的地址解析协议将 IP 地址映射到以太网 MAC 地址中。

d） 根据 RFC 1122 中的 2.3.3 确定接收帧的结构类型，即：802.3 或以太网（第 2 版）。

8.7 网络层 PDU 的转发功能

网络层 PDU 的转发功能实现对网络层分组的转发，该功能应满足以下原则：

a) 根据 Q.811 转发 CLNP 分组；

b) 根据 RFC 791 转发 IPv4 分组；

c) 根据 RFC 2460 转发 IPv6 分组。

其中，支持 IPv6 的 IP 路由协议应能处理 IPv6 和 IPv4 地址。

8.8 网络层 PDU 互连功能

网络层 PDU 的互通功能可以保证运行在不同网络层协议上的两个相邻 DCF 功能之间实现通信。支持 IP 的 DCF 必须支持 OSI，以实现与相邻的只支持 OSI 的 DCF 通信。

8.9 网络层 PDU 封装功能

网络层 PDU 的封装功能是将一个网络层 PDU 封装到另一个网络层 PDU 中，或将其解封装。

根据 RFC 2784，采用通用路由封装(GRE)协议将 CLNP 分组作为净荷填充到 IP 帧结构中，同时其 IP 协议编号为 47(十进制)，DF(即：禁止分片)位置 0。根据 RFC 2784，GRE 包含一个以太网类型字段，以指示封装功能所采用的网络层协议。

根据 RFC 2784，采用 GRE 将 IP 分组作为 ISO/IEC 8473-1 中规定的 CLNP Data Type PDU 的数据净荷封装到 CLNS 帧中。其 NSAP 选择器的值为 47(十进制)，同时 SP(即：允许分片)位置 1，详细信息见 RFC3147。

8.10 网络层隧道功能

网络层 PDU 隧道功能是在支持相同网络层 PDU 的 2 个 DCF 之间提供了一条静态的隧道。对于已设置了 MTU 长度的隧道而言，如果 IP 分组长度大于 MTU 长度，且 DF 置位时，不能转发该 IP 分组，它将被丢弃。并且发送 ICMP 不可到达的错误消息返回给该分组的源端。

8.11 网络层路由功能

网络层路由功能对网络层分组进行路由。支持 OSI 路由的 DCF 应支持 ISO/IEC 10589 的 ISIS 协议。支持 IP 路由的 DCF 应至少支持一种动态路由协议，如集成 ISIS 协议(符合 RFC 1195 的规定)、OSPF 协议或其他 IP 路由协议。并支持静态路由配置功能。

8.12 IP 路由互连功能

具有 IP 路由互通功能的 DCF 应支持 RFC 1812 的路由过滤机制，使支持 2 种路由协议的网络可通过多个交换点实现连接。

8.13 将应用映射到网络层的功能

基于 IP 的 DCN 网络上可承载 IP 和 OSI 的应用，其中承载 IP 的应用应符合与 IP 相关的系列规范。对于承载 OSI 的应用，在基于 IP 的 DCN 上可通过 2 种方式实现：一种方式是将 OSI 应用映射到 IP 帧中，由第 4 层实现(该方式不在本部分规定的范围内)；另一种方式是将 OSI 应用映射到 IP 的第 3 层中，它应满足本部分 8.9 的规定。

8.14 MPLS PDU 到 ECC 数据链路层的封装功能

此功能是将 MPLS PDU 封装到 ECC 数据链路层的帧结构中，或将其解封装。当 ECC 接口的数据链路协议支持 PPP 时，应满足以下要求：

a) 发送端：

根据 RFC1661 将 MPLS 分组直接填充到 PPP 信息字段，同时按照 RFC3032 中 4.3 对 MPLS 单播的规定，应将 MPLS 协议值 0281(十六进制)填充到 PPP 协议字段中。

b) 接收端：

根据 RFC3032 中 4.3 对 MPLS 单播的规定，当 PPP 协议字段是 MPLS 协议值 0281(十六进制)时，接收端将其识别为 MPLS 分组。

8.15 MPLS PDU 到以太网帧的封装功能

此功能将 MPLS PDU 封装到 EthernetII 帧结构中，或将其解封装。该过程根据 RFC894 的规定实现，并按照 RFC3032 第 5 章 MPLS 单播的规定，其以太网类型值为 8847(十六进制)。

8.16 MPLS LSP 信令功能

MPLS LSP 信令功能提供了一组建立 MPLS LSP 所必需的信令消息类型，主要包括 Path 消息、Resv 消息、PathErr 或 ResvErr 消息、Srefresh 消息等，详细信令交互过程见 RFC 3209-RSVP-TE 和 RFC2961-RSVP-ORE 中的规定。

8.17 MPLS LSP 转发功能

MPLS LSP 转发功能根据 MPLS 标签和 NHLFE（即：RFC 3031 中的下一跳标签转发入口）将 MPLS 分组转发到出口。LSP 必须确保 MPLS 分组的转发次序。

8.18 MPLS LSP 通道计算功能

MPLS LSP 通道计算功能用来为一条单向的 LSP 计算通道。该功能应能为 2 条单向同宿的 LSP 计算通道，这 2 条通道不会经过同一节点或子网。

8.19 网络层分组到 MPLS 的封装功能

根据 RFC 3032 将网络层分组添加到 MPLS 标签堆栈中，或将其删除的过程。

8.20 MPLS 保护功能

MPLS 可提供保护功能，支持的主要保护类型如下：

a) 1+1 保护；

b) 1：1/m：n 保护；

c) 共享网状网保护；

d) 分组 1+1 保护等。

MPLS 的保护和倒换功能可按照 ITU-T Y.1720 的规定。

8.21 消息优先级(可选)

对于 MCN 和 SCN 的各种应用数据，应定义出明确的优先级别，以保证关键消息（如：用于恢复和建立连接的消息）的及时可靠地传送。DCN 设计要根据不同优先级转发，实现差异化服务。

9 DCN 网络性能

9.1 基本要求

在初始设计 ASON DCN 时，应充分考虑 DCN 自身的消息传送性能，以满足 ASON 业务性能要求。为保证 DCN 网络的有效通信，应从以下几方面对 DCN 的网络性能进行评估和检验。DCN 性能参数值的取定与网络规模、传送方式等因素密切相关，本部分不对具体指标要求进行规范。

9.2 网络性能参数

9.2.1 丢包率

丢包率是指网络设备因资源不足引起的包丢失率。表现了网络设备在超负荷情况下的转发能力。具体的指标应该考虑设备的具体实现方式。

9.2.2 时延

时延包括存储转发时延、快速转发时延和单跳传输时延：

a) 存储转发时延：指输入帧的最后一位到达输入端口到该帧的第一位出现在输出端口的时间间隔。

b) 快速转发时延：指输入帧的第一位到达输入端口到该帧的第一位出现在输出端口的时间间隔。

c) 单跳传输时延：指输出帧的第一位从输出端口发出到该帧的第一位到达下一跳的输入端口的时间间隔。

9.2.3 时延变化

时延变化是在一段较短的测量时间间隔内，最大时延与最小时延的差值。

9.2.4 **吞吐量**

吞吐量是指发送特定长度的数据包而不丢包的最大速率。具体的指标应该考虑设备的具体实现方式以及带宽分配。

9.2.5 **路由表容量**

路由表容量是指网络设备运行中可以容纳的路由数量。

9.2.6 **路由表收敛时间**

路由表收敛时间是指网络拓扑发生变化开始到整个网络路由表达到稳定的时间。它是一个衡量网络的路由收敛性能的指标。

9.2.7 **DCN 保护恢复时间**

DCN 保护恢复时间是指 DCN 出现故障到恢复正常通信的时间。

ICS 33.040.20
M 33

中华人民共和国国家标准

GB/T 21645.6—2009

自动交换光网络(ASON)技术要求 第6部分:管理平面

Technical requirements for automatically switched optical network—Part 6: Management plane

2009-09-30 发布

2009-12-01 实施

中华人民共和国国家质量监督检验检疫总局
中国国家标准化管理委员会 发布

前　言

GB/T 21645《自动交换光网络(ASON)技术要求》由以下部分组成：

——第1部分:体系结构与总体要求；

——第2部分:术语和定义；

——第3部分:数据通信网(DCN)；

——第4部分:信令；

——第5部分:路由；

——第6部分:管理平面；

——第7部分:自动发现。

本部分为GB/T 21645的第6部分。

本部分参考了ITU-T G.7718《ASON管理框架》(英文版)和ITU-T G.7718.1《与协议无关的控制平面管理信息模型》(英文版),以及TMF国际标准化组织有关自动交换光网络管理方面的建议和草案制定的。

本部分由中华人民共和国工业和信息化部提出。

本部分由中国通信标准化协会归口。

本部分负责起草单位:工业和信息化部电信研究院。

本部分参加起草单位:中国电信集团公司,华为技术有限公司,中兴通讯股份有限公司,武汉邮电科学研究院,上海贝尔阿尔卡特股份有限公司。

本部分主要起草人:王郁、张国颖、霍晓莉、石兴华、司昕、贾树刚、杨建华。

自动交换光网络(ASON)技术要求
第6部分:管理平面

1 范围

GB/T 21645 的本部分规定了自动交换光网络(ASON)管理平面技术要求,主要包括:ASON 管理框架、管理需求和 ASON 网元管理系统(EMS)技术要求。

本部分适用于 ASON 网元管理系统。

2 规范性引用文件

下列文件中的条款通过 GB/T 21645 的本部分的引用而成为本部分的条款。凡是注日期的引用文件,其随后所有的修改单(不包括勘误的内容)或修订版均不适用于本部分,然而,鼓励根据本部分达成协议的各方研究是否可使用这些文件的最新版本。凡是不注日期的引用文件,其最新版本适用于本部分。

GB/T 21645.1 自动交换光网络(ASON)技术要求 第1部分:体系结构和总体要求

YD/T 1289.2—2003 SDH 传送网网络管理技术规范——EMS 系统功能部分

ITU-T G.803 基于同步数字系列(SDH)的传送网体系结构

ITU-T G.872 光传送网网络结构

ITU-T G.7718 ASON 管理框架

ITU-T G.8080 自动交换光网络体系结构

3 缩略语

下列缩略语适用于本部分。

ASON	Automatically Switched Optical Network	自动交换光网络
BoD	Bandwidth on Demand	带宽按需分配
CC	Connection Controller	连接控制器
CF	Control Plane Function	控制平面功能
CP	Control Plane	控制平面
CTP	Connection Termination Point	连接终端点
DA	Discovery Agent	发现代理
DCC	Data Communications Channel	数据通信通路
EMS	Element Management System	网元管理系统
E-NNI	External Network-Network Interface (reference point)	外部网络-网络接口(参考点)
I-NNI	Internal Network-Network Interface (reference point)	内部网络-网络接口(参考点)
LCAS	Link Capacity Adjustment Scheme	链路容量调整机制
LRM	Link Resource Manager	链路资源管理器
MCN	Management Communication Network	管理通信网
MP	Management Plane	管理平面
NE	Network Element	网元
NEF	Network Element Function	网元功能
NMS	Network Management System	网络管理系统

OSF	Operations System Function	操作系统功能
OVPN	Optical Virtual Private Network	光虚拟专用网络
PBS	Provided Bandwidth Service	指配带宽业务
PC(1)	Permanent Connection	永久连接
PC(2)	Protocol Controller	协议控制器
PTP	Physical Termination Point	物理终端点
RA	Routing Area	路由区
RC	Routing Controller	路由控制器
SC	Switched Connection	交换连接
SCN	Signalling Communications Network	信令通信网络
SDH	Synchronous Digital Hierarchy	同步数字系列
SNCP	SubNetwork Connection Protection	子网连接保护
SNP	SubNetwork Point	子网点
SNPP	SubNetwork Point Pool	子网点池
SPC	Soft Permanent Connection	软永久连接
SRG	Shared Risk Group	共享风险组
TAP	Termination and Adaptation Performer	终端和适配执行器
TF	Transformation Function	转换功能
TMF	Telecommunications Management Forum	电信管理论坛
TMN	Telecommunications Management Network	电信管理网
TNA	Transport Assigned Address	传送网分配地址
TP	Termination Point	终端点
UNI	User Network Interface	用户网络接口
UNI-C	User-Network Interface-Client	UNI 客户侧
UNI-N	User-Network Interface-Network	UNI 网络侧
WSF	Workstation Function	工作站功能

4 ASON 管理框架

4.1 ASON 网络管理与 TMN 结构之间的关系

在 ASON 中,控制平面功能(CF)是由控制平面元件提供的。在控制平面内允许操作系统功能(OSF)与控制平面元件之间进行交互,并可以配置控制平面。同时,控制平面可以与网元功能(NEF)进行交互,并支持控制单元之间的交互。因此,ASON 管理平面可以看作是 TMN 功能的扩展,如图 1 所示。

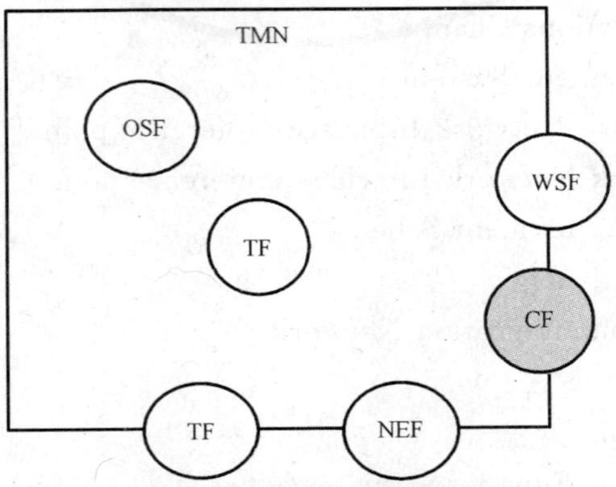

图 1 TMN 功能块结构

图 1 中增加了 CF 模块，说明本标准主要关注的是控制平面功能。通常情况下，CF 功能模块可以看作是 NEF 功能模块的一部分。

4.2 ASON 管理体系结构

4.2.1 ASON 各功能实体之间在管理上的关系

ASON 由控制平面、传送平面和管理平面组成。根据 ITU-T G.7718 建议，三者在管理上的交互关系如图 2 所示，其中数据通信网(DCN)为三者之间的管理信息交互提供了传送通道。

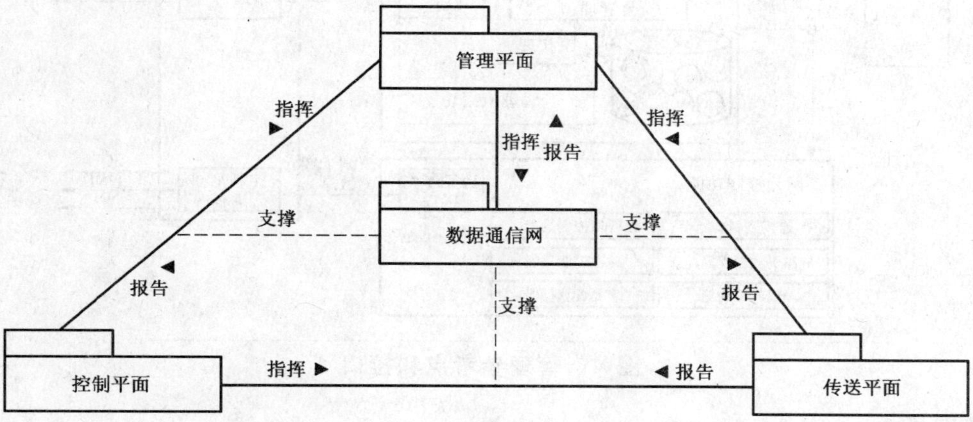

图 2　ASON 各功能实体之间在管理上的关系

4.2.2 ASON 管理参考点

ASON TMN 管理参考点如图 3 所示，其中 CF 与 OSF 之间为 q 参考点。

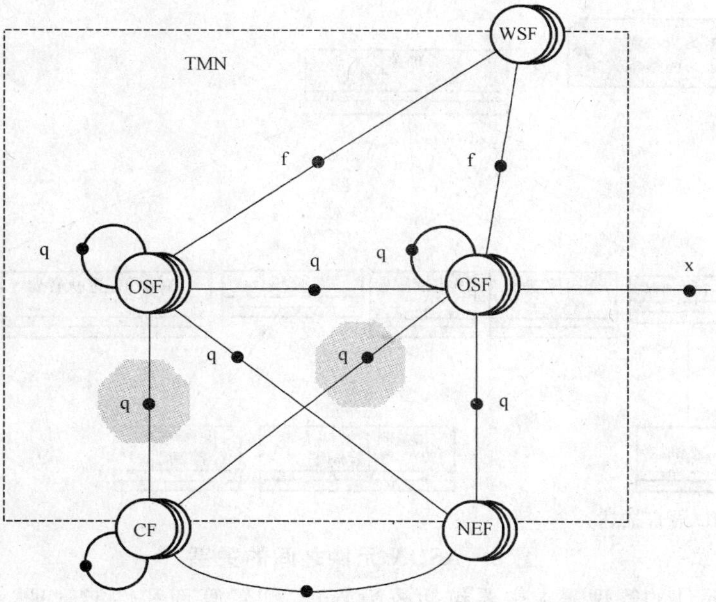

图 3　ASON 管理参考点

4.2.3 具有控制平面功能的网元功能

通过设备管理功能(EMF)实现网管系统或其他外部实体与网元功能(NEF)之间的交互。NE 内部的 EMF 单元如图 4 所示。但图 4 中说明的内容不是 NEF 包含的全部功能。

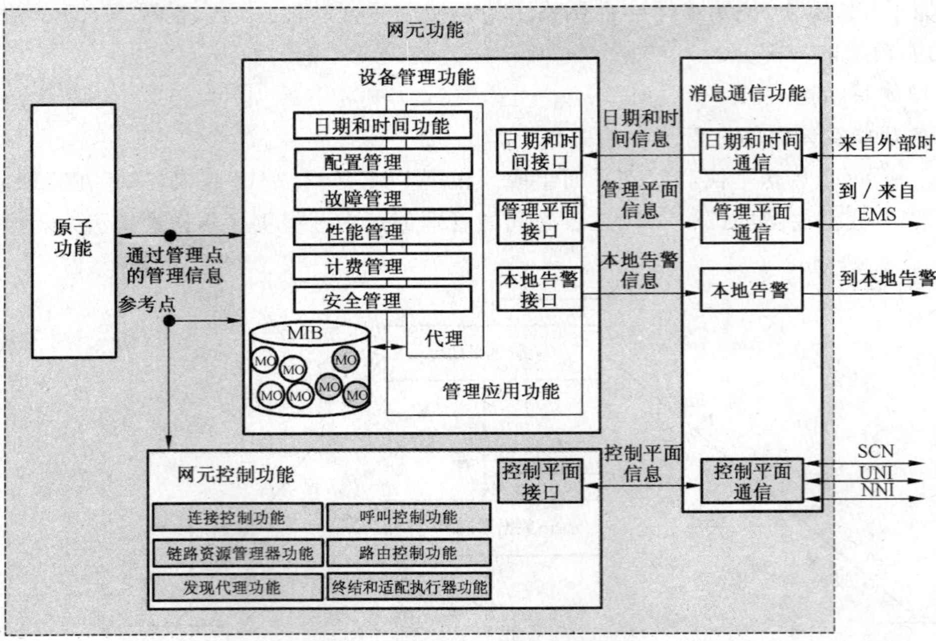

图 4 管理参考点和接口

5 ASON 管理需求

5.1 ASON 控制平面元件

ASON 控制平面抽象元件包括链路资源管理器（LRM）、协议控制器（PC）、连接控制器（CC）、路由控制器（RC）、主叫/被叫呼叫控制器、网络呼叫控制器、终端和适配执行器（TAP）、发现代理（DA）。图 5描述了这些抽象元件之间的关系。

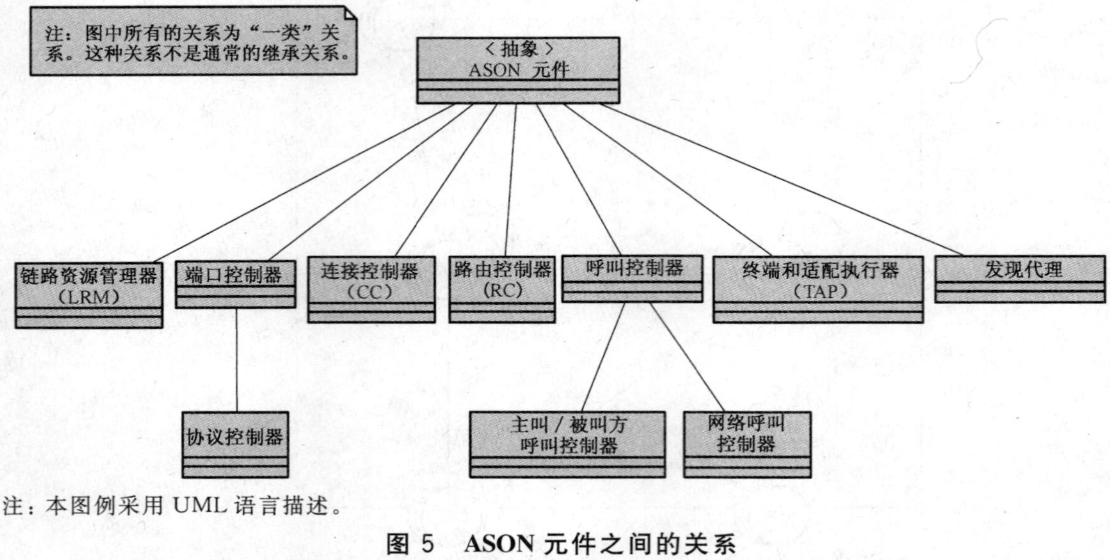

注：本图例采用 UML 语言描述。

图 5 ASON 元件之间的关系

ASON 控制平面元件的管理需求主要包括故障管理、配置管理和性能管理，对于计费管理和安全管理的需求待研究。

5.2 与控制相关的 ASON 服务

与 ASON 控制相关的服务是指由单独的 ASON 元件，经由其外部接口提供的服务（在 G.8080 中这些接口称作输入接口）。与 ASON 控制相关的服务是通过特定的服务接口来提供和使用的。ASON 参考点通常涉及一系列的服务。定义与 ASON 控制相关的服务，有助于明确信令、路由等需求对抽象元件的影响。

根据 ITU-T G.7718 建议，图 6 给出了与 ASON 控制相关的一组可选服务。

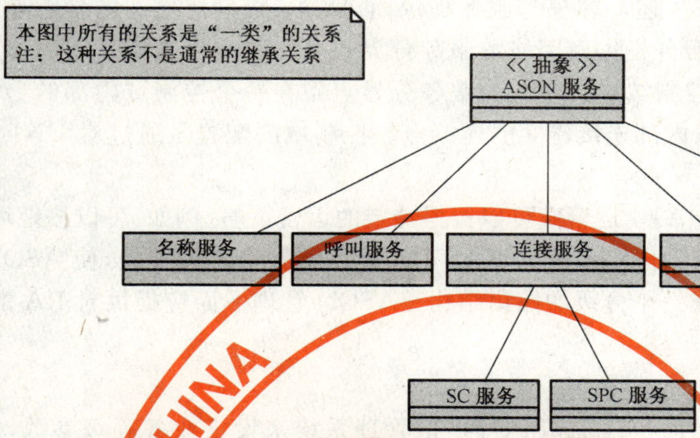

注：本图例采用 UML 语言描述。

图 6　与 ASON 控制相关的服务

ASON 服务对象具备下列特性：

a）　所有的 ASON 服务对象应支持使能和禁用服务的操作。

b）　无论是否提供其他 ASON 服务，发现服务可能用于自动的拓扑配置。因此发现服务和协议对象应不依赖于其他的 ASON 服务。

c）　ASON 呼叫服务主要同呼叫允许控制策略相关。

d）　ASON 连接服务主要与连接允许控制相关。

e）　所有的 ASON 协议对象应支持使能和禁用协议的操作。

5.3　控制平面传送资源标识

管理平面将网络看作由一系列的节点（或子网）和链路组成。与之对应，在控制平面的网络视图中，节点是控制节点或路由区，链路是 SNPP 链路。由于控制平面所使用的名称空间与管理平面所使用的名称空间不同，因此管理系统需要具有控制平面的传送资源标识。

同一传送资源应具有管理平面标识和控制平面标识，并且互相关联，实现管理空间中的名称与控制空间中的名称之间的相互映射。例如：SNP 与 CTP 之间的映射，如图 7 所示。另外，共享风险组（SRG）属性可以应用在路径、SNP 链路连接和 SNPP 链路上。

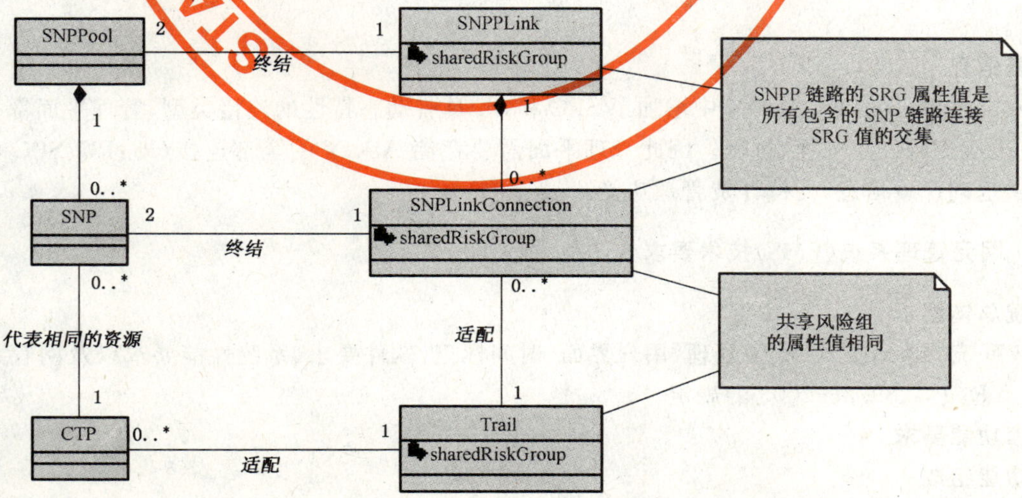

图 7　ASON 定义的传送资源

5.4 控制域和路由区

ASON 引入了控制域的概念，控制域与管理域类似，它是控制平面元件的集合。ASON 控制域内部和控制域之间的接口通过参考点来描述。客户与服务提供商 ASON 控制域之间的参考点是用户—网络接口(UNI)，表示了一个客户到服务提供商网络的服务分界点。ASON 控制域之间的参考点为外部网络接口(E-NNI)，表示了支持多控制域连接建立的服务分界点。在一个控制域内部的参考点为内部网络接口(I-NNI)，表示支持控制域内部连接建立的连接点。控制域的配置是通过对 UNI 和 E-NNI 接口的配置操作实现的。

控制域可以划分为多个路由区(RA)。运营商可以根据特定的运营策略(例如：可以按地域、行政管理、技术等策略)将网络分割成用于提供选路业务的 RA。RA 提供选路信息的抽象，使 ASON 网络具有可扩展性。RA 可以分级包含，构成一个分级的路由结构。ASON 管理平面应提供对 RA 的建立、查询、重新划分等管理能力。

5.5 保护与恢复

首先，ASON 支持连接的保护能力。当建立 SPC 时，由管理系统来设定业务等级参数，从而决定 SPC 是否需要保护。当一条具有保护的 SPC 被建立，就会通知管理系统所要求的服务分类参数已经得到满足，并且可以通过控制平面查询保护连接的保护状态信息。此外，出于网络维护的目的，运营者可以手工或强制指定工作通道。可以通过改变已建立 SPC 的服务参数来修改 SPC 的保护类型。

穿越 ASON 域的连接其保护终端点可能位于 ASON 域外部。在这种情况下，连接在 ASON 域内必须符合特定的路由约束条件，即在 ASON 域内部的 2 条连接必须互相分离，但又不是完全独立的。

其次，ASON 网络具备连接的自动恢复能力。ASON 网络可以提供不同的恢复机制，例如预计算或动态重路由恢复连接的路由。在动态重路由恢复的情况下，只有在故障发生以后才开始计算并激活恢复路径，此时受影响的连接是以尽力而为的方式进行恢复的。当管理平面创建 SPC 时，可以用服务等级来指定所使用的恢复机制。

在恢复过程中，当网络中的故障清除后，需要了解连接是否已经返回初始路由以及是如何返回的。恢复和返回机制的选择取决于运营商的策略。例如：ASON 网络中已恢复的连接采用的是非返回方式、自动返回方式、或人工返回(经操作者确认后返回)。其中，管理平面参与的人工返回方式需要管理平面跟踪连接恢复状态。

5.6 数据通信网(DCN)

ASON 网络所应用的 DCN 包括管理通信网(MCN)和信令通信网(SCN)2 部分，用于支持 ASON 管理平面通信和控制平面通信。作为 ASON 体系结构的组成部分，管理平面需要反映出 DCN 当前的通信状态。

5.7 计费信息

与传统光传送网相比，ASON 中增加了 SPC 和 SC 具有动态特性的连接类型，管理平面部分参与或不参与上述连接的创建/删除过程。因此管理平面需要存储 ASON 的全部连接(即：PC、SPC 和 SC)信息，以提供基础计费信息，支持计费管理功能。

6 ASON 网元管理系统(EMS)技术要求

6.1 系统总体要求

EMS 系统的接入方式、故障处理、用户界面、时间标记、软件要求、系统性能要求以及网管系统保护的要求见 YD/T 1289.2—2003 的规定。

6.2 管理功能要求

6.2.1 功能组成

根据 ASON 体系结构，ASON EMS 管理主要分为传送平面管理、控制平面管理和数据通信网管理 3 部分，并提供配置管理、故障管理、性能管理、计费管理和安全管理功能，如图 8 所示。

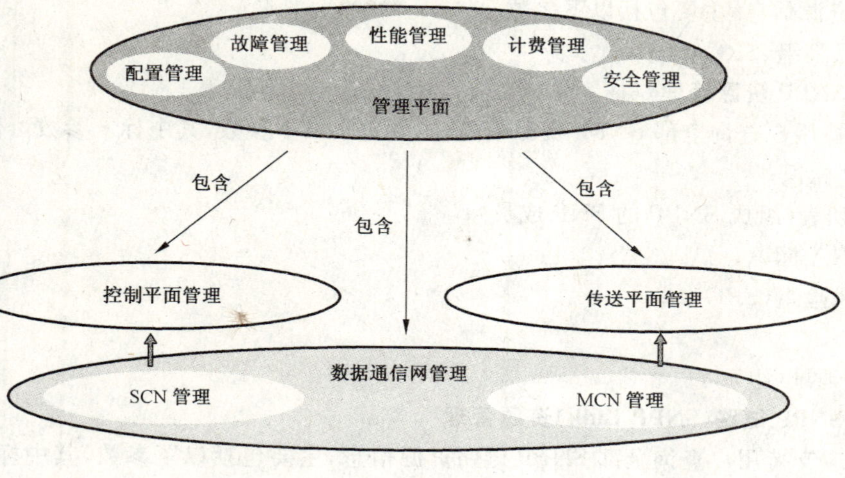

图 8 **ASON 管理功能组成示意图**

6.2.2 传送平面管理功能

ASON 是在传统传送网功能的基础上增加了控制平面功能，在管理结构上具有其自身特点。ASON 网元可以理解为一种特殊的传送网网元，在具有全部传统传送网网元功能的同时，具有智能控制功能。因此，ASON EMS 管理功能应包含传统传送网的管理功能，即：传送平面管理功能。ASON EMS 的传送平面管理部分应与传统网络管理规范保持一致。

ASON 传送平面包括 ITU-T G. 803 定义的 SDH 传送网络、ITU-T G. 872 定义的光传送网络(OTN)等。基于 SDH 的 ASON 传送平面管理功能要求（包含 PC 管理功能）应符合 YD/T 1289. 2—2003 的规定。基于 OTN 或其他传送技术的 ASON 传送平面管理功能要求待研究。

6.2.3 控制平面管理功能

6.2.3.1 配置管理

6.2.3.1.1 资源管理

资源管理主要是指 ASON 控制平面中的传送资源管理，包括传送资源划分、SNP 资源、SNP 链路连接资源、SNPP 资源和 SNPP 链路资源等的管理功能。

6.2.3.1.1.1 传送资源划分

a) EMS 应能为控制平面分配和删除传送资源，并区分资源控制权归属于哪个平面（管理平面或控制平面）；

b) EMS 应能禁止控制平面使用特定的传送资源；

c) EMS 应支持资源控制权的再分配功能，例如：由管理平面（或控制平面）控制的空闲资源可划分给控制平面（或管理平面）控制。

6.2.3.1.1.2 SNP 资源管理

a) ASON 控制平面定义的 SNP 对应于传送平面定义的 CTP。EMS 应支持为控制平面分配或删除传送资源，即：为连接终端点（CTP）分配 SNP 标识。支持通过自动方式或手工方式完成 SNP 与 CTP 的绑定，并支持多个 CTP 到多个 SNP 的批量绑定功能。

b) EMS 应支持用户查询全部 SNP 资源信息，主要包括以下参数，其中标 * 参数可作配置和修改：

——SNP 标识；

——对应的 CTP 名称；

——TNA 地址*。

6.2.3.1.1.3 SNP 链路连接（SNP Link Connection）资源管理

当相关 CTP-CTP 链路连接指配给控制平面时，便形成 SNP 链路连接。EMS 应支持用户查询全部

SNP 链路连接资源信息，主要包括以下参数：

——共享风险组(SRG)。

6.2.3.1.1.4 **SNPP 资源管理**

EMS 应支持用户查询全部 SNPP 资源信息，主要包括以下参数，其中标 * 参数可作配置和修改：

——SNPP 标识；

——SNP 列表(组成 SNPP 的 SNP 成员)；

——所属 RA 标识；

——共享风险组(SRG)*；

——方向；

——TNA 地址(组)*。

6.2.3.1.1.5 **SNPP 链路(SNPP Link)资源管理**

a) EMS 应支持用户查询全部 SNPP 链路资源信息，主要包括以下参数，其中标 * 参数可作配置和修改：

——SNPP 链路名称；

——SNPP 链路 A 端标识(SNPP 标识)；

——SNPP 链路 Z 端标识(SNPP 标识)；

——SNPP 链路 A 端 RA 标识，空时表示未指定或为 E-NNI 接口、UNI 接口；

——SNPP 链路 Z 端 RA 标识，空时表示未指定或为 E-NNI 接口、UNI 接口；

——SNPP 链路列表(成员链路标识、每成员链路的层速率信息)；

——SNPP 链路容量；

——可用链路容量；

——共享风险组(SRG)*；

——方向(单向/双向)；

——代价*；

——链路发现方式(自动发现/人工配置)；

——链路可用性(操作状态可用/不可用)*；

——链路类型(包括 UNI、I-NNI、内部 E-NNI、外部 E-NNI 和未知类型，其中外部 E-NNI 表示在 EMS 管理域边界上的链路)*；

——链路保护属性(例如：1+1MSP 等)*；

——信令控制器 ID；

——信令协议是否使能；

——信令协议类型；

——信令参数。

b) EMS 应支持为 SNPP 链路资源分配共享风险组(SRG)，并支持为一条 SNPP 链路指配多个 SRG。

c) EMS 应支持查询 SNPP 链路资源与传送平面 CTP/PTP 之间的映射。

6.2.3.1.1.6 **传送资源配置信息更新**

EMS 应能及时反映传送资源配置信息的变化，当控制平面管理的传送资源配置发生改变时，EMS 应能正确接收控制平面上报的配置更新信息，与传送资源配置信息变化相关的通知事件包括：

——SNPP 的创建/删除；

——SNPP Link 的创建/删除；

——SNPP 资源容量的增加/减少；

——SNPP Link 资源容量的增加/减少。

6.2.3.1.1.7 资源统计分析

EMS应对其所辖资源的使用情况进行统计分析,包括:

——SNPP链路资源的最大带宽;

——SNPP链路资源实际占用/空闲带宽;

——SNPP链路实际占用时隙情况等。

6.2.3.1.1.8 传送资源信息同步

EMS应支持与网元控制平面之间的传送资源数据的信息同步,包括手工和自动同步方式,并能查询详细的同步信息,包括信息不一致的内容。

6.2.3.1.2 接口管理

6.2.3.1.2.1 UNI接口管理

a) 为SNPP链路配置接口模式,即UNI-C/UNI-N;

b) 配置、修改和查询SNPP链路的本端和远端SNPP标识;

c) 为SNPP链路本端分配UNI接口协议,包括信令协议、发现协议等;

d) 为连接UNI-C和UNI-N之间的一条或多条SNPP链路分配TNA地址;当一个TNA对应多条SNPP链路时,EMS应为SNPP链路指定逻辑端口标识符,并支持配置UNI-C和UNI-N逻辑端口标识符之间的映射关系;

e) 配置、修改和查询信令协议类型、版本号,以及与具体信令协议相关的参数列表,例如:RSVP信令使能(rsvpSignallingEnabled)、RSVP重启(rsvpGracefulRestart)等;

f) 配置、修改和查询自动发现协议类型、版本号,以及与具体发现协议相关的参数列表,例如:发现服务使能/禁止(enable/disableDiscoveryService)等(可选)。

6.2.3.1.2.2 I-NNI接口管理

a) 修改和查询SNPP链路两端的信令协议类型、版本号,以及与具体信令协议相关的参数列表,例如:RSVP信令使能(rsvpSignallingEnabled)、RSVP重启(rsvpGracefulRestart)等;

b) 修改和查询SNPP链路两端的路由协议类型、版本号,以及与具体路由协议相关的参数列表,例如:OSPF管理状态(OSPFAdminState)、OSPF路由标识(OSPFRouterId)等;

c) 查询路由协议的邻居信息,例如:OSPF邻居状态(ospfNeighbourState)、OSPF邻居标识(ospfNeighbourId,即:邻居OSPF Router ID)、OSPF邻居IP地址(ospfNeighbourIPAddress)等;

d) 修改和查询SNPP链路两端的自动发现协议类型、版本号,以及与具体发现协议相关的参数列表,例如:发现服务使能/禁止(enable/disableDiscoveryService)等。

6.2.3.1.2.3 E-NNI接口管理

a) 配置、修改和查询SNPP链路的本端和远端SNPP标识;

b) 配置、修改和查询由本端SNPP标识和远端SNPP标识构成的SNPP链路;

c) 为SNPP链路本端分配E-NNI接口协议,包括信令协议、路由协议和发现协议等;

d) 配置、修改和查询信令协议类型、版本号,以及与具体信令协议相关的参数列表,例如:RSVP信令使能(rsvpSignallingEnabled)、RSVP重启(rsvpGracefulRestart)等;

e) 配置、修改和查询SNPP链路的路由协议类型、版本号,以及与具体路由协议相关的参数列表,例如:OSPF管理状态(OSPFAdminState)、OSPF路由标识(OSPFRouterId)等;

f) 查询路由协议的邻居信息,例如:OSPF邻居状态(ospfNeighbourState)、OSPF邻居标识(ospfNeighbourId,即:邻居OSPF Router ID)、OSPF邻居IP地址(ospfNeighbourIPAddress)等;

g) 配置、修改和查询自动发现协议类型、版本号,以及与具体发现协议相关的参数列表,例如:发现服务使能/禁止(enable/disableDiscoveryService)等(可选)。

6.2.3.1.3 路由区管理

6.2.3.1.3.1 **RA 建立**

EMS 应支持 RA 的建立，并将控制平面组件分配到适当的 RA 和路由等级中。在建立 RA 时，EMS 应支持设置以下参数：

——RA 标识；

——RA 等级标识(多级 RA 适用)；

——级 RA 标识：该 RA 的上级 RA(多级 RA 适用)；

——下级 RA 标识：该 RA 的下级 RA(多级 RA 适用)；

——RA 内部路由节点(Node Id)；

——RA 内部路由协议；

——RA 内部 SNPP 链路；

——RA 内部抽象链路(多级 RA 适用)(可选)。

6.2.3.1.3.2 **RA 查询和显示**

a) EMS 应支持查询其所辖 RA 属性信息，主要包括：

——RA 标识：表示 RA 的控制平面名称；

——RA 等级：多级 RA 层次，包括上级 RA、下级 RA 等(多级 RA 适用)；

——RA 内部路由节点(Node Id)；

——RA 内部路由协议；

——RA 内部 SNPP 链路；

——RA 内部抽象链路(多级路由区适用)(可选)；

——是否为重路由域(可选)。

b) EMS 应支持查询所辖 RA 内全部 SNPP 和 SNPP 链路资源信息。

c) EMS 应支持查询给定 RA 下级的 RA 及其属性。

d) EMS 应提供分级的控制域视图显示和查询，可实时显示多级 RA 及 RA 之间的拓扑变化，详细信息见 6.2.3.1.4。

6.2.3.1.3.3 **RA 再分配(可选)**

a) EMS 应支持对 RA 进行拆分和聚合；

b) EMS 应支持对 RA 等级的重新配置。

6.2.3.1.3.4 **RA 通知上报**

EMS 应能接收控制平面上报的 RA 通知，并支持实时的显示和查询。支持的通知类型包括：

——RA 建立成功通知；

——RA 建立失败通知，应包括 RA 创建失败的原因；

——RA 属性改变通知，应包括改变的属性信息。

6.2.3.1.4 发现管理

6.2.3.1.4.1 邻居发现管理

a) EMS 应能激活/去激活网元控制平面的自动邻居发现功能。

b) EMS 应能查询当前邻居发现的进程，包括以下参数信息：

——层邻居发现状态(LadStatus)：表示发现进程的当前状态；

——远端端点(RemoteEndPoint)：表示与本 TTP 相连的远端 TTP。

c) 当控制平面不使用邻居发现功能时，EMS 应能够通过人工方式配置节点所需要的邻接信息，并且 EMS 应能区分配置信息和发现信息。

6.2.3.1.4.2 拓扑视图管理

EMS 应支持控制平面拓扑视图的显示和查询，主要包括以下信息：

a) EMS应支持显示和查询所辖区域内全部路由节点和SNPP链路信息；

b) EMS应支持分层显示多级RA视图、可查询每级RA内部路由节点、SNPP链路和域间SNPP链路信息；

c) EMS应支持控制平面拓扑视图的实时显示，拓扑视图应能实时反映域内和域间拓扑的变化，主要包括：路由节点、域内和域间的SNPP链路、多级RA，及RA之间的拓扑变化；

d) EMS应支持在控制平面拓扑视图中实时显示告警状态，主要包括路由节点、路由区内部和域间的SNPP链路的告警状态；

e) EMS应能向控制平面查询拓扑信息，并对所有拓扑信息进行存储和备份。

6.2.3.1.4.3 拓扑更新通知上报

在控制平面拓扑发生变化时，EMS应能够收到控制平面上报的拓扑更新通知，并在拓扑视图上实时显示，通知类型包括：

——节点增加/删除通知；

——节点属性改变通知；

——链路增加/删除通知；

——链路属性改变通知；

——链路错连通知。

6.2.3.1.5 呼叫和连接管理

6.2.3.1.5.1 呼叫建立

a) EMS应支持建立一个点到点呼叫，呼叫可以包含0条、1条或多条连接，并可以跨越一个或多个RA。

b) 由EMS发起的呼叫建立请求中，用户应能指配以下参数信息：

——用户名称；

——呼叫名称；

——呼叫源、宿节点和端口标识(SNP、SNPP)；

——呼叫源、宿节点TNA地址和逻辑端口标识符(对于跨域的呼叫)；

——呼叫参数(例如：降质门限、严重降质门限等)；

——业务等级参数；

——分集约束：呼叫中所包含连接的节点分离、链路分离或SRG分离等特性；

——呼叫告警上报指示(激活、未激活)；

——分集策略是否尽力而为；

——其他附加信息。

c) 建立呼叫时，可以同时指定此呼叫下建立的连接列表，每一连接包括如下信息：

——连接标识；

——层速率；

——源、宿节点和端口标识，可以包括SNPP、SNP等；

——方向性；

——保护恢复特性(保护恢复等级，业务返回方式等)；

——路由约束；

——连接优先级(可选)。

d) EMS应能提示给用户呼叫建立的结果(成功/失败)。当呼叫建立失败时，应能提示用户呼叫失败的原因。

6.2.3.1.5.2 呼叫释放

a) EMS应支持释放一个点到点呼叫，即删除一个呼叫和它所包含的全部连接。由EMS发起的

呼叫释放请求中,用户应能指配以下参数信息:

——呼叫标识。

b) EMS应能提示给用户呼叫释放的结果(成功/失败)。当呼叫释放失败时,应能提示用户呼叫失败的原因,以及尚未删除的连接列表等信息。

6.2.3.1.5.3 **呼叫修改**

a) EMS应支持修改一个已建立的呼叫的部分信息,包括呼叫的用户名称、附加信息等;

b) EMS应支持在一个已经建立的点到点呼叫中增加和删除与此呼叫关联的一条或多条连接。增加和删除连接的具体要求,见6.2.3.1.5.5和6.2.3.1.5.6;

c) EMS可以支持修改呼叫的带宽信息;(可选)

d) EMS应能提示给用户呼叫修改的结果(成功/失败)。当呼叫修改失败时,应能提示用户呼叫修改失败的原因。

6.2.3.1.5.4 **呼叫查询**

a) EMS应支持用户查询已建立的呼叫信息,这些呼叫可以是EMS建立的,也可以是通过UNI接口由客户直接建立的。呼叫查询应包括以下信息:

——呼叫标识:呼叫的唯一标识,由控制平面分配;

——用户名称;

——呼叫名称;

——呼叫建立时间;

——呼叫源、宿节点和端口标识(SNP、SNPP);

——呼叫源、宿节点TNA地址和逻辑端口标识符(对于跨域的呼叫);

——呼叫参数,例如:降质门限、严重降质门限、业务等级(应与保护恢复相对应)、业务等级的相关参数等;

——呼叫状态(可选):创建中、已建立—正在使用、已建立—正在使用/创建中、已建立—失效/未成功恢复、已建立—失效/恢复中、已建立—降质、已建立—严重降质、建立—降质/恢复中、已建立—严重降质/恢复中;

——呼叫建立的连接类型(SC、SPC,即:原始发起者控制平面、管理平面);

——分集约束:呼叫中所包含连接的节点分离、链路分离或SRG分离等特性;

——分集策略是否尽力而为;

——链路多样性冲突列表;

——节点多样性冲突列表;

——此呼叫所包含的连接列表,每一连接包括如下信息:

- 连接标识;
- 用户名称;
- 连接类型:SPC、SC;
- 层速率;
- 方向性;
- 保护恢复特性(保护恢复类型、业务返回方式等);
- 连接的实际路径、保护/恢复路径的详细信息,具体包括:源、宿节点和端口标识,可以包括PTP/CTP、SNPP/SNP、TNA等;

——呼叫告警上报指示(激活、未激活);

——呼叫告警严重等级描述;

——其他附加信息。

b) EMS应支持根据不同条件查询呼叫:

——查询全部呼叫列表以及与每一呼叫关联的单域/跨域的连接；
——查询与一条连接相关的 RA 列表；
——指定 TP/SNPP/TNA 查询所关联的呼叫。

6.2.3.1.5.5 连接建立

a) EMS 应支持在一个已建立的点到点呼叫中，增加一条或多条连接(SPC)。EMS 发起的连接建立请求中应能指配以下参数信息：
——呼叫 Id；
——建立的与此呼叫关联的连接参数，每一连接应包含如下参数：
- 连接标识；
- 用户名称；
- 层速率；
- 源、宿节点和端口标识，可以包括 SNPP、SNP 等；
- 方向性；
- 保护恢复特性(保护恢复等级、业务返回方式、保护或恢复路由的约束条件、保护倒换参数 WTR 等)；
- 路由约束；
- 连接优先级(可选)；
- 连接告警上报指示(激活、未激活)；
- 连接告警严重等级描述；

b) EMS 应支持连接的批量建立；
c) EMS 应能提示给用户连接建立的结果(成功/失败)；当连接建立失败时，应能提示用户失败的原因。

6.2.3.1.5.6 连接删除

a) EMS 应支持在一个已建立的点到点呼叫中，删除一条或多条连接。EMS 发起的呼叫修改请求中应能指配以下参数信息：
——呼叫标识；
——被删除的连接列表(以连接标识表示)。
b) EMS 应支持连接的批量删除。
c) EMS 应能提示给用户连接删除的结果(成功/失败)。当连接删除失败时，应能提示用户失败的原因，以及尚未删除的连接列表等信息。

6.2.3.1.5.7 连接查询和显示

a) EMS 支持查询连接的属性和状态信息，包括：
——连接标识；
——用户名称；
——源、宿节点和端口标识；
——源、宿 TNA 地址和逻辑端口标识符(对于跨域的连接)；
——方向；
——连接类型：PC、SPC、SC；
——层速率；
——连接的初始路径、当前工作路由、保护/恢复路径的详细信息；
——保护恢复特性(保护恢复等级、业务返回方式等)；
——连接优先级(可选)；
——连接状态：表示资源是否被占用，包括创建中、已建立、非控制平面连接；

——连接告警上报指示(激活、未激活);

——连接的告警严重等级描述;

——连接经过的RA名称;

——连接建立时间;

——其他附加信息。

b) EMS应能显示连接的工作和保护路由的网络拓扑,并能反应连接的当前工作状态,包括已建立/创建中、保护恢复状态、告警状态等。

c) EMS应支持在多域网络中实现SPC和SC连接的端到端管理功能,支持查询跨域连接的端到端信息,并应明确该连接经过的RA,支持文本和图形方式显示连接路由。(可选)

6.2.3.1.5.8 连接的保护恢复管理

EMS应支持以下连接保护恢复管理功能:

a) EMS应支持发起连接(SPC、SC)的软重路由操作,并支持设置软重路由切换的期望路由。

b) EMS应支持发出连接(PC、SPC、SC)的保护倒换命令(可选):

——强制保护倒换;

——人工保护倒换;

——保护锁定;

——保护倒换清除。

c) 对于动态重路由连接,EMS应支持恢复属性的设置,例如:连接重路由尝试次数等。

d) EMS应支持查询连接(PC、SPC、SC)的保护恢复状态等信息,并可显示出通道拓扑。

e) EMS应支持对SPC保护恢复属性的在线修改功能,包括返回方式、保护恢复类型、保护倒换参数等(可选)。

6.2.3.1.5.9 PC到SPC的连接类型转换(可选)

a) EMS应支持PC到SPC的转换,在转换过程中与该PC相关的传送资源被分配给控制平面,且不会造成业务中断。

b) EMS应能提示给用户连接迁移的结果(成功/失败)。当转换失败时,应能提示用户连接迁移失败的原因。

6.2.3.1.5.10 呼叫和连接信息同步

EMS支持与控制平面之间的呼叫和连接信息同步,获取所辖的全部呼叫和连接信息。

6.2.3.1.5.11 呼叫和连接通知上报

所有的呼叫和连接操作结果,都应上报呼叫和连接通知。EMS应支持接收NE上报的呼叫和连接通知消息,并对呼叫和连接通知消息进行显示和存储。通知消息包括:

a) 呼叫建立成功通知;

b) 呼叫删除成功通知;

c) 呼叫请求失败通知(包括呼叫建立、释放、修改等请求):应包含呼叫请求失败的原因);

d) 建立连接成功通知:应包括呼叫标识和建立的与此呼叫关联的连接参数;

e) 删除连接成功通知;

f) 连接重路由成功通知;

g) 连接请求失败通知(包括连接建立、删除、重路由等请求):应包含连接请求失败的原因。

6.2.3.1.5.12 呼叫和连接信息永久存储

EMS支持对当前和已经删除的呼叫和连接的信息进行永久存储。

6.2.3.2 故障管理

管理平面应提供针对控制平面的故障管理功能。对控制平面的异常运行情况进行实时监视,完成对告警事件的监视、报告和存储;完成故障诊断、故障定位等功能,EMS通用故障管理功能应满足

YD/T 1289.2—2003 中的规定。另外，控制平面故障管理还应满足以下要求：

a) 与控制平面相关的告警原因包括：

——控制信道失效；

——控制平面元件失效（可选）；

——光纤错连。

b) EMS 应支持 SC 和 SPC 连接的端到端告警管理，主要包括：

1) 连接的端到端告警显示、查询和告警统计等。其中，通过 EMS 应能查询与指定连接相关的全部控制平面的告警。

2) 支持 SPC/SC 连接的告警统计。

3) EMS 应支持的端到端连接告警类型包括：

——连接失效；

——连接性能劣化：误码率劣化；

——呼叫业务 LCAS 降质：对于采用虚级联的呼叫业务，当所包含的连接中，失效的连接数量等于或超过降质门限，并且未到达严重降质门限；

——呼叫业务 LCAS 严重降质：对于采用虚级联的呼叫业务，当所包含的连接中，失效的连接数量等于或超过严重降质门限；

——连接保护恢复等级降低：连接的保护恢复等级由于网络故障、资源不足等原因无法得到支持，只能降级使用。

6.2.3.3 性能管理

管理平面应提供针对控制平面的性能管理功能。性能管理最基本的功能是完成对控制平面的性能监视，收集控制平面当前和历史性能数据，并支持性能越限告警（TCA）的上报等功能。EMS 通用性能管理功能应满足 YD/T 1289.2—2003 中 6.1.5 的规定。另外，控制平面性能管理还应满足以下要求：

a) 与控制平面相关的主要性能参数包括：

1) 呼叫性能参数

——呼叫建立/删除/修改成功次数（可选）；

——呼叫建立/删除/修改失败次数（可选）；

——呼叫请求率（到达率）（可选）：单位时间内呼叫建立请求的数量；

——呼叫保持时间（可选）：指从呼叫建立到呼叫删除的时间；

——呼叫保持率（可选）：用呼叫的平均保持时间乘以请求率表示，以爱尔兰（Erlang）为单位；

——呼损（可选）：指定时间段内，呼叫建立请求失败次数与总的呼叫建立请求次数的比值。

2) 连接（SC/SPC）性能参数

——连接发生的重路由次数；

——连接发生 CrankBack 的次数；

——连接建立/删除/修改成功次数（可选）；

——连接建立/删除/修改失败次数（可选）；

——连接发生的保护倒换次数（可选）。

b) EMS 应支持基于节点或全网对以上性能参数进行统计。

c) EMS 应支持 SPC/SC 连接的端到端性能管理，主要包括：

连接的端到端性能监视、查询和性能统计分析等功能。其中，通过 EMS 应能查询与指定连接相关的全部性能监测点上报的性能数据。

6.2.3.4 计费管理

EMS应支持存储ASON的全部连接(即:PC、SPC和SC)的计费信息;

用户应能通过EMS批量查询连接的详细信息,主要基础计费数据包括:

——连接标识符;

——客户信息;

——连接类型(SC/SPC);

——连接建立时间和结束时间(年/月/日、时/分/秒);

——连接方向(单向/双向);

——业务量参数(信号类型和带宽等);

——业务等级(主要按保护恢复方式划分);

——源、宿节点、端口和时隙;

——源、宿TNA地址和逻辑端口标识符。

6.2.3.5 安全管理

ASON EMS应支持安全管理,提供管理域功能,主要包括:

a) EMS应支持对管理域的划分,把网元和链路等资源分配到适当的管理域中;

b) EMS应支持对所有划分的管理域应能通过图形方式显示拓扑(即管理域视图);

c) EMS能够为不同的管理域分配相应权限的用户,该用户只能对相应管理域内的资源进行电路配置、告警监控和性能查询等;

d) 管理域内的故障管理、性能管理和电路配置管理要求与EMS网管系统的功能要求一致。

其他安全管理功能待研究。

6.2.4 数据通信网(DCN)管理

6.2.4.1 DCC通道管理

MCN和SCN应支持以下DCC通道管理功能:

a) EMS应支持配置、修改和查询DCC通道,配置信息包括:

——DCC通道使用的端口;

——DCC通道使用的开销字节:D1～D3或D4～D12;

——DCC通道的使用状态:使能或禁止。

b) EMS应支持DCC通道告警上报功能,具体功能应满足YD/T 1289.2—2003的规定。DCC通道的主要告警原因包括:

——DCC失效。

6.2.4.2 SCN管理

6.2.4.2.1 SCN配置管理

a) EMS应支持为SCN手工配置域间和域内控制通道,并支持修改和查询以下控制通道参数:

——控制通道类型(光纤内/光纤外);

——控制信道标识(CCID)(对于编号方式的IPCC);

——控制信道本端节点标识(NodeID);

——控制信道本端端口标识(localIPCC,缺省使用NodeID);

——控制信道对端节点标识(NodeID);

——控制信道对端端口标识(remoteIPCC,缺省使用NodeID)。

b) SCN采用光纤内方式时,EMS应支持配置、修改和查询网络使用的物理传送通道,包括开销字节和带宽。

c) EMS应支持配置、修改和查询域间和域内控制信道的冗余保护恢复路由及策略(可选)。

d) EMS 应支持查询控制通道的当前状态。

6.2.4.2.2 **SCN 拓扑管理**

a) EMS 应支持 SCN 域间和域内信令通道的拓扑信息的显示和查询；

b) EMS 应提供 SCN 的拓扑视图，拓扑视图应能实时显示 SCN 信令通道的当前运行状态和告警状态；

c) EMS 应支持向控制平面同步并查询全部域间和域内控制通道的当前状态(可用/不可用)；

d) 通用拓扑管理功能见 YD/T 1289.2—2003。

6.2.4.2.3 **SCN 告警上报**

当 SCN 出现故障时，EMS 应能正确接收 SCN 的故障通知。故障通知应指示出故障发生时间、故障原因、故障根源和严重等级，主要告警原因为控制信道失效告警，见 6.2.3.2。

6.2.4.2.4 **SCN 性能监视(可选)**

EMS 支持 SCN 运行性能的监视，例如：SCN 接收错误数据包数等。

6.2.5 **ASON 新业务管理**

6.2.5.1 **OVPN 业务管理**

6.2.5.1.1 **OVPN 服务器端管理功能**

a) 通过服务器端管理系统为用户创建一个 OVPN 域，划分指定的传送网络资源(如光连接端口、VCn 等)添加到该 OVPN 域中；并可查询资源配置信息；

b) 配置和查询 OVPN 域相关属性信息，例如：OVPN ID、OVPN 名称、用户名称、地理背景图和附加信息等；

c) 根据客户服务合同的规定，为客户端管理系统开放所属的 OVPN 网络资源的可见性和控制能力；

d) 服务器端管理系统可以监视和记录每个 OVPN 客户端管理系统的操作行为；

e) 服务器端管理系统可定义不同的 OVPN 域的客户终端和操作者，相关信息可包括：用户名、密码、终端 PC 的 IP 地址，客户所属 OVPN 域等；

f) 服务器端管理系统应提供各个 OVPN 域的拓扑视图。

6.2.5.1.2 **OVPN 客户器端管理功能**

a) 应能查看属于其 OVPN 域内的网络拓扑和资源；

b) 应实时查询其 OVPN 域内的告警和性能；

c) 能够在其 OVPN 域内建立和删除连接(SPC/SC/PC)。

6.2.5.2 **BoD 业务管理**

a) 应支持单域或多域的 BoD 业务管理；

b) 应支持查询已建立 BoD 业务(即：SC 连接)的详细信息；

c) 当 BoD 业务发生调整时，EMS 应及时更新 SC 业务的属性改变信息，例如：带宽、服务质量等。

6.2.5.3 **PBS 业务管理**

a) 应支持 PBS 业务的建立(即 SPC 连接)，可设置 PBS 业务属性，例如：用户名称、连接标识、连接带宽、提供业务的时间段、服务质量等信息；

b) 应支持在线修改 PBS 业务属性；

c) 应支持查询已建立 PBS 业务的详细信息。

6.3 **ASON EMS 接口**

6.3.1 **北向接口**

a) EMS 应提供与上层 NMS 网管系统之间的接口(即：EMS-NMS 接口)功能，通过该接口与上层 NMS 网管系统相连；

b) EMS 北向接口的协议栈、信息模型以及接口功能另行规定。

6.3.2 **南向接口**

EMS 应提供与被管理网元之间的接口功能，通过该接口 EMS 对网元实施管理。该接口为厂商网管系统的内部接口，本标准不对 EMS 与网元之间接口的信息模型进行要求。

ICS 59.080.30
W 04

中华人民共和国国家标准

GB/T 21655.2—2009

纺织品　吸湿速干性的评定
第2部分:动态水分传递法

Textiles—Evaluation of absorption and quick-drying—
Part 2:Method for moisture management tests

2009-06-19 发布　　2010-02-01 实施

中华人民共和国国家质量监督检验检疫总局
中国国家标准化管理委员会　发布

前 言

GB/T 21655《纺织品　吸湿速干性的评定》包括2个部分：

——第1部分：单项组合试验法；

——第2部分：动态水分传递法。

本部分为GB/T 21655的第2部分。

本部分的附录A为资料性附录。

本部分由中国纺织工业协会提出。

本部分由全国纺织品标准化技术委员会基础标准分会(SAC/TC 209/SC 1)归口。

本部分主要起草单位：国家纺织制品质量监督检验中心、上海出入境检验检疫局、香港理工大学、锡莱-亚太拉斯(深圳)有限公司、耐克体育(中国)有限公司、太仓市金辉化纤实业有限公司。

本部分主要起草人：吴雄英、李毅、王宝军、胡君岩、郭慈静、任鹤宁、李晓雯。

纺织品　吸湿速干性的评定
第2部分：动态水分传递法

1　范围

GB/T 21655 的本部分规定了纺织品吸湿速干性能的液态水动态传递性能的试验和评估方法。

本部分适用于各类纺织品及其制品，其他产品可参照采用。

2　规范性引用文件

下列文件中的条款通过 GB/T 21655 的本部分的引用而成为本部分的条款。凡是注日期的引用文件，其随后所有的修改单(不包括勘误的内容)或修订版均不适用于本部分，然而，鼓励根据本部分达成协议的各方研究是否可使用这些文件的最新版本。凡是不注日期的引用文件，其最新版本适用于本部分。

GB/T 6529　纺织品　调湿和试验用标准大气(GB/T 6529—2008,ISO 139:2005,MOD)

GB/T 8629—2001　纺织品　试验用家庭洗涤及干燥程序(eqv ISO 6330:2000)

3　术语和定义

下列术语和定义适用于 GB/T 21655 的本部分。

3.1

浸湿时间　wetting time

T

从液体接触到织物表面，到织物开始吸收水分所需的时间。织物开始吸收水分所需时间定义为在含水量与时间的关系曲线的上第一次出现斜率大于或等于 tan15°时的时间。

3.2

吸水速率　absorption speed

A

织物单位时间含水量的增加率。在含水率变化曲线上为测试时间内，含水率变化曲线的斜率平均值。

3.3

最大浸湿半径　maximum wetting radius

R

织物开始浸湿到规定时间结束时润湿区域最大半径。在含水率曲线中，从曲线的斜率第一次出现大于或等于 tan15°到测试时间结束时润湿区域的最大半径。

3.4

液态水扩散速度　spreading speed

S

织物表面浸湿后扩散到最大浸湿半径时沿半径方向液态水的累计传递速度。

3.5

单向传递指数　Accumulative one-way transport capacity

O

液态水从织物浸水面传递到渗透面的能力。以织物两面吸水量的差值与测试时间之比表示。

3.6

液态水动态传递综合指数　overall moisture management capability

M

液态水在织物中动态传递综合性能的表征。以织物的渗透面吸水速率、单向传递指数和渗透面液态水扩散速度的加权值表示。

4　原理

织物试样水平放置，液态水与其浸水面接触后，会发生液态水沿织物的浸水面扩散，并从织物的浸水面向渗透面传递，同时在织物的渗透面扩散，含水量的变化过程是时间的函数。当试样浸水面滴入测试液后，利用与试样紧密接触的传感器，测定液态水动态传递状况，计算得出一系列性能指标，以此评估纺织品的吸湿速干、排汗等性能。

5　设备和材料

5.1　液态水动态传递性能测试仪

附录A给出了仪器的基本结构原理和要求，能达到相同效果的仪器均可使用。

5.2　材料

除另有规定外，所有试剂均应为分析纯，水为三级水。

5.2.1　测试液：9 g/L 氯化钠(NaCl)溶液。

6　调湿和试验用标准大气

6.1　调湿和试验标准大气采用GB/T 6529规定的标准大气。

6.2　试验前样品应在松弛状态下调湿平衡，调湿的方法和要求按GB/T 6529的规定。一般调湿16 h以上，合成纤维样品至少2 h，公定回潮率为0的样品不需调湿。

7　取样及试样准备

7.1　样品采集的方法和数量按产品标准或有关各方商定进行。每个样品剪取0.5 m以上的全幅织物，取样时避开匹端2 m以上；纺织制品至少取1个单元。

7.2　将每个样品剪为两块，其中一块用于洗前试验，另一块用于洗后试验，洗涤方法按GB/T 8629—2001 5A程序洗涤5次，或者按有关各方商定的方法和次数进行洗涤，洗后样在不超过60 ℃的温度下干燥或自然晾干。

7.3　分别裁取洗前和洗后试样各5块，试样尺寸为(90±1)mm×(90±1)mm。裁样时应在距布边150 mm以上区域内均匀排布，各试样都不在相同的纵向和横向位置上，并避开影响试验结果的疵点和褶皱；如果制品由不同面料构成，试样应从主要功能部位上选取。

7.4　织物表面的任何不平整都会影响检测结果。必要时，试样可采用压烫法烫平。

8　试验程序

8.1.1　用干净的镊子轻轻夹起待测试样的角部，将试样平整地置于仪器的两个传感器之间，通常穿着中贴近身体的一面作为浸水面，对着测试液滴下的方向放置。

8.1.2　启动仪器，在规定时间内向织物的浸水面滴入0.2 g±0.01 g测试液，并开始记录时间与含水量变化状况，测试时间为120 s，数据采集频率不低于10 Hz。

8.1.3　测试结束后，取出试样，仪器自动计算并显示相应的测试结果。

8.1.4　用干净的吸水纸吸去传感器板上多余的残留液，静置至少1 min，再次测试前应确保无残留液。

8.1.5　重复8.1.1到8.1.4步骤，直到5个试样测试完毕。

9 结果计算和评级

9.1 计算

9.1.1 吸水速率 A

按式(1)分别计算浸水面平均吸水速率 A_T 和渗透面平均吸水速率 A_B，数值修约至 0.1。

$$A = \sum_{i=T}^{t_p}\left(\frac{U_i - U_{i-1}}{t_i - t_{i-1}}\right)/(t_p - T) \times f \qquad \cdots\cdots(1)$$

式中：

A——平均吸水速率（分为浸水面平均吸水率 A_T 和渗透面平均吸水速率 A_B），%/s；（若 $A<0$，取 $A=0$）

U——浸水面或渗透面含水率，%；

T——浸水面或渗透面浸湿时间，s；

t_p——进水时间，s；

U_i——浸水面或渗透面含水率变化曲线在时间 i 时的数值；

f——数据采样频率。

9.1.2 液态水扩散速度 S

按式(2)计算液态水扩散速度 S，数值修约至 0.1。

$$S = \sum_{i=1}^{N}\frac{r_i}{t_i - t_{i-1}} \qquad \cdots\cdots(2)$$

式中：

S——液态水扩散速度（分为浸水面液态水扩散速度 S_T 和渗透面液态水扩散速度 S_B），mm/s；

r_i——测试环的半径，mm；

t_i 和 t_{i-1}——液态水从环 $i-1$ 到环 i 的时间；

N——浸水面或渗透面最大浸湿测试环数。

9.1.3 单向传递指数 O

按式(3)计算单向传递指数 O，数值修约至 0.1。

$$O = \frac{\int U_B - \int U_T}{t} \qquad \cdots\cdots(3)$$

式中：

O——单向传递指数；

t——测试时间，s；

$\int U_T$——浸水面的吸水量；

$\int U_B$——渗透面的吸水量。

9.1.4 液态水动态传递综合指数 M

按式(4)计算液态水动态传递综合指数 M，数值修约至 0.01。

$$M = C_1 A_{BD} + C_2 O_D + C_3 S_{BD} \qquad \cdots\cdots(4)$$

式中：

C_1，C_2 和 C_3——权重值（$C_1=0.25$，$C_2=0.5$，$C_3=0.25$）。

A_{BD}、O_D、S_{BD}是渗透面吸水速率（A_B）、单向传递指数（O）和渗透面扩散速度（S_B）的无量纲化计算值，按式(5)～式(7)计算：

$$A_{BD} = \frac{A_B - A_{B,\min}}{A_{B,\max} - A_{B,\min}} \qquad \cdots\cdots(5)$$

$$O_D = \frac{O - O_{min}}{O_{max} - O_{min}} \quad \cdots\cdots(6)$$

$$S_{BD} = \frac{S_B - S_{B,min}}{S_{B,max} - S_{B,min}} \quad \cdots\cdots(7)$$

当 A_{BD}、O_D、$S_{BD} \geqslant 1$ 时按 1 计，$\leqslant 0$ 时按 0 计。

$A_{B,max}$、$A_{B,min}$、O_{max}、O_{min}、$S_{B,max}$、$S_{B,min}$ 是常量，分别取表 1 中 A_B、O、S_B 的上限值和下限值。

9.2 评级

按照表 1 要求进行评级。

表 1 性能指标分级

性能指标	1 级	2 级	3 级	4 级	5 级
浸湿时间 T/s	>120.0	20.1～120.0	6.1～20.0	3.1～6.0	≤3.0
吸水速率 A/(%/s)	0～10.0	10.1～30.0	30.1～50.0	50.1～100.0	>100.0
最大浸湿半径 R/mm	0～7.0	7.1～12.0	12.1～17.0	17.1～22.0	>22.0
液态水扩散速度 S/(mm/s)	0～1.0	1.1～2.0	2.1～3.0	3.1～4.0	>4.0
单向传递指数 O	<−50.0	−50.0～100.0	100.1～200.0	200.1～300.0	>300.0
液态水动态传递综合指数 M	0～0.20	0.21～0.40	0.41～0.60	0.61～0.80	0.81～1.00
注：浸水面和渗透面分别分级，分级要求相同；其中 5 级程度最好，1 级最差。					

10 吸湿速干性能评定

如果需要，可按表 2 评定产品相应性能，产品洗涤前和洗涤后的相应性能均达到表 2 技术要求的，可在产品使用说明中明示为相应性能的产品。

表 2 织物的吸湿速干性能技术要求

性　　能	项　　目	要　　求
吸湿性[a,b]	浸湿时间	≥3 级
	吸水速率	≥3 级
速干性[b]	渗透面最大浸湿半径	≥3 级
	渗透面液态水扩散速度	≥3 级
	单向传递指数	≥3 级
排汗性[b]	单向传递指数	≥3 级
综合速干性	单向传递指数	≥3 级
	液态水动态传递综合指数	≥2 级
[a] 浸水面和渗透面均应达到。 [b] 性能要求可以组合，如吸湿速干性、吸湿排汗性等。		

11 报告

试验报告应包括以下内容：

a) 本部分的编号和试验的日期；

b) 样品描述(名称、编号、原料和主要规格等)；

c) 洗涤程序和次数；

d) 所采用的试验仪器名称和型号；

e) 第9章计算结果的平均值和评级，必要时报告标准差；

f) 如果需要，报告吸湿速干性能的评定结果；

g) 任何偏离本部分的细节和试验中的异常现象。

附　录　A
（资料性附录）
测试原理和传感器的结构

A.1　测试原理

A.1.1　仪器原理和结构示意图见图 A.1 和图 A.2。

A.1.2　在直径 58.4 mm 的上下测试传感器平面各设置 7 个测试同心圆环，在测试溶液水扩散的过程中，连续测试每相邻环之间的电阻。

A.1.3　在每相邻两环之间，施加电压和取样电阻，在测试过程中，由于水分由中心注入纺织品浸水面，水分在纺织品上下两面渗透和扩散，连续监控取样电阻的电压，就可以得到纺织品在该环的表面含水量数据。

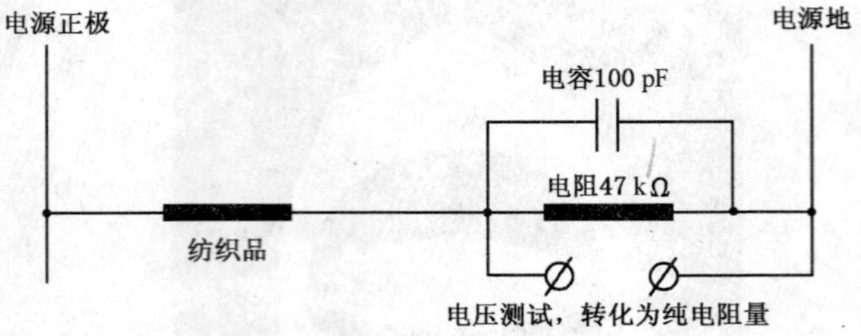

图 A.1　仪器原理图

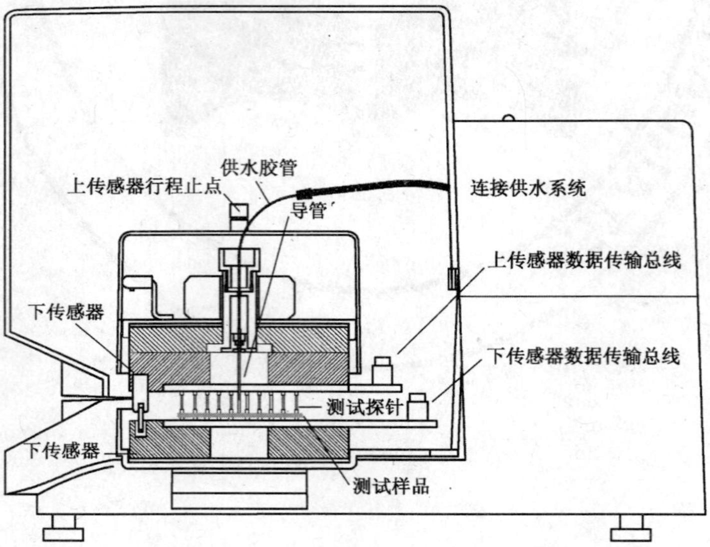

图 A.2　仪器结构示意图

A.2　传感器的结构和组成

测试传感器由上下传感器探针/PCB/供水结构/定位结构/配重部分构成，上下传感器的圆环尺寸相同，如图 A.3。

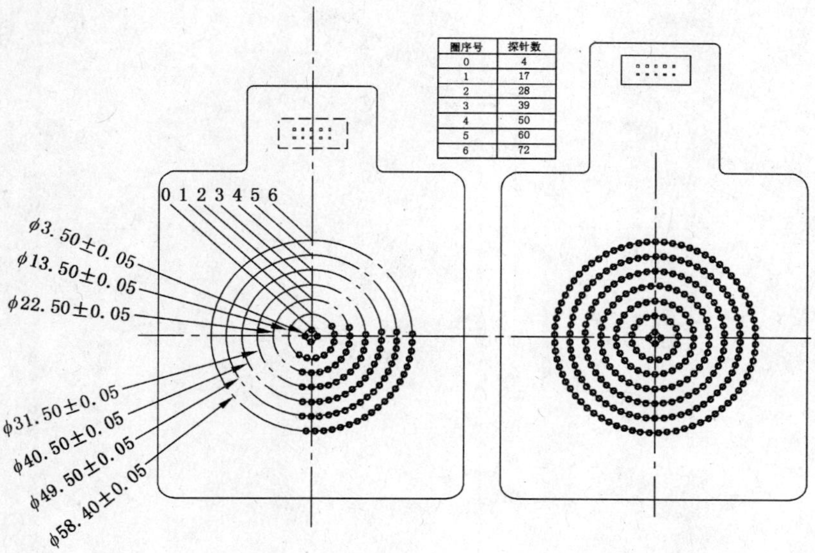

图 A.3 测试传感器上下传感器探针位置示意图

A.3 传感器的规格

A.3.1 上传感器：

——由弹簧联通的探针组成，共 7 个测试环（图 A.3），环区距离：5 mm±0.05 mm；

——弹簧探针规格：接触面直径 0.54 mm±0.02 mm，铜质镀金。

A.3.2 下传感器：

——由联通的探针组成，共 7 个测试环，环区距离：5 mm±0.05 mm；

——探针规格：接触面直径 1.2 mm±0.02 mm，铜质镀金；电阻＜50 mΩ。

A.4 测试液输送系统

测试液输送系统技术参数为：

——输送液时间：20 s；

——输送液量：0.2 g±0.01 g；

——输送液出口：上传感器的“0”环；

——输送液出口规格：不锈钢管内径 0.5 mm。

A.5 仪器的标定和校准

仪器标定和校准的技术参数为：

——测试标准溶液电导率：16 mS±0.1 mS；

——测试液输送量：0.2 g±0.01 g；

——进水时间：20 s；

——测试时间：120 s；

——测试头压力：4.65 N±0.05 N（475 gf±5 gf）。

ICS 11.020
C 05

中华人民共和国国家标准

GB/T 21709.11—2009

针灸技术操作规范 第11部分：电针

Standardized manipulations of acupuncture and moxibustion—Part 11：Electroacupuncture

2009-02-06 发布 2009-08-01 实施

中华人民共和国国家质量监督检验检疫总局
中国国家标准化管理委员会 发布

前言

GB/T 21709《针灸技术操作规范》分为21个部分：

——第1部分：艾灸；
——第2部分：头针；
——第3部分：耳针；
——第4部分：三棱针；
——第5部分：拔罐；
——第6部分：穴位注射；
——第7部分：皮肤针；
——第8部分：皮内针；
——第9部分：穴位敷贴；
——第10部分：穴位埋线；
——第11部分：电针；
——第12部分：火针；
——第13部分：芒针；
——第14部分：镍针；
——第15部分：眼针；
——第16部分：腹针；
——第17部分：鼻针；
——第18部分：口唇针；
——第19部分：腕踝针；
——第20部分：毫针基本刺法；
——第21部分：毫针针刺手法。

本部分为GB/T 21709的第11部分。

本部分的附录A为规范性附录，附录B、附录C、附录D、附录E为资料性附录。

本部分由国家中医药管理局提出。

本部分由中国针灸学会归口。

本部分负责起草单位：上海中医药大学。

本部分参加起草单位：安徽中医学院、中国中医科学院、中国针灸学会。

本部分主要起草人：杨华元、王频、胡银娥、武晓冬、文碧玲。

针灸技术操作规范　第11部分:电针

1　范围

GB/T 21709本部分规定了电针的术语和定义、操作步骤与要求、注意事项及禁忌。

本部分适用于电针技术操作。

2　规范性引用文件

下列文件中的条款通过GB/T 21709的本部分的引用而成为本部分的条款。凡是注日期的引用文件,其随后所有的修改单(不包括勘误的内容)或修订版均不适用于本部分,然而,鼓励根据本部分达成协议的各方研究是否可使用这些文件的最新版本。凡是不注日期的引用文件,其最新版本适用于本部分。

GB/T 12346　腧穴名称与定位

GB/T 13734　耳穴名称与部位

GB 15982　医院消毒卫生标准

GB/T 21709.20　针灸技术操作规范　第20部分:毫针基本刺法

3　术语和定义

下列术语和定义适用于GB/T 21709的本部分。

3.1

电针　electroacupuncture

在毫针针刺得气的基础上,应用电针仪输出脉冲电流,通过毫针作用于人体一定部位以达到防治疾病的一种针刺方法。

3.2

电针仪　electroacupuncture apparatus

能够输出脉冲电流,并满足电针治疗要求的电子仪器,包括主机、电极线、电源适配器等附件。

3.3

电极线　electrode wire

电针仪输出脉冲电流的导线,连接于电针仪输出端与毫针之间,两条导线为一组,有正极、负极之分。

3.4

无关电极　dispersive electrode

电针单穴治疗时,置于人体非针刺体表部位的另一回路电极。

3.5

脉冲电流　impulsive current

按一定规律瞬间出现的突然变化的电流。

3.6

电针参数　parameters of electroacupuncture

电针仪输出的脉冲波形、脉冲幅度、脉冲宽度、频率、脉冲输出模式的数字描述。

3.7

基本脉冲波形　basi-pulse pattern

基本脉冲波形为带有负向反冲的矩形波，也可使用三角波、方波和其他被证实安全有效的单元脉冲波形。

3.8

连续波　continuous wave

电针仪输出的组合波之一，由基本脉冲波简单重复，中间没有停顿，频率连续可调。频率低于30 Hz的连续波，称为疏波，频率高于30 Hz的连续波，称为密波。

3.9

疏密波　dilatational wave

电针仪输出的频率成周期性快慢变化的组合波形，由疏波和密波交替出现。

3.10

断续波　intermittent wave

周期性时断时续的组合波，由连续波经过矩形脉冲调制后得到的脉冲波序列。

3.11

脉冲幅度　pulse amplitude

脉冲电压或电流的最大值与最小值之差（电压峰峰值 $V_{P\text{-}P}$ 或电流峰峰值 $I_{P\text{-}P}$），用符号 U_m 表示，单位用伏特（V）或毫安（mA）表示。

3.12

脉冲宽度　pulse width

脉冲出现后所持续的时间，用符号 T_w 表示，单位为毫秒（ms）。

3.13

脉冲频率　pulse frequency

单位时间内脉冲出现的个数，用符号 f 表示，单位为赫兹（Hz）。

3.14

输出强度　intensive of electroacupuncture

单位时间内输出给人体组织的脉冲能量，用符号 P 表示，单位为焦[耳]/秒（J/s）或瓦[特]（W）。

3.15

刺激量　quantity of electroacupuncture stimulus

电针刺激强度与刺激时间的乘积，用符号 q 表示，单位为焦[耳]（J）。

4　操作步骤与要求

4.1　施术前准备

4.1.1　电针仪准备

检查电源开关，使用干电池的主机要备好电池，并确保电量充足；检查输出电极线，并保证导电性能良好，应确保电针仪正常工作。

4.1.2　用于电针治疗的针具选择

应符合GB/T 21709.20针具选择的规定。

4.1.3　腧穴选择

4.1.3.1　选择原则

根据病症选取适当的腧穴或治疗部位。具体应符合GB/T 21709.20腧穴选择的规定，腧穴的定位应符合GB/T 12346和GB/T 13734的规定。

4.1.3.2 选择规律

按电流回路要求，选穴宜成对，以 1 对～3 对(2 个～6 个穴位)为宜，当选择单个腧穴进行治疗时，应使用无关电极。

4.1.4 体位选择

应便于医生正确取穴，方便操作；病人肢体舒适，能持久。具体选择应符合 GB/T 21709.20 体位选择的规定。

4.1.5 电针参数选择

应根据疾病的性质选取合适的电针参数。具体按附录 A 的规定。

4.1.6 环境要求

保持治疗环境清洁卫生，防止污染。

4.1.7 消毒

毫针针刺前应对针具、针刺穴位和医生双手进行严格消毒，具体的消毒方法应按 GB/T 21709.20 消毒部分的规定；必要时电针仪及附件也要进行消毒，消毒操作应符合 GB 15982 的规定。

4.2 操作方法

4.2.1 开机前检查

检查电针仪各输出旋钮或按键并调整到“零”位。

4.2.2 针刺

选取穴位，按毫针进针和行针方法完成操作，具体应符合 GB/T 21709.20 针刺的要求。

4.2.3 输出连接

将电极线插头端插入相应的主机输出插孔，电极线输出端两极分别连接于毫针针柄或针体，当单穴治疗时，电极线输出端一极接穴位，另一极接无关电极。应确保连接牢靠、导电良好。

4.2.4 开机

在确保供电之后打开电针仪电源开关。

4.2.5 波形、频率选择

调节波形、频率旋钮或按键，选择治疗所需的波形、频率。脉冲波形的主要参数参见附录 B，常见脉冲组合波形参见附录 C，医用脉冲频率分类参见附录 D。

4.2.6 输出强度调节

调节对应输出旋钮或按键，逐级、缓慢增加输出幅度，以病人可耐受为度，或根据使用说明书的规定，在许可的范围内调节强度。调节时为了防止病人产生“电震”感，调节的幅度应小。输出强度的测量方法参见附录 E。

4.2.7 术中调整

有必要在电针治疗过程中对波形、频率进行调整时，应首先调节输出强度至最小，然后再变换波形和频率。

4.2.8 关机

电针治疗完成后，应首先缓慢调节强度旋钮或按键，使输出强度置零位，关闭电针仪电源开关，然后从针柄(针体)取下电极线。

4.2.9 出针

按毫针操作规范要求进行出针操作，具体操作应符合 GB/T 21709.20 出针的规定。

4.2.10 电针治疗持续时间

根据病情决定，宜在 15 min～60 min 之间。

4.2.11 疗程

电针的疗程应符合 GB/T 21709.20 疗程的规定。

5 适应证

电针的适应证应符合 GB/T 21709.20 适应证的规定。

6 注意事项

6.1 电针仪在首次使用前应仔细阅读产品使用说明书，掌握电针仪的性能、参数、使用方法、注意事项及禁忌症等内容。

6.2 靠近延脑、脊髓等部位使用电针时，电流量宜小，并注意电流的回路不要横跨中枢神经系统，不可过强刺激。

6.3 禁止电流直接流过心脏，如不允许左右上肢的两个穴位同时接受一路输出治疗。

6.4 电针治疗过程中病人出现晕针现象时，应立即停止电针治疗，关闭电源，按毫针晕针的处理方法处理。

6.5 电针治疗过程中应严格确保每组输出电流回路通畅，不允许电针仪输出端与电极线、电极线与毫针之间产生任何接触不良现象。

6.6 使用毫针的注意事项，同样适用于电针。

6.7 电针仪的日常保养和维护规则参考产品使用说明书。

7 禁忌

7.1 禁忌范围应参照电针仪使用说明书。

7.2 皮肤破损处、肿瘤局部、孕妇腹部、心脏附近、安装心脏起搏器者、颈动脉窦附近禁忌电针。

附 录 A
（规范性附录）
电针不同参数的效应与选择

A.1 波形

A.1.1 连续波

多数脉冲电针仪输出的连续波的频率为 1 Hz～100 Hz，一般频率低于 30 Hz 的连续波，称为疏波，频率高于 30 Hz 的连续波，称为密波。

疏波可引起肌肉收缩，产生较强的震颤感，提高肌肉韧带的张力，调节血管的舒缩功能，改善血液循环，促进神经肌肉功能的恢复，对神经肌肉瘫痪性疾病有良好的效果。

密波震颤感弱，作用体表某些疼痛区，能有某些即时镇痛效果，但易出现适应性反应，时间过久镇痛效果则较差。密波常用于手术切口旁，根据神经绝对不应期的特性，频率高于 1 000 Hz 的电脉冲输入置于手术切口周围，干扰了痛刺激向中枢的传递，可引起较好的局部止痛效果，故对切皮镇痛效果较好。

A.1.2 疏密波

疏密波是疏波和密波轮流输出的组合波，疏密交替持续的时间各约 1.5 s 左右，对组织不易出现适应性反应，因此常被针麻选用。疏密交替出现的电流，能引起肌肉有节奏的舒缩，加强血液循环和淋巴循环，调节组织的营养代谢，对一些软组织损伤、腰背筋膜劳损，以及一些神经肌肉麻痹等疾病有一定的疗效。

A.1.3 断续波

断续波为有节律的时断时续的组合波，即将连续波经过矩形脉冲调制后得到的脉冲波序列。交替输出的这种脉冲电流对人体有强烈的震颤感，对神经肌肉的兴奋较连续波和疏密波的作用更强，对脑血管意外、乙型脑炎、小儿麻痹症等出现的后遗症和一些周围神经病变引起的肌肉萎缩性疾病，有较好的效果。

A.2 频率

不同频率的电针可引起中枢释放不同种类的神经介质，其生物效应亦不相同，不同频率的电针产生的镇痛作用的机制也有所不同。

A.3 强度

电针镇痛所需的电刺激强度，一般以能最大耐受为度，过弱效果不佳，过强病人不能耐受，也不利于提高针效。

附 录 B
（资料性附录）
脉冲波形的参数

B.1 脉冲幅度 U_m

指脉冲电压或电流的最大值与最小值之差（电压峰峰值 V_{P-P} 或电流峰峰值 I_{P-P}），也指一个脉冲波中状态变化的跳变幅度值。

B.2 脉冲前沿时间 t_r

图 B.1 中，对正脉冲而言，前沿即指上升沿。它是指脉冲幅度从 $0.1U_m$ 上升到 $0.9U_m$ 所对应的时间。因为对一般的脉冲波形很难断定脉冲的起始值和最大值的时刻，而到了 $0.1U_m$ 时，幅度的变化就比较明显，就容易确定脉冲的起始位置，故作这样的规定。

B.3 脉冲后沿时间 t_f

图 B.1 中，因是正脉冲，后沿即指下降沿。它是指从脉冲幅度 $0.9U_m$ 下降到 $0.1U_m$ 的所对应的时间。

B.4 脉冲宽度 t_w

它是指脉冲上升到 $0.5U_m$ 至脉冲下降到 $0.5U_m$ 的所对应的时间。

B.5 脉冲周期 T

相邻两个脉冲之间的间隔时间称为脉冲周期，用符号 T 表示。它与频率之间的关系为 $T=1/f$。

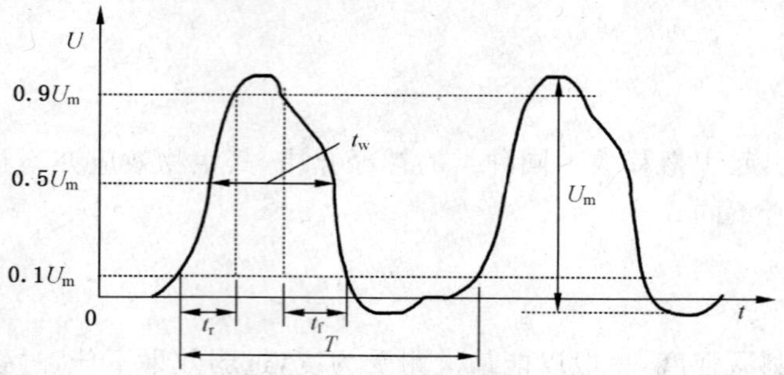

图 B.1 脉冲波形的主要参数

附 录 C
（资料性附录）
电针脉冲组合波形图

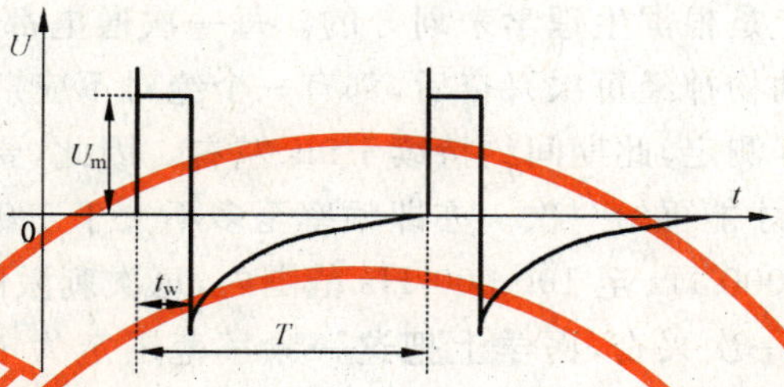

图 C.1 电针脉冲基本波形

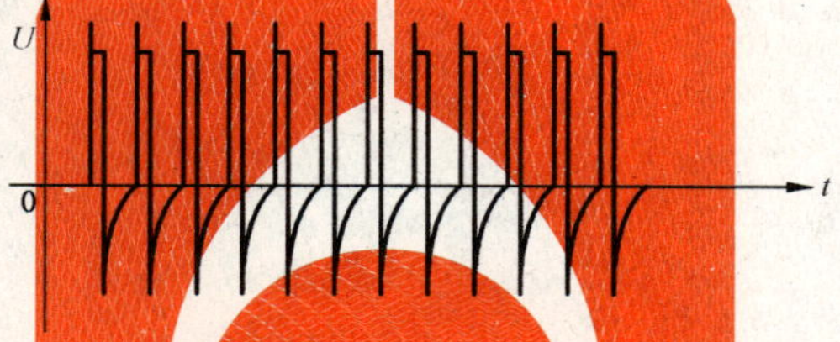

图 C.2 连续波

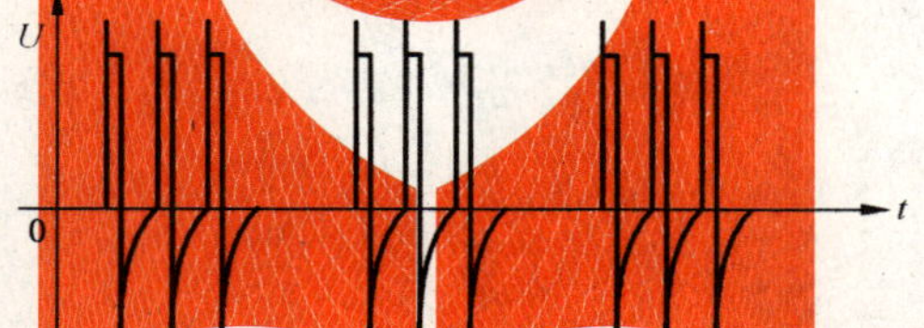

图 C.3 断续波

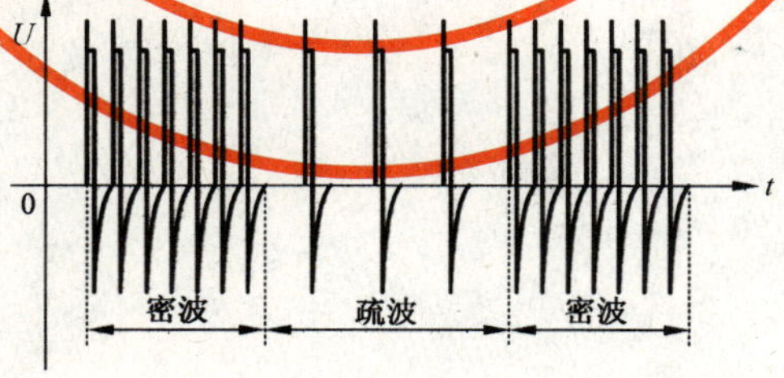

图 C.4 疏密波

附 录 D
（资料性附录）
医用脉冲频率分类

关于频率分类问题，医学上是根据生理学来划分的。每一次通电都能使运动神经发生一次兴奋的频率范围，称为低频。哺乳类动物神经每次兴奋后，都有一个绝对不应期。在此期间内无论电流强度多大，也不能引起第二次兴奋。据测定，此期间约持续1 ms左右。因此，要使每一个刺激都能引起一次兴奋，电刺激就应相隔1 ms以上才能再给一次。亦即频率至多不大于1 000 Hz。这样把1 000 Hz以下频率定为医用低频范围。在1 000 Hz至100 000 Hz范围内，每次刺激已不能引起一次兴奋，尚需综合多个刺激的连续作用才能引起一次兴奋，医学上把这一频率范围定为中频。当频率进一步上升，超过100 000 Hz时，已失去对神经的刺激作用，此时无论综合多少个刺激也不能引起一次兴奋，因为引起神经和肌肉兴奋的阈值为0.03 ms～1 ms。所以，医学上把这种不能引起运动神经兴奋的范围定为高频。电针仪输出的频率，一般不大于1 000 Hz，即在医用低频范围。

附　录　E
（资料性附录）
电针输出强度的测量

电针脉冲输出强度是指单位时间内输出给人体组织的脉冲能量，单位为焦[耳]/秒(J/s)或瓦[特](W)，其值为输出电压的真有效值和输出电流的真有效值的乘积；真有效值与脉冲频率、脉冲宽度成正比关系，单个脉冲能量的测量，将电针仪调整到"连续波"，频率 20 Hz 以上，强度置最大，采用图 E.1 连接电路，示波器捕捉脉冲并锁定，读出 U、T_w，电流表读出 I，用式(E.1)计算。频率稳定或规律的脉冲输出强度的测量，可用图 E.2 方式连接电路，结合式(E.2)计算输出强度。

$$E = U \times I \times T_w \qquad \cdots\cdots\cdots\cdots\cdots\cdots\cdots\cdots\cdots \text{(E.1)}$$

$$P = U \times I \times T_w \times f \qquad \cdots\cdots\cdots\cdots\cdots\cdots\cdots\cdots\cdots \text{(E.2)}$$

式中：

E——单个脉冲能量；

U——电压真有效值；

I——电流真有效值；

T_w——脉冲宽度；

P——电针脉冲输出强度；

f——频率。

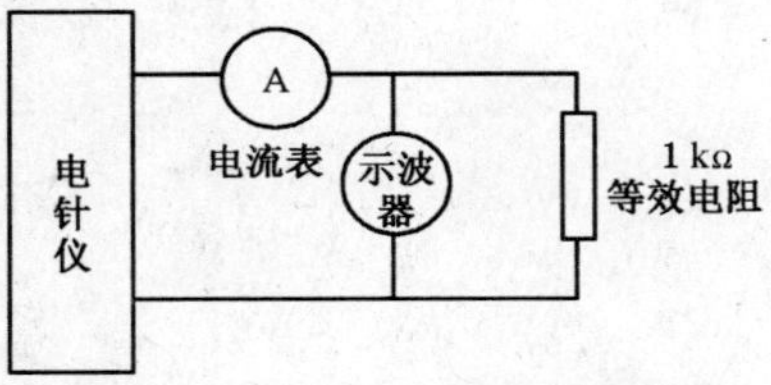

图 E.1　单个脉冲能量的测量

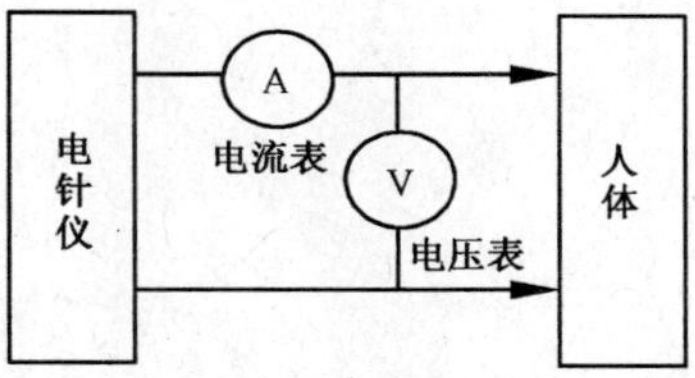

图 E.2　电针输出强度的测量

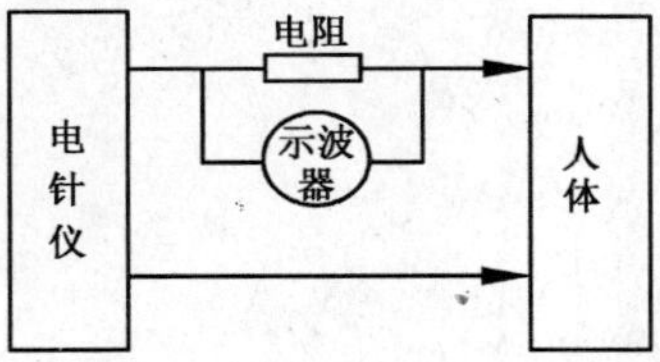

图 E.3　电针脉冲电流的测量

临床上为了便于测量，在主机电压稳定时，由于强度与电压、电流正相关，可通过电流测量来估算输出强度的大小。电针脉冲电流的测量用图 E.3 方式连接电路，在电针仪接至人体的导线中串联一只 100 Ω 的电阻，电阻的两端各引一导线接至示波器输入端。这样在示波器荧光屏上即可显示出电针的脉冲波，测量脉冲的幅度，然后根据欧姆定律($I=U/R$)，即可算出脉冲电流。测量出的脉冲电流，反映了电针仪作用到人体的实际刺激强度，它不受各种外在因素的影响，较之电压有很大的优越性。

CS 11.020
05

GB

中华人民共和国国家标准

GB/T 21709.12—2009

针灸技术操作规范　第12部分：火针

Standardized manipulations of acupuncture and moxibustion—
Part 12: Fire acupuncture

2009-02-06 发布　　　　2009-08-01 实施

中华人民共和国国家质量监督检验检疫总局
中 国 国 家 标 准 化 管 理 委 员 会　发 布

前　言

GB/T 21709《针灸技术操作规范》分为21个部分：

——第1部分：艾灸；

——第2部分：头针；

——第3部分：耳针；

——第4部分：三棱针；

——第5部分：拔罐；

——第6部分：穴位注射；

——第7部分：皮肤针；

——第8部分：皮内针；

——第9部分：穴位敷贴；

——第10部分：穴位埋线；

——第11部分：电针；

——第12部分：火针；

——第13部分：芒针；

——第14部分：鍉针；

——第15部分：眼针；

——第16部分：腹针；

——第17部分：鼻针；

——第18部分：口唇针；

——第19部分：腕踝针；

——第20部分：毫针基本刺法；

——第21部分：毫针针刺手法。

本部分为GB/T 21709的第12部分。

本部分的附录A、附录B为资料性附录。

本部分由国家中医药管理局提出。

本部分由中国针灸学会归口。

本部分起草单位：北京针灸三通法研究会。

本部分主要起草人：贺普仁、曲延华、贺林、王京喜、徐春阳、程海英、谢新才。

针灸技术操作规范　第12部分:火针

1　范围

GB/T 21709的本部分规定了火针刺法及火针操作的术语和定义、操作步骤与要求、注意事项及禁忌。

本部分适用于火针刺法的技术操作。

2　术语和定义

下列术语和定义适用于GB/T 21709的本部分。

2.1

火针　fire needle

用耐受高温并对人体无伤害的金属为材料,供烧红使用的针具。

2.2

火针刺法　fire needle therapy

烧红火针针体,按一定刺法迅速刺入人体选定部位的针刺方法。

3　操作步骤与要求

3.1　施术前准备

3.1.1　针具选择

3.1.1.1　火针针具选择

针尖应圆利、无倒钩;针体应光滑、无锈蚀;针柄与针体缠绕应牢固,无松动。

火针的结构、材质、规格参见附录A。

3.1.1.2　烧针工具选择

点燃酒精灯,用于针体加热;或用其他安全方式加热针体。

3.1.2　部位选择

根据适应证病情可选取腧穴、血络、体表病灶或病灶周围等部位,并在选定的针刺部位上加以标记,以确保针刺的准确性。火针刺法适应证参见附录B。

3.1.3　体位选择

根据病情及针刺部位,可选择患者舒适安全,医者便于操作的体位。

3.1.4　环境要求

治疗环境应清洁卫生,远离易燃物,并注意避风。

3.1.5　消毒

3.1.5.1　医者消毒

医者双手应先用肥皂水清洗干净,再用75%乙醇擦拭。

3.1.5.2　针刺部位消毒

可用75%乙醇或0.5%～1%碘伏棉球在针刺部位消毒。

3.1.5.3　火针针体消毒

点燃酒精灯,从针根沿针体到针尖连续移动烧红,对施术前针体消毒。

3.2　施术方法

3.2.1　针体加热

用酒精灯烧红针尖及针体,根据针刺深度,决定针体烧红长度。

3.2.2 进针

针体烧红后，应迅速、准确地刺入针刺部位。

3.2.3 火针常用刺法

3.2.3.1 点刺法

在腧穴上施以单针点刺的方法。

3.2.3.2 密刺法

在体表病灶上施以多针密集刺激的方法，每针间隔不超过 1 cm。

3.2.3.3 散刺法

在体表病灶上施以多针疏散刺激的方法，每针间隔 2 cm 左右。

3.2.3.4 围刺法

围绕体表病灶周围施以多针刺激的方法，针刺点在病灶与正常组织交界处。

3.2.3.5 刺络法

用火针刺入体表血液淤滞的血络，放出适量血液的方法。

3.2.4 出针

针体达到治疗深度后，即可出针。

3.3 施术后处理

3.3.1 消毒针具

为避免由针体产生的交叉感染，应重新用酒精灯从针根沿针体到针尖连续移动烧红，消毒备用。

3.3.2 处置针孔

为减轻疼痛，促进愈合，应妥善处置针孔：

a) 可用无菌棉球或棉签按压针孔；

b) 针孔如有出血或渗出物，可用无菌棉球擦拭按压；

c) 火针刺络出血后，可用敞口器皿承接，待出血停止后，再用无菌棉球擦拭按压。

4 注意事项

4.1 施术时应注意安全，防止烧伤或火灾等事故发生。

4.2 针刺要避开动脉及神经干，勿损伤内脏和重要器官。

4.3 孕妇、产妇及婴幼儿慎用。

4.4 糖尿病患者、瘢痕体质或过敏体质者慎用。

4.5 精神过于紧张、饥饿、疲劳的患者不宜用。

4.6 施术后，医者应向患者说明术后针刺部位的维护事项，包括：

a) 针孔局部若出现微红、灼热、轻度疼痛、瘙痒等症状属正常现象，可不作处理；

b) 应注意针孔局部清洁，忌用手搔抓，不宜用油、膏类药物涂抹；

c) 针孔当天不宜着水。

5 禁忌

5.1 不明原因的肿块部位。

5.2 大失血、凝血机制障碍的患者。

附　录　A
（资料性附录）
火 针 针 具

A.1　火针结构

A.1.1　针尖

火针前端尖利部分为针尖。由于火针在烧红状态下使用，针尖反复烧灼，易变脆折断，因此要求针尖利而不锐，稍圆钝为佳。

A.1.2　针体

针尖至针根的中间部分为针体。针体烧红时进针，容易变形弯曲，因此要求针体应坚硬、挺直、有弹性、表面光滑，使进出针顺畅。

A.1.3　针根

针体与针柄连接处为针根，是针体消毒的起始部位。

A.1.4　针柄

火针后部手指持针处为针柄。针柄宜用铜质材料缠制成环柄盘龙式针柄，使其具有隔热性，便于施术操作。

A.2　火针材质

火针针具在高温下使用，要求制作火针针体的材料在高温烧灼条件下，应具备坚硬、不弯曲、有弹性、对人体无伤害的特点，理想的材质宜采用钨基高比重硬质合金材料。

A.3　火针规格

火针疗效与针体的粗细长短有一定关系。临床上应根据不同病症，不同穴位，选择不同规格的火针。一般火针规格如下：

a)　针体直径可选用0.3 mm、0.4 mm、0.5 mm、0.6 mm或其他适合的直径；

b)　针体长度可分为20 mm、30 mm、40 mm或其他适合的长度。

附 录 B
（资料性附录）
火针刺法适应证

B.1 内科

头痛、眩晕、不寐、痹证、发热、面肌痉挛、面痛、面瘫、哮喘、中风、高血压、痛风、痿证、脘腹痛、胁肋疼痛、肠炎、呃逆等。

B.2 外科、骨伤科

扭伤、腰腿痛、腰椎病、关节炎、腱鞘囊肿、网球肘、筋膜炎、颈椎病、代偿性骨质增生、痄腮、静脉曲张、胎记、痔疮等。

B.3 妇科

乳腺炎、乳腺增生、痛经、月经不调、子宫肌瘤、卵巢囊肿、外阴白斑等。

B.4 皮肤科

湿疹、皮炎、带状疱疹、黄褐斑、痤疮、银屑病、荨麻疹、神经性皮炎、白癜风等。

B.5 五官科

麦粒肿、牙痛、舌肿、咽喉肿痛、鼻瘜肉、过敏性鼻炎等。

ICS 11.120
C 05

中华人民共和国国家标准

GB/T 21709.14—2009

针灸技术操作规范 第14部分:镍针

Standardized manipulations of acupuncture and moxibustion—
Part 14:Di acupuncture

2009-02-06 发布 2009-08-01 实施

中华人民共和国国家质量监督检验检疫总局
中国国家标准化管理委员会 发布

前　言

GB/T 21709《针灸技术操作规范》分为21个部分：

——第1部分：艾灸；

——第2部分：头针；

——第3部分：耳针；

——第4部分：三棱针；

——第5部分：拔罐；

——第6部分：穴位注射；

——第7部分：皮肤针；

——第8部分：皮内针；

——第9部分：穴位敷贴；

——第10部分：穴位埋线；

——第11部分：电针；

——第12部分：火针；

——第13部分：芒针；

——第14部分：鍉针；

——第15部分：眼针；

——第16部分：腹针；

——第17部分：鼻针；

——第18部分：口唇针；

——第19部分：腕踝针；

——第20部分：毫针基本刺法；

——第21部分：毫针针刺手法。

本部分为GB/T 21709的第14部分。

本部分的附录A、附录B、附录C、附录D、附录E均为资料性附录。

本部分由国家中医药管理局提出。

本部分由中国针灸学会归口。

本部分主要起草单位：黑龙江省中医研究院。

本部分参加起草单位：上海中医药大学附属岳阳医院，哈尔滨市第一医院。

本部分主要起草人：王顺、胡丙成、张缙、东贵荣、蔡玉颖、卢金荣。

本部分参加起草人：梅成、王东升、桑鹏、周振坤、尚艳杰、滕雨虹、董建萍。

针灸技术操作规范　第14部分:鍉针

1　范围

GB/T 21709 的本部分规定了鍉针的术语和定义、操作步骤与要求、注意事项及禁忌。

本部分适用于鍉针技术操作。

2　规范性引用文件

下列文件中的条款通过 GB/T 21709 的本部分的引用而成为本部分的条款。凡是注日期的引用文件,其随后所有的修改单(不包括勘误的内容)或修订版均不适用于本标准,凡是不注日期的引用文件,其最新版本适用于本部分。

GB/T 12346　腧穴名称与定位

GB/T 21709.20—2009　针灸技术操作规范　第20部分:毫针基本刺法

3　术语和定义

下列术语和定义适用于 GB/T 21709 的本部分。

3.1

鍉针　Di-needle

鍉针为中国古代"九针"之一,长 10 cm～13 cm,前端有黍粟样大小圆钝针头,直径约 0.2 cm～0.3 cm。在经络、腧穴上激发经气以治疗疾病。

3.2

电鍉针　electric Di-needle

电鍉针是鍉针结合电脉冲技术研制而成的一种针具。其针头端同鍉针,针尾通过导线连接于电脉冲治疗仪上,既有鍉针的治疗作用又有电脉冲的治疗作用。

3.3

声电鍉针　electroacoustic Di-needle

声电鍉针是将电鍉针的电信号用声频信号代替,在经络、腧穴上激发经气以治疗疾病。

4　操作步骤与要求

4.1　施术前准备

4.1.1　根据操作要求准备相应的鍉针针具、仪器、75%乙醇、0.9%氯化钠、消毒脱脂棉。针具的要求参见附录 A。

4.1.2　部位选择

临床上根据疾病的不同选取适当的经络或腧穴。

腧穴定位应符合 GB/T 12346 的规定。

4.1.3　体位选择

应选择医生能准确取穴,方便操作,病人舒适、安全,能够持续治疗的体位。

4.1.4　环境要求

室温适宜,环境清洁、安静舒适。

4.1.5　消毒

针具、术者及所选经络、腧穴处消毒参照 GB/T 21709.20—2009 的 4.1.7 的规定。

4.2 施术方法

4.2.1 鍉针操作方法

4.2.1.1 持针法

4.2.1.1.1 四指持针法：以拇指、中指和无名指挟持针身，食指抵针尾部。

4.2.1.1.2 执笔式持针法：用拇指、食指、中指捏持针身中上部，无名指抵住针身下部。

4.2.1.2 操作方法：按四指持针法或执笔式持针法持鍉针，拿持力度适中，将鍉针针头垂直按压在所选取的经络或腧穴上，以得气为度。留针时间参见附录B。

4.2.2 电鍉针操作方法

4.2.2.1 使用前将各调节旋钮调至零位。

4.2.2.2 将电鍉针导线连接到脉冲电针治疗仪上，接通电源(打开电源开关)。

4.2.2.3 将无关电极导线连接于所取经络腧穴的同侧肢体上(宜在腕踝上部)。

4.2.2.4 在相应的经络腧穴部位涂以导电液或导电膏。

4.2.2.5 将鍉针针头按压于相应经络腧穴上，调节仪器输出旋钮，刺激强度以病人可耐受为度。

4.2.2.6 持针与操作参照4.2.1的方法。留针时间参见附录B。

4.2.2.7 治疗结束后将治疗仪器控制旋钮置回零位，取下电极，关闭电源开关。

4.2.3 声电鍉针操作方法

4.2.3.1 把音量及各参数开关调至零位。

4.2.3.2 使用交流电者将声电针仪接通电源，使用直流电者安装好电池。

4.2.3.3 将电鍉针导线连接到声电治疗仪器上，接通电源(打开电源开关)。

4.2.3.4 将无关电极导线连接于所取经络腧穴的同侧肢体上(宜在腕踝上部)。

4.2.3.5 在相应的经络腧穴部位涂以导电液或导电膏。

4.2.3.6 将鍉针针头按压于相应经络腧穴上，调节仪器输出旋钮，选取相应的乐曲，打开播放乐曲开关，输出的刺激强度以病人耐受为度。

4.2.3.7 持针与操作参照4.2.1的方法。留针时间参见附录B。

4.2.3.8 治疗完毕，应先将输出功率调节旋钮转至零位，取下电极，关闭电源。

5 适应证

参见附录C。

6 注意事项

6.1 患者过饥、过饱或过于疲劳时慎用鍉针，避免刺激过强，以免发生晕针。

6.2 鍉针操作时宜垂直按压，不宜斜按。注意压力要适度，过强易产生疼痛，过弱影响疗效，每穴按压的时间宜适度。

6.3 电鍉针、声电鍉针使用时应注意检查仪器是否漏电。

6.4 灼伤的处理参见附录D。

6.5 电伤的处理参见附录E。

7 禁忌

7.1 出血倾向、骨折部位及有高血压危象、心功能衰竭等严重疾病时禁用。

7.2 感染的部位、孕妇的腹部及腰骶部禁用。

7.3 皮肤对金属过敏者禁用。

7.4 骨骼、脏器内有金属内置物及装有心脏起搏器者禁用电鍉针和声电鍉针。

附 录 A
（资料性附录）
针 具

A.1 鍉针针具

鍉针常用不锈钢制成，针身呈圆柱形，直径 0.8 cm～1.2 cm，长 10 cm～13 cm，针头圆钝呈黍粟状，直径约 0.2 cm～0.3 cm。

A.2 电鍉针针具

针身与针头端同鍉针，表面覆以绝缘材料，针尾配有导线接口，可通过连接导线，用于连接脉冲电治疗仪。

A.3 声电鍉针针具

针身与针头端同鍉针，针尾配有导线接口，可通过连接导线，用于连接声电脉冲治疗仪。

附　录　B
（资料性附录）
留针时间、疗次与疗程

B.1　鍉针

每穴 2 min/次～5 min/次，每日或隔日 1 次，10 d～15 d 为 1 个疗程。

B.2　电鍉针

每穴 2 min/次～5 min/次，每日或隔日 1 次，10 d～15 d 为 1 个疗程。

B.3　声电鍉针

每穴 2 min/次～5 min/次，每日或隔日 1 次，10 d～15 d 为 1 个疗程。

附 录 C
（资料性附录）
适 应 证

主要适应证：中风、面瘫、头痛、失眠、耳聋、心悸、脉痹、痿证、痹症、呃逆、胃脘痛、哮喘、甲亢、乳痈、崩漏、乳癖、绝经前后诸症、产后小便不通、青少年近视、颈椎病、落枕、腰痛、过敏性鼻炎（鼻鼽）、面肌痉挛、斑秃、黄褐斑等。

附 录 D
（资料性附录）
灼伤的处理

D.1 迅速脱离热源。

D.2 若灼伤处皮肤尚完整，应尽快局部降温，浅Ⅱ度烧伤水泡应予保留。

D.3 用消毒软垫包扎患处，注意不要过紧。

D.4 将灼伤处用消毒敷料覆盖，减少感染。

D.5 若局部出现水泡，应用消毒针刺破水泡排出泡内液体并保持皮肤完整。

D.6 若烧伤严重（浅Ⅱ度以上）或大面积烧伤（30%以上）应立即送往专科治疗。

附 录 E
（资料性附录）
电伤的处理

E.1 首先关闭电源。

E.2 病人神态清醒，但有乏力、头昏、心慌、出冷汗、恶心、呕吐等症状，应使病人就地安静休息，注意观察病情变化。

E.3 病人处于休克状态，应立即对症施心肺复苏术（CPR），送专科治疗。

ICS 11.020
C 05

中华人民共和国国家标准

GB/T 21709.15—2009

针灸技术操作规范　第15部分:眼针

Standardized manipulations of acupuncture and moxibustion—Part 15:Eye acupuncture

2009-02-06 发布　　2009-08-01 实施

中华人民共和国国家质量监督检验检疫总局
中国国家标准化管理委员会　发布

前　言

GB/T 21709《针灸技术操作规范》分为 21 个部分：

——第 1 部分：艾灸；
——第 2 部分：头针；
——第 3 部分：耳针；
——第 4 部分：三棱针；
——第 5 部分：拔罐；
——第 6 部分：穴位注射；
——第 7 部分：皮肤针；
——第 8 部分：皮内针；
——第 9 部分：穴位敷贴；
——第 10 部分：穴位埋线；
——第 11 部分：电针；
——第 12 部分：火针；
——第 13 部分：芒针；
——第 14 部分：鍉针；
——第 15 部分：眼针；
——第 16 部分：腹针；
——第 17 部分：鼻针；
——第 18 部分：口唇针；
——第 19 部分：腕踝针；
——第 20 部分：毫针基本刺法；
——第 21 部分：毫针针刺手法。

本部分为 GB/T 21709 的第 15 部分。

本部分的附录 A、附录 B、附录 C、附录 F 为规范性附录，附录 D、附录 E 为资料性附录。

本部分由国家中医药管理局提出。

本部分由中国针灸学会归口。

本部分起草单位：辽宁中医药大学附属医院。

本部分主要起草人：车戬、田维柱、王健、张明波、王鹏琴、侯本赤。

引　言

一般标准中所涉及的长度、宽度的计量都要求采用国际单位制，但是人体高矮胖瘦的差异很大，无法采用绝对的标准值描述针灸腧穴部位，只有通过等分折量的方法——骨度折量法描述腧穴部位，才能适用于所有人群和所有个体。1987 年世界卫生组织在韩国汉城召开的国际会议上确定采用"寸"作为针灸经穴标准计量单位。因此，本标准的腧穴定位采用这种计量单位。

针灸技术操作规范 第15部分:眼针

1 范围

GB/T 21709 的本部分规定了眼针疗法的术语和定义、操作步骤与要求、注意事项及禁忌。

本部分适用于眼针技术操作。

2 术语和定义

下列术语和定义适用于 GB/T 21709 的本部分。

2.1

眼针技术 ophthalmic acupuncture skills

在眼眶内外特定的穴区进行针刺等刺激,以治疗疾病的方法。

2.2

眼针穴区 the acupoint area for ophthalmic acupuncture

眼针疗法中,其相关穴位所分布的区域。

2.3

眼针分区定穴图 the acupoint-selecting standard of ophthalmic acupuncture

眼针技术所应遵循的穴区选择标准。

眼针分区定穴图见附录A。

2.4

眶内直刺法 vertical insertion within the orbital cavity

持针在紧贴眼眶内缘的穴区,垂直进针的操作方法。

2.5

眶外平刺法 horizontal insertion outside the orbital cavity

在距眼眶内缘 2 mm 的眼眶部位,选取穴区进行平刺操作的方法。

2.6

点刺法 pricking acupuncture

在穴区所对应的眼睑部位,进行点刺操作的方法。

2.7

双刺法 double insertion

在同一穴区内,连续刺入两针的操作方法。

2.8

眶内外合刺法 successive insertion within and outside the orbital cavity

于所选取的穴区内,在眶内、眶外各刺一针的操作方法。

2.9

压穴法 acupoint-pressing therapy

于所选取的穴区内,对眼眶内缘进行点压刺激的操作方法。

3 操作步骤与要求

3.1 施术前准备

3.1.1 针具选择

宜用 29 号～33 号,0.5 寸～1 寸的一次性毫针。所选择的毫针针身应光滑、无锈蚀,针尖应锐利、无倒钩。

3.1.2 部位选择

在眼眶内外，选取穴区进行操作。

3.1.3 体位选择

选择患者舒适，医者便于操作的治疗体位。

3.1.4 环境要求

环境应清洁卫生，避免污染。

3.1.5 消毒

3.1.5.1 针具消毒

应选择高压蒸汽消毒法。宜选择一次性针具。

3.1.5.2 部位消毒

应用含75%乙醇或0.5%～1%碘伏的棉签或棉球在施术部位消毒。

3.1.5.3 医者消毒

医者双手可先用肥皂水清洗干净，再用含75%乙醇或0.5%～1%碘伏棉球擦拭。

3.2 施术方法

3.2.1 眶内直刺法

以押手固定眼球，持针在紧贴眼眶内缘的穴区，垂直进针0.5寸。

3.2.2 眶外平刺法

持针在距眼眶内缘2 mm的穴区部位，进行平刺操作，刺入真皮，达至皮下组织，进针0.5寸，保持针体处于该穴区内。

3.2.3 点刺法

以押手固定眼睑，使之绷紧，持针在眼睑部选取穴区轻轻点刺5次～7次，以不出血为度。

3.2.4 双刺法

不论采取眶内直刺法或眶外平刺法，当刺入一针后，在其所处的穴区内，紧贴着针体旁，按同一方向，再刺入一针，均进针0.5寸。

3.2.5 眶内外合刺法

于同一穴区内，在眶内、眶外各刺一针，均进针0.5寸。

3.2.6 压穴法

于所选取的穴区内，使用点穴棒、三棱针柄等，按压眼眶内缘，以局部产生酸、麻、胀感为度，持续按压15 min～30 min。

3.3 施术后处理

3.3.1 行针技术的操作要求

一般情况下，进针后不需行针，无需提插、捻转；如果进针后针感不明显，可施以刮柄法或将针体提出1/3，稍改变方向后再行刺入。

3.3.2 留针

留针技术要求见附录B。留针的注意事项见附录C。

3.3.3 出针

以刺手的拇、食二指捏持针柄，轻轻转动后缓慢出针1/2，然后慢慢拔出，拔针后即刻用干棉球按压针孔，宜按压1 min～3 min。

4 治疗间隔、疗程及适应证

4.1 眼针技术治疗间隔及疗程参见附录D。

4.2 眼针技术适应证参见附录E。

5 注意事项

5.1 注意发生晕针或晕血。

5.2 注意发生局部出血或血肿。

5.3 注意进针时伤及眼球。

5.4 点刺操作时，进针宜浅，手法宜轻、宜快。

5.5 注意防止操作部位感染。

5.6 孕妇及新产后慎用眼针疗法。

5.7 患者精神紧张、大汗后、劳累后或饥饿时慎用本疗法。

5.8 震颤不止，躁动不安，眼睑肥厚者慎用。

6 禁忌

眼针技术禁忌症见附录 F。

附　录　A
（规范性附录）
眼针分区定穴

A.1　眼针分区定穴示意图

眼针分区定穴示意图见图 A.1

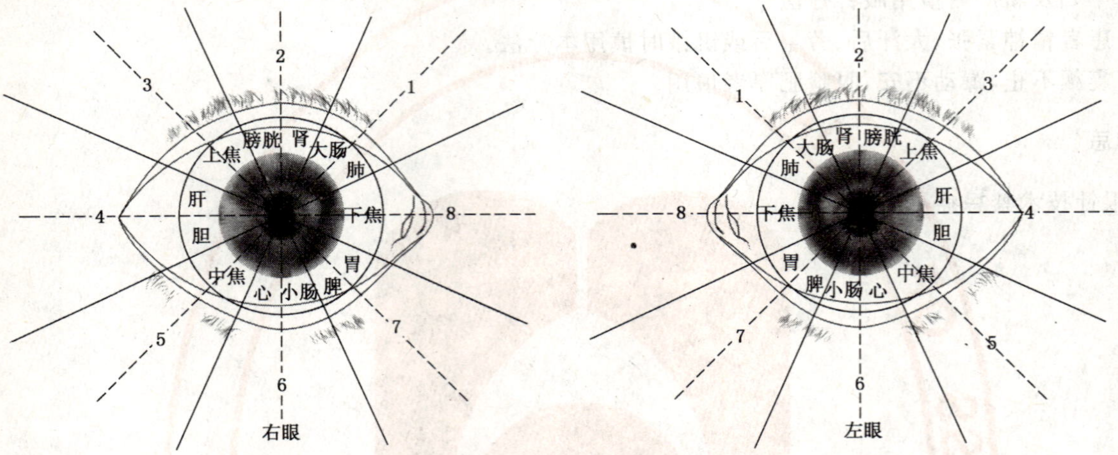

图 A.1　眼针分区定穴示意图

A.2　眼针分区定穴

双眼平视正前方，以瞳孔为中心做水平线及垂线，即从瞳孔发出的上、下、内、外 4 条线将眼球等分为 4 个区域，再将该 4 个区域各引一条平分线，此时以瞳孔为中心的 8 条线将眼球等分为 8 个区域，该 8 条线称为分区定位线，内上方的平分线为分区定位 1 线；瞳孔正上方的垂线为分区定位 2 线；外上方的平分线为分区定位 3 线；瞳孔至目外眦的水平线为分区定位 4 线；外下方的平分线为分区定位 5 线；瞳孔正下方的垂线为分区定位 6 线；内下方的平分线为分区定位 7 线；瞳孔至目内眦的水平线为分区定位 8 线。

再以瞳孔为中心发出 8 条平分线，将上述 8 个区域等分为 16 个小区域。分区时，以分区定位 1 线为中心，将其邻近的 2 个小区域划分为 1 区；以分区定位 2 线为中心，将其邻近的 2 个小区域划分为 2 区；同理，陆续可以划分 3 区～8 区。

定穴时，沿自 1 区至 8 区的方向，划分如下：1 区为肺、大肠；2 区为肾、膀胱；3 区为上焦；4 区为肝、胆；5 区为中焦；6 区为心、小肠；7 区为脾、胃；8 区为下焦。

附 录 B
（规范性附录）
眼针留针技术要求

B.1 静置留针法

留针期间不施行任何针刺手法，让针体留置在穴区内。一般情况下，留针时间宜在 15 min～30 min。

B.2 刮柄刺激法

留针期间内，如果局部得气感不明显，则可间歇重复施行刮柄法，以加强刺激。一般情况下，在 15 min～30 min 内，宜间歇行针 1 次～2 次，每次 0.5 min～1 min。

附 录 C
（规范性附录）
眼针留针的注意事项

C.1 留针要因人而宜，体弱者留针时间较短，体壮者可适当延长留针时间。婴幼儿和躁动患者，以及其他难于合作者，不宜留针。

C.2 留针要因时而宜，夏季天气炎热，不宜久留针；冬季气候寒冷，适宜久留针。

C.3 留针要因病而宜，病情轻、症状轻或经治疗症状已消失者，可以不留针或短时间留针；病情重，症状顽固者宜久留针。

C.4 留针要注意安全，留针期间要叮嘱患者及家属不要碰触留置在眼眶内外的毫针，以免折针、弯针。对需要长期留针而又有严重心脑血管疾病者，须加强监护，以免发生意外。

附 录 D
（资料性附录）
眼针技术治疗间隔及疗程

眼针技术治疗时，宜每日 1 次，连续治疗 10 d～14 d 为 1 个疗程，休息 2 d 后，可进行下一疗程。

附 录 E
（资料性附录）
眼针技术适应证

下列疾病可选用眼针疗法：

a） 内科：中风病、头痛、眩晕、面瘫、失眠、高血压、三叉神经痛、膈肌痉挛、血管性痴呆、抑郁症、癫痫、重症肌无力、眼肌麻痹、不安腿综合征、格林巴利综合征、支气管哮喘、面肌痉挛、胆囊炎、溃疡性结肠炎、急性胃肠炎、胆道蛔虫症等；

b） 骨伤科：颈椎病、肩周炎、腰椎间盘突出症、坐骨神经痛、落枕、急性腰扭伤等；

c） 妇科：痛经、月经不调等；

d） 儿科：疳积、小儿腹泻、百日咳等；

e） 皮肤科：黄褐斑、蝴蝶斑、痤疮、带状疱疹等；

f） 外科：肾结石、胆结石、血栓性闭塞性脉管炎等；

g） 五官科：突发性耳聋、中心性视网膜炎、近视、眼肌麻痹、弱视等。

附　录　F
（规范性附录）
眼针技术禁忌症

F.1　眼区有破损感染者禁用。

F.2　精神病患者禁用。

F.3　传染病患者禁用。

F.4　金属过敏者禁用。

S 11.020
05

中华人民共和国国家标准

GB/T 21709.17—2009

针灸技术操作规范　第 17 部分：鼻针

Standardized manipulations of acupuncture and moxibustion—Part 17: Nose acupuncture

2009-02-06 发布　　　　2009-08-01 实施

中华人民共和国国家质量监督检验检疫总局
中国国家标准化管理委员会　发布

前　言

GB/T 21709《针灸技术操作规范》分为21个部分：
——第1部分：艾灸；
——第2部分：头针；
——第3部分：耳针；
——第4部分：三棱针；
——第5部分：拔罐；
——第6部分：穴位注射；
——第7部分：皮肤针；
——第8部分：皮内针；
——第9部分：穴位敷贴；
——第10部分：穴位埋线；
——第11部分：电针；
——第12部分：火针；
——第13部分：芒针；
——第14部分：鍉针；
——第15部分：眼针；
——第16部分：腹针；
——第17部分：鼻针；
——第18部分：口唇针；
——第19部分：腕踝针；
——第20部分：毫针基本刺法；
——第21部分：毫针针刺手法。
本部分为GB/T 21709的第17部分。
本部分的附录A为规范性附录，附录B、附录C为资料性附录。
本部分由国家中医药管理局提出。
本部分由中国针灸学会归口。
本部分起草单位：湖北中医学院。
本部分起草人：吴绪平、陈邦国、梁凤霞、杨毅红、王述菊、杜艳军、唐宏图、黄伟。

针灸技术操作规范 第17部分：鼻针

1 范围

GB/T 21709的本部分规定了鼻针的术语和定义、操作步骤与要求、注意事项及禁忌。

本部分适用于鼻针技术操作。

2 术语和定义

下列术语和定义适用于GB/T 21709的本部分。

2.1

鼻针 nose acupuncture

在鼻部范围内的特定穴位上施以针刺，用以治疗疾病的方法。

3 操作步骤与要求

3.1 施术前准备

3.1.1 针具选择

选用直径0.22 mm～0.28 mm、长15 mm～25 mm毫针，所选针具针身应光滑、无锈蚀，针尖应锐利、无倒钩，针柄应牢固、无松动。

3.1.2 部位选择

根据病情在鼻部选取相应的穴位，在穴区内寻找敏感点。鼻针穴位名称、定位见附录A中的A.1，鼻针穴位定位示意图见图A.1所示。鼻部敏感点的寻找方法参见附录B。

3.1.3 体位选择

选择患者舒适、医者便于操作的体位，以仰卧位为宜。

3.1.4 环境要求

应注意环境清洁卫生，避免污染。

3.1.5 消毒

3.1.5.1 针具消毒：应选择高压消毒法。宜选择一次性毫针。

3.1.5.2 部位消毒：用75%乙醇或0.5%碘伏的棉球在施术部位消毒。强刺激部位宜用0.5%碘伏棉球消毒。

3.1.5.3 术者消毒：医者双手应用肥皂水清洗干净，再用75%乙醇棉球擦拭。

3.2 施术方法

3.2.1 进针

根据穴位所在部位，采用斜刺或平刺，快速刺入所选定的穴位，针刺深度视具体部位而定，以2 mm～5 mm为宜。

3.2.2 行针与留针

捻转要轻，待患者有酸、麻、胀、痛或流泪、打喷嚏等针感时，留针10 min～30 min。

3.2.3 出针

出针时快速将针拔出。

3.3 施术后处理

用消毒干棉球或干棉签按压针孔。

4 治疗间隔时间及适应证

4.1 鼻针治疗间隔时间参见附录 C 的第 C.1 章。

4.2 鼻针适应证参见附录 C 的第 C.2 章。

5 注意事项

5.1 由于鼻部肌肉较薄,鼻区皮肤比较敏感,刺激宜轻,避免进针过深以及强烈提插、捻转。

5.2 孕妇慎用。

5.3 鼻部有瘢痕时针刺应避开。

5.4 防止晕针的发生。如发生晕针现象,处理方法参见附录 C 的第 C.3 章。

5.5 患者精神紧张、大汗后、劳累后或饥饿时不适宜运用本疗法。

6 禁忌

6.1 鼻部皮肤局部有感染、溃疡、创伤者禁针。

6.2 有出血倾向者禁针。

6.3 金属过敏者禁针。

附　录　A
（规范性附录）
鼻针穴位名称、定位及分布示意图

A.1　鼻针穴位名称及定位

鼻针穴位共23个，分布在以下3条线上：

a)　面中线（第一线）：起于前额正中，止于水沟穴之上，共9个穴位，分别是：
1)　头面：额正中处，眉心与前发际中点连线的上、中1/3交点处；
2)　咽喉：头面与肺之间，当眉心与前发际中点连线的中、下1/3交点处；
3)　肺：两眉头连线之中点；
4)　心：两目内眦连线之中点；
5)　肝：当鼻梁最高处，鼻正中线与两颧骨连线之交点处；
6)　脾：当鼻准头上缘正中线上；
7)　肾：在鼻尖端处；
8)　前阴：在鼻中隔下端尽处；
9)　睾丸、卵巢：在鼻尖肾点的两侧。

b)　鼻孔线（第二线）：起于目内眦下方，紧靠鼻梁骨两侧，至鼻翼下端尽处止，共5个穴位，分别是：
1)　胆：位于肝区的外侧，目内眦下方；
2)　胃：位于脾区的外侧，胆区直下方；
3)　小肠：在鼻翼上1/3处，胃点下方；
4)　大肠：在鼻翼正中处，小肠点下方；
5)　膀胱：在鼻翼壁尽处，大肠点下方。

c)　鼻旁线（第三线）：起于眉内侧，沿鼻孔线的外方，止于鼻翼尽端外侧，共9个穴位，分别是：
1)　耳：在眉内侧端，与肺相平；
2)　胸：在眉棱骨下，目窠之上；
3)　乳：在睛明穴之上方；
4)　项背：在睛明穴之下方；
5)　腰脊：在胆区之外，项背点外下方；
6)　上肢：在胃区之外方，腰脊点外下方；
7)　胯股：在鼻翼上部相平处外侧，上肢点外下方；
8)　膝胫：在鼻翼正中外侧，胯股点下方；
9)　足趾：在鼻翼下部相平处外侧，膝胫的下方。

A.2　鼻针穴位定位示意图

鼻针穴位定位示意图见图A.1。

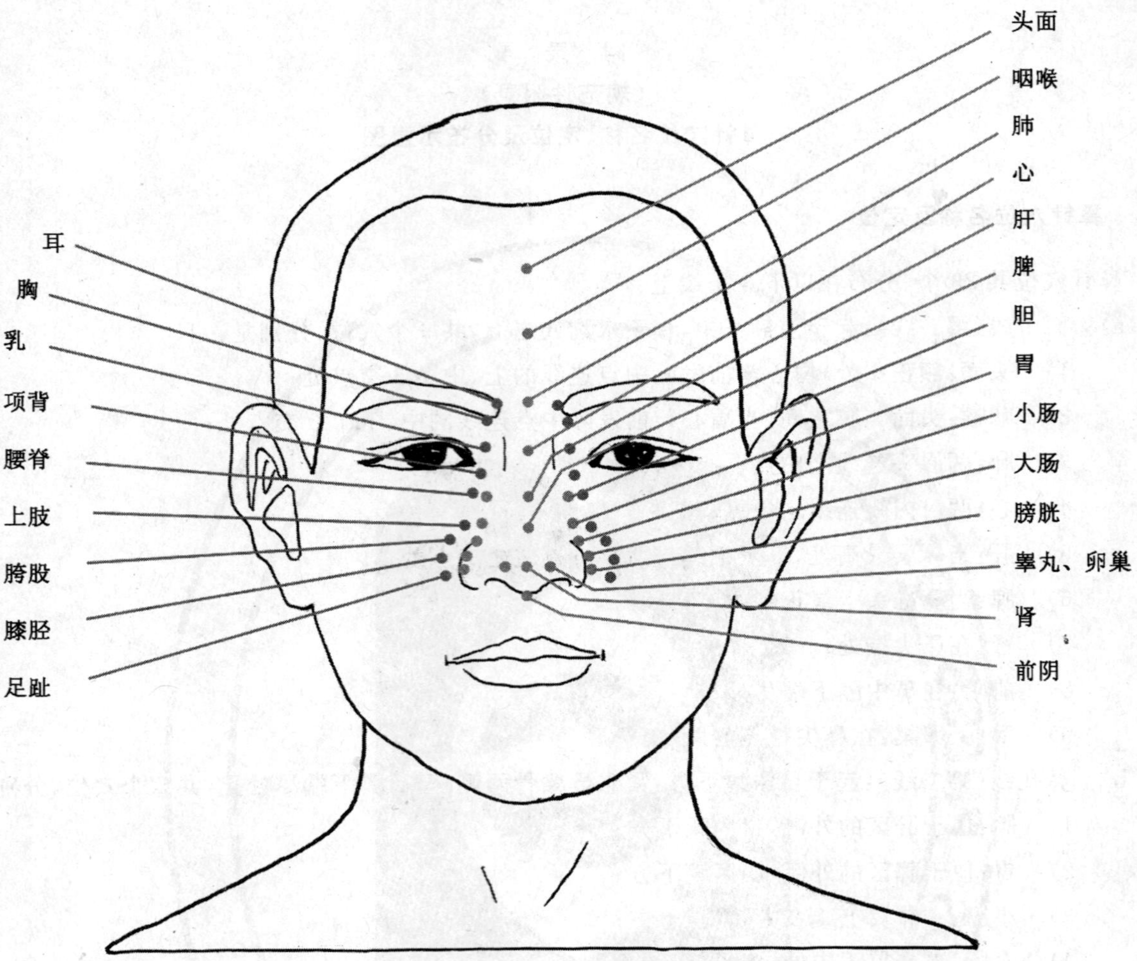

图 A.1 鼻针穴位分布示意图

附 录 B
（资料性附录）
鼻部敏感点的寻找方法

用探棒在鼻部的相应区域内，轻、慢、均匀地用一定压力探测，遇有疼痛或异常感时即为敏感点；或用干棉球擦干鼻部湿润区域，用电阻探测仪在患者鼻部的病变相应部位做缓慢、均匀的探查，患者感到局部有明显压痛，探测仪亦发出声响，此点即为敏感点。

附　录　C
（资料性附录）
鼻针治疗间隔时间、适应证及晕针的处理方法

C.1　鼻针治疗间隔时间

鼻针治疗间隔时间根据病情需要而定，可每日1次或者隔日1次。

C.2　鼻针的适应证

鼻针穴位都是按人体器官名称命名，因此，穴位名称即主治相应器官疾病，如：

a）　内科疾病：支气管炎、高血压、胃炎、肠炎等。

b）　神经、精神科疾病：偏头痛、面神经麻痹等。

c）　骨伤及软组织疾病：落枕、肩周炎、腰肌劳损及各部位软组织损伤等。

d）　外科疾病：阑尾炎、胆囊炎等。

e）　男性科疾病：睾丸炎、前列腺炎等。

f）　妇科疾病：痛经、慢性盆腔炎等。

g）　五官科疾病：咽喉炎、鼻炎、牙痛、耳鸣等。

C.3　晕针的处理方法

若发生晕针应立即出针，使患者呈头低脚高卧位，注意保暖，必要时可饮用温开水或温糖水，或掐水沟、内关等穴，即可恢复。严重时按晕厥处理。

ICS 11.0.20
C 05

GB

中华人民共和国国家标准

GB/T 21709.18—2009

针灸技术操作规范 第18部分:口唇针

Standardized manipulations of acupuncture and moxibustion—Part 18:Oral and lip acupuncture

2009-02-06 发布

2009-08-01 实施

中华人民共和国国家质量监督检验检疫总局
中国国家标准化管理委员会 发布

前　言

GB/T 21709《针灸技术操作规范》分为21个部分：
——第1部分：艾灸；
——第2部分：头针；
——第3部分：耳针；
——第4部分：三棱针；
——第5部分：拔罐；
——第6部分：穴位注射；
——第7部分：皮肤针；
——第8部分：皮内针；
——第9部分：穴位敷贴；
——第10部分：穴位埋线；
——第11部分：电针；
——第12部分：火针；
——第13部分：芒针；
——第14部分：鍉针；
——第15部分：眼针；
——第16部分：腹针；
——第17部分：鼻针；
——第18部分：口唇针；
——第19部分：腕踝针；
——第20部分：毫针基本刺法；
——第21部分：毫针针刺手法。

本部分为GB/T 21709的第18部分。

本部分的附录A、附录B为规范性附录，附录C为资料性附录。

本部分由国家中医药管理局提出。

本部分由中国针灸学会归口。

本部分起草单位：成都中医药大学。

本部分主要起草人：余曙光、唐勇、罗玲、曾芳、尹海燕、袁成凯、王静。

引　言

一般标准中所涉及的长度、宽度的计量都要求采用国际单位制，但是人体高矮胖瘦的差异很大，无法采用绝对的标准值描述针灸腧穴部位，只有通过等分折量的方法——骨度折量法描述腧穴部位，才能适用于所有人群和所有个体。1987 年世界卫生组织在韩国汉城召开的国际会议上确定采用“寸”作为针灸经穴标准计量单位。因此，本标准的腧穴定位采用这种计量单位。

针灸技术操作规范　第18部分:口唇针

1　范围

GB/T 21709的本部分规定了口唇针疗法的术语和定义、操作步骤与要求、注意事项和禁忌。

本部分适用于口唇针疗法技术操作。

2　术语和定义

下列术语和定义适用于GB/T 21709的本部分。

2.1

口针疗法　oral acupuncture therapy

针刺口腔黏膜上的特定穴区以治疗疾病的方法。

2.2

唇针疗法　lip acupuncture therapy

针刺唇部穴位以治疗疾病的方法。

3　操作步骤与要求

3.1　施术前准备

3.1.1　针具选择

3.1.1.1　口针

宜选择直径为0.20 mm～0.25 mm,长度为15 mm～50 mm的毫针。

3.1.1.2　唇针

宜选择直径为0.20 mm～0.30 mm,长度为25 mm～40 mm的毫针。

3.1.2　穴位选择

根据疾病选取穴位或特定分区。附录A、附录B分别给出了口针和唇针腧穴的命名与定位、示意图。

3.1.3　体位选择

口针操作可选择坐位或卧位,唇针操作宜选择卧位。

3.1.4　环境要求

应注意环境清洁卫生,避免污染。

3.1.5　消毒

3.1.5.1　针具消毒

应选择高压蒸汽消毒灭菌法。宜使用一次性针具。

3.1.5.2　部位消毒

3.1.5.2.1　口针

应用含有1%碘酊或0.5%碘伏的棉签或棉球对施术部位进行消毒。

3.1.5.2.2　唇针

应用含有75%乙醇或0.5%的碘伏棉签或棉球对施术部位进行消毒。

3.1.5.3　医者消毒

医者双手应先用肥皂水清洗,再用75%乙醇或0.5%碘伏棉球擦拭。

3.2 施术方法

3.2.1 口针疗法

3.2.1.1 进针

令患者张口,医者戴上无菌手套一手持无菌纱布捏住患者上唇或下唇,或用消毒棉签暴露施术部位,另一手持针柄将针刺入口腔黏膜穴位或特定分区。根据针刺的部位,选择合适的进针角度和深度。针刺手法,以病人耐受为度,可无针感。

3.2.1.2 留针

参见附录C的C.1.1。

3.2.1.3 出针

医者施术完毕,持针柄将针退出。

3.2.1.4 出针后处理

施术处若出血,宜用消毒干棉签或无菌纱球按压针孔至血止,然后嘱患者用0.9%生理盐水漱口。

3.2.2 唇针疗法

3.2.2.1 进针

医者一手将施术部位两侧皮肤提捏固定,另一手持针柄将针刺入。上唇部穴位沿人中沟向鼻中隔方向斜刺入6 mm～15 mm,以雀啄手法为宜;下唇部穴位平刺入10 mm～30 mm,可不施手法。

3.2.2.2 留针

参见附录C的C.1.2。

3.2.2.3 出针

医者一手固定施术部位两侧皮肤,另一手持针柄将针退出。

3.2.2.4 出针后处理

宜用消毒干棉签按压针孔。

4 疗程及适应证

4.1 口唇针的疗程参见第C.2章。

4.2 口唇针的适应证参见第C.3章。

5 注意事项

5.1 初次接受治疗的患者,应首先消除其紧张情绪。

5.2 如患者出现晕针,按照晕针常规处理法予以处理。

5.3 不配合治疗的小儿,精神病患者,中、重度糖尿病患者,体质过度虚弱者和孕妇应慎用。

6 禁忌

6.1 口腔破溃、化脓、出血或肿瘤处。

6.2 出血性疾病患者。

6.3 严重高血压、心脏病患者。

6.4 金属过敏者。

附 录 A
（规范性附录）
口针腧穴命名与定位、示意图

A.1 口针腧穴命名与定位

A.1.1 上肢区域

在上颌两侧，齿龈黏膜及口腔前庭黏膜处。

A.1.1.1 拇指穴

中切牙中点上齿龈，距牙齿 0.4 寸处。

A.1.1.2 四指外侧穴

中切牙与侧切牙之间齿龈上 0.2 寸处。

A.1.1.3 四指内侧穴

中切牙与侧切牙之间，内侧齿龈上 0.2 寸处。

A.1.1.4 手背穴

侧切牙中点上齿龈，距牙齿 0.5 寸处。

A.1.1.5 手掌穴

侧切牙内侧中点上齿龈，距牙齿 0.5 寸处。

A.1.1.6 手腕外侧穴

侧切牙与尖牙之间齿龈上 0.5 寸处。

A.1.1.7 手腕内侧穴

侧切牙内侧中点上齿龈距牙齿 0.2 寸处。

A.1.1.8 前臂外侧穴

尖牙与第一前磨牙之间齿龈上 0.5 寸处。

A.1.1.9 前臂内侧穴

尖牙与第一前磨牙之间内侧齿龈上 0.5 寸处。

A.1.1.10 肘外穴

尖牙与第一前磨牙之间齿龈上 0.1 寸处。

A.1.1.11 肘内穴

第一、二前磨牙之间内侧齿龈上 0.1 寸处。

A.1.1.12 上臂外侧穴

第二前磨牙与第一磨牙之间齿龈上 0.3 寸处。

A.1.1.13 上臂内侧穴

第二前磨牙与第一磨牙之间内侧齿龈上 0.3 寸处。

A.1.1.14 肩前穴

第一、二磨牙之间齿龈上 0.3 寸处。

A.1.1.15 腋窝穴

第一、二磨牙之间内侧齿龈上 0.3 寸处。

A.1.1.16 肩后穴

第二、三磨牙之间齿龈上 0.3 寸处。

A.1.1.17 肩内穴

第二、三磨牙之间内侧齿龈上 0.3 寸处。

A.1.2　下肢区域

在下颌两侧，齿龈黏膜及口腔前庭黏膜处。

A.1.2.1　足大趾穴

中切牙中点下齿龈，距牙齿 0.5 寸处。

A.1.2.2　四趾穴

中切牙与侧切牙之间齿龈下 0.5 寸处。

A.1.2.3　足掌穴

中切牙中点下齿龈，距牙齿 0.3 寸处。

A.1.2.4　足背穴

中切牙与侧切牙之间齿龈下 0.3 寸处。

A.1.2.5　足跟穴

中切牙中点下齿龈，距牙齿 0.1 寸处。

A.1.2.6　足外踝穴

侧切牙与尖牙之间齿龈下 0.2 寸处。

A.1.2.7　足内踝穴

侧切牙与尖牙之间内侧齿龈下 0.2 寸处。

A.1.2.8　小腿外侧穴

尖牙与第一前磨牙之间齿龈下 0.4 寸处。

A.1.2.9　小腿内侧穴

尖牙与第一前磨牙之间内侧齿龈下 0.4 寸处。

A.1.2.10　膝关节穴

第一前磨牙与第二前磨牙之间齿龈下 0.2 寸处。

A.1.2.11　腘窝穴

第一前磨牙与第二前磨牙之间内侧齿龈下 0.2 寸处。

A.1.2.12　大腿外侧穴

第二前磨牙与第一磨牙之间齿龈下 0.2 寸处。

A.1.2.13　大腿内侧穴

第二前磨牙与第一磨牙之间内侧齿龈下 0.2 寸处。

A.1.2.14　坐骨神经穴

第一磨牙与第二磨牙之间齿龈下 0.2 寸处。

A.1.3　生殖泌尿区域

上颚（包括软腭和硬腭）。

A.1.3.1　泌尿穴

泌尿穴Ⅰ：上颌硬腭前端正中，两中切牙之间内侧，腭乳头上。

泌尿穴Ⅱ：上颌硬腭中点，腭缝两侧 0.2 寸处。

泌尿穴Ⅲ：上颌硬腭与软腭连接处，腭缝两侧 0.2 寸处。

A.1.3.2　生殖穴

生殖穴Ⅰ：上颌两中切牙内侧，第一泌尿穴后，左右旁开 0.1 寸。

生殖穴Ⅱ：上颌软、硬腭连接处，在腭缝两侧旁开 0.1 寸。

A.1.4　头部区域

在下唇系带周围及口腔前庭黏膜组织上。

A.1.4.1　前额穴

下唇系带中点处。

A.1.4.2 头顶穴

下唇系带中点上0.2寸处。

A.1.4.3 枕部穴

下唇系带中点上0.4寸处。

A.1.4.4 颈部穴

下唇系带中点上0.5寸处。

A.1.5 腰部区域

在上唇系带周围及口腔前庭黏膜组织上。

A.1.5.1 尾骶部穴

上唇系带下端中点处。

A.1.5.2 腰部穴

上唇系带中点处。

A.1.6 眼及血压区域

上颌两侧,尖牙与双尖牙上方黏膜处。

A.1.6.1 眼穴

尖牙与第一前磨牙之间齿龈上0.5寸处。

A.1.7 皮肤区域

A.1.7.1 皮肤穴

左右口角处。

A.1.8 神经区域

上、下唇上及上、下颌连接处黏膜皱襞处。

A.1.8.1 三叉神经穴

将上唇正中至口角分为三等分,依次相当于三叉神经1、2、3支。

A.1.8.2 面神经穴

上唇上(根据病变反应点取穴)。

A.1.9 消化区域

位于舌下腔内。

A.1.9.1 咽颊穴

金津、玉液穴下,舌系带旁开0.2寸处。

A.1.9.2 胃穴

舌系带左侧,旁开0.4寸处。

A.1.9.3 肠穴

催乳穴两侧0.7寸处。

A.1.9.4 阑尾穴

舌系带右侧0.7寸处,肠穴之下。

A.1.9.5 胰穴

脾穴与胃穴之间。

A.1.10 脏腑区域

舌下腔内。

A.1.10.1 心穴

舌系带中点向左旁开0.2寸处。

A.1.10.2 肝穴

舌系带中点向右旁开0.3寸处。

A.1.10.3　脾穴

舌系带中点向左旁开 0.4 寸处。

A.1.10.4　胆囊穴

肝穴上 0.1 寸处。

A.1.10.5　肺穴

舌系带根部,旁开 0.2 寸处。

A.1.10.6　肋间穴

舌系带根部与下齿槽连接处旁开 0.2 寸处。

A.2　口针的头、腰、眼、皮肤、神经、消化、脏腑区域穴位示意图

口针的头、腰、眼、皮肤、神经、消化、脏腑区域穴位示意图见图 A.1。

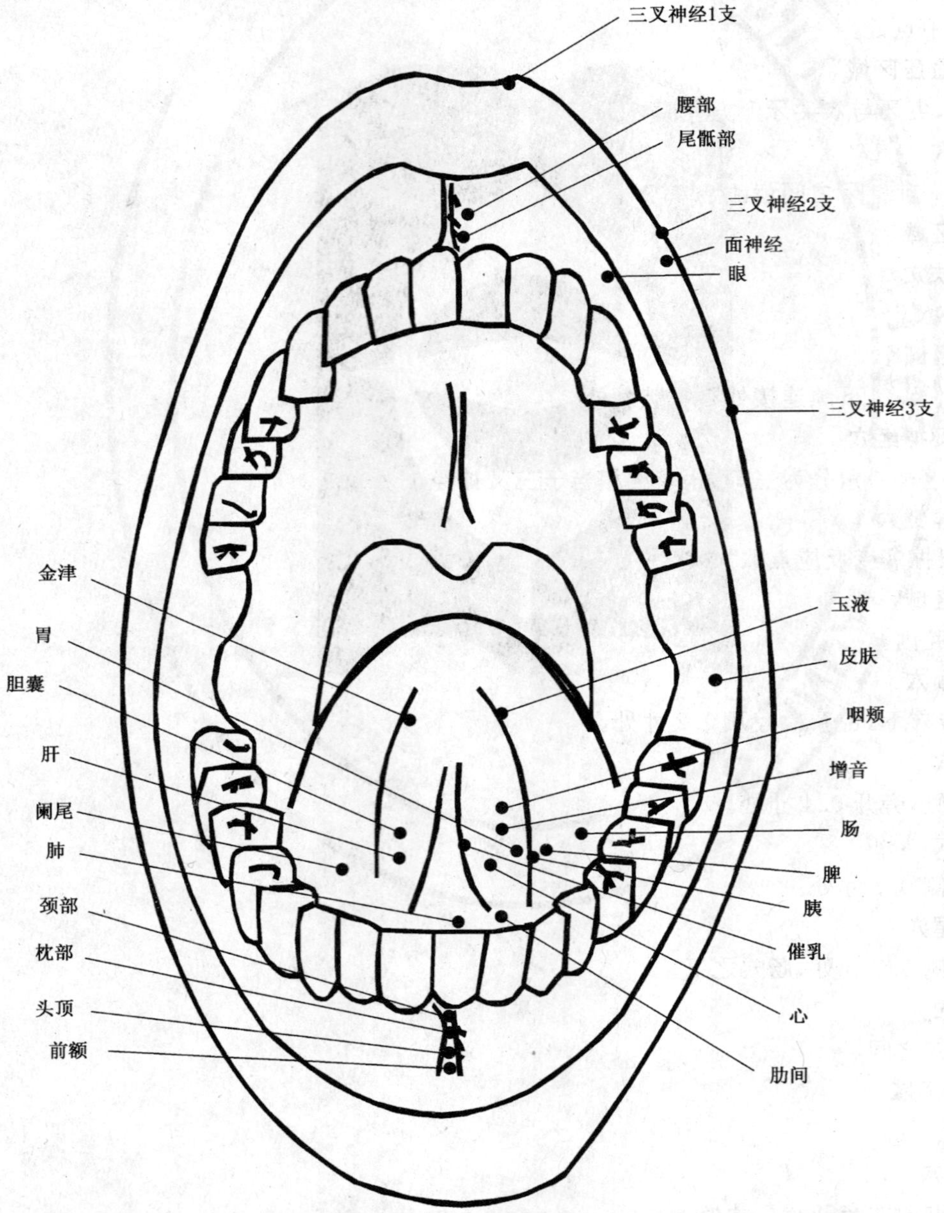

图 A.1　口针的头、腰、眼、皮肤、神经、消化、脏腑区域穴位示意图

A.3 口针的四肢、生殖泌尿区域穴位示意图

口针的四肢、生殖泌尿区域穴位示意图见图 A.2。

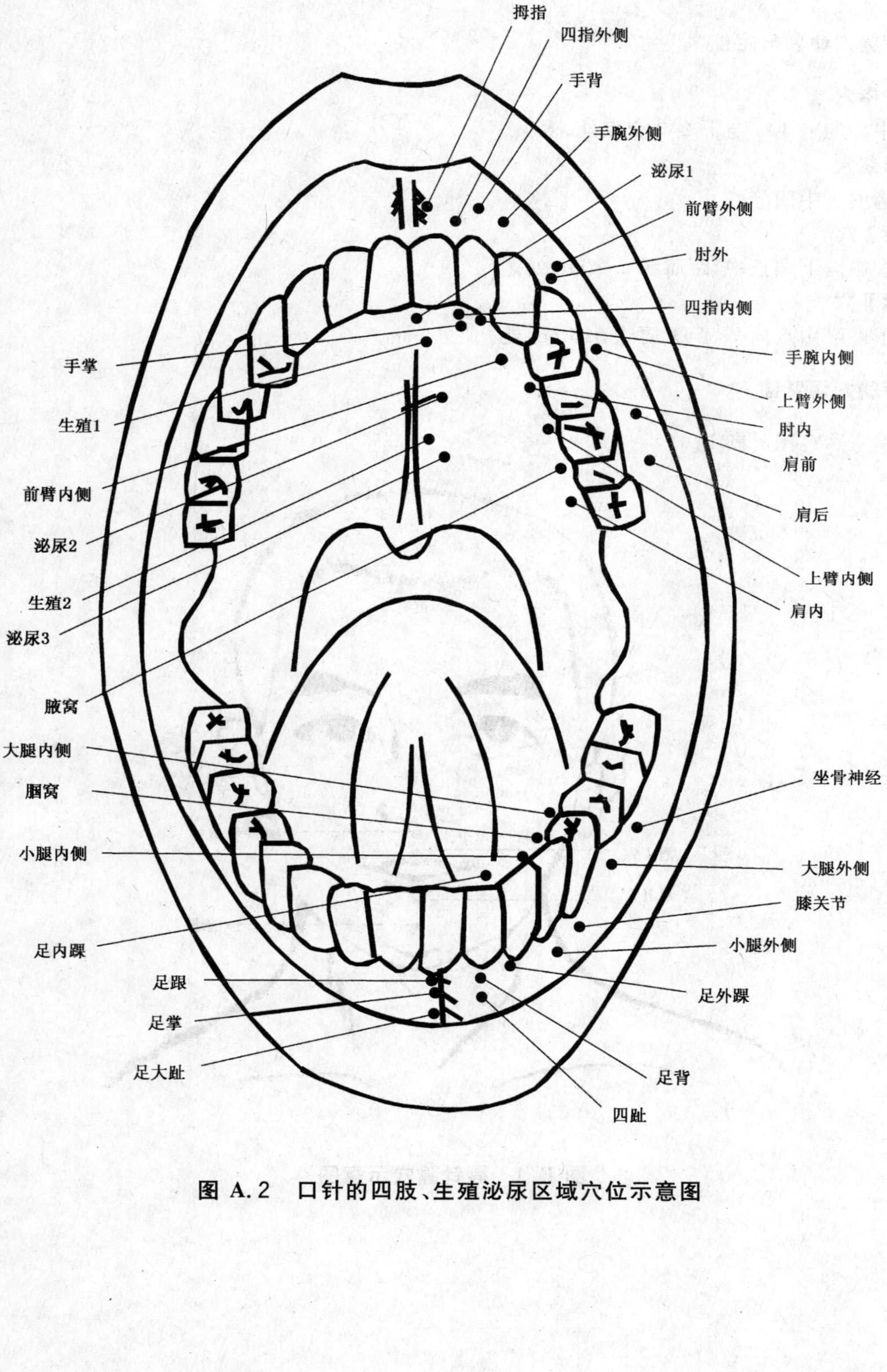

图 A.2 口针的四肢、生殖泌尿区域穴位示意图

附 录 B
（规范性附录）
唇针腧穴命名与定位、示意图

B.1 唇针腧穴命名与定位

B.1.1 人中穴

在人中沟的上 1/3 与下 2/3 交点处。

B.1.2 承浆穴

颏唇沟的正中凹陷处。

B.1.3 唇Ⅰ穴

位于人中沟下端正中，距唇缘 0.2 cm 处。

B.1.4 唇Ⅱ穴

位于下唇缘中点向下，距下唇缘 0.5 cm 处。

B.2 唇针腧穴示意图

唇针腧穴示意图见图 B.1。

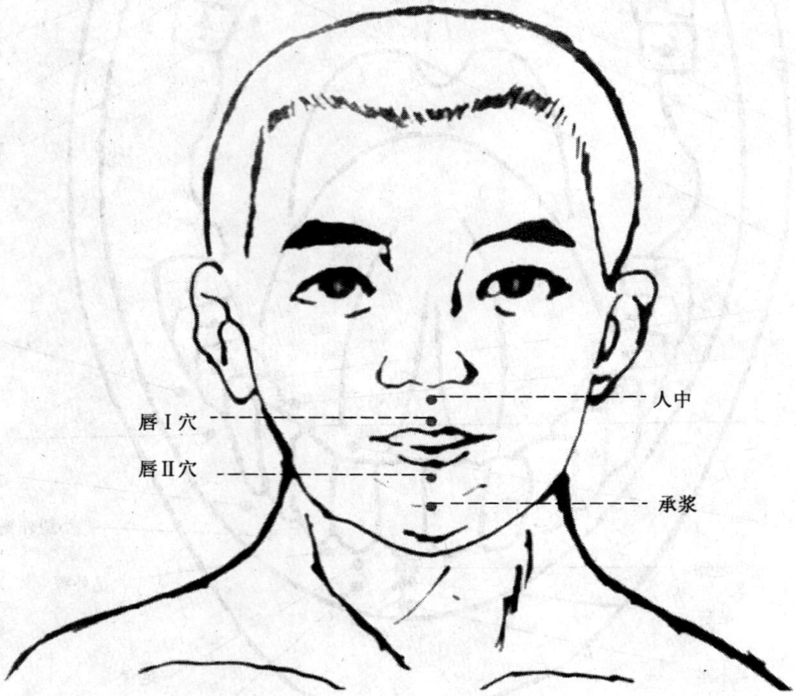

图 B.1 唇针腧穴示意图

附 录 C
（资料性附录）
适应证、留针时间和疗程

C.1 留针时间

C.1.1 口针留针时间

可留针，留针一般不宜超过 30 min。

C.1.2 唇针留针时间

以 20 min～30 min 为宜。

C.2 疗程

宜隔日 1 次，5 次为 1 疗程，疗程间宜间隔 2 d～4 d。

C.3 适应证

C.3.1 口针适应证

疼痛性疾患、面神经麻痹、小儿麻痹后遗症、中风后遗症、急性腰扭伤、癫痫、痹症、急性结膜炎、口疮、产后缺乳、小儿惊痫、遗尿、呕吐、咳喘、牙龈肿痛、咽喉肿痛、鼻塞等。

C.3.2 唇针适应证

疼痛性疾病、齿龈肿痛、口角流涎、面神经麻痹、脑血管意外、癫痫、精神分裂症等。

ICS 11.020
C 05

中华人民共和国国家标准

GB/T 21709.19—2009

针灸技术操作规范
第19部分：腕踝针

Standardized manipulations of acupuncture and moxibustion—
Part 19: Wrist-ankle acupuncture

2009-02-06 发布　　　　2009-08-01 实施

中华人民共和国国家质量监督检验检疫总局
中国国家标准化管理委员会　发布

前　言

GB/T 21709《针灸技术操作规范》分为21个部分：

——第1部分：艾灸；

——第2部分：头针；

——第3部分：耳针；

——第4部分：三棱针；

——第5部分：拔罐；

——第6部分：穴位注射；

——第7部分：皮肤针；

——第8部分：皮内针；

——第9部分：穴位敷贴；

——第10部分：穴位埋线；

——第11部分：电针；

——第12部分：火针；

——第13部分：芒针；

——第14部分：鍉针；

——第15部分：眼针；

——第16部分：腹针；

——第17部分：鼻针；

——第18部分：口唇针；

——第19部分：腕踝针；

——第20部分：毫针基本刺法；

——第21部分：毫针针刺手法。

本部分为GB/T 21709的第19部分。

本部分的附录A为规范性附录，附录B、附录C为资料性附录。

本部分由国家中医药管理局提出。

本部分由中国针灸学会归口。

本部分起草单位：天津中医药大学。

本部分主要起草人：郭义、史丽萍、陈泽林、李桂兰、赵雪。

本部分参加起草人：王红、温景荣、孙阁、魏连海、高旸、付均如、郭永明、吴丽萍、裴莹、康婧青、刘阳阳。

引　言

一般标准中所涉及的长度、宽度的计量都要求采用国际单位制，但是人体高矮胖瘦的差异很大，无法采用绝对的标准值描述针灸腧穴部位，只有通过等分折量的方法——骨度折量法描述腧穴部位，才能适用于所有人群和所有个体。1987 年世界卫生组织在韩国汉城召开的国际会议上确定采用“寸”作为针灸经穴标准计量单位。因此，本标准的腧穴定位采用这种计量单位。

针灸技术操作规范
第19部分：腕踝针

1 范围

GB/T 21709的本部分规定了腕踝针的术语和定义、操作步骤与要求、注意事项及禁忌。

本部分适用于腕踝针技术操作。

2 术语和定义

下列术语和定义适用于GB/T 21709的本部分。

2.1

腕踝针 wrist-ankle acupuncture

腕踝针针法的简称。在腕踝部选取特定的进针点，用毫针循肢体纵轴沿真皮下刺入一定长度以治疗疾病的方法。

2.2

腕踝针身体分区 the body regions of wrist-ankle acupuncture

腕踝针各进针点治疗范围所构成的6个身体纵行带状区域，分为上下两段。见附录A的第A.1章。

2.3

腕踝针进针点 the needling points of wrist-ankle acupuncture

腕踝针进针的特定部位，在腕部和踝部各有6对，分别对应身体上下6个分区且与各区编号一致。见附录A的第A.2章。

3 操作步骤与要求

3.1 施术前准备

3.1.1 针具选择

根据病情和进针点选择长25 mm或40 mm毫针。

3.1.2 进针点选择

参见附录B。

3.1.3 体位选择

根据病情选择患者舒适、医者便于操作的施术体位。

3.1.4 环境要求

应注意环境清洁卫生，避免污染。

3.1.5 消毒

3.1.5.1 针具消毒：应选择高压蒸汽灭菌法。宜选择一次性毫针。

3.1.5.2 部位消毒：可用75%乙醇或0.2%安尔碘或碘伏在施术部位消毒。

3.1.5.3 医者消毒：医者双手应用肥皂水清洗干净，再用75%乙醇擦拭。

3.2 施术方法

医者一手固定进针部位，另一手拇、食、中指持针，针身与皮肤呈15°～30°角快速刺入真皮下，然后压平针身，使针身循肢体纵轴沿真皮下缓慢刺入，以针下松软、无针感为宜。刺入长度以露出针身2 mm

为宜。不提插捻转。针刺方向一般朝向近心端。病变部位位于四肢末端时针刺方向朝向远心端，此时进针点位置可沿纵轴向近心端移动，以不妨碍腕踝关节活动为宜。出针时一手用无菌干棉球轻压进针点，另一手将针拔出。留针时间和治疗间隔时间参见附录C。

4 注意事项

4.1 针刺部位应防止感染。

4.2 针刺时如出现针感，应将针退至真皮下重新刺入。

4.3 留针期间可用医用胶布固定针柄。

4.4 注意晕针的发生。

4.5 孕妇慎用。

4.6 精神病患者不宜长时间留针。

5 禁忌

5.1 腕踝部位肌肉挛急者。

5.2 针刺部位有血管怒张、瘢痕、伤口、严重溃疡及肿物者。

附 录 A
（规范性附录）
腕踝针身体分区、腕踝针进针点

A.1 腕踝针身体分区

身体分区分为纵行六区和上下两段。纵行六区包括头、颈、躯干六区和肢体六区两部分。

A.1.1 纵行六区

A.1.1.1 头、颈和躯干六区

以前后正中线为标线，将身体两侧面由前向后划分为6个纵行区。用数字1～6编号。见图A.1～图A.3。

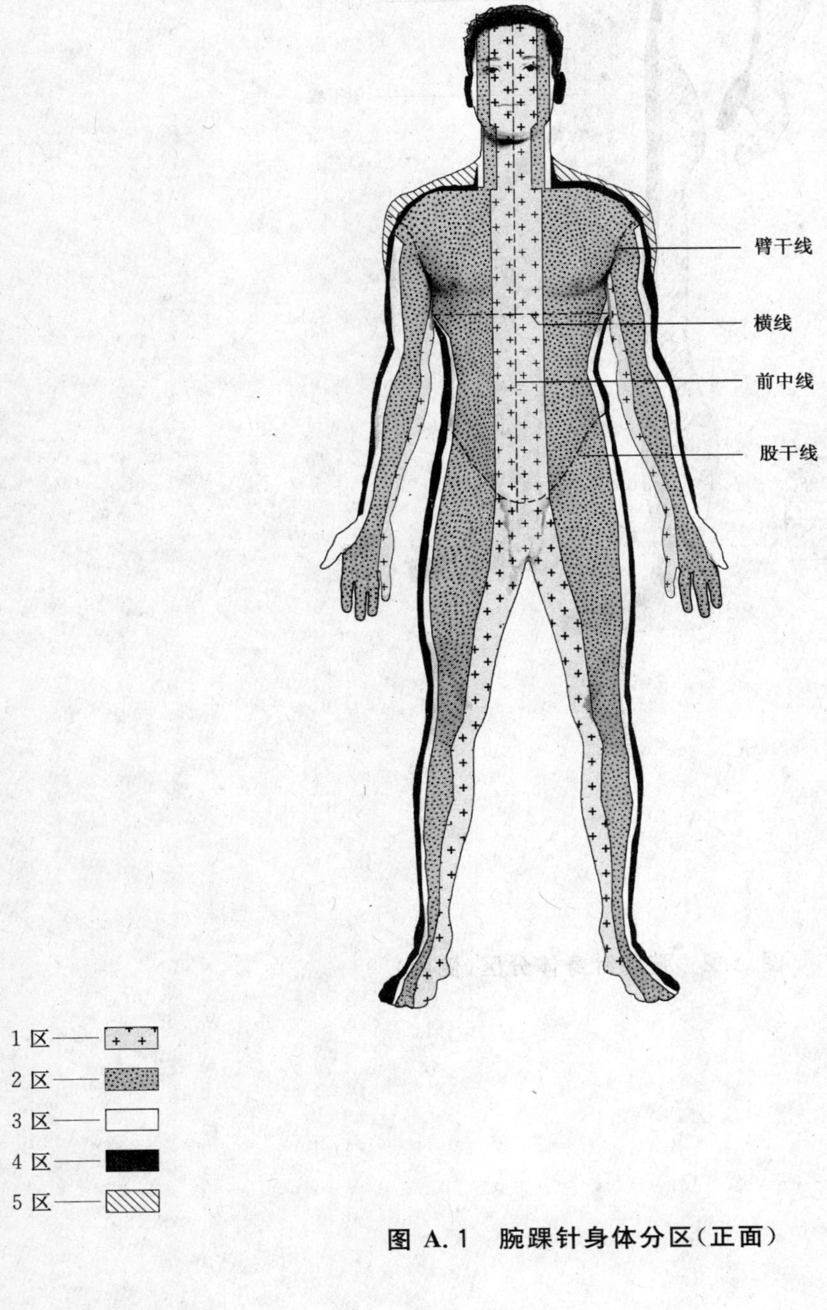

图 A.1 腕踝针身体分区（正面）

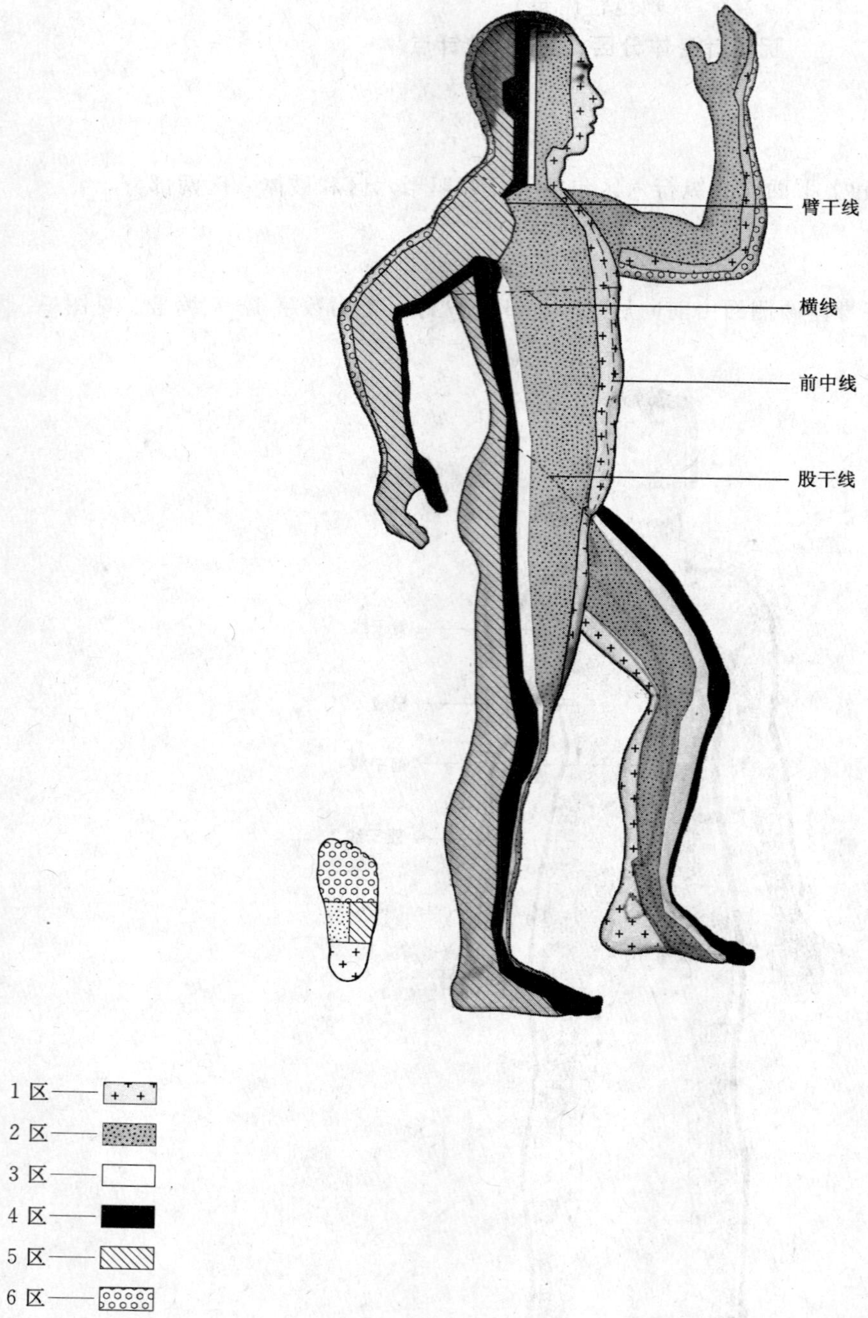

图 A.2　腕踝针身体分区(侧面)

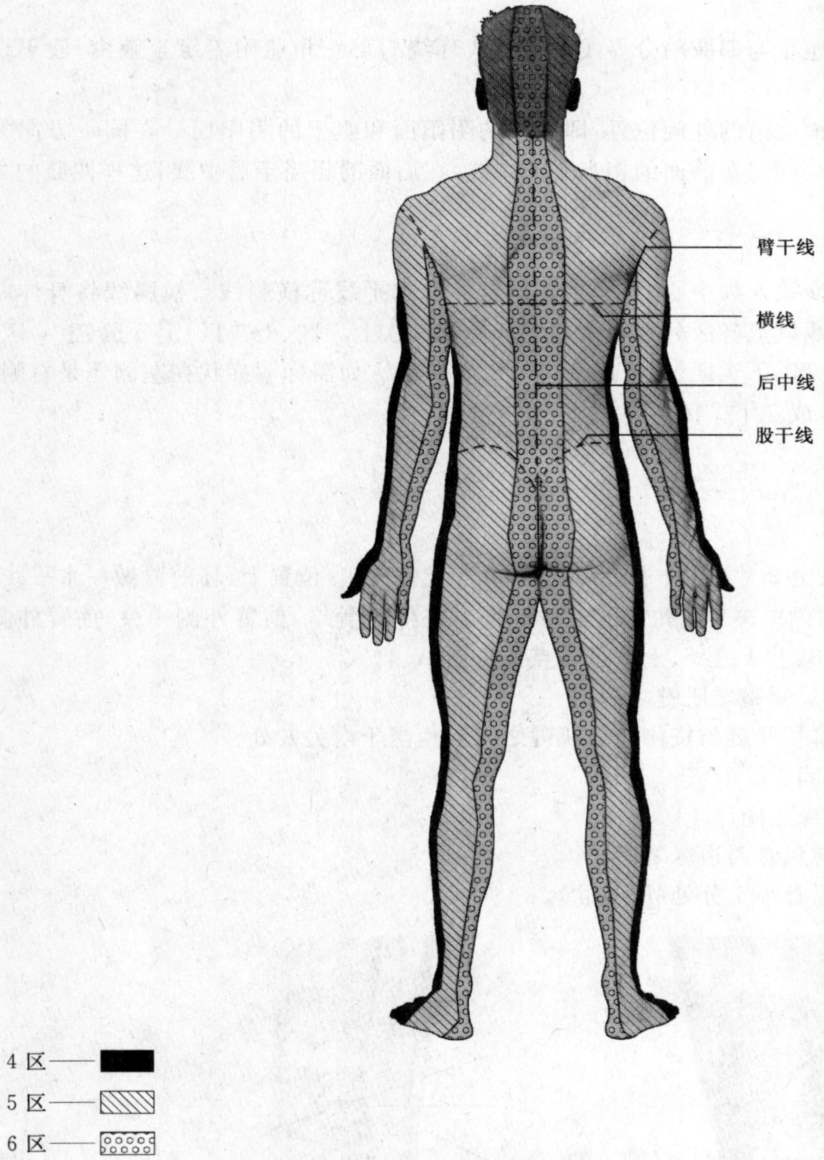

图 A.3　腕踝针身体分区(背面)

1 区:前中线两侧。分别称之为左 1 区、右 1 区。临床常把左 1 区与右 1 区合称为 1 区,以下各区亦同。头面部在前中线至以眼眶外缘为垂直线之间的区域,包括前额、眼、鼻、唇、前牙、舌、咽喉、扁桃体、颏;颈部沿气管、食管;胸部自前中线至胸骨缘,包括胸肋关节、气管、食管、乳房近胸骨缘、心前区(左侧);腹部自前中线至腹直肌区域,包括胃、胆囊、脐部、下腹之膀胱、子宫、会阴部。

2 区:从 1 区边线到腋前线之间所形成的区域,左右对称。头颈部包括颞前部、面颊、后牙、颌下、甲状腺;胸部沿锁骨中线向下区域,包括锁骨上窝、上胸部、乳中部、前胸、肺、肝(右侧)、侧腹部。

3 区:从腋前线至腋中线之间所形成的区域,左右对称。包括沿耳廓前缘、腮腺、腋前缘垂直向下的狭窄区域、乳房近腋前缘部分。

4 区:前后面交界。即腋中线至腋后线之间所形成的区域,左右对称。包括自头顶经耳向下至颈,肩部沿斜方肌缘,胸腹部自腋窝至髂前上嵴的胸侧壁及腹侧部区域。

5 区:腋后线至 6 区边线之间所形成的区域,左右对称。与前面的 2 区相对。包括颞后部、颈后外侧靠斜方肌缘、肩胛冈上窝及肩胛中线垂直向下区域的背和腰。

6 区:后中线两侧,与 1 区相对。包括枕、颈后部、颈椎棘突至斜方肌缘、胸椎棘突至肩胛骨内缘、腰椎与骶正中嵴至尾骨两侧、肛门。

A.1.1.2　肢体六区

以臂干线和股干线分别为躯干与四肢的分界线。臂干线环绕肩部三角肌附着缘至腋窝；股干线自腹股沟至髂嵴。

当两侧的上下肢处于内侧面向前的外旋位置，即四肢的阴阳面和躯干的阴阳面处在同一方向并互相靠拢时，以靠拢处出现的缘为分界，在前面的相当于前中线，在后面的相当于后中线，这样四肢的分区就可按躯干的分区类推。

A.1.2　上下两段

以胸骨末端和两侧肋弓的交接处为中心，划一条环绕身体的水平线称横膈线。横膈线将身体两侧的六个区分成上下两段。横膈线以上各区分别叫做上1区、上2区、上3区、上4区、上5区、上6区；横膈线以下的各区叫下1区、下2区、下3区、下4区、下5区、下6区。如需标明症状在左侧还是右侧，在上还是在下，又可记作右上2区或左下2区等。

A.2　腕踝针进针点

A.2.1　腕部进针点

左右两侧共6对，在腕横纹上2寸(同身寸，相当于内关穴或外关穴)位置上，环前臂做一水平线，从前臂内侧尺骨缘开始，沿前臂内侧中央，前臂内侧桡骨缘，前臂外侧桡骨缘，前臂外侧中央，前臂外侧尺骨缘顺序，依次取上1、上2、上3、上4、上5、上6进针点。见图A.4。

上1：在小指侧的尺骨缘与尺侧腕屈肌腱之间。

上2：在腕掌侧面的中央，掌长肌腱与桡侧腕屈肌腱之间。相当于内关穴处。

上3：在桡骨缘与桡动脉之间。

上4：在拇指侧的桡骨内外缘之间。

上5：在腕背的中央，桡骨与尺骨两边缘之间。

上6：在腕背侧，距小指侧尺骨缘1分处(同身寸)。

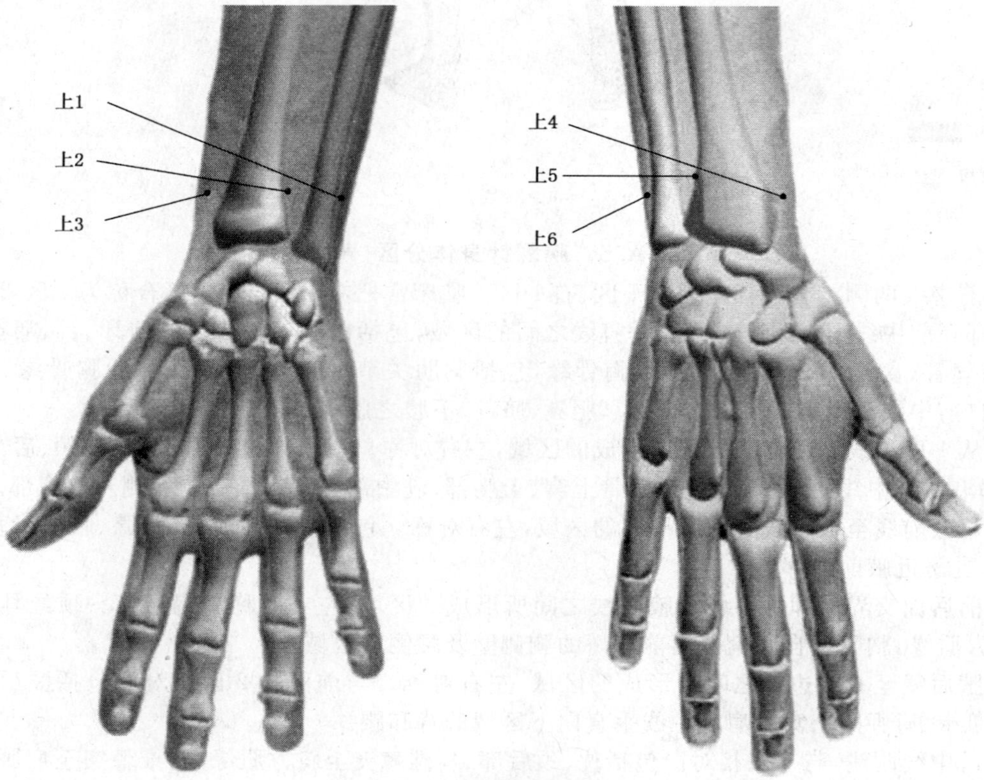

图A.4　腕部进针点位置

A.2.2 踝部进针点

左右两侧共6对，在内踝高点上三寸或外踝上三寸(同身寸，相当于三阴交穴或悬钟穴)位置上，环小腿做一水平线，从小腿内侧跟腱缘开始，沿小腿内侧中央，小腿内侧胫骨缘，小腿外侧腓骨缘，小腿外侧中央，小腿外侧跟腱缘顺序，依次取下1、下2、下3、下4、下5、下6进针点。见图A.5。

下1：靠跟腱内缘。

下2：在踝部内侧面中央，靠内侧胫骨后缘。

下3：在胫骨前嵴向内1分(同身寸)处。

下4：在胫骨前嵴与腓骨前缘之间的胫骨前肌中点。

下5：在踝部外侧面中央，靠腓骨后缘。

下6：靠跟腱外缘处。

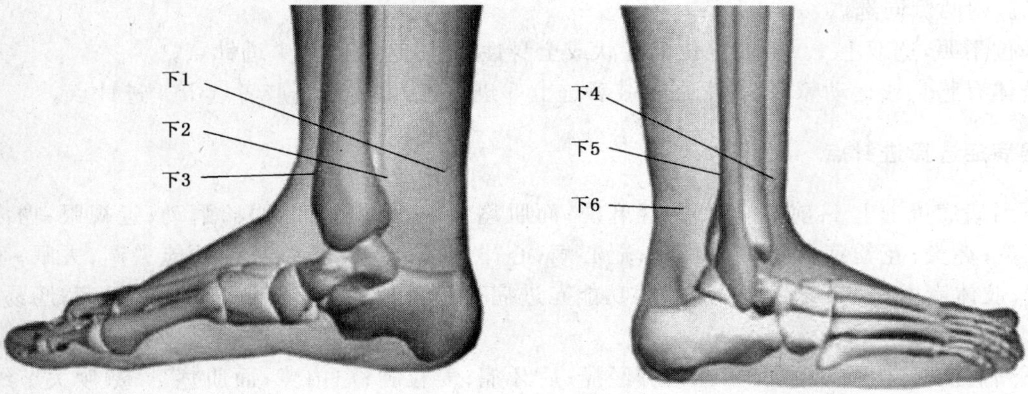

图A.5 踝部进针点位置

附　录　B
（资料性附录）
进针点选择方法

B.1　根据病位选择进针点

B.1.1　上病选上，下病选下，上下同选。根据疾病的症状和体征所在的上下两段不同的身体分区，选编号相同的腕部进针点或踝部进针点。病变部位位于横膈线附近时，则上下同选。

B.1.2　左病选左，右病选右，左右同选。以前后中线为界，选病变所在同侧的进针点；如症状和体征位于中线附近，则两侧同选。

B.1.3　病位不明，选双上1。不能定位的症状或全身性病症，选两侧上1进针点。

B.1.4　肢体有感觉或运动障碍，发生在上肢者选上5进针点，发生在下肢者选下4进针点。

B.2　根据病症选择进针点

B.2.1　下列病症可选上1：前额痛；面神经麻痹；面肌痉挛；三叉神经痛；眼睑瞤动；近视眼；白内障；麦粒肿；结膜炎；鼻炎；花粉症；前牙痛；耳鸣；冠心病；心律失常；胸痛；植物神经功能失调；失眠；嗜睡；烦躁；梅核气；肢体麻木；荨麻疹；遗尿；甲状腺功能亢进症；抽动秽语综合征；呃逆；高血压病；肠易激惹综合征等。

B.2.2　下列病症可选上2：颞前痛；三叉神经痛；后牙痛；麦粒肿；白内障；面肌痉挛；颞颌关节综合征；甲状腺疾病；胸痛；胁痛；乳腺炎；冠心病；心律失常；美尼尔氏病；手指疼痛、麻木等。

B.2.3　下列病症可选上3：偏头痛；耳前痛；腮腺肿痛；肩周炎；面神经麻痹；颞颌关节综合征；颈肩综合征；胁痛等。

B.2.4　下列病症可选上4：巅顶痛；美尼尔氏病；耳痛；耳鸣；三叉神经痛；面神经麻痹；面肌痉挛；颞颌关节综合征；颈椎病；上肢运动性损伤；颈肩综合征；肩关节前侧痛；中风偏瘫等。

B.2.5　下列病症可选上5：头痛；枕神经痛；眩晕；美尼尔氏病；颈椎病；落枕；颈肩综合征；肩背肌筋膜炎；肩关节痛；中风偏瘫；小儿舞蹈症；帕金森病等。

B.2.6　下列病症可选上6：后头痛；落枕；颈椎病；肩关节后侧痛；上肢运动性损伤；三叉神经痛；颈痛；胸椎小关节紊乱；甲状腺疾病等。

B.2.7　下列病症可选下1：胃痛；脐周痛；下腹痛；遗尿；尿潴留；带下异常；痛经；宫颈糜烂；睾丸炎；腰椎骨质增生；肥胖；植物神经功能失调；腓肠肌痉挛；足跟痛等。

B.2.8　下列病症可选下2：肝区痛；侧腹痛；肠易激惹综合征；阑尾炎；带下异常；痛经；腿内侧痛；内踝关节痛等。

B.2.9　下列病症可选下3：胁痛；髋关节屈伸不利；膝关节痛；踝关节痛等。

B.2.10　下列病症可选下4：侧腰痛；膝关节痛；股外侧皮神经炎；下肢感觉及运动障碍；坐骨神经痛；足背痛等。

B.2.11　下列病症可选下5：腰背痛；腰椎间盘突出症；第三腰椎横突综合征；腰椎骨质增生；坐骨神经痛；股外侧皮神经炎；腿外侧痛；外踝关节痛等。

B.2.12　下列病症可选下6：腰椎间盘突出症；腰椎骨质增生；腰肌劳损；坐骨神经痛；痔痛；便秘；腓肠肌痉挛；足前掌痛等。

附 录 C
（资料性附录）
留针时间、治疗间隔时间

可留针 20 min～30 min。可依病情延长留针时间，但不宜超过 48 h。留针期间不行针。治疗间隔时间可选择每日 1 次或隔日 1 次。

ICS 11.120
C 05

中华人民共和国国家标准

GB/T 21709.20—2009

针灸技术操作规范
第20部分：毫针基本刺法

Standardized manipulations of acupuncture and moxibustion—
Part 20: Basic techniques of filiform needle

2009-02-06 发布　　2009-08-01 实施

中华人民共和国国家质量监督检验检疫总局
中国国家标准化管理委员会　发布

前　言

GB/T 21709《针灸技术操作规范》分为21个部分：

——第1部分：艾灸；
——第2部分：头针；
——第3部分：耳针；
——第4部分：三棱针；
——第5部分：拔罐；
——第6部分：穴位注射；
——第7部分：皮肤针；
——第8部分：皮内针；
——第9部分：穴位敷贴；
——第10部分：穴位埋线；
——第11部分：电针；
——第12部分：火针；
——第13部分：芒针；
——第14部分：鍉针；
——第15部分：眼针；
——第16部分：腹针；
——第17部分：鼻针；
——第18部分：口唇针；
——第19部分：腕踝针；
——第20部分：毫针基本刺法；
——第21部分：毫针针刺手法。

本部分为GB/T 21709的第20部分。

本部分的附录B、附录D、附录F为规范性附录，附录A、附录C、附录E为资料性附录。

本部分由国家中医药管理局提出。

本部分由中国针灸学会归口。

本部分负责起草单位：黑龙江省中医研究院。

本部分参加起草单位：上海中医药大学附属岳阳中西医结合医院、北京中医药大学针灸学院、天津中医药大学第一附属医院、黑龙江中医药大学第一附属医院、黑龙江中医药大学第二附属医院等。

本部分主要起草人：张缙、东贵荣、王顺、刘清国、蔡玉颖、杜元灏。

本部分参加起草人：孙忠人、邹伟、白妍、张倩、张忆虹、胡丙成、卢金荣、张雅丽、尚艳杰、申鹏飞、周振坤、滕雨虹、董建萍、刘金芝、谈太鹏。

引　言

一般标准中所涉及的长度、宽度的计量都要求采用国际单位制，但是人体高矮胖瘦的差异很大，无法采用绝对的标准值描述针灸腧穴部位，只有通过等分折量的方法——骨度折量法描述腧穴部位，才能适用于所有人群和所有个体。1987年世界卫生组织在韩国汉城召开的国际会议上确定采用“寸”作为针灸经穴标准计量单位。因此，本标准的腧穴定位采用这种计量单位。

针灸技术操作规范
第20部分：毫针基本刺法

1 范围

GB/T 21709的本部分规定了毫针基本刺法的术语和定义、操作步骤与要求、注意事项及禁忌。

本部分适用于毫针基本技术操作。

2 规范性引用文件

下列文件中的条款通过GB/T 21709的本部分的引用而成为本部分的条款。凡是注日期的引用文件，其随后所有的修改单(不包括勘误的内容)或修订版均不适用于本部分，然而，鼓励根据本部分达成协议的各方研究是否可使用这些文件的最新版本。凡是不注日期的引用文件，其最新版本适用于本部分。

GB 2024 针灸针

GB/T 12346 腧穴名称与定位

GB 15982 医院卫生消毒标准

医疗垃圾管理办法 卫生部

3 术语和定义

下列术语和定义适用于GB/T 21709的本部分。

3.1

毫针 filiform needle

针灸临床使用最多的一种针具，分为针尖、针体、针根、针柄、针尾5部分。

3.2

刺手 puncturing hand

针刺治疗时，执针进行操作的手称为刺手，一般为右手。

3.3

押手 pressing hand

针刺治疗时，配合刺手按压穴位局部、协同刺手进针、行针的手称为押手，一般为左手。

3.4

行针 manupulating needle

毫针进针后，为了使患者产生针刺感应，或进一步调整针感的强弱，以及使针感向某一方向扩散、传导而采取的操作方法。

3.5

得气 arriving qi

毫针进针后在腧穴部位所产生的疲、麻、胀、重等感觉，称为得气，又称针感或针刺感应，表示经气已至针下。

4 操作步骤与要求

4.1 施术前准备

4.1.1 针具要求

针灸临床所使用的毫针应符合 GB 2024 的规定。

4.1.2 针具选择

根据患者的体质、年龄、病情和腧穴部位的不同，选用不同规格的毫针。短毫针主要用于皮肉浅薄部位的腧穴，作浅刺之用；长毫针多用于肌肉丰厚部位的腧穴，作深刺、透刺之用；平柄针和管柄针主要在进针器或进针管的辅助下使用。毫针的规格和分类参见附录 A。

4.1.3 针具检查

为防止针刺意外事故的发生，多次使用的毫针与一次性毫针在每次使用前，均应严格检查，如发现有损坏等不合格者，应予剔除。具体检查方法见附录 B。

4.1.4 腧穴定位

腧穴定位应符合 GB/T 12346 的规定。

4.1.5 毫针操作基本训练

针刺操作者在进行针刺治疗前，应经过指力和指感的训练，训练方法参见附录 C。

4.1.6 体位选择

针刺时对患者体位的选择，应以术者能够正确取穴、施术方便、患者在留针和行针时感到舒适为原则，患者常用的体位有卧位和坐位。

4.1.6.1 卧位

4.1.6.1.1 仰卧位：适用于胸腹部的腧穴。

4.1.6.1.2 俯卧位：适用于腰背部的腧穴。

4.1.6.1.3 侧卧位：适用于侧身部的腧穴。

4.1.6.2 坐位

4.1.6.2.1 仰靠坐位：适用于前额、颜面、上肢、颈前和上胸部的腧穴。

4.1.6.2.2 俯伏坐位：适用于头顶、枕项、肩背部的腧穴。

4.1.6.2.3 侧伏坐位：适用于头颞、面颊、颈侧、耳部的腧穴。

4.1.6.3 特殊体位

视取穴的位置而定，以患者舒适、术者易于操作为原则。

4.1.7 消毒

针具器械消毒、接触物品消毒、术者手指的消毒、针刺部位消毒以及对治疗室及备品的要求均应符合 GB 15982 的规定。附录 D 给出了各类消毒的方法与要求。

4.2 施术方法

4.2.1 持针法

4.2.1.1 两指持针法

用拇、食指指腹捏住针柄，或用拇指指腹与食指桡侧指端捏住针柄。

4.2.1.2 三指持针法

用拇指、食指、中指指腹捏拿针柄，拇指在内，食指、中指在外，应三指协同。

4.2.1.3 持针体法

用拇、食两指拿一消毒干棉球，裹针体近针尖的部位，并用力捏住。

4.2.2 进针法

4.2.2.1 爪切进针法

押手拇指或食指的指甲掐切腧穴皮肤，刺手持针，针尖紧靠押手指甲缘迅速刺入。

4.2.2.2 舒张进针法

押手食、中指或拇、中指将所刺腧穴部位皮肤撑开绷紧，刺手持针刺入。用于皮肤较松软处进针。

4.2.2.3 **提捏进针法**

押手拇、食指将欲刺腧穴两旁的皮肤提捏起，刺手持针从提捏的腧穴上刺入。用于皮肉浅薄处进针。

4.2.2.4 **夹持进针法**

押手拇、食二指持消毒干棉球，裹于针体下端，露出针尖，使针尖接触腧穴，刺手持针柄，刺手、押手同时用力，将针刺入。用于较长毫针进针。

4.2.2.5 **捻转进针法**

刺手持针，均匀捻转针柄，边捻转，边进针，捻转角度应小于 90° 角。

4.2.2.6 **弹针速刺法**

押手持针柄，留出针尾，将针置于腧穴上，用刺手食指或中指甲对准针尾弹击，使针迅速刺入。用于较短毫针进针。

4.2.2.7 **管针进针法**

将针先插入用玻璃、塑料或金属制成的比针短 7.5 mm(3 分)的小针管内，触及腧穴表面皮肤；押手压紧针管，刺手食指对准针尾弹击，使针尖迅速刺入皮肤；然后将针管去掉，再将针刺入穴内。

4.2.3 **针刺得气**

4.2.3.1 **针刺得气的判断方法**

针刺针下是否得气，可以从两方面来判断。一是患者对针刺的感觉和反应；另一是医者对针刺手指下的感觉。当针刺入腧穴得气时，患者有痠、麻、胀、重等感觉，有时还可出现热、凉、痒、痛、抽搐、蚁行等感觉，或呈现沿着一定的方向和部位传导和扩散现象；医者的刺手可体会到针下沉紧、涩滞或针体颤动等反应。有关得气的指征参见附录 E。

4.2.3.2 **催气法**

针后气不至，可用手指于所针腧穴之经上循摄、爪切，以催其气至，也可用提插、捻转、震颤等手法催气。

4.2.3.3 **守气法**

进针得气后，为使针感能加强与持久，以押手拇指或食指压在所刺腧穴旁边，但不要压在经络上，并向针刺部位用力。

4.2.3.4 **调气法**

将针刺入腧穴中得气之后，即可启动调气之枢机，由机体进行自身调节，以达到阴平阳秘，“其病”乃治的目的；也指进针至地部，再提针至人部或天部，行捻转法，使气上行或下行的方法。

4.2.4 **基本行针手法**

4.2.4.1 **提插法**

将针刺入腧穴一定深度后，将针向上引退为提，将针向下刺入为插。

4.2.4.2 **捻转法**

将针刺入腧穴后，用拇指与食、中指指腹持针柄或用拇指指腹与食指桡侧(食指尖向后)持针作左右交替捻转(捻转角度要小于 90° 角)。

4.2.5 **透穴刺法**

4.2.5.1 **横透法**

腧穴确定后，将针尖朝向欲透刺的另一个腧穴方向，针体与皮肤呈 15°角左右将针刺入第一个腧穴，使针下得气，然后将针向第二个腧穴刺入，直到抵达第二个腧穴。

4.2.5.2 **斜透法**

腧穴确定后，将针尖朝向欲透刺的另一个腧穴方向，针体与皮肤呈 45°角左右刺入第一个腧穴，使针下得气，然后将针刺向第二个腧穴，直到抵达第二个腧穴。

4.2.5.3 直透法

腧穴确定后，将针尖朝向欲透刺的另一个腧穴方向，针体与皮肤呈90°角左右垂直刺入第一个腧穴，使针下得气，然后将针刺向第二个腧穴，直到抵达第二个腧穴。

4.2.6 针刺角度与方向

4.2.6.1 直刺法

将针体与皮肤呈90°角左右，垂直刺入皮肤。直刺法适用于大多数穴位，浅刺与深刺均可。

4.2.6.2 斜刺法

将针体与皮肤呈45°角左右，倾斜刺入皮肤。斜刺法适用于控制针感方向。

4.2.6.3 横刺法

针体与皮肤呈15°角左右，横向刺入皮肤。横刺法适用于头面部，胸背及肌肉浅薄处。

4.2.7 留针

将针刺入腧穴后，留置20 min～30 min左右，医生可根据病情来确定留针时间，在此期间可行针。

4.2.8 出针

4.2.8.1 留针时间已到，针下轻滑，即可出针；如针下仍沉紧者，则稍稍向上提针，待针下轻滑时即可出针。

4.2.8.2 押手持消毒干棉球轻压针刺部位，刺手拇、食指持针柄，将针退出皮肤后，立即用棉球按压针孔，以防止出血。

4.2.9 针刺异常情况及处理

针刺过程中出现异常情况，如晕针、滞针、弯针等，应按照附录F进行处理。

5 注意事项

5.1 废针处理参照《医疗垃圾管理办法》。

5.2 施术过程中，如某些刺法需要触及针体时，应当用消毒棉球作间隔物，术者手指不宜直接接触针体。

5.3 行针时，提插幅度和捻转角度的大小、频率的快慢、时间的长短等，应根据患者的具体情况和术者所要达到的目的而灵活掌握。

5.4 头、目等部位应注意针孔的按压。对于头皮、眼周围等易出血的部位，出针时尤应注意，出针后急用干棉球按压，此时按压要适度着力，切勿揉按，以免出血。对于留针时间较长的，出针后亦应按压针孔。

6 禁忌

6.1 饥饿、饱食、醉酒、大怒、大惊、过度疲劳、精神紧张者，不宜立即进行针刺；体质虚弱，气血亏损者，其针感不宜过重，应尽量采取卧位行针。

6.2 针刺时应避开大血管，腧穴深部有脏器时应掌握针刺深度，切不可伤及脏器。

6.3 小儿囟门未闭合时，囟门附近的腧穴不宜针刺。由于小儿不易配合，所以一般不留针。

6.4 孕妇不宜刺下腹部、腰骶部以及三阴交、合谷、至阴等对胎孕反应敏感的腧穴。

6.5 皮肤有感染、溃疡、瘢痕或肿瘤部位，除特殊治疗需要外，均不应在患部直接针刺。

6.6 有凝血机制障碍的患者，应禁用针刺。

附 录 A
（资料性附录）
毫针针具的结构、分类与规格

A.1 毫针结构

A.1.1 针尖

针体的尖端部分，又称针芒，是毫针刺入腧穴的关键部位。

A.1.2 针体

针尖至针柄间的主体部分，又称针身，是毫针刺入腧穴内相应深度的主要部分。

A.1.3 针根

针体与针柄连接的部分，是观察针体刺入腧穴深度和提插幅度的外部标志。

A.1.4 针柄

从针根到针尾的部分，一般是用金属丝缠绕呈螺旋状，是术者持针、行针和施用手法的主要操作部位。

A.1.5 针尾

针柄的末端部分，多为缠柄金属丝的延续，一般缠绕5环。

A.2 毫针分类

A.2.1 环柄针

针柄用金属丝缠绕成环形并有环形针尾者。

A.2.2 平柄针

针柄用金属丝缠绕至针柄终端者。

A.2.3 管柄针

针柄用金属薄片制成者。

A.3 毫针规格

A.3.1 毫针规格的区分

毫针的规格，主要以针体的直径和长度来区分。

A.3.2 毫针直径规格（见表A.1）

表A.1 毫针直径规格表

规格/号数	22	24	26	28	30	32	34
直径/mm	0.50	0.45	0.40	0.35	0.30	0.25	0.22

A.3.3 毫针的长度规格（见表A.2）

表A.2 毫针长度规格表

规格/寸	0.5	1.0	1.5	2.0	2.5	3.0	4.0	5.0
长度/mm	13	25	40	50	60	75	100	125

附 录 B
（规范性附录）
毫针检查

B.1 用刺手拇、食、中三指或拇、食二指夹持针柄，一边稍加捻转，一边用押手指端抵住针尖，频频试探，若针尖卷曲，指端可有划刺的感觉。

B.2 已消毒的毫针，可用押手执消毒棉球，裹住针体下段，刺手拇食指持针柄，将针尖在棉球中边捻边提插，如发觉有不滑利或退出时针尖上带有棉絮者，则说明针尖有毛钩。亦应注意检查针根是否滑利有无毛刺。

B.3 同时检查几支毫针时，可用手夹持针柄，使针尖向上，针柄在下，于阳光充足处仔细观察针尖有无毛钩现象。

B.4 检查针体和针根时，使针尖向上，针柄向下，手捏针柄，于阳光充足处仔细观察，看针体有无粗糙、弯曲、折痕、斑剥、锈痕、上下是否匀称，以及针根有无剥蚀损伤及毛刺等。

B.5 检查针柄的缠丝有无松动时，可一手执住针柄，另一手紧捏针体，两手向相反方向用力拉送，或作相反方向捻转，如有松动，即可觉察。

附 录 C
（资料性附录）
毫针操作基本训练

C.1 纸垫练针法

用松软的细草纸或纸巾，折叠成厚约 2 cm，长和宽分别为 8 cm、5 cm 的纸垫，外用棉线呈“井”字形扎紧。练习时，左手拿住纸垫，右手拇食指或拇、食、中指持针，使针体垂直于纸垫，然后捻转针柄，将针刺入纸垫内，捻转时手指向下渐加压力，待刺透纸垫背面后，再捻转退针，另换一处如前再刺。如此反复练习直至针体可以垂直刺入纸垫，并能保持进针时针体不弯、不摇摆，进退深浅自如。做指力指感练习时，在原处不停地做捻转针柄的动作，要求捻转的角度均匀。纸垫练针法初期可用 1.0 寸～1.5 寸长的短毫针，待有了一定的指力后，再用其他型号的毫针练习。

C.2 棉线球或毛线球练针法

用棉线或毛线缠绕做成直径 6 cm～7 cm 的圆球，亦可外包白布一层，即可练针。因线球较为松软，可以练习提插、捻转、进针、出针等各种毫针操作方法。做提插练针时，将针刺入线球，作上提下插的动作，幅度要均匀，针体宜垂直。在此基础上，可将提插与捻转动作配合练习，要求提插幅度上下一致，捻转角度来回一致，操作频率快慢一致，达到动作协调。

C.3 守神练针法

毫针操作的基本训练是以练指力为重点，此守神练针则是以练指感，用来体察经气为主。也同时加强了指力的训练，以便更有效的激发经气，驾驭经气，使气至病所。将粗糙的毛边纸 3 张～5 张，用直径 20 cm 的竹撑（即绣花用的竹撑）撑紧，或用纸板（即小型包装箱之有瓦楞的纸壳）剪成 10 cm×10 cm 大小，厚度为 0.2 cm～0.3 cm，毛边纸及麻面纸板粗糙不平，厚薄不匀，每针下去感觉都会不同，或觉其中间无物无阻抗，或觉针刺于纤维之中而紧涩坚韧。要针与针之间的间隔相等，要使针孔横竖排直。在这种要求下练针时必能聚精会神，一丝不苟。久之即可增强指感的觉察能力，又能提高指力及其运作技巧。达到这样的程度才能较为准确地，较为迅速地判断出针下腧穴内经气的变化情况。汉·郭玉说行针时要“随气用巧”，在临床上应依据腧穴内经气的变化来施用手法的技巧。这种守神练针，一可提高指感，体察经气的运行；二可增强指力，力贯针中，驾驭经气的运行。久之经验老到，技艺高超，自然会形成行针时的一种动力规势，产生有效的调控反馈。针刺手法在临床应用中熟练了也必能巧自中生，针随意动，只有力贯针中才能做到力随针入，力伴针行，意力合一，以意领气。

附 录 D
（规范性附录）
各类消毒方法与要求

D.1 针具器械消毒

D.1.1 高压蒸汽灭菌

将针具用布包好，放在密闭的高压蒸汽锅内灭菌。一般在 1.0 kg/cm^2～1.4 kg/cm^2 的压力，115 ℃～123 ℃的高温下保持 30 min 以上。

D.1.2 药液浸泡消毒

将针具放入 75％乙醇内浸泡 30 min～60 min，取出用消毒巾或消毒棉球擦干后使用。也可置于一般器械消毒液内浸泡，如 84 消毒液，可按相关规定浓度及时间进行浸泡消毒。

D.2 接触物品消毒

直接和毫针接触的针盘、针管、针盒、镊子等，可用 2％苏尔溶液或 1∶1 000 升汞溶液浸泡 1 h～2 h。

D.3 术者手指消毒

在针刺操作前，术者应先用肥皂水将手洗刷干净，待干后再用 75％乙醇棉球擦拭施术手指。

D.4 针刺部位消毒

在患者需要针刺的腧穴皮肤上用 75％乙醇棉球或 0.5％的碘伏棉球擦拭。

D.5 治疗室内消毒

针灸治疗室内消毒，包括治疗床上用的床垫、枕巾、毛毯、垫席等物品，要按时换洗晾晒；提倡采用一人一用消毒垫布、垫纸、枕巾。治疗室也应定期消毒，保持空气流通，环境卫生整洁。

D.6 一次性针灸针

使用一次性毫针，要注意保质期。

附 录 E
（资料性附录）
得气的指征

E.1 自觉指征

是指接受针刺者的主观感觉和反应。主要是痠、麻、胀、重、凉、热、触电感、蚁走感、水波感和不自主的肢体活动，以及特殊情况下的疼痛感等针感。针感的性质与机体反应、疾病的性质和针刺部位有密切关系。一般是敏感者反应强，迟钝者反应弱。指趾末端多痛，四肢与肌肉丰厚处多痠、麻、胀、重，向上下传导，远端扩散等。腹部多为沉压感，腰部多痠胀感。

E.2 他觉指征

是施针者感觉和观察到的现象。针刺得气后，针下可由原来的轻松虚滑，变为沉紧，出现如鱼吞钩饵等手感；用手触摸腧穴周围，可感到肌肉由原来的松弛变为紧张，有的还会感到肌肉跳动或蠕动，某些原来因病而痉挛的肌肉可由紧张变为松弛等。

附　录　F
（规范性附录）
针刺异常情况及处理

F.1　晕针

F.1.1　症状

在针刺过程中，患者突感头晕、目眩、心慌、恶心欲吐；重者出现面色苍白，冷汗淋漓，四肢厥冷，心慌气短，脉细弱而数，甚者出现晕厥。

F.1.2　处理

立即停止针刺，或停止留针，将已刺之针迅速起出，让患者平卧，头部放低，松开衣带，注意保暖。轻者给予热水饮之，静卧片刻即可恢复。重者可选取水沟、合谷、足三里等穴点刺或指压。出现晕厥现象时，应采取相应的急救措施处理。

F.1.3　原因

多见于初次接受治疗的患者，可因情绪紧张、体质虚弱、劳累过度、饥饿或大汗之后均可引起晕针；患者体位不当，施术者手法过重，也能出现晕针。

F.1.4　预防

对于初次接受针灸治疗和精神紧张者，应先做好解释工作。对初次就诊者，尽量采取卧位，取穴不宜过多，刺激切勿过重。对于饥饿、过度疲劳者，应待其进食、体力恢复后再进行针刺。在行针时医生要密切注意患者，见稍有晕针征兆，如面色有变化、额角微见汗、语言应对蹇涩等，应立即点刺水沟，令其平卧，则可解除晕针于前兆之中。

F.2　滞针

F.2.1　症状

行针或留针后，术者感觉针下涩滞，提插、捻转、出针均感困难，有时病人感觉剧痛。

F.2.2　处理

滞针时切忌强力捻转、提插和出针。若因患者精神紧张，或肌肉痉挛而引起的滞针，可安抚患者令其放松，术者在滞针之邻近部位予以循按，或弹动针柄，或在附近再刺 1 针，即可缓解。

F.2.3　原因

患者精神紧张，或捻针不当使肌肉缠针，或进针后患者体位挪动，局部肌肉挛缩，以致滞针。

F.2.4　预防

对精神紧张者，应先做好解释，消除顾虑。注意患者的体位和针刺的强度。

F.3　弯针

F.3.1　症状

弯针是指将针刺入腧穴后，针体在穴内发生弯曲。轻者形成钝角弯曲，重者形成直角弯曲。

F.3.2　处理

出现弯针后，不可再行提插、捻转。如系轻度弯曲，可按一般拔针法，将针慢慢地退出。若针体弯曲较大，则应顺着弯曲方向将针退出。如弯曲不止一处，须视针柄扭转倾斜的方向，逐渐分段退出，切勿急拔猛抽，以防断针。

F.3.3　原因

多由于术者进针方法不熟练，用力不均匀或用力过猛所致，或针下碰到坚硬组织，或在留针时改变体位，或针柄受外力碰击，或滞针处理不当均可导致弯针。

F.3.4 预防

术者进针手法要熟练，运针要轻巧。患者的体位要选择恰当，并嘱其在留针时不要随意变动体位。

F.4 折针

F.4.1 症状

折针，即断针，可在进针、行针或出针时出现，或部分针体浮露于皮肤之外，或全部没于皮肤里。

F.4.2 处理

术者应沉着，安抚患者不要恐惧，一定保持原有体位，以防残端隐陷。如皮肤外尚露有残端，可用镊子钳出。若残端与皮肤相平，折面仍可看见，可用押手拇、食两指在针旁按压皮肤，使之下陷，以使残端露出皮肤，再用镊子将针拔出。如残端没于皮内，可采用外科手术方法取出。

F.4.3 原因

多由于针的质量不佳，或针体、针根有剥蚀损伤，术前失于检查，针刺时将针体全部刺入，或行针时强力提插、捻转所致。

F.4.4 预防

针前应仔细检查针具，特别是针根部分，更应认真刮拭。凡接过脉冲电针仪的毫针，应定期更换淘汰。因针根部是最易折针的地方，针刺时不应将针体全部刺入腧穴，体外应留一定的长度。行针和退针时，如果发现有弯针、滞针等异常情况，应按规定方法处理，不可强力硬拔。

F.5 出血和皮下血肿

F.5.1 症状

出血是指出针后针刺部位出血；皮下血肿是指出针后针刺部位出现肿胀，继之皮肤呈现青紫色。

F.5.2 处理

出针时出血者，可用干棉球按压出血部位，切忌揉动。若微量的皮下出血而出现局部小块青紫时，一般不必处理，可自行消退。若局部肿胀较重，青紫面积较大者，可先作冷敷以止血，24 h后再做热敷，以促使局部瘀血消散吸收。

F.5.3 原因

刺伤血管所致。

F.5.4 预防

针刺时应避开血管，行针时避免手法过强，并嘱患者不可随意改变体位。对于易于出血穴位如眼区周围穴位，出针时立即用消毒干棉球按压针孔，只能按压，切勿揉动。

S 87.040
50

中华人民共和国国家标准

GB/T 21782.13—2009/ISO 8130-13:2001

粉末涂料
第13部分:激光衍射法分析粒度

Coating powders—
Part 13: Particle size analysis by laser diffraction

(ISO 8130-13:2001, IDT)

2009-06-02 发布　　　　2010-02-01 实施

中华人民共和国国家质量监督检验检疫总局
中国国家标准化管理委员会　发布

前 言

GB/T 21782《粉末涂料》由14部分组成，预计结构及其对应的国际标准如下：

——第1部分：筛分法测定粒度分布；

——第2部分：气体比较比重仪法测定密度；

——第3部分：液体置换比重瓶法测定密度；

——第4部分：爆炸下限值的计算；

——第5部分：粉末/空气混合物流动特性的测定；

——第6部分：在给定温度下热固性粉末涂料胶化时间的测定；

——第7部分：烘烤时质量损失的测定；

——第8部分：热固性粉末贮存稳定性的评定；

——第9部分：取样；

——第10部分：沉积效率的测定；

——第11部分：斜面流动性试验；

——第12部分：相容性的测定；

——第13部分：激光衍射法分析粒度；

——第14部分：术语。

本部分为GB/T 21782的第13部分。

本部分等同采用国际标准ISO 8130-13:2001《粉末涂料　第13部分：激光衍射法分析粒度》(英文版)。

本部分等同翻译ISO 8130-13:2001。

为了便于使用，本部分编辑性修改内容如下：

——用“本部分”代替“国际标准本部分”；

——删除国际标准的前言。

本部分由中国石油和化学工业协会提出。

本部分由全国涂料和颜料标准化技术委员会归口。

本部分起草单位：中海油常州涂料化工研究院。

本部分主要起草人：黄宁、张永刚。

粉末涂料
第13部分:激光衍射法分析粒度

1 范围

本部分是有关色漆,清漆及相关产品取样和试验的系列标准之一。

本部分规定了采用激光衍射法测定粉末涂料等效球体粒径分布的方法。本部分适用于粒度范围在1 μm～300 μm之间的粉末涂料。

本方法仅适用于干粉的测定。

注:大多数仪器能分辨出粒度分布超出该限值的颗粒。

2 规范性引用文件

下列文件中的条款通过GB/T 21782的本部分的引用而成为本部分的条款。凡是注日期的引用文件,其随后所有的修改单(不包括勘误的内容)或修订版均不适用于本部分。然而,鼓励根据本部分达成协议的各方研究是否可使用这些文件的最新版本。凡是不注日期的引用文件,其最新版本适用于本部分。

GB/T 9278 涂料试样状态调节和试验的温湿度(GB/T 9278—2008,ISO 3270:1984 Paints and varnishes and their raw materials—Temperatures and humidities for conditioning and testing,IDT)

GB/T 15445.1—2008 粒度分析结果的表述 第1部分:图型表征(ISO 9276-1:1998,IDT)

GB/T 19077.1—2008 粒度分析 激光衍射法 第1部分:通则(ISO 13320-1:1999,IDT)

ISO 8130-9:1992 粉末涂料 第9部分:取样

3 术语和定义

下列术语和定义适用于本部分。

3.1

浊度 obscution

由于粉末涂料颗粒的消光(散射和/或吸收)导致入射光衰减的百分数或分数。

注:全部定义在GB/T 19077.1—2008中给出。

4 原理

具有代表性的粉末涂料样品,以适当的浓度分散在气流中,穿过单色激光源光束。使用多元检测器测量颗粒在各个角度的散射光强度,并记录相应的散射图信号数值,用于随后的分析。然后用合适的光学模型和数学程序将这些散射信号数值转换,得到按样品的体积比,以不同的粒度级分区间表示的等效球体体积粒径分布。

5 仪器设备

注:激光分析仪的叙述在GB/T 19077.1—2008中给出。

5.1 激光衍射粒度分析仪的最小量程:1 μm～300 μm。

5.2 干粉进样器:与激光分析仪相连,可以将不团聚的恒定的粉体流传送至分析仪。

5.3　压缩空气装置:可以提供仪器制造商推荐的足够大的压力。空气应干燥、无油、并用 4 μm 的过滤器过滤。

5.4　排气设备:能够满足仪器制造商要求的排气量。

某些家用真空吸尘器也是适用的。真空吸尘装置应放置在排出的热空气不能到达测量区的位置。

确保所有的颗粒传输设备,例如干粉进样器、真空吸尘装置接口和软管都电学接地,以防止静电放电。

5.5　计算机和软件:用于处理测量设备得到的数据。计算机可与适宜的打印机连接。对计算机硬件条件的任何特殊要求通常由仪器制造商提出。

5.6　调刀或小匙。

6　取样

按 ISO 8130-9:1992 的规定取待测粉末的代表性样品。一般每次取样量为 3 g～5 g。

7　测试条件

在 GB/T 9278 规定的标准条件下进行测试,调节时间应不低于 30 min。

8　测试步骤

注 1:建议操作者熟悉 GB/T 19077.1—2008 中的程序。

警告——仪器上配置的低功率激光源所产生的辐射,能够导致眼睛永远性的伤害。切勿直视激光束的直射光或其反射光。避免用反射表面切断激光束。遵守当地的激光辐射的安全准则。

平行测定二次。

依据粉体预计的粒度范围,按制造商的说明书设置和调节仪器。

打开仪器,准备一系列测试之前,至少需要 30 min,才能使仪器稳定。必要的话,查阅仪器说明书。检查激光束是否对焦在检测器上,必要时应校准。

注 2:大多数仪器都具有自动对焦功能,但若需对焦,应由服务工程师来进行。

用调刀或小匙(5.6)加粉体样品至粉体进样器(5.2),按照仪器制造商推荐的范围调节空气流量。

做背景测试(即不加粉体样品)测量系统中的电子"噪声"和污染物对信号的共同影响。样品测量时应减去背景测量值。

注 3:该程序一般由与仪器连接的计算机自动执行。

根据仪器说明书启动粉体进样器,使浊度(见 3.1)值在 1%～15%之间,最好是在 7%～10%之间。

允许粉体样品经过空气室,用刷子除去残留在进样盘中的任何细粉。

测试后,数据显示在计算机的可视显示器上(VDU)。

二次测试之间应确保仪器彻底清洁干净。

测试结束后,关闭计算机软件并关闭仪器设备。

9　结果的计算

如上所述,与粒度分析仪相连的计算机软件将对数据进行计算处理,并将结果以表格和图示的形式显示(如果需要,可打印结果)。

注:通常采用弗琅和费理论(见 GB/T 19077.1—2008),并且不考虑折射率。然而,对无颜色的粉体必须用米氏理论,在这种情况下,就需要折射率。

如果二次测量结果的任一个粒度级分区间的差值不大于 1%,计算算术平均值。否则进行第三次测定,取三次测量结果的算术平均值,并在试验报告中注明。

10 结果表示

结果的表示按 GB/T 15445.1—2008 进行。

11 精密度

经验表明粒径在 1 μm～100 μm 范围内的重复性可以满足要求。

12 试验报告

试验报告至少应包括以下内容：

a) 识别受试产品所需的全部细节。

b) 注明本部分编号 GB/T 21782(GB/T 21782.13)。

c) 使用的所有仪器的详细描述，包括：

1) 粉体进样器的描述，包括制造商的名称和仪器型号；

2) 进样速率；

3) 激光束的波长；

4) 检测器元件的数量；

5) 透镜的焦距；

6) 散射角范围；

7) 浊度值；

8) 最新对焦的日期和校准的日期。

d) 按 GB/T 15445.1—2008 和第 9 章的规定表示的测量结果。

e) 与本试验方法的任何不同之处。

f) 试验日期。

CS 25.100.70
43

中华人民共和国国家标准

GB/T 21944.2—2009

碳化硅特种制品　反应烧结碳化硅窑具 第2部分:异型梁

Special products of silicon carbide—Kiln furniture of reaction bonded silicon carbide—Part 2:Special beam

2009-04-23 发布　　2009-12-01 实施

中华人民共和国国家质量监督检验检疫总局
中国国家标准化管理委员会　发布

前 言

GB/T 21944《碳化硅特种制品　反应烧结碳化硅窑具》共分四个部分：

——第1部分：方梁；

——第2部分：异型梁；

——第3部分：辊棒；

——第4部分：烧嘴套。

本部分为GB/T 21944的第2部分。

本部分由中国机械工业联合会提出。

本部分由全国磨料磨具标准化技术委员会(SAC/TC 139)归口。

本部分负责起草单位：潍坊华美精细技术陶瓷有限公司。

本部分参加起草单位：西安交通大学、郑州磨料磨具磨削研究所。

本部分主要起草人：韩海东、姜刚、石威、高积强、刘慧珠。

碳化硅特种制品　反应烧结碳化硅窑具
第2部分:异型梁

1　范围

GB/T 21944 的本部分规定了反应烧结碳化硅异型梁的产品分类、技术要求、试验方法、检验规则及标志、包装、运输、储存等。

本部分适用于工作温度不高于 1 350 ℃的反应烧结碳化硅异型梁。

2　规范性引用文件

下列文件中的条款通过 GB/T 21944 的本部分的引用而成为本部分的条款。凡是注日期的引用文件,其随后所有的修改单(不包括勘误的内容)或修订版均不适用于本部分,然而,鼓励根据本部分达成协议的各方研究是否可使用这些文件的最新版本。凡是不注日期的引用文件,其最新版本适用于本部分。

GB/T 2997—2000　致密定形耐火制品　体积密度、显气孔率和真气孔率　试验方法(eqv ISO 5017:1998)

GB/T 6569—2006　精细陶瓷弯曲强度试验方法[ISO 14704:2000,Fine ceramics (advanced ceramics,advanced technical ceramics)—Test method for flexural strength of monolithic ceramics at room temperature,MOD]

GB/T 10325—2001　定形耐火制品抽样验收规则

GB/T 10326—2001　定形耐火制品尺寸、外观及断面的检查方法(eqv ISO 12678-1～12678-2:1996)

GB/T 14390—2008　精细陶瓷高温弯曲强度试验方法[ISO 17565:2003,Fine ceramics (advanced ceramics,advanced technical ceramics)—Test method for flexural strength of monolithic ceramics at elevated temperature,IDT]

GB/T 16546—1996　定形耐火制品包装、标志、运输和储存

JB/T 5204—2007　碳化硅脱氧剂化学分析方法

3　产品分类

3.1　形状代号及规格尺寸

3.1.1　槽形梁

代号:SiSiC-SB-C,其形状尺寸分别见图 1 和表 1。

图 1　SiSiC-SB-C

表 1 槽形梁尺寸

单位为毫米

宽度 B	高度 H	长度 L	壁厚 δ
25	15	≤2 500	5、6
40	20	≤2 800	5、6
50	19	≤3 000	5、6、7
97	30	≤3 000	7、8
150	33	≤3 000	8、9

注 1：允许存在工艺圆角。

注 2：允许按用户要求在梁体上开槽打孔。

注 3：特殊规格由供需双方协商。

3.1.2 角形梁

代号：SiSiC-SB-J，其形状尺寸分别见图 2 和表 2。

图 2 SiSiC-SB-J

表 2 角形梁尺寸

单位为毫米

宽度 B	高度 H	长度 L	壁厚 δ
30	30	≤2 500	5、6
40	40	≤2 800	5、6
50	50	≤3 000	5、6、7
60	60	≤3 000	7、8
70	70	≤3 000	8、9

注 1：允许存在工艺圆角。

注 2：允许按用户要求在梁体上开槽打孔。

注 3：特殊规格由供需双方协商。

3.1.3 工形梁

代号：SiSiC-SB-G，其形状尺寸分别见图 3 和表 3。

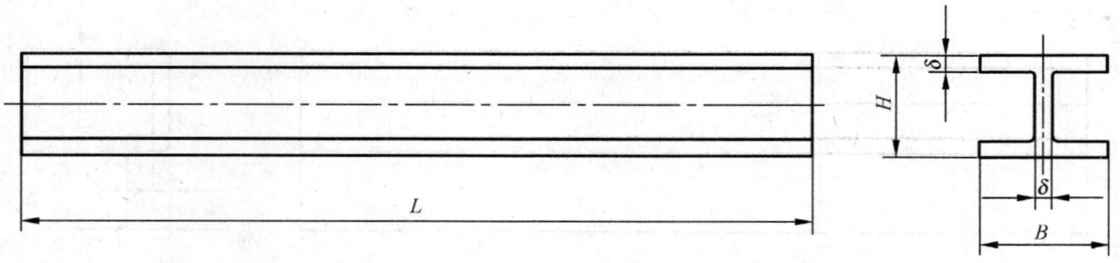

图 3 SiSiC-SB-G

表 3 工形梁尺寸

单位为毫米

宽度 B	高度 H	长度 L	壁厚 δ
40	40	≤2 500	5、6
50	50	≤2 800	5、6
60	60	≤3 000	6、7
40	40	≤2 500	5、6
50	50	≤2 800	5、6
60	60	≤3 000	6、7

3.1.4 三角形梁

代号：SiSiC-SB-SJ，其形状尺寸分别见图 4 和表 4。

图 4 SiSiC-SB-SJ

表 4 三角形梁尺寸

单位为毫米

宽度 B	高度 H	长度 L	壁厚 δ
30	30	≤2 500	5、6
40	40	≤2 800	5、6
50	50	≤3 000	5、6、7
60	60	≤3 000	7、8
70	70	≤3 000	8、9

注 1：允许存在工艺圆角。

注 2：允许按用户要求在梁体上开槽打孔。

注 3：特殊规格由供需双方协商。

3.1.5 凹形梁

代号：SiSiC-SB-AO，其形状尺寸分别见图 5 和表 5。

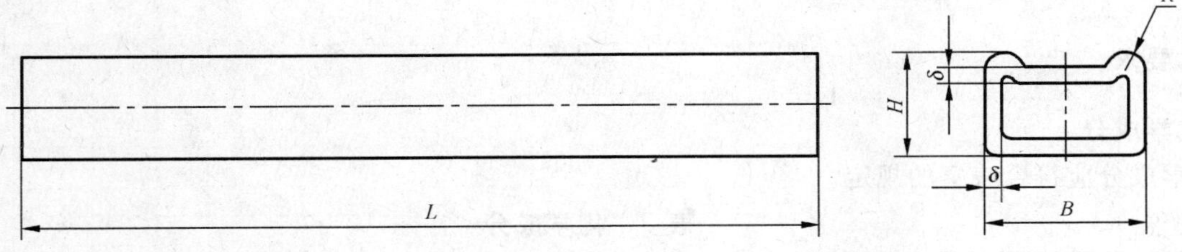

图 5 SiSiC-SB-AO

表 5 凹形梁尺寸

单位为毫米

宽度 B	高度 H	长度 L	R	壁厚 δ
45	26	≤2 500	4.5	5

注 1：允许存在工艺圆角。

注 2：允许按用户要求在梁体上开槽打孔。

注 3：特殊规格由供需双方协商。

3.1.6 定位梁

代号：SiSiC-SB-DW，其形状尺寸分别见图 6 和表 6。

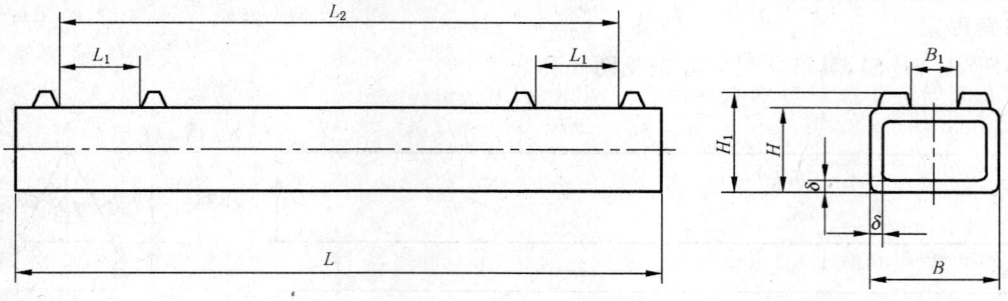

图 6 SiSiC-SB-DW

表 6 定位梁尺寸

单位为毫米

宽度 B		高度 H		长度 L			壁厚 δ
B	B_1	H	H_1	L	L_1	L_2	
50	14	30	35	≤2 500	50	≤2 470	5、6

注 1：允许存在工艺圆角。

注 2：允许按用户要求在梁体上开槽打孔。

注 3：定位块的外形尺寸由供需双方协商。

注 4：特殊规格由供需双方协商。

3.2 产品标记

产品标记为：产品代号-$B\times H\times L\times \delta \times (R)$

注：带( )者为可缺省项。

示例 1：宽度 50、高度 19、长度 2 500、壁厚 6 的角形梁，标记为：

SiSiC-SB-J-50×19×2500×6

示例 2：宽度 45、高度 26、长度 2 000、壁厚 5、半径 4.5 的凹形梁，标记为：

SiSiC-SB-AO-45×26×2000×5×4.5

4 技术要求

4.1 化学成分

化学成分应符合表 7 的规定。

表 7 化学成分

%

化学成分	要 求
SiC	≥85.0
Si	≤14.5

4.2 物理性能

物理性能应符合表8规定。

表8 物理性能

项目	要求
体积密度/(g/cm^3)	≥2.95
显气孔率/%	≤0.5
常温弯曲强度/MPa	≥220
高温弯曲强度/MPa(1 200 ℃)	≥250

4.3 尺寸偏差

尺寸偏差应符合表9的规定。

表9 尺寸偏差

单位为毫米

基本尺寸	极限偏差
宽度 B	±1.5
高度 H	±1.5
壁厚 δ	+1.5 −0.5
长度 L	±3.0
长度 L_1	+2.0 0
长度 L_2	±3.0
注：特殊规格由供需双方协商。	

4.4 直线度极限偏差

工作面直线度极限偏差值应不大于公称尺寸的0.12%；非工作面直线度极限偏差值应不大于公称尺寸的0.2%。

4.5 外观

4.5.1 棱角缺陷应符合表10的规定。

表10 棱角缺陷

单位为毫米

部位	允许值	
	长度	深度
距端部100 mm内	≤8	≤2
其余部位	≤5	≤1.5

4.5.2 表面凹坑应符合表11的规定。

表11 表面凹坑

单位为毫米

部位	允许值	
	直径	深度
距端部100 mm内	≤5	≤1/4δ
其余部位	≤3	

4.5.3 棱角缺陷和表面凹坑数量总计不应超过5处。(长度或直径小于2 mm、深度小于0.5 mm的忽略不计。)

4.5.4　不应有裂纹。

5　检验方法

5.1　化学成分

化学成分 SiC 和 Si 的检验按 JB/T 5204—2007 的规定。

5.2　物理性能

5.2.1　体积密度、显气孔率的检验按 GB/T 2997—2000 的规定。

5.2.2　常温弯曲强度的检验按 GB/T 6569—2006 的规定。

5.2.3　高温弯曲强度的检验按 GB/T 14390—2008 的规定。

5.3　尺寸偏差和直线度极限偏差

5.3.1　尺寸偏差：用游标卡尺和精度为 0.5 mm 的钢卷尺或钢直尺按 GB/T 10326—2001 的规定进行检验。

5.3.2　直线度极限偏差：将异型梁置于检测平台上（平台精度 0.05 mm，长度长于被检产品），用塞尺（或楔形规）测量被检测面与平台的最大间隙。

5.4　外观

5.4.1　棱角缺陷和表面凹坑：按 GB/T 10326—2001 的规定。

5.4.2　裂纹：目测。

6　检验规则

6.1　出厂检验

出厂检验按本部分 4.3～4.5 的规定逐件检验。

6.2　型式检验

6.2.1　有下列情况之一者，应进行型式检验：

a)　产品试制定型或老产品转厂生产；

b)　正式生产后，如工艺有较大变动、原材料变更、可能影响产品性能时；

c)　正式生产时，每年一次；

d)　企业停产超过六个月后，恢复生产；

e)　产品使用中发生明显质量问题；

f)　质量监督机构提出要求。

6.2.2　型式检验按本部分 4.1、4.2 的规定。

6.2.3　一炉或一个生产批产品为一检验批。

6.2.4　抽样及判定按 GB/T 10325—2001 的规定。

7　包装、标志、运输和储存

产品的包装、标志、运输和储存按 GB/T 16546—1996 的规定。

S 25.100.70
43

中华人民共和国国家标准

GB/T 21944.4—2009

碳化硅特种制品　反应烧结碳化硅窑具　第4部分:烧嘴套

Special products of silicon carbide—Kiln furniture of reaction bonded silicon carbide—Part 4:Burner nozzle

2009-04-23 发布　　　　2009-12-01 实施

中华人民共和国国家质量监督检验检疫总局
中国国家标准化管理委员会　发布

前 言

GB/T 21944《碳化硅特种制品　反应烧结碳化硅窑具》共分四个部分：

——第 1 部分：方梁；

——第 2 部分：异型梁；

——第 3 部分：辊棒；

——第 4 部分：烧嘴套。

本部分为 GB/T 21944 的第 4 部分。

本部分由中国机械工业联合会提出。

本部分由全国磨料磨具标准化技术委员会(SAC/TC 139)归口。

本部分负责起草单位：潍坊华美精细技术陶瓷有限公司。

本部分参加起草单位：山东金鸿集团有限公司、潍坊致达特种陶瓷有限公司。

本部分主要起草人：韩海东、姜刚、石威、王汝江、李明新。

碳化硅特种制品　反应烧结碳化硅窑具　第4部分:烧嘴套

1　范围

GB/T 21944 的本部分规定了反应烧结碳化硅烧嘴套的产品分类、技术要求、检验方法、检验规则及标志、包装、运输、储存等。

本部分适用于工作温度不高于 1 350 ℃的反应烧结碳化硅烧嘴套。

2　规范性引用文件

下列文件中的条款通过 GB/T 21944 的本部分的引用而成为本部分的条款。凡是注日期的引用文件,其随后所有的修改单(不包括勘误的内容)或修订版均不适用于本部分,然而,鼓励根据本部分达成协议的各方研究是否可使用这些文件的最新版本。凡是不注日期的引用文件,其最新版本适用于本部分。

GB/T 2997—2000　致密定形耐火制品　体积密度、显气孔率和真气孔率　试验方法(eqv ISO 5017:1998)

GB/T 6569—2006　精细陶瓷弯曲强度试验方法[ISO 14704:2000,Fine ceramics (advanced ceramics,advanced technical ceramics)—Test method for flexural strength of monolithic ceramics at room temperature,MOD]

GB/T 10325—2001　定形耐火制品抽样验收规则

GB/T 14390—2008　精细陶瓷高温弯曲强度试验方法[ISO 17565:2003,Fine ceramics (advanced ceramics,advanced technical ceramics)—Test method for flexural strength of monolithic ceramics at elevated temperature,IDT]

GB/T 16546—1996　定形耐火制品包装、标志、运输和储存

JB/T 5204—2007　碳化硅脱氧剂化学分析方法

3　产品分类

3.1　形状代号及规格尺寸

3.1.1　瓶形系列

3.1.1.1　一号烧嘴套

代号:SiSiC-N-P1,其形状尺寸见图1和表1。

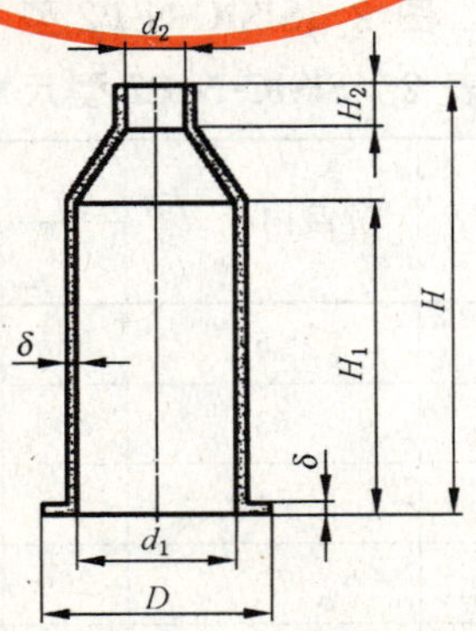

图1　SiSiC-N-P1 型

表 1　SiSiC-N-P1 型尺寸

单位为毫米

底盘外径 D	底口内径 d_1	喷口内径 d_2	高　度			壁厚 δ
			H	H_1	H_2	
71	53	41	200	160	20	5
89	71	40	395	330	10	5
90	63	40	365	305	15	5
92	68	60	390	330	20	6
94	70	42	495	445	20	6
98	70	40	375	345	11	6
102	67	55	300	250	10	6
130	100	40	310	235	10	5
127	92	37	251	167	8	5
140	109	54	252	189	15	6
142	110	60	450	240	30	6
170	138	64	230	141	12	6
注 1：允许存在工艺圆角。 注 2：允许按用户要求在套体上开槽打孔。 注 3：特殊规格由供需双方协商。						

3.1.1.2　二号烧嘴套

代号：SiSiC-N-P2，其形状尺寸见图 2 和表 2。

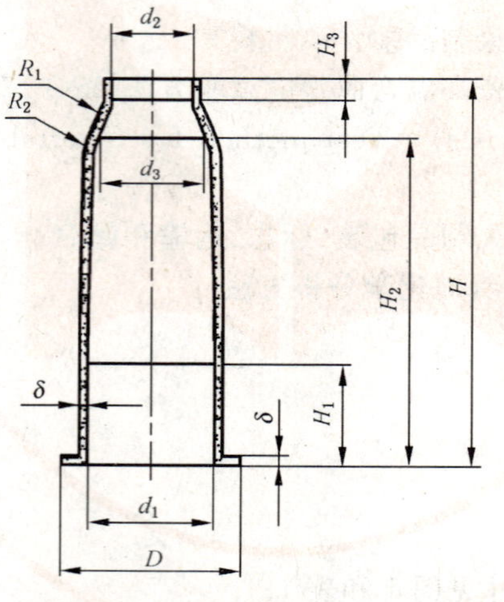

图 2　SiSiC-N-P2 型

表 2　SiSiC-N-P2 型尺寸

单位为毫米

底盘外径 D	底口内径 d_1	喷口内径 d_2	过渡内径 d_3	高　度				壁厚 δ	圆弧半径	
				H	H_1	H_2	H_3		R_1	R_2
78	55	36	46	335	75	305	10	5	36	41
80	58	40	53	360	144	334	5	5	20	20
89	61	34	54	395	160	338	12	5.5	41	46
99	77	40	70	266	100	216	5	5	40	40
99	77	50	72	367	65	322	6	5	35	41

表 2(续)

单位为毫米

底盘外径 D	底口内径 d_1	喷口内径 d_2	过渡内径 d_3	高度				壁厚 δ	圆弧半径	
				H	H_1	H_2	H_3		R_1	R_2
100	80	55	72	380	150	335	15	5	36	41
100	82	55	61	340	100	305	10	5.5	20	26
102	75	40	74	375	200	315	20	6	25	31
114	94	60	86	316	64	258	7	5	50	55
114	94	65	87	265	64	212	7	5	50	55
114	94	65	86	365	64	312	7	5	50	55
114	94	50	87	416	180	359	5	5	40	45
116	94	65	86	200	65	147	7	5	50	55
118	93	65	90	310	45	255	18	6	25	36
127	93	37	93	473	300	389	8	5	15	15
134	116	100	114	320	50	265	25	5	20	25
137	116	70	98	300	58	240	20	6	25	36
140	117	85	111	366	150	314	5	6	44	51
152	130	85	128	350	60	290	10	5	10	15
153	130	85	73	356	59	291	5	6	48	60
154	131	70	120	320	50	265	25	6	30	30
180	120	50	116	428	110	360	28	7	15	22
232	207	160	200	360	50	300	25	6	14	20

注 1:允许存在工艺圆角。

注 2:允许按用户要求在套体上开槽打孔。

注 3:特殊规格由供需双方协商。

3.1.2 筒形系列

3.1.2.1 一号烧嘴套

代号:SiSiC-N-T1,形状尺寸见图 3 和表 3。

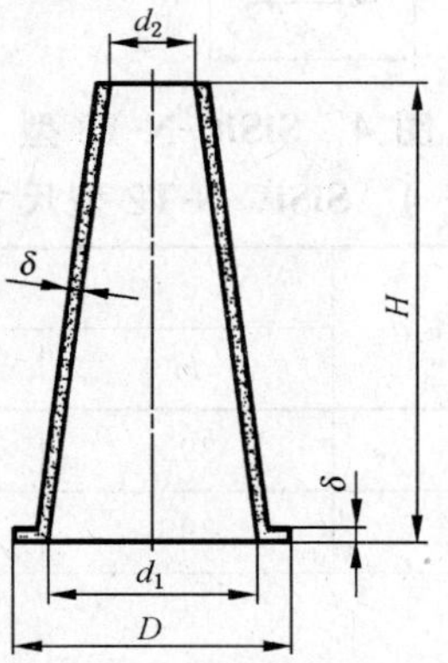

图 3 SiSiC-N-T1 型

表 3 SiSiC-N-T1 型尺寸

单位为毫米

底盘外径 D	底口内径 d_1	喷口内径 d_2	高度 H	壁厚 δ
89	71	60	395	5
94	70	60	400	6
96	70	60	375	5
97	70	45	350	6
98	73	60	375	6
99	68	40	320	6
100	72	69	305	5
102	75	60	330	6
115	63	58	375	6
115	82	50	309	6
129	73	38	500	6
130	70	69	360	7
130	90	70	400	7
234	194	150	395	8

注 1：允许存在工艺圆角。

注 2：允许按用户要求在套体上开槽打孔。

注 3：特殊规格由供需双方协商。

3.1.2.2 二号烧嘴套

代号：SiSiC-N-T2，其形状尺寸见图 4 和表 4。

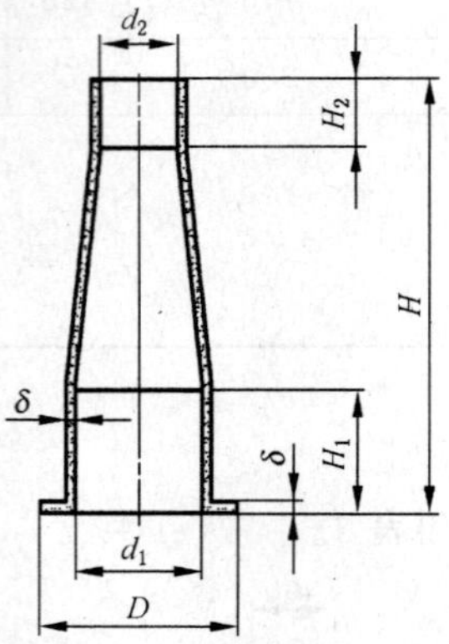

图 4 SiSiC-N-T2 型

表 4 SiSiC-N-T2 型尺寸

单位为毫米

底盘外径 D	底口内径 d_1	喷口内径 d_2	高度			壁厚 δ
			H	H_1	H_2	
120	85	55	395	110	40	6
120	88	55	395	110	40	6

注 1：允许存在工艺圆角。

注 2：允许按用户要求在套体上开槽打孔。

注 3：特殊规格由供需双方协商。

3.1.3 异形系列

3.1.3.1 一号烧嘴套

代号:SiSiC-N-Y1,其形状尺寸见图 5 和表 5。

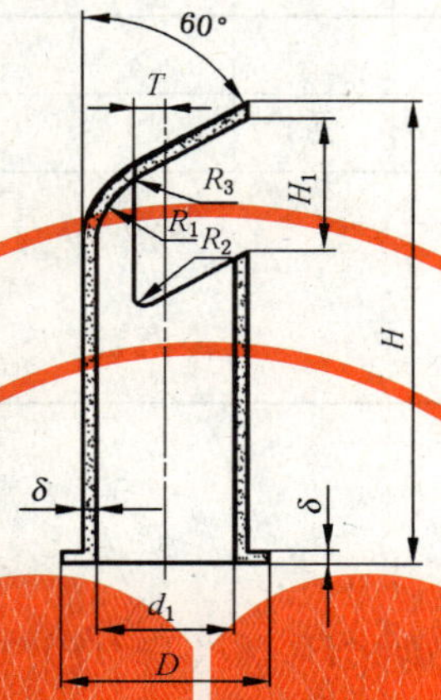

图 5 SiSiC-N-Y1 型

表 5 SiSiC-N-Y1 型尺寸

单位为毫米

底盘外径 D	底口内径 d_1	高 度		壁厚 δ	T	圆弧半径		
		H	H_1			R_1	R_2	R_3
99	68	460	50	6	15	34	5	5
100	70	506	56	5.5	15	40	5	5
105	79	369	56	5.5	10	35	5	15

注 1:允许存在工艺圆角。

注 2:允许按用户要求在套体上开槽打孔。

注 3:特殊规格由供需双方协商。

3.1.3.2 二号烧嘴套

代号:SiSiC-N-Y2,其形状尺寸见图 6 和表 6。

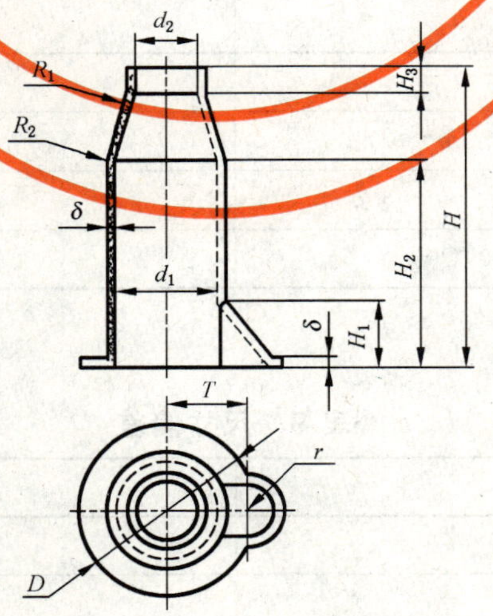

图 6 SiSiC-N-Y2 型

表 6　SiSiC-N-Y2 型尺寸

单位为毫米

底盘外径 D	底口内径 d_1	喷口内径 d_2	高　度				壁厚 δ	T	圆弧半径		r
			H	H_1	H_2	H_3			R_1	R_2	
143	94	50	301	56	195	28	5.5	68	38	38	26
145	90	50	298	56	163	30	6	67	21	21	33

注 1：允许存在工艺圆角。

注 2：允许按用户要求在套体上开槽打孔。

注 3：特殊规格由供需双方协商。

3.1.3.3　其他形状尺寸

由供需双方协商确定。

3.2　产品标记

产品标记顺序为：产品代号-$D\times d_1\times d_2\times H\times\delta/(T)/(r)$

注：带( )者为可缺省项。

示例：底盘直径 100、底口内径 80、喷口内径 55、总高度 380、壁度 5 的瓶形二号烧嘴套，标记为：

SiSiC-N-P2-100×80×55×380×5

4　技术要求

4.1　化学成分

化学成分应符合表 7 的规定。

表 7　化学成分

%

化学成分	要　求
SiC	≥85.0
Si	≤14.5

4.2　物理性能

物理性能应符合表 8 规定。

表 8　物理性能

项　目	要　求
体积密度/(g/cm^3)	≥2.95
显气孔率/%	≤0.5
常温弯曲强度/MPa	≥220
高温弯曲强度/MPa(1 200 ℃)	≥250

4.3　尺寸偏差

尺寸偏差应符合表 9 的规定。

表 9　尺寸偏差

单位为毫米

基本尺寸	极限偏差
D	±1.5
d_1	±1.0
d_2	

表 9（续）

单位为毫米

基本尺寸	极限偏差
H	±3.0
H_1	±1.0
δ	±1.0

4.4 外观

4.4.1 表面凹坑：直径不大于 5 mm，深度不大于 1.5 mm，数量不超过五个。（直径小于 2 mm，深度小于 0.5 mm 的忽略不计。）

4.4.2 棱角缺陷：长度不大于 5 mm，深度不大于 2 mm，数量不超过五个。（长度小于 2 mm，深度小于 0.5 mm 的忽略不计。）

4.4.3 不应有裂纹。

5 检验方法

5.1 化学成分

化学成分 SiC 和 Si 的检验按 JB/T 5204—2007 的规定。

5.2 物理性能

5.2.1 体积密度、显气孔率的检验按 GB/T 2997—2000 的规定。

5.2.2 常温弯曲强度的检验按 GB/T 6569—2006 的规定。

5.2.3 高温弯曲强度的检验按 GB/T 14390—2008 的规定。

5.3 尺寸偏差

用精度为 0.5 mm 的钢卷尺、钢直尺或游标卡尺与深度尺配合进行检测。

5.4 外观

5.4.1 表面凹坑及边角缺陷：用钢直尺、游标卡尺及深度尺进行检测。

5.4.2 裂纹：目测。

6 检验规则

6.1 出厂检验

出厂检验按本部分 4.3～4.4 的规定逐件检验。

6.2 型式试验

6.2.1 有下列情况之一者，应进行型式检验：

a） 产品试制定型或老产品转厂生产；

b） 正式生产后，如工艺有较大变动、原材料变更、可能影响产品性能时；

c） 正式生产时，每年一次；

d） 企业停产超过六个月后，恢复生产；

e） 产品使用中发生明显质量问题；

f） 质量监督机构提出要求。

6.2.2 型式检验按本部分 4.1、4.2 的规定。

6.2.3 一炉或一个生产批产品为一检验批。

6.2.4 抽样及判定抽样及判定按 GB/T 10325—2001 的规定。

7 包装、标志、运输和储存

产品的包装、标志、运输和储存按 GB/T 16546—1996 的规定。

ICS 65.060.10
T 69

中华人民共和国国家标准

GB/T 21956.4—2009

农林窄轮距轮式拖拉机防护装置强度试验方法和验收条件 第4部分:后置式动态试验方法

The strength testing method and accepting condition of protective structures on narrow-track wheeled agricultural and forestry tractors—Part 4: Dynamic testing method of rear mounted ROPS

2009-03-05 发布

2009-10-01 实施

中华人民共和国国家质量监督检验检疫总局
中国国家标准化管理委员会 发布

前言

GB/T 21956《农林窄轮距轮式拖拉机防护装置强度试验方法和验收条件》分为四个部分：

——第1部分：前置式静态试验方法；

——第2部分：前置式动态试验方法；

——第3部分：后置式静态试验方法；

——第4部分：后置式动态试验方法。

本部分为GB/T 21956的第4部分。

本部分修改采用农业和林业拖拉机官方规则组织（OECD）2005年颁布的试验标准规则7 OECD Code 7:2005《窄轮距农业和林业轮式拖拉机后置式翻车防护装置强度试验方法》中的动态试验部分。其中与我国相应标准内容相同的部分，引用我国相应标准代替。

本部分根据OECD Code 7:2005重新起草。

为便于使用，本部分做了下列编辑性修改：

——“本规则”一词改为“本部分”；

——用小数点“.”代替作为小数点的逗号“,”；

——修改了标准名称。

本部分的附录A为规范性附录。

本部分由中国机械工业联合会提出。

本部分由全国拖拉机标准化技术委员会归口。

本部分起草单位：国家拖拉机质量监督检验中心。

本部分主要起草人：王风雨、陈振、金锡平。

农林窄轮距轮式拖拉机防护装置
强度试验方法和验收条件
第4部分:后置式动态试验方法

1 范围

GB/T 21956的本部分规定了农业、林业窄轮距轮式拖拉机后置式防护装置的动态试验方法和验收条件。

GB/T 21956的本部分适用于具有两轴的充气轮胎拖拉机,其前轴和后轴最低点的离地间隙不大于600 mm;对前轮或后轮装有较大尺寸轮胎的,无论轮距是固定的或可调的,其最小轮距应不大于1 150 mm;拖拉机空载质量(包括防护装置和生产厂家提供的最大轮胎)大于600 kg,如为双向行驶拖拉机则应同时小于3 000 kg。

2 规范性引用文件

下列文件中的条款通过GB/T 21956的本部分的引用而成为本部分的条款。凡是注日期的引用文件,其随后所有的修改单(不包括勘误的内容)或修订版均不适用于本部分,然而,鼓励根据本部分达成协议的各方研究是否可使用这些文件的最新版本。凡是不注日期的引用文件,其最新版本适用于本部分。

GB/T 700 碳素结构钢(GB/T 700—2006,ISO 630:1995,Structural steels—Plates,wide flats,bars,sections and profiles,NEQ)

GB/T 6236 农林拖拉机和机械 驾驶座标志点(GB/T 6236—2008,ISO 5353:1995,Earth-moving machinery,and tractors and machinery for agricultural and forestry—Seat index point,MOD)

GB/T 6960.7 拖拉机术语 第7部分:驾驶室、驾驶座和覆盖件

3 术语和定义

GB/T 6960.7确立的以及下列术语和定义适用于GB/T 21956的本部分。

3.1

农林拖拉机 agricultural and forestry tractors

至少有两根轴的自走式的轮式或履带式车辆,其设计主要用于下列基本的农业和林业用途:

——牵引拖车;

——携带、牵引或推动农业和林业机具或机械,并可根据需要,在拖拉机行进中或停车状态为配套机具提供动力。

3.2

轮距 track

3.2.1 基本定义:车轮中心面

车轮中心面是距轮辋两个外边圆周平面等距的平面。

3.2.2 轮距

通过车轮轴线的垂直平面同车轮中心面的交线在支承平面上交于一点,如果A点和B点是拖拉机同一轴上两个车轮如此定义的两点,则轮距就是A点与B点之间的距离。此定义对前后轮均适用。对

双排轮，轮距是指两对车轮中心面之间的距离。

3.2.3 附加定义：拖拉机中心面

将拖拉机后轴 A 点和 B 点调至最外端的极限位置（它给出轮距最大值），与 AB 线中点处正交的垂直平面即为拖拉机中心面。

3.3

轴距 wheelbase

通过上述定义得到的两条直线 AB（一条为前轮线，一条为后轮线）作两个垂直平面，轴距即为这两个平面间的距离。

4 测量单位和允许误差

线性尺寸：	±3 mm
以下尺寸除外：	
——轮胎变形量	±1 mm
——摆锤的下降高度	±1 mm
质量：	±1%
载荷：	±2%
角度：	±2°

5 符号

B	拖拉机最小外廓宽度，单位为毫米（mm）
B_6	防护装置最大外廓宽度，单位为毫米（mm）
D	防护装置在撞击点处的变形量，单位为毫米（mm）
D'	达到理论能量时防护装置的变形量，单位为毫米（mm）
F_v	垂直压垮力，单位为牛顿（N）
H	摆锤的下落高度，单位为毫米（mm）
H'	附加试验时摆锤的下落高度，单位为毫米（mm）
I	拖拉机绕后轴中心线的参考惯性矩，与后轴的质量无关，单位为千克平方米（$kg \cdot m^2$）
L	拖拉机参考轴距，单位为毫米（mm）
M_t	拖拉机进行强度试验时的参考质量，按 6.5 的所定义，单位为千克（kg）

6 拖拉机和防护装置的试验准备

6.1 按 GB/T 6236 确定驾驶座标志点的位置。

6.2 防护装置要符合批量生产的技术规范，并按生产厂家的方法固定于配套的拖拉机上。

6.3 拖拉机（或被试装置）应装上可能影响防护装置强度或强度试验必需的所有批量生产的零部件；可能侵入容身区的零部件也应安装到拖拉机（或被试装置）上，以便检查这些零部件是否满足 9.2 的验收条件。

6.4 强度试验时，应拆下所有装饰件和可拆卸的非结构件。

6.5 拖拉机的参考质量

用于计算摆锤下落高度和压垮力的参考质量 M_t 至少为拖拉机的质量，不包括选装附件，但要包括冷却液、燃油、润滑油和防护装置所带工具。拖拉机质量不包括选装的前后配重、轮胎配重、农机具和其他特殊部件。

7 试验步骤和要求

7.1 试验项目和顺序

a) 后撞击试验；

b) 后压垮试验；

c) 前撞击试验；

d) 侧撞击试验；

e) 前压垮试验。

7.2 试验要求

7.2.1 防护装置强度试验可以在动载试验和静载试验中任选其一，二者等效。

7.2.2 在试验过程中，若固定拖拉机的任何零部件发生破损或移动，试验应重做。

7.2.3 试验期间不得对拖拉机或防护装置进行维修或调整。

7.2.4 后撞击试验的第一次试验位置的选择，应根据试验站的意见，使防护装置在最恶劣的条件下在承载位置处能进行连续撞击。侧撞击与后撞击的承载位置应在防护装置纵向中心平面的两侧；前撞击与侧向撞击的位置在防护装置纵向中心平面的同一侧。

7.3 摆锤

7.3.1 摆锤应用两条悬链或钢丝绳悬挂在距地面不低于 6 m 的悬吊点（枢轴）上，应有独立调整摆锤的悬挂高度及悬链或钢丝绳与摆锤之间角度的机构。

7.3.2 摆锤质量应为 2 000 kg±20 kg。摆锤质量不包括悬链或钢丝绳的质量。悬链或钢丝绳的质量应不超过 100 kg。撞击面长度尺寸为 680 mm±20 mm（见图 1）。填充后的摆锤应保持其质心位置不变并与其平行六面体的几何中心重合。

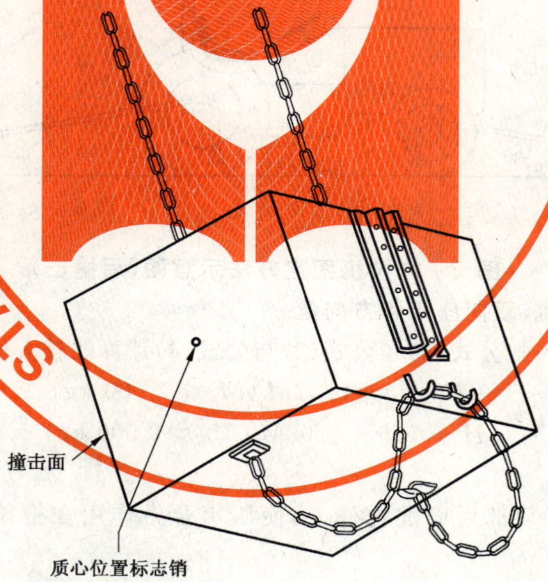

图 1 摆锤和悬链或钢丝绳

7.3.3 摆锤还应连接到一个能将其向后拉住并能瞬时释放的机构上，此装置不但能瞬时释放摆锤，还应能防止摆锤绕垂直于摆锤摆动平面的水平轴线摆动。

7.4 后撞击试验

7.4.1 拖拉机的定位

拖拉机摆放的位置，应使摆锤撞击防护装置时，撞击面及悬链或钢丝绳同垂直平面成 $M_t/100$（最大为 20°)的夹角。如果撞击变形时防护装置撞击点处与垂直平面形成更大的夹角,则应用一个附加支撑来调整撞击面,使其在最大变形瞬间在撞击点处同防护装置平行,而悬链或钢丝绳同垂直平面的夹角仍保持上述定义的夹角。

7.4.2　撞击点的位置

撞击点应选在发生后翻事故时防护装置首先撞击地面的位置,通常在上边缘。摆锤质心在防护装置上部垂直面向内 1/6 宽度处,此垂直面位于防护装置上部最外端平行于拖拉机中心面。

7.4.3　拖拉机的固定

试验时(如图 2),需要 150 mm×150 mm 的软方木来顶紧车轮;钢丝绳在各方向上拉紧时,轮胎的变形量为轮胎壁(地面到轮辋最低点的距离)高度的 12%。

7.4.4　摆锤提升高度

$$H = 2.165 \times 10^{-8} M_t L^2 \qquad (1)$$

$$\text{或 } H = 5.73 \times 10^{-2} I \qquad (2)$$

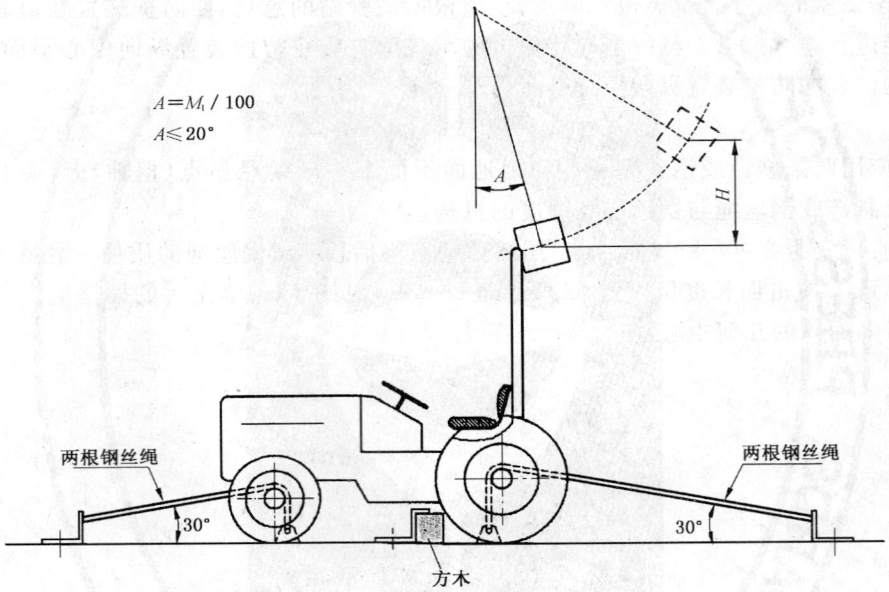

图 2　拖拉机固定方法示意图(后撞击)

7.4.5　对于双向行驶拖拉机(双向座椅和方向盘)

摆锤提升高度是公式(1)与公式(2)和公式(3)与公式(4)计算的较大值:

$$H = 25 + 0.07 M_t (M_t \leqslant 2\,000 \text{ kg}) \qquad (3)$$

$$H = 125 + 0.02 M_t (M_t > 2\,000 \text{ kg}) \qquad (4)$$

7.5　后压垮试验

将加载梁置于防护装置顶部后面的构件上,使压垮合力作用在拖拉机中心平面内,施加的压垮力为:

$$F_v = 20\ M_t \qquad (5)$$

将此作用力一直加至防护装置不再有任何可见的变形之后再维持 5 s。

当防护装置顶棚后部承受不了全部压垮力时,继续保持压力,直至顶棚变形至与连接防护装置上部构件和翻车时能支撑拖拉机的后部部件构成的平面重合时为止。然后将此作用力卸去,并将加载梁移到拖拉机完全翻车时可能支撑住拖拉机的防护装置的部位上,再施加压垮力 F_v。

试验装置能够对防护装置施加向下的力,通过宽约 250 mm 的刚性梁,用万向节联结到加载装置上。对底盘进行合适的支撑,以免拖拉机轮胎承受压垮力。

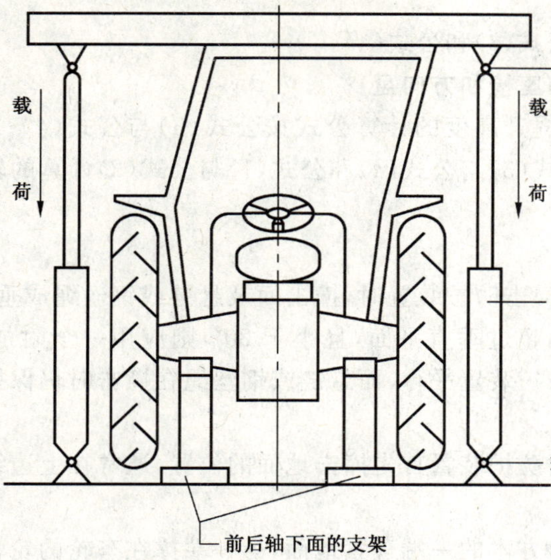

图 3 压垮试验台示意图

7.6 前撞击试验

7.6.1 拖拉机的定位

按本部分 7.4.1 的规定。

7.6.2 撞击点的位置

撞击点应选在前行发生侧翻事故时防护装置首先撞击地面的位置，通常在上边缘。摆锤质心在防护装置上部垂直面向内 1/6 宽度处。

7.6.3 拖拉机的固定

试验时，需要 150 mm×150 mm 的软方木来顶紧车轮；钢丝绳在各方向上拉紧时，轮胎的变形量为轮胎壁(地面到轮辋最低点的距离)高度的 12%(见图 4)。

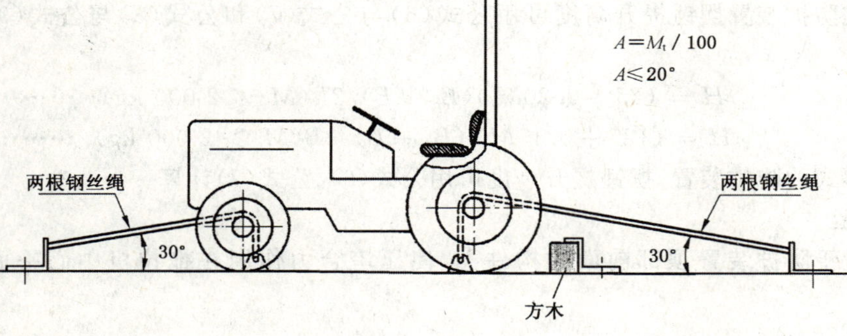

图 4 拖拉机固定方法示意图(前撞击)

7.6.4 摆锤提升高度

摆锤提升高度的计算公式按公式(3)和公式(4)。

7.6.5 对于双向行驶拖拉机(双向座椅和方向盘)

如果防护装置是两柱式,摆锤提升高度的计算公式按公式(3)与公式(4);对于其他形式的防护装置,摆锤提升高度的计算公式按公式(3)与公式(4)和公式(1)与公式(2)计算的较大值。

7.7 侧撞击试验

7.7.1 拖拉机的定位

拖拉机摆放的位置,应使摆锤撞击防护装置时,撞击面及悬链或钢丝绳成垂直。如果撞击变形时防护装置撞击点处与垂直平面的夹角超过垂直平面,且小于20°,则应用一个附加支撑来调整撞击面,使其在最大变形瞬间在撞击点处同防护装置平行,而悬链或钢丝绳在撞击时仍保持垂直。

7.7.2 撞击点的位置

撞击点应选在发生侧翻事故时防护装置首先撞击地面的位置,通常在上边缘。

7.7.3 拖拉机的固定(见图5)

侧撞击试验时,在撞击另一侧,方木的一端顶紧地面,另一端撑在车轮的轮辋上。

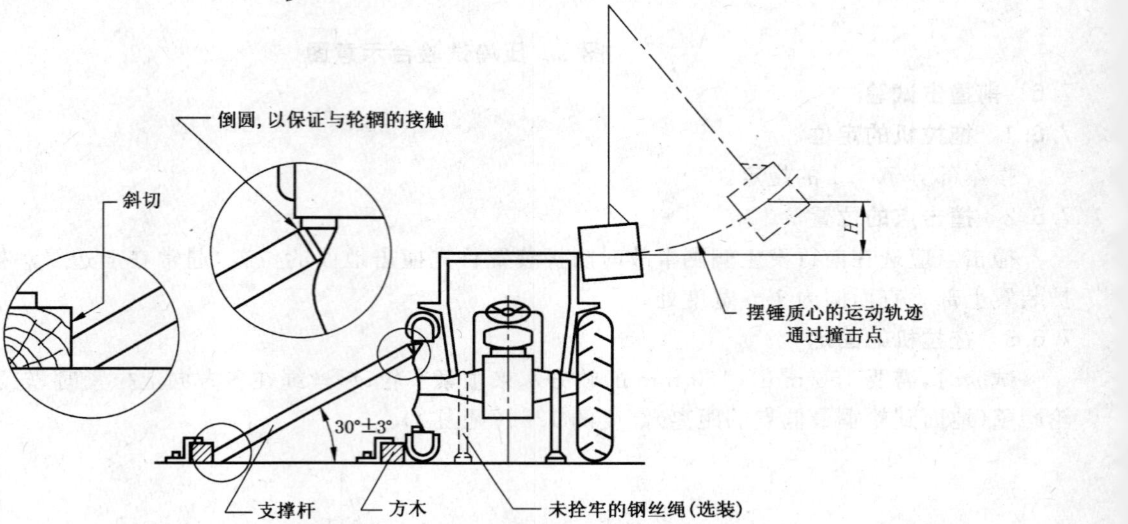

图5 拖拉机固定方法示意图(侧向撞击)

7.7.4 摆锤提升高度

$$H = 25 + 0.2M_t (M_t \leqslant 2\ 000\ \text{kg}) \qquad (6)$$

$$H = 125 + 0.15M_t (M_t > 2\ 000\ \text{kg}) \qquad (7)$$

7.7.5 对于双向行驶拖拉机(双向座椅和方向盘)

对于双柱式防护装置摆锤提升高度可用公式(6)与公式(7)和公式(8)与公式(9)计算,取数值较大者。

$$H = (25 + 0.20M_t)(B_6 + B)/2B (M_t \leqslant 2\ 000\ \text{kg}) \qquad (8)$$

$$H = (125 + 0.15M_t)(B_6 + B)/2B (M_t > 2\ 000\ \text{kg}) \qquad (9)$$

对于其他形式的防护装置,摆锤提升高度可用公式(6)、公式(7)计算。

7.8 前压垮试验

将加载梁置于防护装置顶部前面的构件上,使压垮合力作用在拖拉机中心平面内,施加的压垮力为:

$$F_v = 20M_t \qquad (10)$$

将此作用力一直加至防护装置不再有任何可见的变形之后再维持5 s。

当防护装置顶棚前部承受不了全部压垮力时,继续保持压力,直至顶棚变形与连接防护装置上部构件和翻车时能支撑拖拉机的前部部件构成的平面重合时为止。然后将此作用力卸去，并将加载梁移到拖拉机完全翻车时可能支撑住拖拉机的防护装置的部位上，再施加压垮力 F_v。

试验装置与后压垮试验类似。

7.9 附加撞击试验

在撞击试验中，出现不可忽略的裂纹或撕裂时，立即进行第二次撞击，摆锤下落高度：

$$H' = (H \times 10^{-1})(12 + 4a)(1 + 2a)^{-1} \quad \cdots\cdots(11)$$

式中：

a——为在撞击点处的永久变形(D_p)与弹性变形(D_e)的比值：

$$a = D_p / D_e \quad \cdots\cdots(12)$$

第二次撞击的永久变形不应超过第一次撞击的永久变形的 30%。

为了完成附加试验，有必要在所有撞击试验时测量弹性变形。

7.10 附加压垮试验

在压垮试验中，出现不可忽略的裂纹或撕裂时，立即进行第二次撞击，压垮力为 $1.2F_v$。

7.11 检查和测量

7.11.1 断裂和裂纹检查

每次试验后应目视检查所有结构件、连接件、紧固件是否有断裂或裂纹，非重要部件出现的小裂纹可忽略不计，由摆锤边缘造成的撕裂不计。

7.11.2 容身区检查

每次试验后检查防护装置，看是否有任何部件侵入容身区；还应检查容身区是否超出了防护装置的保护范围。

7.11.3 侧向撞击下弹性变形的测量

测量点应位于驾驶员座位参考点上方 900 mm 处，通过侧向加载点的垂直平面内(见图 6)。

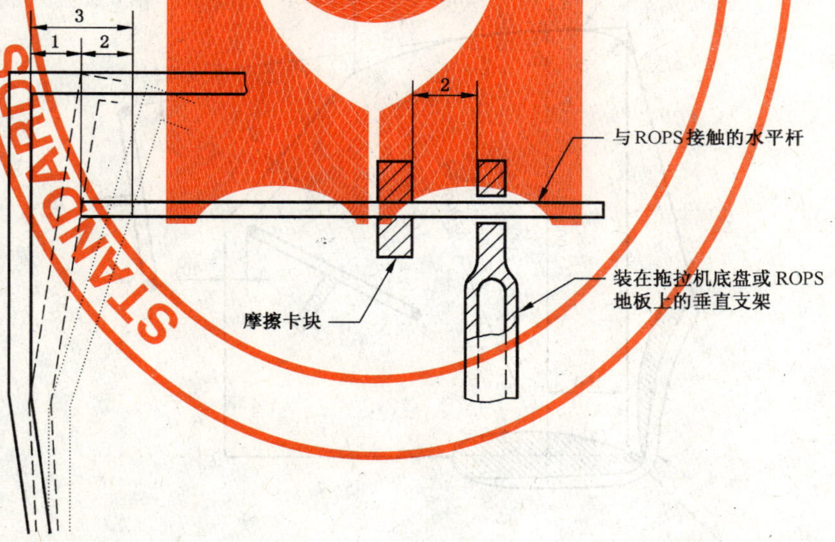

1——永久变形量；

2——弹性变形量；

3——总变形量(永久变形量+弹性变形量)。

图 6 测量弹性变形量装置示意图

7.11.4 永久变形的测量

在最终压垮试验后，记录防护装置的永久变形。因此，试验前应记录防护装置主要部件相对于驾驶座参考点的位置。

8 容身区

将拖拉机停在水平地面上，若方向盘可调，应将其调至中间位置，容身区(见图7、图8)由以下平面确定。

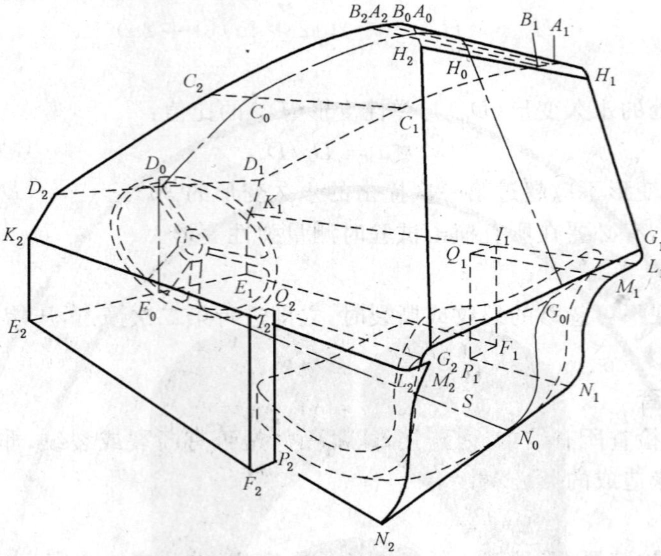

图7 后置式防护装置容身区立体图

单位为毫米

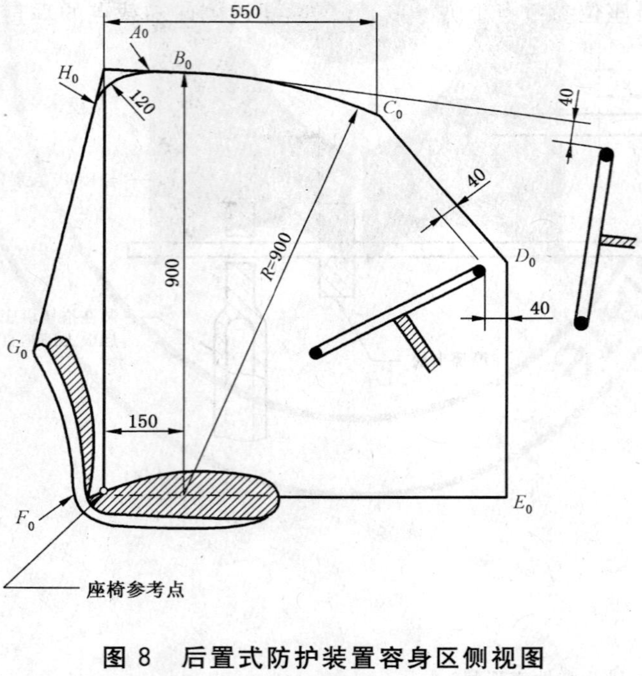

图8 后置式防护装置容身区侧视图

8.1 位于参考点上面 900 mm 的一个水平面($A_1B_1B_2A_2$)。

8.2 同垂直基准面垂直的一个斜平面($H_1H_2G_2G_1$)。此斜平面包括座位参考点上方 900 mm 处的一个点及座位靠背最后面的一个点。

8.3 同垂直基准面垂直的一个圆柱面($A_1A_2H_2H_1$)。它同上述8.1、8.2所定义的平面相切，其半径为 120 mm。

8.4 同垂直基准面垂直、半径为 900 mm 的圆柱面($B_1C_1C_2B_2$),同 8.1 所定义的平面在座位参考点前 150 mm 处相切,并由该处向前延伸 400 mm。

8.5 同垂直基准面垂直的一个斜平面($C_1D_1D_2C_2$)。此平面连接 8.4 所定义的平面前沿,且从方向盘外沿前面 40 mm 处穿过。

8.6 同垂直基准面垂直,且离方向盘外沿前 40 mm 处的一个垂直平面($D_1K_1E_1E_2K_2D_2$)。

8.7 经过座位参考点的一个水平面($E_1F_1D_1N_1N_2D_2F_2E_2$)。

8.8 如有必要,可画出一个同垂直基准面垂直的曲面($G_1L_1M_1N_1N_2M_2L_2G_2$),且同座位靠背在全长内接触。

8.9 两个垂直平面($K_1I_1F_1E_1$)和($K_2I_2F_2E_2$)。平行于垂直基准面,每个平面距基准面的距离为 250 mm,其上边界为从通过参考点的水平面向上 300 mm 的一个水平面。

8.10 两个倾斜的平行平面($A_1B_1C_1D_1K_1I_1G_1H_1$)和($A_2B_2C_2D_2K_2I_2G_2H_2$),从 8.9 所定义平面的上边起到与 8.1 所定义的水平面相交,使加载那一边的平面上边缘距离垂直基准面至少 100 mm。

8.11 两小块垂直平面($Q_1P_1N_1M_1$)和($Q_2P_2N_2M_2$)平行于垂直基准面,每个平面距基准面的距离为 200 mm,其上边界为从通过参考点的水平面向上 300 mm 的一个水平面。

8.12 于参考点前 350 mm 的平面内两小块垂直平面($I_1Q_1P_1F_1$)和($I_2Q_2P_2F_2$)垂直于基准面。

8.13 位于参考点上 300 mm 处水平面内两小块水平面($I_1Q_1M_1L_1$)和($I_2Q_2M_2L_2$)。

8.14 对于双向行驶拖拉机(双向座椅和方向盘),其容身区为由座椅和方向盘两个位置确定的两个容身区的包容区。

9 验收条件

9.1 每一分项试验完毕后,按 7.11.1 的规定检查应无裂纹或撕裂,如出现明显的裂纹或撕裂,应立即进行相应的附加撞击或压垮试验。

9.2 除附加撞击试验外,防护装置的任何部分都不得进入第 8 章所定义的容身区,或容身区超出防护装置外。

9.3 试验中防护装置不得对座椅施加任何约束。

9.4 按 7.11.3 的规定所测量的弹性形变要小于 250 mm。

9.5 应无在发生翻车事故时能严重伤害驾驶员或变形夹住驾驶员的零部件。

10 对其他型号拖拉机的适用性

当满足验收条件的防护装置用于其他型号的拖拉机,如拖拉机和防护装置满足以下条件,不必在每个型号的拖拉机上进行撞击和压垮试验。

10.1 如果生产厂家提出申请,只有进行原试验的试验站才有权批准防护装置的适用性。

10.2 新拖拉机试验所需能量不超过试验拖拉机试验所需能量的 105%。

10.3 连接方式和拖拉机的连接部件与原试验的相同或等强度。

10.4 挡泥板或发动机机罩等对防护装置支撑的部件与原试验的相同或提供相同支撑。

10.5 座椅在防护装置中的位置和精确尺寸和防护装置在拖拉机上的相关尺寸,要保证在所有试验中,容身区在变形的防护装置内。

10.6 试验报告要包括原试验报告,以供参考。

11 较小改动

由于市场原因而对拖拉机的颜色、贴花、牌号、型号或对防护装置非结构钣金件进行微小改动,出具原试验的试验站可代表国家官方代表机构出具一个“微小改动证明”,陈述所有改动,并确保强度试验结果不受影响,可不再做试验。根据本规则对试验件起草证明,作为原报告的附件并符合行业要求。

附 录 A
（规范性附录）
试验报告样本

注：本报告采用 ISO 1000:1992 规定的单位；必要时，在后面用括号注明相应国家的单位。

——防护装置生产厂家的名称和地址：

——提交试验的单位：

——防护装置的牌号：

——防护装置的型号：

——防护装置的类型：驾驶室、防翻架等。

A.1　试验拖拉机的技术参数

A.1.1　装配所试防护装置的拖拉机的参数

A.1.1.1　拖拉机的品牌

型号（商标名）

型式：2WD 或 4WD；橡胶或金属轮（如应用）。

A.1.1.2　机型或系列号：

A.1.1.3　其他技术参数（如应用）

A.1.2　装配防护装置的拖拉机的质量（无配重和驾驶员）

表 A.1

前	kg
后	kg
总计	kg

质量用于计算撞击能量和压垮力。

A.1.3　拖拉机的轮距和惯性矩

被试拖拉机的轮距　　　　mm

用于计算后部撞击能量的惯性矩　　　　$kg \cdot m^2$

A.1.4　轮距和轮胎规格

表 A.2

	最小轮距	轮胎		
		规格	直径	压力
	mm	mm	mm	kPa
前				
后				

A.1.5　拖拉机座椅

拖拉机是否有双向驾驶位（双向座椅和方向盘）　　　　是/否

座椅的牌号/型号/型式

选装座椅和驾驶座参考点：

（座椅 1 和驾驶座参考点的描述）

（座椅 2 和驾驶座参考点的描述）

（座椅和 SRP 的描述）

A.2 防护装置的技术参数

A.2.1 从侧面和后面表示安装细节的照片(包括挡泥板)

A.2.2 从侧面和后面表示驾驶座参考点和安装细节的总布置图

A.2.3 防护装置构成的简要叙述:

结构型式

安装细节

覆盖件和衬垫的细节

进入和逃跑的方法

A.2.4 防护装置可否倾翻/可否折叠

A.2.5 尺寸

应根据要求安装座椅盆板和靠背后测量尺寸。

对于安装可选座椅和双向行驶(双向座椅和方向盘)的拖拉机,应分别测量相对于各驾驶座参考点的尺寸(SRP1、SRP2 等)。

A.2.5.1 顶棚距驾驶座参考点的高度 mm

A.2.5.2 顶棚距驾驶座地板的高度 mm

A.2.5.3 在驾驶座参考点上防护装置的宽度 mm

A.2.5.4 在驾驶座参考点上方向盘中心高度处防护装置的宽度 mm

A.2.5.5 方向盘中心距防护装置右边的距离 mm

A.2.5.6 方向盘中心距防护装置左边的距离 mm

A.2.5.7 方向盘边缘到防护装置的最小距离 mm

A.2.5.8 门道的宽度

顶部 mm

中间 mm

上部 mm

A.2.5.9 门道的高度

比地板高 mm

比最高的上机踏板高 mm

比最低的上机踏板高 mm

A.2.5.10 装配防护装置的拖拉机的总高 mm

A.2.5.11 防护装置的总宽(如包括挡泥板,要说明) mm

A.2.5.12 驾驶座参考点上 900 mm 处,到防护装置后边的水平距离 mm

A.2.6 防护装置所用材料及钢材的技术规格

钢材的技术规格要符合 GB/T 700 的要求

A.2.6.1 主框架: (零件-材料-尺寸)

是沸腾钢、半镇静钢、镇静钢?

钢号和相关标准

A.2.6.2 安装支架: (零件-材料-尺寸)

是沸腾钢、半镇静钢、镇静钢?

钢号和相关标准

A.2.6.3 装配和安装用螺栓 (零件-尺寸)

A.2.6.4 顶棚 (零件-材料-尺寸)

A.2.6.5 覆盖件 (零件-材料-尺寸)

A.2.6.6　玻璃　　　　　　　　　　　　　　　　　　　　　　　　（型号-等级-尺寸）

A.2.7　拖拉机制造厂对原防护装置加强的细节

A.3　试验结果

A.3.1　撞击和压垮试验

A.3.1.1　试验条件

撞击试验是在：

左后方/右后方

左前方/右前方

左侧边/右侧边

用于计算撞击能量的质量　kg

用于计算后撞击能量的轴距　mm

用于计算后撞击能量的惯性矩　kg·m^2

施加于前部框架上的能量

后部　kJ

前部　kJ

侧面　kJ

压垮力　kN

附加超载试验　kJ

施加于前部框架上的加载力　kN

A.3.1.2　试验后的永久变形

A.3.1.2.1　各项试验后防护装置边界的永久变形

后部（朝前/朝后）　左边：　mm

右边：　mm

前部（朝前/朝后）　左边：　mm

右边：　mm

侧面（朝左/朝右）　前边：　mm

后边：　mm

顶面（朝上/朝下）　前边：　左边　mm

右边　mm

后边：　左边　mm

右边　mm

A.3.1.2.2　侧撞击试验时瞬时变形与永久变形之间的总差值　mm

A.3.1.3　附加试验的说明和结果

声明：

保护容身区的验收条件得到满足，则本防护装置为满足本试验标准的在翻车时起防护作用的防护装置。

A.3.2　安装此防护装置的拖拉机

表 A.3

品牌	型号	型式	其他技术文件	质量			倾斜	轴距	最小轮距	
				前桥	后桥	总重			前	后
		2/4WD	如需要	kg	kg	kg	是/否	mm	mm	mm

A.4 较小改动的证明

符合本试验标准的批准号：
试验站原报告的试验编号：
试验日期和地点：
批准时间：
更改号：MOD
先前改进证明(MOD)维持有效/保持有效

A.4.1 防护装置的技术参数

框架或驾驶室：
生产厂家：
提交试验单位：
牌号：
型式：
改进后的出厂编号：

A.4.2 安装此防护装置的拖拉机名称

表 A.4

品牌	型号	型式	其他技术文件	质量			倾斜	轴距	最小轮距	
				前桥	后桥	总重			前	后
		2/4WD	如需要	kg	kg	kg	是/否	mm	mm	mm

A.4.3 改进细节

自原始报告出具后的，改动如下：

A.4.4 声明

改动部分对防护装置强度的效果已进行验证。改动部分对原试验结果无影响。原试验报告仍适用于改动后的防护装置。本证明由进行原试验的代表官方机构的试验站起草，本证明作为原试验报告的附件。

签名：
日期：
地点：

ICS 67.040
X 00

中华人民共和国国家标准

GB/T 22005—2009/ISO 22005:2007

饲料和食品链的可追溯性 体系设计与实施的通用原则和基本要求

Traceability in the feed and food chain—General principles and basic requirements for system design and implementation

(ISO 22005:2007,IDT)

2009-09-30 发布

2010-03-01 实施

中华人民共和国国家质量监督检验检疫总局
中国国家标准化管理委员会
发布

前　言

本标准等同采用国际标准 ISO 22005:2007《饲料和食品链的可追溯性　体系设计与实施的通用原则和基本要求》(英文版)。在技术内容上完全相同,仅将国际标准的引言作为本标准引言。

本标准由中国标准化研究院提出。

本标准由全国食品安全管理技术标准化技术委员会(SAC/TC 313)归口。

本标准起草单位:中国标准化研究院、山东省标准化研究院、中国合格评定国家认可中心、国家认监委认证认可技术研究所、国家农业信息化工程技术研究中心、中国物品编码中心。

本标准主要起草人:刘文、刘俊华、刘丽梅、吴晶、王菁、刘克、杨丽、杨信廷、张瑶、李素彩。

引　言

可追溯体系是一种帮助饲料和食品链中的组织实现管理体系所确定目标的有用工具。

可追溯体系的选择受法规、产品特性和消费者期望的影响。

可追溯体系的复杂性依产品特点和所要达到的目标而不同。

组织实施可追溯体系取决于：

——组织和产品本身的技术局限(即：原材料的性质、批次的大小、收集和运输过程、加工和包装方法等)；

——应用此体系的成本效益。

可追溯体系单独应用不足以满足食品安全性的要求。

饲料和食品链的可追溯性 体系设计与实施的通用原则和基本要求

1 范围

本标准规定了设计和实施饲料和食品链可追溯体系的原则和基本要求。

本标准适用于饲料和食品链中任一阶段的可追溯体系的实施。

本标准尽量具备灵活性以使饲料和食品组织实现其确定的目标。

可追溯体系是协助组织遵循其制定目标的一种技术工具,必要时用于确定产品或其相关成分的来历和地点。

2 规范性引用文件

下列文件中的条款通过本标准的引用而成为本标准的条款。凡是注日期的引用文件,其随后所有的修改单(不包括勘误的内容)或修订版均不适用于本标准,然而,鼓励根据本标准达成协议的各方研究是否可使用这些文件的最新版本。凡是不注日期的引用文件,其最新版本适用于本标准。

GB/T 22000—2006 食品安全管理体系 食品链中各类组织的要求(ISO 22000:2005,IDT)

3 术语和定义

GB/T 22000—2006 确立的以及下列术语和定义适用于本标准。

3.1

产品 product

过程的结果。

[GB/T 19000—2008, 定义 3.4.2]。

注:产品可能包含包装材料。

3.2

过程 process

一组将输入转化为输出的相互关联或相互作用的活动。

[GB/T 19000—2008, 定义 3.4.1]。

注 1:一个过程的输入通常是其他过程的输出。

注 2:组织(3.10)为了增值通常对过程进行策划并使其在受控条件下运行。

注 3:对形成的产品(3.1)是否合格不易或不能经济地进行验证的过程,通常称之为"特殊过程"。

3.3

批次 lot

相似条件下生产和(或)加工的或包装的某一产品单元的集合。

注 1:批次由组织按照预先建立的参数确定。

注 2:一批次产品也可缩为一个单一的单元产品。

3.4

批次标识 lot identification

对某一批次指定唯一标识的过程。

3.5

位置　location

从初级生产直至最终消费过程中，生产、加工、分销、贮存及处理的场所。

3.6

可追溯性　traceability

追踪饲料或食品在整个生产、加工和分销的特定阶段流动的能力。

注1：改编自参考文献[3]。

注2：流动会涉及饲料和食品原料的来源、加工历史或分销。

注3：宜避免使用“文件可追溯性”、“计算机可追溯性”或“商业可追溯性”等术语。

3.7

饲料和食品链　feed and food chain

从初级生产直至最终消费的各环节和操作的顺序，涉及饲料和食品的生产、加工、分销和处理。

注：食品链包括食源性动物的饲料生产和用于生产食品的动物的饲料生产。

3.8

物料流向　flow of materials

在饲料和食品链任一点上物料的流向。

3.9

物料　materials

饲料和食品，饲料和食品配料及包装材料。

3.10

组织　organization

职责、权限和相互关系得到安排的一组人员及设施。

[GB/T 19000—2008，定义 3.3.1]。

注1：安排通常是有序的。

注2：组织可以是公有的或私有的。

3.11

数据　data

记录的信息。

3.12

可追溯体系　traceability system

能够维护关于产品及其成分在整个或部分生产与使用链上所期望获取信息的全部数据和作业。

4　可追溯性的原则和目标

4.1　总则

可追溯体系宜能够证明产品的来历和(或)确定产品在饲料和食品链中的位置。可追溯体系有助于查找不符合的原因，并且在必要时提高撤回和(或)召回产品的能力。可追溯体系能够提高组织对信息的合理使用和信息的可靠性，并能够提高组织的效率和生产力。

从技术和经济角度考虑，可追溯体系宜能够实现要达到的目标(见4.3)。

产品的移动能将饲料和食品原料来源、加工历史或分销相联接，饲料和食品链中的每一组织至少宜对其前一步和后一步溯源给予说明。这种饲料和食品中的溯源可根据相关组织之间达成的协议应用在饲料和食品链中的更多部分。

4.2　原则

可追溯体系宜：

——可验证；
——连贯合理应用；
——注重结果；
——成本经济；
——可实用；
——符合适用的法规政策；
——符合预期的准确度要求。

4.3 目标

在建立饲料和食品链可追溯体系时，应识别要达到的特定目标。这些目标宜考虑4.2中确定的原则，以下是目标的示例：

a) 支持食品安全和(或)质量目标；
b) 满足顾客要求；
c) 确定产品的来历或来源；
d) 便于产品的撤回和(或)召回；
e) 识别饲料和食品链中的责任组织；
f) 便于验证有关产品的特定信息；
g) 与利益相关方和消费者沟通信息；
h) 适用时，满足当地、区域、国家或国际法规或政策；
i) 提高组织的效率、生产力和盈利能力。

5 设计

5.1 一般设计考虑事项

可追溯体系是一种工具，宜在更大的管理体系背景下进行设计。

可追溯体系的选择取决于不同要求、技术可行性和经济可接受性之间的平衡。

可追溯体系宜可验证。

根据要实现的目标，应对可追溯体系的每个要素进行逐个考虑和判断。

在设计可追溯体系时应考虑以下内容：

a) 目标；
b) 有关可追溯的法规和政策要求；
c) 产品和(或)成分；
d) 在食品和饲料链中所处的位置；
e) 物料流向；
f) 信息要求；
g) 程序；
h) 文件；
i) 饲料和食品链组织的衔接。

5.2 目标的选择

组织应识别其可追溯体系的目标(见4.3)。

5.3 法规政策要求

组织应识别其可追溯体系需要满足的相关法规和政策要求。

5.4 产品和(或)组成成分

组织应识别其可追溯体系目标中的产品和(或)成分。

5.5 设计步骤

5.5.1 在饲料和食品链中的位置

组织至少应通过识别他们的供应方和顾客来确定其在食品链中的位置。

5.5.2 物料的流向

以满足可追溯性目标要求的方式,组织应确定和证明其所控制的物料流向。

5.5.3 信息要求

为实现可追溯目标,组织应明确以下信息:

——从其供应方获得的信息;

——从产品和加工来历中搜集的信息;

——向顾客和供应方提供的信息。

注:可追溯体系要求的信息受到其目标和组织在饲料和食品链中位置的影响。

5.6 程序建立

程序一般与物料流向和相关信息流向所形成的文件有关,包括文件的保持和验证。组织应建立的程序至少包括:

a) 产品定义;

b) 批次定义及其识别;

c) 物料流向文件和包括记录保持媒介在内的信息;

d) 数据管理和记录规则;

e) 信息检索规则。

在建立和实施可追溯体系时,有必要考虑组织现有的操作和管理体系。

需要时,管理可追溯信息的程序应包括物料和产品信息流向的记录和链接方法。

应在可追溯体系中建立不符合项的处理程序,这些程序宜包括纠正和纠正措施。

5.7 文件要求

组织应决定为实现可追溯体系目标所需的文件。

适宜的文件至少应包括:

——饲料和食品链中相关步骤描述;

——追溯数据管理的职责描述;

——记载了可追溯性活动和制造工艺、流程、追溯验证和审核结果的书面或记录信息;

——用于对不符合可追溯体系的相关项的管理的文件;

——记录保持时间。

关于文件控制管理,见 GB/T 22000—2006 中 4.2.2。

关于记录管理,见 GB/T 22000—2006 中 4.2.3。

关于识别可追溯体系的目标,见 GB/T 22000—2006 中 7.9。

5.8 饲料和食品链组织的衔接

如果一个组织同其他组织一起参加可追溯体系,应对设计要素(见 5.1)进行协调。当每个组织确定了直接上游来源方和直接随后接受方,饲料和食品链中的链接就建立了。当饲料和食品链可追溯性声明用于商业目的时,做出声明的组织应识别在饲料和食品链中的相关步骤并通过验证信息加以支持。

注:当被追溯的各部分不间断连接起来时,就能形成链式的可追溯体系。

6 实施

6.1 总则

组织应通过委派管理职责和提供资源证实其实施可追溯体系的承诺。

根据可追溯体系的设计和建立,组织应实施 6.2~6.6 中规定的步骤。

每一组织均可选择适当的工具，以进行追踪、记录和沟通信息。

6.2 可追溯计划

每一组织都应建立可追溯计划，该计划可以是更大的管理体系的一部分。此可追溯计划应包括已识别的所有要求。

6.3 职责

组织应规定其员工的任务与职责，并向其传达。

6.4 培训计划

组织应开发和实施培训计划。能够影响可追溯体系的人员应获得充分的培训与信息。

这些人员应能证实具有正确实施可追溯体系的能力。

6.5 监视

组织应建立可追溯体系的监视方案。

6.6 关键绩效指标

组织应建立关键绩效指标，以测量可追溯体系的有效性。

7 内部审核

组织应按照策划的时间间隔实施内部审核，以评价可追溯体系满足所设定目标的有效性。

8 评审

组织应按照预定的时间间隔，或是在目标和(或)产品或过程发生变化的时候评审可追溯体系。基于评审，组织应采取适当的纠正措施与预防措施，并考虑确立持续改进的过程。

评审应包括但不限于：

——可追溯的测试结果；

——可追溯的审核发现；

——产品或过程的变更；

——由饲料和食品链中其他组织提供的与可追溯相关的信息；

——与可追溯相关的纠正措施；

——与可追溯相关的顾客的反馈，包括投诉；

——影响可追溯的新的或修订了的法规；

——新的统计评价方法。

参 考 文 献

［1］ GB/T 19000—2008 质量管理体系 基础和术语(ISO 9000:2005,IDT)

［2］ GB/T 19011 质量和(或)环境管理体系审核指南(GB/T 19011—2003,ISO 19011:2002,IDT)

［3］ Codex Alimentarius:"Principles for traceability/Product tracing as a tool within a food inspection and certification system"(CAC/GL 60—2006)

S 65.020
16

中华人民共和国国家标准

GB/T 22101.2—2009

棉花抗病虫性评价技术规范 第2部分:蚜虫

Technical specification for evaluating resistance of cotton to disease and insect pests—Part 2:Cotton aphid

2009-10-30 发布 2009-12-01 实施

中华人民共和国国家质量监督检验检疫总局
中国国家标准化管理委员会 发布

前言

GB/T 22101《棉花抗病虫性评价技术规范》分为以下五个部分：

——第1部分：棉铃虫；

——第2部分：蚜虫；

——第3部分：红铃虫；

——第4部分：枯萎病；

——第5部分：黄萎病。

本部分是GB/T 22101的第2部分。

本部分的附录A为资料性附录。

本部分由中华人民共和国农业部提出。

本部分由农业部热带作物及制品标准化技术委员会归口。

本部分起草单位：中国农业科学院植物保护研究所、全国农业技术推广服务中心。

本部分主要起草人：张永军、王武刚、吴孔明、郭荣。

棉花抗病虫性评价技术规范 第2部分：蚜虫

1 范围

GB/T 22101 的本部分规定了棉花抗棉蚜性鉴定方法和抗棉蚜性评价标准。

本部分适用于棉花抗棉蚜性鉴定和抗棉蚜性评价。

2 规范性引用文件

下列文件中的条款通过 GB/T 22101 的本部分的引用而成为本部分的条款。凡是注日期的引用文件，其随后所有的修改单（不包括勘误的内容）或修订版均不适用于本部分，然而，鼓励根据本部分达成协议的各方研究是否可使用这些文件的最新版本。凡是不注日期的引用文件，其最新版本适用于本部分。

GB 4407.1　经济作物种子　第1部分：纤维类

3 术语和定义

下列术语和定义适用于 GB/T 22101 的本部分。

3.1

苗蚜　spring type cotton aphid

在棉苗出土至现蕾阶段发生为害的棉蚜。

3.2

伏蚜　summer type cotton aphid

在伏天高温条件下快速增殖而形成的棉蚜群体。体型小、色黄、耐高温，具有繁殖速度快、暴发危害性大等特点。

3.3

对照品种　cotton variety for control

用于控制整个评价过程的指示性品种，设非洲 E-40 为抗性对照品种。

4 鉴定方法

4.1 鉴定方式

利用田间自然发生的棉蚜虫源，通过调查鉴定材料的蚜害级别，比较鉴定材料的蚜害指数与对照品种的蚜害指数，评价不同鉴定材料对苗蚜和伏蚜的抗蚜性程度。

4.2 田间设计

选择历年棉蚜发生较重的田块，分小区种植，小区面积 33.6 m^2 左右，不设重复。每小区种植 6 行，行长 8 m，行距 0.7 m～0.8 m，株距 26 cm。

4.3 对照品种设置

非洲 E-40 为对照品种，每 20 个鉴定材料种植一组对照。

上述棉花种子质量应达到 GB 4407.1 中对种子质量的要求。

4.4 鉴定棉田管理

按当地春棉或夏棉（短季棉）常规播种时期、播种方式和播种量进行播种。棉花种子不进行任何防棉蚜药剂处理。常规耕作管理，在鉴定调查期间，不喷施针对棉蚜的杀虫剂。

4.5 鉴定调查方法

4.5.1 鉴定调查时间

苗蚜为害调查分别在棉花的三叶期、五叶期和七叶期进行，计调查3次；在伏蚜发生高峰期(一般在7月下旬)进行第1次伏蚜危害调查，7 d后进行第2次调查，计调查2次。

4.5.2 取样方法

每小区选取中间4行棉花，随机调查50株，苗蚜期的前两次调查以全株受害最严重叶片为标准叶，苗蚜期的第3次调查及伏蚜期的两次调查均以棉株顶部5片叶中受害最严重的叶片为标准叶，依据蚜害分级标准统计各级株数。

5 蚜害分级标准与计算

5.1 蚜害分级标准

蚜害分级标准按表A.1执行。

5.2 蚜害指数及受害减退率计算方法

蚜害指数以"i"计，数值以"%"表示，按式(1)计算：

$$i = \frac{\sum(d_c \times n_c)}{n_t \times 4} \times 100 \quad \cdots\cdots(1)$$

式中：

d_c——蚜害级值，单位为级；

n_c——该蚜害级对应的棉花株数，单位为株；

n_t——总调查棉花株数，单位为株。

计算结果精确到小数点后两位。

受害减退率以"X"计，数值以"%"表示，按式(2)计算：

$$X = \frac{i_c - i_t}{i_c} \times 100 \quad \cdots\cdots(2)$$

式中：

i_c——对照品种的蚜害指数；

i_t——鉴定品种的蚜害指数。

计算结果精确到小数点后两位。

6 棉花抗蚜性评价和抗蚜分级

将鉴定材料的蚜害指数与对照品种的蚜害指数进行比较，计算受害减退率。依据减退率按表A.2进行棉花品种抗蚜性评价和抗蚜性分级。

附 录 A
（资料性附录）
棉花蚜害的分级标准和抗蚜性评价标准

表 A.1 棉花蚜害的分级标准

蚜害级别	为 害 描 述
0	无蚜虫，叶片平展
1	有蚜虫，叶片无受害
2	有蚜虫，受害最重的叶片皱缩或微卷，近半圆
3	有蚜虫，受害最重的叶片卷曲达半圆或半圆以上，呈弧形
4	有蚜虫，受害最重的叶片完全卷曲，呈球形

表 A.2 棉花抗蚜性评价标准

抗蚜性级别	依据受害减退率（X）的分级标准	
	苗蚜期	伏蚜期
1（高抗）	$X\geqslant 10$	$X\geqslant 10$
2（抗）	$-5\leqslant X<10$	$-10\leqslant X<10$
3（中抗）	$-70\leqslant X<-5$	$-70\leqslant X<-10$
4（感）	$-120\leqslant X<-70$	$-100\leqslant X<-70$
5（高感）	$X<-120$	$X<-100$

ICS 65.020
B 16

中华人民共和国国家标准

GB/T 22101.3—2009

棉花抗病虫性评价技术规范 第3部分：红铃虫

Technical specification for evaluating resistance of cotton to disease and insect pests—Part 3: Pink bollworm

2009-10-30 发布　　2009-12-01 实施

中华人民共和国国家质量监督检验检疫总局
中国国家标准化管理委员会　发布

前言

GB/T 22101《棉花抗病虫性评价技术规范》分为以下五个部分：

——第1部分：棉铃虫；

——第2部分：蚜虫；

——第3部分：红铃虫；

——第4部分：枯萎病；

——第5部分：黄萎病。

本部分是GB/T 22101的第3部分。

本部分的附录A为资料性附录。

本部分由中华人民共和国农业部提出。

本部分由农业部热带作物及制品标准化技术委员会归口。

本部分起草单位：中国农业科学院植物保护研究所、全国农业技术推广服务中心。

本部分主要起草人：张永军、王武刚、吴孔明、郭荣。

棉花抗病虫性评价技术规范 第3部分:红铃虫

1 范围

GB/T 22101 的本部分规定了转基因棉花、杂交棉花和常规棉花抗棉红铃虫性鉴定方法和抗虫性评价标准。

本部分适用于转基因棉花、杂交棉花和常规棉花抗棉红铃虫性鉴定和抗虫性评价。

2 规范性引用文件

下列文件中的条款通过 GB/T 22101 的本部分的引用而成为本部分的条款。凡是注日期的引用文件,其随后所有的修改单(不包括勘误的内容)或修订版均不适用于本部分,然而,鼓励根据本部分达成协议的各方研究是否可使用这些文件的最新版本。凡是不注日期的引用文件,其最新版本适用于本部分。

GB 4407.1　经济作物种子　第1部分:纤维类

3 术语和定义

下列术语和定义适用于 GB/T 22101 的本部分。

3.1

青铃　verdant boll

棉铃从达到成铃标准到铃形基本定型,铃色一直保持鲜绿,称之为青铃。

4 鉴定方法

4.1 鉴定方式

采用罩笼接虫法。通过摘取青铃取样调查,以鉴定材料单铃活虫数比对照品种单铃活虫减少率为指标进行抗虫性评价。

4.2 对照棉花品种

转基因棉花鉴定以转基因棉花受体亲本为对照;转基因杂交棉花鉴定以非转基因亲本为对照;常规杂交棉花鉴定以标准感虫棉花品种为对照;常规棉花鉴定以标准感虫棉花品种为对照。

4.3 田间罩笼设计

采用 40 目尼龙网进行罩笼,罩笼高 1.8 m,面积在 50 m^2 以上。供试材料在罩笼内单行种植,每行 25 株,行距 80 cm,株距 26 cm。对照品种设置按 4.2 执行。上述棉花种子质量应达到 GB 4407.1 中对种子质量的要求。

4.4 供试虫源及接虫量

收集当年虫害棉花絮中红铃虫幼虫,置于室温在 25 ℃～28 ℃之间的养虫室内化蛹。羽化后,置于交配笼(40 cm×40 cm×40cm)内,每笼内放入雌雄配对的成虫 5 对～10 对,饲以 10%蜂蜜水作为补充营养。罩笼接虫鉴定前,应让红铃虫配对雌雄成虫自由交配 3 d。选择在自然条件下的第一、二代红铃虫发蛾盛期,按照 5 对/10 m^2 密度在罩笼内释放已交配的红铃虫成虫,且雌雄蛾接虫比例为 1∶1。

5 结果调查和计算

抽样调查共计两次。第一次在释放接虫后 20 d～25 d 进行,在供试品种上按每株 2 个棉铃的方式,随机摘取铃龄相近的青铃50个。第二次在释放接虫后40 d～50 d进行，在供试品种上按每株2个棉铃的方式，摘取结铃部位相近的裂口棉铃50个。分别记录被调查铃内红铃虫幼虫数，计算各供试品种的单铃幼虫存活数。

把鉴定品种的单铃虫数与对照品种单铃虫数进行比较，计算出鉴定品种比对照品种单铃活虫数减少率。单铃活虫数减少率以“X”计，数值以“%”表示，按式(1)计算：

$$X = \frac{n_c - n_t}{n_c} \times 100 \qquad \cdots\cdots(1)$$

式中：

n_c——对照品种单铃活虫数，单位为头；

n_t——处理品种单铃活虫数，单位为头。

计算结果精确到小数点后一位。

6 棉花抗红铃虫性评价和分级

将鉴定品种的单铃活虫数与对照品种单铃活虫数进行比较，计算出比对照品种单铃活虫数减少率(X)，依据减少率按表A.1进行棉花品种抗红铃虫性分级和抗红铃虫性评价。

附　录　A
（资料性附录）
棉花抗红铃虫性评价标准

表 A.1　棉花抗红铃虫性评价标准

抗性级别	按比对照品种单铃活虫数减少率(X)的抗红铃虫性分级标准
1（高抗）	$X \geqslant 80\%$
2（抗）	$60\% \leqslant X < 80\%$
3（中抗）	$50\% \leqslant X < 60\%$
4（感）	$30\% \leqslant X < 50\%$
5（高感）	$X < 30\%$
注：转基因棉花抗红铃虫性室内评定标准参照棉花抗棉铃虫的室内鉴定分级评定标准。	

CS 65.020
16

中华人民共和国国家标准

GB/T 22101.4—2009

棉花抗病虫性评价技术规范
第4部分：枯萎病

Technical specification for evaluating resistance of cotton to diseases and insect pests—Part 4: Fusarium wilt

2009-10-30 发布　　　　2009-12-01 实施

中华人民共和国国家质量监督检验检疫总局
中国国家标准化管理委员会　发布

前言

GB/T 22101《棉花抗病虫性评价技术规范》分为以下五个部分：

——第1部分：棉铃虫；

——第2部分：蚜虫；

——第3部分：红铃虫；

——第4部分：枯萎病；

——第5部分：黄萎病。

本部分是GB/T 22101的第4部分。

本部分的附录B为规范性附录，附录A为资料性附录。

本部分由中华人民共和国农业部提出并归口。

本部分起草单位：中国农业科学院植物保护研究所、全国农业技术推广服务中心。

本部分主要起草人：简桂良、孙文姬、马存、石磊岩、邹亚飞、郭荣。

棉花抗病虫性评价技术规范
第4部分:枯萎病

1 范围

GB/T 22101的本部分规定了棉花抗枯萎病[病原菌:尖镰孢萎蔫专化型(*Fusarium oxysporum* Schl. f. sp. *vasinfectum* (Atk.)Snyder et Hansen)]的鉴定方法和抗性评定标准。

本部分适用于棉花抗枯萎病性鉴定和抗性评定。

2 术语和定义

下列术语和定义适用于GB/T 22101的本部分。

2.1

发病率 rate of infected

发病棉苗占总棉苗数的百分率。

2.2

病情指数 disease index

全面考核发病率和严重程度的综合指标。

3 病原菌的培养

3.1 培养病原菌的基本设备

恒温箱、超净工作台、高压灭菌锅、冰箱、可控温的温室(使温度保持在20 ℃～28 ℃之间)、塑料盆、铝锅、电炉、培养皿、试管、剪子、镊子、广口瓶、酒精灯等。

3.2 鉴定所用枯萎病菌小种

由于棉花枯萎病菌7号小种分布最广,为此宜选用7号小种,但各地亦可根据当地的优势小种,选择所用菌系。

3.3 枯萎病病原菌培养

枯萎病病原菌(参见附录A)菌种培养物采用麦粒或麦粒砂培养(麦砂比为3∶1),先将麦粒用水浸泡12 h以上,再用水煮涨为止,沥干水分后拌入细砂,装入广口瓶,湿热灭菌2 h;在超净工作台上将已培养好的枯萎病菌平板或斜面接入其中,随后置于25 ℃温箱培养7 d～10 d。

3.4 鉴定用病土的接菌

用筛过的无病土,经160 ℃干热灭菌。然后,将病菌麦粒或麦粒砂培养物按土重的2%～3%的比例加入到灭菌土中,混合均匀。用干净的报纸卷成直径6 cm、高8 cm的有底纸钵,将已混均匀的带菌土装入钵中,至2/3高度,随后将其装入30 cm×20 cm×9 cm的塑料盆中,待用。

3.5 鉴定材料种植方法

鉴定材料种植于温室,采用纸钵土壤接菌盆栽法。3次重复,每重复一盆12钵,每个鉴定材料3盆,共36钵;播种前每盆先浇300 mL自来水,使钵中的土吸足水分,随后将已催芽的待鉴定品种的种子先拌5%的多菌灵杀菌剂,再摆放于钵中,每钵6粒～8粒棉籽;然后用无菌土覆盖(高度与钵平齐),再浇入200 mL自来水。

3.6 标准对照

鉴定中选用一个感病对照和一个抗病对照,抗病对照采用"86-1号",感病对照可选用"冀棉11号"

或“鄂荆 1 号” 或本地区的常规感病品种。抗病对照选择标准为在常规接菌量下病情指数小于 10 的品种;感病对照选择标准为在常规接菌量下病情指数大于 50 的品种。

4 调查记载方法

4.1 棉苗的管理

播种后将塑料盆置于温室中,进行育苗,温室温度保持在 23 ℃～28 ℃之间,切勿超过 30 ℃,进行精心管理。棉苗拱土前,只要钵中土壤不会太干,一般不要再浇水。棉苗出土后,注意保持盆中的干湿度,土壤湿度保持在 60%～80%为宜,早晚注意温度变化,防止温度过高和过低。

4.2 发病调查

在棉苗第一片真叶长出后,棉花枯萎病陆续开始发生,在播种后一个月左右开始调查各品种的枯萎病发生情况,调查鉴定结果记录到鉴定结果原始记录表,见附录 B。采用 5 级分级法,可进行数次调查,当感病对照病情指数达 50 以上时,即可全面调查各品种的发病率,求出病情指数,进行校正后,评判各品种的抗病水平。

4.3 调查分级标准

温室苗期棉花枯萎病的主要症状为青枯型和黄色网纹型,真叶和子叶发生萎蔫,叶片变软,下垂,叶缘开始凋枯,叶脉变黄,以致叶片枯萎,棉株死亡。各病级分级标准如下:

0 级:棉株健康,无病叶,生长正常。

1 级:棉株 1 片～2 片子叶变黄萎蔫。

2 级:棉株 2 片子叶和 1 片真叶变黄萎蔫,叶脉呈黄色网纹状。

3 级:棉株 2 片子叶及 2 片或 2 片以上真叶变黄萎蔫,叶脉呈黄色网纹状或青枯状;棉株矮化或萎蔫。

4 级:棉株所有叶片发病,棉株枯死。

4.4 调查结果的统计

根据调查的结果计算各品种的发病率和病情指数。

发病率以“*Ri*”计,数值以“%”表示,按式(1)计算:

$$Ri = \frac{n_i}{n_t} \times 100 \qquad \cdots\cdots(1)$$

式中:

n_i——发病株数;

n_t——总株数。

计算结果精确到小数点后两位。

病情指数以“*DI*”计,按式(2)计算:

$$DI = \frac{\sum (d_c \times n_c)}{n_t \times 4} \times 100 \qquad \cdots\cdots(2)$$

式中:

d_c——相应病级;

n_c——各病级病株数;

n_t——总株数。

计算结果精确到小数点后两位。

5 鉴定结果的校正

由于鉴定的外界条件,包括地区间不可能完全一致,即使同一地区年度间、批次间鉴定结果也可能存在差异。为此,应对鉴定结果进行校正,即采用相对病情指数进行校正。方法为:鉴定中必须设感病对照，在感病对照病情指数达 50.0 以上时进行发病调查，由于感病对照病情指数不可能刚好为 50.0，为此，采用校正系数 K 来进行校正，K 值的求法按式(3)计算：

$$K=\frac{50.00}{DI_{\mathrm{CK}}} \qquad \cdots\cdots(3)$$

式中：

50.00——感病对照标准病情指数；

DI_{CK}——本次鉴定感病对照病情指数。

用 K 值与本次鉴定中被鉴定品种的病情指数相乘，求得被鉴定品种的相对病情指数(RDI)，RDI 按式(4)计算：

$$RDI=DI\times K \qquad \cdots\cdots(4)$$

式中：

DI——被鉴定品种病情指数；

K——校正系数。

以 K 值在 0.75～1.25(相当于病情指数 66.67～40.00)范围之间的鉴定结果为准确可靠。

6 鉴定结果的评价

根据被鉴定品种的相对病情指数的大小评定品种的抗性级别，各级别评定标准如表 1。

表 1 棉花品种抗枯萎病性评定标准

级别	抗性类型	英文缩写	相对病情指数标准
1	免疫	I	$RDI=0$
2	高抗	HR	$0<RDI\leqslant 5.0$
3	抗病	R	$5.0<RDI\leqslant 10.0$
4	耐病	T	$10.0<RDI\leqslant 20.0$
5	感病	S	$RDI>20.0$

附　录　A
（资料性附录）
棉花枯萎病病原

A.1　学名

尖镰孢萎蔫专化型（*Fusarium oxysporum* Schlectend：Fr. f. sp. *vasinfectum*（Atk.）W. C. Snyd. & H. N. Hans.）属真菌界（Fungi），半知菌亚门（Deuteromycotina），丝孢纲（Hyphomycetes），瘤座孢目（Tuberculariales），瘤座孢科（Tuberculariaceae），镰孢属（*Fusarium*），美丽组（*elegans* Wr.），尖孢种（*oxysporum* Schl.）真菌。

A.2　培养特性和孢子形态

在马铃薯葡萄糖琼脂培养基上，菌丝为白色，培养时间稍长培养基经常出现紫色，菌丝体透明，有分隔。具有3种类型孢子，分别为大型分生孢子、小孢子和厚恒孢子。大型分生孢子着生在复杂而又有分枝的分生孢子梗或瘤状的孢子座上，通常具有3个～5个分隔，呈镰刀形至纺锤形，椭圆型弯曲基部有小柄，两端尖，顶端呈钩状，有的呈喙状弯曲，壁薄。其中以3个分隔的常见，大小为（2.6 μm～4.1 μm）×（22.8 μm～38.4 μm），黄褐色至橙色。通常有3种培养型，Ⅰ型大型分生孢子为匀称镰刀形或纺锤形，顶细胞较长，足细胞明显或不明显，多为3个分隔，属典型的尖孢类型；Ⅱ型大型分生孢子较宽短或细长，多为3个分隔，有的可多达4个～5个分隔，有时可达8个分隔；Ⅲ大型分生孢子宽短，顶端呈钩状，有的呈喙状弯曲，孢子上端1/3处变宽，基部细胞逐渐变窄，足细胞有或不明显，孢子多为3个分隔，近于马特型。小型分生孢子多数为单胞，少数有1个分隔，通常为卵形，有时为椭圆形、倒卵形、肾形，甚至柱形，大小为（5 μm～12 μm）×（2.2 μm～3.5 μm），通常着生于菌丝的侧面的分生孢子梗，聚集成假头状。厚恒孢子通常单生，有时双生，多数在老熟的菌丝体上顶端和间生形成，有时亦可生于大型分生孢子上，表面光滑，偶有粗糙，球形至卵圆形，浅黄至黄褐色。

附 录 B
（规范性附录）
鉴定结果原始记录表

表 B.1 棉花品种抗枯萎病性鉴定结果原始记录表

鉴定地点：						鉴定结果调查时间：	年	月	日
品种名称	总株数	0 级 病株数	1 级 病株数	2 级 病株数	3 级 病株数	4 级 病株数	发病率/%	病情指数	相对 病情指数
检测人： 年 月 日			校核人： 年 月 日				审核人： 年 月 日		

S 65.020
16

中华人民共和国国家标准

GB/T 22101.5—2009

棉花抗病虫性评价技术规范
第5部分：黄萎病

Technical specification for evaluating resistance of cotton to diseases and insect pests—
Part 5: Verticillium wilt

2009-10-30 发布　　2009-12-01 实施

中华人民共和国国家质量监督检验检疫总局
中国国家标准化管理委员会　发布

前　言

GB/T 22101《棉花抗病虫性评价技术规范》分为以下五个部分：

——第1部分：棉铃虫；

——第2部分：蚜虫；

——第3部分：红铃虫；

——第4部分：枯萎病；

——第5部分：黄萎病。

本部分是GB/T 22101的第5部分。

本部分的附录B为规范性附录，附录A为资料性附录。

本部分由中华人民共和国农业部提出并归口。

本部分起草单位：中国农业科学院植物保护研究所、全国农业技术推广服务中心。

本部分主要起草人：简桂良、孙文姬、马存、石磊岩、邹亚飞、郭荣。

棉花抗病虫性评价技术规范
第5部分：黄萎病

1 范围

GB/T 22101 的本部分规定了棉花抗黄萎病[病原菌：大丽轮枝菌(*Verticillium dahliae* Kleb.)]鉴定方法和抗性评定标准。

本部分适用于棉花抗黄萎病性鉴定和抗性评定。

2 术语和定义

下列术语和定义适用于 GB/T 22101 的本部分。

2.1

发病率 rate of infected

发病棉苗占总棉苗数的百分率。

2.2

病情指数 disease index

全面考核发病率和严重程度的综合指标。

3 病原菌的培养

3.1 培养病原菌的基本设备

恒温箱、超净工作台、高压灭菌锅、冰箱、可控温的温室(使温度保持在 20 ℃～28 ℃之间)、铝锅、电炉、培养皿、试管、剪子、镊子、广口瓶、酒精灯等。

3.2 棉黄萎病病原菌培养

棉花黄萎病菌(参见附录 A)菌种培养物采用棉籽或麦粒砂，先将棉籽或麦粒用水煮涨为止，沥干水分后，装入广口瓶，高压湿热灭菌 2 h；在超净工作台上将已培养好的黄萎病菌平板或斜面接入其中，随后置于 25 ℃恒温箱培养 10 d～15 d。

4 棉花黄萎病病圃的建立

4.1 病圃的要求

人工黄萎病圃应建立在适宜地区，即有利于黄萎病发生的地区，发病均匀；要求正常年份，感病对照的病情指数达到 40.0～60.0 之间，受气候条件的影响较小；应以我国广泛分布的强致病力菌系为宜。棉花黄萎病的抗性鉴定采用“田间人工病圃成株期鉴定方法”鉴定。适宜地区为夏季 7 月份、8 月份平均气温超过 28 ℃的时间少于 20 d，北纬 38 度以上地区。

4.2 鉴定所用病原菌种

各地可根据当地的优势菌群，选择适宜强致病力菌系。

4.3 病圃的建立

按每公顷 450 kg～750 kg 的接种量，将培养好的菌种均匀地施入田间，再翻耕 2 遍～3 遍，使病菌与土壤混均匀。以感病品种在病圃各小区发病均匀、病情指数达 50 左右即可。病圃建立后，可根据当年的发病情况将当年的病棉杆压碎进行回接。

5 棉花品种(系)抗黄萎病性鉴定

5.1 标准对照

鉴定中选用一个感病对照,要求高度感病且稳定性好,可选用"冀棉 11 号"或"鄂荆 1 号"或本地区的高度感病品种,选择标准为在正常年份病情指数 50.0 以上。

5.2 鉴定材料种植方法

鉴定材料种植在人工病圃中,3 次重复,每重复 2 行,行长 6 m～10 m,小区株数不少于 50 株,按棉花正常的播种时间和田间管理方式进行种植,保持田间的适当湿度,以利于黄萎病的发生。

5.3 棉花的管理

播种后,进行精心管理,苗期应注意防治立枯、红腐病等苗期病害,苗蚜、地下害虫等虫害。进入雨季前,应注意保持田间的湿度。其他管理同大田。

5.4 发病调查

6 月份后,棉花黄萎病陆续开始发生,在花铃期达到发病高峰,故从 6 月中旬开始,即应密切注意各品种的黄萎病发生情况,在感病对照病情指数达 40.0 以上时,应开始全面调查,调查鉴定结果记录到鉴定结果原始记录表,见附录 B。采用 5 级分级法,可进行数次调查,当感病对照病情指数达 50 左右时,应全面调查各品种的发病率,计算病情指数,进行校正后,评判各品种的抗病水平。

5.5 调查分级标准

田间棉花黄萎病的主要症状为叶枯型和黄斑型,叶片出现掌状黄条斑,叶肉枯黄,仅叶脉保持绿色,出现西瓜皮状斑驳,有时也出现叶枯型,以致叶片枯萎,脱落,棉株死亡。各病级分级标准如下:

0 级:棉株健康,无病叶,生长正常。

1 级:棉株四分之一以下叶片发病,变黄萎蔫。

2 级:棉株四分之一以上、二分之一以下叶片发病,变黄萎蔫。

3 级:棉株二分之一以上、四分之三以下叶片发病,变黄萎蔫。

4 级:棉株四分之三以上叶片发病,或叶片全部脱落,棉株枯死。

6 调查结果的统计

根据调查的结果计算各品种的发病率和病情指数。

发病率以"Ri"计,数值以"%"表示,按式(1)计算:

$$Ri = \frac{n_i}{n_t} \times 100 \qquad \cdots\cdots(1)$$

式中:

n_i——发病株数;

n_t——总株数。

计算结果精确到小数点后两位。

病情指数以"DI"计,按式(2)计算:

$$DI = \frac{\sum (d_c \times n_c)}{n_t \times 4} \times 100 \qquad \cdots\cdots(2)$$

式中:

d_c——相应病级;

n_c——各病级病株数;

n_t——总株数。

计算结果精确到小数点后两位。

7 鉴定结果的校正

由于鉴定的外界条件，包括地区间不可能完全一致，即使同一地区年度间、批次间鉴定结果也可能存在差异。为此，应对鉴定结果进行校正，即采用相对病情指数进行校正。方法为：鉴定中必须设感病对照，在感病对照病情指数达 50.0 以上时进行发病调查，由于感病对照病情指数不可能刚好为 50.0，为此，采用校正系数 K 来进行校正，K 值的求法按式(3)计算：

$$K = \frac{50.00}{DI_{CK}} \qquad \cdots\cdots (3)$$

式中：

50.00——感病对照标准病情指数；

DI_{CK}——本次鉴定感病对照病情指数。

用 K 值与本次鉴定中被鉴定品种的病情指数相乘，求得被鉴定品种的相对病情指数(RDI)，RDI 按式(4)计算：

$$RDI = DI \times K \qquad \cdots\cdots (4)$$

式中：

DI——被鉴定品种病情指数；

K——校正系数。

以 K 值在 0.75～1.25(相当于病情指数 66.67～40.00)范围之间的鉴定结果为准确可靠。

同一供试品种应连续鉴定 2 年，以确保准确。

8 鉴定结果的评价

根据被鉴定品种的相对病情指数的大小评定品种的抗性级别，各级别评定标准如表 1。

表 1 棉花品种抗黄萎病性评定标准

级　别	抗性类型	英文缩写	相对病情指数标准
1	免疫	I	$RDI=0$
2	高抗	HR	$0<RDI\leqslant 10.0$
3	抗病	R	$10.0<RDI\leqslant 20.0$
4	耐病	T	$20.0<RDI\leqslant 35.0$
5	感病	S	$RDI>35.0$

附　录　A
（资料性附录）
棉花黄萎病病原

A.1　学名

大丽轮枝菌(*Verticillium dahliae* Kleb.)属真菌界(Fungi)，半知菌亚门(Deuteromycotina)，丝孢纲(Hyphomycetes)，丝孢目(Hyphomycetales)，淡色孢科(Moniliaceae)，轮枝孢属(*Verticillium*)，大丽轮枝菌(*Verticillium dahliae* Kleb.)。

A.2　培养特性和孢子形态

初生菌丝体无色，后变橄榄褐色，有分隔，直径 2 μm～4 μm。菌丝体常呈膨胀状，可单根或数根菌丝芽殖为微菌核。不同地区棉花黄萎病菌微菌核产生的数量、大小和形状有明显的差异。

分生孢子呈椭圆形，单细胞，大小为(4.0 μm～11.0 μm)×(1.7 μm～4.2 μm)，由分生孢子梗上的瓶梗末端逐个割裂。空气干燥时，孢子在瓶梗末端聚集成堆，空气湿润时，则形成孢子球。显微镜下制片观察时，孢子即散开，只留下梗端新生出的单个孢子。

分生孢子梗常由 2 个～4 个轮生瓶梗及上部的顶枝构成，基部略膨大、透明，每轮层有瓶梗 1 根～7 根，通常有 3 根～5 根，瓶梗长度为 13 μm～18 μm，轮层间的距离为 30 μm～38 μm，4 层的为 250 μm～300 μm。

附 录 B
（规范性附录）
鉴定结果原始记录表

表 B.1 棉花品种抗黄萎病性鉴定结果原始记录表

鉴定地点： 鉴定结果调查时间： 年 月 日

品种名称	总株数	0级病株数	1级病株数	2级病株数	3级病株数	4级病株数	发病率/%	病情指数	相对病情指数

检测人： 年 月 日 校核人： 年 月 日 审核人： 年 月 日

CS 17.220.20
N 23

GB

中华人民共和国国家标准

GB/T 22264.6—2009

安装式数字显示电测量仪表
第6部分:绝缘电阻表的特殊要求

Mounted digital display electric measuring instruments—
Part 6:Special requirements for insulation resistance meters

2009-11-15 发布　　　　2010-02-01 实施

中华人民共和国国家质量监督检验检疫总局
中国国家标准化管理委员会　发布

前言

GB/T 22264《安装式数字显示电测量仪表》由下列部分组成：

——第1部分：定义和通用要求；

——第2部分：电流表和电压表的特殊要求；

——第3部分：功率表和无功功率表的特殊要求；

——第4部分：频率表的特殊要求；

——第5部分：相位表和功率因数表的特殊要求；

——第6部分：绝缘电阻表的特殊要求；

——第7部分：多功能仪表的特殊要求；

——第8部分：推荐的试验方法。

本部分是GB/T 22264的第6部分。本部分与GB/T 22264.1《安装式数字显示电测量仪表　第1部分：定义和通用要求》结合使用。

本部分由中国机械工业联合会提出。

本部分由全国电工仪器仪表标准化技术委员会(SAC/TC 104)归口。

本部分起草单位：哈尔滨电工仪表研究所、浙江省计量科学研究院、上海康比利仪表有限公司、上海英孚特电子技术有限公司、湖北省电力试验研究院、浙江正泰仪器仪表有限责任公司、天正集团有限公司、上海四达电子仪表有限公司、上海安科瑞电气有限公司、上海市计量测试技术研究院、山东省计量科学研究院、华北电力科学研究院有限公司、江苏斯菲尔电气有限公司、德力西集团仪器仪表有限公司、深圳泰瑞捷电子有限公司、国家电工仪器仪表质量监督检验中心、乐清市胜利仪表有限公司、华东电力试验研究院有限公司、深圳中电电力技术有限公司、上海神宇高科技发展有限公司、上海华建电力设备有限公司、杭州利尔达电子有限公司、浙江东方机电有限公司、上海安标电子有限公司、上海纳宇电气有限公司、江苏银河电子有限公司。

本部分主要起草人：郑孟霞、刘复若、薛德晋、申莉、浦志勇、来磊、叶江雪、张绍衡、刘献成、周中、邵凤云、姚礼本、王贤平、芮梅、刘得新、章礼炎、吴道爱、张勤、臧景如、梁源、霍建华、叶大伟、郑长江、吴肇赟、王琦、卢有龙、赵焕翔、曾幼松、陈军方、钱金龙。

本部分是首次发布。

安装式数字显示电测量仪表
第6部分:绝缘电阻表的特殊要求

1 范围

GB/T 22264的本部分规定了安装式数字显示的绝缘电阻表的术语、产品分类、分级和符合性、技术要求、包装、贮存与运输、信息、通用标志和符号、接线端的标志和符号、检验规则。

本部分适用于安装式数字显示的绝缘电阻表,也适用于具有模拟/数字双显示的绝缘电阻表的数字显示部分。

本部分不适用于:

——只具有直接作用模拟指示的绝缘电阻表。

——便携式数字显示绝缘电阻表。

——另有国家标准(或行业标准)的特殊用途仪表。

2 规范性引用文件

下列文件中的条款通过GB/T 22264的本部分的引用而成为本部分的条款。凡是注日期的引用文件,其随后所有的修改单(不包括勘误的内容)或修订版均不适用于本部分,然而,鼓励根据本部分达成协议的各方研究是否可使用这些文件的最新版本。凡是不注日期的引用文件,其最新版本适用于本部分。

GB/T 22264.1—2008 安装式数字显示电测量仪表 第1部分:定义和通用要求

GB 50054—1995 低压配电设计规范

IEC 61326-2-2:2005 测量、控制和实验室用电气设备 电磁兼容性要求 第2-2部分:特殊要求 用于低压配电系统的移动式试验、测量和监测设备用试验配置、工作条件和性能

IEC 61326-2-4:2006 测量、控制和实验室用的电气设备 电磁兼容性要求 第2-4部分:特殊要求 IEC 61557-8的绝缘监测设备和IEC 61557-9的绝缘失效定位设备用试验配置、操作条件和性能

3 术语和定义

GB/T 22264.1—2008中确立的以及下列术语和定义适用于本部分。

3.1

数字显示绝缘电阻表 digital display insulation resistance meter

用于测量绝缘电阻的数字显示仪表。

3.2

测量端子 measuring terminal

绝缘电阻表用来连接被测对象的接线端子。

3.3

标称输出电压 nominal output voltage

绝缘电阻表以标称电流加载时测量端子上的最小输出电压。

3.4

标称电流 nominal current

在标称状态下绝缘电阻表的电流。

3.5

内阻抗 internal impedance

在标称频率下,绝缘电阻表测量端子之间的总阻抗。

3.6

内部直流电阻 internal d. c. resistance

在绝缘电阻表测量端子之间测得的直流电阻。

3.7

测量电流 measuring current

在系统和地之间能流过的最大电流,该电流由绝缘电阻表的内部直流电阻所限定。

3.8

开路电压 open-circuit voltage

绝缘电阻表不加负载时端子之间测得的电压。

4 产品分类、分级和符合性

4.1 分类

4.1.1 按 GB/T 22264.1—2008 的 4.1.4～4.1.7 的规定。

4.1.2 按使用场合分类

可分为 IT 系统使用的绝缘电阻表和非激励状态下其他系统使用的绝缘电阻表。

注:IT 系统是指:电源变压器中性点不接地(或通过高阻抗接地),而电气设备外壳采用保护接地的系统。见 GB 50054—1995 中术语。

4.2 分级

4.2.1 按 GB/T 22264.1—2008 的 4.2 的规定。

4.2.2 绝缘防护等级

除 IT 系统使用的绝缘电阻表外,绝缘电阻表应按双重绝缘或加强绝缘设计(Ⅱ级)。

4.2.3 过电压等级

绝缘电阻表的过电压等级至少应按Ⅲ级设计。

4.2.4 污染等级

4.2.4.1 非激励状态下其他系统使用的绝缘电阻表的污染等级至少应按Ⅱ级设计。

4.2.4.2 IT 系统使用的绝缘电阻表的污染等级至少应按Ⅲ级设计。

4.2.5 测量等级

4.2.5.1 非激励状态下其他系统使用的绝缘电阻表的测量等级至少应按Ⅱ级设计。

4.2.5.2 IT 系统使用的绝缘电阻表的测量等级至少应按Ⅲ级设计。

4.3 与本部分要求的符合性

按 GB/T 22264.1—2008 的规定。

5 参比条件和基本误差

5.1 参比条件

按 GB/T 22264.1—2008 中表 2 的规定。

5.2 基本误差

按 GB/T 22264.1—2008 的规定。

5.3 被测量的满度值

绝缘电阻表的满度值为量程内的最大可能显示值。

5.4 准确度等级指数

推荐的准确度等级指数:0.2,0.5,1,2, 5,10,20,30。

6 标称使用范围和改变量

6.1 标称使用范围

按 GB/T 22264.1—2008 中表 3 的规定。

GB/T 22264.1—2008 表 3 中有关被测量的纹波、畸变、峰值因数和频率的要求不适用于绝缘电阻表。

6.2 改变量极限

按 GB/T 22264.1—2008 的规定。

6.3 确定改变量的条件

按 GB/T 22264.1—2008 的规定。

7 要求

7.1 安全要求

按 GB/T 22264.1—2008 的规定。

7.2 电气要求

7.2.1 自热影响

不考虑。

7.2.2 温升影响

不考虑。

7.2.3 功率消耗

按 GB/T 22264.1—2008 的规定。

7.2.4 显示

按 GB/T 22264.1—2008 的规定。

7.2.5 输出接口

按 GB/T 22264.1—2008 的规定。

7.2.6 允许过负载

当绝缘电阻表测量端子上偶然施加一个持续时间为 10 s，外部直流电压或交流电压的有效值(r.m.s)量值达 120%(以下)的最高标称输出电压时，绝缘电阻表不应被损坏，使用者也不应有危险。

7.2.7 响应时间

按 GB/T 22264.1—2008 的规定。

7.2.8 串模干扰抑制能力

考虑中。

7.3 准确度性能要求

7.3.1 按 GB/T 22264.1—2008 的 7.3 的规定。

7.3.2 开路电压

绝缘电阻表的开路电压不应超过标称输出电压的 1.25 倍。

7.3.3 标称电流

绝缘电阻表的标称电流至少应为 1 mA。

7.3.4 测量电流

绝缘电阻表的测量电流的峰值不应超过 10 mA，任何出现的交流分量不应超过 1.5 mA 峰值。

7.3.5 绝缘电阻表的输出电压应为直流电压；当一个被测绝缘电阻与一个 2 μF 电容并联时，输出电压可能出现交流电压分量，在一个量值为 $U_N \times (1\,000\ \Omega/V)$ 的电阻两端的标称输出电压的指示值与相应的标志值之差不应大于 10%。

7.3.6 IT系统使用的绝缘电阻表的内阻抗不应小于30 Ω/V，在标称输出电压下，至少不应小于15 kΩ。

7.3.7 IT系统使用的绝缘电阻表的内部直流电阻不应小于30 Ω/V，在标称输出电压下，至少应为1.8 kΩ。

7.4 电磁兼容性

7.4.1 非激励状态下其他系统使用的绝缘电阻表的电磁兼容性按IEC 61326-2-2:2005的规定。

7.4.2 IT系统使用的绝缘电阻表的电磁兼容性按IEC 61326-2-4:2006的规定。

7.5 机械要求

按GB/T 22264.1—2008的规定。

7.6 气候影响试验

按GB/T 22264.1—2008的规定。

7.7 平均寿命

按GB/T 22264.1—2008的规定。

8 包装、贮存与运输

按GB/T 22264.1—2008的规定。

9 信息、通用标志和符号

按GB/T 22264.1—2008的规定。

10 接线端的标志和符号

10.1 对标志的要求

10.1.1 按GB/T 22264.1—2008的10.1的规定。

10.1.2 绝缘电阻表应在其明显位置处标注：标称输出电压、标称电流、内阻抗、内部直流电阻、开路电压之值以及使用场合。

10.2 接地端

按GB/T 22264.1—2008的规定。

10.3 测量线路的接线端

按GB/T 22264.1—2008的规定。

10.4 接线端的特殊标志

所有接线端应唯一确认。

仪表上的接线端的标志应和接线图上的标志一致。

接线图上应标明仪表元件与外部线路的相互连接。

11 检验规则

按GB/T 22264.1—2008的规定。

S 17.220.20
23

中华人民共和国国家标准

GB/T 22264.8—2009

安装式数字显示电测量仪表 第8部分：推荐的试验方法

Mounted digital display electric measuring instruments—
Part 8: Recommended test methods

2009-11-15 发布

2010-02-01 实施

中华人民共和国国家质量监督检验检疫总局
中国国家标准化管理委员会 发布

前 言

GB/T 22264《安装式数字显示电测量仪表》由下列部分组成：

——第1部分：定义和通用要求；

——第2部分：电流表和电压表的特殊要求；

——第3部分：功率表和无功功率表的特殊要求；

——第4部分：频率表的特殊要求；

——第5部分：相位表和功率因数表的特殊要求；

——第6部分：绝缘电阻表的特殊要求；

——第7部分：多功能仪表的特殊要求；

——第8部分：推荐的试验方法。

本部分是GB/T 22264的第8部分。本部分与GB/T 22264.1～22264.7各部分结合使用。

本部分由中国机械工业联合会提出。

本部分由全国电工仪器仪表标准化技术委员会(SAC/TC 104)归口。

本部分起草单位：国家电工仪器仪表质量监督检验中心、上海英孚特电子技术有限公司、浙江正泰仪器仪表有限责任公司、湖北省电力试验研究院、上海市计量测试技术研究院、天正集团有限公司、上海四达电子仪表有限公司、哈尔滨电工仪表研究所、浙江省计量科学研究院、苏州横河电表有限公司、上海安科瑞电气有限公司、山东省计量科学研究院、华北电力科学研究院有限公司、江苏斯菲尔电气有限公司、德力西集团仪器仪表有限公司、深圳泰瑞捷电子有限公司、乐清市胜利仪表有限公司、华东电力试验研究院有限公司、上海康比利仪表有限公司、杭州利尔达科技有限公司、深圳中电电力技术有限公司、上海神宇高科技发展有限公司、上海华建电力设备有限公司、上海安标电子有限公司、浙江东方机电有限公司、上海纳宇电气有限公司、江苏银河电子有限公司。

本部分主要起草人：邵凤云、申莉、来磊、薛德晋、浦志勇、刘复若、郑孟霞、聂铁彬、张勤、臧景茹、叶江雪、卢有龙、张绍衡、高永明、周中、刘献成、姚礼本、王贤平、芮梅、刘得新、章礼炎、吴道爱、梁源、霍建华、叶大伟、郑长江、吴肇赟、王琦、赵焕翔、曾幼松、陈军方、钱金龙。

本部分为首次发布。

安装式数字显示电测量仪表
第 8 部分：推荐的试验方法

1 范围

GB/T 22264 的本部分规定了安装式数字显示电测量仪表的通用试验条件、基本误差、改变量、电气要求、机械要求、气候影响、电气安全要求、电磁兼容、平均寿命的试验方法。

本部分适用于以下具有数字显示的测量电参量的安装式电测量仪表：

——电流表和电压表；

——功率表和无功功率表；

——相位表和功率因数表；

——绝缘电阻表；

——频率表。

以及上述形式的任意组合的多功能仪表，也适用于具有模拟/数字双显示的电测量仪表的数字显示部分。

本部分不适用于：

——只具有直接作用模拟指示的电测量仪表。

——便携式数字显示电测量仪表。

——另有国家标准（或行业标准）的特殊用途仪表。

2 规范性引用文件

下列文件中的条款通过 GB/T 22264 的本部分的引用而成为本部分的条款。凡是注日期的引用文件，其随后所有的修改单（不包括勘误的内容）或修订版均不适用于本部分，然而，鼓励根据本部分达成协议的各方研究是否可使用这些文件的最新版本。凡是不注日期的引用文件，其最新版本适用于本部分。

GB/T 2423.1—2008 电工电子产品环境试验 第 2 部分：试验方法 试验 A：低温（IEC 60068-2-1：2007，IDT）

GB/T 2423.2—2008 电工电子产品环境试验 第 2 部分：试验方法 试验 B：高温（IEC 60068-2-2：2007，IDT）

GB/T 2423.4—2008 电工电子产品环境试验 第 2 部分：试验方法 试验 Db：交变湿热（12 h+12 h 循环）（IEC 60068-2-30：2005，IDT）

GB/T 2423.5—1995 电工电子产品环境试验 第 2 部分：试验方法 试验 Ea 和导则：冲击（idt IEC 60068-2-27：1987）

GB/T 2423.10—2008 电工电子产品环境试验 第 2 部分：试验方法 试验 Fc 和导则：振动（正弦）（IEC 60068-2-6：1995，IDT）

GB/T 2423.37—2006 电工电子产品环境试验 第 2 部分：试验方法 试验 L：沙尘试验（IEC 60068-2-68：1994，IDT）

GB/T 2423.38—2008 电工电子产品环境试验 第 2 部分：试验方法 试验 R：水试验方法和导则（IEC 60068-2-18：2000，IDT）

GB 4208—2008 外壳防护等级（IP 代码）（IEC 60529：2001，IDT）

GB 4793.1—2007 测量、控制和试验室用电气设备的安全要求 第1部分:通用要求(IEC 61010-1:2001,IDT)

GB/T 5169.10—2006 电工电子产品着火危险试验 第10部分:灼热丝/热丝基本试验方法 灼热丝装置和通用试验方法(IEC 60695-2-10:2000,IDT)

GB 9254—2008 信息技术设备的无线电骚扰限值和测量方法(CISPR 22:2006,IDT)

GB/T 17626.2—2006 电磁兼容 试验和测量技术 静电放电抗扰度试验(IEC 61000-4-2:2001,IDT)

GB/T 17626.3—2006 电磁兼容 试验和测量技术 射频电磁场辐射抗扰度试验(IEC 61000-4-3:2002,IDT)

GB/T 17626.4—2008 电磁兼容 试验和测量技术 电快速瞬变脉冲群抗扰度试验(IEC 61000-4-4:2004,IDT)

GB/T 17626.5—2008 电磁兼容 试验和测量技术 浪涌(冲击)抗扰度试验(IEC 61000-4-5:2004,IDT)

GB/T 17626.6—2008 电磁兼容 试验和测量技术 射频场感应的传导骚扰抗扰度(IEC 61000-4-6:2004,IDT)

GB/T 17626.11—2008 电磁兼容 试验和测量技术 电压暂降、短时中断和电压变化的抗扰度试验(IEC 61000-4-11:2004,IDT)

GB/T 17626.12—1998 电磁兼容 试验和测量技术 振荡波抗扰度试验(idt IEC 61000-4-12:1995)

GB/T 22264.1—2008 安装式数字显示电测量仪表 第1部分:定义和通用要求

GB/T 22264.2—2008 安装式数字显示电测量仪表 第2部分:电流表和电压表的特殊要求

GB/T 22264.3—2008 安装式数字显示电测量仪表 第3部分:功率表和无功功率表的特殊要求

GB/T 22264.4—2008 安装式数字显示电测量仪表 第4部分:频率表的特殊要求

GB/T 22264.5—2008 安装式数字显示电测量仪表 第5部分:相位表和功率因数表的特殊要求

GB/T 22264.6—2009 安装式数字显示电测量仪表 第6部分:绝缘电阻表的特殊要求

GB/T 22264.7—2008 安装式数字显示电测量仪表 第7部分:多功能仪表的特殊要求

JB/T 6214—1992 仪器仪表可靠性验证试验及测定试验(指数分布) 导则

IEC 61326-2-2:2005 测量、控制和实验室用电气设备 电磁兼容性要求 第2-2部分:特殊要求 用于低压配电系统的移动式试验、测量和监测设备用试验配置、工作条件和性能

IEC 61326-2-4:2006 测量、控制和实验室用电气设备 电磁兼容性要求 第2-4部分:特殊要求 IEC 61557-8的绝缘监测设备和IEC 61557-9的绝缘失效定位设备用试验配置、操作条件和性能

IEC 61557-8:2007 交流1 000 V和直流1 500 V以下低压配电系统的电气安全 防护措施的试验、测量或监控设备 第8部分:IT系统的绝缘监测装置

3 通用试验条件

3.1 参比条件

参比条件应按GB/T 22264.1～GB/T 22264.7的5.1规定执行,如果规定了一个参比范围,试验则应在此参比范围的2个限值上进行。

3.2 热稳定

所有仪表应在参比温度下保持足够的时间,以消除温度梯度。

如需预热,则应在制造厂规定的时间内通电预热。

注:如无规定,预热时间通常为2 h。

3.3 预处理

若制造厂有要求，则按 GB/T 22264.1—2008 中 6.3.1 的要求进行预处理。

3.4 试验装置误差

进行所有试验时，标准装置的基本误差要求不大于被试表等级指数的$\frac{1}{4}$～$\frac{1}{10}$，极力推荐标准装置的基本误差不大于被试表等级指数的$\frac{1}{10}$。

做改变量试验时，对标准装置应避免施加影响量，当标准表与被试表施加相同的影响量时，应保证标准表的变化不大于被试表的允许改变量的$\frac{1}{4}$。

3.5 多相试验

多相仪表连接到电压、电流及相位角可控的适当的多相源上进行试验。

如果制造厂允许，多相仪表也可采用单相法试验。

3.6 多测量范围及多功能仪表

所有测量范围和所有功能应分别进行试验，能在多种工作电源电压下使用的仪表应在每种电源连接下分别进行试验。

3.7 试验导线

如果制造厂有规定的试验导线，则应使用这些导线进行试验，否则试验中所用导线的尺寸和位置不得影响试验结果。

4 基本误差试验

4.1 试验点的选择

4.1.1 首先选择基本量程，对于多测量范围的仪表，一般选择准确度等级最高的量程作为基本量程，其他量程为非基本量程。

4.1.2 对基本量程近似等分的 5 个点(一般包括测量范围上限和下限在内)、非基本量程近似等分的 3 个点(一般包括测量范围上限和下限在内)进行基本误差试验。

4.1.3 交流仪表应在额定频率或者额定频率范围内的频率上限和下限分别进行 4.1.2 的基本误差试验。

4.2 试验程序

4.2.1 电流表、电压表

增大电流或者电压，顺序达到所选择的试验点的激励值，记录激励值 B_B，同时记录被测仪表显示值 B_X。

4.2.2 功率表

电压线路施加额定电压，在功率因数分别为 1.0 和 0.5(L)的情况下进行基本误差试验。

增大电流，顺序达到所选择的试验点的激励值，记录激励值 B_B，同时记录被测仪表显示值 B_X。

4.2.3 频率表

在测量范围下限频率，施加额定电压，或参比范围限值之一的电压值。

增大频率，顺序达到所选择的试验点的激励值，记录激励值 B_B，同时记录被测仪表显示值 B_X。

4.2.4 相位表和功率因数表

电压线路施加额定电压或参比范围限值之一的电压值；电流线路施加额定电流的 40%～100%之间的任意电流值。

增大相角或功率因数，顺序达到所选择的试验点的激励值，记录激励值 B_B，同时记录被测仪表显示值 B_X。

4.2.5 绝缘电阻表的示值误差

把一个阻值可调的高压高阻标准电阻器接入绝缘电阻表的测量线路，调节电阻器的阻值，顺序达到所选择的试验点的激励值(要求对有效测量范围内的包括最大、最小指示值和中心指示值的5点进行试验)，记录激励值 B_B，同时记录被测仪表显示值 B_X。

4.3 计算误差

对每一测试点的基本误差用下述公式进行计算：

$$B_X - B_B$$

注：功率因数表需要把功率因数转换为电角度后计算误差。

5 改变量试验

5.1 试验点的选择

改变量试验在基本量程进行。如果试验方法中没有特别说明，则对基本量程的3～5个点(一般包括测量范围上限和下限在内)进行改变量试验。

5.2 环境温度引起的改变量

5.2.1 试验程序

5.2.1.1 将被测表置于参比条件下，直到其达到热稳定，顺序施加激励值，记录被测表的显示值 B_R。

5.2.1.2 将被测表置于温度箱内并将温度设置为标称使用范围的上限值，直到其达到设置值并保持2 h，顺序施加5.2.1.1的激励值，记录被测表的显示值 B_X。

5.2.1.3 将被测表置于参比条件下，直到其达到热稳定，顺序施加5.2.1.1的激励值，记录被测表的显示值 B_T。

5.2.1.4 将被测表置于温度箱内并将温度设置为标称使用范围的下限值，直到其达到设置值并保持2 h，顺序施加5.2.1.1的激励值，记录被测表的显示值 B_Y。

5.2.2 计算改变量

上限温度改变量用下式计算：

$$B_X - B_R$$

下限温度改变量用下式计算：

$$B_Y - B_T$$

5.3 环境湿度引起的改变量

5.3.1 试验程序

5.3.1.1 将被测表置于湿度试验箱中并将湿度设置为参比值，当湿度箱的湿度达到设置值并保持24 h后，施加满量程值，记录被测表的显示值 B_R。

5.3.1.2 将被测表置于湿度试验箱中并将湿度设置为25%，当湿度箱的湿度达到设置值并保持至少48 h后，施加5.3.1.1的激励值，记录被测表的显示值 B_X。

5.3.1.3 将被测表置于湿度试验箱中并将湿度设置为参比值，当湿度箱的湿度达到设置值并保持24 h后，施加5.3.1.1的激励值，记录被测表的显示值 B_T。

5.3.1.4 将被测表置于湿度试验箱中并将湿度设置为93%，当湿度箱的湿度达到设置值并保持至少48 h后，施加5.3.1.1的激励值，记录被测表的显示值 B_Y。

5.3.2 计算改变量

上限湿度改变量用下式计算：

$$B_X - B_R$$

下限湿度改变量用下式计算：

$$B_Y - B_T$$

5.4 外磁场引起的改变量

5.4.1 试验程序

5.4.1.1 将被测表置于参比条件下，顺序施加激励值，记录被测表的显示值 B_R。

5.4.1.2 在其他影响量为参比条件下，将被测表置于一个平均直径为 1 m，矩形截面积的径向厚度远小于直径的线圈的中心处，对被测表施加一定的激励并保持不变，在线圈中通以与测量量相同频率的电流，产生 0.4 kA/m 的磁场，改变磁场的方向和相位，寻找最不利的磁场方向和相位并保持不变，然后对被测表施加与 5.4.1.1 相同的激励，读取并记录被测表的相应读数值 B_X。

外形尺寸超过 250 mm 的被测表，应在平均直径不小于仪表最大尺寸 4 倍的线圈中试验。所用电流应能在线圈中心产生上述规定值的磁场。

注 1：功率表和无功功率表在电压线路中施加额定电压，在参比功率因数下改变电流，测量误差。

注 2：相位表和功率因数表在电压线路中施加额定电压，在 40%～60%额定电流的任一电流下，改变相角或功率因数，测量误差。

注 3：经制造厂和用户协商，能产生足够均匀磁场的其他装置也允许使用。

注 4：标以符号 F-30 的仪表，试验用外磁场值以标志值代替本试验方法中所规定的 0.4 kA/m。

5.4.2 计算改变量

应按下式计算：

$$B_X - B_R$$

5.5 直流被测量中纹波引起的改变量

5.5.1 试验程序

5.5.1.1 将被测表置于参比条件下，顺序施加激励值，记录被测表的显示值 B_R。

5.5.1.2 保持直流激励值恒定，叠加等于标志值或 20%直流激励值的 45 Hz 纹波电压或电流，缓慢增加频率到 65 Hz，找出产生显示值最大变化的频率。然后对被测表施加与 5.5.1.1 相同的激励，记录被测表的显示值 B_X。

5.5.1.3 纹波频率为 90 Hz～130 Hz 时，重复程序 5.5.1.2，以同样的方法记录被测表的显示值 B_Y。

5.5.2 计算改变量

应按下式计算：

$$B_X - B_R \quad \text{或} \quad B_Y - B_T$$

如果在两种频率下纹波所引起的改变量的绝对值不相同，应以带有相应符号的较大的绝对值作为纹波改变量值。

5.6 交流被测量波形畸变及峰值因数引起的改变量

5.6.1 交流被测量波形崎变引起的改变量试验程序

5.6.1.1 将被测表置于参比条件下，顺序施加正弦激励值，记录被测表的显示值 B_R。

5.6.1.2 在基波上叠加相当于基波值 20%的三次谐波，改变基波与三次谐波之间的相位差，使被测表受到最大的影响，保持此相位差不变，调节畸变波形的幅度，使标准表显示的激励值与 5.6.1.1 相同，记录被测表的显示值 B_X。

注 1：对于频率表，在电压线路上施加谐波。

注 2：对于功率表、无功功率表、相位表和功率因数表，只对电流线路进行试验。

5.6.1.3 计算改变量

应按下式计算：

$$B_X - B_R$$

5.6.2 交流被测量峰值因数引起的改变量试验程序

5.6.2.1 将被测表置于参比条件下，顺序施加正弦激励值，记录被测表的显示值 B_R。

5.6.2.2 采用波形发生器产生峰值因数为 1～3 的畸变波，调节峰值因数，分别达到 1、2 和 3，调节波形的幅度，使标准表显示的激励值与 5.6.2.1 相同，记录被测表的显示值 B_X。

5.6.2.3 计算改变量

应按下式计算：

$$B_X - B_R$$

5.7 交流被测量频率引起的改变量(不包括频率表)

5.7.1 对电流表、电压表、相位表和功率因数表的试验程序

5.7.1.1 将被测表置于参比条件下，顺序施加参比频率的激励值，记录被测表的显示值 B_R。

5.7.1.2 在各有关部分所示的频率范围内改变激励频率，在每一频率偏移值上，对被测表施加与 5.7.1.1 相同的激励，记录被测表的显示值 B_X。

5.7.2 对功率表的试验程序

5.7.2.1 分别在功率因数为 1.0、0.5L 和 0.5C 时进行程序 5.7.1.1 和 5.7.1.2 的试验。

5.7.2.2 将被测表置于参比条件下，施加参比频率的激励值，记录被测表的显示值 B_R。

5.7.2.3 在 GB/T 22264.3 规定的频率范围内同时改变电压和电流的激励频率，在每一频率偏移值上，对被测表施加与 5.7.2.2 相同的激励，记录被测表的显示值 B_X。

5.7.3 计算改变量

应按下式计算：

$$B_X - B_R$$

如果在每种频率下所引起的改变量的绝对值不相同，应以带有相应符号的较大的绝对值作为频率影响改变量值。

5.8 辅助电源电压(或电池电压)引起的改变量

5.8.1 试验程序

5.8.1.1 将被测表置于参比条件下，连接一台可调节电源代替辅助电源(或电池)，将电源电压调节至辅助电源(或电池)的参比电压。如仪表制造厂规定了电池的最大内阻，应将一电阻器与电源串联，使电源电阻增至规定值。

5.8.1.2 顺序施加激励值，记录被测表的显示值 B_R。

5.8.1.3 调节电源电压使其达到辅助电源(或电池)电压的下限，然后对被测表施加与 5.8.1.2 相同的激励，记录被测表的显示值 B_X。

5.8.1.4 调节电源电压使其达到辅助电源(或电池)电压的上限，然后对被测表施加与 5.8.1.2 相同的激励，记录被测表的显示值 B_Y。

5.8.2 计算改变量

应按下式计算：

$$B_X - B_R \quad 或 \quad B_Y - B_R$$

如果在每种电源电压下所引起的改变量的绝对值不相同，应以带有相应符号的较大的绝对值作为电源电压影响改变量值。

5.9 辅助电源频率引起的改变量

5.9.1 试验程序

5.9.1.1 将被测表置于参比条件下，连接一可调节电源代替辅助电源，将电源电压调节至辅助电源的参比电压，电源频率调节至辅助电源的参比频率。

5.9.1.2 顺序施加激励值，记录被测表的显示值 B_R。

5.9.1.3 调节电源频率使其达到辅助电源频率的下限，然后对被测表施加与 5.9.1.2 相同的激励，记录被测表的显示值 B_X。

5.9.1.4 调节电源频率使其达到辅助电源频率的上限，然后对被测表施加与 5.9.1.2 相同的激励，记录被测表的显示值 B_Y。

5.9.2 计算改变量

应按下式计算：

$$B_X - B_R \quad 或 \quad B_Y - B_R$$

如果在每种电源频率下所引起的改变量的绝对值不相同，应以带有相应符号的较大的绝对值作为电源频率影响改变量值。

5.10 外部恒定磁感应

5.10.1 试验程序

5.10.1.1 将被测表置于参比条件下，然后按基本误差试验的规定顺序施加激励值，记录被测表的显示值 B_R。

5.10.1.2 保持 5.10.1.1 的激励值不变，用直流电磁铁(见附录 A)直接与正常使用时被测表的所有可触及表面接触，观察被试表的显示值，记录被试表产生最大改变的显示值 B_X。

5.10.2 计算改变量

应按下式计算：

$$B_X - B_R$$

5.11 被测量的电压分量引起的改变量

5.11.1 频率表的试验程序

5.11.1.1 将被测表置于参比条件下，在参比电压下调节频率至 80% 满量程，记录被测表的显示值 B_R。

5.11.1.2 调节电压至其标称使用范围的下限，然后调节频率至 80% 满量程，记录被测表的显示值 B_X。

5.11.1.3 调节电压至其标称使用范围的上限，然后调节频率至 80% 满量程，记录被测表的显示值 B_Y。

5.11.2 相位表的试验程序(适用于至少有 1 路电压的相位表)

5.11.2.1 将被测表置于参比条件下，对测量线路之一按其额定值通电。

5.11.2.2 对另一测量线路按其额定电压通电，调节相位至 80% 满量程，记录被测表的显示值 B_R。

5.11.2.3 减小程序 5.11.2.2 中的电压至其标称使用范围的下限，然后调节相位至 80% 满量程，记录被测表的显示值 B_X。

5.11.2.4 增大程序 5.11.2.2 中的电压至其标称使用范围的上限，然后调节相位至 80% 满量程，记录被测表的显示值 B_Y。

5.11.2.5 如果相位表的两组输入都是电压输入，则将两组测量线路互换，重复程序 5.11.2.3 和 5.11.2.4。

5.11.3 功率因数表的试验程序

5.11.3.1 将被测表置于参比条件下，在额定电流和参比电压下，调节功率因数至 0.5 L，记录被测表的显示值 B_R。

5.11.3.2 维持电流不变，减小所施加的电压至其标称使用范围的下限，然后调节功率因数至 0.5 L，记录被测表的显示值 B_X。

5.11.3.3 维持电流不变，增大所施加的电压至其标称使用范围的上限，然后调节功率因数至 0.5 L，记录被测表的显示值 B_Y。

注：上述各条中的 B_R、B_X、B_Y 均应换算成电角度。

5.11.4 计算改变量

应按下式计算：

$$B_X - B_R \quad 或 \quad B_Y - B_R$$

如果在每种电压下所引起的改变量的绝对值不相同，应以带有相应符号的较大的绝对值作为电压分量影响改变量值。

5.12 被测量的电流分量引起的改变量

5.12.1 相位表的试验程序

5.12.1.1 将被测表置于参比条件下，对测量线路之一按其额定电压或电流通电。

5.12.1.2 对另一测量线路也按其额定电流通电，调节相位至80%满量程，记录被测表的显示值 B_R。

5.12.1.3 减小程序5.12.1.2中的电流至其标称使用范围的下限，然后调节相位至80%满量程，记录被测表的显示值 B_X。

5.12.1.4 增大程序5.12.1.2中的电流至其标称使用范围的上限，然后调节相位至80%满量程，记录被测表的显示值 B_Y。

5.12.1.5 如果相位表的2组输入都是电流输入，则将2组测量线路互换，重复程序5.12.1.3和5.12.1.4。

5.12.2 功率因数表的试验程序

5.12.2.1 参比条件下，电压电路施加额定电压，电流电路通以额定电流，调节功率因数为0.5 L，记录被测表的显示值 B_R。

5.12.2.2 维持电压不变，减小所施加的电流至其标称使用范围的下限，然后调节功率因数为0.5 L，记录被测表的显示值 B_X。

5.12.2.3 维持电压不变，增大所施加的电流至其标称使用范围的上限，然后调节功率因数为0.5 L，记录被测表的显示值 B_Y。

5.12.3 计算改变量

将测得的读数值换算成电角度，然后按下式进行计算：

$$B_X - B_R \quad 或 \quad B_Y - B_R$$

如果在每种电流下所引起的改变量的绝对值不相同，应以带有相应符号的较大的绝对值作为电流分量影响改变量值。

5.13 功率因数引起的改变量(适用于功率表和无功功率表)

5.13.1 试验程序

5.13.1.1 在试验线路中连接一台功率因数误差可忽略的标准功率表。

5.13.1.2 将被测表置于参比条件下，在参比电压和功率因数为1.0时施加适当的电流，使产生50%的满量程值，记录被测表的显示值 B_R。

5.13.1.3 保持5.13.1.2相同的条件，调节功率因数为0.5 L(或为制造厂指定值)，记录被测表的显示值 B_X。

5.13.1.4 保持5.13.1.2相同的条件，调节功率因数为0.5 C(或为制造厂指定值)，记录被测表的显示值 B_Y。

5.13.1.5 如果有特殊要求，在功率因数为0(滞后和超前)时，保持5.13.1.2相同的条件，读取被测表上的显示值即为改变量。

5.13.2 计算改变量

应按下式计算：

$$B_X - \frac{1}{2}B_R \quad 或 \quad B_Y - \frac{1}{2}B_R$$

如果在每种功率因数下所引起的改变量的绝对值不相同，应以带有相应符号的较大的绝对值作为功率因数影响改变量值。

5.14 相平衡引起的改变量

5.14.1 多相功率表和无功功率表的试验程序

5.14.1.1 在参比频率下，施加额定对称电压，各相同时施加相同的适当的电流，在功率因数为1.0时，产生被测表50%满量程激励值（对于二元件仪表），（对于$2\frac{1}{2}$及三元件仪表要求产生$\frac{2}{3}$满量程激励值），记录被测表的显示值B_R。

5.14.1.2 在保持5.14.1.1的其他条件不变的情况下，断开一相电流线路，在其余电流线路中施加足够大的电流使标准表产生与程序5.14.1.1相同的功率值，记录被测表的显示值B_X。

5.14.1.3 在保持5.14.1.1的其他条件不变的情况下，依次断开其他每一个电流线路，重复程序5.14.1.2。

5.14.2 计算改变量

相平衡引起的误差的改变量，应取按下式计算所得出的最大值：

$$B_X - B_R$$

5.15 多相仪表测量元件之间相互作用引起的改变量（适用于功率表和无功功率表）

5.15.1 适用范围

5.15.1.1 如果本条中的任一试验所需要的电流值超过被测仪表的最大允许值，应选择较低的激励初始值。

5.15.1.2 如果由于仪表结构的原因，不止一个测量元件使用一个给定的电流线路（例如$2\frac{1}{2}$元件的功率表），则不进行本试验。

5.15.1.3 从电压测量线路取得电源的仪表，本试验不适用。

5.15.2 试验程序

5.15.2.1 在参比频率下，施加额定对称电压，各相同时施加相同的适当的电流，在功率因数为1.0时，产生被测表50%满量程激励值，记录被测表的显示值B_R。

5.15.2.2 将被测表的一个电压线路开路，其他的电压线路施加额定电压和参比频率，调节每一相的电流（要求保持近似相等），使产生与5.15.2.1相同的激励值，记录被测表的显示值B_X。

5.15.2.3 顺序地断开其他电压线路，重复程序5.15.2.2。

5.15.2.4 将被测表的一个电流线路开路，电压线路施加额定电压和参比频率，调节其他相的电流（要求保持近似相等），使产生与5.15.2.1相同的激励值，记录被测表的显示值B_Y。

5.15.2.5 顺序地断开其他电流线路，重复程序5.15.2.4。

5.15.3 计算

在多相仪表中，由测量元件之间的相互作用而引起的误差的改变量应取按下式计算所得出的最大值：

$$B_X - B_R \quad 或 \quad B_Y - B_R$$

6 电气要求试验

6.1 自热

6.1.1 试验程序

6.1.1.1 将被测表不予通电，置于参比条件下至少4 h。

6.1.1.2 被测表按参比条件通电，并施加基本量程满度值的激励，记录至少1 min后3 min前被测仪表的显示值B_R。

6.1.1.3 保持激励值不变连续通电，在至少30 min后35 min前，记录被测仪表的显示值B_X。

注：如有疑问，通过制造厂和用户之间的协商，自热试验时间可以延长。

6.1.2 计算

由自热引起的误差的改变量计算如下：

$$B_X - B_R$$

6.2 允许过负载

6.2.1 连续过负载试验程序

6.2.1.1 按 GB/T 22264.1～GB/T 22264.7 各部分的规定对被测表施加连续过负载，所有影响量保持在参比条件，如与功率因数有关，功率因数应为 1 或标志值，施加时间 2 h（或按照制造厂规定时间）。对于绝缘电阻表在测量端子上施加一个外部直流电压或交流电压，有效值为 120％最高标称输出电压，施加时间为 10 s。

6.2.1.2 过载后，只给被测表的辅助电源施加额定值，待温度恢复至环境温度的参比值后（恢复时间 2 h 或按 GB/T 22264.1～GB/T 22264.7 各部分的规定及产品说明书），在不同量程测量满度值的基本误差是否满足各部分对等级指数的要求。

6.2.2 短时过负载试验程序

6.2.2.1 按 GB/T 22264.1～GB/T 22264.7 各部分的规定对被测表施加短时过负载，所有影响量保持在参比条件，如与功率因数有关，功率因数应为标称值，施加时间按 GB/T 22264.1～GB/T 22264.7 各部分的要求。

6.2.2.2 过载后，首先检查电流回路是否开路，然后只给被测表的辅助电源施加参比值，待温度恢复至环境温度的参比值后（恢复时间按 GB/T 22264.1～GB/T 22264.7 各部分规定或产品说明书），在不同量程测量满度值的基本误差是否满足各部分对等级指数的要求。

注 1：对频率表及 IT 系统中使用的绝缘电阻表，电压线路应承受过负载。

注 2：对功率表、无功功率表、相位表和功率因数表，电压线路和电流线路应分别承受过负载。在过负载时，其他线路通以额定电压或电流。

6.3 分辨力

6.3.1 选择最低量程测量仪表的最高分辨力。

6.3.2 在参比条件下，给被测表施加一定的激励，观察被测表的读数值直到其相对稳定，记录标准表的显示值 B_{E0}；改变激励值直到被测表产生明显的一个字的改变为止（观察到显示器的最末一位发生变化的临界状态时停止施加激励），记录标准表的显示值 B_{E1}，B_{E1} 与 B_{E0} 的差值即为被测仪表的分辨力。

6.4 响应时间

6.4.1 阶跃响应时间试验程序

6.4.1.1 参比条件下，对被测表施加 15％基本量程满度值的激励。

6.4.1.2 待被测表显示稳定后，在不大于 0.5 s 的时间内将激励值改变为 95％基本量程满度值。

6.4.1.3 记录被测仪表的显示从 15％满度值的稳定状态转化为 95％满度值的稳定状态所需的时间 t_1，即为上升过程的阶跃响应时间。

6.4.1.4 将激励降为零，重新对被测表施加 95％基本量程满度值的激励。

6.4.1.5 待被测表显示稳定后，在不大于 0.5 s 的时间将激励值改变为 15％基本量程满度值。

6.4.1.6 记录被测仪表的显示从 95％满度值的稳定状态转化为 15％满度值的稳定状态所需的时间 t_2，即为下降过程的阶跃响应时间。

6.4.2 极性响应时间试验程序（适用于具有自动极性切换的仪表）

6.4.2.1 参比条件下，对被测表施加＋5％基本量程满度值的激励。

6.4.2.2 待被测表显示稳定后，用 0.5 s 的时间将激励值改变为－5％基本量程满度值。

6.4.2.3 记录被测仪表的显示从＋5％满度值的稳定状态转化为－5％满度值的稳定状态所需的时间 t_3，即为极性响应时间。

6.5 稳定误差

6.5.1 短时稳定性误差试验程序

6.5.1.1 将被测表置于参比条件下，施加各量程 90%满度值的激励，记录被测表的显示值。

6.5.1.2 以后每隔 1 h 施加各量程 90%满度值的激励并记录被测表的显示值。

6.5.1.3 找出 24 h 内记录的被测表的显示值中的最大值 B_M 和最小值 B_N。

6.5.1.4 计算

被测表的短时稳定性误差计算如下：

$$B_M - B_N$$

6.5.2 长时稳定性误差试验程序

6.5.2.1 将被测表置于参比条件下，施加各量程 90%满度值的激励，记录被测表的显示值。

6.5.2.2 以后每隔 1 d 施加各量程 90%满度值的激励并记录被测表的显示值。

6.5.2.3 找出 90 d 内记录的被测表的显示值中的最大值 B_M 和最小值 B_N。

6.5.2.4 计算

被测表的长时稳定性误差计算如下：

$$B_M - B_N$$

注：稳定性误差试验要求输入信号稳定度优于被测表准确度 1/10 以上。

6.6 干扰抑制试验

6.6.1 串模干扰抑制试验程序

6.6.1.1 将被测表置于参比条件下，施加基本量程满度值的激励。

6.6.1.2 施加一个交流干扰电压并逐步增大（干扰电压的幅值和频率应满足相应部分的要求），使被测仪表有一个明显变化 ΔU，但不应超过被测表的允许电压值，记录此时所施加的交流电压值 U_S 测试线路见图 1 所示。

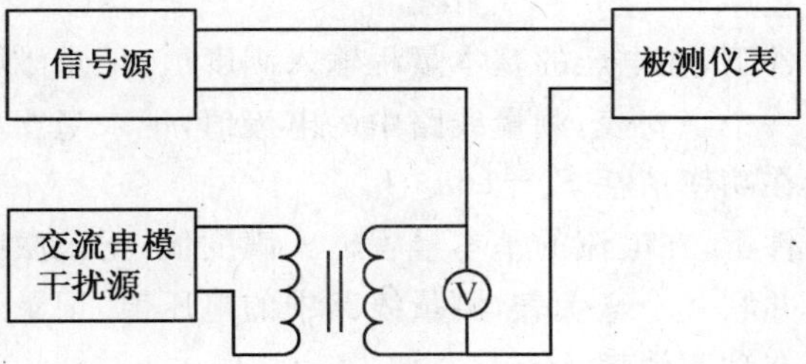

图 1 串模抗干扰能力试验线路图

6.6.1.3 计算串模干扰抑制比

应按下式计算：

$$SMRR = 20\lg \frac{U_S}{\Delta U}(\text{dB})$$

6.6.2 共模干扰抑制试验程序

6.6.2.1 将被测表置于参比条件下，施加基本量程$\frac{2}{3}$满度值的激励。

6.6.2.2 施加一个共模干扰电压并逐步增大（干扰电压的幅值和频率应满足相应部分的要求），使被试仪表有一个明显变化 ΔU，但不应超过被测表的允许电压值，记录此时所施加的交流电压值 U_C。测试线路如图 2、图 3 所示。

6.6.3 计算共模干扰抑制比

应按下式计算：

$$CMRR = 20\lg \frac{U_C}{\Delta U}(\text{dB})$$

注：如仪表对不平衡电阻没有规定，则选 R 为 1 kΩ，且 R 按照高端 H 和低端 D 各串入一次，取较小的 $CMRR$ 为测量结果。

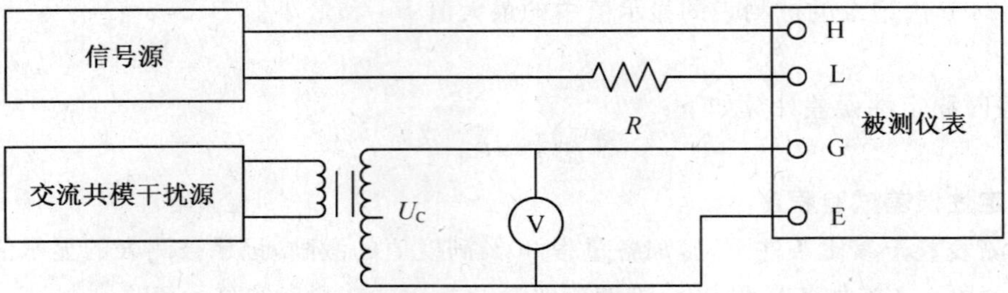

图 2 交流共模抗干扰能力试验线路图

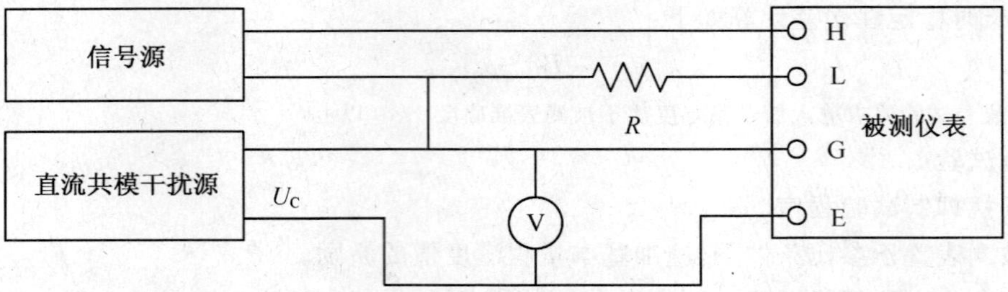

图 3 直流共模抗干扰能力试验线路图

6.7 功率消耗

6.7.1 视在功率消耗的试验程序

6.7.1.1 被测表置于参比条件下，在电压的基本量程输入满度值，记录激励值 U_U。

6.7.1.2 在电压线路中串联一个毫安表，测量线路中的电流值，记录毫安表示值 I_U。

6.7.1.3 计算电压线路的视在功率消耗 $S_U=U_U\times I_U$。

6.7.1.4 被测表置于参比条件下，在电流的基本量程输入满度值，记录激励值 I_I。

6.7.1.5 在电流输入端子间并联一个毫伏表，测量线路中的电压值，记录毫伏表示值 U_I。

6.7.1.6 计算电流线路的视在功率消耗 $S_I=U_I\times I_I$。

6.7.1.7 在其他各电压和电流量程重复上述试验。

6.7.2 有功功率消耗的试验程序

选用一只低功率因数瓦特表，测量电压量程的有功功率消耗，按图 4 接线。

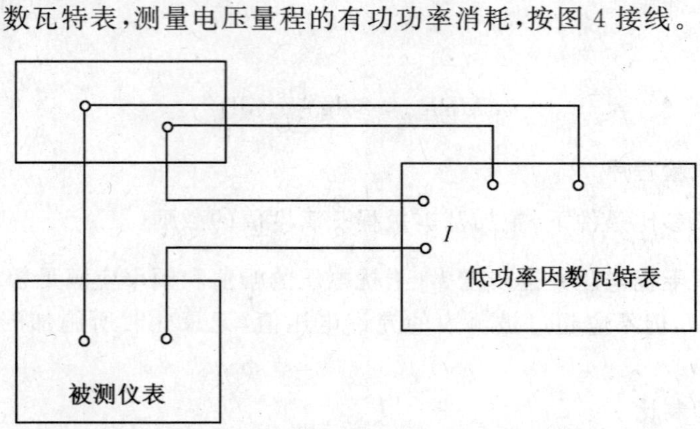

图 4 测量有功功率消耗线路图

6.8 温升

6.8.1 将被测表放置在温度箱中,要求箱内温度为 40 ℃,待达到热平衡后,测试被测表外表面不同位置的温度 t_0。

6.8.2 将被测表的电压线路(若有时)加 1.2 倍上限值电压,电流线路(若有时)加 1.1 倍额定电流,各种辅助线路施加规定的上限值,直到被测表达到热稳定后(至少 2 h),测试外表面不同位置的温度 t_1。

6.8.3 计算温度改变量 $\Delta t = t_1 - t_0$,选择温度变化最大的值作为温升的测试结果。

6.9 工作温度极限值

6.9.1 在被测表测量范围上限 80%处连续通电,并置于温度极限值上限±2 ℃的作用下,持续时间 16 h。

6.9.2 在被测表测量范围上限 80%处连续通电,并置于温度极限值下限±2 ℃的作用下,持续时间 8 h。

6.9.3 重复程序 6.9.1。

6.9.4 重复程序 6.9.2。

6.9.5 重复程序 6.9.1,完成 16 h 试验并维持在高温中时,立即缓慢地增大和减小激励值,检查被测表是否正常工作。

6.9.6 重复程序 6.9.2,完成 8 h 试验并维持在低温中时,立即缓慢地增大和减小激励值,检查被测表是否正常工作。

6.9.7 将被测表恢复到参比温度,并维持在此温度中至少 2 h,在基本量程进行基本误差试验。

6.10 重复性误差

6.10.1 对被测表进行预热和预处理,预热时间以说明书为准。

6.10.2 在参比条件、接线线路、输入量及试验人员都保持不变的条件下,连续测量 n 次基本量程的满度值,记录被测表显示值 $U_1 \cdots U_n$。(推荐试验次数为 5~10 次。)

6.10.3 计算重复性误差

应按下式计算:

$$S = \sqrt{\frac{\sum_{i=1}^{n}(U_i - \overline{U})^2}{n-1}}$$

式中:

$\overline{U}$——n 次测量显示值 $U_1 \cdots U_n$ 的平均值。

6.11 显示功能试验

目测检查被测表各量程的有效显示位数、各量程的最大显示值及极性的显示方式,多功能仪表还要检查有关存贮的内容及是否具有检验显示器所有数字和字符完整性的自检功能。

6.12 输出接口

对于数据输出接口,按制造厂说明检查输出数据的技术参数和输出端的负载能力。对于通信接口,按相关标准检查其通讯规约等技术指标。

6.13 绝缘电阻表的开路电压

开路电压采用满足精度等级要求的静电系电压表测量。

按图 5 接好测量线路,在开关 K 断开的状态下,电压表测得的电压值即为被测仪表的开路电压。

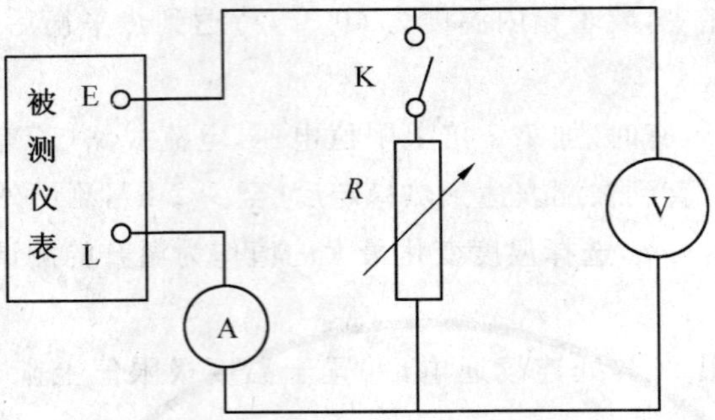

$R=U_N \times 1\ 000/V$

图 5 绝缘电阻表的开路电压及电流测量接线图

6.14 绝缘电阻表的标称电流

按图 5 接好测量线路，在合上开关 K 的状态下，电压表 V 设定为标称电压 U_N，电流表 A 的读数即为被测仪表的标称电流值 I_N。

6.15 绝缘电阻表的测量电流

按图 5 接好测量线路，在开关 K 断开的状态下，电压表 V 设定为标称电压 U_N，电流表 A 测得的直流电流读数即为被测仪表的测量电流峰值 I_M，电流表 A 测得的交流电流读数即为测量电流的交流分量 I_{AC}。

6.16 绝缘电阻表的输出电压

用图 6 所示的电路测量标称输出电压。其中电阻 $R=U_N \times 1\ 000/V$，$C=2\ \mu F$，电压表 V 中测得的直流电压即为输出电压 U_O。

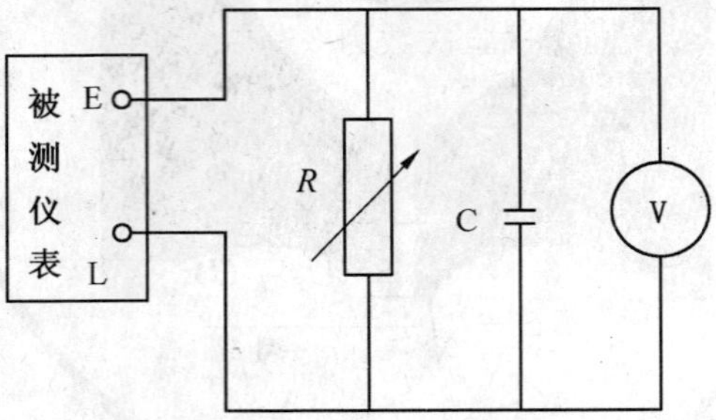

图 6 绝缘电阻表的输出电压测量接线图

6.17 IT 系统使用的绝缘电阻表的内阻抗和内部直流电阻

按 IEC 61557-8：2007 的规定。

试验可在有电源电压 U_v 或没有电源电压 U_v 的情况下完成，在相互连接的系统终端和接地终端之间应施加适当的测量电压。在参考条件下，测量装置的误差极限不得超过 5%。

6.17.1 内阻抗 Z_i

按照 GB/T 22264.6—2009 的要求测量内部阻抗 Z_i 时，电压源应等于额定的系统电压 U_n，频率应等于额定的系统频率，失真系数应小于 5%，内部电阻应小于 10 Ω。利用下面的公式根据合成电流的峰-峰值 I_{pp} 计算内部阻抗 Z_i：

$$Z_i = \frac{2 \times \sqrt{2} \times U_n}{I_{pp}}$$

6.17.2 **内部直流电阻 R_i**

按照 GB/T 22264.6—2009 的要求测量内部直流电阻 R_i 时，直流电压应与额定系统电压 U_n 为一个数量级，但不得超过最大允许外部直流电压。利用下面的公式根据合成电流 I，计算内部直流电阻 R_i：

$$R_i = \frac{U_n}{I}$$

7 机械要求

7.1 振动试验

7.1.1 仪表处于非工作状态下，无包装。

7.1.2 振动试验遵循 GB/T 2423.10—2008 的原则，并按以下具体规定：

——扫频范围：10 Hz～55 Hz～10 Hz；

——位移振幅：0.15 mm；

——扫频循环次数：5；

——扫频速率：1 oct/min。

振动方向为垂直，仪表按正常使用位置固定。

7.1.3 振动后，检查被测表是否有破裂、变形及内部各零部件是否松脱、损坏，并进行基本误差试验。

7.2 冲击试验

7.2.1 仪表处于非工作状态下，无包装。

7.2.2 冲击试验遵循 GB/T 2423.5—1995 的试验方法 Ea 的原则，并按以下具体规定：

——最大加速度：a) 147 m/s^2（相当 $15g_n$）；

b) 490 m/s^2（相当 $50g_n$）。

——在情况 a)时不需要注明最大加速度；在情况 b)时，制造厂应注明最大加速度 490 m/s^2。

——脉冲波形：半正弦波。

——冲击次数：3 个相互正交轴的两个方向各 3 次（共 18 次）。

——脉冲持续时间：11 ms。

仪表安装方式应使 3 个冲击轴之一与可动部分转轴平行。

7.2.3 冲击后，检查被测表是否有破裂、变形及内部各零部件是否松脱、损坏，并进行基本误差试验。

7.3 耐热和阻燃

7.3.1 耐热和阻燃试验遵循 GB/T 5169.10—2006 的原则，并按以下具体规定：

——进行灼热丝试验前应进行预处理。将仪表在 15 ℃～35 ℃的温度和相对湿度为 45%～75%的环境下放置 24 h。

——将仪表的任一位置与灼热丝接触，如果端子座与表底座为一整体，仅对整表进行试验是足够的。试验温度为端子座 960 ℃±15 ℃，表壳 650 ℃±10 ℃，作用时间为 30 s±1 s。

7.3.2 试验结果的评价

除非相关标准另有规定外，出现以下 2 种情况之一，就认为被测表的灼热丝试验合格：

a) 试验部位不产生火焰或烧红发光，下方铺垫的棉纸没有被点燃；

b) 灼热丝移开后 30 s 内被试部位的火焰熄灭。

7.4 防水试验程序

7.4.1 **防护等级**

按 GB 4208—2008 中 IPX2 的规定，即仪表倾斜时的垂直滴水试验，试验方法按 GB/T 2423.38—2008 的试验 Ra 的规定。当被测表在 15°范围内倾斜时，垂直滴水应无有害影响。

7.4.2 试验设备要求

7.4.2.1 IPX2 用滴水箱，滴水量为 $3^{+0.5}_{0}$ mm/min，能在样品前面板的整个面上产生均匀水流。内设支撑平台，平台轴线与试样轴线的距离(偏心距)大约为 100 mm。

7.4.2.2 样品的支撑物应为密封的，安装口的尺寸等于样品在正常使用时与墙的接触面积。

7.4.3 试验方法

试验前，先对仪表进行第 9 章规定的电气安全试验。

试验时被测表为非工作状态下(不包装，不通电)，挂在防水试验装置中的支撑物上(放在平台上)，被测表在 4 个倾斜的固定位置各试验 2.5 min，这 4 个位置在两个互相垂直的平面上与垂线各倾斜 15°，试验总持续时间 10 min。

7.4.4 最后检测

试验后，检查被测表是否可以正常工作，并进行第 9 章的电气安全试验，试验电压幅值应乘以系数 0.8。

试验的详细要求按 GB/T 2423.38—2008 的规定。

7.5 防尘试验程序

7.5.1 防护等级

按 GB 4208—2008 中的 IP5X 的规定，即不能完全防止尘埃进入，但是进入的灰尘量不得影响设备的正常运行，不得影响安全。试验方法按 GB/T 2423.37—2006 的方法 La 的规定。

7.5.2 沙尘的要求

能通过筛孔为 75 μm、金属丝直径为 50 μm 的方孔筛的干燥滑石粉。灰尘浓度 2 kg/m³。应保证试验用灰尘均匀缓慢降在试验样品上，但最大值不得超过 2 m/s。

7.5.3 试验箱内环境条件

箱内温度为 15 ℃～35 ℃，相对湿度 45%～75%。

7.5.4 试验方法

试验前，先对仪表进行第 9 章规定的电气安全试验。

被测表为非工作状态下(不包装，不通电)并接有一定长度的模拟电缆，挂在防尘试验装置中的模拟墙上，进行吹沙尘试验，试验进行 8 h。被测表体积总和不能超过试验箱的有效空间的 1/3，底面积不能超过有效水平面积的 1/2，试验样品之间及与试验箱内壁距离应不小于 100 mm。

7.5.5 最后检测

试验后，检查被测表是否可以正常工作，并进行第 9 章的电气安全试验，试验电压幅值应乘以系数 0.8。

试验的详细要求按 GB/T 2423.37—2006 的规定。

7.6 表壳

目测检查仪表的表壳与技术要求的符合性。

检查仪表的表壳上是否具有一个或多个封印，只有破坏封印才能打开表壳。

7.7 按键、按钮

手动、目测检查仪表的按键、按钮与技术要求的符合性。

7.8 可调整机构

手动、目测检查仪表的可调整机构与技术要求的符合性。

8 气候影响

8.1 高温试验程序

8.1.1 仪表包装

在包装条件下进行试验。

8.1.2 试验温度

试验温度为+70 ℃,允许偏差范围为±2 ℃。

8.1.3 试验时间

持续试验时间为 72 h(3 d)。

8.1.4 试验方法

被测表经外观检查及电气和机械性能检测合格后,放在温度箱内,包装状态下,从室温开始,给被测表加温至+70 ℃,在此温度保持 72 h 后,恢复至室温。

8.1.5 最后检测

试验后,被测表在室温中放置 24 h,然后进行基本误差试验。

8.1.6 过程说明

为了得到再现性,在整个条件试验期间必须很好地规定试验箱空气的温度—时间过程,在精确模拟实际环境做得到的情况下,可为模拟这种情况来专门设计温度—时间过程。

试验的详细要求按 GB/T 2423.2—2008 的规定。

8.2 低温试验程序

8.2.1 仪表包装

在包装条件下进行试验。

8.2.2 试验温度

试验温度为-25 ℃±3 ℃(户内仪表)或-40 ℃±3 ℃(户外仪表)。

8.2.3 试验时间

持续试验时间为 72 h(户内仪表)或 16 h(户外仪表)。

8.2.4 试验方法

被测表经外观检查及电气和机械性能检测合格后,放在温度箱内,包装状态下,从室温开始,给被测表降温至-25 ℃或-40 ℃,在此温度保持 72 h 或 16 h 后,恢复至室温。

8.2.5 最后检测

试验后,被测表在室温中放置 24 h,然后进行基本误差试验。

8.2.6 过程说明

为了得到再现性,在整个条件试验期间必须很好地规定试验箱空气的温度—时间过程,在精确模拟实际环境做得到的情况下,可为模拟这种情况来专门设计温度—时间过程。

试验的详细要求按 GB/T 2423.1—2008 的规定。

8.3 交变湿热试验程序

8.3.1 仪表包装

无包装状态下。

8.3.2 试验温度

试验上限温度为(40±2)℃(户内仪表)或(55±2)℃(户外仪表)。

8.3.3 试验时间

试验时间为 6 周期(6 d)。

8.3.4 试验方法

被测表经外观检查及电气和机械性能检测合格后,放在温度箱内,箱内温度为(25±3)℃、相对湿度为 45%~75%,在电源通电而没有任何激励的情况下,使被测表达到温度稳定,之后,在 1 h 内将箱内的相对湿度升高到不小于 95%,然后进入第一次温度循环,共进行 6 个循环周期。

试验的详细要求按 GB/T 2423.4—2008 的规定。

8.3.5 最后检测

试验结束后,被测表在室温中放置 24 h,然后进行基本误差及第 9 章的电气安全试验,试验电压幅值应乘以系数 0.8。

9 电气安全要求

交流电压试验及脉冲电压试验按 GB 4793.1—2007 中相关条款执行。

10 电磁兼容

10.1 试验条件

被测表处于正常工作位置，装上表盖和端子盖，所有需接地的部件应接地。

10.2 射频电磁场抗扰度试验程序

10.2.1 按照 GB/T 17626.3—2006 进行试验。

10.2.2 技术要求

在工作条件下，对被测表进行试验。试验场强为 10 V/m，频率范围 80 MHz～2 000 MHz。

10.2.3 试验方法

被测表各输入线路和辅助线路都施加参比值：进行 80 MHz～2 000 MHz 的全频带扫频，扫频以步进方式进行，步进幅度不应超过基本频率的 1%（即每一步幅的频率小于或等于前一步幅频率乘以 1.01），尽可能找到敏感频率点，在敏感频率点上或主振频率点作停顿，停顿时间不少于对仪表进行一些功能性操作和作出响应所需的时间，对被测表的 3 个方向的每个方向都应进行试验。试验期间，检查被测表是否损坏，其内存信息是否发生变化，是否正常工作。然后用定频或手动方式，将频率定在敏感频率或主振频率点上，分别测量电磁场施加在被测表的 3 个轴向上的误差，与无磁场时的误差比较，计算其改变量是否满足标准中的要求。

注：试验时，被测表置于电磁场中，标准装置放在电磁场外。

10.3 无线电干扰试验程序

10.3.1 按照 GB 9254—2008 的规定进行试验。

10.3.2 技术要求

仪表处于工作状态，电压线路和辅助线路施加参比电压，电流线路施加 10% 的满度电流，用 1 m 无屏蔽电缆和线性负载相连。

10.3.3 试验方法

按 B 级 ITE（信息技术设备，information technology equipment）试验。

10.4 射频场感应的传导骚扰抗扰度试验程序

10.4.1 按照 GB/T 17626.6—2008 进行试验。

10.4.2 技术要求

试验电压为 10 V，频率范围 150 kHz～80 MHz。

10.4.3 试验方法

首先按试验程序设定的信号电平在 150 kHz～80 MHz 频率范围内扫频，骚扰信号为 1 kHz 正弦波调幅，调制度为 80%，扫描速率不能超过 1.5×10^{-3} 十倍频/s，当扫描频率增加时，步长不应超过开始频率的 1%，此后步进的大小不应超过前一频率值的 1%。在每一频率上的驻留时间，不应小于受试设备所需的运行和响应时间。检查仪表的变化是否满足相应标准的要求；然后用定频或手动方式，将频率定在敏感频率或主振频率点上，分别测量电磁场施加在仪表的 3 个轴向上的误差，与无电磁场时的误差比较，计算其改变量是否满足相应标准中的要求。

10.5 静电放电抗扰度试验程序

10.5.1 按照 GB/T 17626.2—2006 进行试验。

10.5.2 技术要求

在工作条件下，按台式设备进行接触放电，试验电压为 8 kV，每一极性放电 10 次，如果外部无金属部分不能进行接触放电，则进行 15 kV 的空气放电。

10.5.3 试验方法

按技术要求,在仪表操作人员可能触及到的地方施加静电,被测表不能出现损坏或信息的改变,并检查是否满足相应标准中的要求。

10.6 快速瞬变脉冲群试验程序(只针对交流供电的仪表)

10.6.1 按照 GB/T 17626.4—2008 的规定进行试验。

10.6.2 技术要求

试验电压以共模方式施加于地与下列线路间:

——电压线路;

——正常工作时与电压线路分离的电流线路;

——正常工作时与电压线路分离的辅助线路;

——输入/输出电路和数据通信线路。

10.6.3 试验方法

被测表电流和电压线路及辅助线路都施加参比值:电流和电压线路的试验电压为 1 kV,辅助线路试验电压 0.5 kV,在 10 min 内等间隔作用 3 次,每次作用 1 s,即作用 1 s,停 300 s。试验时,仪表不能损坏并能正常工作,测量被测表的误差,与参比条件下的误差相比较,计算其改变量是否满足标准中的要求。

10.7 电压暂降和短时中断试验程序

10.7.1 按照 GB/T 17626.11—2008 进行试验。

10.7.2 试验设备

周波跌落试验仪。

10.7.3 试验方法

仪表各辅助线路加参比值,输入线路无输入且开路:

a) 电压 $U=0\%$UT,中断时间为 50 周期;

b) 电压 $U=40\%$UT,中断时间为 50 周期。

以上的试验不应使显示器发生变化,当电压恢复后,检查仪表是否正常工作,其准确度是否能满足要求。

10.8 浪涌电压试验程序

10.8.1 按照 GB/T 17626.5—2008 的规定进行试验。

10.8.2 技术要求

仪表在工作状态下:仪表各辅助线路加参比值,输入线路无输入且开路。

10.8.3 试验方法

浪涌发生器与仪表之间的电缆长度为 1 m,以差模式方式(线与线)试验,在相对于交流电源零位的 60°和 240°施加脉冲。

在电流线路和电压线路(干线)上的试验电压:4 kV,发生器电源阻抗:2 Ω。

在参比电压超过 40 V 的辅助线路上的试验电压:1 kV,发生器电源阻抗:42 Ω。

10.8.4 试验次数

正极性 5 次,负极性 5 次。

重复速率:最大 1 次/min。

10.8.5 浪涌抗扰度试验后,检查被测表是否能准确地工作,允许功能或性能有暂时的降低。

10.9 阻尼振荡波试验程序

10.9.1 按照 GB/T 17626.12—1998 的规定进行试验。

10.9.2 技术要求

——仪表在工作状态下,各输入线路及辅助线路加参比值

——在电压线路和参比电压超过 40 V 的辅助线路上的试验电压：

- 共模方式：2.5 kV
- 差模方式：1.0 kV

——试验频率：

- 100 kHz，重复频率：40 Hz
- 1 MHz，重复频率：400 Hz

——试验时间：60 s（对每种试验频率以 2 s 开、2 s 关，进行 15 个周期）

10.9.3 在试验过程中检查被测表的功能是否出现紊乱的现象，并测试误差改变量是否满足相应标准要求。

10.10 电压变化试验程序

对被测表进行每一种规定的电压变化，在最典型的运行方式下进行 3 次试验，试验之间间隔 10 s。

10.10.1 试验等级

电压变化的试验等级为 0%UT，优先采用的电压变化所需时间和减小后的电压维持时间由表 1 给出。

表 1 短期供电电压变化的时间设定

电压试验等级/(%UT)	电压降低所需时间/s	降低后电压维持时间/s	电压增加所需时间/s
0	2(1±20%)	1±20%	2(1±20%)

10.10.2 试验气候条件

温度：15 ℃～35 ℃。

相对湿度：25%～75%。

大气压力：86 kPa～106 kPa。

10.10.3 试验之间间隔

试验之间间隔 10 s。

10.10.4 试验次数

试验次数 3 次。

以上的试验不应使显示器发生变化，当电压恢复后，检查仪表是否正常工作，其准确度是否能满足要求。

10.11 绝缘电阻表的电磁兼容试验

按 IEC 61326-2-2:2005 及 IEC 61326-2-4:2006 的规定。

11 平均寿命

依据 GB/T 22264.1 对平均寿命的要求，按 JB/T 6214—1992 的规定进行平均寿命的可靠性试验。

附 录 A
（规范性附录）
直流电磁铁示意图

比例:1∶1(尺寸单位:mm)

绕组参数举例:500 匝 ϕ0.6 mm^2/0.28 mm^2

或:1 000 匝 ϕ0.4 mm^2/0.126 mm^2

铁芯比总损耗:1.0 W/kg

ICS 59.080.30
W 63

中华人民共和国国家标准

GB/T 22583—2009

防辐射针织品

Radiation-resistant knitwear

2009-04-17 发布

2009-12-01 实施

中华人民共和国国家质量监督检验检疫总局
中国国家标准化管理委员会 发布

前言

本标准由中国纺织工业协会提出。

本标准由全国纺织品标准化技术委员会针织品分会归口(SA/TC 209/SC 6)。

本标准主要起草单位:红豆集团有限公司、国家针织产品质量监督检验中心、浙江顺时针服饰有限公司。

本标准主要起草人:葛东瑛、刘凤荣、龚益辉。

防 辐 射 针 织 品

1 范围

本标准规定了防辐射针织品的产品号型、要求、检验规则、判定规则、产品使用说明、包装、运输和贮存。

本标准适用于鉴定以添加金属纤维的针织面料为主要材料制成的适合于民用穿着的防辐射针织品的品质。

2 规范性引用文件

下列文件中的条款通过本标准的引用而成为本标准的条款。凡是注日期的引用文件，其随后所有的修改单(不包括勘误的内容)或修订版均不适用于本标准，然而，鼓励根据本标准达成协议的各方研究是否可使用这些文件的最新版本。凡是不注日期的引用文件，其最新版本适用于本标准。

GB/T 250 纺织品 色牢度试验 评定变色用灰色样卡(GB/T 250—2008，ISO 105-A02:1993，IDT)

GB/T 251 纺织品 色牢度试验 评定沾色用灰色样卡(GB/T 251—2008，ISO 105-A03:1993，IDT)

GB/T 1335(所有部分) 服装号型

GB/T 2910 纺织品 二组分纤维混纺产品定量化学分析方法

GB/T 2911 纺织品 三组分纤维混纺产品定量化学分析方法

GB/T 2912.1 纺织品 甲醛的测定 第1部分:游离水解的甲醛(水萃取法)

GB/T 3920 纺织品 色牢度试验 耐摩擦色牢度(GB/T 3920—2008，ISO 105-X12:2001，MOD)

GB/T 3921 纺织品 色牢度试验 耐皂洗色牢度(GB/T 3921—2008，ISO 105-C10:2006，MOD)

GB/T 3922 纺织品耐汗渍色牢度试验方法(GB/T 3922—1995，eqv ISO 105-E04:1994)

GB/T 4802.1 纺织品 织物起毛起球性能的测定 第1部:圆轨迹法

GB/T 4856 针棉织品包装

GB 5296.4 消费品使用说明 纺织品和服装使用说明

GB/T 5713 纺织品 色牢度试验 耐水色牢度(GB/T 5713—1997，eqv ISO 105-E01:1994)

GB/T 6411 针织内衣规格尺寸系列

GB/T 8427 纺织品 色牢度试验 耐人造光色牢度:氙弧(GB/T 8427—2008，ISO 105-B02:1994，MOD)

GB/T 8629 纺织品 试验用家庭洗涤和干燥程序(GB/T 8629—2001，eqv ISO 6330:2000)

GB/T 8878 棉针织内衣

GB/T 14801 机织物与针织物纬斜和弓纬试验方法

GB 18401 国家纺织产品基本安全技术规范

GB/T 19976 纺织品顶破强力的测定 钢球法

FZ/T 01053 纺织品 纤维含量的标识

FZ/T 01057(所有部分) 纺织纤维鉴别试验方法

FZ/T 01095 纺织品 氨纶产品纤维含量的试验方法

GSB 16-1523—2002 针织物起毛起球样照

GSB 16-2159—2007　针织产品标准深度样卡(1/12)

SJ 20524　材料屏蔽效能的测量方法

GSB 16-2500—2008　针织物表面疵点彩色样照

3 产品号型

防辐射针织品号型按 GB/T 1335 或 GB/T 6411 规定执行。

4 要求

4.1 要求分为内在质量和外观质量两个方面。内在质量包括顶破强力、水洗尺寸变化率、水洗后扭曲率、耐水色牢度、耐皂洗色牢度、耐汗渍色牢度、耐摩擦色牢度、印花耐皂洗色牢度、印花耐摩擦色牢度、耐人造光色牢度、起球、甲醛含量、pH 值、异味、可分解芳香胺染料、纤维含量和屏蔽效能等项指标。外观质量包括表面疵点、规格尺寸偏差、本身尺寸差异、缝制规定等项指标。

4.2 分等规定

4.2.1 防辐射针织品的质量等级分为优等品、一等品、合格品。

4.2.2 防辐射针织品的质量定等:内在质量按批(交货批)评等,外观质量按件评等,二者结合以最低等级定等。

4.3 内在质量要求

4.3.1 内在质量要求见表 1。

4.3.2 内在质量按批以各项指标检验结果最低一项为该批产品的评等依据。

4.3.3 弹力产品不考核横向水洗尺寸变化率。

4.3.4 裙类产品不考核水洗后扭曲率。

表 1　内在质量要求

项　目			优等品	一等品	合格品
顶破强力/N	≥		150		
水洗尺寸变化率/%		直向	−4.0～+2.0	−5.0～+2.0	−5.0～+2.0
		横向	−4.0～+2.0	−5.0～+2.0	−5.0～+2.0
水洗后扭曲率/%	≤	上衣	4.0	6.0	8.0
		裤	1.5	2.5	3.5
耐皂洗色牢度/级	≥	变色	4	3-4	3
		沾色	4	3	3
耐水色牢度/级	≥	变色	3-4	3	3
		沾色	3-4	3	3
耐汗渍色牢度/级	≥	变色	4	3-4	3
		沾色	4	3	3
耐摩擦色牢度/级	≥	干摩	4	3-4	3
		湿摩	3-4(深色 3)	2-3(深色 2)	2-3(深色 2)
印花耐皂洗色牢度/级	≥	变色	3-4	3	3
		沾色	3-4	3	3
印花耐摩擦色牢度/级	≥	干摩	3-4	3	3
		湿摩	3	2	2

表 1（续）

项　　目		优等品	一等品	合格品
耐人造光色牢度/级　　≥	深色	4	4	4
	浅色	4	3	3
起球/级	≥	4.0	3.0	2.5
甲醛含量/(mg/kg)		按 GB 18401 规定执行		
pH 值				
异味				
可分解芳香胺染料/(mg/kg)				
纤维含量(净干含量)/%		按 FZ/T 01053 规定执行		
屏蔽效能 $SE_{\%}$/%	≥	95		

色别分档按 GSB 16-2159—2007，>1/12 标准深度为深色，≤1/12 标准深度为浅色。

注 1：屏蔽效能的电磁波频率范围为 10 MHz～3 000 MHz。

4.4　外观质量要求

4.4.1　外观质量评等按表面疵点、规格尺寸偏差、本身尺寸差异、缝制规定的评等来决定，在同一产品上发现不同品等的外观疵点时，按最低品等疵点评等。

4.4.2　在同一件产品上只允许有两个同等级的极限表面疵点，超过者降一个等级。

4.4.3　表面疵点评等规定见表 2。

表 2　表面疵点评等规定

疵点名称		优等品	一等品	合格品
色差	不低于	主料之间 4 级，主辅料之间 3-4 级		主料之间 3-4 级，主辅料之间 3 级
纹路歪斜(条格产品)/%	不大于	3.0	4.0	6.0
缝纫曲折高低	不大于	主要部位和明线部位 0.2 cm，其他部位 0.5 cm		0.5 cm
缝纫油污线		浅淡的 1 cm 两处或 2 cm 一处，领、襟、袋部位不允许		浅淡的 20 cm，深的 10 cm
熨烫变黄、变色、水渍亮光、变质		不允许		
破损性疵点		不允许		

未列入表内的疵点按 GB/T 8878 标准中表面疵点评等规定执行。

注 1：表面疵点程度参照 GSB 16-2500—2008 执行。

注 2：主要部位指上衣前身上部的三分之二处(包括后领窝露面部位)，裤类无主要部位。

4.4.4　缝制规定(不分品等)

4.4.4.1　缝制应牢固，线迹要平直、圆顺，松紧适宜。

4.4.4.2　合缝处应用四线及以上包缝或绷缝。

4.4.4.3　平缝时针迹边口处应打回针加固。

4.4.4.4　缝制产品时应用强力、缩率、色泽与面料相适应的缝纫线。装饰线除外。

4.4.4.5　针迹密度规定见表 3。

表 3 针迹密度规定

单位为针迹数每 2 厘米

机　　种	平缝机	四线包缝机	双针绷缝机	平双针机压条机	三针机	宽紧带机	包缝卷边机
针迹数　不低于	9	8	7	8	9	7	7
注：装饰性缝迹除外。							

4.4.4.6　测量针迹密度以一个缝纫过程的中间处计量。

4.4.4.7　锁眼机针迹密度按角计量，每厘米长度 8 针～9 针，两套端各打套结 2 针～3 针。

4.4.4.8　缝纫针迹密度低于标准及双针绷缝机的短针跳针一针分散两处，一件作 0.5 件漏验计算，平缝机的跳针一针分散两处，三针机中间针跳针一针三处，一件作 0.5 件漏验计算。

4.4.5　规格尺寸偏差见表 4。

表 4 规格尺寸偏差

单位为厘米

类　　别		优等品	一等品	合格品
长度方向	60 cm 及以上	±1.0	±2.0	±2.5
	60 cm 以下	±1.0	±1.5	±2.0
宽度方向		±1.0	±1.5	±2.0

4.4.6　本身尺寸差异(对称部位)见表 5。

表 5 本身尺寸差异

单位为厘米

项　　目	优等品 ≤	一等品 ≤	合格品 ≤
＜15 cm	0.5	0.5	0.8
15 cm～76 cm	0.8	1.0	1.2
＞76 cm	1.0	1.5	1.5

4.4.7　成衣测量部位及规定(精确至 0.1 cm)

4.4.7.1　上衣测量部位示例见图 1。

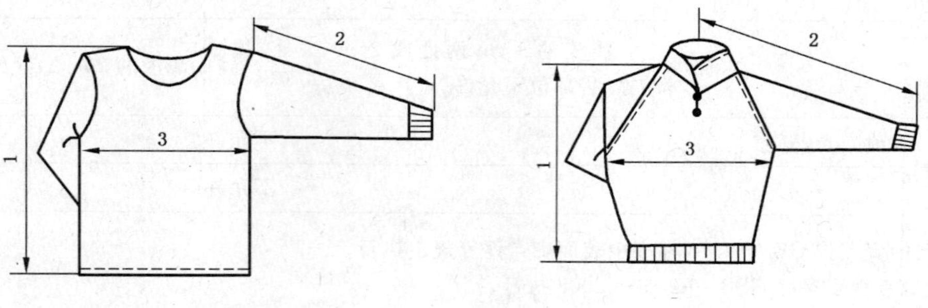

1——衣长；

2——袖长；

3——1/2 胸围。

图 1　上衣测量部位示例

4.4.7.2　裤子测量部位示例见图 2。

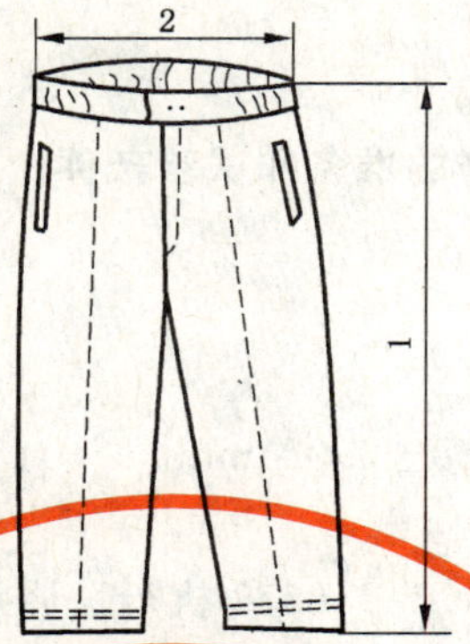

1——裤长；
2——1/2 腰围。

图 2 裤子测量部位示例

4.4.7.3 裙子测量部位示例见图 3。

1——裙长；
2——袖长；
3——1/2 胸围；
4——1/2 腰围。

图 3 裙子测量部位示例

4.4.7.4 成衣测量部位规定见表 6。

表 6 成衣测量部位规定

单位为厘米

类别	序号	部 位	测 量 规 定
上衣	1	衣长	由肩缝最高处垂直量到底边
	2	袖长	平袖式由肩缝与袖窿缝的交点量到袖口边；插肩式由后领中间量到袖口边
	3	1/2 胸围	由袖窿缝与侧缝的交点向下 2 cm 处横量
裤子	1	裤长	沿裤缝由侧腰边垂直量到裤口边
	2	1/2 腰围	腰边横量
裙子	1	裙长	连衣裙由肩缝最高处垂直量到底边；短裙沿裙缝由侧腰边垂直量到裙底边
	2	袖长	平袖式由肩缝与袖窿缝的交点量到袖口边；插肩式由后领中间量到袖口边
	3	1/2 胸围	由袖窿缝与侧缝的交点向下 2 cm 处横量
	4	1/2 腰围	连衣裙在腰部最窄处平铺横量；短裙由腰边横量

5 检验规则

5.1 抽样数量、外观质量检验条件、试样的准备和试验条件

按 GB/T 8878 规定执行。

5.2 试验方法

5.2.1 顶破强力试验

按 GB/T 19976 执行，球的直径为(38±0.02)mm。

5.2.2 水洗尺寸变化率试验

5.2.2.1 水洗尺寸变化率试验方法按 GB/T 8878 执行。明示标识“只可手洗”的产品按 GB/T 8629 中“仿手洗”程序执行。试验件数 3 件。

5.2.2.2 水洗尺寸变化率的测量部位见表 7。

表 7 水洗尺寸变化率测量部位

单位为厘米

类　别	部　位	测　量　方　法
上衣、连衣裙	直向	测量衣长或裙长，由肩缝最高处垂直量到底边
	横向	测量后背宽，由袖窿缝与侧缝的交点向下 5 cm 处横量
裤子、短裙	直向	测量侧裤长或侧裙长，沿裤缝或裙缝由侧腰边垂直量到底边
	横向	裤子测量中腿宽，由横裆到裤口边的二分之一处横量； 短裙由裙长的二分之一处横量

5.2.2.3 水洗尺寸变化率测量部位说明：上衣或连衣裙取衣长或裙长与后背宽作为直向和横向的测量部位，衣长或裙长以前后身左右四处的平均值作为计算依据。裤子取裤长与中腿作为直向或横向的测量部位，裤长以左右侧裤长的平均值作为计算依据，横向以左、右中腿宽的平均值作为计算依据。短裙取裙长与裙长的二分之一作为直向和横向的测量部位，裙长以左右侧裙长的平均值作为计算依据。在测量时做出标记，以便水洗后测量。

5.2.2.4 上衣水洗前后测量部位示例见图 4。

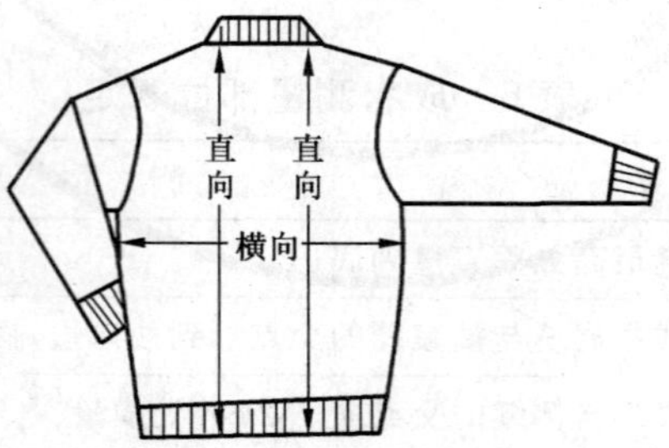

图 4 上衣水洗前后测量部位示例

5.2.2.5 裤子水洗前后测量部位示例见图 5。

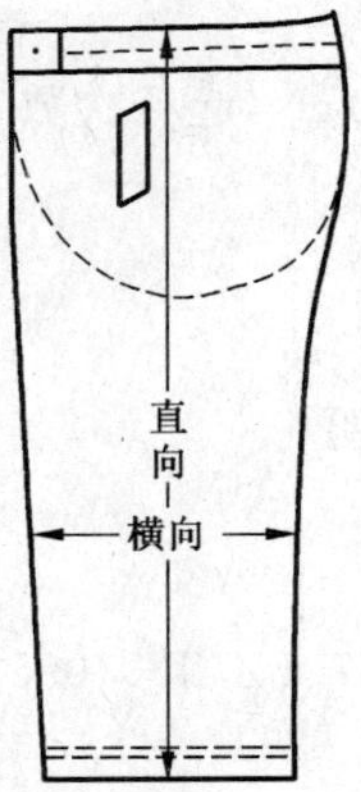

图 5　裤子水洗前后测量部位示例

5.2.2.6　连衣裙水洗前后测量部位示例见图 6。

图 6　连衣裙水洗前后测量部位示例

5.2.2.7　短裙水洗前后测量部位示例见图 7。

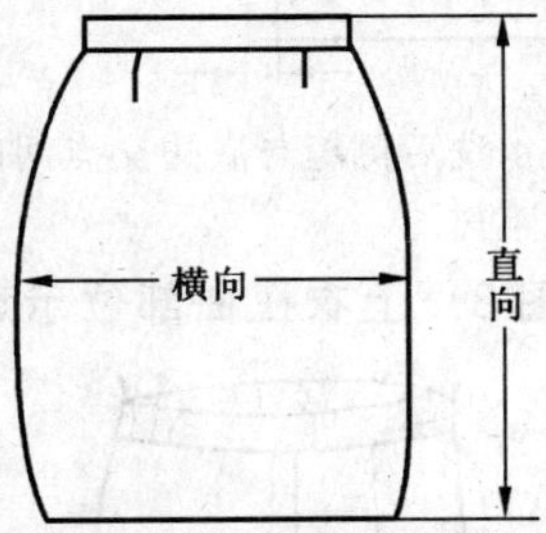

图 7　短裙水洗前后测量部位示例

5.2.3　耐皂洗色牢度、印花耐皂洗色牢度试验

按 GB/T 3921 规定执行，试验条件按 A(1)执行。

5.2.4　耐水色牢度试验

按 GB/T 5713 执行。

5.2.5　耐汗渍色牢度试验

按 GB/T 3922 执行。

5.2.6　耐摩擦色牢度、印花耐摩擦色牢度试验

按 GB/T 3920 执行，只做直向。

5.2.7　耐人造光色牢度试验

按 GB/T 8427 方法 3 执行。

5.2.8 **起球试验**

按 GB/T 4802.1 执行。其中压力为 780 cN,起毛次数 0 次,起球次数 600 次。评级按 GSB 16-1523 评定。

5.2.9 **甲醛含量试验**

按 GB/T 2912.1 执行。

5.2.10 **pH 值、可分解芳香胺染料、异味试验**

按 GB 18401 规定执行。

5.2.11 **纤维含量试验**

按 GB/T 2910、GB/T 2911、FZ/T 01057、FZ/T 01095 执行。

5.2.12 **纹路歪斜试验**

按 GB/T 14801 执行。

5.2.13 **色差评级**

按 GB/T 250、GB/T 251 评定。

5.2.14 **水洗后扭曲率试验**

5.2.14.1 水洗方法:按 GB/T 8629 中 5A 规定执行,洗涤件数为 3 件。

5.2.14.2 水洗后测量方法:将水洗后的成衣平铺在光滑的台面上,用手轻轻拍平。每件成衣以扭斜程度最大的一边测量,以 3 件的扭曲率平均值作为计算结果。

5.2.14.3 成衣扭曲部位见图 8、图 9。

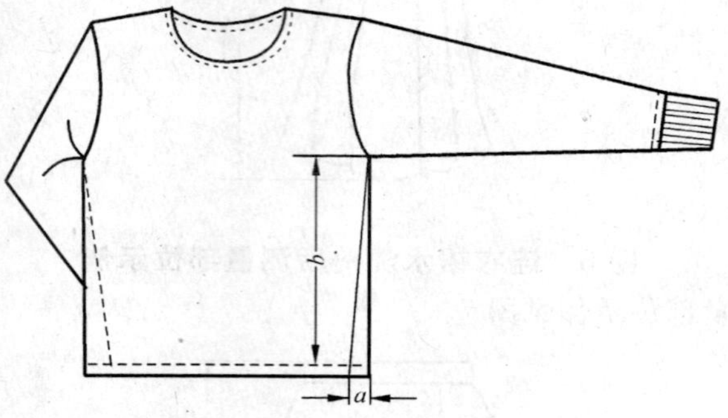

a——侧缝与袖窿交叉处垂到底边的点与水洗后侧缝与底边交点间的距离;

b——侧缝与袖窿缝交叉处垂直到底边的距离。

图 8 上衣扭曲部位示意

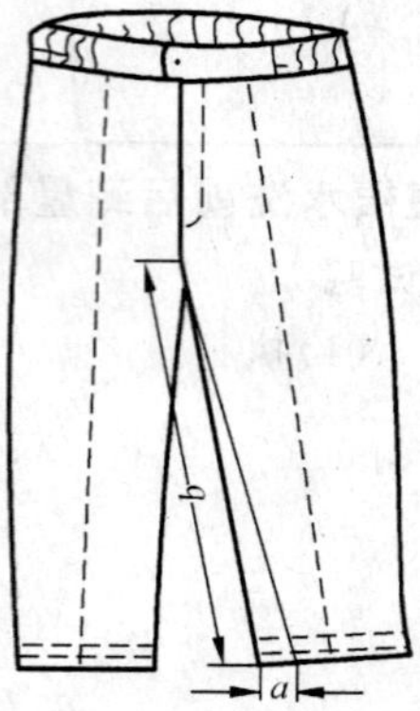

a——内侧缝与裤口边交叉点与水洗后内侧缝与底边交点间的距离;

b——裆底点到裤边口的内侧缝距离。

图 9 裤子扭曲部位示意

5.2.14.4　扭曲率计算方法见式(1)(最终结果精确到0.1)。

$$F = a/b \times 100\% \qquad \cdots\cdots(1)$$

式中：

F——扭曲率，%。

5.2.15　**屏蔽效能试验**

按SJ 20524执行，屏蔽效能的电磁波频率范围为10 MHz～3 000 MHz。

屏蔽效能按式(2)计算。

$$SE_{\%} = (1 - 10^{-SE_{dB}/10}) \times 100\% \qquad \cdots\cdots(2)$$

式中：

SE_{dB}——屏蔽效能的对数表示方式，单位为分贝(dB)；

$SE_{\%}$——屏蔽效能的线性表示方式，%。

6　判定规则

6.1　外观质量

6.1.1　外观质量按品种、色别、规格尺寸计算不符品等率。凡不符品等率在5.0%及以内者，判定该批产品合格；不符品等率在5.0%以上者，判该批产品不合格。

6.1.2　内包装标志差错按件计算，不允许有外包装差错。

6.2　内在质量

6.2.1　顶破强力、水洗后扭曲率、起球均取算术平均值，平均合格为合格，不合格者按该批不合格处理。

6.2.2　水洗尺寸变化率以全部试样的算术平均值作为检验结果，合格者判定该批产品合格，不合格者判定该批产品不合格。若同时存在收缩与倒涨试验结果时，以收缩(或倒涨)的两件试样的算术平均值作为检验结果，合格者判定该批产品合格，不合格者判定该批产品不合格。

6.2.3　甲醛含量、pH值、异味、可分解芳香胺染料、纤维含量、屏蔽效能检验结果合格者判定该批产品合格，不合格者判定该批产品不合格。

6.2.4　耐水色牢度、耐皂洗色牢度、耐汗渍色牢度、耐摩擦色牢度、印花耐皂洗色牢度、印花耐摩擦色牢度、耐人造光色牢度检验结果合格者判定该批产品合格，不合格者分色别判定该批产品不合格。

6.3　复验

6.3.1　任何一方对所检验的结果有异议时，在规定期限内对所有异议的项目，均可要求复验。

6.3.2　提请复验时，应保留提请复验数量的全部。

6.3.3　复验时检验数量为初验时的数量，复验的判定规则按本标准6.1、6.2规定执行，判定以复验结果为准。

7　产品使用说明、包装、运输和贮存

7.1　产品使用说明按GB 5296.4规定执行。

7.2　产品包装按GB/T 4856或协议执行。

7.3　产品运输应防潮、防火、防污染。

7.4　产品应放在阴凉、通风、干燥、清洁库房内，并防蛀、防霉。

ICS 97.040.30
Y 61

中华人民共和国国家标准

GB/T 22766.2—2009

家用和类似用途电器售后服务
第2部分：电冰箱的特殊要求

Household and similar electrical appliances—After-sales service—
Part 2：Particular requirement for refrigerator

2009-11-30 发布　　2010-03-01 实施

中华人民共和国国家质量监督检验检疫总局
中国国家标准化管理委员会　发布

前　言

GB/T 22766《家用和类似用途电器售后服务》分为若干部分：

第 1 部分：通用要求；

第 2 部分：电冰箱的特殊要求；

第 3 部分：空调器的特殊要求；

第 4 部分：洗衣机的特殊要求；

第 5 部分：电热水器的特殊要求；

第 6 部分：吸油烟机的特殊要求；

第 7 部分：吸尘器的特殊要求；

第 8 部分：饮水机的特殊要求；

第 9 部分：空气净化器的特殊要求；

……

本部分是 GB/T 22766 的第 2 部分。

本部分应与 GB/T 22766.1—2008《家用和类似用途电器售后服务　第 1 部分：通用要求》配合使用。

本部分是通过增补或修改 GB/T 22766.1—2008 形成的，GB/T 22766.1—2008 中具体条款未在本部分提及的，表示 GB/T 22766.1—2008 中的相应条款适用于本部分。本部分中写明“适用”的部分，表示 GB/T 22766.1—2008 中的相应条款适用于本部分；本部分中写明“代替”的部分，则以本部分的条款为准；本部分中写明“增加”的部分表示除要符合 GB/T 22766.1—2008 中的相应条款外，还应符合本部分所增加的条款。

本部分对 GB/T 22766.1—2008 增加的条款从 101 开始编号。

本部分的附录 A 为资料性附录。

本部分由中国轻工业联合会提出。

本部分由全国家用电器标准化技术委员会(SAC/TC 46)归口。

本部分起草单位：海尔集团公司、中国家用电器研究院、江苏博西家用电器销售有限公司。

本部分主要起草人：靳桂祥、马德军、刘波、赵张宁。

本部分为首次发布。

家用和类似用途电器售后服务
第2部分：电冰箱的特殊要求

1 范围

GB/T 22766 的本部分规定了家用和类似用途电冰箱的售后服务的基本内容和基本要求。

本部分适用于家用和类似用途电冰箱的售后服务中有关文件的编制、实施及服务活动。

2 规范性引用文件

下列文件中的条款通过 GB/T 22766 的本部分的引用而成为本部分的条款。凡是注日期的引用文件，其随后所有的修改单（不包括勘误的内容）或修订版均不适用于本部分，然而，鼓励根据本部分达成协议的各方研究是否可使用这些文件的最新版本。凡是不注日期的引用文件，其最新版本适用于本部分。

GB 4706.1 家用和类似用途电器的安全 第1部分：通用要求（GB 4706.1—2005，IEC 60335-1：2001，IDT）

GB 4706.13 家用和类似用途电器的安全 制冷器具、冰淇淋机和制冰机的特殊要求（GB 4706.13—2008，IEC 60335-2-24：2007，IDT）

GB 5296.2 消费品使用说明 第2部分：家用和类似用途电器

GB/T 22766.1—2008 家用和类似用途电器售后服务 第1部分：通用要求

3 术语和定义

GB/T 22766.1—2008 确立的以及下列术语和定义适用于 GB/T 22766 的本部分。

3.1

家用电冰箱（以下简称冰箱） household refrigerating appliances

一个供家用的具有适当容积和装置的绝热箱体，用消耗电能的手段来制冷，并具有一个或多个间室，它包括冷藏箱、冷藏冷冻箱、冷冻箱。

3.2

维修车间 workshop

服务方为顾客冰箱在服务方场所维修需要的维修场所。

3.3

制冷系统维修 gas recharge

因制冷系统或系统备件产生问题导致冰箱性能问题需要打开管路进行维修的方式。

4 售后服务方的基本要求

除下述内容外，GB/T 22766.1—2008 中该章均适用。

4.1 总则

增加：

产品使用说明应符合 GB 4706.1 和 GB 5296.2 中的要求。

4.2 售后服务方的基本要求

4.2.101 服务方应是冰箱生产企业设立的或冰箱生产企业委托的或代理营销商委托的公司或企业，委托设立的服务方应与委托方签订委托协议书。

4.2.102 对于维修制冷剂属于易燃、易爆的冰箱，服务方应确保对所有的服务人员经过相关培训并使其熟练掌握操作规范及安全规范后方可从事维修。

4.2.103 服务人员数量应达到生产企业的服务要求。

4.3 经营场所的基本要求

4.3.101 冰箱维修车间基本要求

4.3.101.1 操作人员操作位置上应有绝缘垫，厚度＞5 mm。

4.3.101.2 所有插座应有可靠接地并完好无损。

4.3.101.3 电线电缆应无漏电现象。

4.3.101.4 所有管路应无破损。

4.3.102 制冷剂属易燃易爆的冰箱维修车间的特殊要求

4.3.102.1 维修场所应通风良好，必要时应增加具有足够排量的通风设备。场地附近不应有易燃物。

4.3.102.2 维修场所应使用防爆型通风设备和电器设备，条件不允许时要求抽风机应为防爆型的。

4.3.102.3 维修场所总电源开关应设在场地之外，并有防护装置，并易于切断。

4.3.102.4 维修场所内应备有足够数量和能力的灭火器并放置在随手可触的地方。

4.3.102.5 维修人员进行维修工作前，应检查场所是否符合安装操作条件，确保场所附近无危险火源，打开通风系统后方可进行制冷维修工作。

4.3.102.6 维修场所内所使用的制冷剂、酒精、喷漆等易燃、易爆品应隔离存放在干燥通风良好、无太阳直晒处，并保持道路畅通。

4.4 设备的基本要求

4.4.101 维修制冷剂属于易燃易爆的冰箱应使用专用的抽空灌注设备。

4.4.102 乙炔气钢瓶、氧气钢瓶、氮气钢瓶等易燃易爆器材，应分别隔离存放，并按规定要求进行标识。

4.4.103 工具设备按产品使用说明进行操作并定期进行保养。

4.4.104 冰箱服务方应配备与其经营场所相适应的工具设备，具体参见附录 A 的表 A.1。

5 售后服务的提供

GB/T 22766.1—2008 的该章均适用。

6 售后服务规范

除下述内容外，GB/T 22766.1—2008 中该章均适用。

6.1.1 代替：

服务方应设立有效的 24 h 售后服务电话并在保修证、销售代理商等处公示，并按约定的时间安排服务人员及时上门服务。

6.2.3.3 上门安装服务

增加：

对于需要安装的冰箱，应按照产品使用说明的规范进行操作，并应按照以下要求进行检查。

6.2.3.3.101 如需门体安装，门封应无间隙、翘角、变形，开关门无异音，冷气无泄露现象；门体无倾斜，铰链固定牢固，螺丝无松动现象。

6.2.3.3.102 如需安装进水系统应确保水管无漏点、无折弯，布置合理，冷饮、制冰功能正常。

6.2.3.3.103 所有部件应固定牢固无破损。

6.2.3.3.104 冰箱应工作正常。

6.2.3.3.105 冰箱内外应清擦干净。

6.2.3.3.106 如需调节温控器,应根据顾客使用环境及产品使用说明要求进行调节。

6.2.3.3.107 应确保配件齐全,外观整洁无破损。

6.2.3.5 上门维修服务

增加:

按照维修顺序:获悉故障现象、查明故障原因、采取维修措施等环节中特殊的操作要求。

6.2.3.5.101 按照顾客要求上门判断,属外观或零部件问题,则按照相应更换工艺进行维修,更换完毕后对产品进行通检测试,故障排除后,应由顾客在服务记录单上确认。

6.2.3.5.102 顾客反映冰箱制冷性能问题,维修后应通电测试,确保故障排除,应由顾客在服务记录单上确认。

6.2.3.5.103 冰箱需拉回服务场所检修的,经顾客同意后拉回维修。如果顾客需要提供周转机服务,应提供使用。在与顾客约定的时间内将冰箱送回。试机正常后,应由顾客在服务记录单上确认。

6.2.4 在服务场所的维修服务

增加:

服务场所维修服务后冰箱在符合6.2.3.5的基础上,应具备:

6.2.4.101 检查电源插头应完好。

6.2.4.102 冰箱内外清擦干净。

6.2.4.103 检测冰箱应能正常工作。

6.2.4.104 安全性能应符合GB 4706.13的规定。

6.2.101 搬运

6.2.101.1 固定冰箱插头、冷藏室搁物架、果菜盒及冷冻室抽屉等活动部件。关紧并固定冰箱门。

6.2.101.2 冰箱内不应存放任何物品。

6.2.101.3 搬运冰箱时,对于有倾斜角度要求的,应严格按搬运要求执行。冰箱运输过程中,应有防护措施,避免冰箱损伤。

6.2.102 制冷系统维修

6.2.102.1 拆卸

冰箱系统中的易燃易爆制冷剂的排放应符合国家有关法律法规要求,应注重环保和回收,排气后低压端需用真空泵抽空10 min,并在抽空完毕后向系统里充入氮气。

6.2.102.2 系统打开时间要求

6.2.102.2.1 R134a制冷剂冰箱管路开口不超过3 min,压缩机从插管到焊接时间不多于1 min,系统开口后马上用皮堵封口。

6.2.102.2.2 除R134a外制冷剂冰箱管路开口不超过10 min。

6.2.102.3 灌注制冷剂

6.2.102.3.1 R600a制冷剂加注应用刻度小于2 g的测量器具。

6.2.102.3.2 除R600a制冷剂外加注应使用电子秤或专用量筒。

6.2.102.3.3 真空度≤−100 Pa。

6.2.102.3.4 保压时间>24 h,保压压力在(0.6~0.8)MPa之间。

6.2.102.3.5 应按铭牌额定灌注量进行制冷剂灌注。

6.2.102.3.6 更换压缩机应保证压缩机的匹配性。

6.2.103 维修安全

6.2.103.1 在维修时未经过厂家许可,严禁私自将不同制冷剂的产品互换制冷剂。

6.2.103.2 检修过程中,应按照安全操作的技术规范和使用要求使用仪器仪表。

6.2.103.3 当设备出现异常气味、异常噪声及温度过高时,应立即停止维修并查明原因。

6.2.103.4 维修人员在接触、使用清洗用化学药品时，应了解化学药品的性质并安全使用。

6.2.103.5 化学药品如酒精、无水氯化钙、甲醇及汽油等，应存放在干燥、通风的地方，并且应远离热源。使用时应避免碰撞，使用后应及时盖上塞盖，放置在安全地点。

6.2.103.6 浸润化学药品或汽油的棉纱、纸屑应合理处置。

附　录　A
（资料性附录）
冰箱服务方工具配备明细表

表 A.1　冰箱服务方工具配备明细表

序号	项目	重要级别	序号	项目	重要级别
1	美工刀	★	15	手电筒	★★
2	梅十字花螺丝刀	★★	16	数字万用表	★★
	平口螺丝刀	★★	17	测电笔	★★
3	叉口扳手	★★	18	电子温度计	★★
	活络扳手	★★	19	电烙铁	★
4	套筒	★★	20	气焊具	★★★
5	斜口钳	★★		便携式焊具	★
	尖嘴钳	★★	21	制冷剂罐（R134a）	★★★
	钢丝钳	★★		R134a 制冷剂	★★★
6	剥线钳	★	22	氮气瓶	★★★
7	割刀	★★★		乙炔罐	★★★
8	扩口器	★★		氧气瓶	★★★
9	水平尺	★	23	R600a/R134a 抽空灌注机	★★★
10	卷尺	★	24	电子秤	★★★
11	电吹风	★★	25	三通阀	★★
12	(0.4～3.2)mm 钻头一套	★★	26	汉森阀	★★
	电钻	★★		快速接头	★★
13	手锤	★	27	封口钳	★★★
14	喷漆瓶	★	28	锉刀或砂纸	★★
	毛刷	★★			

注 1：★★★为必备工具，★★为常用工具，★为备用工具。
注 2：服务方可根据产品情况配备与之相对应的工具。

ICS 97.040.30
Y 61

中华人民共和国国家标准

GB/T 22766.3—2009

家用和类似用途电器售后服务 第3部分:空调器的特殊要求

Household and similar electrical appliances—After-sales service—
Part 3:Particular requirements for air-conditioner

2009-11-30 发布 2010-03-01 实施

中华人民共和国国家质量监督检验检疫总局
中国国家标准化管理委员会 发布

前　言

GB/T 22766《家用和类似用途电器售后服务》分为若干部分：

第1部分：通用要求；

第2部分：电冰箱的特殊要求；

第3部分：空调器的特殊要求；

第4部分：洗衣机的特殊要求；

第5部分：电热水器的特殊要求；

第6部分：吸油烟机的特殊要求；

第7部分：吸尘器的特殊要求；

第8部分：饮水机的特殊要求；

第9部分：空气净化器的特殊要求；

……

本部分是GB/T 22766的第3部分。

本部分应与GB/T 22766.1—2008《家用和类似用途电器售后服务　第1部分：通用要求》配合使用。

本部分是通过增补或修改GB/T 22766.1—2008形成的，GB/T 22766.1—2008中具体条款未在本部分提及的，表示GB/T 22766.1—2008中的相应条款适用于本部分。本部分中写明“适用”的部分，表示GB/T 22766.1—2008中的相应条款适用于本部分；本部分中写明“代替”的部分，则以本部分的条款为准；本部分中写明“增加”的部分表示除要符合GB/T 22766.1—2008中的相应条款外，还应符合本部分所增加的条款。

本部分对GB/T 22766.1—2008增加的条款从101开始编号。

本部分附录A为资料性附录。

本部分由中国轻工业联合会提出。

本部分由全国家用电器标准化技术委员会(SAC/TC 46)归口。

本部分起草单位：海尔集团公司、珠海格力电器股份有限公司、中国家用电器研究院、美的集团有限公司。

本部分主要起草人：郑守磊、马德军、丁克琳、张桃、段子龙。

本部分为首次发布。

家用和类似用途电器售后服务 第3部分:空调器的特殊要求

1 范围

GB/T 22766的本部分规定了家用和类似用途空调器售后服务的基本内容和基本要求。

本部分适用于家用和类似用途空调器售后服务中有关文件的编制、实施及服务活动。

2 规范性引用文件

下列文件中的条款通过GB/T 22766的本部分的引用而成为本部分的条款。凡是注日期的引用文件,其随后所有的修改单(不包括勘误的内容)或修订版均不适用于本部分,然而,鼓励根据本部分达成协议的各方研究是否可使用这些文件的最新版本。凡是不注日期的引用文件,其最新版本适用于本部分。

GB/T 7725 房间空气调节器(GB/T 7725—2004,ISO 5151:1994,NEQ)

GB 17790—2008 家用和类似用途空调器安装规范

GB/T 22766.1—2008 家用和类似用途电器售后服务 第1部分:通用要求

3 术语和定义

GB/T 22766.1—2008确立的以及下列术语和定义适用于GB/T 22766的本部分。

3.1

房间空气调节器 room air conditioner

一种向密闭空间、房间或区域直接提供经过处理的空气的设备。并通过其制冷系统与空气循环系统及净化装置对所使用空间或区域进行温度、湿度的调节控制,以下简称房间空调器。

3.2

空调器安装 air-conditioning installation

专业安装人员结合用户的具体环境情况,将空调器固定到位并进行正确的组合、连接、调试,以实现其预定实用功能的完整活动。

4 售后服务方的基本要求

除下述内容外,GB/T 22766.1—2008中的该章均适用。

4.1 总则

增加

GB/T 7725和GB 17790—2008中的基本内容和本部分相关章条的要求。

4.2 售后服务方的基本要求

4.2.101 服务方应是空调器生产企业设立的或委托的或是代理经营商委托的公司或企业,委托设立的服务方应与委托方签订委托协议。

4.2.102 服务方配备服务人员的数量应达到生产企业规划的服务能力要求。

4.2.103 服务方应为每一位服务人员签订和办理意外伤害保险等险种。

4.3 经营场所的基本要求

4.3.101 维修场所环境应干燥、保证良好的通风条件及配备满足通风要求的排气风扇。

4.3.102 维修工作台周围的地面应铺设绝缘橡胶垫片，其厚度应大于 5 mm。

4.3.103 维修场所的设备、乙炔气钢瓶、氧气钢瓶、氮气钢瓶等易燃易爆器材，应分别隔离存放，并按规定要求进行标识。

4.4 设备的基本要求

4.4.101 服务方应配备与其经营活动相适应的工具，参见附录 A 的表 A.1。

4.4.102 服务方应配备和使用经计量检验合格的设备、仪器仪表、专用工具等。

4.4.103 设立专修 R 22、R 407 C、R 410 A 及其他种类制冷剂的空调制冷系统工作台。

4.4.104 对 R 22、R 407 C、R 410 A 及其他种类的制冷剂钢瓶应进行标识，且钢瓶内制冷剂填充量不得超过规定值。

4.4.105 对 R 22、R 407 C、R 410 A 及其他种类制冷剂工具的使用，如真空泵、制冷剂钢瓶、真空压力表、充气软管等，应进行分类标识。

4.4.106 配置高空安全作业的设备及器材(安全带、长梯、绳索等)。

4.5 服务人员的基本要求

4.5.101 服务人员应及时接受产品生产企业新产品的技术技能和知识培训，并熟练掌握新产品安装及维修的特殊操作要求。

5 售后服务的提供

GB/T 22766.1—2008 中的该章均适用。

6 售后服务规范

除下述内容外，GB/T 22766.1—2008 中的该章均适用。

6.1 顾客信息的接收与记录

6.1.101 服务方应设 24 h 服务热线，按约定的时间安排服务人员及时上门服务。

6.1.102 服务方在接收顾客的来电信息后，信息处理人员应记录好顾客信息(电子)台账，确保信息跟踪闭环处理完成。

6.2 售后服务的实施

6.2.3 上门售后服务

6.2.3.101 服务人员上门应按顾客预约时间，并佩戴服务资格证，身着干净整洁工作服，穿鞋套，配备垫布、抹布、工具箱(袋)及必备的备件和材料。

6.2.3.2 增加

根据顾客房间面积、房屋结构、保温效果、房屋朝向、使用环境、配电情况、使用要求、室内外机的安装位置及安装承重强度等条件和因素，为顾客提供空调器设计方案。

6.2.3.3 上门安装服务

6.2.3.3.101 安装前，应对顾客的家用电器的使用、电源插座、电源线路、电源开关、电表、接地线的安全用电情况进行检查，应符合国家家用电器的相关安全、正常使用范围的规定要求。

6.2.3.3.102 建议顾客选择和使用“3C”认证的电源插座或电源开关。单相电源，空调使用电流超过 16 A 的，应使用带保护装置的电源开关。

6.2.3.3.103 空调器属Ⅰ类家用电器，供电线路的接地线应与空调器接地端子连接良好。

6.2.3.3.104 空调器的接地线，不得接在气体管道上，自来水管道上，避雷针、电话地线上，或接地线与大地接地体接触不良的线路上。

6.2.3.3.105 空调器安装位置应选择承载机组重量 4 倍(200 kg)以上的地方。

6.2.3.3.106 安装支架及紧固件的采购和使用应符合 GB 17790—2008 中 4.3.1 和 4.3.2 的要求。

6.2.3.3.107 安装位置应位于室内机组送风均匀、室外机组通风散热良好的地方，便于安装或维修。

6.2.3.3.108　管路走向与建筑物外观美观协调。冷凝水的排放应进行定向方式。

6.2.3.3.109　建议顾客室内机下方不放置家用电器、衣柜及贵重物品。

6.2.3.3.110　室内外机组安装的高度差、管路长度、使用环境等条件应符合产品使用说明的技术规定。

6.2.3.3.111　在距坠落高度基准面 2.0 m 以上进行安装时，应配戴安全带和足够强度的绳索系牢室外机，防止人员、机器跌落。

6.2.3.3.112　室外机组安装人行道路两侧应距离地面 2.5 m 以上，且采取防止人员碰撞的措施。室外机组的安装应避免因位置、墙体结构原因而影响周围他人的正常生活、工作。

6.2.3.3.113　安装打墙孔工具应采用无尘、低噪音、快速打孔工具，降低粉尘污染和缩短安装时间。

6.2.3.3.114　采用 R 22、R 407 C 或 R 410 A 制冷剂空调器，排空应采用抽真空方式。

6.2.3.3.115　空调安装完毕后对室内机进出风口温差、电气连接(空调挂板漏电)、工作电压、电流、制冷系统压力、制冷系统漏点、运行噪音、室内机排水试验等项目进行通检，应符合产品技术性能及安装工艺操作规定要求。

6.2.3.3.116　安装完毕，对器具进行试机调试，清扫施工现场。

6.2.3.5　上门维修服务

6.2.3.5.101　在距坠落高度基准面 2.0 m 以上维修室外机组或进行移机操作时，应配戴安全带和足够强度的绳索系牢室外机，防止人员、机器跌落。

6.2.3.5.102　维修完毕，应对空调室内外机组进行电气安全检查。电气接线应符合安全标准，保证无漏电发生。

6.2.3.5.103　在维修时发现顾客的电源存在安全隐患，应向顾客提出，并采取相应的解决措施。在维修过程中如需改装顾客电源，应经过顾客的同意并由具备电工资格证的人员施工。

6.2.3.5.104　制冷剂钢瓶存放远离热源。

6.2.3.5.105　在试机前应对电源进行确认，保证符合机器的使用要求。

6.2.3.5.106　在试机时，对空调金属机壳部位进行漏电检测，发现漏电现象应立即停机，排除故障后再试机检测。

6.2.3.5.107　在拆装机壳及带电部件前，应切断电源。

6.2.3.5.108　在顾客家中使用焊接工具时，确保施工操作现场无易燃易爆和贵重物品存放。

6.2.3.5.109　维修完毕，对室内机进出风口温差、工作电压、电流、制冷系统压力、制冷系统漏点、运行噪音、室内机排水试验等项目进行通检，应符合产品技术性能要求。

6.2.3.6　上门保养服务

6.2.3.6.101　保养前，首先切断空调电源开关或拔下空调电源插头，保证人员和电气安全。

6.2.3.6.102　按产品使用说明和保养操作方法，必要时使用防护设备。

6.2.3.6.103　保养过程中应保持房间通风良好，不得使用对空调器产生腐蚀、降低能效、损伤等永久性损害的清洗材料及清洗工具。

6.2.3.6.104　在保养的拆、洗、装过程中，应采取相应保护措施，确保产品零部件及操作现场环境及周围的物品完好无损。

6.2.3.6.105　高空保养室外机组应配戴安全带，对废弃物品的散落采取必要的安全防护措施。

6.2.3.6.106　保养完毕，试机检查检测空调主要零部件、电气接线的松动老化情况。经保养后的空调应符合产品使用要求。

6.2.3.6.107　空调器长时间不使用时，应切断电源。

6.2.3.6.108　用于基站、机房或特需环境场所的空调，应定期进行巡回检查保养。

6.2.3.6.109　应对空调室外机安装支架的老化锈蚀情况以及安装强度进行检查。

6.2.4　在服务方场所的维修服务

6.2.4.101　对空调制冷系统进行烧焊更换部件前，应将空调的截止阀门或制冷系统堵塞部位全部打开，将制冷剂释放干净后，方可进行焊接操作。

6.2.4.102　在维修场所检修后的空调器应符合产品使用性能的要求，电性能参数：耐压闪络击穿试验 1 800 V/s 合格；绝缘电阻≥2 MΩ 以上；泄漏电流＜1.5 mA；接地电阻＜0.1 Ω。

6.2.4.103　室内机进出风口温差检测符合正常范围参数为，挂壁机制冷运行：10 ℃以上；柜机制冷运行：9 ℃以上；挂壁机制热运行：18 ℃以上；柜机制热运行：18 ℃以上。

6.2.4.104　维修后的空调不应产生异常噪音现象。

6.2.4.105　服务方维修的零部件及材料，应符合生产企业提供的零部件质量标准要求。

6.2.5　售后服务零部件的提供及更换下的零部件处理

6.2.5.101　零部件采购应通过产品生产企业统一供应，或采购符合产品生产企业标准要求的零部件。

6.2.6　售后服务的安全规范

6.2.6.101　服务人员高空作业时，应配戴安全带。在搬运空调机组、传递工具和材料（用绳索捆扎系牢）采取防坠落措施。

6.2.6.102　高空作业施工现场周围，应设安全警示牌，必要时采取人员监护。

6.2.6.103　服务人员对空调制冷系统充注氮气检漏时，检测压力值不得大于 3.0 MPa，严禁使用其他易燃易爆气体。

6.2.6.104　对于空调制冷系统采用如 R 22、R 407 C、R 410 A 及其他种类的制冷剂时，应按产品使用说明或室外机铭牌标识的制冷剂种类、填充量填充。

6.2.6.105　不应将 R 22 或 R 407 C 制冷剂专用的真空压力表及充气软管，用于检测 R 410 A 空调制冷系统工作压力。

6.2.6.106　不应将 R 22、R 407 C、R 410 A 及其他种类的制冷系统零部件，或已使用过的配管互换使用，以免导致制冷系统压力异常和机油不同产生的化学反应，堵塞制冷系统，造成安全隐患。

6.2.6.107　用电钻打墙孔前，应向顾客了解预打墙孔位置有无水、电、气等管线路预埋。

6.2.6.108　空调不宜预埋管线，必要时应对预埋管线采取绝缘套管保护措施。

6.2.6.109　空调电源供电线路的容量应满足线路上所有空调用电负荷，每台空调应设分支线路供电控制及保护措施。

6.2.6.110　空调器室外机安装在水泥平台或飘台的平面上时，室外机的底角必须用不少于 2 个螺栓（采用对角）进行固定牢固。

附　录　A
（资料性附录）
空调器服务方应配备工具设备表

表 A.1　空调器服务方应配备工具设备表

序号	名称	规格	数量	重要级别	序号	名称	规格	数量	重要级别
1	水钻或冲击钻		1套	★★★	21	悬挂式双背安全带		1套	★★★
2	钻头	Φ90 mm、Φ63 mm、Φ14 mm、Φ6 mm	4把	★★★	22	肥皂		1块	★
3	防尘工具		1套	★★★	23	水瓶		1个	★
4	一字螺丝刀（参引国标）	100 mm或120 mm	1把	★★★	24	海绵块		1块	★★
					25	电烙铁	30 W	1	★★
5	十字螺丝刀	120 mm、50 mm	2把	★★★	26	剥线钳		1把	★
6	活动扳手	200 mm、300 mm	2把	★★★	27	弯管器		1套	★
7	固定扳手	12×14，14×17	2把	★★	28	绞刀		1把	★★
8	锤子	≥0.5 kg	1把	★★★	29	制冷剂钢瓶		1台	★★★
9	尖嘴钳		1把	★★	30	称重器具		1台	★★
10	钢丝钳	150 mm	1把	★★	31	绳索	>4 m	1根	★★★
11	扩管器		1套	★★★	32	电工刀		1把	★★
12	割管器		1把	★★★	33	梯子	6 m	1架	★
13	锉刀	150 mm或200 mm	1把	★★★	34	钢锯		1把	★
					35	气焊、焊具、焊条		1套	★★
14	内六角扳手	4 mm，5 mm	1把	★★★	36	真空泵		1台	★★
15	水平尺		1把	★★★	37	检漏仪	5.0级	1台	★★
16	油泥刀		1把	★★	38	封口钳		一把	★
17	万用表		1个	★★★	39	氮气瓶			★★
18	测电笔		1个	★★★	40	乙炔罐			★★
19	真空压力表	2.5级	1个	★★★	41	氧气瓶			★★
20	温度计		1个	★★★	42	卷尺	3 m	1个	★★

注1：★★★为必备工具，★★为常用工具，★为备用工具。

注2：服务方可根据产品情况配备与之相对应的工具。

参 考 文 献

［1］ GB 4706.1 家用和类似用途电器的安全 通用要求(GB 4706.1—2005,IEC 60335-1:2001,IDT)

［2］ GB 4706.32 家用和类似用途电器的安全 热泵、空调器和除湿机的特殊要求(GB 4706.32—2004,IEC 60335-2-40:1995,IDT)

［3］ GB/T 4393—2008 呆扳手、梅花扳手、两用扳手 技术规范(ISO 1711-1:2007,NEQ)

［4］ GB 6095—2009 安全带

［5］ GB/T 14764—2008 手用钢锯条(ISO 2336-1:1996,NEQ)

［6］ GB/T 4440—2008 活扳手(ISO 6787:2001,MOD)

ICS 97.060
Y 62

GB

中华人民共和国国家标准

GB/T 22766.4—2009

家用和类似用途电器售后服务 第4部分:洗衣机的特殊要求

Household and similar electrical appliances—After-sales service—Part 4:Particular requirements for washing machines

2009-11-30 发布 2010-03-01 实施

中华人民共和国国家质量监督检验检疫总局
中国国家标准化管理委员会 发布

前言

GB/T 22766《家用和类似用途电器售后服务》分为若干部分：

第 1 部分：通用要求；

第 2 部分：电冰箱的特殊要求；

第 3 部分：空调器的特殊要求；

第 4 部分：洗衣机的特殊要求；

第 5 部分：电热水器的特殊要求；

第 6 部分：吸油烟机的特殊要求；

第 7 部分：吸尘器的特殊要求；

第 8 部分：饮水机的特殊要求；

第 9 部分：空气净化器的特殊要求；

……

本部分是 GB/T 22766 的第 4 部分。

本部分应与 GB/T 22766.1—2008《家用和类似用途电器售后服务　第 1 部分：通用要求》配合使用。

本部分是通过增补或修改 GB/T 22766.1—2008 形成的，GB/T 22766.1—2008 中具体条款未在本部分提及的，表示 GB/T 22766.1—2008 中的相应条款适用于本部分。本部分中写明“适用”的部分，表示 GB/T 22766.1—2008 中的相应条文适用于本部分；本部分中写明“代替”的部分，则以本部分的条文为准；本部分中写明“增加”的部分表示除要符合 GB/T 22766.1—2008 中的相应条文外，还应符合本部分所增加的条文。

本部分对 GB/T 22766.1—2008 增加的条款从 101 开始编号。

本部分的附录 A 为资料性附录。

本部分由中国轻工业联合会提出。

本部分由全国家用电器标准化技术委员会(SAC/TC 46)归口。

本部分起草单位：海尔集团公司、中国家用电器研究院、江苏博西家用电器销售有限公司、美的集团有限公司、杭州松下家用电器有限公司、宁波乐士实业有限公司。

本部分主要起草人：任贤全、蓝传、李一、赵张宁、王喜雨、肖静、林海滨。

本部分为首次发布。

家用和类似用途电器售后服务 第4部分:洗衣机的特殊要求

1 范围

GB/T 22766 的本部分规定了家用和类似用途洗衣机及洗衣干衣机的售后服务的基本内容和基本要求。

本部分适用于家用和类似用途洗衣机的售后服务中有关文件的编制、实施及服务活动。

2 规范性引用文件

下列文件中的条款通过 GB/T 22766 的本部分的引用而成为本部分的条款。凡是注日期的引用文件,其随后所有的修改单(不包括勘误的内容)或修订版均不适用于本部分,然而,鼓励根据本部分达成协议的各方研究是否可使用这些文件的最新版本。凡是不注日期的引用文件,其最新版本适用于本部分。

GB/T 4288—2008 家用和类似用途电动洗衣机

GB/T 13171—2004 洗衣粉

GB/T 22088—2008 家用电动洗衣机 不用洗衣粉洗衣机性能测试方法及限值

GB/T 22766.1—2008 家用和类似用途电器售后服务 第1部分:通用要求

3 术语和定义

GB/T 22766.1—2008 确立的以及下列术语和定义适用于 GB/T 22766 的本部分。

3.1 使用 GB/T 4288—2008 中的下列术语:

家用电动洗衣机 household electric washing machine(以下简称"洗衣机")

3.2 使用 GB/T 22088—2008 中的下列术语:

不用洗衣粉洗衣机 detergent free household electric washing machine

4 售后服务方的基本要求

除下述内容外,GB/T 22766.1—2008 中该章内容均适用。

4.2 售后服务方的基本要求

4.2.101 服务方应是洗衣机生产企业设立的或洗衣机生产企业委托的或是代理营销商委托的公司或企业,委托设立的服务方应与委托方签订委托协议书。

4.2.102 服务人员数量应达到生产企业的服务要求。

4.3 经营场所的基本要求

4.3.101 服务方维修场所应有上水管(要有水龙头且水压要达到洗衣机使用要求)和排水通道。

4.3.102 服务方维修场所应具备 220 V/50 Hz 电源,插座必须有可靠接地并完好无损,要有空气保护开关。

4.3.103 服务方维修场所应具备洗衣机能正常工作的适宜温度。

4.3.104 服务方维修场所应有灭火设备。

4.4 设备的基本要求

4.4.101 服务方应配备与其经营活动相适应的工具,参见附录 A 的表 A.1。

5 售后服务的提供

GB/T 22766.1—2008 的该章适用。

6 售后服务规范

除下述内容外，GB/T 22766.1—2008 中该节内容均适用。

6.2 售后服务的实施

6.2.1 咨询服务

6.2.1.101 当提供咨询服务时，服务人员应视实际情况告知以下使用常识：

6.2.1.101.1 洗衣机电源插座应便于用手插拔，洗衣机移动、长期不用或清理时应将电源插头拔下并关掉水龙头，不应用湿手插或拔插头。

6.2.1.101.2 不能过度弯曲、拉伸、扭转、捆扎或让重物重压电源线。

6.2.1.101.3 不能使用易燃清洁剂、干洗溶剂等化学药品洗涤衣物。

6.2.1.101.4 因自来水压的波动，每次洗衣前对进水管、水龙头、排水管连接处进行检查，确认连接是否牢固，若发现水管连接松动或出现漏水、渗水现象应关闭水龙头，妥善处理后再使用。

6.2.1.101.5 每次洗衣前，应将衣物上的拉链拉上，衣扣、衣带等零碎物件和开线处缝好。

6.2.1.101.6 每次洗涤完后应拔下电源插头、关闭水龙头(以免因水压波动发生漏水、渗水现象)。

6.2.1.101.7 洗衣机不用时，要微开机门或上盖，防止有异味，不能用密封的塑料袋套住洗衣机，以免潮气不易排出。

6.2.1.101.8 不用洗衣粉洗衣机进水时，排水管放置高度应严格按照产品使用说明要求执行。

6.2.1.101.9 洗衣机不能洗涤雨衣、自行车罩等防水性的衣物，以免异常振动或损坏衣物。

6.2.1.101.10 不能使用带干衣功能的洗衣机烘干曾经用汽油、洗涤剂、煤油、蜡等物质清洁、洗涤、浸泡过或被其玷污过的衣物；不能将汽油、洗涤剂、煤油、蜡等物质清洁、洗涤、浸泡过或被其玷污过的衣物放置在带干衣功能的洗衣机之上或附近。

6.2.1.101.11 不能使用洗衣机的干衣功能烘干含有塑料、泡沫、橡胶或类似的橡胶材质的物品以及羽绒制品。

6.2.1.101.12 被烹调油等低燃点物质污染过而未清洗干净的衣物不宜使用洗衣机的干衣功能烘干。

6.2.3 上门售后服务

6.2.3.3 上门安装服务

6.2.3.3.101 安装时应征询用户的意见后，结合实际情况确定洗衣机安放的具体位置。

6.2.3.3.102 需要穿墙打孔时，顾客应提供水、电、气管线的走向位置示意图。

6.2.3.3.103 洗衣机安放位置应通风良好。

6.2.3.3.104 洗衣机不能安装在潮湿的地方(见 GB/T 4288—2008 第 5 章中对使用环境的要求)，不能用水冲洗，尤其是操作部位。

6.2.3.3.105 洗衣机安放平稳，洗衣机不宜安装在高于地面的台子上(如果安装在高于地面的台子上，应采取必要的防护措施)。

6.2.3.3.106 洗衣机的上下水管路(包括加长进排水管)按生产企业要求连接，不能出现漏水的情况，水龙头由用户自备的，应使用足够强度的水龙头，并符合生产企业的安装要求。

6.2.3.3.107 洗衣机应安装在排水畅通的地方。

6.2.3.3.108 避免阳光直接照射洗衣机，不要靠近暖气等热源，不能在 0 ℃以下和 40 ℃以上的环境中使用，如果洗衣机在 0 ℃以下的环境中贮存过，使用时，应保证在室温环境下放置 24 h 后使用。

6.2.3.3.109 全自动洗衣机自来水进水水压应不低于 0.03 MPa，普通洗衣机进水水压范围应不低于 0.02 MPa。

6.2.3.3.110　洗衣机安装场所应具备 220 V/50 Hz 电源，应有固定的独立电源插座，具有可靠接地措施。

6.2.3.3.111　洗衣机排水口的高度应满足产品使用说明要求。

6.2.3.3.112　加长进排水管要按照生产企业的要求规范操作，并使用指定的加长进排水管。

6.2.3.4　上门调试服务

6.2.3.4.101　根据顾客使用洗衣机过程中遇到的问题，按照顾客要求对洗衣机进行一定的调整，确保洗衣机运行正常。

6.2.3.5　上门维修服务

6.2.3.5.101　拆装洗衣机前应切断电源、关闭水龙头。

6.2.3.5.102　零部件更换前应确保适用于所维修的洗衣机，并确保零部件合格。

6.2.3.5.103　维修后，应确保洗衣机原设计的安全设置良好，产品内部接地装置良好。

6.2.3.5.104　维修后，应确保洗衣机无漏水、漏电、异常噪音等现象。

6.2.3.5.105　维修完毕后，应通水、通电进行试机，确保整机运行正常。

6.2.3.6　上门保养服务

6.2.3.6.101　重点针对洗衣机进水阀、过滤器等部位提供保养服务，确保洗衣机正常运行，延长洗衣机的使用寿命。洗衣机的线屑过滤装置应按照产品使用说明要求进行及时清理，以免影响洗涤烘干效果。

6.2.4　在服务方场所的维修服务

6.2.4.101　售后服务人员应按 6.2.3.5 的规定进行维修服务。

6.2.4.102　维修通常要在用户家进行，特殊情况不能在用户家维修的需进行在服务方场所的维修服务。

6.2.4.103　滚筒洗衣机在服务方场所维修服务（移机或搬运）时，宜装配运输包装螺栓。运输过程中，洗衣机应站立放置，不能出现倾倒的情况。

附　录　A
（资料性附录）
洗衣机服务方工具配备明细表

表 A.1　洗衣机服务方工具配备明细表

序号	项目	重要级别	序号	项目	重要级别
1	美工刀	★	17	电容表	★
2	十字花螺丝刀	★★	18	内六花扳手	★★
	平口螺丝刀	★★	19	内六角扳手	★★
3	叉口扳手	★	20	电源测试仪(相位仪)	★★
	活络扳手	★			
4	套筒	★★			
5	大力钳	★			
	尖嘴钳	★★			
	钢丝钳	★★			
6	锉刀	★			
7	冲击钻	★★★			
8	兆欧表	★			
9	万用表	★★			
10	卷尺	★			
11	电吹风	★			
12	测电笔	★★			
13	橡皮锤	★★			
14	锤子	★			
15	喷漆瓶	★			
16	电烙铁	★			

注 1：★★★为必备工具，★★为常用工具，★为备用工具。

注 2：服务方可根据产品情况配备与之相对应的工具。

CS 97.100.10
63

中华人民共和国国家标准

GB/T 22766.5—2009

家用和类似用途电器售后服务
第5部分：电热水器的特殊要求

Household and similar electrical appliances—After-sales service—
Part 5: Particular requirements for water heater

2009-11-30 发布

2010-03-01 实施

中华人民共和国国家质量监督检验检疫总局
中国国家标准化管理委员会 发布

前　言

GB/T 22766《家用和类似用途电器售后服务》分为若干部分：

第1部分：通用要求；

第2部分：电冰箱的特殊要求；

第3部分：空调器的特殊要求；

第4部分：洗衣机的特殊要求；

第5部分：电热水器的特殊要求；

第6部分：吸油烟机的特殊要求；

第7部分：吸尘器的特殊要求；

第8部分：饮水机的特殊要求；

第9部分：空气净化器的特殊要求；

……

本部分是GB/T 22766的第5部分。

本部分应与GB/T 22766.1—2008《家用和类似用途电器售后服务　第1部分：通用要求》配合使用。

本部分是通过增补或修改GB/T 22766.1—2008形成的，GB/T 22766.1—2008中具体条款未在本部分提及的，表示GB/T 22766.1—2008中的相应条款适用于本部分。本部分中写明“适用”的部分，表示GB/T 22766.1—2008中的相应条文适用于本部分；本部分中写明“代替”的部分，则以本部分的条文为准；本部分中写明“增加”的部分表示除要符合GB/T 22766.1—2008中的相应条文外，还应符合本部分所增加的条文。

本部分对GB/T 22766.1—2008增加的条款从101开始编号。

本部分的附录A为资料性附录。

本部分由中国轻工业联合会提出。

本部分由全国家用电器标准化技术委员会(SAC/TC 46)归口。

本部分起草单位：海尔集团公司、广东万家乐燃气具有限公司、江苏博西家用电器销售有限公司、中国家用电器研究院、樱花卫厨(中国)有限公司、艾欧史密斯(中国)热水器有限公司、浙江康泉电器有限公司、默洛尼卫生洁具(中国)有限公司。

本部分主要起草人：张京良、刘发准、李一、余少言、赵张宁、刘永兴、徐丰、洪建波、廖金柱。

本部分为首次发布。

家用和类似用途电器售后服务
第5部分:电热水器的特殊要求

1 范围

GB/T 22766的本部分规定了家用和类似用途电热水器售后服务的基本内容和基本要求。

本部分适用于GB 4706.11和GB 4706.12所规定的电热水器售后服务中有关文件的编制、实施及服务活动。

2 规范性引用文件

下列文件中的条款通过GB/T 22766的本部分的引用而成为本部分的条款。凡是注日期的引用文件,其随后所有的修改单(不包括勘误的内容)或修订版均不适用于本部分,然而,鼓励根据本部分达成协议的各方研究是否可使用这些文件的最新版本。凡是不注日期的引用文件,其最新版本适用于本部分。

GB 4706.11 家用和类似用途电器的安全 快热式热水器的特殊要求(GB 4706.11—2008,IEC 60335-2-35:2002,IDT)

GB 4706.12 家用和类似用途电器的安全 储水式热水器的特殊要求(GB 4706.12—2006,IEC 60335-2-21:1997,MOD)

GB 20429—2006 电热水器安装规范

GB/T 22766.1—2008 家用和类似用途电器售后服务 第1部分:通用要求

3 术语和定义

GB/T 22766.1—2008确立的术语和定义适用于GB/T 22766的本部分。

4 基本要求

除下述内容外,GB/T 22766.1—2008中该章均适用。

4.2 售后服务方的基本要求

4.2.101 服务方应是电热水器生产企业设立的或电热水器生产企业委托的或是代理营销商委托的公司或企业,委托设立的服务方应与委托方签订委托协议书。

4.2.102 售后服务方人员的数量应达到生产企业的服务要求。

4.3 经营场所的基本要求

4.3.101 服务方维修场所应具备水源和排水通道。

4.3.102 服务方维修场所应具备220 V/50 Hz电源。

4.4 设备的基本要求

4.4.101 服务方应配备与其经营活动相适应的工具,具体参见附录A的表A.1。

5 售后服务的提供

GB/T 22766.1—2008的该章适用。

6 售后服务规范

除下述内容外,GB/T 22766.1—2008中该章内容均适用。

6.2 售后服务的实施

6.2.3 上门售后服务

6.2.3.2 上门设计服务

6.2.3.2.101 设计应符合GB 20429—2006的要求。

6.2.3.2.102 设计服务人员应根据使用环境、产品特性和顾客使用需求等相关因素提供设计服务。设计方案应便于产品的安装、使用、维修、保养。

6.2.3.2.103 设计过程中设计服务人员应要求顾客提供水、电、气的布局和走向示意图，避免在穿墙打孔时发生危险及影响最终使用效果。

6.2.3.3 上门安装服务

6.2.3.3.101 电热水器安装应符合GB 20429—2006的要求。

6.2.3.3.102 服务人员在安装前应对安装材料进行预算并得到顾客认可。

6.2.3.3.103 对于顾客自行提供的安装材料应满足相应国家标准，服务人员应在服务记录单中记录并明确后续的责任划分，交由顾客确认签字。

6.2.3.3.104 对于服务方提供的安装材料，应向顾客明示收费价格和保修期限，对顾客要求提供书面保修期限证明的服务人员应提供。

6.2.3.3.105 安装过程中涉及到穿墙、打孔时服务人员应要求顾客提供墙体内的水、电、气管路布局或走向示意图，对可能出现破坏水、电、气的情况应重新确定安装位置。

6.2.3.3.106 电热水器安装完毕后，服务人员应告知顾客电热水器保养及冬季防冻等内容。

6.2.3.3.107 电热水器安装完毕后，服务人员应执行6.2.3.4中的调试要求。

6.2.3.4 上门调试服务

6.2.3.4.101 调试应以电热水器产品使用说明为依据，调试时顾客本人或其委托人应在现场。

6.2.3.4.102 调试电热水器通电前应保证电热水器内储存的水满足产品使用说明中的要求。

6.2.3.4.103 调试过程中应向顾客演示如何正确使用电热水器，向顾客说明误操作可能引起的伤害。

6.2.3.4.104 服务人员应着重向顾客演示包括漏电保护器、安全阀、混水阀(混合阀)等辅件的使用和维护方法。

6.2.3.4.105 电热水器的使用条件不能满足调试要求的，服务人员应切断电源、关闭水源，同时应向顾客说明电热水器未经调试不能使用，待条件满足后，再按调试要求进行调试。

6.2.3.5 上门维修服务

6.2.3.5.101 服务人员应在保证不损坏电热水器的前提下，使用专用工具、设备进行拆卸。

6.2.3.5.102 拆卸电热水器整机或部件前应切断电源、关闭水源。

6.2.3.5.103 零部件更换前应确保适用于所维修的产品，并确保零部件合格。

6.2.3.5.104 服务人员应在排除产品故障的同时对电热水器内部其他零部件进行检查。

6.2.3.5.105 服务人员应对维修完毕的电热水器通水和通电运行，调整到产品正常的工作模式。

6.2.3.5.106 电热水器需要在服务方维修场所维修的应与顾客办理书面交接手续。

6.2.3.6 上门保养服务

6.2.3.6.101 电热水器的保养应保证产品安全、节能、正常运行。

6.2.3.6.102 保养应根据电热水器的使用情况、使用环境在征得顾客的同意后进行。

6.2.3.6.103 对超过安全使用年限的电热水器应建议顾客报废、停用。

6.2.3.6.104 电热水器零部件的安全检查、水垢和杂质的清理、老化零部件的检修是保养的必要项目。

6.2.4 在服务方场所的维修服务

6.2.4.101 售后服务维修人员应按6.2.3.5.101～6.2.3.5.106的规定进行维修服务。

附　录　A
（资料性附录）
电热水器服务方工具配备明细表

表 A.1　电热水器服务方工具配备明细表

序　号	项　目	重要级别
1	冲击钻	★★★
2	热熔器	★
3	扳手	★★★
4	套筒	★★★
5	螺丝刀	★★★
6	管钳	★★★
7	钳子	★★★
8	水压表	★★★
9	打压泵	★
10	壁纸刀	★★★
11	万用表	★★★
12	兆欧表	★★★
13	电笔	★★★
14	钳流表	★
15	电源检测仪（相位仪）	★★★
16	流量计	★
17	温度计	★
18	锤子	★★★

注 1：★★★为必备工具，★为备用工具。

注 2：服务方可根据产品情况配备与之相对应的工具。

S 97.040.20
68

中华人民共和国国家标准

GB/T 22766.6—2009

家用和类似用途电器售后服务 第6部分:吸油烟机的特殊要求

Household and similar electrical appliances—After-sales service—Part 6:Particular requirements for range hood

2009-11-30 发布 2010-03-01 实施

中华人民共和国国家质量监督检验检疫总局
中国国家标准化管理委员会 发布

前言

GB/T 22766《家用和类似用途电器售后服务》分为若干部分：

第1部分：通用要求；

第2部分：电冰箱的特殊要求；

第3部分：空调器的特殊要求；

第4部分：洗衣机的特殊要求；

第5部分：电热水器的特殊要求；

第6部分：吸油烟机的特殊要求；

第7部分：吸尘器的特殊要求；

第8部分：饮水机的特殊要求；

第9部分：空气净化器的特殊要求；

……

本部分是GB/T 22766的第6部分。

本部分应与GB/T 22766.1—2008《家用和类似用途电器售后服务　第1部分：通用要求》配合使用。

本部分是通过增补或修改GB/T 22766.1—2008形成的，GB/T 22766.1—2008中具体条款未在本部分提及的，表示GB/T 22766.1—2008中的相应条款适用于本部分。本部分中写明“适用”的部分，表示GB/T 22766.1—2008中的相应条款适用于本部分；本部分中写明“代替”的部分，则以本部分的条款为准；本部分中写明“增加”的部分表示除要符合GB/T 22766.1—2008中的相应条款外，还应符合本部分所增加的条款。

本部分对GB/T 22766.1—2008增加的条款从101开始编号。

本部分的附录A为资料性附录。

本标准由中国轻工业联合会提出。

本部分由全国家用电器标准化技术委员会(SAC/TC 46)归口。

本部分起草单位：海尔集团公司、广东万家乐燃气具有限公司、江苏博西家用电器销售有限公司、中国家用电器研究院、江苏光芒厨卫太阳能科技有限公司、樱花卫厨(中国)有限公司。

本部分主要起草人：屈立昆、于亚莉、余少言、赵张宁、叶其林、廖金柱、郭丽珍。

本部分为首次发布。

家用和类似用途电器售后服务
第6部分:吸油烟机的特殊要求

1 范围

GB/T 22766的本部分规定了家用和类似用途吸油烟机的售后服务的基本内容和基本要求。

本部分适用于家用和类似用途吸油烟机的售后服务中有关文件的编制、实施及服务活动。

2 规范性引用文件

下列文件中的条款通过GB/T 22766的本部分的引用而成为本部分的条款。凡是注日期的引用文件,其随后所有的修改单(不包括勘误的内容)或修订版均不适用于本部分,然而,鼓励根据本部分达成协议的各方研究是否可使用这些文件的最新版本。凡是不注日期的引用文件,其最新版本适用于本部分。

GB 4706.28—2008 家用和类似用途电器的安全 吸油烟机的特殊要求(IEC 60335-2-31:2006,IDT)

GB/T 17713—1999 吸油烟机(eqv IEC 60665:1980;neq DIN 44971:1992)

GB/T 22766.1—2008 家用和类似用途电器售后服务 第1部分:通用要求

3 术语和定义

GB/T 22766.1—2008确立的以及下列术语和定义适用于GB/T 22766的本部分。

3.1

外排式吸油烟机 exhaust type range hood

抽吸室内的油烟气体,经分离油雾后通过管道排向室外的吸油烟机。

3.2

循环式吸油烟机 cycle type range hood

抽吸室内的油烟气体,经过滤装置清除油雾和气味,并重新返回室内的吸油烟机。

3.3

两用式吸油烟机 dual type range hood

既能装上过滤装置作循环式吸油烟机使用,又能拆除过滤装置,装上排气管作为外排式吸油烟机使用的吸油烟机。

4 售后服务方的基本要求

GB/T 22766.1—2008的该章除下述内容外均适用。

4.2 售后服务方的基本要求

增加:

4.2.101 服务方应是吸油烟机生产企业设立的或吸油烟机生产企业委托的或是代理营销商委托的公司或企业,委托设立的服务方应与委托方签订委托协议书。

4.2.102 服务人员的数量应达到生产企业的服务要求。

4.4 设备的基本要求

增加:

4.4.101 服务方应配备与其经营活动相适应的工具，具体参见附录A的表A.1。

5 售后服务的提供

GB/T 22766.1—2008的该章均适用。

6 售后服务规范

GB/T 22766.1—2008的该章除下述内容外均适用。

6.2.3.2 上门设计服务

增加：

6.2.3.2.101 设计服务人员应根据使用环境、排烟烟道、电源插座位置、产品特性和顾客使用需求等相关因素提供设计服务。设计方案应便于产品的安装、使用、维修、保养。

6.2.3.2.102 吸油烟机安装条件应符合GB 4706.28—2008中22.101的要求。

6.2.3.2.103 设计过程中服务人员应要求顾客提供水、电、气的布局和走向示意图，避免在穿墙打孔时发生危险及影响最终使用效果。

6.2.3.3 上门安装服务

增加：

6.2.3.3.101 吸油烟机使用的室内环境应符合GB/T 17713—1999中5.1的要求，房间应通风良好。

6.2.3.3.102 吸油烟机安装条件应符合GB 4706.28—2008中22.101的要求。

6.2.3.3.103 安装吸油烟机的墙面体内埋设有水、电、气线管的，服务人员应要求顾客提供走向、位置示意图，对可能出现破坏水、电、气的情况应重新确定安装位置。

6.2.3.3.104 供吸油烟机排烟的烟道应符合GB 4706.28—2008中7.12.1烟道要求，如果生产企业产品使用说明中规定了更严格的烟道条件，应以产品使用说明为准。

6.2.3.3.105 如果生产企业产品使用说明中有关于烟道口位置设置的要求，建议顾客应予考虑。

6.2.3.3.106 如果生产企业产品使用说明中有关于电源插座距离吸油烟机位置的要求，建议顾客应予考虑。

6.2.3.3.107 与厨房吊柜组合安装的吸油烟机，橱柜尺寸应满足安装条件，如果生产企业产品使用说明中有尺寸要求的，应以产品使用说明为准。

6.2.3.3.108 确认顾客家中所购买吸油烟机的外形尺寸应与使用的炉灶外型尺寸相匹配。

6.2.3.3.109 安装高度的测量应从灶面到吸油烟机底面的距离，具体数值应以产品使用说明为准。

6.2.3.3.110 吸油烟机挂板安装时应保持水平，以保证机体安装水平度。

6.2.3.3.111 吸油烟机应与挂板、挂钩紧固嵌合无任何晃动与松动，防止脱落及运转时产生振动。

6.2.3.3.112 产品使用说明中如果规定了万向风管的使用长度及转弯数量，应以产品使用说明为准。

6.2.3.5 上门维修服务

增加：

6.2.3.5.101 售后服务人员维修吸油烟机时应按照产品使用说明规范。

6.2.3.5.102 服务人员应在保证不损坏吸油烟机的前提下，使用专用工具、设备进行拆卸。

6.2.3.5.103 维修吸油烟机前应将电源切断。

6.2.3.5.104 新部件更换前应确保适用于所维修的产品，并确保零部件合格。

6.2.3.5.105 吸油烟机在服务方维修场所维修前，服务人员应进行外观检查并由顾客确认，保证双方达成一致。

6.2.3.5.106 吸油烟机在服务方维修场所维修前，服务人员应填写维修部品清单，并与顾客办理书面交接手续。

6.2.3.5.107 对于吸油烟机超过安全使用年限的，服务方有权拒绝维修。

6.2.3.6 **上门保养服务**

增加：

6.2.3.6.101 保养应根据吸油烟机的使用情况、产品使用说明或企业承诺，在征得顾客的同意后进行。

6.2.3.6.102 保养吸油烟机前应将电源切断。

6.2.3.6.103 保养后的吸油烟机售后服务人员应进行通电试机，确保吸油烟机正常运行。

附 录 A
（资料性附录）
吸油烟机服务方工具配备明细表

表 A.1 吸油烟机服务方工具配备明细表

序 号	项 目	重 要 级 别
1	冲击电钻	★★★
2	冲击电钻头	★★★
3	米尺	★★
4	水平尺	★
5	玻璃刀	★★
6	十字花螺丝刀	★★
7	平口螺丝刀	★★
8	人字型螺丝刀	★★
9	内六角螺丝刀	★
10	万用表	★★
11	测电笔	★★
12	尖嘴钳	★
13	电源测试仪（相位仪）	★★★
14	活扳手	★
15	美工刀	★
注 1：★★★为必备工具，★★为常用工具，★为备用工具。 注 2：服务方可根据产品情况配备与之相对应的工具。		

S ⁄ .080
62

中华人民共和国国家标准

GB/T 22766.7—2009

家用和类似用途电器售后服务 第7部分:吸尘器的特殊要求

Household and similar electrical appliances—After-sales service—Part 7: Particular requirements for cleaner

2009-11-30 发布 2010-03-01 实施

中华人民共和国国家质量监督检验检疫总局
中国国家标准化管理委员会
发布

前　言

GB/T 22766《家用和类似用途电器售后服务》分为若干部分：

第 1 部分：通用要求；

第 2 部分：电冰箱的特殊要求；

第 3 部分：空调器的特殊要求；

第 4 部分：洗衣机的特殊要求；

第 5 部分：电热水器的特殊要求；

第 6 部分：吸油烟机的特殊要求；

第 7 部分：吸尘器的特殊要求；

第 8 部分：饮水机的特殊要求；

第 9 部分：空气净化器的特殊要求；

……

本部分是 GB/T 22766 的第 7 部分。

本部分应与 GB/T 22766.1—2008《家用和类似用途电器售后服务　第 1 部分：通用要求》配合使用。

本部分是通过增补或修改 GB/T 22766.1—2008 形成的，GB/T 22766.1—2008 中具体条款未在本部分提及的，表示 GB/T 22766.1—2008 中的相应条款适用于本部分。本部分中写明"适用"的部分，表示 GB/T 22766.1—2008 中的相应条文适用于本部分；本部分中写明"代替"的部分，则以本部分的条文为准；本部分中写明"增加"的部分表示除要符合 GB/T 22766.1—2008 中的相应条文外，还应符合本部分所增加的条文。

本部分对 GB/T 22766.1—2008 增加的条款从 101 开始编号。

本部分的附录 A 为资料性附录。

本部分由中国轻工业联合会提出。

本部分由全国家用电器标准化技术委员会(SAC/TC 46)归口。

本部分起草单位：海尔集团公司、中国家用电器研究院、江苏博西家用电器销售有限公司。

本部分主要起草人：季晓健、贾洪涛、赵张宁、闫凌。

本部分为首次发布。

家用和类似用途电器售后服务 第7部分:吸尘器的特殊要求

1 范围

GB/T 22766的本部分规定了家用和类似用途吸尘器的售后服务的基本内容和基本要求。

本部分适用于家用和类似用途吸尘器的售后服务中有关文件的编制、实施及服务活动。

2 规范性引用文件

下列文件中的条款通过GB/T 22766的本部分的引用而成为本部分的条款。凡是注日期的引用文件,其随后所有的修改单(不包括勘误的内容)或修订版均不适用于本部分,然而,鼓励根据本部分达成协议的各方研究是否可使用这些文件的最新版本。凡是不注日期的引用文件,其最新版本适用于本部分。

GB/T 22766.1—2008 家用和类似用途电器售后服务 第1部分:通用要求

QB/T 1562—1992 真空吸尘器

3 术语和定义

GB/T 22766.1—2008确立的以及下列术语和定义适用于GB/T 22766的本部分。

3.1

普通型吸尘器 common cleaner

利用电动机驱动风机而产生负压进行除尘的吸尘器。

3.2

防溅型吸尘器 splash-proof cleaner

用于吸除可能含有泡沫洗涤剂或类似物质的液体的吸尘器。

3.3

吸水式吸尘器 water suction cleaner

用于吸除可能含有泡沫洗涤剂水溶液的吸尘器。

4 售后服务方的基本要求

除下述内容外,GB/T 22766.1—2008中的该章均适用。

4.2 售后服务方的基本要求

4.2.101 服务方应是吸尘器生产企业设立的或吸尘器生产企业委托的或是代理经销商委托的公司或企业,应与委托方签定委托协议。

4.2.102 服务方的服务人员数量应达到生产企业的服务要求。

4.3 经营场所的要求

4.3.101 经营场所应具备220 V/50 Hz电源,插座应有可靠接地并完好无损,要有空气保护开关。

4.3.102 经营场所应具有灭火设备。

4.4 设备的基本要求

4.4.101 服务方应配备与其经营活动相适应的工具,具体参见附录A的表A.1。

5 售后服务的提供

GB/T 22766.1—2008 的该章均适用。

6 售后服务规范

除下述内容外，GB/T 22766.1—2008 的该章均适用。

6.2.3.2 上门设计服务

6.2.3.2.101 对于吸尘器需要进行设计的，应重点考虑以下内容。

6.2.3.2.101.1 根据顾客使用环境、使用目的，提供符合功能的吸尘器型号方案。

6.2.3.2.101.2 根据顾客使用环境和频率，提供符合要求的吸尘器数量方案。

6.2.3.2.101.3 根据顾客需求吸尘器的使用距离范围，提供电源供给的方案。

6.2.3.3 上门安装服务

6.2.3.3.101 对于吸尘器需要进行安装服务的，应按照以下操作执行。

6.2.3.3.101.1 通过吸尘器的检视标志，需要安装的吸尘器功能应与顾客使用环境和目的相符合。

6.2.3.3.101.2 对于新购产品，检查吸尘器的主、附备件数量应与产品装箱单符合。

6.2.3.3.101.3 对于新购产品，通过目测吸尘器的外观及附件应符合 QB/T 1562—1992 中 5.11 外观要求。

6.2.3.3.101.4 安装、调试吸尘器前应将电源插头从插座中拔出。

6.2.3.3.101.5 通过产品使用说明的功能介绍，逐一组合吸尘器的主、附备件并试机，器具应能正常使用。

6.2.3.3.101.6 根据顾客反映的故障将吸尘器调整到正常使用的标准。

6.2.3.3.101.7 征求顾客意见将吸尘器安装成某种功能，并试机，器具应能正常使用。

6.2.3.5 上门维修服务

6.2.3.5.101 通过吸尘器的检视标志，需要维修的吸尘器功能应与顾客使用环境、电源电压、使用目的相符合。

6.2.3.5.102 维修吸尘器前应将电源插头从插座中拔出。

6.2.3.5.103 维修吸尘器后征求顾客意见，吸尘器固定某种功能使用，并试机，器具应能正常使用。

附 录 A
（资料性附录）
吸尘器服务工具配备明细表

表 A.1 吸尘器服务工具配备明细表

序号	工具名称	重要级别
1	美工刀	★
2	十字螺丝刀	★★
3	一字螺丝刀	★★★
4	斜口钳	★★★
5	尖嘴钳	★★★
6	卷尺	★
7	电吹风	★
8	锤子	★
9	毛刷	★
10	万用表	★★★
11	测电笔	★★
12	电烙铁	★★★
13	锉刀或砂纸	★
14	手电钻	★★
15	绝缘胶带	★★
16	其他	

注 1：★★★为网点必备工具，★★为常用工具，★为备用工具。
注 2：服务方可根据产品情况配备与之相对应的工具。